W0309275

westermann

bioskop 12

Bayern

Herausgeber

Jörn Peters
Rainer Hausfeld

Erarbeitet von

Tanja Englert
Thorsten Frankenberg
Rainer Hausfeld
Dr. Christina Lamche
Dr. Jürgen Nagel-Volkmann
Jörn Peters
Maike Rickhoff
Marcel Schäfer
Eckhart Schröder
Robert Wagner
Monika Zimmermann

Unter Mitarbeit von

Andreas Bauer
Katharina Dornieden
Peter Emmler
Eva Fuchs
René Jungbluth
Daniel Klaßen
Isabel Lisbach
Martin Ratermann
Rüdiger Schmalz
Björn Toben

bioskop 12
Bayern

westermann GRUPPE

© 2024 Westermann Bildungsmedien Verlag GmbH, Georg-Westermann-Allee 66,
38104 Braunschweig
www.westermann.de

Das Werk und seine Teile sind urheberrechtlich geschützt. Jede Nutzung in anderen als den gesetzlich zugelassenen bzw. vertraglich zugestandenen Fällen bedarf der vorherigen schriftlichen Einwilligung des Verlages. Nähere Informationen zur vertraglich gestatteten Anzahl von Kopien finden Sie auf www.schulbuchkopie.de

Die enthaltenen Links verweisen auf digitale Inhalte, die der Verlag bei verlagsseitigen Angeboten in eigener Verantwortung zur Verfügung stellt. Links auf Angebote Dritter wurden nach den gleichen Qualitätskriterien wie die verlagsseitigen Angebote ausgewählt und bei Erstellung des Lernmittels sorgfältig geprüft. Für spätere Änderungen der verknüpften Inhalte kann keine Verantwortung übernommen werden.

Druck A[1] / Jahr 2024
Alle Drucke der Serie A sind inhaltlich unverändert.

Redaktion: Martin Weinert
Satz: Satz und Grafik Walter Laß e.K., Meitingen
Illustrationen: Julius Ecke, Eike Gall, Christine Henkel,Helmut Holtermann, Oliver Kraft, Olav Marahrens, Birgit und Olaf Schlierf, Schwanke + Raasch GbR, Dr. Winfried Zemann
Layout: LIO Design GmbH:
Druck und Bindung: Westermann Druck GmbH, Georg-Westermann-Allee 66, 38104 Braunschweig

ISBN 978-3-14-**105475**-0

Inhalt

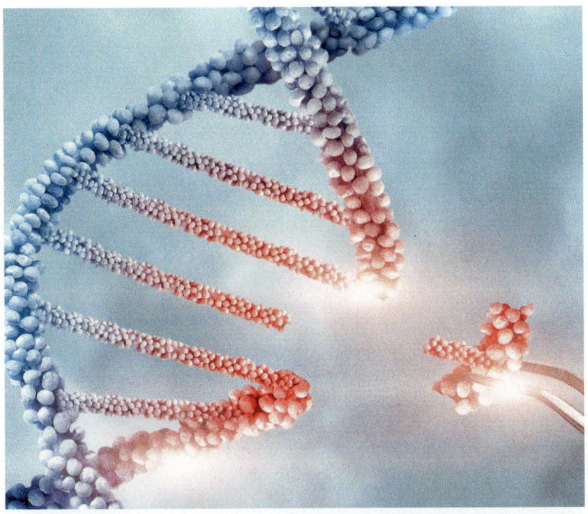

Inhalt

Inhalt

DIE EVOLUTION – 206

Inhalt

Die im Inhaltsverzeichnis mit e markierten Abschnitte beziehen sich ganz oder teilweise auf Kompetenzen für Kurse auf **erhöhtem Anforderungsniveau**.
Mit dem Icon M werden Seiten gekennzeichnet, welche fachspezifische als auch fachübergreifende Methoden vorstellen und einüben.
Seiten mit dem Icon B beschreiben die einzelnen abiturrelevanten Basiskonzepte an Beispielen aus dem Buch.

In grün hervorgehobene Aufgabenstellungen verlangen mehr vernetztes Denken und sind im Lösungsweg offener, als der Rest der Aufgaben. Hierzu werden über Webcodes und auf der BiBox gestufte Hilfen angeboten.

Wir bieten Ihnen unter diesem Icon **Klausuraufgaben** an. Mit diesem Icon markierte Wiederholen – Üben – Festigen-Seiten (W-Ü-F) am Ende jeden Kapitels wiederholen die behandelten Themen und dienen der eigenen Überprüfung. Für diese Aufgaben werden Lösungen online über Webcodes angeboten. Diese sind aufrufbar über die folgende Internetseite:
https://www.westermann.de/webcodes

Zum Abrufen muss der unten auf der jeweiligen Seite stehende Webcode eingegeben werden.

Methode M1 Vorbereitung auf Klausuren

Februar	März	April	Mai
01 Fr	01 Fr Deutsch üben	01 Mo Bio lernen mit Lea und Ben	01 Mi Tag der Arbeit
02 Sa	02 Sa	02 Di	02 Do
03 So	03 So	03 Mi	03 Fr
04 Mo	04 Mo Deutsch Klausur	04 Do Bio-Klausur	04 Sa
05 Di	05 Di	05 Fr	05 Sa
06 Mi	06 Mi	06 Sa	06 Mo
07 Do Mathe lernen	07 Do Mathe Klausur	07 So	07 Di
08 Fr	08 Fr	08 Mo Ferien	08 Mi
09 Sa	09 Sa	09 Di	09 Do
10 So	10 So	10 Mi	10 Fr
11 Mo	11 Mo Referat Naturschutz	11 Do	11 Sa
14 Do	14 Do	14 So	14 Di

1 *Felix Klausurenplan*

Die wichtigste Voraussetzung für das Gelingen von Klausuren ist grundsätzlich ein **regelmäßiges Üben und Wiederholen** des Unterrichtsstoffs. Hinweise zum Aufbau der Abiturklausuren im Fach Biologie finden Sie auf der Seite: https://www.isb.bayern.de/schularten/gymnasium/faecher/biologie/illustrierende-pruefungsaufgaben/

Um einen langfristigen Lernerfolg zu erzielen, ist es sinnvoll frühzeitig vor der Klausur zu beginnen. Eine anschauliche Übersicht zum Beispiel in Form von Felix Klausurenplan (Abb. 1) ist hilfreich für ein **gutes Zeitmanagement**. Diese Übersicht visualisiert nicht nur die einzelnen Klausurtermine, sondern zeigt auch Phasen auf, in denen gleich mehrere Klausuren hintereinander geschrieben werden. Werden innerhalb von einer Woche beispielsweise drei Klausuren geschrieben, setzt dies einen früheren Lernbeginn voraus, als wenn nur eine Klausur in einer Woche geschrieben wird.

Ungefähr 10 Tage vor der anstehenden Biologieklausur sollte Felix beginnen, den **Lernstoff einzugrenzen**. Viele Lehrer geben das Thema der Klausur relativ genau vor. Außerdem hilft es auch, die Seiten des eingeführten Lehrbuchs sowie die Mitschriften aus dem Unterricht durchzugehen, um einen Überblick über den für die Klausur relevanten Stoff zu erhalten. Gut geführte Mitschriften sind eine Entlastung in der Klausurvorbereitung, da die Verschriftlichung des Unterrichtsstoffs das Verstehen fördert. Im Zuge der Lernstoffeingrenzung bieten natürlich auch die W-Ü-F-Seiten sowie die Klausuraufgaben am Ende eines jeden Kapitels in diesem Buch eine gute Orientierung.

Nachdem Felix sich einen Überblick über den Lernstoff gemacht und diesen eingegrenzt hat, sollte er sich einen **Lernplan erstellen**. Der Lernstoff wird dazu portioniert, das heißt, er wird in Einheiten zerlegt und in Form von Tages- oder eventuell auch Wochenplänen auf die bis zum Klausurtermin zur Verfügung stehenden Tage verteilt. Auf diese Art und Weise wird die Lernaufgabe bewältigbar. Es sollten auch Freiräume zum Sporttreiben oder anderen Freizeitgestaltungen beinhaltet sein sowie einen Zeitpuffer zum Ausgleichen unerwarteter Ereignisse.

Durch regelmäßiges Wiederholen und eigene aktive Auseinandersetzung prägt sich der Lernstoff besser ein, sodass man mehr Sicherheit bekommt und die Klausur gelassener angehen kann. Etwa fünf Tage vor der Biologieklausur sollte Felix seine Wiederholung abgeschlossen haben. Damit die **Wiederholungsphasen** besonders effektiv im Hinblick auf ein langfristiges Behalten werden, ist es ratsam diese **abwechslungsreich** zu gestalten und den Lernstoff miteinander zu vernetzen. In diesem Zusammenhang soll der Lernstoff zunächst anschaulich zusammengefasst und präsentiert werden, zum Beispiel in Form von Tabellen, Skizzen oder Schaubildern. Eine Möglichkeit ist hier zum Beispiel die Zusammenhänge innerhalb des Themas in Form einer Concept-Map darzustellen. Etwa vier Tage vor der Klausur sollte Felix seinen Wissenstand mit den W-Ü-F-Seiten der relevanten Kapitel dieses Buchs überprüfen, um eventuelle Defizite noch aufzuarbeiten. Eine gute Ergänzung zur bislang geleisteten Einzelarbeit ist nun das **Lernen in Gruppen**. Innerhalb einer Gruppe kann man sich über das Gelernte austauschen, einander Sachverhalte und Zusammenhänge erklären und so erfahren, ob man die Inhalte selbst auch wirklich verstanden hat.

Zwei Tage vor der Klausur lässt sich das Wissen sehr gut mit den Klausuraufgaben dieses Lehrbuchs überprüfen. Nun sollte nur noch der Stoff gelernt werden, den man bislang nicht konnte. Am Tag unmittelbar vor der Klausur sollte dann kein völlig neuer Stoff mehr gelernt werden. An diesem Tag sollte man das bereits Gelernte ein letztes Mal in Form eines lockeren Überfliegens wiederholen. Damit die eigentliche Klausur dann gut gelingt, ist ausreichend Schlaf ebenfalls eine gute Voraussetzung. Am Klausurtag sollte man außerdem die sogenannten Panikmacher, die durch aufgeregte Diskussionen und Fragen Unruhe verbreiten, meiden.

bioskop – Das Arbeiten mit dem Schulbuch

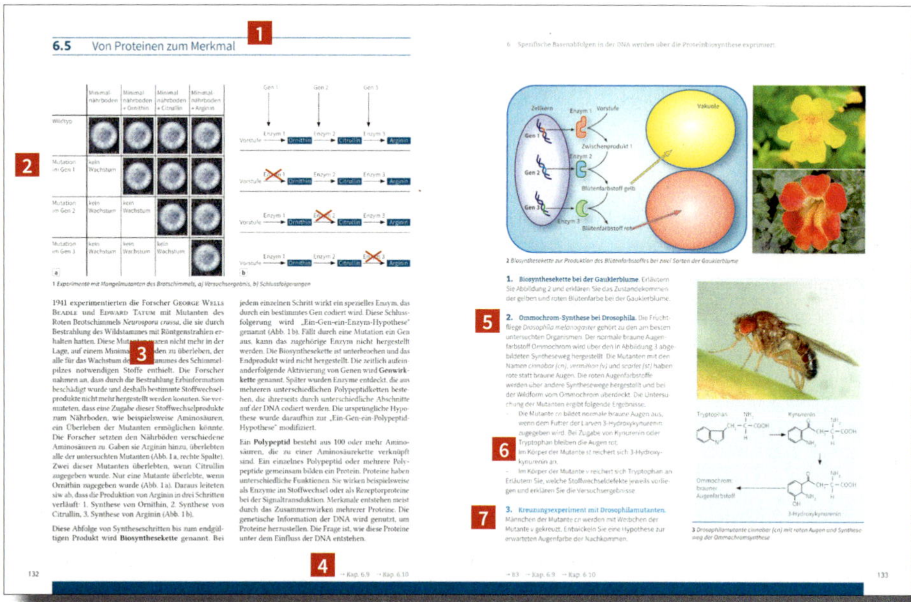

5 Die Aufgabenüberschriften geben in knapper Form den Inhalt der Aufgabenstellung wieder.

6 Aufgaben, in denen prozess- und inhaltsbezogene Kompetenzen miteinander verknüpft und geschult werden und in denen sich die offiziellen Operatoren konsequent wiederfinden

7 Aufgabe mit gestuften Hilfen: Zusätzlich befindet sich in vielen Abschnitten eine farblich hervorgehobene Aufgabenstellung, die in der Regel mehr vernetztes Denken verlangt und im Lösungsweg offener ist als der Rest der Aufgaben. Hierzu werden auf der „BiBox – Digitale Lehrermaterialien“ gestufte Hilfen angeboten.

1 An den Themenvorgaben des Fachlehrplans orientierte Überschriften, die den wesentlichen Inhalt zusammenfassen

2 Neue, auf den Text abgestimmte und in der Regel für die Lösung der Aufgaben relevante Bilder und Zeichnungen

3 Auf die Inhaltskompetenzen des Fachlehrplans zugeschnittener Grundwissen-Text

4 Verknüpfung mit anderen Abschnitten für kumulatives Lernen und den Aufbau vernetzter fachlicher Bezüge

1 *Grundwissen- und Arbeitsmaterial-Seite – eine geschlossene Einheit*

Bioskop ist modular aufgebaut und schafft Ihnen die Freiheit, Zugänge und Themenfolgen individuell zu bestimmen. Jede **Doppelseite** ist als in sich geschlossene Einheit aufgebaut – links Fachwissen, rechts Materialien, Aufgaben, Modelle, Experimente und Methoden. Auf diese Weise wird das Erlernen von inhalts- und prozessbezogenen Kompetenzen verknüpft und das Erkennen von Zusammenhängen gefördert. Dies erleichtert Ihnen das selbstständige Wiederholen und Vertiefen bekannter Inhalte sowie das Erarbeiten neuer Aspekte bekannter Themenbereiche.

Auf der linken **Fachwissenseite** befinden sich die grundlegenden Inhalte zur Erarbeitung, Vertiefung, Vor- und Nachbereitung oder Wiederholung. Alle verbindlichen Kompetenzen werden abgedeckt. So kann das geforderte Wissen durch das Studium der Grundwissentexte erlernt und anhand der vielfältigen Aufgaben angewendet, vertieft, gesichert und vernetzt werden. Auf diese Weise gelangen Sie zu einem nachhaltigen Kompetenzerwerb.

Die Materialien auf der, auf die Fachwissenseite abgestimmten, rechten **Arbeitsmaterialseite** können von Ihnen eigenständig bearbeitet und mithilfe der Fachwissenseite erfolgreich gehandhabt werden. Zahlreiche materialbezogene Aufgaben sowie Theorie- und Praxiselemente, die sich in ihrem Schwierigkeitsgrad sukzessive steigern, fördern das selbstständige Arbeiten. Die Aufgaben sind konsequent mit den offiziellen Operatoren formuliert und an den Kompetenzen des LehrplanPLUS orientiert. Eine Liste der Operatoren finden Sie zu Beginn des Buches (M2, S.10-11).

Dieses Buch deckt sowohl die Lernbereiche für das grundlegende als auch für das erhöhte Anforderungsniveau des LehrplanPLUS ab. Die Kapitel sind entsprechend ihrer Eignung sowohl im Inhaltsverzeichnis als auch auf den Kapitelseiten selbst gekennzeichnet. Auf den Seiten zum Wiederholen-Üben-Festigen findet sich die Kennzeichnung in den Tabellen der Kompetenzen. Dabei werden diese und die dazugehörigen Aufgaben des erhöhten Niveaus fett gedruckt.

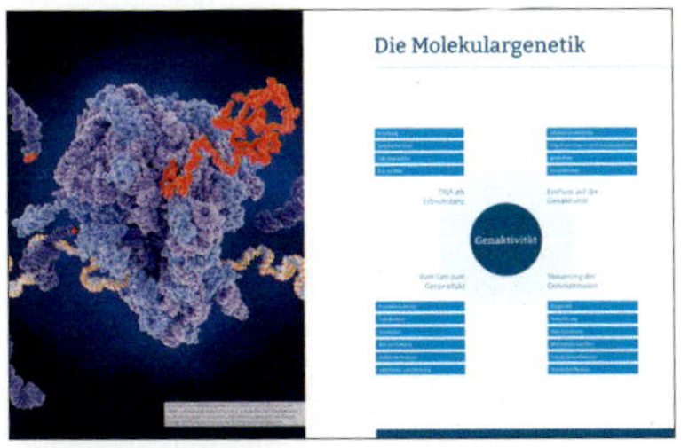

2 *Kapiteleinstieg*

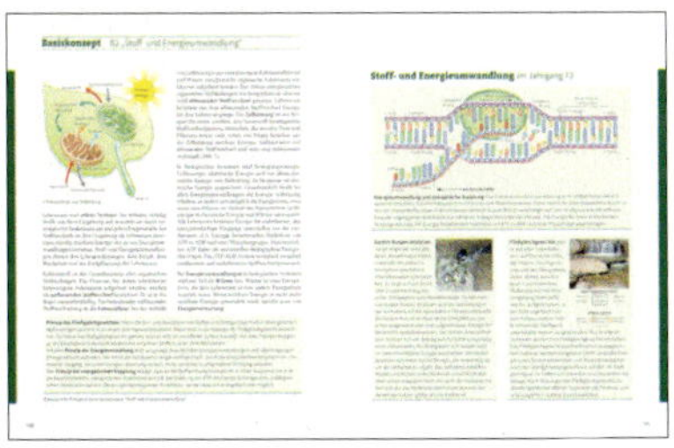

3 *Basiskonzept-Seiten*

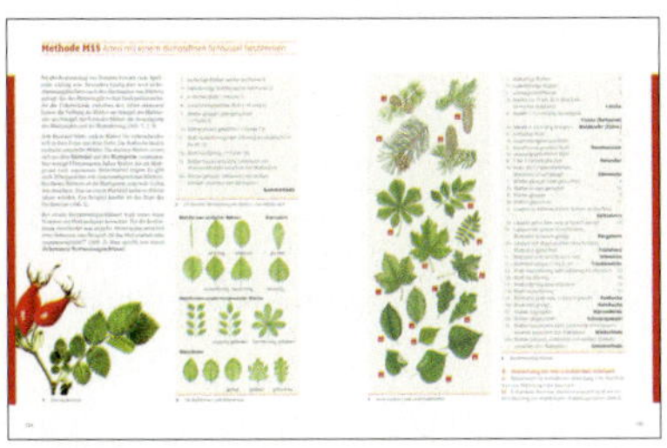

4 *Methoden-Seiten*

5 *Wiederholen-Üben-Festigen-Seiten*

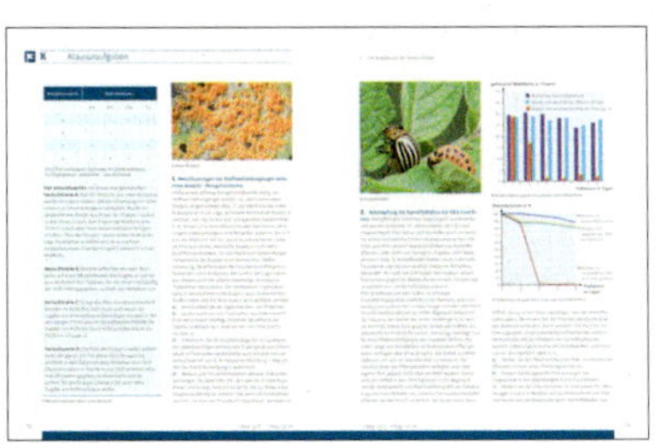

6 *Klausuraufgaben-Seiten*

Kapiteleinstieg Diese Seite gibt einen ersten Überblick über das Kapitel (Abb. 2). Der Advance Organizer ist der rote Faden innerhalb des Kapitels. Auf ihn kann jederzeit zur Wiederholung bereits behandelter Inhalte und als Ausblick für die kommenden Inhalte zurückgegriffen werden. Dies unterstützt Sie bei der Erschließung der neuen Sachverhalte.

Basiskonzepte Diese Seiten sind am grünen Design zu erkennen (Abb. 3). Neben der Beschreibung der einzelnen abiturrelevanten Basiskonzepte sind hier für Sie alle Basiskonzepte mit Beispielen angegeben. Aus dem Buch bekannte Abbildungen ergänzen die Erläuterungen und tragen zu ihrem Verständnis bei.

Methoden Auf eigenen Methoden-Seiten werden wichtige fachspezifische oder fachübergreifende Arbeitsmethoden vorgestellt und eingeübt (Abb. 4). Diese Seiten sind am roten Layout zu erkennen. Besonderes Augenmerk ist dabei auf Methoden zur Strukturierung von Gelerntem, zusätzlich auf die Durchführung von Experimenten, die Klausur- und Abiturvorbereitung, die Materialauswertung sowie auf die Überprüfung der erworbenen Kompetenzen (Selbsteinschätzung) gelegt.

Wiederholen-Üben-Festigen Die W-Ü-F-Seiten am Ende eines Kapitels bieten die Möglichkeit zur selbstständigen Überprüfung des Gelernten anhand der Bearbeitung der an Basiskonzepte gebundenen Aufgaben (Abb. 5). Hier werden alle Kompetenzen mit fachspezifischen Konkretisierungen wortwörtlich angegeben. Bei jeder Kompetenz wird auf die relevanten Abschnitte im Buch verwiesen. In Kombination mit den Materialien zur Selbsteinschätzung sind diese Seiten für eine nachhaltige Vorbereitung auf Klausuren besonders geeignet.

Klausuraufgaben Die Klausuraufgaben-Seiten enthalten Aufgaben, wie sie auch in Klausuren und im Abitur vorkommen (Abb. 6). Sie sind nach prüfungsdidaktischen Vorgaben erstellt und weisen das gleiche Format wie die Abituraufgaben auf. So wird eine intensive Vorbereitung auf Klausuren ermöglicht.

Selbsteinschätzungsbögen Ein wesentliches Ziel dieser Bögen ist es, Ihnen Klarheit darüber zu geben, über welche Kompetenzen Sie tatsächlich verfügen. Durch den Einsatz von Selbsteinschätzungsbögen in Kombination mit speziell ausgewählten Aufgaben zum „Wiederholen – Üben – Festigen“ reflektieren Sie Ihre Kompetenzen, erkennen Ihre Stärken und Schwächen und leiten daraus Ihren individuellen Kenntnisstand und den weiteren Übungsbedarf ab.

bioskop vernetzt Am unteren Rand jeder Seite finden Sie Hinweise auf die wesentlichen Vernetzungen zu anderen Abschnitten im Buch. Dies erleichtert Ihnen das selbstständige Wiederholen und Vertiefen bekannter Inhalte sowie das Erarbeiten neuer Aspekte.

Glossar Wichtige biologische Fachbegriffe und ihre Erklärung sind am Ende des Schulbuchs dargestellt. Sie dienen vor allem dem Nachschlagen und Erlernen wichtiger Fachbegriffe.

Methode M2 Aufgaben richtig verstehen – Operatoren

Im Unterricht, zu Hause oder in Klausuren werden Aufgaben bearbeitet. Sie beinhalten immer eine oder mehrere Arbeitsanweisungen, die sogenannten **Operatoren**, die auch für die Abiturklausuren verbindlich sind und einheitlich verwendet werden.

Ein Operator bestimmt die Art der Aufgabe und den Umfang der Bearbeitung. Er verdeutlicht, was man mit den angegebenen Materialien machen soll. Um Aufgaben richtig zu verstehen, ist es notwendig, die Bedeutung der Arbeitsanweisungen zu kennen.

In der unten stehenden Tabelle sind die aktuell gültigen Operatoren genannt. Damit wird die jeweils erwartete Leistung beschrieben.

In diesem Schulbuch finden sich zahlreiche verschiedene Beispiele zum Einsatz der Operatoren, sodass man sich mit der Bedeutung der Operatoren bei der Bearbeitung vielfältiger Aufgabentypen vertraut machen kann. Auf diese Weise lassen sich Fehlinterpretationen von Arbeitsanweisungen in Klausuren oder im Abitur verhindern.

Operator	Beschreibung der erwarteten Leistung
ableiten	auf der Grundlage von Erkenntnissen oder Daten sachgerechte Schlüsse ziehen
abschätzen	durch begründete Überlegungen Größenwerte angeben
analysieren	wichtige Bestandteile, Eigenschaften oder Zusammenhänge auf eine bestimmte Fragestellung hin herausarbeiten
anwenden	einen bekannten Sachverhalt oder eine bekannte Methode auf etwas Neues beziehen
aufbauen eines Experiments	Objekte und Geräte zielgerichtet anordnen und kombinieren
aufstellen / formulieren	chemische Formeln, Gleichungen, Reaktionsgleichungen (Wort- oder Formelgleichungen), Reaktionsmechanismen entwickeln
Hypothese aufstellen	eine Vermutung über einen unbekannten Sachverhalt formulieren, die fachlich fundiert begründet wird
angeben / nennen	Formeln, Regeln, Sachverhalte, Begriffe, Daten ohne Erläuterung aufzählen bzw. wiedergeben
auswerten	Beobachtungen, Daten, Einzelergebnisse oder Informationen in einen Zusammenhang stellen und daraus Schlussfolgerungen ziehen
begründen	Gründe oder Argumente für eine Vorgehensweise oder einen Sachverhalt nachvollziehbar darstellen
berechnen	die Berechnung ist ausgehend von einem Ansatz darzustellen
beschreiben	Beobachtungen, Strukturen, Sachverhalte, Methoden, Verfahren oder Zusammenhänge strukturiert und unter Verwendung der Fachsprache formulieren
bestätigen	die Gültigkeit einer Aussage (z.B. einer Hypothese, einer Modellvorstellung, eines Naturgesetzes) zu einem Experiment, zu vorliegenden Daten oder zu Schlussfolgerungen feststellen
beurteilen	das zu fällende Sachurteil ist mit Hilfe fachlicher Kriterien zu begründen
bewerten	einen Sachverhalt vor dem Hintergrund gesellschaftlicher Werte und Normen einschätzen und dadurch zu einem Werturteil gelangen
darstellen	Strukturen, Sachverhalte oder Zusammenhänge strukturiert und unter Verwendung der Fachsprache formulieren, auch mithilfe von Zeichnungen und Tabellen
diskutieren / erörtern	Argumente zu einer Aussage oder These einander gegenüberstellen und abwägen
dokumentieren (in Zusammenhang mit dem GTR / CAS)	Bei Verwendung eines elektronischen Rechners den Lösungsweg nachvollziehbar darstellen
durchführen eines Experiments	an einer Experimentieranordnung zielgerichtete Messungen und Änderungen vornehmen oder eine Experimentieranleitung umsetzen

Operator	Beschreibung der erwarteten Leistung
entwickeln	Sachverhalte und Methoden zielgerichtet miteinander verknüpfen: eine Hypothese, eine Skizze, ein Experiment, ein Modell oder eine Theorie schrittweise weiterführen und ausbauen
erklären	einen Sachverhalt nachvollziehbar und verständlich machen, indem man ihn auf Regeln und Gesetzmäßigkeiten zurückführt
erläutern	einen Sachverhalt veranschaulichend darstellen und durch zusätzliche Informationen verständlich machen
ermitteln	ein Ergebnis oder einen Zusammenhang rechnerisch, grafisch oder experimentell bestimmen
herleiten	mithilfe bekannter Gesetzmäßigkeiten einen Zusammenhang zwischen chemischen bzw. physikalischen Größen herstellen
interpretieren / deuten	naturwissenschaftliche Ergebnisse, Beschreibungen und Annahmen vor dem Hintergrund einer Fragestellung oder Hypothese in einen nachvollziehbaren Zusammenhang bringen
ordnen / zuordnen	Begriffe oder Gegenstände auf der Grundlage bestimmter Merkmale systematisch einteilen
planen	zu einem vorgegebenen Problem (auch experimentelle) Lösungswege entwickeln und dokumentieren
protokollieren	Beobachtungen oder die Durchführung von Experimenten zeichnerisch bzw. fachsprachlich richtig wiedergeben
prüfen / überprüfen	Sachverhalte oder Aussagen an Fakten oder innerer Logik messen und eventuelle Widersprüche aufdecken
skizzieren	Sachverhalte, Prozesse, Strukturen oder Ergebnisse übersichtlich grafisch darstellen
untersuchen	Sachverhalte oder Phänomene mithilfe fachspezifischer Arbeitsweisen erschließen
vergleichen	Gemeinsamkeiten und Unterschiede kriteriengeleitet herausarbeiten
zeichnen	Objekte grafisch exakt darstellen
zusammenfassen	das Wesentliche in konzentrierter Form herausstellen

Bei der Unterscheidung der häufig verwendeten folgenden Operatoren bestehen häufig Unsicherheiten.

Beim „**Angeben**“ oder „**Nennen**“ geht es ausschießlich darum, Formeln, Regeln, Sachverhalte, Begriffe, Daten ohne Erläuterung aufzuzählen bzw. wiederzugeben.

Beim „**Beschreiben**“ sollen Beobachtungen, Strukturen, Sachverhalte, Methoden, Verfahren oder Zusammenhänge strukturiert und unter Verwendung der Fachsprache formuliert werden. Hier wird von Ihnen ein strukturierter, zusammenhängender Text unter Verwendung geeigneter Fachbegriffe erwartet, der nur beschreibend ausgerichtet ist und nicht auf Kausalitäten eingeht.

Beim „**Erklären**“ wird von Ihnen erwartet, dass Sie einen Sachverhalt nachvollziehbar und verständlich machen, indem man ihn auf Regeln und Gesetzmäßigkeiten zurückführt. Es wird von Ihnen ein strukturierter, zusammenhängender Text unter Verwendung geeigneter Fachbegriffe erwartet, der jedoch nicht beschreibend ausgerichtet ist, sondern stärker auf Regeln und Gesetzmäßigkeiten eingeht. Beachten Sie dabei, die Sachverhalte möglichst in letzter Konsequenz zu erklären, ohne wichtige Erklärungszusammenhänge zu überspringen.

Bei dem Operator „**Erläutern**“ sollen Sie einen Sachverhalt veranschaulichend darstellen und durch zusätzliche Informationen verständlich machen. Das „Erläutern“ umfasst beim Veranschaulichen sowohl beschreibende als auch beim Verständlichmachen erklärende Aspekte. Der Hinweis „zusätzliche Informationen“ bezieht sich dabei entweder auf gelerntes Grundlagenwissen oder auf Material, auf das in der Aufgabenstellung verwiesen wird.

Methode M3 Naturwissenschaftliches Arbeiten in der Biologie

1 *Der Rotaugenlaubfrosch – vom Aussterben bedroht?*

Amphibien existieren bereits seit rund 360 Millionen Jahren, das bedeutet, sie lebten bereits zur Zeit der Dinosaurier. Heute gehen die Amphibienpopulationen weltweit zurück. Mehr als ein Drittel der etwa 6600 bekannten Amphibienarten werden in der Roten Liste der Weltnaturschutzorganisation IUCN als vom Aussterben bedroht kategorisiert.

Die Ursachen für das Amphibiensterben sind vielfältig. Weltweit sterben zurzeit immer mehr Amphibien an der tödlichen Chytridiomykose. Diese von dem Pilz *Batrachochytrium dendrobatidis* ausgelöste Seuche befällt inzwischen Frösche, Kröten und Lurche auf fünf Kontinenten. Sie gilt als eine der Hauptursachen für den Amphibienschwund. Auch bestimmte Arten aus der Familie der Rotaugenlaubfrösche sind vom Aussterben bedroht (Abb. 1). Methoden, mit denen sich diese Infektion aufhalten lässt, werden dringend benötigt, um den Verlust der Artenvielfalt zu verhindern. In den letzten Jahren ist es Biologen erstmals gelungen, wildlebende Kröten von einer Infektion mit der Amphibienseuche zu befreien.

Die Biologie ist eine **empirische Wissenschaft** und nutzt den Weg der naturwissenschaftlichen Erkenntnisgewinnung (Abb. 2). Sie erzielt Ergebnisse mithilfe beobachtbarer Erfahrungen. Forschende machten zuerst **Beobachtungen** zur Heilung von Einzelfröschen im Labor, denn es gibt mittlerweile einige Versuche, infizierte Amphibien durch bestimmte mikrobiell wirkende Medikamente vom Pilz zu befreien. Doch dies funktionierte bis vor einigen Jahren nur in Gefangenschaft. Man stellte sich die **Frage**, ob der Einsatz der Medikamente auch in der freien Natur in abgeschlossenen Gewässern durchgeführt werden kann, denn nur so könnte man dem Amphibiensterben aktiv begegnen.

Diese Fragestellung hat sich aus der Beobachtung ergeben. Sie konnte geklärt werden, indem die Forschenden zunächst **Hypothesen** aufgestellt haben. Hypothesen sind nicht spekulativ, sondern werden auf der Basis von Vorwissen entwickelt.

Der Befall mit dem Chytridpilz ist den Amphibien nicht anzusehen und auch die Krankheitssymptome sind zudem nicht eindeutig. Ausgehend von der Infektion durch einige wenige Pilzsporen breitet sich der Pilz auf der Froschhaut aus. Meist tritt der Tod erst mehrere Tage bis Wochen nach der Infektion ein. Es dauert einige Zeit, bis sich der Chytridpilz über große Teile der Haut ausgebreitet hat und die typischen Symptome verursacht. Fließgewässer wären aufgrund der ständigen Verdünnung nur sehr schwer mit einem Medikament zu entpilzen. Aus früheren Studien war den Forschenden jedoch bekannt, dass der Amphibienpilz eine Austrocknung nicht überlebt.

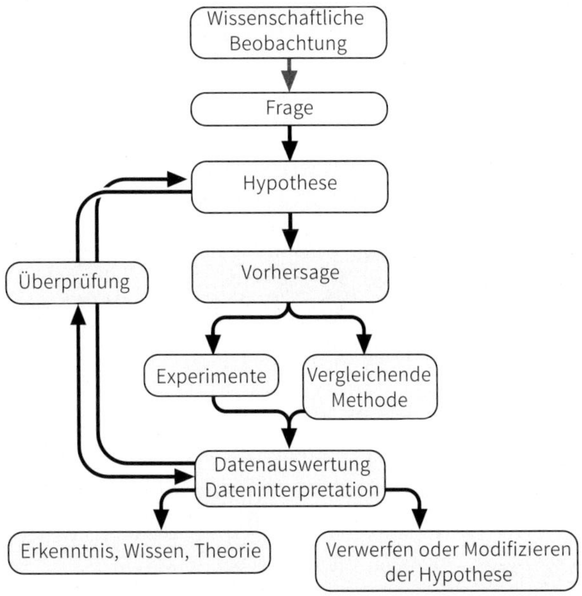

2 *Weg des naturwissenschaftlichen Erkenntnisgewinns*

Es wurde die Hypothese aufgestellt, dass man alle befallenen Frösche im Labor entpilzen und diese in vollständig sporenfreies Wasser wieder einsetzen kann. Die Anwendung des Medikaments im Gewässer wäre aufgrund der einzusetzenden Menge und der Nebenwirkungen erheblich schwieriger.

Für ihr **Überprüfungsexperiment** fingen die Forschenden aus drei Tümpeln so viele Kaulquappen der Kröten, wie möglich und brachten sie ins Labor. Dort wurden die befallenen Tiere täglich in einem Antipilzmittel gebadet und anschließend in frisches Wasser umgesetzt. Zur gleichen Zeit pumpten die Forschenden die kleinen Heimattümpel der Kaulquappen komplett leer und ließen sie abtrocknen. Weiterhin setzte man Desinfektionsmittel ein, um noch verbliebene Sporen, z. B. in Bodenritzen, unschädlich zu machen. Dann isolierte man die Tümpel, um eine erneute Ansteckung durch zuwandernde Tiere zu verhindern. Die Herbstregen füllten die Tümpel mit frischem Wasser wieder auf. Als die Forschenden den Zustand der Kaulquappen und der aus ihnen heranwachsenden Kröten in den nächsten Wochen regelmäßig überprüften, zeigte sich ein Erfolg. Bei keinem der Tiere war eine Infektion festzustellen. Auch im Jahr darauf fanden die Forschenden an den drei behandelten Tümpeln keine mit dem Pilz infizierten Kaulquappen oder Kröten mehr.

Eine **Auswertung der Daten** und die **Dateninterpretation** ergaben, dass die Kombination von antimikrobieller Behandlung der infizierten Tiere mit einer Desinfektion ihres Lebensraums nicht nur die Infektion beseitigt, sondern auch, für gewisse Zeit, eine Wiederansteckung verhindert. Durch die Überprüfung der Ergebnisse konnte die Hypothese der Forschenden **bestätigt** werden. Dieses Ergebnis ist jedoch nur ein erster Schritt zur Bekämpfung der Amphibienseuche. Selbst wenn der Einsatz eines Desinfektionsmittels im Freiland nicht unumstritten ist, kann diese Methode gerade bei stark bedrohten Arten das Überleben dieser Art sichern. Um jedoch der Bedrohung der Chytridiomykose effektiv zu begegnen, werden schnelle Strategien benötigt, die auf kostengünstige und überall anwendbare Weise die Infektion beseitigen können.

Im Jahr 2010 erreichte der Erreger der Chytridiomykose die Insel Madagaskar im indischen Ozean. Dort leben etwa 290 Amphibienarten, die nur dort vorkommen. Auf Madagaskar ist es jedoch bisher zu keinem Massensterben gekommen, obwohl sich der Erreger dort schnell ausbreitet. Möglicherweise entwickelten die Amphibienarten Madagaskars im Laufe der Evolution bereits **Angepasstheiten**. Dabei haben sich möglicherweise Resistenzen herausgebildet und die Frösche sind dadurch resistent gegen die ansonsten tödlichen Auswirkungen des Pilzbefalls. Dies muss erst noch durch weitere Untersuchungen bestätigt werden.

Die **Biologie** (griech. *bios:* Leben, *logos:* Lehre) ist die Erforschung des Lebendigen mit naturwissenschaftlichen Methoden. Zum Lebendigen gehören alle Lebewesen und ihre Wechselwirkungen. Die biologische Forschung untersucht die Merkmale des Lebens, die Unterschiede dieser Merkmale bei verschiedenen Organismen und wie diese Merkmale zusammenwirken und so das Überleben sichern. Die Biologie untersucht nicht nur Lebewesen, sondern auch die **Biosysteme**, die in ihrer Gesamtheit sämtliche Lebensprozesse erst ermöglichen. Das größte Biosystem ist die **Biosphäre**. In ihr haben die Vorgänge der **Evolution** die immense Vielfalt des Lebens hervorgebracht, das heute auf der Erde existiert. Sämtliche Lebewesen sind dabei an die unterschiedlichsten Bedingungen angepasst worden. Biologische Forschung umfasst daher Vorgänge von der Größe eines Moleküls bis hin zum System der Biosphäre unseres Planeten, Ereignisse von Millionstelsekunden Dauer bis hin zu Milliarden Jahren.

Methode M4 Kompetenzsicherheit und Selbsteinschätzung

Selbsteinschätzungsbogen: Molekulargenetik

Mithilfe dieses Selbsteinschätzungsbogens können Sie Ihren aktuellen Kenntnisstand und Ihre Vorstellungen zum Thema „Molekulargenetik" realistisch einschätzen. Die Aufgaben sind keine Testaufgaben und werden nicht bewertet. Bitte bearbeiten Sie die folgenden Aufgaben ohne Hilfsmittel so genau wie möglich.

1) Machen Sie sich zunächst alleine Gedanken über Ihre Fähigkeiten und kreuzen Sie an.
2) Lösen Sie die untenstehenden Aufgaben, um Ihre Einschätzung zu überprüfen.
3) Vergleichen Sie die Ergebnisse in Partnerarbeit oder mit dem vorgegebenen Lösungsblatt. Ziehen Sie Schlussfolgerungen über Ihren Kenntnisstand.
4) Vergleichen Sie Ihre Fähigkeiten mit Ihrer ersten Einschätzung und kennzeichnen Sie dies in der vorletzten Spalte.
5) Bearbeiten Sie die in der letzten Spalte genannten Hinweise zu den Kompetenzen, die Sie noch nicht sicher beherrschen.

	Kompetenzen **Sie können ...**	**sicher**	**ziemlich sicher**	**unsicher**	**sehr unsicher**	**Einschätzung korrekt?**	**Hinweise im Kapitel**
SK	ein Modell zum Bau der DNA beschreiben und es mit einem entsprechenden Modell zum Bau der RNA vergleichen.						B1, 1.2
EK	mithilfe des genetischen Codes aus Basensequenzen der DNA Aminosäuresequenzen von Proteinen und umgekehrt ableiten.						1.4, 1.5, 1.6
EK	mögliche Angriffsorte für Antibiotika aus Unterschieden zwischen der Proteinbiosynthese bei Prokaryoten und Eukaryoten ableiten.						1.5, 1.12, 2.1, B1

1 *Ausschnitt aus dem Selbsteinschätzungsbogen „Molekularbiologie"*

Bei der Vorbereitung auf Klausuren und das Abitur kommt es auch darauf an, alle wesentlichen Kompetenzen des Fachs Biologie zu beherrschen. Unter „Kompetenz" wird hier die Fähigkeit verstanden, Aufgaben und Probleme unter Verwendung allgemeiner naturwissenschaftlicher und fachspezifisch biologischer Methoden und Arbeitstechniken selbstständig zu lösen. Ein effektives und nachhaltiges Lernen beinhaltet auch eine aktive Auseinandersetzung mit dem Lernstoff. Hierzu gehört auch, dass Sie sich darüber im Klaren sind, welche Kompetenzen Sie bereits sicher beherrschen oder welche Kompetenzen Sie noch gezielt verbessern sollten.

Im Fach Biologie gibt es sowohl inhaltsbezogene als auch prozessbezogene Kompetenzen. Die prozessbezogenen Kompetenzen beziehen sich auf die Bereiche Erkenntnisgewinnung, Kommunikation und Bewertung. Die inhaltsbezogenen Kompetenzen beziehen sich auf biologische Fachkenntnisse, die nach den fünf Basiskonzepten gegliedert sind. **Fachwissen (FW)** bezieht sich dabei nicht nur auf die Verfügbarkeit von reinen Fakten. Bei den meisten Aufgaben sollen Sie vor allem unter Bezug auf die konkreten Materialien Ihre Fachkenntnisse anwenden und auf neue Sachverhalte übertragen können. Bei der **Erkenntnisgewinnung (EG)** geht es im Wesentlichen um den Umgang mit Problemlösungsstrategien, fachspezifische Arbeitstechniken, z. B. das Mikroskopieren, und die Reflexion von Möglichkeiten und Grenzen wissenschaftlicher Erkenntnisgewinnung. Letzteres wird besonders bei der Auseinandersetzung mit Experimenten und Modellvorstellungen deutlich. Zum Bereich der **Kommunikation (KK)** gehört der sachgerechte Umgang mit Texten und anderen Informationsträgern, wie etwa Bildern, Grafiken und Tabellen. Sie sollen dabei den Informationsgehalt der verschiedenen Materialien erfassen, sie aufeinander beziehen und verarbeiten und die Sachverhalte fachsprachlich angemessen darstellen. **Bewertungskompetenz (BW)** bezieht sich zum einen auf umweltverträgliches und reflektiertes Handeln im Sinne einer Bildung für nachhaltige Entwicklung, zum anderen auf den Bereich der Bioethik, der die kritische Beurteilung moderner biotechnologischer und biomedizinischer Verfahren zum Inhalt hat.

Ein wesentliches Ziel dieser Methode zur Selbsteinschätzung ist es, Ihnen Klarheit darüber zu geben, über welche Kompetenzen Sie tatsächlich verfügen. Durch den Einsatz von Selbsteinschätzungsbögen in Kombination mit speziell ausgewählten Aufgaben zum „Wiederholen – Üben – Festigen" reflektieren Sie Ihre Kompetenzen, erkennen Ihre Stärken und Schwächen und leiten daraus Ihren individuellen Kenntnisstand und den weiteren Übungsbedarf ab. In den Bögen werden die entsprechenden Kompetenzen des Fachlehrplans in Form von „Sie können..."-Sätzen verständlich formuliert und in Form einer Kompetenzmatrix (Tabelle) angeordnet (Abb. 1). Die Selbsteinschätzungsbögen sind über Webcodes im Buch abrufbar.

Die Selbsteinschätzungsbögen bieten Ihnen eine gute Möglichkeit, Ihre Stärken und Schwächen eigenständig zu erkennen und selbst zu überlegen, wie Sie sich verbessern können.

- Sie machen sich Ihre Stärken und Schwächen im Zusammenhang mit den Kompetenzen im Fach Biologie selbst bewusst.
- Sie erkennen, erfahren und begreifen Ihren Kompetenzzuwachs und reflektieren Ihr eigenes Lernverhalten.
- Sie übernehmen Verantwortung für das eigene Lernen.
- Bei Partneraufgaben kommunizieren Sie auf gleicher Ebene mit Ihren Mitschülerinnen und Mitschülern.
- Die Lehrkraft erhält die Möglichkeit, viel über unterschiedliche Lernwege einzelner Schülerinnen und Schüler zu erfahren und kann auf Wunsch individuelle Rückmeldung geben.

2 *Vorteile der Selbsteinschätzungsbögen*

Dabei werden Ihre Eigenständigkeit und die Übernahme von Verantwortung für Ihren eigenen Lernprozess unterstützt (Abb. 2). Die Objektivität der Selbstreflexion kann gesteigert werden, indem Sie sich z. B. nach der Bearbeitung der Bögen untereinander austauschen, gegenseitig helfen und dies auch schriftlich für die Lehrkraft sichtbar machen.

1. Lesen des Aufgabentextes und des Materials
2. Analysieren des Aufgabentextes (Operatoren, ...)
3. Analysieren des Materials (Kernaussagen, inhaltliche Schlüsselbegriffe, Zusammenhänge mit anderen Materialien, notwendige Fachbegriffe...)
4. Erstellen der Gliederung für die Bearbeitung der Aufgabe auf dem Konzeptpapier, welche den „roten Faden" im Lösungsgang erkennen lässt
5. Überprüfen der Gliederung auf Vollständigkeit
6. Anfertigen der Reinschrift (Operator bedenken, klare, verständliche Ausdrucksweise, Verwendung der Fachsprache, angemessene äußere Form)

3 *Hinweise zur Bearbeitung von Aufgaben*

So arbeiten Sie mit den Selbsteinschätzungsbögen:

Schritt 1: Verschaffen Sie sich mithilfe des Selbsteinschätzungsbogens einen ersten Überblick darüber, welche Kompetenzen für den jeweiligen inhaltlichen Lernbereich zu einem biologischen Thema verbindlich sind. Schätzen Sie danach selbst ein, wie sicher Sie die entsprechenden Kompetenzen beherrschen.

Schritt 2: Die speziellen Aufgaben des Selbsteinschätzungsbogens ermöglichen Ihnen, Ihren Leistungsstand zu überprüfen. Beachten Sie dabei die in Abb. 3 dargestellten Hinweise. Durch die Bearbeitung dieser Aufgaben trainieren Sie die geforderten Kompetenzen. Weiterhin können Sie anhand der Aufgabenbearbeitung leicht ermitteln, in welchen Kompetenzbereichen Sie besondere Stärken aufweisen oder noch Lücken haben.

Schritt 3: Nachdem Sie die Aufgaben gelöst haben, können Sie sich untereinander über die Ergebnisse und den Bearbeitungsweg austauschen oder Sie vergleichen Ihre Arbeitsergebnisse mit einer Musterlösung, die Sie von Ihrer Lehrkraft erhalten. Neben dem Wissen, in welchen Bereichen Sie besonders stark sind, gilt es bei der Bearbeitung der Aufgaben herauszufinden, ob und warum Sie Aufgaben nur teilweise oder gar nicht gelöst haben. Eine Möglichkeit besteht darin, dass Ihnen das notwendige Fachwissen (FW) noch fehlt. Es ist jedoch auch denkbar, dass Sie noch Schwierigkeiten bei der Beherrschung der prozessbezogenen Kompetenzen (EG, KK, BW) oder im methodischen Bereich haben, z. B. bei der Entwicklung der Lösungsstrategie.

Schritt 4: Jetzt beginnen Sie damit, ausgehend von Ihren Stärken, die noch vorhandenen Lücken systematisch zu schließen. Vergleichen Sie anhand des Selbsteinschätzungsbogens, ob Ihre Selbsteinschätzung korrekt war. In der letzten Spalte finden Sie Verweise auf die Kapitel, die inhaltlich eng mit der Kompetenz verknüpft sind, die Sie noch nicht sicher beherrschen.
Arbeiten Sie die entsprechenden Kapitel noch einmal durch. Bearbeiten Sie im Anschluss die Aufgaben im Kapitel „Wiederholen – Üben – Festigen", um Ihre neu erworbenen Kompetenzen unter Beweis stellen zu können und so den Lernerfolg zu überprüfen. So verbessern Sie Ihre Leistungen individuell und zielgenau. Sie können sich auf diese Weise effizient und nachhaltig auf Klausuren und das Abitur vorbereiten.

Methode M5 Mit wissenschaftlichen Daten umgehen

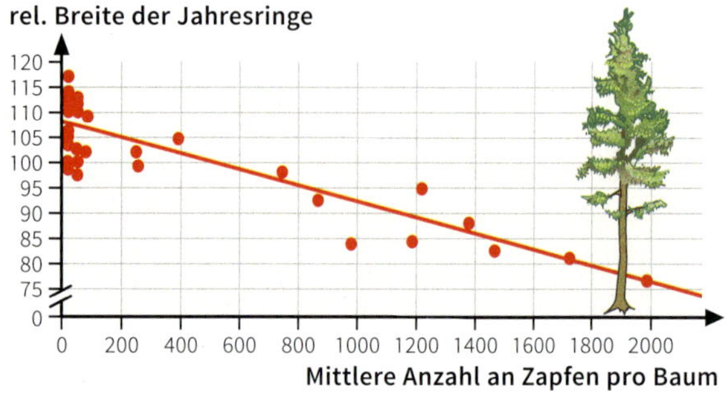

1 *Jährlicher Zuwachs und gebildete Zapfen innerhalb einer Douglasienpopulation*

Von Biologen und Biologinnen werden im naturwissenschaftlichen Erkenntnisgewinnungsprozess sorgfältig geplante Experimente durchgeführt, in deren Verlauf eine Vielzahl von Messwerten erfasst wird. Zudem liegen in der Biologie weitere Arten von Daten vor, die zum Beispiel auf Beobachtungen in der Natur beruhen. Gemeinsam ist den erhobenen Daten, dass sie zur Überprüfung von Hypothesen und Theorien genutzt werden. Darüber hinaus präsentieren Biologen häufig Messdaten, die sie mithilfe von Tabellen und Diagrammen übersichtlich und verständlich darstellen.

Das Auswerten von Diagrammen umfasst verschiedene Schritte. Grundlage für die fachliche Auswertung von Diagrammen ist die richtige Beschreibung der Diagrammanlage sowie der im Diagramm dargestellten Inhalte. Entsprechend enthält eine Beschreibung keinerlei deutende Aspekte. Die Beschreibung der **Diagrammanlage** umfasst eine erste thematische Einordnung, die Nennung des Diagrammtyps, die Koordinatenachsen, deren Einheiten sowie die Skalierung. Die Einteilung der Achsen muss nicht immer linear sein, sie können auch unterbrochen oder logarithmisch ausgeführt sein. Die **unabhängige Variable**, wird zumeist auf der X-Achse aufgetragen. Die **abhängige Variable**, also diejenige Größe die in ihrer Ausprägung von der unabhängigen Variablen bestimmt wird, ist entsprechend auf der Y-Achse abgetragen.

Beispiel: Abbildung 1 zeigt die mittlere Zahl der gebildeten Zapfen pro Douglasie für eine Douglasienpopulation. Die Anzahl ist in 200er Schritten von 0 bis 2200 Zapfen aufgetragen. In Abhängigkeit der Zapfenzahl ist der Zuwachs an Biomasse für die Bäume anhand der relativen Breite der Jahresringe dargestellt. Deren relative Breite ist beginnend bei 75 relativen Einheiten in 5er-Schritten bis zu 120 relativen Einheiten abgetragen.

Nachfolgend werden die Aspekte des **Diagramminhaltes** beschrieben. Dabei ist eine erste Einordnung des Diagrammtyps günstig, da so die Verteilung der Daten besser nachvollziehbar ist (Abb. 2). Wesentlich für eine gelungene inhaltliche Beschreibung ist, dass bei den Formulierungen immer Bezug auf die inhaltlichen Größen genommen wird und nie auf deren zeichnerische Darstellung. Zumeist bietet es sich an, mit dem Startpunkt zu beginnen und konsequent die Beschreibung fortzuführen. Wenn es die Möglichkeit gibt, mehrere Phasen zu beschreiben, können logisch zusammenhängende Einheiten dargestellt werden, sodass die Auswertung eine nachvollziehbare Struktur aufweist. Markante Punkte in Diagrammen bieten sich an, in die Beschreibung der Daten aufgenommen zu werden. Die Daten hierfür werden überwiegend experimentell oder durch Beobachtung erhoben.

Hierzu zählen beispielsweise Hoch- und Tiefpunkte, Wendepunkte, Anfangs- und Endpunkte oder Punkte, bei denen auffällige Änderungen im Kurvenverlauf eintreten. Es sollte jedoch nicht jede kleine Änderung im Kurvenverlauf beschrieben werden, da in biologischen Systemen leichte Schwankungen häufig gemessen werden, diese jedoch einem allgemeinen Trend unterliegen. Auch hier ist es günstig, sich an typischen Kurvenverläufen zu orientieren, da so die Beschreibung der Diagramminhalte eindeutiger nachvollziehbar ist.

Beispiel: Die in Abbildung 1 abgetragenen Messwerte zeigen, dass es einen linear abnehmenden Zusammenhang zwischen der durchschnittlichen Zapfenanzahl und der relativen Breite der Jahresringe bei Douglasienbäumen gibt. Bilden Douglasienbäume wenige Zapfen, misst man im Durchschnitt eine relative Jahresringbreite von 110 Einheiten, wobei die Werte um ca. +/- 15 Einheiten schwanken. Mit zunehmender durchschnittlicher Zapfenzahl nimmt die relative Breite der Jahresringe linear ab, bis sie bei 2 000 Zapfen noch 80 Einheiten der durchschnittlichen Jahresringbreite beträgt. Die gemessenen Daten schwanken um die errechnete Gerade. Vereinfacht kann man formulieren, dass dies für den dargestellten Wertebereich einer Abnahme von 15 Einheiten des relativen Wachstums pro 1 000 gebildeter Zapfen entspricht.

Sind in einem Diagramm unterschiedliche Messwerte miteinander verknüpft, werden oft mehrere Y-Achsen eingezeichnet, sodass die abhängigen Variablen nachvollziehbar in Beziehung zueinander gesetzt werden. Dabei kann jede Y-Achse eine eigene Einheit und Skalierung aufweisen. Für die Auswertung ist es wichtig, dass die Bezüge auf die Y-Achsen immer richtig gewählt werden. Um Verwechslungen zu vermeiden bietet es sich daher an, die Y-Achsen nacheinander konsequent zu beschreiben.

Abhängig von den Daten können auch **andere Diagrammtypen** verwendet werden. Liegen beispielsweise keine kontinuierlichen Daten vor, sind die Datenpunkte nicht miteinander verbunden sondern werden in Form eines Punkte- oder Balkendiagramms dargestellt. Sind hingegen beispielsweise prozentuale Anteile darzustellen, eignen sich Tortendiagramme oder Stapeldiagramme, da diese gut und verständlich die Relation zur Gesamtmenge verdeutlichen.

Liniendiagramme sind ein häufig genutzter Diagrammtyp, der immer dann sachgerecht ist, wenn es zwischen den Daten kontinuierliche Übergänge gibt (Abb. 2). Messwerte sind oft nicht direkt nacheinander erhoben worden, sodass das Zeichnen eines Kurvenverlaufes streng genommen schon einer Deutung der Messdaten gleichkommt. Zudem dürfen etwaige Ausreißer nicht aus der Darstellung entfernt werden.

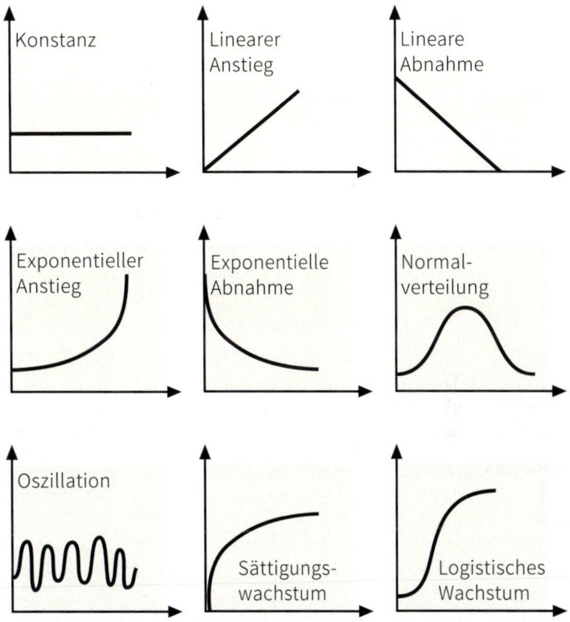

2 *Kurvenverläufe bei Liniendiagrammen*

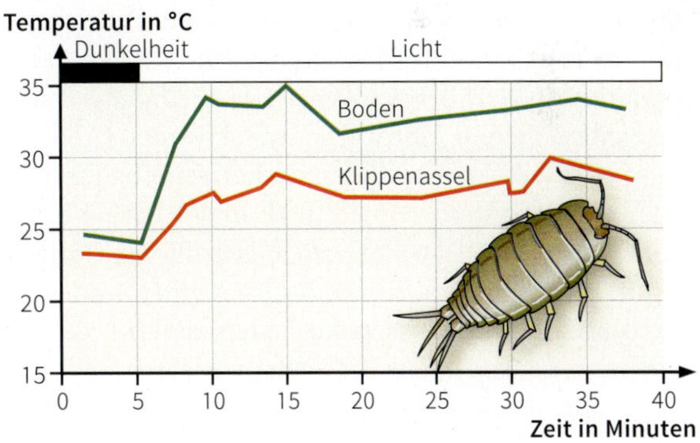

3 *Körpertemperatur von Klippenasseln*

1. Messung der Körpertemperatur von Klippenasseln.

In einer Messreihe wurden die Temperaturen von an der Küstelinie lebenden Klippenasseln sowie ihrer Umgebung gemessen (Abb. 3). Diese weiden in trockengefallenen Gezeitenbereichen Algen ab und können an Land durch Verdunstung ihre Körpertemperatur absenken.

a) Begründen Sie die Auswahl eines Liniendiagramms zur Darstellung der beobachteten Daten in Abbildung 3.

b) Gliedern Sie den Kurvenverlauf in Abbildung 3 und erklären Sie Ihre Gliederung.

c) Beschreiben Sie ausführlich die Messergebnisse in Abbildung 3.

2. Räumliche Verteilung von Schwalbenschwanz-Schmetterlingen.

a) Erstellen Sie ein Balken- und ein Liniendiagramm zur Artenzahl der Schwalbenschwanz-Schmetterlinge (Abb. 4).

b) Beurteilen Sie die Aussagekraft der beiden Diagrammtypen.

	Nördliche Breite							Südliche Breite				
Geografische Breite in °	70 – 60	< 60 – 50	< 50 – 40	< 40 – 30	< 30 – 20	< 20 – 10	0	> 0 – 10	> 10 – 20	> 20 – 30	> 30 – 40	> 40 – 50
Artenzahl	9	24	62	121	127	161	239	60	160	91	22	1

4 *Muster der Artenverteilung entlang der Breitengrade*

B Ebenen der biologischen Organisation – Systemebenen

1 *Ebenen biologischer Organisation*

Ein Merkmal des Lebens auf der Erde ist die riesige Vielfalt. Um die Vielfalt biologischer Phänomene und Sachverhalte zu ordnen, sind verschiedene Ordnungssysteme entwickelt worden. Biologische Sachverhalte können nach den Ebenen biologischer Organisation, den **Systemebenen**, sinnvoll geordnet werden (Abb. 1). Dabei baut jede Ebene auf den vorherigen Ebenen auf. Unter einem System versteht man in der Biologie ein gegen die Umwelt abgegrenztes, geordnetes Ganzes aus untereinander in Beziehung stehenden und sich wechselseitig beeinflussenden Teilen, das zur Selbstregulation fähig ist. Jede der Systemebenen beinhaltet neue Eigenschaften, die zuvor nicht vorhanden waren. Das „Leben" ist beispielsweise die charakteristische neue Eigenschaft der Systemebene der Zellen.

Zur Ebene der **Moleküle** gehören unter anderem die biologisch bedeutsamen Proteine, Fette, Kohlenhydrate und Nukleinsäuren. Chlorophyll ist ein Molekül, das Licht absorbiert und für die Fotosynthese wichtig ist. Die Moleküle des Chlorophylls bestehen aus Kohlenstoff-, Wasserstoff-, Sauerstoff- und Stickstoffatomen sowie aus einem zentralen Magnesiumion. Verschiedene Moleküle sind im Organismus nicht zufällig verteilt. Sie ordnen sich zu besonderen Strukturen, zum Beispiel Membranen, an. Diese Strukturen bilden **Zellorganellen** wie beispielsweise Chloroplasten, die Orte der Fotosynthese. Die Zellorganellen sind Kompartimente innerhalb von **Zellen**, die bestimmte Funktionen haben.

Durch das Zusammenwirken der Zellorganellen innerhalb einer Zelle wird das Leben erst ermöglicht. Die Zelle ist daher die einfachste Organisationsform des Lebens. Vielzeller besitzen in der Regel verschiedene Zelltypen, die jeweils auf eine bestimmte Funktion spezialisiert sind. Gleichartige Zellen schließen sich zu **Geweben** zusammen, verschiedene Gewebe zu einer Funktionseinheit, einem **Organ**. Das Laubblatt ist ein Beispiel für ein Organ, in dem unter anderem Gewebe für Fotosynthese und für die Leitung von Stoffen enthalten sind. Neben Blättern sind Wurzeln und Sprossachse Organe einer Blütenpflanze. Diese verschiedenen Organe wirken in einem einzelnen Lebewesen, einem **Organismus**, zusammen, zum Beispiel einer Rotbuche.

Alle Rotbuchen gehören zu einer **Art**, alle Fichten zu einer anderen Art. Mit Art wird die Gesamtheit der Lebewesen bezeichnet, die sich untereinander fortgesetzt fruchtbar fortpflanzen können. Diejenigen Lebewesen einer Art, die in einem bestimmten Gebiet leben, bilden eine **Population**. Populationen verschiedener Arten in einem abgrenzbaren Lebensraum werden als **Lebensgemeinschaft** oder auch Biozönose bezeichnet. Die Wechselwirkungen einer Lebensgemeinschaft untereinander und mit den unbelebten Umweltfaktoren ihres Lebensraumes bilden ein **Ökosystem**, beispielsweise einen mitteleuropäischen Buchenwald. Die **Biosphäre** umfasst alle Bereiche der Erde, die von Lebewesen bewohnt sind.

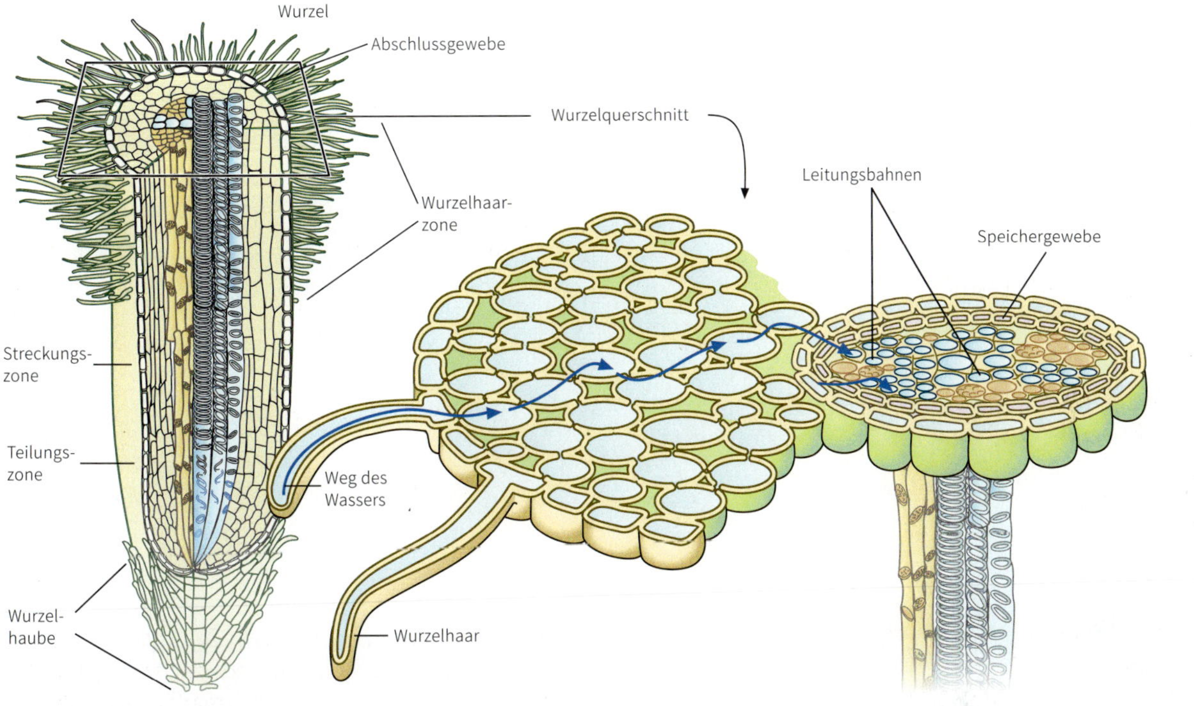

2 *Wasseraufnahme in die Wurzel*

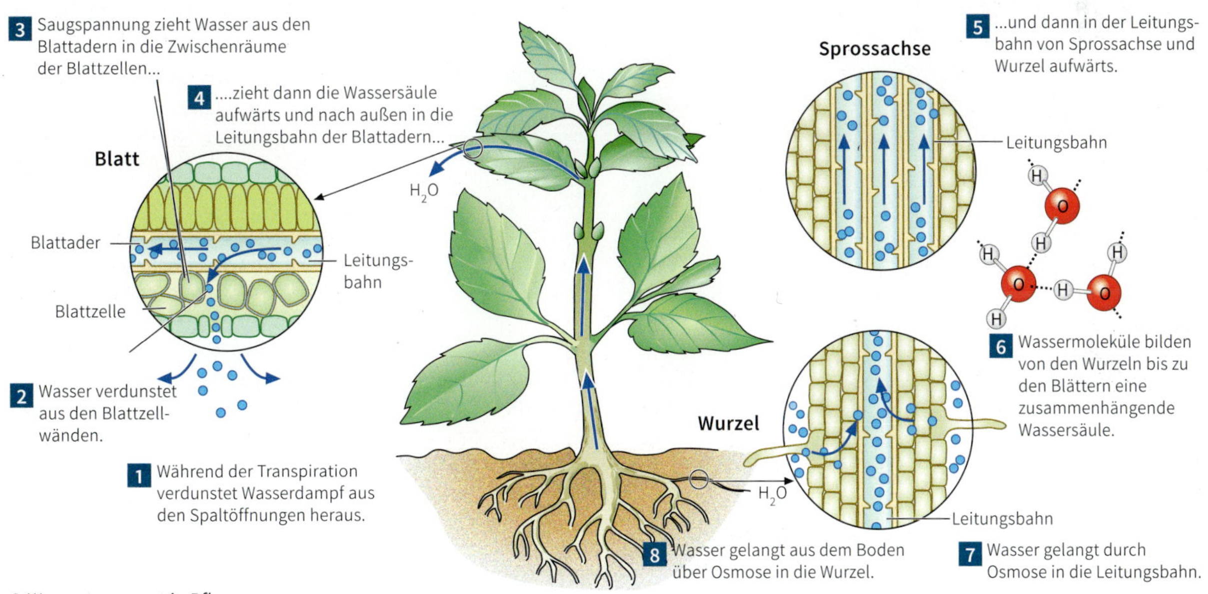

3 *Wassertransport in Pflanzen*

1. Die Struktur einer Pflanze. Stellen Sie anhand der Abbildungen 2 und 3 die Struktur einer Pflanze auf Organ-, Gewebe- und Zellebene unter Verwendung der Fachsprache dar.

2. Systemebenen bei Pflanzen. Jede Systemebene weist neue Eigenschaften auf, die in der darunter liegenden Ebene nicht vorhanden waren. Erläutern Sie dies anhand der Abbildungen 2 und 3.

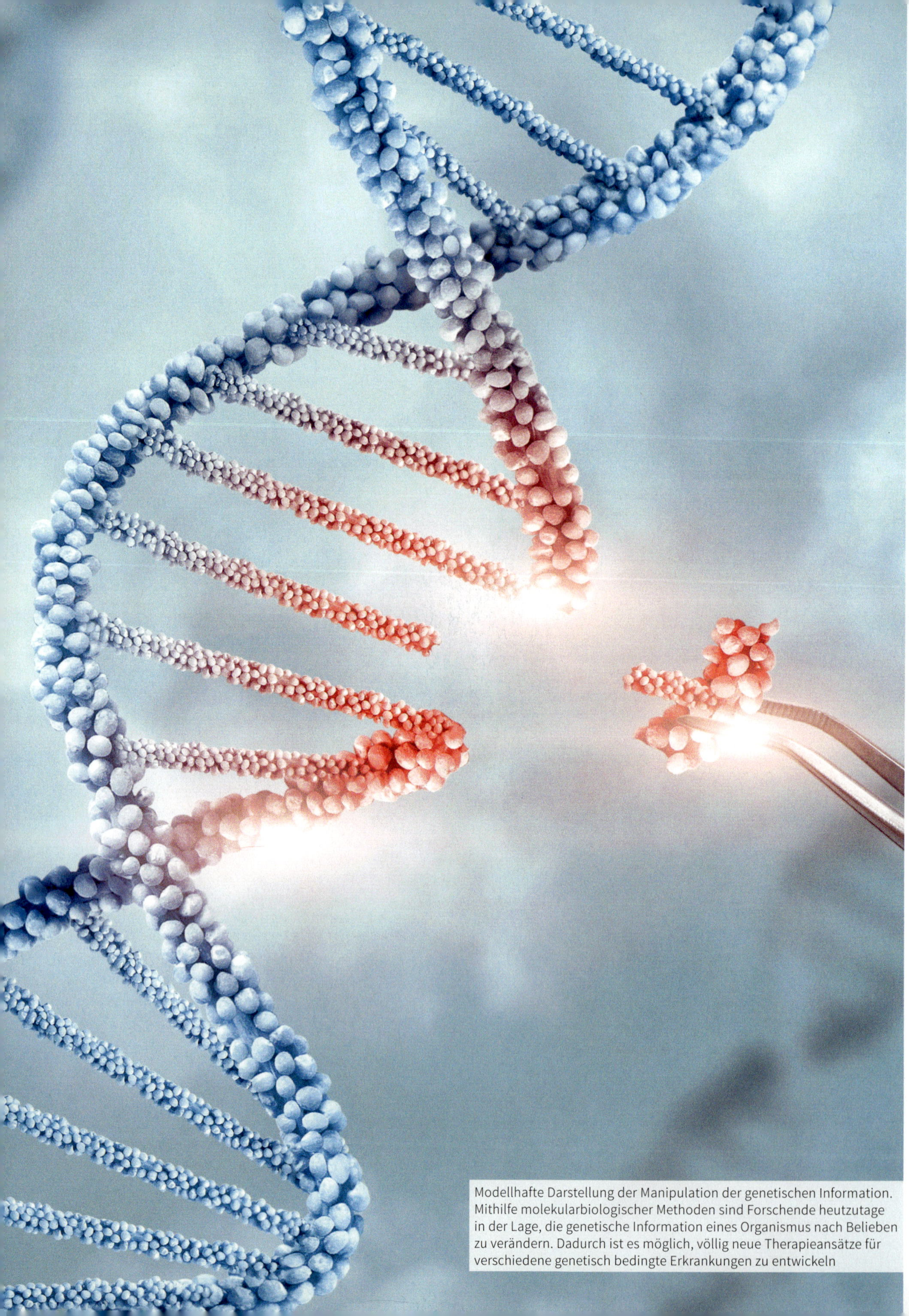

Modellhafte Darstellung der Manipulation der genetischen Information. Mithilfe molekularbiologischer Methoden sind Forschende heutzutage in der Lage, die genetische Information eines Organismus nach Belieben zu verändern. Dadurch ist es möglich, völlig neue Therapieansätze für verschiedene genetisch bedingte Erkrankungen zu entwickeln

Genetik und Gentechnik

Speicherung und Realisierung genetischer Information

- Eingriffe in die Proteinbiosynthese
- Der Bau und die Vielfalt der Proteine
- Die Proteinbiosynthese der Eukaryoten
- Die Ein-Gen-ein-Protein-Hypothese
- Der genetische Code
- Der Bau der DNA und der RNA

Regulation der Genaktivität und Vervielfältigung der genetischen Information

- Die Tumorbildung
- Der Zellzyklus
- Die DNA-Replikation
- Die Bedeutung von Stammzellen
- Die epigenetische Modifikation
- Die Mechanismen der Regulation

Genetik und Gentechnik

Weitergabe genetischer Information sowie menschliche Erkrankungen und die DNA-Analytik

- Die Gesetzmäßigkeiten der Vererbung
- Auswertung von Kreuzungsexperimenten
- Die epigenetische Vererbung
- Die Erbgänge beim Menschen
- Die genetische Familienberatung
- Die DNA-Analytik und die Gentests

Neukombination und Veränderung genetischer Information

- Die Meiose
- Die Neukombination
- Die Genommutationen
- Die Genmutationen
- Die künstliche Veränderung von Genen
- Die Chancen und die Risiken

1.1 Die Bedeutung des Zellkerns

1 *Vier Geschwister*

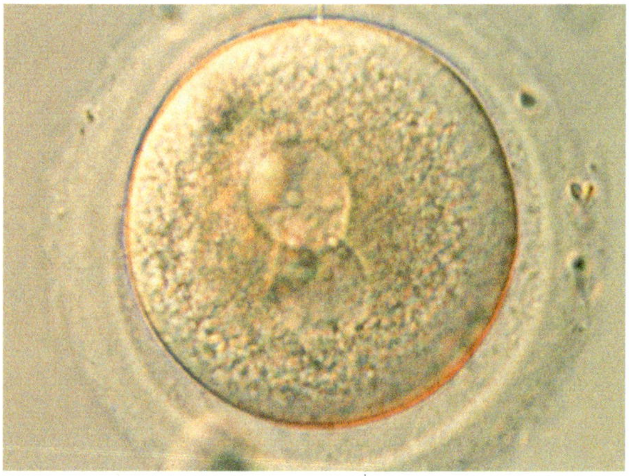

2 *Verschmelzen der Zellkerne von Ei- und Spermienzelle*

Die Ähnlichkeit von Geschwistern lässt sich auf Familienfotos gut erkennen (Abb. 1). Gemeinsame Merkmale von Geschwistern beruhen auf **genetischen Informationen**, auch **Erbinformationen** genannt, die von den Eltern stammen. Grundlage dieser Weitergabe ist die Befruchtung. Dabei gelangt eine Spermienzelle mit väterlichem Erbgut in eine Eizelle mit mütterlichem Erbgut. Bei dieser Verschmelzung der **Keimzellen**, auch **Geschlechtszellen** genannt, und ihrer Zellkerne werden mütterliche und väterliche Erbinformationen zusammengeführt (Abb. 2). Die daraus entstehende Zelle wird **Zygote** genannt. Diese erste Körperzelle enthält alle Erbinformationen des neuen Lebewesens. Aus der Zygote gehen beim Menschen durch vielfache Zellteilungen etwa 50 Billionen Zellen hervor. Auch Tiere sowie Pflanzen und Pilze sind aus vielen Zellen aufgebaut. Diese Lebewesen, die aus solchen Zellverbänden aufgebaut sind, zählen zu den **Vielzellern**. In ihren Zellkernen befindet sich die Erbinformation.

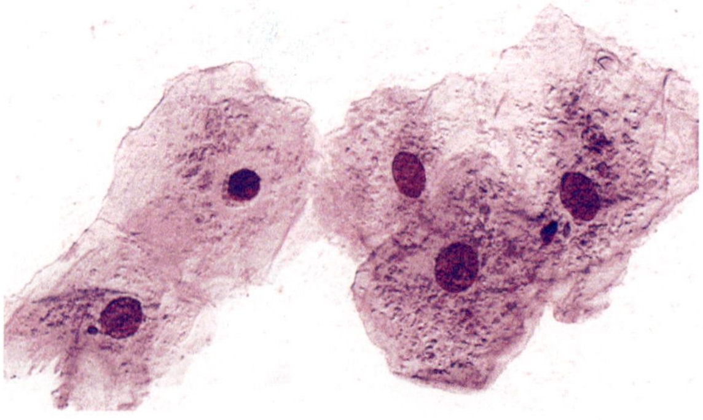

3 *Mundschleimhautzellen, lichtmikroskopisch*

Die Zellkerne von Mundschleimhautzellen lassen sich im Lichtmikroskop gut erkennen (Abb. 3). Auch einige Einzeller, wie das Pantoffeltierchen, besitzen Zellkerne. Lebewesen mit Zellkernen werden unter dem Begriff **Eukaryoten** zusammengefasst. Bakterien besitzen dagegen keinen Zellkern. Sie gehören zu den Einzellern und werden **Prokaryoten** genannt.

Die ersten tragfähigen Untersuchungen zur Befruchtung stammen aus dem 19. Jahrhundert. Besonders die Fortpflanzung der Seeigel eignete sich dafür. Seeigel geben ihre Ei- und Spermienzellen in das Wasser ab und außerhalb des Körpers lassen sich Befruchtungsvorgänge genauer untersuchen. Weitere Versuche dazu sollten auch die Bedeutung der Zellkerne klären.

Im Jahr 1933 wurden Transplantationsexperimente mit der einzelligen Grünalge *Acetabularia* durchgeführt. *Acetabularia* ist mehrere Zentimeter lang, besteht jedoch nur aus einer einzigen Zelle. Die Riesenzelle enthält während ihrer gesamten Wachstumsphase nur einen einzigen Zellkern, der größer ist als bei den meisten anderen Organismen und immer in der Wurzelregion sitzt (Abb. 4). Diese Versuche zeigten letztlich, dass die in den Zellkernen enthaltene Erbinformation alle Lebensvorgänge der Zelle steuert. Dazu gehören die Zellteilung, der Stoffwechsel und die Bauanleitung für Zellstrukturen. Zellkerne enthalten die Erbinformationen für den gesamten Organismus. Demzufolge beinhalten alle Zellkerne eines Lebewesens identische Erbinformationen. Sie sind erbgleich. Die gesamte Erbinformation eines Lebewesens wird häufig auch als **Genom** bezeichnet.

→ B1 → B4 → B5 → Kap. 1.2

Die Weibchen der Krallenfrösche legen ihre Eizellen in einem Gewässer ab. Die Männchen geben Spermienzellen dazu. Die Befruchtung findet dann außerhalb des Körpers im Wasser statt.

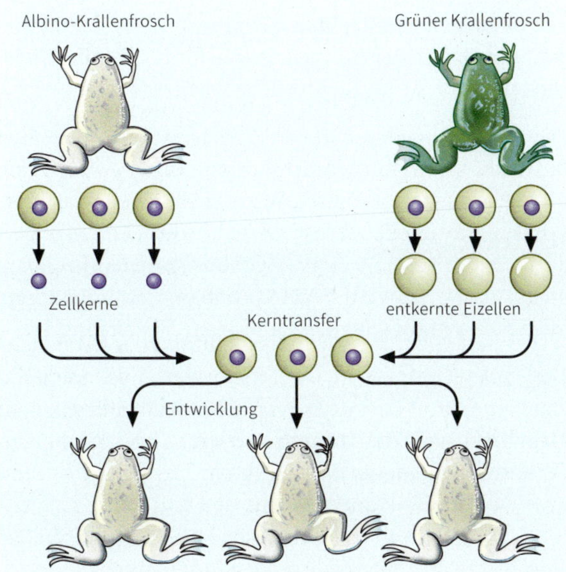

3 *Zellkerntransferversuche an Krallenfröschen*

Acetabularia mediterranea ist eine einzellige Alge. Sie erscheint wie eine vielzellige Pflanze, besteht jedoch tatsächlich aus nur einer Zelle mit einem Zellkern. Diese Einzeller sind mehrere Zentimeter groß.

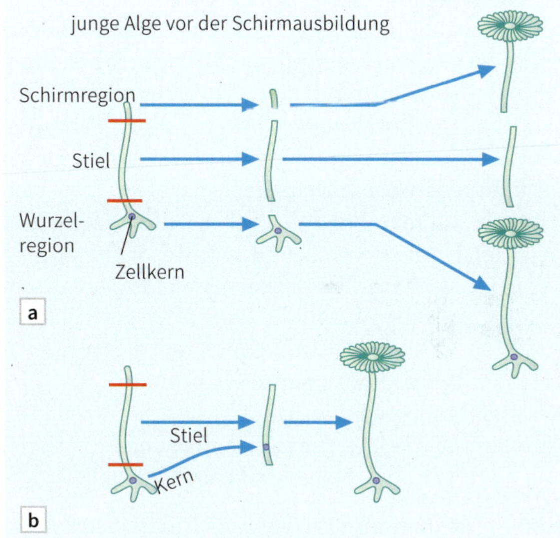

4 *Regenerationsversuche mit Acetabularia*

1. Versuche zur Bedeutung des Zellkerns

a) Beschreiben Sie die Durchführung und Beobachtungen der Versuche in den Abbildungen 3 und 4.

b) Werten Sie die Versuche in den Abbildungen 3 und 4 hinsichtlich der Bedeutung des Zellkerns aus.

2. Kombinationsversuche mit Acetabularia

Es gibt mehrere Arten der Gattung Acetabularia, die sich unter anderem durch die Gestalt ihres Schirms voneinander unterscheiden. Der Einfluss des Zellkerns auf die Ausprägung des Schirms wurde in einem Rekombinationsversuch zwischen den beiden Arten *A. mediterranea* und *A. crenulata* untersucht (Abb. 5). Entwickeln Sie eine Hypothese zur Erklärung der Ergebnisse.

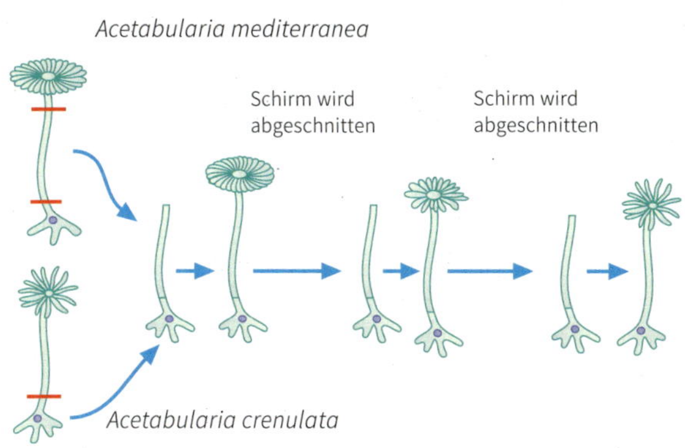

5 *Kombinationsversuche mit Acetabularia*

→ B1 → B4 → B5 → Kap. 1.2

1.2 Der Zellkern und die Chromosomen

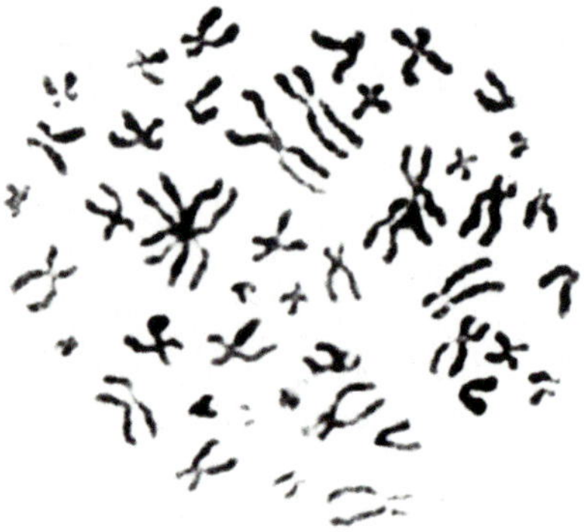

1 *Chromosomen des Menschen, ungeordnet*

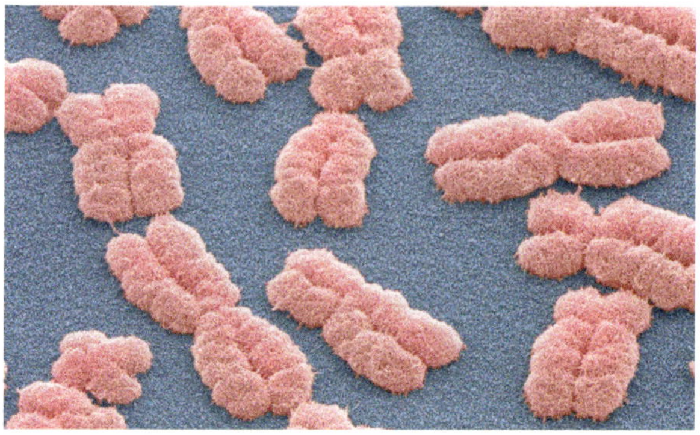

2 *Chromosomen, Rasterelektronenaufnahme*

Die Entdeckung des Zellkerns führte zu Untersuchungen seines Inhaltes. Dazu durchgeführte Färbemethoden ließen viele ähnlich aufgebaute Strukturen erkennen (Abb. 1). Die Sichtbarkeit dieser Strukturen führte zur Bezeichnung **Chromosomen** (griech. *chroma*: Farbe und *soma*: Körper). Die Vermutung, dass die Chromosomen auch die genetische Information speichern, sollte sich später bestätigen. Die Anzahl der Chromosomen in menschlichen Körperzellen beträgt 46. Schimpansen, Gorillas und Orang-Utans haben jeweils 48. Die Anzahl der Chromosomen kann von Art zu Art auch stärker variieren, so haben Champignons nur 8, Amseln 80 und Schachtelhalme sogar 216 Chromosomen. Aus diesen Befunden wird ersichtlich, dass die Anzahl der Chromosomen keinen Aufschluss über den evolutionsbiologischen Entwicklungsstand einer Art gibt.

Vor der Zellteilung verdichtet sich das Chromatin, das heißt es rollt und faltet sich zusammen. Dieser Prozess wird **Kondensation** genannt und bewirkt, dass die Chromosomen sich verkürzen und verdicken. In der Folge werden sie im Lichtmikroskop erkennbar. Chromosomen haben zu Beginn der Zellteilung ein X-förmiges Aussehen (Abb. 1 und 2). Ein Chromosom besteht dann aus zwei Schwester-Chromatiden mit identischer genetischer Information. Es wird **Zwei-Chromatid-Chromosom** genannt. Die beiden Schwester-Chromatiden sind dann in einem bestimmten Bereich, dem **Centromer**, miteinander verbunden. Während der Zellteilung werden die Schwester-Chromatiden voneinander getrennt und gelangen jeweils in eine der beiden neu entstehenden Zellen. Dieser Chromosomentyp wird **Ein-Chromatid-Chromosom** genannt. Nach der Zellteilung entspiralisieren sich die Ein-Chromatid Chromosomen wieder zu Chromatin. Die einzelnen Chromosomen bilden dann ein wirres Knäuel. In diesem Zustand sind die Chromosomen nicht im Lichtmikroskop erkennbar.

Die 46 Chromosomen in den Zellkernen von Menschen bestehen aus 44 Körperchromosomen oder **Autosomen** und 2 **Gonosomen**. Die 44 Autosomen liegen paarweise vor, sodass sich 22 Autosomenpaare ergeben. Die beiden Chromosomen eines solchen Paares sind gleich strukturiert. Sie werden als **homologe Chromosomen**, auch homologes Chromosomenpaar, bezeichnet.

Die beiden Gonosomen bestimmen als Gonosomenpaar das Geschlecht des Menschen. Sie werden daher auch **Geschlechtschromosomen** genannt. Sind die beiden Gonosomen gleichartig aufgebaut, handelt es sich um zwei X-Chromosomen. Menschen mit einer solchen XX-Kombination haben biologisch ein weibliches Geschlecht. Ist eines der beiden Gonosomen dagegen deutlich kürzer, wird es als Y-Chromosom bezeichnet. Diese XY-Kombination bestimmt biologisch das männliche Geschlecht.

Bei jedem Autosomenpaar und jedem Gonosomenpaar stammt ein Chromosom von der Mutter und eines vom Vater. Der Chromosomensatz liegt damit doppelt vor, entweder als $2 \cdot 22 + XX$ oder als $2 \cdot 22 + XY$. Zellkerne mit einem solchen doppelten Chromosomensatz werden als **diploid** bezeichnet. Der Chromosomensatz von Eizellen und Spermienzellen umfasst dagegen nur die Hälfte der Chromosomen, also 23. Diese Halbierung der Chromosomenzahl resultiert daraus, dass sich von jedem Chromosomenpaar nur eines in den Geschlechtszellen befindet, entweder das der Mutter oder des Vaters. Geschlechtszellen werden wegen des einfachen Chromosomensatzes als **haploid** bezeichnet.

→ B1 → B4 → B5 → Kap. 1.1 → Kap. 3.1 → Kap. 4.1

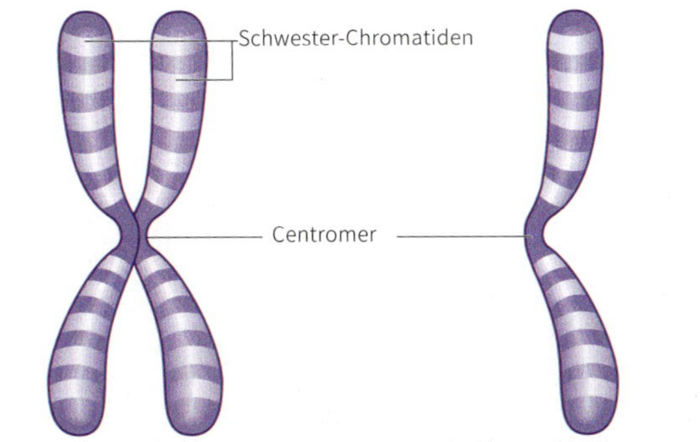

3 *Bau von Chromosomen*

Körperzellen		Geschlechtszellen
direkt vor der Zellteilung	zwischen zwei Zellteilungen	

46 Zwei-Chromatid-Chromosomen	46 Ein-Chromatid-Chromosomen	23 Ein-Chromatid-Chromosomen

4 *Übersicht Chromosomenzahl beim Menschen*

1. Chromosomen des Menschen

In einem typischen Karyogramm werden die Chromosomen einer eukaryotischen Zelle geordnet dargestellt. Dazu werden Zellpräparate angefärbt, so dass sich die Chromosomen lichtmikroskopisch erkennen lassen. Die angefärbten Chromosomen einer Zelle lassen sich dann mit lichtmikroskopischer Vergrößerung und einem geeigneten Bildbearbeitungsprogramm darstellen und sortieren. Das dadurch entstandene Karyogramm gibt beispielsweise Aufschluss über die Anzahl der Chromosomen und die Zusammensetzungen des Gonosomenpaares. Durch ein Karyogramm lassen sich das biologische Geschlecht und einige Krankheiten erkennen. Auch die Zugehörigkeit zu einer Art lässt sich in einigen Fällen über die Chromosomenzahl ermitteln.

a) Chromosomen können als Zwei-Chromatid-Chromosomen und als Ein-Chromatid-Chromosomen vorliegen. Beschreiben Sie diese beiden Zustandsformen eines Chromosoms anhand von Abbildung 3.

b) Vergleichen Sie die Chromosomenverteilung in Körper- und Geschlechtszellen miteinander (Abb. 4).

c) Erläutern Sie die in einem Karyogramm erkennbaren Ordnungsprinzipien.

d) Die Anzahl der Chromosomen in menschlichen Körperzellen beträgt 46. Die Zahl der Chromosomen in den Körperzellen der Gartenerbse beträgt 14. Taufliegen haben 8 Chromosomen. Erklären Sie, warum sämtliche genannten Lebewesen eine gerade Anzahl von Chromosomen in ihren Körperzellen haben.

e) Begründen Sie anhand des dargestellten Karyogramms in Abbildung 5, welches biologische Geschlecht der untersuchte Mensch hat.

f) Entwickeln Sie eine Hypothese zu der Tatsache, dass in Eizellen und in Spermienzellen der Chromosomensatz haploid ist.

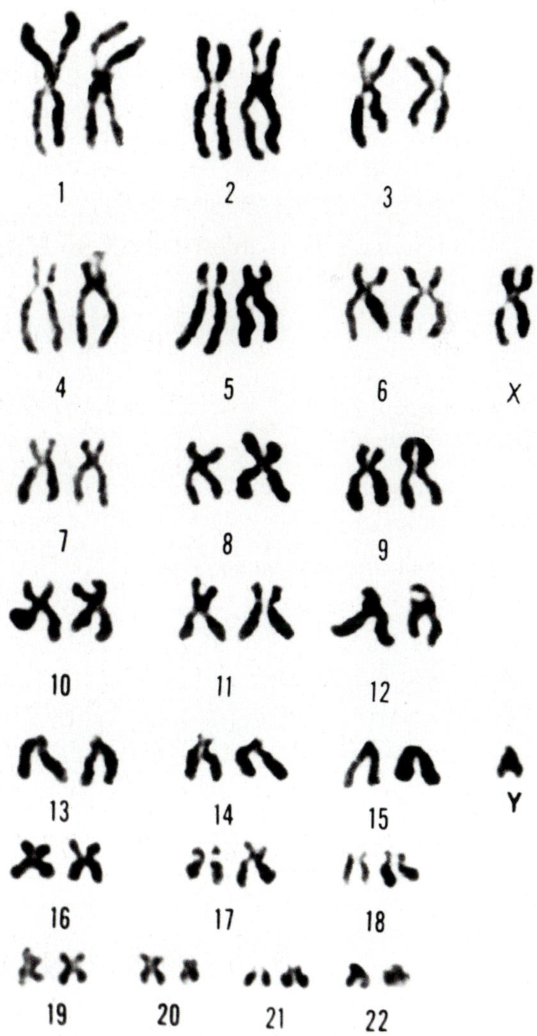

5 *Karyogramm eines menschlichen Chromosomensatzes*

1.3 Die Speicherung der genetischen Information in der DNA

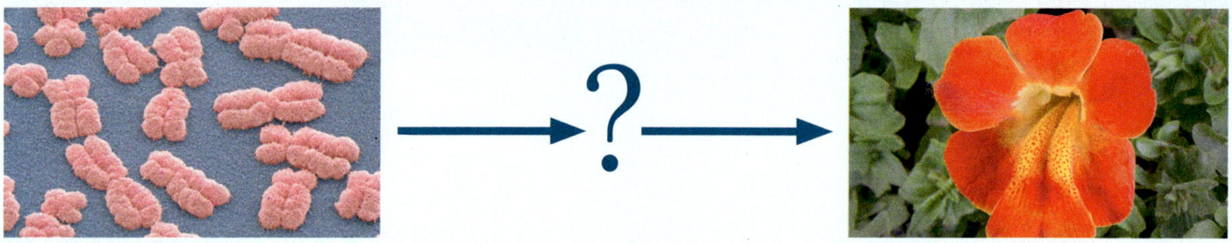

Chromosomen sind die Träger der genetischen Information. Sie bestehen aus DNA und Proteinen.

Genetisch bedingte Merkmale eines Lebewesens, beispielsweise die Blütenfarbe.

1 *Stand des genetischen Wissens um 1940*

Der Mensch besitzt 46 **Chromosomen**, die sich während der **Mitose**, der Kernteilung, unter dem Mikroskop beobachten lassen. In diesen Chromosomen sind die genetischen Informationen oder Erbinformationen gespeichert, die zu Merkmalsausprägungen führen. Lange Zeit bestand Unklarheit, wie die Erbinformationen dort gespeichert sind (Abb. 1). Bekannt war, welche Eigenschaften die Erbsubstanz aufweisen muss:

- Die Erbsubstanz muss Informationen speichern können.
- Die Erbsubstanz muss sich identisch verdoppeln können.
- Die Informationen der Erbsubstanz müssen gelesen werden können.
- Die Erbsubstanz muss den Zellstoffwechsel steuern können.
- Die Erbsubstanz muss mutieren können.

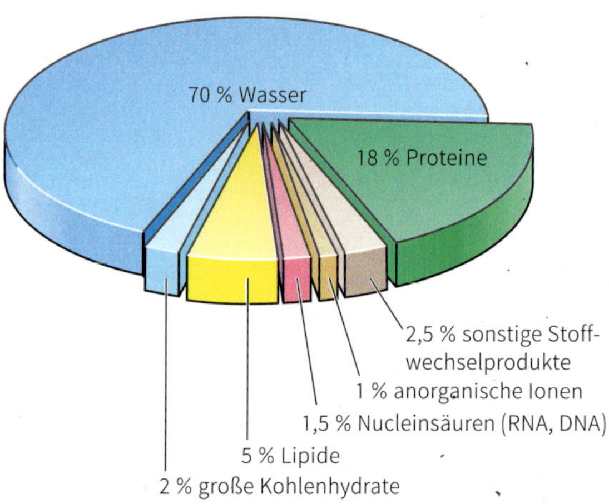

2 *Chemische Zusammensetzung einer Säugetierzelle*

Erst der technische Fortschritt im Bereich der Analysemöglichkeiten im 20. Jahrhundert ermöglichte Forschenden, diese Aspekte zu klären.

Chromosomen bestehen aus Proteinen und Nucleinsäuren, wobei um 1940 noch fraglich war, ob die Proteine oder die Nucleinsäuren die Erbinformationen tragen. Daher wurden die Bestandteile einer Zelle in ihren Mengen bestimmt. Der größte Anteil einer Zelle waren neben Wasser im Wesentlichen Proteine, nicht jedoch Nucleinsäuren (Abb. 2). Die meisten Forschenden vermuteten deshalb, dass die Proteine die Erbsubstanz seien. Zudem schienen die vielfältigeren Bausteine der Proteine bessere Möglichkeiten der Verschlüsselung der Erbinformation zu bieten als die überschaubare Anzahl an DNA-Bausteinen. Im Jahr 1944 wurde diese weit verbreitete Hypothese durch Versuche von AVERY für Bakterien widerlegt und es wurde die DNA (eng. ***d**esoxyribo**n**ucleic **a**cid*) als Träger der Erbinformation nachgewiesen (Abb. 3).

Um 1950 war noch nicht zweifelsfrei geklärt, ob auch bei Eukaryoten die DNA die Erbsubstanz ist. Trotzdem wurde vermutet, dass DNA universell, also bei allen Lebewesen, die Erbsubstanz ist. Für diese Annahme sprachen indirekte Beweise. Chromosomen im Zellkern bestehen aus DNA und aus Proteinen. Proteine kommen in großer Menge auch im Cytoplasma einer eukaryotischen Zelle vor, DNA jedoch nicht. Zudem war zu erwarten, dass diploide Zellen, also Zellen mit doppeltem Chromosomensatz, etwa doppelt so viel Erbsubstanz enthalten wie haploide Zellen mit einfachem Chromosomensatz. Untersuchungen über den DNA- und den Proteingehalt diploider und haploider Zellen zeigten, dass diese Erwartung auf DNA, nicht jedoch auf Proteine zutraf.

→ Kap. 1.4

Erkenntnisgewinnung nachvollziehen

Frage: Sind Proteine oder Nucleinsäuren Träger der Erbinformation?

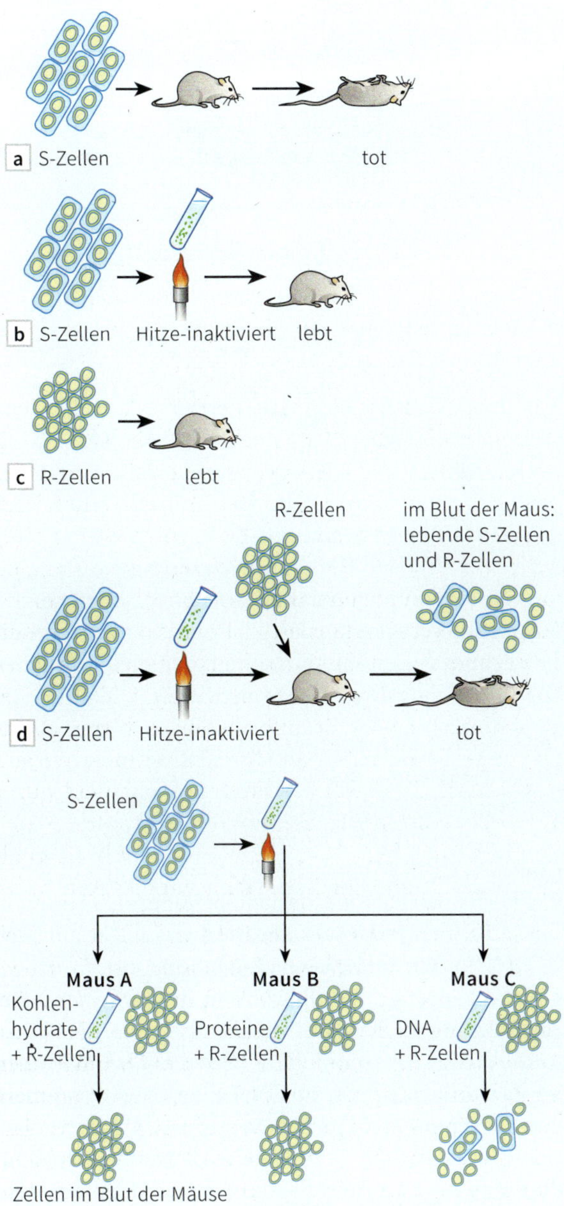

Versuche von Griffith:
1928 führte der Mikrobiologe Frederick Griffith Versuche mit zwei Stämmen der Bakteriengattung *Pneumococcus* durch. Der S-Stamm (engl. *smooth:* glatt) bildet auf Nährboden glatte Kolonien. Beim S-Stamm sind je zwei Zellen von einer Schleimkapsel umgeben. Verantwortlich dafür ist das S-Gen. Werden Mäusen lebende S-Zellen injiziert, so erkrankten die Mäuse an Lungenentzündung und die meisten starben daran (a). Heute ist bekannt, dass die S-Pneumokokken wegen ihrer Schleimkapsel nicht schnell genug von den weißen Blutzellen der Mäuse erkannt und vernichtet werden können. Durch Erhitzen verlieren die S-Pneumokokken ihre Gefährlichkeit (b).
Erhitzen zerstört Zellwand und Zellmembran, verformt Proteine und zerstückelt die ringförmige Bakterien-DNA in kleine Bruchstücke. Der R-Stamm der Pneumokokken (engl. *rough:* rau) bildet auf Nährboden Kolonien mit rauer Oberfläche. Diesen Bakterien fehlt das S-Gen. Daher bilden sie keine Schleimkapsel aus. Das Immunsystem der Mäuse kann die Bakterien des R-Stammes wirkungsvoll bekämpfen (c).
Griffith mischte in dem entscheidenden Versuch durch Hitze zerstörte S-Zellen mit lebenden R-Zellen (d). Die Injektion dieses Gemisches führte zur Lungenentzündung und zum Tod der Mäuse. Im Blut dieser Mäuse konnten neben lebenden R-Zellen auch lebende S-Zellen gefunden werden.

Versuche von Avery:
Der Bakteriologe Oswald Avery nahm 1944 die Erkenntnisse von Griffith wieder auf, um die chemische Substanz zu identifizieren, die von den S-Zellen auf die R-Zellen übertragen worden sein musste: S-Zellen werden durch Erhitzen zerstört. Aus den Trümmern der Zellen werden große Kohlenhydratmoleküle, Proteine und DNA isoliert. Diese werden zusammen mit R-Zellen verschiedenen Mäusen gespritzt.

3 *Die Versuche von Griffith (1928) und Avery (1944)*

1. Belege für die DNA als Speicher der genetischen Information. Erläutern Sie unter Bezug auf Abbildung 3, inwiefern die Versuche von Griffith und Avery als Belege für die DNA als Speicher der genetischen Information bei Bakterien gelten.

→ Kap. 1.4

1.4 Der Bau der DNA und der RNA

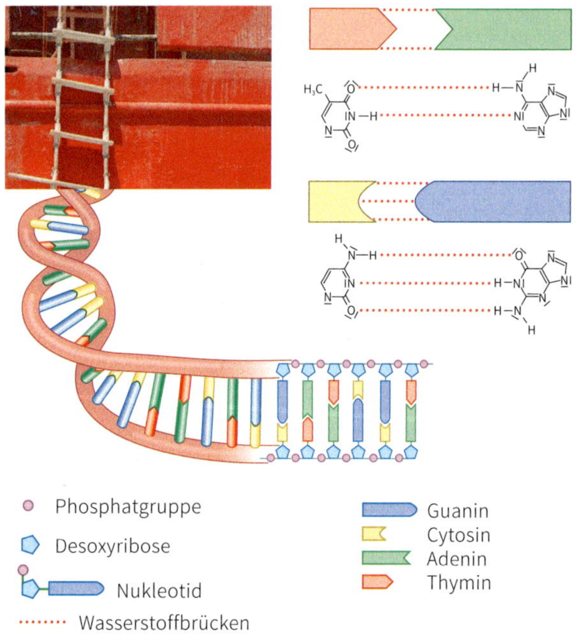

1 *Ein schematisches DNA-Modell: Strickleitermodell*

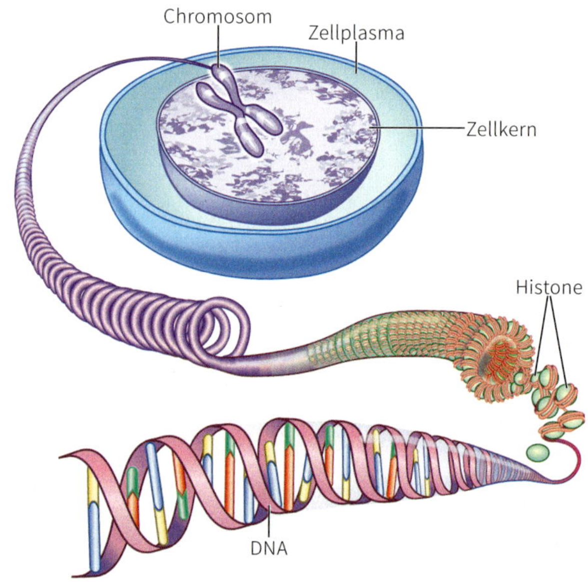

2 *Die DNA im Zellkern bei Eukaryoten*

Alle Lebewesen haben die genetische Information in Form von **DNA** gespeichert. Sie ähnelt in ihrem Aufbau einer Strickleiter (Abb. 1). Dieses **Modell** trägt zum Verständnis dieser Doppelhelix-Struktur bei.

Die DNA ist ein spiraliges Kettenmolekül und aus **Nukleotiden** aufgebaut (Abb. 1). Jeder Nukleotidbaustein besteht aus einer Phosphatgruppe und einem Zuckerfünfring der Desoxyribose. Entsprechend seiner Orientierung lässt sich ein 5'-Ende an der Kohlenstoffposition 5 und ein 3'-Ende an Kohlenstoffposition 3 definieren. Die beiden Ketten der DNA verlaufen daher antiparallel zueinander. Zusätzlich gehört zu jedem Nukleotid eine von vier stickstoffhaltigen Basen. Diese Basen heißen Adenin (A), Cytosin (C), Guanin (G) und Thymin (T). Der räumliche Bau wird modellhaft häufig mit einer in sich gewundenen Strickleiter beschrieben. In diesem Modell entspricht den beiden Seilen die regelmäßige Abfolge von Phosphatgruppe und Desoxyribose, die durch Elektronenpaarbindungen fest miteinander verbunden sind. Die senkrecht zu den beiden Seilen stehenden Sprossen werden durch ein Basenpaar gebildet. Die komplementäre Basenpaarung erfolgt durch Wasserstoffbrücken. Dabei passen Adenin und Thymin sowie Guanin und Cytosin nach dem Schlüssel-Schloss-Modell zusammen und werden als **komplementäre Basenpaare** bezeichnet. Die Abfolge dieser Basen in der DNA wird als Basensequenz bezeichnet. Sie enthält unter anderem die Information für die Bildung von Proteinen.

Im Zellkern von Eukaryoten ist die genetische Information auf einzelne Chromosomen verteilt. Jedes einzelne Chromosom besteht aus einem DNA-Abschnitt. Diese DNA-Fäden sind im Chromosom um Proteine, die Histone, gewickelt (Abb. 2). Bei Prokaryoten gibt es weder Zellkern noch Histone, deshalb befindet sich beispielsweise bei den Bakterien die DNA frei im Zellplasma. Bei der Proteinsynthese wird eine Kopie eines Gens der DNA angefertigt. Sie übermittelt die Information an die Ribosomen. Sie wird deshalb als Boten-RNA, kurz **mRNA** (eng. *messenger-RNA*), bezeichnet. Die RNA ist ähnlich aufgebaut wie die DNA. Sie ist allerdings meist einzelsträngig und hat andere Aufgaben. Die Nukleotide unterscheiden sich in zwei Bausteinen (Abb. 3). Statt der Base Thymin bei der DNA tritt bei der RNA die Base Uracil (U) auf, bei der nur die Methyl-Gruppe wie beim Thymin fehlt. Das Zuckermolekül Desoxyribose wird durch Ribose ersetzt. Sie hat im Vergleich zur Desoxyribose eine zusätzliche OH-Gruppe an Kohlenstoffposition 2. Daher kommt die Bezeichnung Ribonucleinsäure, kurz RNA.

→ M6 → M7 → B1 → Kap. 1.3

1. Aufbau der DNA und RNA. Abbildung 3 zeigt die Strukturformel eines doppelsträngigen DNA-Ausschnitts.

a) Beschreiben Sie unter Bezug auf die Abbildungen 1 und 3 die molekulare Stuktur der DNA.

b) Zeichnen Sie entsprechend des schematischen DNA-Modells von Abbildung 1 den DNA-Abschnitt von Abbildung 3 und einen mRNA-Abschnitt mit der Basensequenz ACUG.

c) Vergleichen Sie mithilfe des Modells aus Aufgabe b) den Bau der DNA mit dem Bau der mRNA.

d) Erläutern Sie die Stärken und die Schwächen der DNA-Modelle aus Abbildung 1 und Abbildung 3.

e) Geben Sie mögliche Basensequenzen des DNA-Abschnitts aus Abbildung 3 an und stellen Sie Hypothesen auf, welche Probleme sich bei der Verschlüsselung der genetischen Information ergeben.

2. DNA-Trennung durch Erhitzen. Wird DNA erhitzt, lösen sich bei bestimmten Temperaturen die Wasserstoffbrücken zwischen den Basenpaaren. Das DNA-Doppelhelix-Molekül zerfällt dann in zwei Einzelstränge. Begründen Sie mithilfe der Abbildung 3, warum sich ein DNA-Molekül mit einem hohen Gehalt an den Basen Cytosin und Guanin erst bei höheren Temperaturen in Einzelstränge trennt.

3. Eine Regel zur Basenpaarung. Leiten Sie aus der Abbildung 4 eine Regel zur Basen-Paarung ab. Bedenken Sie, dass Bakteriophagen eine Einzelstrang-DNA besitzen.

4. Veranschaulichung durch Modelle. Entscheiden Sie begründet, ob das schematische DNA-Modell aus Abbildung 1 oder das Strukturformel-Modell der DNA aus Abbildung 3 oder keines von beiden besser geeignet ist, die folgenden Aspekte des Aufbaus der Erbinformation zu veranschaulichen:

- Die gegenüberliegenden Stränge der DNA sind entgegengesetzt ausgerichtet oder antiparallel.
- Die vier Basen bilden zwei komplementäre Basenpaare und sind ein Beispiel für das Schlüssel-Schloss-Modell. Adenin paart mit Thymin und Guanin paart mit Cytosin.
- Die Erbinformation besitzt eine gewundene Doppelhelix-Struktur, das heißt, zwei umeinander verdrillte Einzelstränge.
- Die Basenpaare sind durch Wasserstoffbrücken miteinander verbunden.
- Jeder Nucleotidbaustein besteht aus einer Phosphatgruppe und aus einem Zuckerfünfring der Desoxyribose.

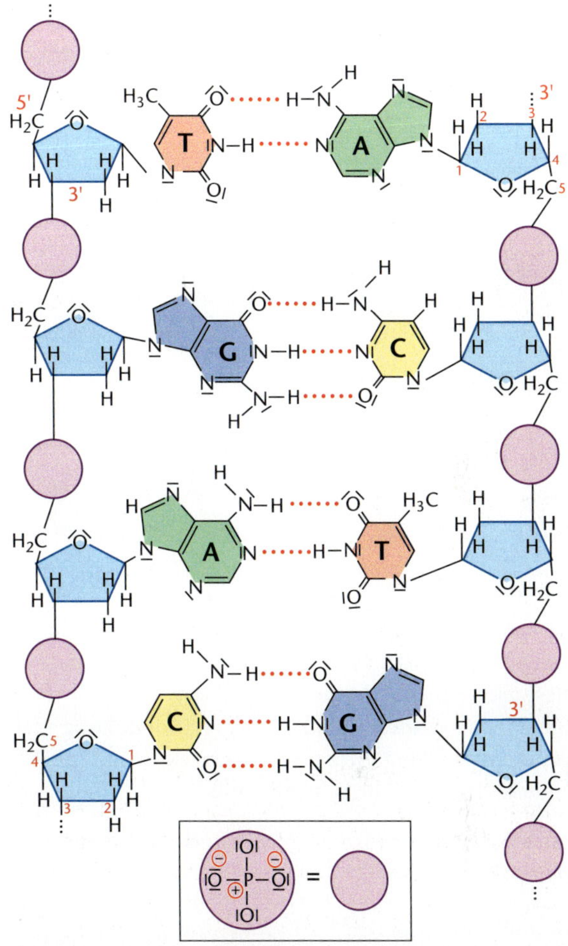

3 Die Strukturformel der DNA

Organismus	A	C	G	T
Mensch	31 %	19 %	19 %	31 %
Weizen	27 %	23 %	23 %	27 %
Schaf	30 %	20 %	20 %	30 %
Seeigel	33%	17%	17%	33%
Virus T7	26%	24%	24%	36%
Bakteriophage	25 %	24 %	33 %	18 %

4 Die prozentualen Anteile der Basen verschiedener Organismen

5. Prozentualer Basenanteil. In dem DNA-Molekül des roten Schimmelpilzes *Neurospora crassa* beträgt der Gehalt an der Base Adenin 23 Prozent. Berechnen Sie die prozentualen Anteile der übrigen Basen.

→ M6 → M7 → B1 → Kap. 1.3

Methode M6 Die Möglichkeiten und Grenzen von Modellen

1 *Das DNA-Modell von* James Watson *und* Francis Crick *im Jahr 1953*

Die Aufklärung des Baues der DNA im Jahr 1953 durch James D. Watson und Francis H. C. Crick war ein wissenschaftlicher Meilenstein und wurde mit dem Nobelpreis gewürdigt (Abb. 1). Bei der Vorstellung und Weiterentwicklung dieses Wissens spielten und spielen Modelle der DNA die zentrale Rolle.

Das Modellieren gehört in den Naturwissenschaften zu den zentralen Denk- und Arbeitsweisen. Die folgenden drei Typen von Modellen helfen die Phänomene rund um die genetische Information besser zu verstehen:

- ideelle Modelle und Gedankenmodelle sind nur in Gedanken vorhanden und können mittels Sprache oder anderen Zeichen ausgedrückt werden
- materielle Modelle, wie beispielsweise das bunte, spiralförmige DNA-Modell aus gefärbten Maischips in Abbildung 3b
- Simulationen mit Programmen am Computer, wie beispielsweise die Vervielfältigung der DNA

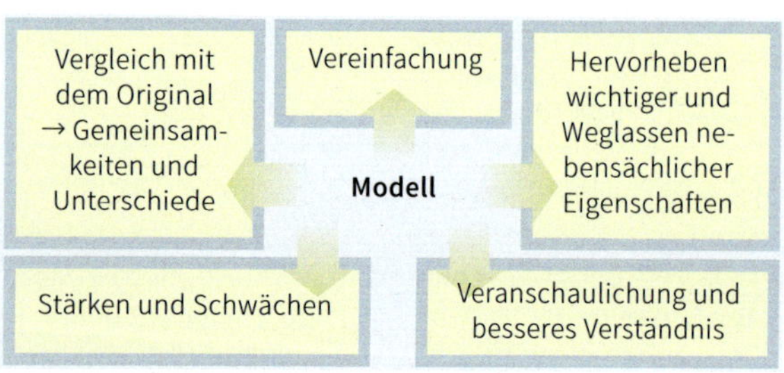

2 *Die Prinzipien beim Umgang mit Modellen*

Ein DNA-Modell dient wie jedes andere Modell immer einem bestimmten Zweck, der vom Erschaffer des Modells so gewollt ist. Ein Modell ist ein Hilfsmittel von Wissenschaftlern, um Informationen über das Original zu erhalten, die nicht direkt beobachtbar oder messbar sind. Es dient in der Wissenschaft z.B. der Entwicklung von Hypothesen im naturwissenschaftlichen Erkenntnisweg, der Veranschaulichung von Phänomenen oder der Vorhersage von Entwicklungen. Modelle sind zentrale Elemente für die Kommunikation und die Erkenntnisgewinnung in den Naturwissenschaften. Der Modellierer erschafft mit dem Modell eine Interpretation der Realität und lässt für ihn nebensächliche Aspekte weg. Gleichzeitig hebt er für seinen verfolgten Zweck wichtige Aspekte hervor.

Da Modelle nur einen Ausschnitt der Realität beschreiben, haben Modelle Grenzen. Die Grenzen der Modelle werden dann deutlich, wenn man ihre Stärken und Schwächen genau betrachtet (Abb. 2). Das ständige Weiterentwickeln und Überarbeiten von Modellen ist einer der wichtigsten Prozesse bei der Entwicklung von naturwissenschaftlichen Erkenntnissen. In diesem Zusammenhang müssen die Aussagen von Modellen immer neu hinterfragt und mit Experimenten überprüft werden. Nur so kann man beurteilen, ob sie dem aktuellen Stand der Wissenschaft noch entsprechen oder sie einer Überarbeitung bzw. Weiterentwicklung bedürfen.

Man muss sich immer vor dem Hintergrund der komplexen Verhältnisse in der Natur die Frage stellen, ob die Vereinfachungen im Modell vertretbar sind. Das Zitat von Albert Einstein „Man soll Dinge so einfach wie möglich machen, aber nicht einfacher" macht besonders deutlich, dass man Modelle immer kritisch hinterfragen und überdenken soll.

1. DNA-Modelle im Vergleich. Abbildung 3 zeigt verschiedene DNA-Modelle. Sie vermitteln nicht alle Sachverhalte des Baus der DNA gleich gut.

a) Beurteilen Sie, wie sich die Modelle zur Veranschaulichung für die folgenden Sachverhalte eigenen: Nukleotide, Schlüssel-Schloss-Modell der Basenpaarung, Doppelhelixstruktur, komplementäre Basenpaarung, Wasserstoffbrücken, Basensequenz, antiparallele Anordnung der Einzelstränge und molekularer Bau. Legen Sie eine geeignete Tabelle an und beurteilen Sie die Modelle, indem Sie von sehr gut (++/+/o/-/--) bis nicht geeignet bewerten.

→ B1 → Kap. 1.4

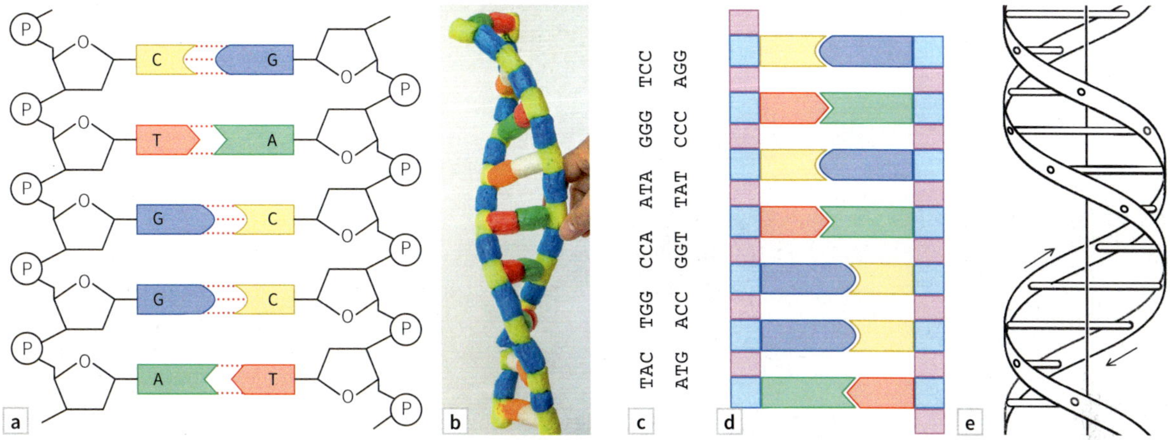

3 *DNA-Modelle, a) Strukturmodell, b) Raummodell, c) Sequenzmodell, d) vereinfachtes Strukturmodell, e) vereinfachtes Raummodell*

b) Zeichnen Sie drei mRNA-Ausschnitte, indem Sie die linken Einzelstränge der DNA in den Modellen a, c und d von Abbildung 3 komplementär in mRNA übertragen.

c) Sie schlüpfen in die Rolle des Forschers James D. Watson im Jahr 1953 und halten vor einer Expertenkommission einen Vortag zum Thema „Aufbau der DNA". Ihnen stehen zur Veranschaulichung die Modelle von Abbildung 3 zur Verfügung. Allerdings wollen Sie nur zwei Modelle verwenden. Begründen Sie, für welche Modelle Sie sich entschieden haben.

d) Formulieren Sie Aussagen zum Aufbau der DNA, die mit dem Strickleitermodell veranschaulicht werden können.

2. Das DNA-Modell von Watson und Crick vom 25. April 1953 aus der Fachzeitschrift Nature.

a) Beschreiben Sie die Sachverhalte aus der Veröffentlichung in Abbildung 4, die mithilfe des Originalmodells von Abbildung 3 e veranschaulicht bzw. nicht dargestellt werden können.

b) Recherchieren Sie weitere Modelle die zur Veranschaulichung des Baus der DNA von den beiden Forschern eingesetzt wurden, und stellen Sie in einer kurzen Präsentation deren Vorzüge vor.

c) Recherchieren Sie weitere Modelle der DNA, die zur damaligen Zeit diskutiert wurden, und fertigen Sie beschriftete Skizzen der Modelle an.

d) Versetzen Sie sich in die damalige Zeit und lesen Sie den letzten Satz der Veröffentlichung. Während der Zellteilung muss die DNA der Mutterzelle kopiert und auf die beiden Tochterzellen aufgeteilt werden. Stellen Sie Hypothesen zur Verteilung der alten und neuen Anteile der DNA nach deren identischen Verdoppelung auf.

We wish to suggest a structure for the salt of deoxyribose nucleic acid (D.N.A,). This structure has novel features which are of considerable biological interest. [...] We wish to put forward a radically different structure for the salt of deoxyribose nucleic acid. This structure has two helical chains each coiled round the same axis (see diagram, Abb. 1e). We have made the usual chemical assumptions, namely, that each chain consists of phosphate diester groups joining D-Deoxyribofuranose residues with 3',5' linkages. [...] the two chains run in opposite directions. The novel feature of the structure is the manner in which the two chains are held together by the purine and pyrimidine bases. [...] They are joined together in pairs, a single base from one chain being hydrogen-bonded to a single base from the other chain, so that the two lie side by side [...] These pairs are: adenine (purine) with thymine (pyrimidine), and guanine (purine) with cytosine (pyrimidine). It has not escaped our notice that the specific pairing we have postulated immediately suggests a possible copying mechanism for the genetic material. [...]
J. D. WATSON
F. H. C. CRICK
Cavendish Laboratory, Cambridge, April 2 1953.

4 *Ausschnitt aus der Veröffentlichung von James Watson und Francis Crick aus der Fachzeitschrift Nature*

e) Erstellen Sie mit digitalen Hilfsmitteln eine Simulation zum Aufbau der DNA und erklären Sie, wie diese zum besseren Verständnis des Baus beitragen kann.

Methode M7 Experimentieren – DNA

1 *Isolierte DNA*

Die DNA befindet sich bei den meisten Eukaryoten im Zellkern. Dort ist sie mit Hilfe von Proteinen zu kompakten Informationsbündeln, den Chromosomen, kondensiert.

In einem einfachen Experiment kann die DNA aus den Zellen von Tomaten mit Hilfe gängiger Chemikalien isoliert werden. Mit einer Lösung aus Wasser und Seife werden zunächst die Zellen der Tomaten aufgebrochen. Die Seife sorgt dafür, dass Lipide der Membranen gelöst werden können. Die DNA befindet sich dann in gelöster Form in dieser Lösung. Durch Zugabe von Ethanol wird die DNA dann sichtbar. Dies geschieht, da die DNA in Ethanol schlechter als in Wasser löslich ist. Es kommt zum Ausfallen der DNA aus der Lösung. Die DNA wird an der Grenzschicht in Form von Schlieren sichtbar. Diese Schlieren lassen sich um einen Holzstab wickeln. Anstelle von Tomaten kann fast jedes Obst zur Isolation der DNA verwendet werden.

In Laboren arbeiten Forschende mit ähnlichen Techniken, um so beispielsweise aus Bakterien oder eukaryotischen Zellen DNA zu isolieren. Mit Hilfe der Informationen aus der isolierten DNA können dann beispielsweise Resistenzen von Bakterien ermittelt oder auch neue Medikamente getestet werden. Bei der Arbeit mit DNA ist der Schutz der DNA von besonderer Bedeutung. Auf unserer Haut befinden sich eine Vielzahl von Enzymen die DNA abbauen können. Darum sollten die Hände vor der Arbeit sauber sein oder noch besser Handschuhe getragen werden. Auch sollten alle Lösungen mit denen gearbeitet wird frisch angesetzt oder zumindest sauber von Verunreinigungen sein.

1. Schritt: Das Formulieren einer naturwissenschaftlichen Fragestellung. Diese Frage muss so formuliert sein, dass sie mit einem Experiment überprüft werden kann.

2. Schritt: Das Aufstellen einer Hypothese, die dann im Experiment überprüft werden soll. Diese Hypothese ist eine mögliche Antwort auf die naturwissenschaftliche Frage. Eine Hypothese muss widerspruchsfrei, überprüfbar und widerlegbar sein.

3. Schritt: Die Planung des Experiments. Hierbei ist zu beachten, dass pro Versuchsansatz immer nur eine einzige Variable verändert werden darf, alle anderen Variablen müssen konstant gehalten werden. Bei der Planung muss auch der Kontrollversuch berücksichtigt werden.
Er wird unter den gleichen Bedingungen, aber ohne die zu untersuchende Variable, durchgeführt. Der Kontrollversuch dient dazu, die Funktionsfähigkeit der gewählten Versuchsmethode sicherzustellen. Die Planung des Experiments sollte in Form einer Beschreibung oder einer beschrifteten Zeichnung dokumentiert werden, aus der auch die verwendeten Materialien und Chemikalien klar erkennbar sind.

4. Schritt: Die Durchführung des Experiments. Bei der Durchführung ist auf die Sicherheitshinweise zu achten. Es muss sauber und genau gearbeitet werden, um die Ergebnisse nicht durch Fehler zu verfälschen. Das Experiment sollte mehrfach durchgeführt werden, um reproduzierbare Ergebnisse zu erhalten.

5. Schritt: Das Protokollieren der Beobachtungen sowie die Darstellung der beobachteten Daten (beispielsweise Daten einer Messung) werden notiert und grafisch dargestellt.

6. Schritt: Die Deutung der Versuchbeobachtungen. Hier wird versucht, die Versuchsbeobachtungen in Hinblick auf die Fragestellung und die selbst formulierte Hypothese zu erklären. Es wird festgestellt, ob die Hypothese durch das Experiment bestätigt oder widerlegt wurde. Außerdem erfolgt eine Fehleranalyse. Es wird überprüft, ob es systematische Fehler bei der Versuchsplanung gab oder ob zufällige Fehler und äußere Einflüsse bei der Durchführung die Versuchsbeobachtungen beeinflusst haben.

2 *Planung und Durchführung von Experimenten*

→ B1, Kap. 1.4

PRAXIS – DNA-ISOLATION

Frage
Wie lässt sich DNA aus Tomaten (*Solanum lycopersicum*) isolieren?

Material
frische Tomate, Küchenwaage, Filterpapier, Trichter, Becherglas (250 ml und 100 ml), Glasstab, Messzylinder (20 ml), Pürierstab, Küchenmesser, Holzstab.

Chemikalien (Liste verwendeter Stoffe S. 347)
demineralisiertes Wasser, Kochsalzlösung, Ethanol (Brennspiritus, kalt), Spülmittel, Feinwaschmittel mit Proteasen (alternativ Fleischzartmacher oder Zitronensaft).

Durchführung
1) Eine Tomate wird zunächst mit Hilfe eines Küchenmessers klein geschnitten und in das Becherglas gegeben. Anschließend werden 3 g Kochsalz, 10 ml Spülmittel und einige Körnchen Feinwaschmittel mit Proteasen dazu gegeben. Alternativ können anstelle des Feinwaschmittels 3 g Fleischzartmacher oder 25 ml Zitronensaft dazugegeben werden.
2) Unter Rühren werden 100 ml demineralisiertes Wasser dazugegeben. Der Ansatz wird bei Raumtemperatur mindestens 15 Minuten stehen gelassen.
3) Im Anschluss wird der Ansatz für einige Sekunden mit Hilfe des Pürierstabs püriert. Das Gemisch wird mit Hilfe eines Trichters durch das Filterpapier in ein Becherglas gegossen. 20 ml des Filtrats werden anschließend in ein Reagenzglas gegeben.
4) Nun werden langsam 20 ml Brennspiritus hinzugefügt, so dass sich im Reagenzglas zwei Phasen bilden. Das Reagenzglas wird für einige Minuten stehen gelassen.

Ergebnis
An der Grenzschicht der beiden Phasen bildet sich ein weißer Film, der nach einiger Zeit mehr wird und eine fädige Struktur aufweist. Mit einem Holzstab kann die weiße, fädige Substanz ähnlich eines Fadens aufgewickelt und aus dem Reagenzglas geholt werden.

Entsorgung
Die Tomatenreste mit dem Filterpapier sowie die DNA am Holzstab in den Hausmüll geben. Reste von Brennspiritus in den Behälter für halogenfreie organische Verbindungen geben. Reste des Tomatenfiltrats werden in den Ausguss gegeben.

3 *Experiment zur Isolation von DNA aus Tomaten*

1. Die Isolierung von DNA aus den Zellen der Tomate.
a) Beschreiben und deuten Sie das Versuchsergebnis (Abb. 3.).
b) Formulieren Sie eine Hypothese die mit dem Experiment in Abbildung 3 überprüft werden soll. Erläutern Sie anhand des naturwissenschaftlichen Erkenntniswegs.
c) Erklären Sie, warum die Tomate zunächst zerkleinert werden muss und welche Aufgabe das Spülmittel im Experiment hat (Abb. 3).
d) Erläutern Sie, warum es möglich ist, dass die im Tomatengewebe enthaltene DNA durch die Poren des Filterpapiers gelangt und sie sich anschließend als Faden um den Holzstab wickeln lässt (Abb. 3).
e) Stellen Sie eine Hypothese auf, was geschehen würde, wenn die DNA in den Zellen von Natur aus wasserlöslich wäre (Abb. 3).

2. Isolation von DNA aus Tierzellen: Ethische Aspekte.
DNA lässt sich beispielsweise auch aus dem eigenen Mund (Schleimhautzellen) isolieren. Mithilfe von DNA-Testkits die im Internet bestellt werden können, kann die DNA analysiert werden, um Informationen zu Abstammung, Gesundheit und potentieller Leistungsfähigkeit zu erhalten.
a) Recherchieren Sie in digitalen Quellen, wie aussagekräftig solche DNA-Testkits sind.
b) Erläutern Sie, weshalb sich DNA aus tierischen Zellen leichter isolieren lässt als aus Pflanzenzellen. Beziehen Sie sich dabei auf die Unterschiede im Bau von Tier- und Pfanzenzellen.
c) Diskutieren Sie, welche ethischen Aspekte bei der Durchführung dieser Analyse zu beachten sind. Beziehen Sie sich auf die Methode M14 zum ethischen Bewerten.

→ Sicherheit beim Experimentieren →Liste der in Versuchen verwendeten Stoffe → B1 → M14 → Kap. 1.4

1.5 Von den Proteinen zum Merkmal

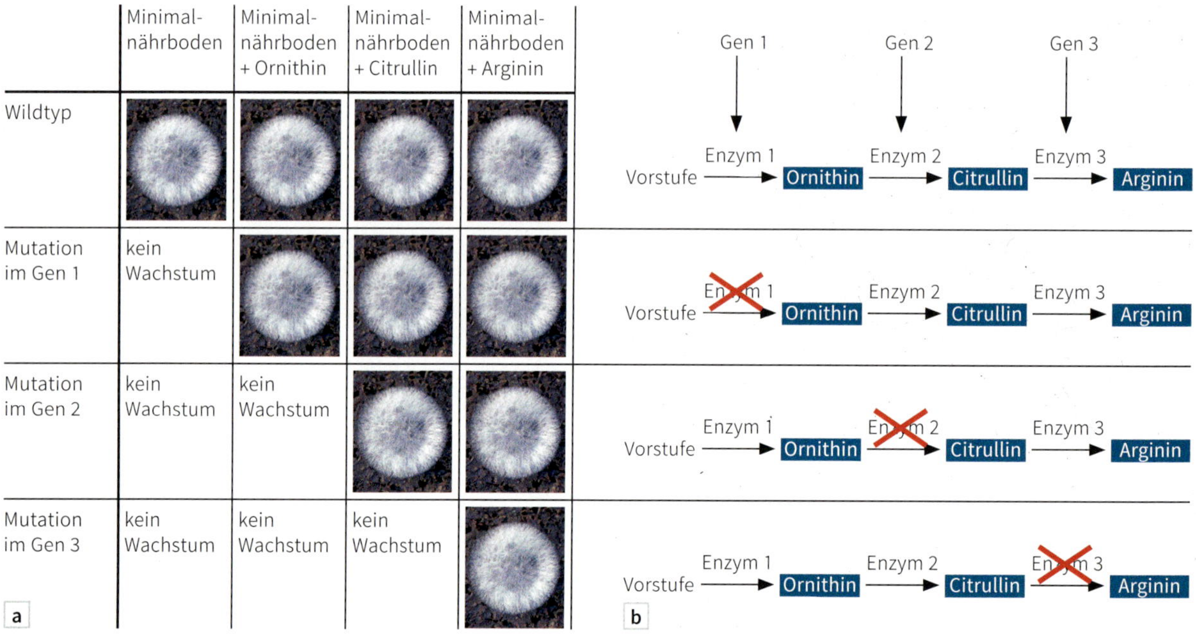

1 *Experimente mit Mangelmutanten des Brotschimmels, a) Versuchsergebnis, b) Schlussfolgerungen*

1941 experimentierten die Forscher GEORGE WELLS BEADLE und EDWARD TATUM mit Mutanten des Roten Brotschimmels *Neurospora crassa*, die sie durch Bestrahlung des Wildtypstammes mit Röntgenstrahlen erhalten hatten. Diese Mutanten waren nicht mehr in der Lage, auf einem Minimalnährboden zu überleben, der alle für das Wachstum des Wildtypstammes des Schimmelpilzes notwendigen Stoffe enthielt. Die Forscher nahmen an, dass durch die Bestrahlung die genetische Information beschädigt wurde und deshalb bestimmte Stoffwechselprodukte nicht mehr hergestellt werden konnten. Sie vermuteten, dass eine Zugabe dieser Stoffwechselprodukte zum Nährboden, wie beispielsweise Aminosäuren, ein Überleben der Mutanten ermöglichen könnte. Die Forscher setzten den Nährböden verschiedene Aminosäuren zu. Gaben sie Arginin hinzu, überlebten alle der untersuchten Mutanten (Abb. 1a, rechte Spalte). Zwei dieser Mutanten überlebten, wenn Citrullin zugegeben wurde. Nur eine Mutante überlebte, wenn Ornithin zugegeben wurde (Abb. 1a). Daraus leiteten sie ab, dass die Produktion von Arginin in drei Schritten verläuft: 1. Synthese von Ornithin, 2. Synthese von Citrullin, 3. Synthese von Arginin (Abb. 1b).

Diese Abfolge von Syntheseschritten bis zum endgültigen Produkt wird **Biosynthesekette** genannt. Bei jedem einzelnen Schritt wirkt ein spezielles Enzym, das durch ein bestimmtes Gen codiert wird. Diese Schlussfolgerung wird „Ein-Gen-ein-Enzym-Hypothese" genannt (Abb. 1b). Fällt durch eine Mutation ein Gen aus, kann das zugehörige Enzym nicht hergestellt werden. Die Biosynthesekette ist unterbrochen und das Endprodukt wird nicht hergestellt. Die zeitlich aufeinanderfolgende Aktivierung von Genen wird **Genwirkkette** genannt. Später wurden Enzyme entdeckt, die aus mehreren unterschiedlichen Polypeptidketten bestehen, die ihrerseits durch unterschiedliche Abschnitte auf der DNA codiert werden. Die ursprüngliche Hypothese wurde daraufhin zur „Ein-Gen-ein-Polypeptid-Hypothese" modifiziert.

Ein **Polypeptid** besteht aus 100 oder mehr Aminosäuren, die zu einer Aminosäurekette verknüpft sind. Ein einzelnes Polypeptid oder mehrere Polypeptide gemeinsam bilden ein Protein. Proteine haben unterschiedliche Funktionen. Sie wirken beispielsweise als Enzyme im Stoffwechsel oder als Rezeptorproteine bei der Signaltransduktion. Merkmale entstehen meist durch das Zusammenwirken mehrerer Proteine. Die genetische Information der DNA wird genutzt, um Proteine herzustellen. Diese Erkenntnisse führen zur Frage,wie diese Proteine unter dem Einfluss der genetischen Information entstehen.

→ B3 → Kap. 1.10 → Kap. 1.11

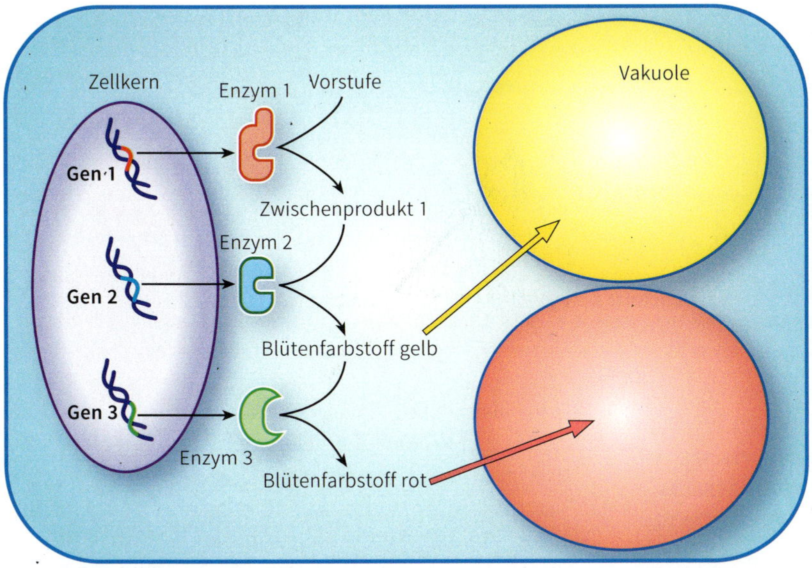

2 *Biosynthesekette zur Produktion des Blütenfarbstoffes bei zwei Sorten der Gauklerblume*

1. Biosynthesekette bei der Gauklerblume. Zur der Gauklerblume *Mimulus* gehörende Sorten sind verschiedengestaltig. Neben der Form der Blätter und Stängel ist vor allem die Farbe der Blüten zwischen den Sorten unterschiedlich. So weisen einige Sorten eine gelbe und andere eine rote Blütenfarbe auf. Erläutern Sie Abbildung 2 und erklären Sie das Zustandekommen der gelben und roten Blütenfarbe bei der Gauklerblume.

2. Ommochrom-Synthese bei Drosophila. Die Fruchtfliege *Drosophila melanogaster* gehört zu den am besten untersuchten Organismen. Der normale braune Augenfarbstoff Ommochrom wird über den in Abbildung 3 abgebildeten Syntheseweg hergestellt. Die Mutanten mit den Namen *cinnabar (cn)*, *vermillion (v)* und *scarlet (st)* haben rote statt braune Augen. Die roten Augenfarbstoffe werden über andere Synthesewege hergestellt und bei der Wildform vom Ommochrom überdeckt. Die Untersuchung der Mutanten ergibt folgende Ergebnisse:

- Die Mutante *cn* bildet normale braune Augen aus, wenn dem Futter der Larven 3-Hydroxykynurenin zugegeben wird. Bei Zugabe von Kynurenin oder Tryptophan bleiben die Augen rot.
- Im Körper der Mutante *st* reichert sich 3-Hydroxykynurenin an.
- Im Körper der Mutante *v* reichert sich Tryptophan an.

Erläutern Sie, welche Stoffwechseldefekte jeweils vorliegen und erklären Sie die Versuchsergebnisse.

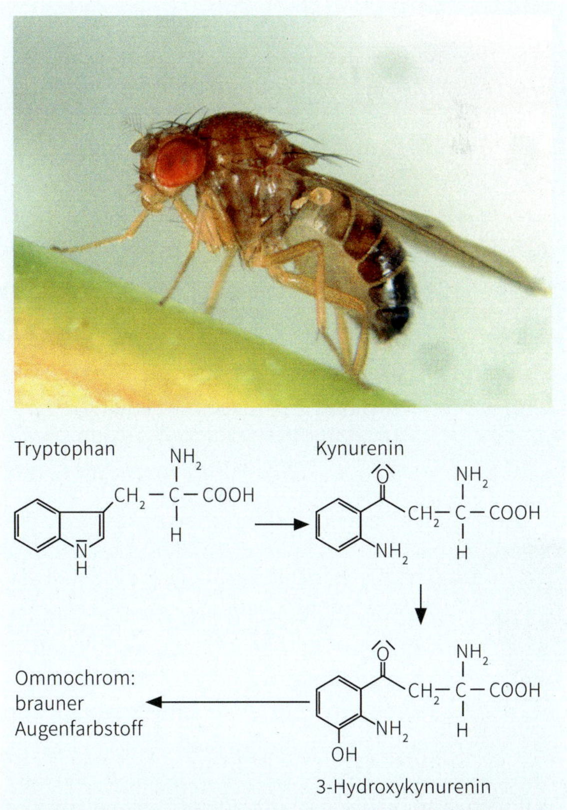

3 *Drosophilamutante cinnabar (cn) mit roten Augen und Syntheseweg der Ommochromsynthese*

→ B3 → Kap. 1.10 → Kap. 1.11

1.6 Der genetische Code

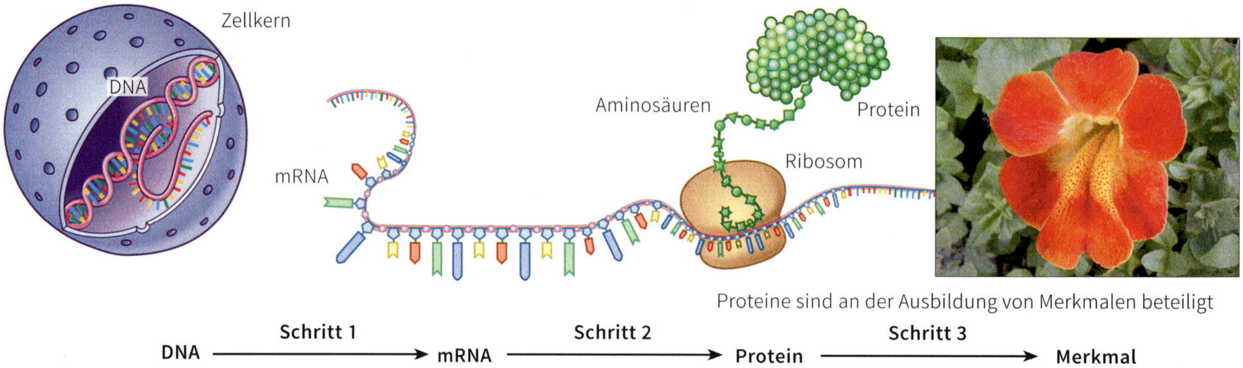

1 *Gene enthalten die Informationen*

TAAGAGTGGC TTTTAGTTCC AAATAATGAA GATAATTCTA
GATTCACTAA AAAAATTTTC GCCTCAGAAA CACAAGTAGA
TTAAATTCAA CTATGAGTAA ACATGTGACT ATBBCAACAC
TTCAAAATAT TTAACTTATG ATAATGTGAA TTTTATAATT
TCTTCTCTTT AAATACACCT GGGAAAAGTA AAAGAATACC

Winziger Ausschnitt aus der Basensequenz des Chromosom 4 des Menschen

	Telegraphenalphabet Zeichengruppen	Morsealphabet Zeichengruppen
A	LLOOO	·—/
B	LOOLL	—···/
C	OLLLO	—·—·/
D	LOOLO	—··/
E	LOOOO	·/
F	LOLLO	··—·/
G	OLOLL	——·/

L = Loch O = kein Loch / = Pause ·— = Zeichen

2 *Verschiedene Informationsverschlüsselungen*

Die Ausprägung eines Merkmals, beispielsweise der roten Blütenfarbe, entsteht durch Stoffwechselprozesse in der Pflanze (Abb. 1). Diese Prozesse erfolgen durch die Proteine, die innerhalb der Pflanze gebildet werden. Die Anleitung zu ihrer Synthese liegt verschlüsselt in der DNA vor. Beim Morsen werden die 26 Buchstaben unseres Alphabets mit nur zwei unterschiedlichen Zeichen, einem langen und einem kurzen Signal, verschlüsselt. Die DNA besitzt zur Verschlüsselung der Erbinformation vier unterschiedliche Zeichen, die vier Basen (Abb. 2). Die DNA befindet sich im Zellkern, die **Proteinsynthese** findet jedoch an den **Ribosomen** im Cytoplasma statt. Die genetische Information muss also zu den Ribosomen gelangen. Wenn ein Gen aktiv ist, wird von dem entsprechenden DNA-Abschnitt eine Abschrift in Form eines Botenmoleküls angefertigt. Dieses Molekül besteht aus **Ribonucleinsäure (RNA)**. Aufgrund ihrer übermittelnden Funktion wird sie als **messenger-RNA**, kurz **mRNA**, bezeichnet. RNA ist ähnlich aufgebaut wie DNA, jedoch findet sich in der RNA Ribose anstelle der Desoxyribose. Vier Basen treten in unregelmäßiger Reihenfolge auf: Adenin, Guanin, Cytosin und Uracil, wobei Uracil anstelle von Thymin auftritt. Der Strang der DNA, auf dem sich das abgelesene Gen befindet, heißt **codogener Strang**. Die gebildete mRNA besteht aus einem Strang und ist das komplementäre Abbild des abgelesenen DNA-Stranges. Der nicht abgelesene DNA-Strang wird als **Codestrang** bezeichnet.

Proteine werden aus 20 unterschiedlichen Aminosäuren synthetisiert. Diese werden in der DNA und mRNA verschlüsselt, indem die vier Basen miteinander kombiniert werden. Eine Kombination von jeweils drei Basen bietet 4^3, also 64 Möglichkeiten. Diese kombinierten Basen heißen **Basentripletts** und codieren jeweils für den Einbau einer bestimmten Aminosäure. Die codierenden Basentripletts der mRNA werden als **Codons** bezeichnet, die der abgelesenen DNA als **Codogene**. Neben den aminosäurecodierenden Codons gibt es wenige mit spezieller Bedeutung: Es gibt ein Start-Codon und drei Stopp-Codons (Abb. 3). Der, in der Codesonne dargestellte genetische Code, ist bei fast allen Lebewesen vorzufinden. Er ist **universell**. Zudem ist er kommafrei (lückenlose Aneinanderreihung der Basen), eindeutig (ein Triplett codiert für eine Aminosäure) und nicht überlappend (keine Base besitzt eine doppelte Bedeutung für zwei Tripletts).

→ B3 → Kap. 1.4 → Kap. 1.5

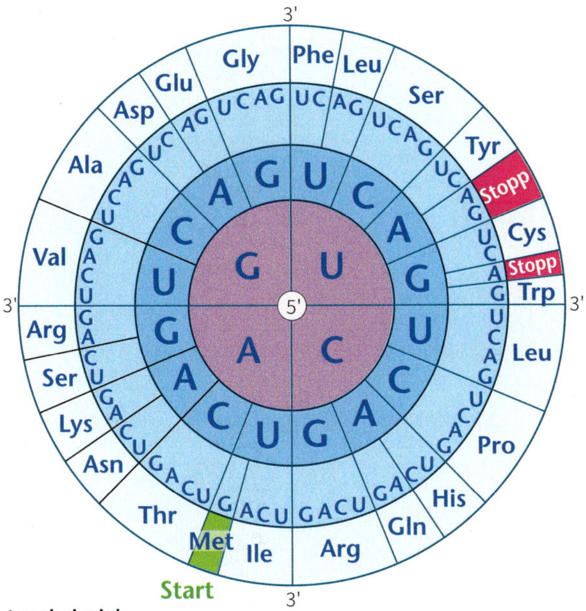

Lesebeispiel:
Die Leserichtung ist von innen nach außen (5' zu 3'). Dabei ist zu beachten, dass einige Aminosäuren nur durch eine Sequenz codiert werden, während andere Aminosäuren durch mehrere Abfolgen codiert werden. Das mRNA-Basentriplett AUG codiert die Aminosäure Met = Methionin oder den Start.

3 *Codesonne für mRNA-Basentripletts; Basen: A = Adenin, C = Cytosin, G = Guanin, U = Uracil*

Aminosäure	Kurzbezeichnung	Symbol
Glycin	Gly	G
Valin	Val	V
Isoleucin	Ile	I
Phenylalanin	Phe	F
Cystein	Cys	C
Serin	Ser	S
Asparagin	Asn	N
Tyrosin	Tyr	Y
Asparaginsäure	Asp	D
Glutaminsäure	Glu	E
Lysin	Lys	K
Histidin	His	H
Alanin	Ala	A
Leucin	Leu	L
Prolin	Pro	P
Methionin	Met	M
Threonin	Thr	T
Glutamin	Gln	Q
Tryptophan	Trp	W
Arginin	Arg	R

4 *Kurzbezeichnungen und Symbole der 20, für die Proteinbiosynthese verwendeten, Aminosäuren*

1. Informationen verschlüsseln und entschlüsseln.
Erläutern Sie die Formen der Codierung in Abbildung 2.

2. Chemisch verschlüsselte Informationen.
Begründen Sie die Unbrauchbarkeit eines Kohlenhydrats, wie beispielsweise Stärke (Kettenmolekül aus Glucose-Untereinheiten), als Träger für chemisch verschlüsselte Information.

3. Umsetzung der Information der DNA in eine Aminosäuresequenz. Die Information der DNA kann mithilfe der Codesonne in eine Aminosäuresequenz übersetzt werden (Abb. 3, 4).
Beispiel: Liegt im codogenen DNA-Strang das Basentriplett TCA vor, wird dieses in der mRNA als Codon AGU verschlüsselt, welches für die Aminosäure Serin codiert.

a) Ergänzen Sie den Codestrang, die Codons der mRNA und die Aminosäuren in Abbildung 5 in ihrem Heft/Tablet.
b) Ermitteln Sie die Veränderungen auf der Aminosäuresequenz, wenn:
1. das erste Codogen der DNA statt TAC TAG lautet.
2. das zweite Codogen der DNA statt TGG TGA lautet.
3. das dritte Codogen der DNA weg fällt.
4. sich hinter die dritte Base des fünften Codogens der DNA ein zusätzliches Adenin schiebt.
5. beim vierten Codogen der DNA die zweite Base wegfällt.

Code-Strang	-	-	-	-	-	-	-	-	-	-	-	-	-
Codogener Strang	TAC	TGG	CCA	ATA	GGG	TCC	CTT	ACC	GTG	ACA	AAA	GAT	ACT
mRNA	-	-	-	-	-	-	-	-	-	-	-	-	-
Aminosäuren	-	-	-	-	-	-	-	-	-	-	-	-	-

5 *Beispiel für eine Basentriplett-Abfolge der DNA*

→ B3 → Kap. 1.4 → Kap. 1.5

1.7 Die Proteinbiosynthese: Die Transkription

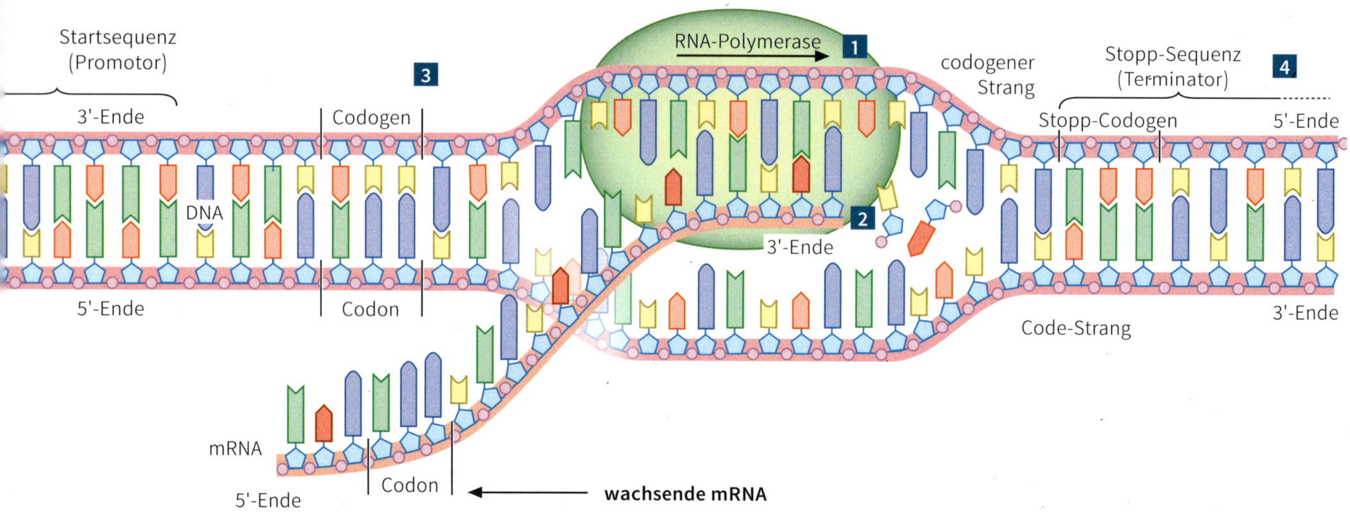

1 *Ablauf der Transkription*

In der Erbinformation der DNA sind direkt keine Informationen über Merkmale, wie beispielsweise über das Merkmal der roten Blütenfarbe, niedergelegt, sondern Informationen für die Bildung von Proteinen. Proteine sind an der Ausbildung von Merkmalen unmittelbar beteiligt. Ein Abschnitt auf der DNA enthält die Information für die Bildung eines Proteins. Dieser Abschnitt wird als **Gen** bezeichnet. Die Realisierung der genetischen Information vom Gen zum Aufbau von Proteinen erfolgt bei der **Proteinbiosynthese**, auch **Genexpression** genannt. Der erste Schritt der Proteinbiosynthese ist die **Transkription**. Dabei wird der DNA-Abschnitt, der ein Gen codiert, in die **messenger-RNA** oder kurz **mRNA** umgeschrieben. Die so entstandene mRNA ist eine komplementäre Kopie eines DNA-Abschnitts. RNA-Moleküle sind ähnlich aufgebaut wie DNA-Moleküle, bestehen aber nur aus einem einzelnen Nucleotidstrang und weisen statt der Base Thymin die Base Uracil (U) auf (Abb. 1). Der Prozess der Transkription läuft bei Pro- und Eukaryoten identisch ab. Zu Beginn dient eine Erkennungssequenz vor dem Gen als Bindungsstelle für das Enzym RNA-Polymerase. Diese Sequenz wird als **Promotor** bezeichnet. Nach Beendigung der Transkription wird die fertige mRNA freigesetzt. Sie verlässt bei Eukaryoten durch die Poren in der Kernhülle den Zellkern und gelangt auf diese Weise in das Cytoplasma zu den Ribosomen. Bei Prokaryoten läuft die Transkription direkt im Cytoplasma ab, weshalb die Ribosomen direkt an die mRNA binden können.

1

Die Transkription beginnt damit, dass die RNA-Polymerase den **Promotor**, eine spezielle Basensequenz des abzulesenden Gens, erkennt, an den sie sich anlagert. Dabei wird der Code-Strang von dem codogenen Strang getrennt. Der Code-Strang enthält die Erbinformation, die in ein Protein übersetzt wird. Jeweils drei aufeinanderfolgende Basen bilden als Basentriplett die kleinste Einheit des genetischen Codes. Sie wird **Codon** genannt und codiert eine Aminosäure des zu bildenden Proteins. Der komplementäre Bereich auf dem codogenen Strang wird **Codogen** genannt. Die RNA-Polymerase ist ein Enzym, das die Bildung der mRNA-Moleküle an der DNA katalysiert. Die RNA-Polymerase kann aufgrund ihres Aufbaus die DNA nur in 3'→5'-Richtung ablesen (Abb. 1).

2

Nach der Auftrennung der beiden DNA-Stränge lagern sich komplementäre RNA-Nucleotide an den codogenen Strang der DNA an, die durch die RNA-Polymerase in 5'→3'-Richtung zu einer mRNA verknüpft werden. Die Basensequenz der DNA wird auf diese Weise in eine komplementäre Basensequenz der mRNA umgeschrieben. Jeweils drei Nucleotide der mRNA bilden wieder ein **Codon,** ein komplementäres Basentriplett zum **Codogen** des codogenen Strangs der DNA.

3

Der Code-Strang und der codogene Strang verbinden sich nach dem Ablesen wieder zum DNA-Doppelstrang.

4

Die Transkription wird beendet, sobald die RNA-Polymerase eine bestimmte Basensequenz erreicht, die Stopp-Sequenz. Solche Stopp-Sequenzen werden **Terminatoren** genannt. Daraufhin löst sich die RNA-Polymerase von dem codogenen Strang der DNA ab.

→ B1 → B2 → B3 → Kap. 1.4 → Kap. 1.6 → Kap. 1.10

C	A	G	C	C	G	C	C	A	G	T	T	C	C	G	T	G	G	C	G	G	C	A	T	T	T	DNA
G	T	C	G	G	C	G	G	T	C	A	A	G	G	C	A	C	C	G	C	C	G	T	A	A	A	
C	A	G	C	C	G	C	C	A	G	U	U	C	C	G	U	G	G	C	G	G	C	A	U	U	U	mRNA

2 *DNA und zugehörige mRNA; C = Cytosin, G = Guanin, A = Adenin, T = Thymin, U = Uracil*

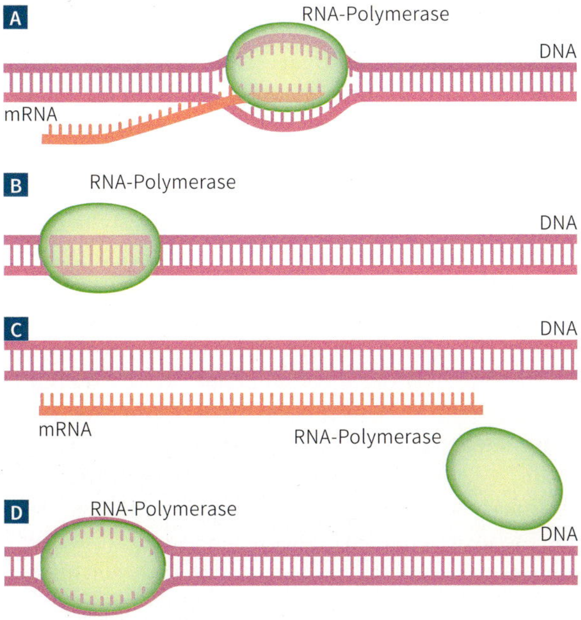

3 *Ablauf der Transkription*

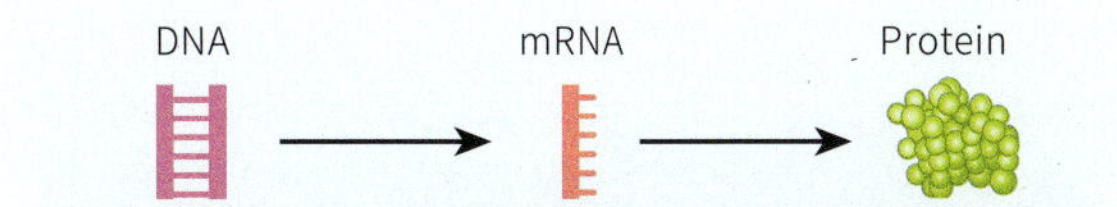

DNA-Basenverhältnis	mRNA-Basenverhältnis
(A+G) : (C+T)	(A+G) : (C+U)
1,00	0,91

4 *Proteinbiosynthese und Basenverhältnisse*

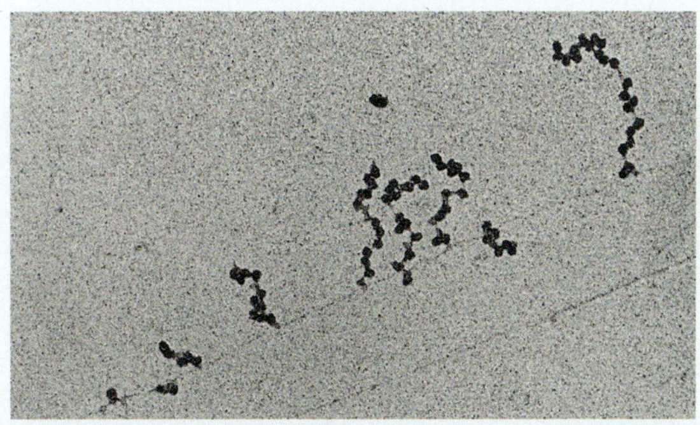

Transcription of a DNA segment of Escherichia coli. The DNA looks like a thread. It is transcribed by several RNA polymerases simultaneously. In the picture the direction of transcription can be recognized by the lengths of the synthesized RNA. As soon as a part of the RNA has been synthesized is it bound by ribosomes. The number of bound ribosomes grows with the length of the RNA.

5 *Elektronenmikroskopisches Bild der Proteinbiosynthese mit englischer Beschreibung*

1. Der codogene Strang der DNA. In Abbildung 2 sind ein DNA-Abschnitt sowie das komplementäre mRNA-Molekül dargestellt. Begründen Sie, welcher der beiden DNA-Stränge der codogene Strang ist. Erläutern Sie den dargestellten Sachverhalt auch in Bezug auf das Basiskonzept „Struktur und Funktion".

2. Ablauf der Transkription. Ordnen Sie die in Abbildung 3 dargestellten Schemata der Transkription in eine chronologische Abfolge. Beschreiben Sie die Abläufe in Form von gliedernden Überschriften.

3. Schema der Proteinbiosynthese. Beschreiben Sie das Schema in Abbildung 4. Erläutern Sie, inwiefern die im Schema dargestellte Einsträngigkeit der mRNA anhand der Basenverhältnisse, wie sie in Abbildung 2 aufgeführt sind, belegt werden kann. Führen Sie eine Modellrechnung durch.

4. Lebensdauer der mRNA. Die mRNA-Moleküle zerfallen bei Bakterien schon nach Minuten, bei Säugetieren nach wenigen Stunden. Stellen Sie begründete Vermutungen zur biologischen Sinnhaftigkeit der Kurzlebigkeit auf.

5. EM-Bild. Erläutern Sie das elektronenmikroskopische Bild der Proteinbiosynthese bei dem Bakterium *Escherichia coli*, einem Prokaryoten (Abb. 5).

Hilfe **Webcode** WES-105475_039

→ B1 → B2 → B3 → Kap. 1.4 → Kap. 1.6 → Kap. 1.10

1.8 Die Transkription bei Eukaryoten und die Prozessierung

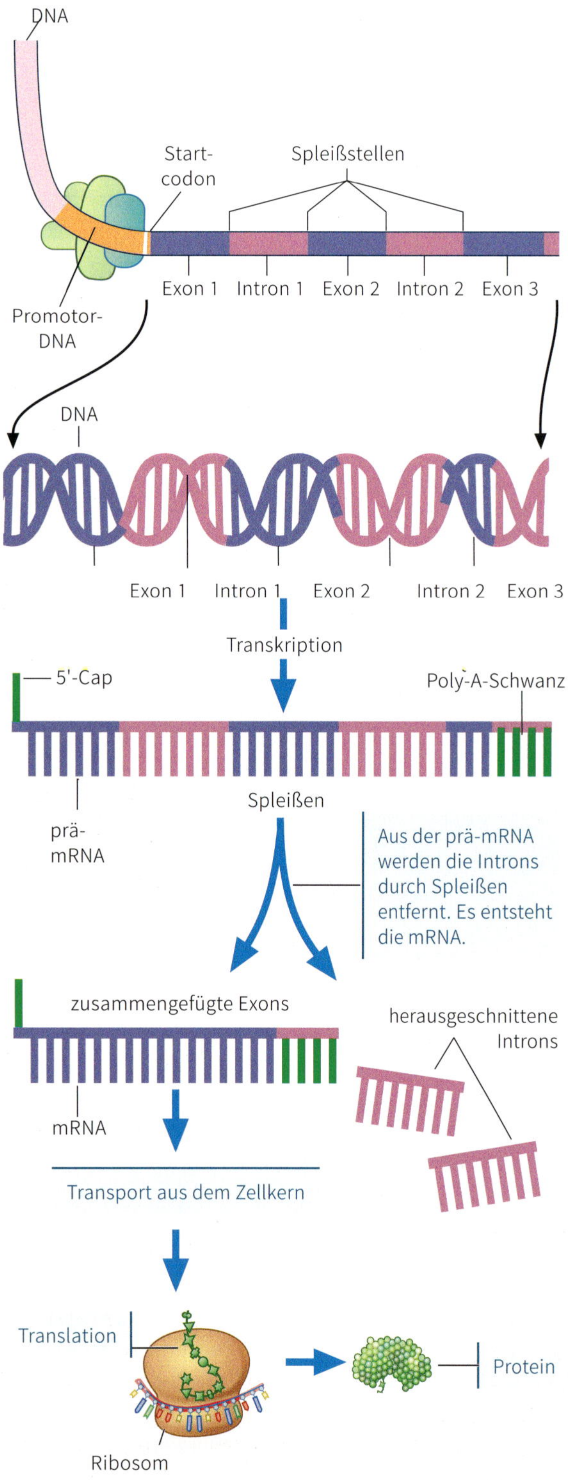

1 *mRNA-Prozessierung*

Mit ungefähr 25 000 Genen verfügt der Mensch über ungefähr genauso viele Gene wie die Acker-Schmalwand. Dies ist eine kleine krautige Blütenpflanze. Die, im Vergleich zur Ackerschmalwand, höhere molekulare und physiologische Komplexität des menschlichen Organismus wird unter anderem durch **mRNA-Prozessierung** erreicht. Dies ermöglicht eine enorme Vielfalt an Proteinen trotz vergleichsweise weniger Gene.

In wesentlichen Elementen stimmt die Transkription bei Prokaryoten und Eukaryoten überein. Bei Eukaryoten werden nach der Transkription an die Enden der prä-mRNA sogenannte Schutzgruppen angelagert. Das 5'-Ende erhält ein verändertes Guanin-Nukleotid, den **5'-Cap**. Das 3'-Ende erhält den **Poly-A-Schwanz**, welcher aus vielen Adenin-Nukleotiden besteht. Beide Gruppen dienen dem Schutz der mRNA vor enzymatischem Abbau und darüber hinaus dem Andocken der mRNA an die Ribosomen. Anders als bei Prokaryoten besteht die mRNA bei den Eukaryoten aus weniger Nukleotiden als der entsprechende DNA-Abschnitt. Die DNA enthält Bereiche, die für die Codierung eines Genprodukts nicht benötigt werden. Codierende und nicht codierende Bereiche wechseln sich auf der DNA ab. Eukaryotische Gene sind also aus einem Mosaik von codierenden und nicht codierenden Sequenzen zusammengesetzt. Sie werden als **Mosaikgene** bezeichnet.

Bei Eukaryoten ist die genetische Information zur Herstellung von Proteinen auf mehrere DNA-Bereiche, den sogenannten **Exons**, verteilt (Abb. 1). Diese DNA-Bereiche werden von nicht codierenden Bereichen, den **Introns**, unterbrochen. Bei der Transkription der Eukaryoten wird die vollständige DNA-Sequenz einschließlich aller Introns abgelesen. Es entsteht eine Vorstufe der endgültigen mRNA, die prä-mRNA. Die prä-mRNA durchläuft dann im Zellkern verschiedene Vorgänge. Diese werden unter dem Begriff **mRNA-Prozessierung** zusammengefasst (Abb. 1). Die Introns werden nach der Transkription noch im Zellkern aus der prä-mRNA durch Spleißosome herausgeschnitten. Spleißosome sind Komplexe aus RNA-Molekülen und Proteinen, die anhand spezifischer Sequenzen auf der prä-mRNA den Anfang und das Ende der Introns erkennen. Die herausgeschnittenen Introns werden abgebaut und die Exons werden anschließend wieder zusammengefügt. Dieser Vorgang wird als **Spleißen** bezeichnet. Die nun reife mRNA verlässt den Zellkern und dient an den Ribosomen als Vorlage für die Synthese des Proteins.

→ B1 → B3 → Kap. 1.6 → Kap. 1.7 → Kap. 2.3

Erkenntnisgewinnung nachvollziehen

Hypothese: Regionen innerhalb einer codierenden Sequenz eines Gens gehen nicht in die zugehörige mRNA ein.

Methode:

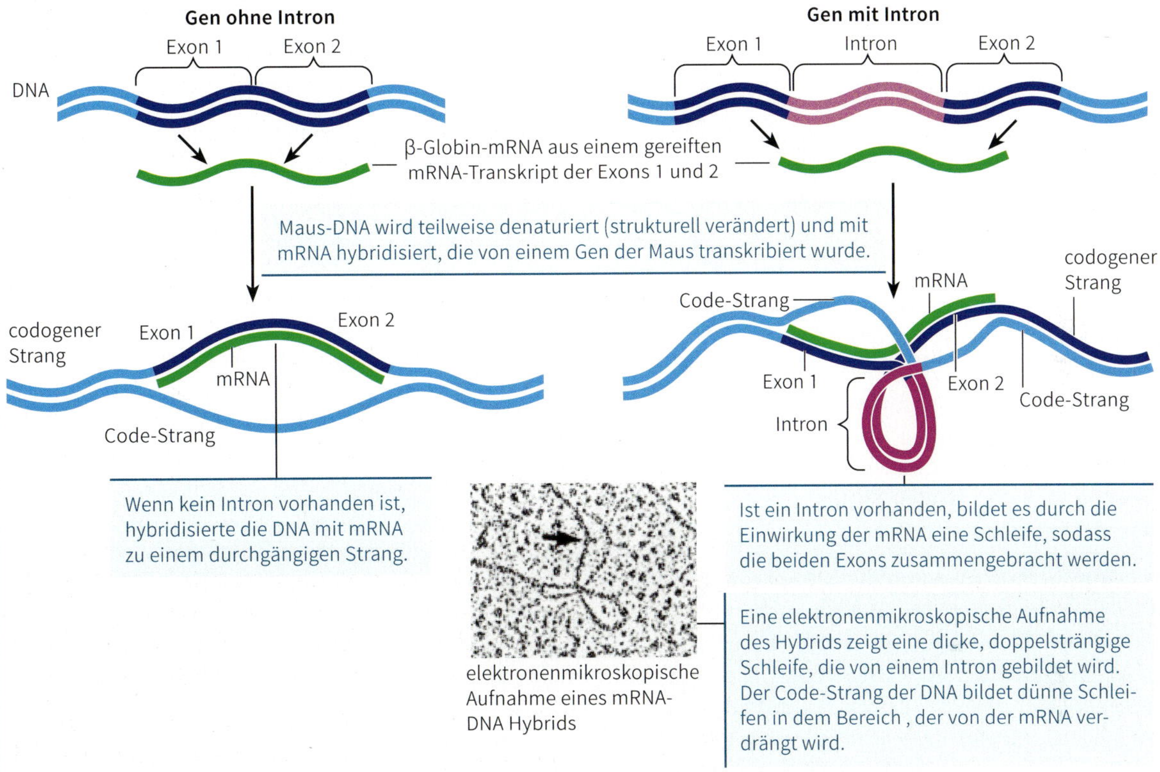

Schlussfolgerung: Die DNA enthält innerhalb von Genen nicht-codierende Regionen, die nicht in der gereiften mRNA vorhanden sind.

2 *Der Nachweis des Introns*

1. Der Nachweis des Introns. In Abbildung 2 ist ein Experiment dargestellt, mit dem man das Vorhandensein von Introns in der DNA bei Eukaryoten nachgewiesen hatte. Ausgangspunkt war ein DNA-Abschnitt des β-Globin-Gens bei Mäusen, aus dem eine m-RNA des β-Globin-Gens gewonnen wurde.

a) Beschreiben Sie die Durchführung des Experiments und die jeweiligen Ergebnisse (Abb. 2).

b) Formulieren Sie eine mögliche Problemfrage, die diesem Experiment zugrunde lag (Abb. 2).

c) Erläutern Sie, weshalb man mit diesem Experiment nachweisen konnte, dass die DNA der Eukaryoten aus einem Mosaik von codierenden und nicht codierenden Sequenzen zusammengesetzt ist (Abb. 2).

2. Prozessierung der mRNA.

a) Erläutern Sie das Spleißen im Rahmen der mRNA-Prozessierung anhand von Abbildung 1.

b) Begründen Sie, welche mögliche Auswirkung der Verlust der Schutzgruppen auf eine Zelle hätte und warum die Schutzgruppen bei Prokaryoten nicht erforderlich sind.

3. Proteinbiosynthese bei Prokaryoten und Eukaryoten. Stellen Sie in Form einer geeigneten Tabelle die wesentlichen Unterschiede in der Proteinbiosynthese bei Prokaryoten und Eukaryoten einander gegenüber. Beziehen Sie sich dabei auf folgende Aspekte: Bau der DNA, Ort bzw. Kompartiment der Transkription und der Translation, Aufbau eines Gens, Prozessierung der DNA.

→ B1 → B3 → Kap. 1.6 → Kap. 1.7 → Kap. 2.3

1.9 Die Proteinbiosynthese: Die Translation

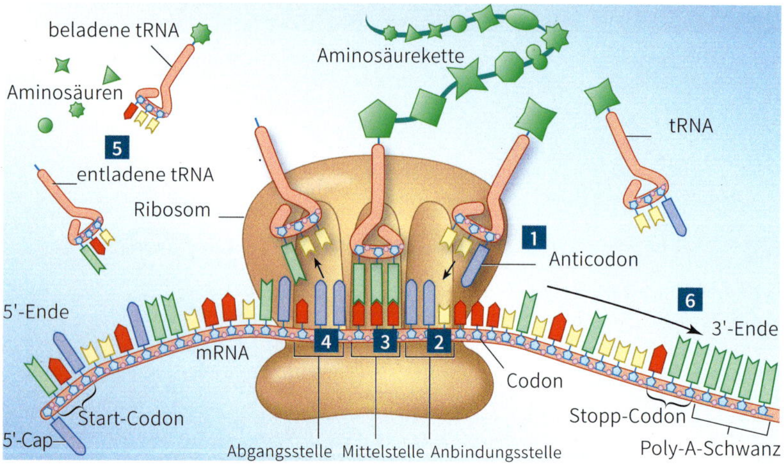

1 *Translation im Ribosom*

Das **Ribosom** ist ein Zellorganell ohne Membran. Es besteht aus einer kleinen und einer großen Untereinheit, die vor Beginn der Translation getrennt im Zellplasma vorliegen. Erst mit Beginn der Proteinbiosynthese schließen sich die beiden Untereinheiten zu einem funktionsfähigen Ribosom zusammen.

Nachdem die mRNA durch die Kernporen in das Zellplasma gelangt ist, findet der zweite Schritt der Proteinbiosynthese, die **Translation** statt. Hierbei wird die Information der mRNA an einem Ribosom, in eine Folge von Aminosäuren übersetzt. Diese Folge von Aminosäuren bildet schließlich ein Protein mit einer typischen Raumstruktur. Für die Übersetzung sind verschiedene transfer-RNA-Moleküle, kurz tRNA-Moleküle, verantwortlich. Sie haben zwei Aufgaben. Jede **tRNA** erkennt ein spezifisches Codon der mRNA. Weiterhin ist ein tRNA-Molekül spezifisch und wird von spezifischen Enzymen mit der passenden Aminosäure beladen. Diese transportiert sie zu den Ribosomen. Auf der mRNA besteht zu jedem Basentriplett auf der DNA, dem Codogen, ein komplementäres Basentriplett, das **Codon**. An einer bestimmten Stelle des Ribosoms kann sich an dieses Codon eine andere Ribonucleinsäure binden (Abb. 1). Die tRNA weist auf der einen Seite nur drei Basen, also ein Basentriplett, auf. Dieses Basentriplett wird **Anticodon** genannt. Auf der anderen Seite der tRNA befindet sich die Bindungsstelle für eine Aminosäure. Es gibt verschiedene tRNAs, die jeweils durch ein spezifisches Anticodon gekennzeichnet sind. tRNAs, die das gleiche Anticodon besitzen, transportieren immer die gleiche Aminosäure.

Zu Beginn der Translation lagert sich immer eine mit der Aminosäure Methionin beladene tRNA an das Start-Codon der mRNA an. Die Stelle, an der die tRNA mit der Aminosäure Methionin verbunden ist, wird **Peptidbindestelle** genannt. Beim Weiterrücken des Ribosoms wird die in der wachsenden Aminosäurekette neu hinzukommende Aminosäure immer an dieser Stelle eingefügt (Abb. 1). Bisher sind 20 verschiedene Aminosäuren bekannt, die bei der Synthese von Proteinen verwendet werden.

1 Zu Beginn der Translation schließen sich die beiden Untereinheiten des Ribosoms am Start-Codon (AUG) der mRNA zum funktionstüchtigen Ribosom zusammen. In der Folge wird die mRNA schrittweise abgelesen und in eine Folge von Aminosäuren umgesetzt. Ein Ribosom besitzt drei Bindungsstellen für tRNA-Moleküle: Anbindungsstelle, Mittelstelle und Abgangsstelle (Abb. 1).

2 Am Eingang des Ribosoms, der Anbindungsstelle, verbindet sich das Anticodon der mit einer Aminosäure beladenen tRNA nach dem Prinzip der komplementären Basenpaarung mit dem entsprechenden Codon der mRNA.

3 Wenn das Ribosom beim Ablesen der mRNA eine Stelle weiterrückt, gelangt die gerade gebundene tRNA an die Mittelstelle, wo die mitgeführte Aminosäure mithilfe von Enzymen an die vorhergehende Aminosäure gebunden wird. Durch die Aneinanderreihung der Aminosäuren entsteht das Protein. Beim Weiterrücken trennt sich die tRNA von der mitgeführten Aminosäure.

4 Die entladene tRNA rückt auf die Abgangsstelle, von wo aus sie das Ribosom verlässt.

5 Im Cytoplasma bindet die entladene tRNA erneut die passende Aminosäure. Das tRNA-Molekül kann somit rasch wieder an der Proteinbiosynthese teilnehmen.

6 Das Ribosom wandert auf der mRNA vom 5'-Ende zum 3'-Ende, bis es an ein Stopp-Codon, beispielsweise UAA, gelangt, für das es keine passende tRNA gibt. Hier kommt es zum Abbruch der Translation. Der Komplex aus Ribosom und mRNA zerfällt und die Aminosäurekette wird freigesetzt. Das gesamte Protein ist nun in seiner Primärstruktur mit seiner typischen Aminosäuresequenz entsprechend den Vorgaben der DNA hergestellt worden.

→ B1 → B2 → B3 → Kap. 1.6 → Kap. 1.7 → Kap. 1.10

Codogen (DNA)	Codon (mRNA)	Anticodon (tRNA)	Aminosäure
ACG			
	UAG		
		UCG	
TTA			
		UUA	
	AUC		
GAA			
TCG			

2 *Vom Codogen zur Aminosäure*

1. Von der DNA zum Protein. Erläutern Sie die Abbildung 3. Verwenden Sie in der Darstellung auch die in Anführungszeichen gesetzten Begriffe und erläutern Sie diese dabei.

2. Vom Codogen zum Anticodon. Übertragen Sie die Tabelle aus Abb 2 in Ihr Heft. Ergänzen Sie die fehlenden Basentripletts sowie die dadurch codierten Aminosäuren (Code-Sonne, Seite 37), sodass die Informationsübertragung vom codogenen Strang der DNA über die mRNA bis zur tRNA und Aminosäure nachzuverfolgen ist. Begründen Sie Ihre Zuordnung.

3. Informationsfluss bei der Proteinbiosynthese.
a) Erläutern Sie das wissenschaftliche Experiment (Abb. 4).
b) Stellen Sie Hypothesen zu den möglichen Befunden der Versuche a) bis d) in Abbildung 4 auf.
c) Deuten Sie die Befunde des Versuchs e).

4. Mehrere Start-Codons auf der mRNA. Es gibt mRNA-Moleküle, die mehrere Start-Codons besitzen. Entwickeln Sie eine Hypothese hinsichtlich möglicher Auswirkungen auf die Zelle.

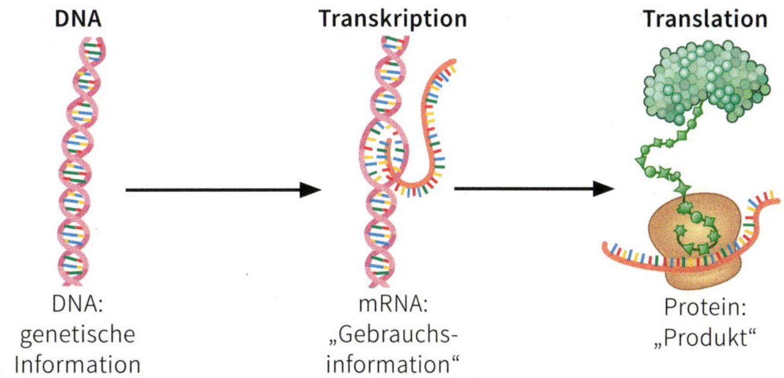

3 *Von der DNA zum Protein*

ERKENNTNISGEWINNUNG NACHVOLLZIEHEN

Frage
In welcher Reihenfolge finden die unterschiedlichen Prozesse bei der Proteinbiosynthese statt?

Durchführung
Zellen des Bakteriums *E. coli* werden aufgebrochen, zentrifugiert und der Überstand genutzt. Dieser enthält alle Aminosäuren, mRNA, tRNA, DNA, Ribosomen, ATP sowie Enzyme wie beispielsweise die RNA-Polymerase. Durch Zugabe von mit radioaktivem ^{14}C markierten Aminosäuren kann nachgewiesen werden, dass in dem Überstand Proteine synthetisiert werden, in die die markierten Aminosäuren eingebaut sind. Es wurden die Versuchsreihen a) – e) durchgeführt. DNasen und RNasen sind dabei DNA- oder RNA-abbauende Enzyme.

Zugabe von ^{14}C-markierten Aminosäuren und …	Kommt es zum Einbau von ^{14}C-markierten Aminosäuren in ein Protein?
a) … DNase.	?
b) … RNase.	?
c) … Zugabe von RNase, aber Stoppen der RNase-Aktivität durch einen Hemmstoff; dann Zugabe von tRNA.	?
d) … vorheriges Entfernen der Ribosomen.	?
e) … anschließende **Dichtegradienten-Zentrifugation** (Auftrennung der Bestandteile durch Zentrifugation anhand der unterschiedlichen Geschwindigkeit der Bestandteile, sich abzusetzen) zu verschiedenen Zeitpunkten und Messung der Radioaktivität der einzelnen Bestandteile.	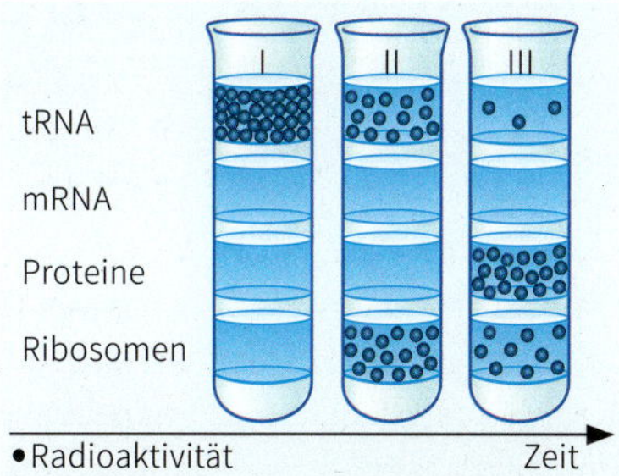

4 *Versuch zur Aufklärung des Informationsflusses bei der Proteinbiosynthese*

Hilfe **Webcode** WES-105475_043

1.10 Vom Gen zum Protein – die Proteinbiosynthese im Überblick

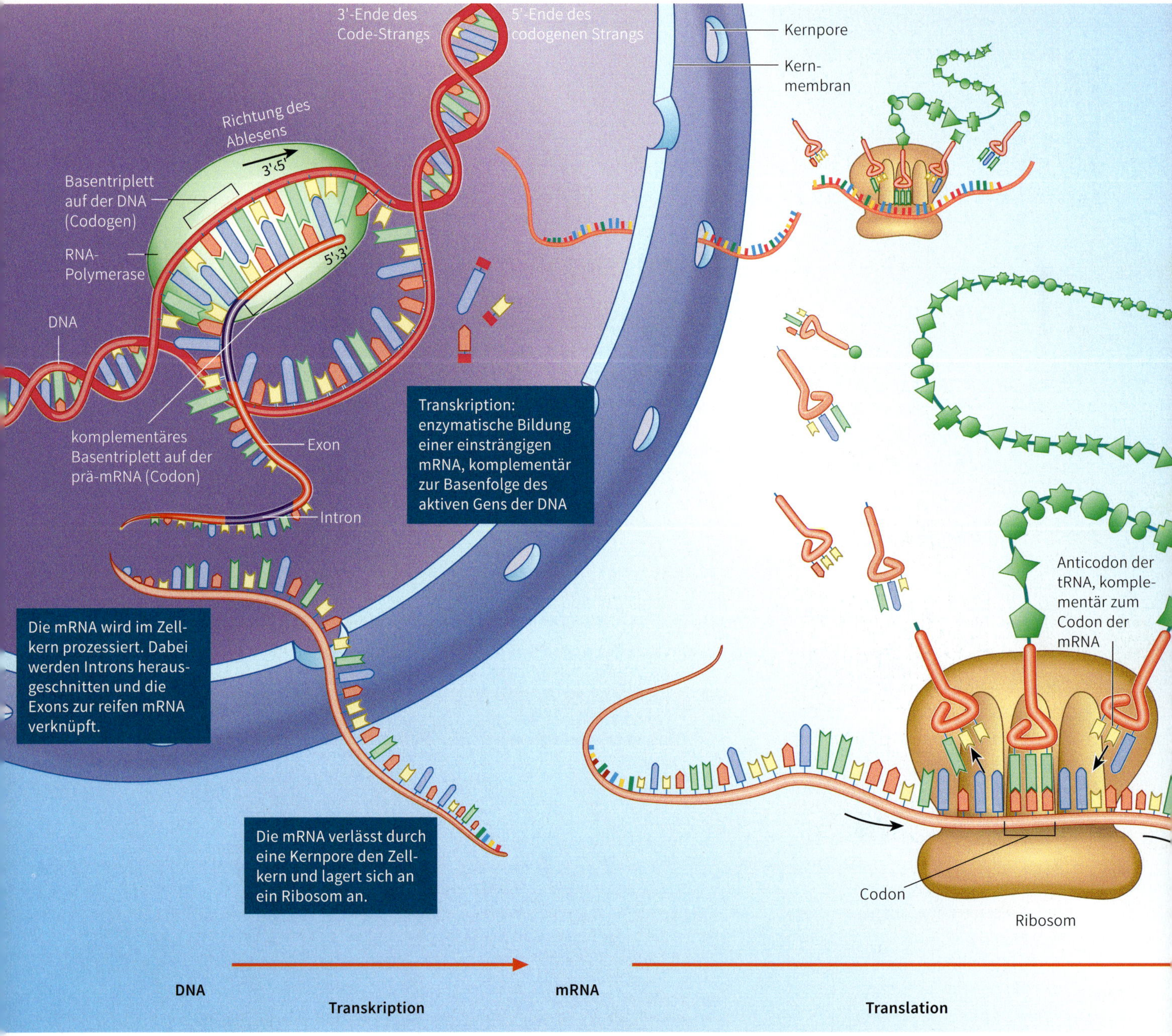

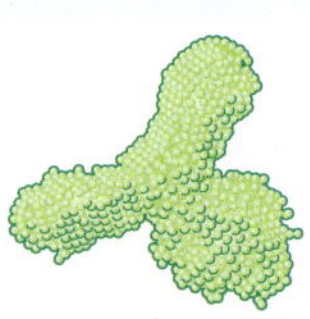
Antikörper

Abwehr-Proteine gehören zum Immunsystem des Körpers. Mithilfe spezieller Proteine, der Antikörper, werden Krankheitserreger wie Viren und Bakterien bekämpft. Antikörper erkennen Krankheitserreger an bestimmten Merkmalen ihrer Oberfläche.

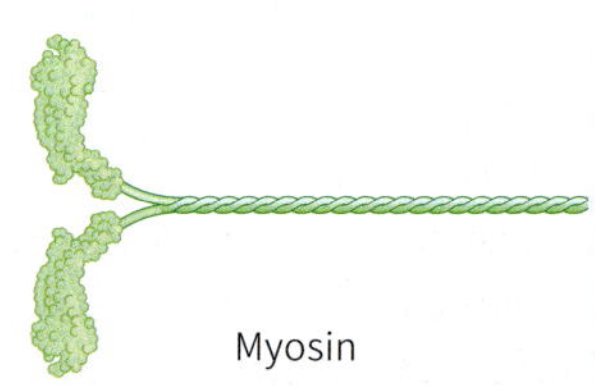
Myosin

→ M8 → Kap. 1.6 → Kap. 1.7 → Kap. 1.8 → Kap. 1.9 → Kap. 1.11

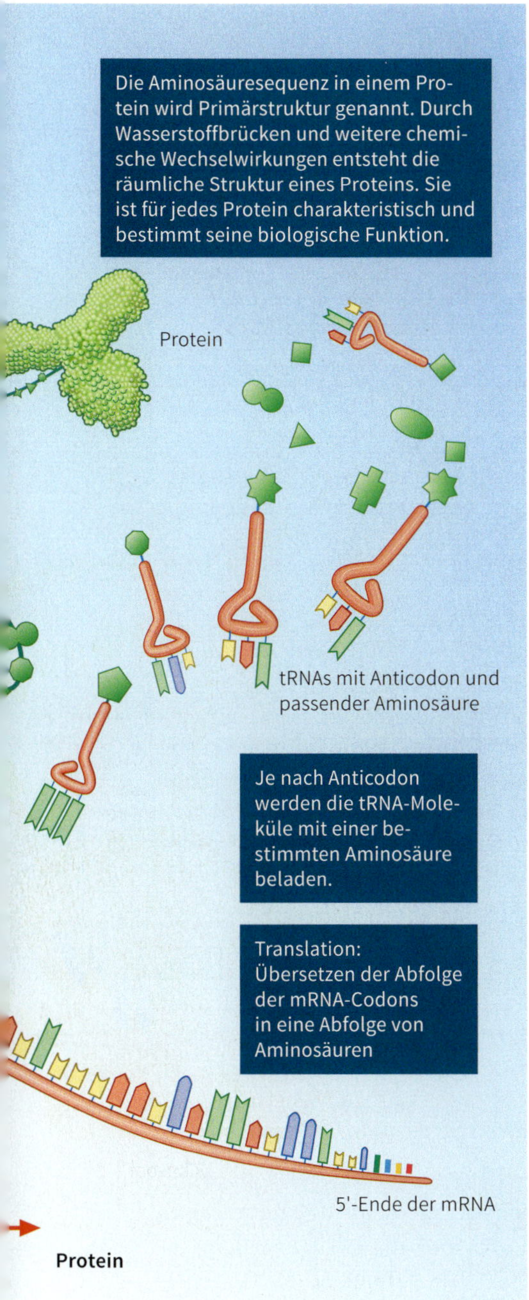

Bewegliche Proteine bewirken die Bewegung von Zellorganellen, Zellen oder des Körpers. Der größte Teil der Muskeln besteht aus den beiden länglichen Proteinen Aktin und Myosin. Bewegliche Proteine sind auch für das Schlagen von Geißeln bei Einzellern verantwortlich.

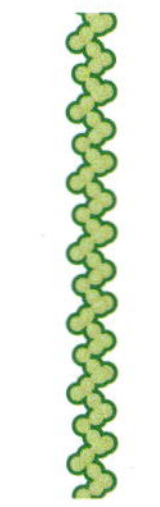
Kollagen

Struktur-Proteine sind für die Form, Festigkeit und Elastizität von Zellen und Geweben verantwortlich. Beim Menschen ist Kollagen das häufigste Protein. Es befindet sich unter anderem im Bindegewebe sowie in Sehnen, Gelenkbändern und in der Haut. Kollagen besitzt eine enorme Zugfestigkeit. Keratin ist ein Struktur-Protein in Hörnern, Hufen, Federn, Nägeln und Haaren.

Trypsin

Enzyme ermöglichen, beschleunigen und steuern alle chemischen Reaktionen im Körper. Sie sind an dem Auf-, Um- und Abbau von Stoffen beteiligt. Die Aufgaben und Leistungen jeder lebenden Zelle erfordern beständig eine große Zahl verschiedener Enzyme. Enzyme sind beispielsweise an der Verdauung der Nahrung, der Energieversorgung von Zellen sowie der DNA-Verdopplung und der Zellteilung beteiligt. Blütenfarbstoffe werden aus Vorstufen durch Enzyme gebildet. Trypsin ist ein Enzym, das im Dünndarm an der Proteinverdauung beteiligt ist.

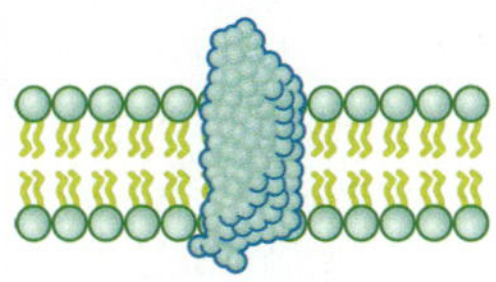
Transport-Protein in der Zellmembran

Transport-Proteine dienen dem Transport von Stoffen in Zellen, durch Zellmembranen hindurch und im Körper.
Manche Transport-Proteine ermöglichen die gezielte Aufnahme von Stoffen in die Zelle. Hämoglobin ist ein Transport-Protein, das Sauerstoff im Körper vom Ort der Sauerstoffaufnahme, zum Beispiel den Lungen, zum Gewebe transportiert.

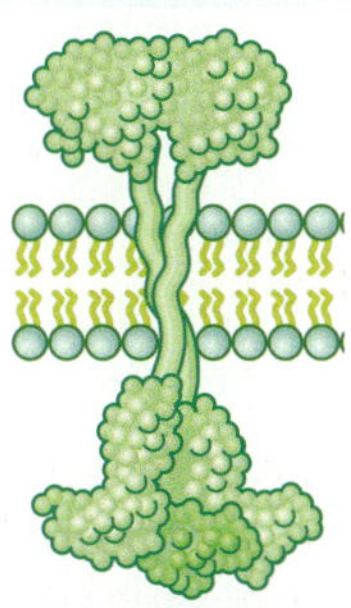
Rezeptor-Protein in der Zellmembran

Rezeptor-Proteine befinden sich in Zellmembranen und nehmen von außen kommende Signale auf. Rezeptor-Proteine können von außerhalb der Zelle kommende Signale empfangen und in ein intrazelluläres Signal umwandeln. Diesen Vorgang nennt man **Signaltransduktion**. So binden Duftmoleküle an spezifische Rezeptoren in Riechsinneszellen. Daraufhin startet eine Signalkette, die zu elektrischen Impulsen führt. Diese werden über das Nervensystem zum Gehirn geleitet, erst dort erfolgt die Wahrnehmung des Duftes.

→ M8 → Kap. 1.6 → Kap. 1.7 → Kap. 1.8 → Kap. 1.9 → Kap. 1.11

1.11 Biologisch bedeutsame Makromoleküle: Proteine

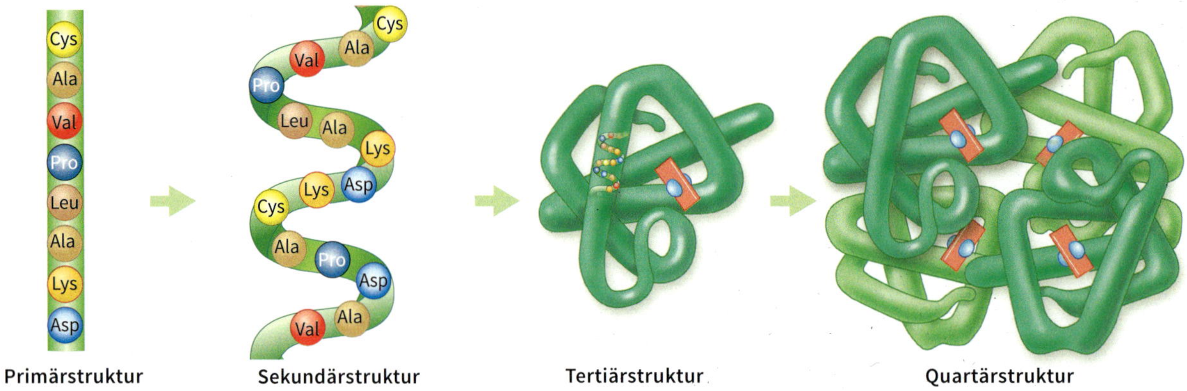

1 *Bau und Struktur eines Proteins*

Proteine gehören neben Kohlenhydraten und Fetten zu den Makronährstoffen. Umgangssprachlich werden Proteine auch als **Eiweiße** bezeichnet. Die Bedeutung von Proteinen als Energielieferanten ist eher gering. Hauptsächlich liefern die Proteine aus der Nahrung **Aminosäuren** als Baustoffe für den Aufbau körpereigener Proteine. Proteine haben im Körper vielfältige Funktionen. In Muskelzellen bilden sie die Elemente, die sich kontrahieren. Als Enzyme sind Proteine zum Beispiel bei der Verdauung unerlässlich.

Die Funktion eines Proteins ist eng mit seinem räumlichen Aufbau verknüpft. Bausteine der Proteine sind zwanzig verschiedene Aminosäuren. Diese sind über Peptidbindungen zu langen Polypeptidketten verbunden (Abb. 2, 5). Der räumliche Aufbau eines Proteins lässt sich auf vier Ebenen beschreiben (Abb. 1). Als

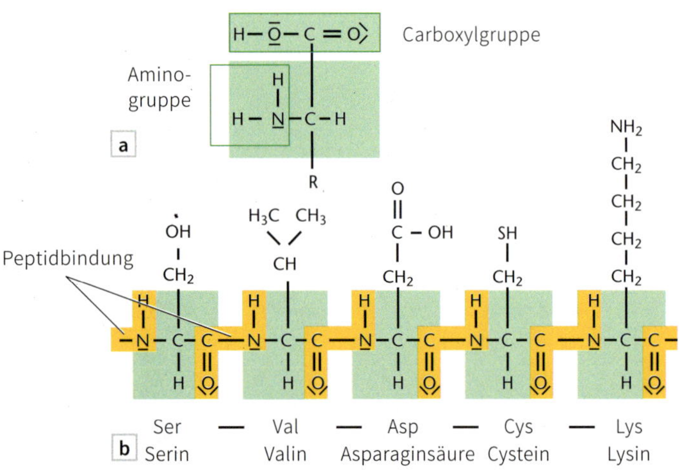

2 *a) Aufbau einer Aminosäure, b) Ausschnitt aus einer Polypeptidkette mit Peptidbindungen*

Primärstruktur wird die Reihenfolge der Aminosäuren in der Polypeptidkette bezeichnet. Diese Reihenfolge der Aminosäuren ist durch die Basenabfolge in der DNA genetisch festgelegt.

Viele Abschnitte einer Polypeptidkette sind zu Faltblatt- oder Helixstrukturen gefaltet. Diese räumlichen Strukturen werden als **Sekundärstrukturen** bezeichnet. Ursache dafür sind **Wasserstoffbrücken**, die sich zwischen nahe benachbarten Peptidbindungen ausbilden. Zwischen Aminosäuren, die in der Polypeptidkette weiter voneinander entfernt sind, bilden sich auch schwächere **London-Dispersions-Kräfte**, die besonders stabilen **Disulfidbrücken** und starke **ionische Wechselwirkungen** aus. Dadurch kommt es zu einer weiteren räumlichen Auffaltung der Polypeptidkette. Diese Raumstruktur wird als **Tertiärstruktur** bezeichnet. Die Tertiärstruktur ist bereits durch die Primärstruktur vorgegeben. Eine bestimmte Abfolge von Aminosäuren führt unter gleichen äußeren Bedingungen, wie beispielsweise Temperatur oder pH-Wert immer zu identischen räumlichen Strukturen des Proteins.

Manche Proteine bestehen aus mehreren Polypeptidketten. Diese Polypeptidketten werden dann häufig auch Untereinheiten genannt. Ein solcher Komplex aus mehreren Polypeptidketten wird als **Quartärstruktur** eines Proteins bezeichnet (Abb. 1). Ein Beispiel dafür ist das Hämoglobin.

Manche Proteine beispielsweise das Chlorophyll in den grünen Pflanzenteilen oder auch das Hämoglobin enthalten zusätzlich Metallionen oder kleinere organische Moleküle. Diese Proteinbestandteile werden als **Cofaktoren** bezeichnet.

→B1 → Kap. 1.5 → Kap. 1.6

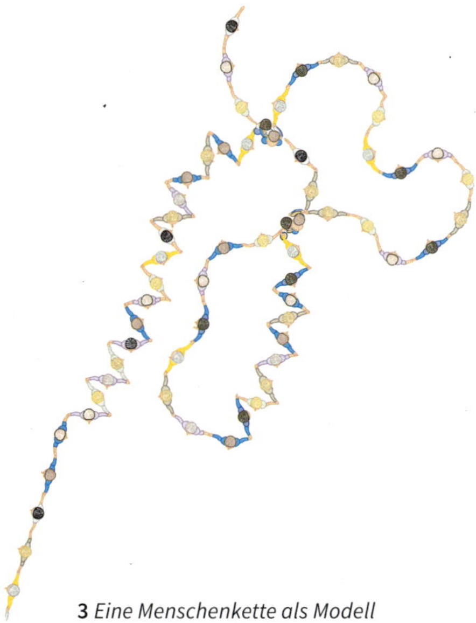

3 *Eine Menschenkette als Modell*

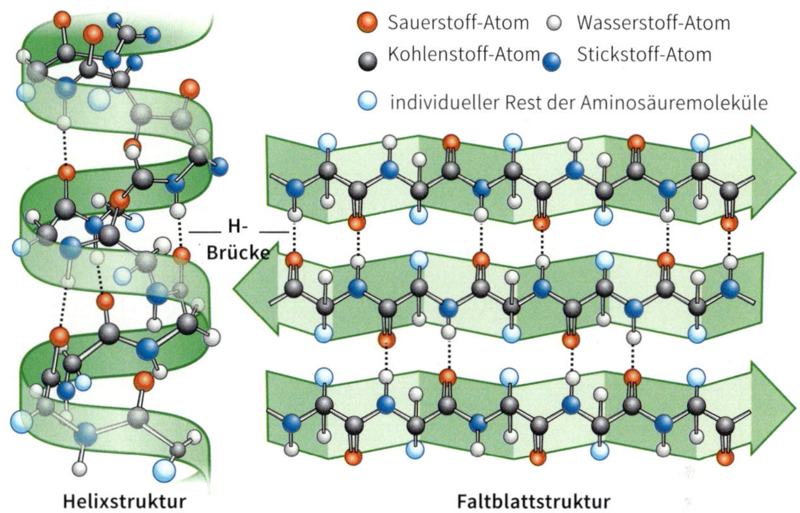

4 *Sekundärstrukturen von Polypeptidketten*

1. Menschenkette als Modell für die Proteinstruktur?

a) Erläutern Sie die Ursachen für die Ausbildung der in Abbildung 4 dargestellten Sekundärstrukturen.

b) Erläutern Sie, inwiefern die in Abbildung 3 dargestellte Menschenkette als Modell für den Aufbau eines Enzyms aufgefasst werden kann.

2. Die Bedeutung der Vielzahl an Proteintypen.

a) Berechnen Sie die grundsätzlich mögliche Anzahl von verschiedenen Peptiden mit einer Kettenlänge von 6 Aminosäuren, 8 Aminosäuren und 20 Aminosäuren.

b) Begründen Sie die Notwendigkeit der Proteinvielfalt für einen Organismus anhand von Kapitel 1.10.

3. Anziehungskräfte.

a) Erläutern Sie, wie sich die in Abbildung 6 dargestellten Anziehungskräfte auf die Struktur von Proteinen auswirken.

b) Bei Untersuchungen von Bakterien, die in heißen Quellen leben, wurden sogenannte thermostabile Proteine entdeckt. Beurteilen Sie, inwiefern ihnen folgende Hypothesen plausibel erscheinen:

- Thermostabile Proteine haben einen hohen Anteil an der Aminosäure Cystein (Cys).
- Thermostabile Proteine haben einen hohen Anteil an der Aminosäure Valin (Val).

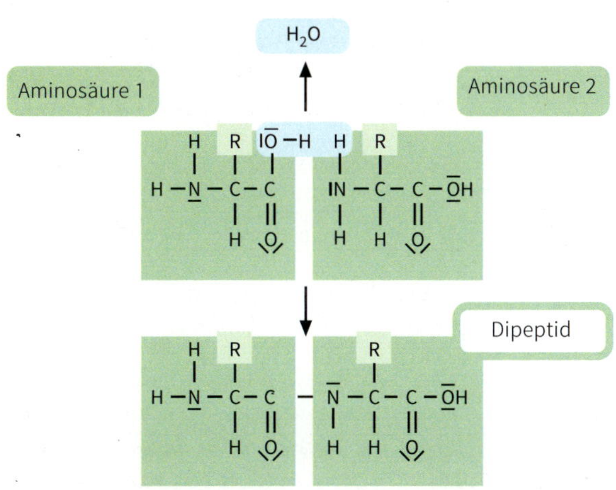

5 *Bildung einer Peptidbindung*

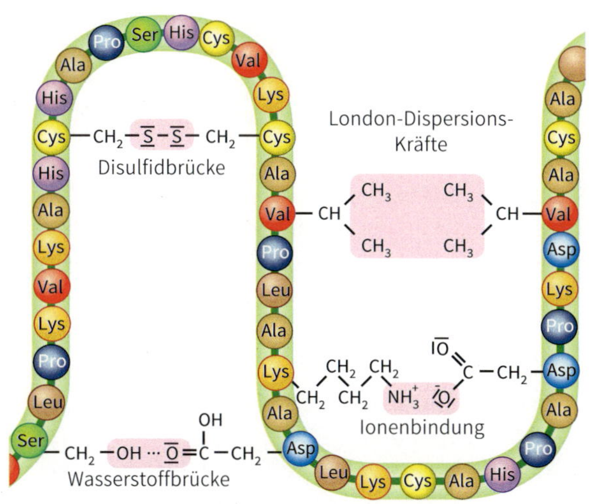

6 *Anziehungskräfte in Polypeptidketten*

Methode M8 Wissen strukturieren: Concept-Map

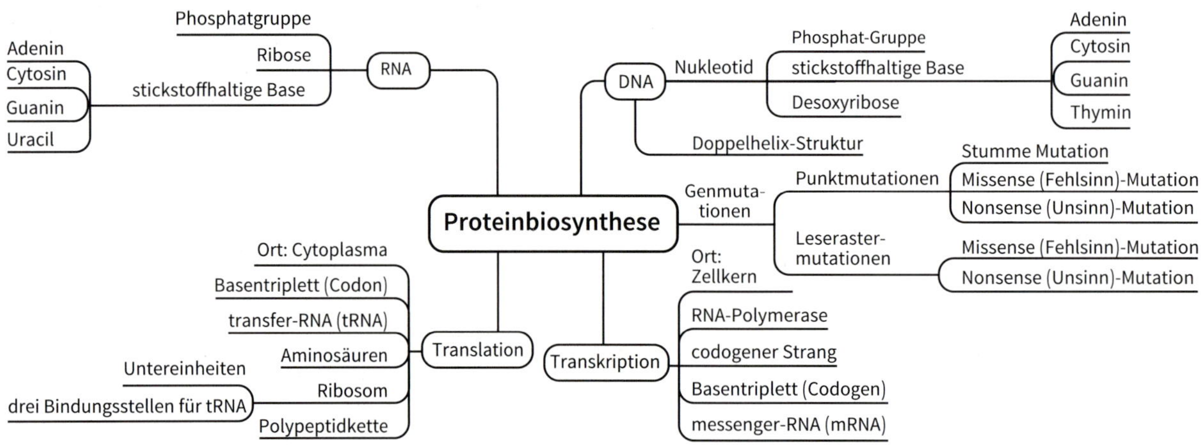

1 *Mind-Map zum Thema „Proteinbiosynthese“*

Die Concept-Map oder die Begriffslandkarte ist wie die Mind-Map eine besondere Notiz- und Merktechnik, mit der es sich leichter lernen lässt. Mit der Mind-Map können die Zusammenhänge innerhalb eines Themas übersichtlich dargestellt werden (Abb. 1). Eine Concept-Map ist eine weitere Möglichkeit zur Strukturierung des Wissens. Die Concept-Map beinhaltet mehr Informationen zu einem Thema als eine Mind-Map. In der Concept-Map werden Begriffe durch Pfeile verbunden. Die Beschreibungen auf den Pfeilen zeigen, wie die Begriffe miteinander verbunden sind (Abb. 2). Durch die Anfertigung einer Concept-Map kann das Merken von gelerntem Wissen erleichtert werden.

Die Concept-Map ist vielseitig einsetzbar:

- Man kann mit ihr beispielsweise die komplexen Aussagen von Texten anschaulich darstellen und so den Zusammenhang von Begriffen zu einem Thema verdeutlichen.
- Man kann sie im Anschluss an eine Unterrichtseinheit oder ein Kapitel oder direkt vor einer Klassenarbeit bzw. Klausur zur Wiederholung nutzen, um die Bezüge zu einem gelernten Thema darzustellen.
- Bei der Planung eines Referats kann man einen guten Überblick über das Thema gewinnen und die Zusammenhänge verdeutlichen.

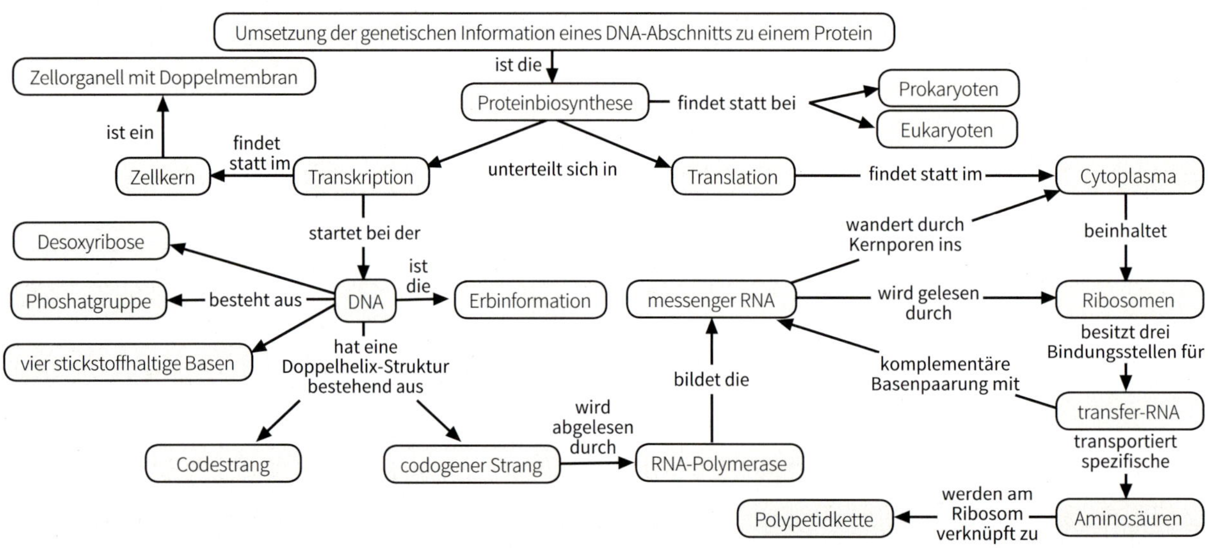

2 *Concept-Map zum Thema „Proteinbiosynthese“*

→ Kap. 1.4 → Kap. 1.10

So erstellt man eine Concept-Map:

Schritt 1: Man notiert auf einem Zettel die Begriffe, die für das betreffende Thema wichtig sind. Für das Erstellen der ersten Concept-Map sollten es nicht zu viele Begriffe sein (Abb. 3).

Schritt 2: Man legt ein Blatt Papier quer auf den Tisch und schreibt das wichtigste Wort des Themas, das Schlüsselwort, in die Mitte des Blattes und kreist es ein. Die anderen Begriffe schreibt man zunächst auf kleine Kärtchen, die frei verschoben werden können, und ordnet dann die Kärtchen um den zentralen Begriff herum an. Dabei sollte man darauf achten, dass eng zusammen gehörende Begriffe auch räumlich eng beieinander stehen (Abb. 4).

Schritt 3: Man notiert auf einem weiteren Kärtchen wie zwei Begriffe miteinander in Beziehung stehen. Dieses Kärtchen legt man dann zwischen diese beiden Begriffe. Nun überlegt man sich, welche Art von Pfeilen man zwischen die beiden Begriffe zeichnen möchte und in welche Richtung der Pfeil zeigen muss. Dann verbindet man die beiden Begriffe mit dem Pfeil, indem man diesen auf das Verbindungskärtchen schreibt (Abb. 5). Man sollte dabei überlegen, wie Zweige verschiedener Äste oder Bereiche zusammengehören oder ob neue Stichworte vorhandene Zweige verbinden können.

Schritt 4: Erst wenn die Concept-Map vollständig ist, überlegt man, wie Umstellungen in der Anordnung die Concept-Map übersichtlicher erscheinen lassen. Wenn man die Concept-Map fertig erstellt hat, überträgt man diese auf das Blatt Papier mit dem Schlüsselbegriff. Dabei muss man darauf achten, dass sich Pfeile nicht überkreuzen (Abb. 6).

1. Arbeiten mit der Concept-Map. Wählen Sie sechs Begriffe aus der Concept-Map in Abbildung 2 aus und erläutern Sie diese genauer mit Hintergrundinformationen aus den Grundwissen-Texten.

2. Partner-Arbeit mit der Concept-Map. Erstellen Sie mit Ihrem Nachbarn zusammen eine Concept-Map zum Thema „Mutationen". Gehen Sie dabei wie oben beschrieben vor. Präsentieren Sie anschließend die Concept-Map vor der Klasse.

Transkription, DNA, Erbinformation, Zellkern, Zellorganell mit Doppelmembran, Desoxyribose, Phosphatgruppe, vier stickstoffhaltige Basen, Codestrang, codogener Strang, RNA-Polymerase, messenger RNA

3 *Wichtige Begriffe zum Thema „Transkription" (Schritt 1)*

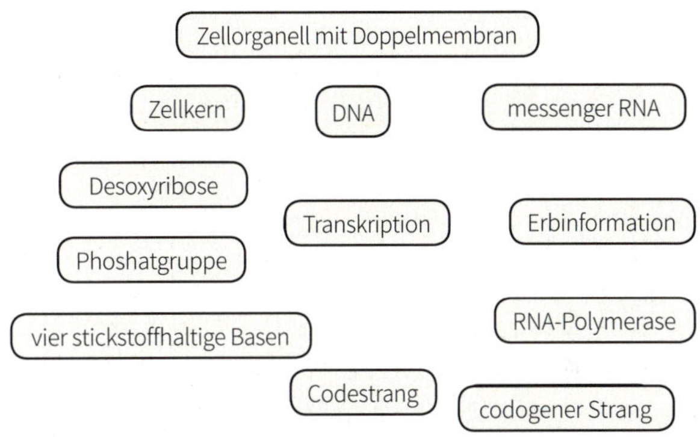

4 *Anordnung der Begriffe um das Schlüsselwort (Schritt 2)*

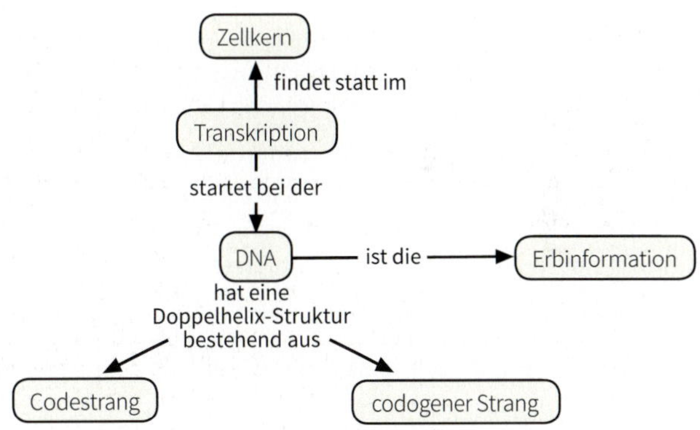

5 *Beziehung zwischen einigen Begriffen (Schritt 3)*

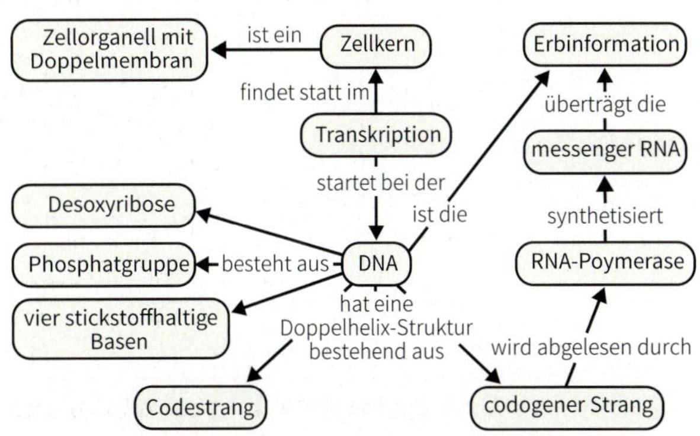

6 *Übertragen der fertigen Concept-Map (Schritt 4)*

→ Kap. 1.4 → Kap. 1.10

1.12 Der Eingriff von Viren in die Proteinbiosynthese

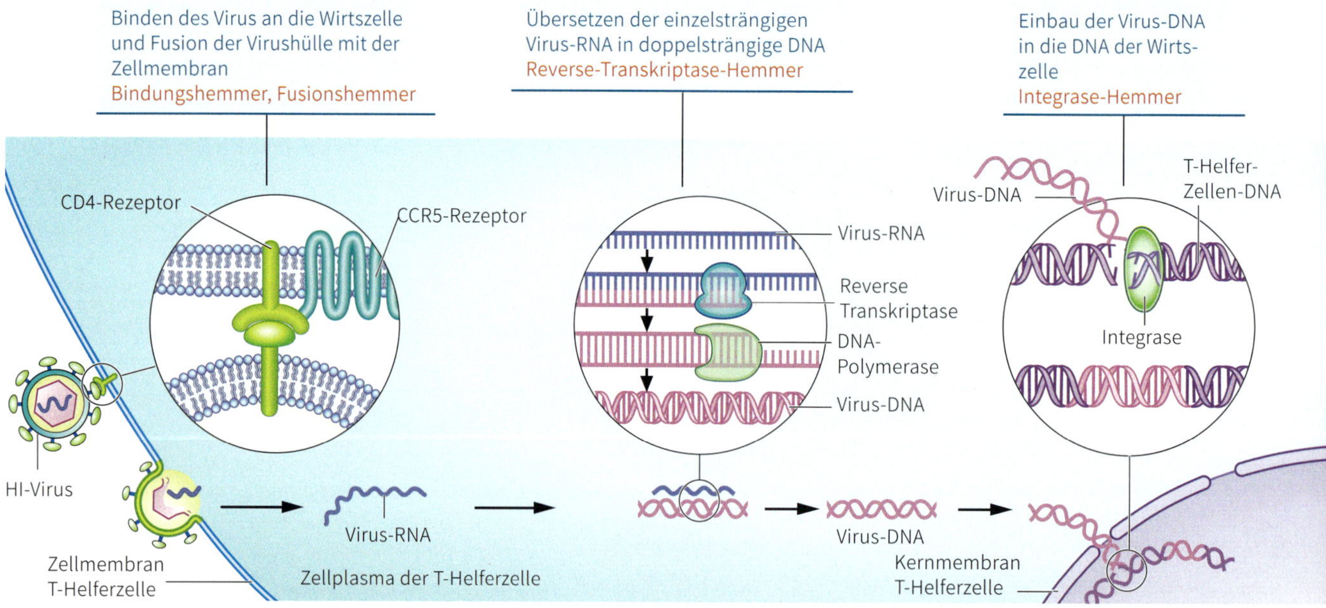

1 *Vermehrung des HI-Virus im Menschen und Einflussmöglichkeiten durch Medikamente (rote Schrift)*

Das **HI-Virus** (Humanes Immundefizienz Virus) gehört zu den Retroviren. Nach einer Infektion mit dem HI-Virus werden bestimmte Zellen des Immunsystems, z. B. T-Lymphozyten, umprogrammiert und zur Virusproduktion angeregt. Dadurch wird die Immunreaktion verringert, was das Immunsystem schwächt. Wie alle Viren nutzen die HI-Viren die Stoffwechselaktivität der Wirtszelle, da sie selbst weder Ribosomen noch Mitochondrien besitzen. Das HI-Virus veranlasst die Wirtszelle dazu, die eigene Proteinbiosynthese zu vermindern und stattdessen virale Genprodukte herzustellen.

Die virale Erbinformation besteht aus RNA, die von einer schützenden, kegelförmigen Proteinhülle umgeben ist, dem Kapsid. Nach außen wird das Virus von einer Membran begrenzt, an deren Oberfläche spezifische Moleküle sitzen. Diese können nach dem Schlüssel-Schloss-Modell an passende Rezeptoren auf der Membran der Wirtszelle binden (Abb. 1). Die RNA des Virus dringt in die Zelle ein. Bereits auf dem Weg zum Zellkern synthetisiert das virale Enzym Reverse Transkriptase ausgehend von der einzelsträngigen Virus-RNA komplementäre, doppelsträngige DNA-Teilstücke. Diese Eigenschaft ist kennzeichnend für Retroviren. Mittels bestimmter Proteine wird das Kapsid durch die Kernporen in den Zellkern transportiert. Dort zerfällt es und setzt virale DNA-Moleküle sowie viruseigene Proteine frei. Mithilfe des Enzyms Integrase wird die virale DNA in das menschliche Erbgut integriert. Durch verschiedene Proteine übernimmt das HI-Virus die zelluläre RNA-Polymerase, welche die Transkription der DNA katalysiert. Spezielle Gene erhöhen zudem die Transkriptionsleistung, wodurch eine große Menge an Virus-mRNA entsteht, die Zahl wirtseigener Proteine dagegen reduziert wird. Nach der Transkription wird die virale mRNA in das Cytoplasma transportiert, wo im Anschluss in der Translation neue Virusproteine entstehen. Diese lagern sich gemeinsam mit Kopien der viralen RNA an der Zellmembran an und bilden kugelförmige Virusknospen. Über Exocytose werden diese von der Wirtszelle freigesetzt. Da für die Virusproduktion ein Teil der Membran der Wirtszelle genutzt wird, werden die menschlichen Immunzellen oftmals bei der Freisetzung der neu gebildeten HI-Viren zerstört. Die freigesetzten HI-Viren können weitere Immunzellen befallen.

Der Vermehrungszyklus des HI-Virus kann durch Medikamente an unterschiedlichen Stellen unterbrochen werden (Abb. 1). Die Kombination anti-retroviraler Präparate ermöglicht HIV-positiven Menschen ein weitgehend beschwerdefreies Leben. Prophylaktisch eingenommen verhindern sie sogar eine HIV-Infektion.

→ B5 → Kap. 1.4 → Kap. 1.10

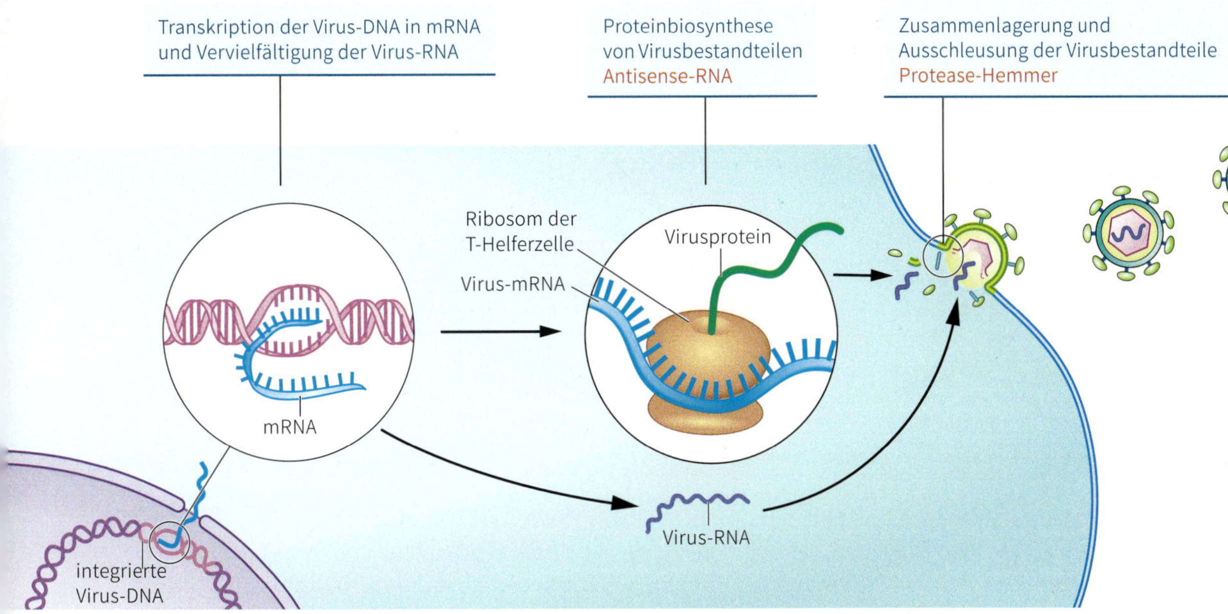

1. Die Vermehrung des HI-Virus.

a) Beschreiben Sie die Vermehrung des HI-Virus mit Hilfe der Abb. 1.

b) Erläutern Sie, inwiefern die HI-Viren in die Proteinbiosynthese des Menschen eingreifen. Gehen Sie dabei auf mindestens drei zelluläre Strukturen ein, die das HI-Virus zweckentfremdet und für die Produktion neuer Virusbausteine verwendet.

c) Bereits seit mehreren Jahrzehnten wird künstlich hergestellte RNA verwendet, um die Translation eines bestimmten Gens zu vermindern oder komplett zu unterbinden. Recherchieren Sie in diesem Schulbuch, was man unter einer **Antisense-RNA** versteht. Erläutern Sie die Wirkung von Antisense-RNA auf die Proteinbiosynthese, um daraus Anwendungsmöglichkeiten in der Medizin am Beispiel des HI-Virus abzuleiten.

d) Erläutern Sie die in der Abbildung 1 dargestellten Wirkorte und Einflussmöglichkeiten der Aidsmedikamente auf die Vermehrung des HI-Virus.

2. Wird HIV heilbar? Forschende arbeiten derzeit an einer Prophylaxe und der Heilung einer HIV-Infektion, indem die Vermehrung des HI-Virus an verschiedenen Stellen unterbrochen wird. Dies soll durch Zerstörung beteiligter DNA- oder RNA-Sequenzen gelingen. Die verwendete CRISPR-Cas-Methode (Kap. 4.12) basiert auf der Kombination von einer RNA-Sequenz, die die Zielsequenz eines Gens auf der DNA findet, und einem Enzym, das die gewünschte Sequenz herausschneidet (Abb. 2). Folglich würde das Genprodukt dieser Sequenz nicht mehr entstehen, wodurch die Vermehrung gestoppt wäre.

a) Leiten Sie her, wie die CRISPR-Cas-Methode auf die Virusanbindung und das Eindringen der Virus-RNA in der Virusvermehrung wirkt (Abb. 1).

b) Erklären Sie die Bedeutung von CRISPR-Cas als Prophylaxe und Therapie auf molekularer Ebene.

c) Bewerten Sie ausgehend von einer Internetrecherche Chancen und Risiken der CRISPR-Cas-Methode.

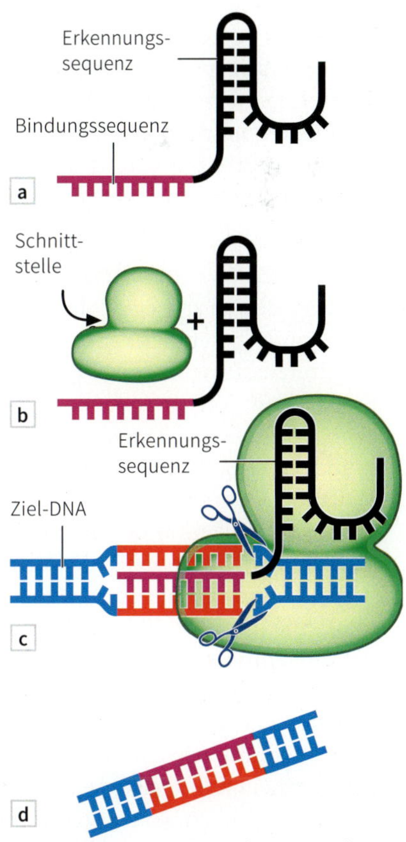

2 *Die CRISPR-Cas-Methode (vereinfacht)*

Hilfe **Webcode** WES-105475_051

1.13 Die Angriffsorte für Antibiotika in den Prokaryoten

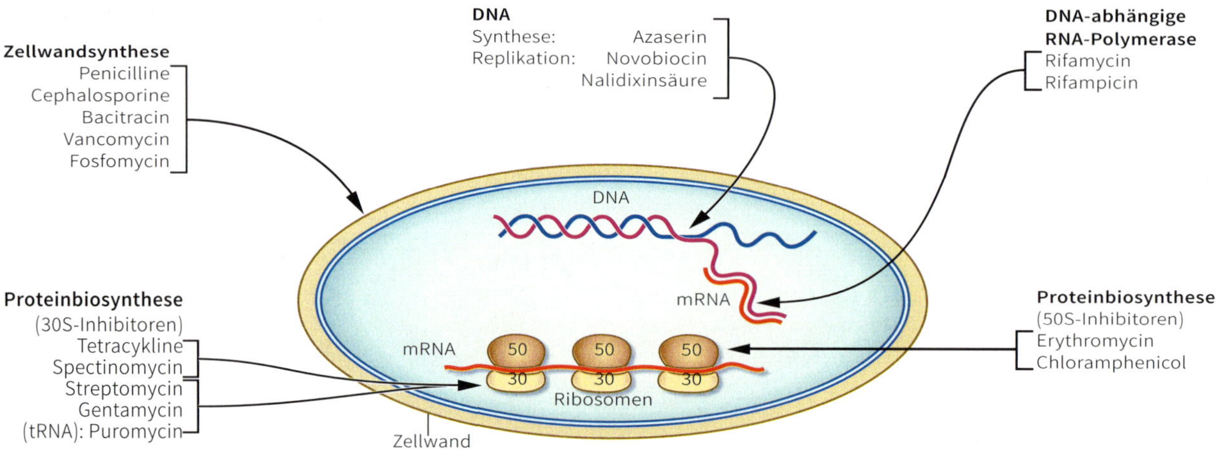

1 *Die verschiedenen Angriffsorte von Antibiotika bei einer Bakterienzelle*

Der zelluläre Aufbau von Prokaryoten unterscheidet sich grundlegend von dem einer eukaryotischen Zelle. Charakteristisch für Eukaryoten ist das Vorhandensein eines Zellkerns, der in einer prokaryotischen Zelle fehlt. Außerdem besitzen Prokaryoten Zellwände, die anders aufgebaut sind als bei Pflanzenzellen. Zu den Unterschieden gehört auch eine andere Art von Ribosomen, die zwar prinzipiell wie bei Eukaryoten aus zwei Untereinheiten aufgebaut, bei Prokaryoten aber anders strukturiert sind. Des Weiteren unterscheidet sich der Replikationsmechanismus.

Bakterienzellen besitzen ein spezifisches Enzym mit dem Namen Gyrase, welches das spiralisierte Bakterienchromosom zu Beginn der Replikation entwindet, damit andere Replikationsenzyme ansetzen können. Die Proteinbiosynthese bei Prokaryoten läuft wie bei Eukaryoten, nur vereinfacht ab. Zum einen können Transkription und Translation bei Prokaryoten aufgrund des fehlenden Zellkerns parallel ablaufen. Zum anderen erfolgt bei Prokaryoten keine posttranskriptionale Modifikation der mRNA. Insgesamt läuft die Proteinbiosynthese bei Bakterien schneller ab. Auf diesen Unterschieden basiert der Therapieansatz bei Infektionen mit krankheitserregenden Prokaryoten. Proteinsynthese-Inhibitoren wirken am Ribosom zu verschiedenen Zeitpunkten der prokaryotischen Replikation und Translation (Abb. 1). Sie sind hochselektiv und wirken nur auf kleine oder große ribosomale Untereinheiten der bakteriellen Ribosomen in prokaryotischen Zellen. Grund dafür ist, dass eukaryotische Zellen aus anderen ribosomalen RNA-Molekülen (rRNA) aufgebaut sind. Daraus ergeben sich eine andere ribosomale Größe, Sequenz und Struktur. Darüber hinaus unterscheidet sich das Verhältnis von Protein zu rRNA zwischen Pro- und Eukaryoten.

Antibiotika sind Nebenprodukte, die im Stoffwechsel von Mikroorganismen wie Pilzen und Bakterien anfallen und auf andere prokaryotische Zellen wachstumshemmend bis tödlich wirken. Über 99 % der rund 8.000 verschiedenen Antibiotika sind jedoch aufgrund ihrer Nebenwirkungen zur Anwendung beim Menschen ungeeignet. Ein gut verträgliches Antibiotikum greift möglichst selektiv in den Stoffwechsel der Zielzelle ein, damit der Vermehrungszyklus des Krankheitserregers unterbrochen und die Erkrankung geheilt wird. Sie stellen daher ideale Ansatzpunkte für die Antibiotika-Therapie dar. Ein Angriffspunkt kann zum Beispiel die bakterielle Zellwandsynthese sein. Als weiterer Angriffspunkt kommt eine Unterbrechung der Bakterienvermehrung in Frage. Dies wird durch Eingriff in den Replikationszyklus erzielt, indem das Enzym Gyrase gehemmt wird. Auf diese Weise wird die Verdopplung der bakteriellen genetischen Information unterbunden und die Bildung pathogener Tochterzellen gestoppt. Gyrasehemmer werden z. B. bei Harnwegsinfekten eingesetzt. Einen weiteren Ansatz stellen die unterschiedlichen Ribosomen dar. Antibiotika wie Streptomycin oder Erythromycin binden an die kleine beziehungsweise große ribosomale Untereinheit der bakteriellen Ribosomen und verhindern die Translation. Die bakterielle Proteinbiosynthese ist gestört und die Vermehrung gestoppt.

→ B5 → Kap. 1.10

Erkenntnisgewinnung nachvollziehen

Frage: Wie wirksam ist ein Antibiotikum?

Experiment: Um die Wirksamkeit eines Antibiotikums auf verschiedene Bakterienstämme zu untersuchen, wird folgendes Experiment durchgeführt.

Dazu werden die Stämme von Mikroorganismen 1 bis 6 in Petrischalen mit Nährboden entlang einer Linie von innen nach außen aufgetragen. Anschließend werden in die Mitte der Petrischalen drei zu testende Antibiotika (Penicillin G, Tetracyclin, Griseofulvin) aufgebracht.

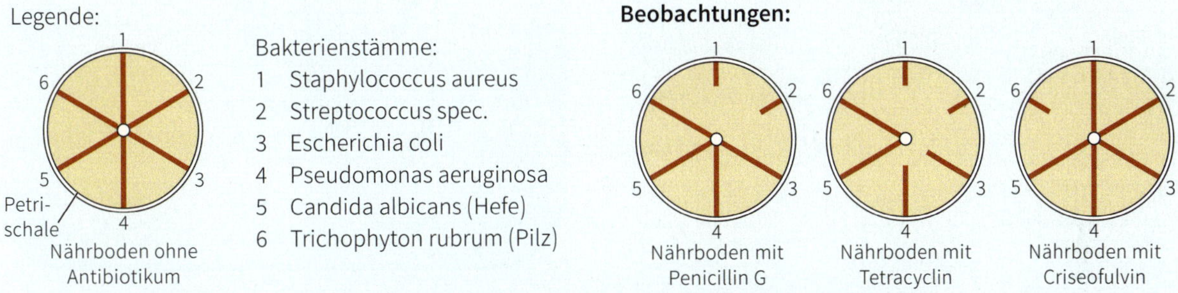

3 *Der Strichtest zur Erfassung der Wirkungsspektren von drei verschiedenen Antibiotika bei den Mikroorganismen*

Einige Antibiotika greifen an der Bakterien-Zellwand an. Sie besteht aus dem Makromolekül Murein. Sie Seitenketten werden über das Enzym Transpeptidase miteinander verknüpft. Dies verleiht der Zelle Form und Festigkeit. Penicillin hemmt die Transpeptidase, indem es das aktive Zentrum des Enzyms blockiert. Je höher die Penicillin-Konzentration, desto stärker die Enzymhemmung. Die Ausbildung eines intakten Murein-Netzes wird verhindert, was zum Platzen der Bakterienzelle führt.

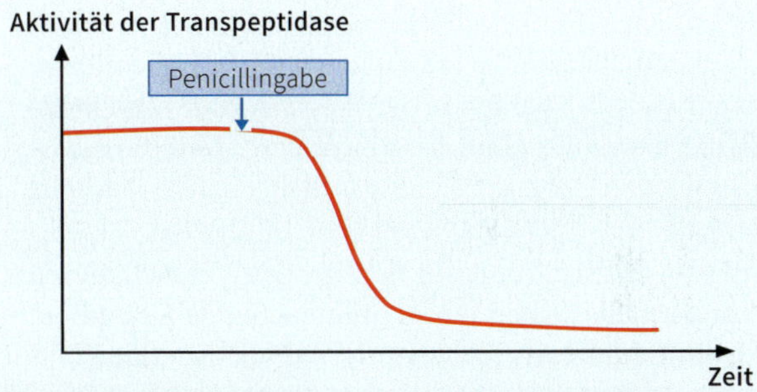

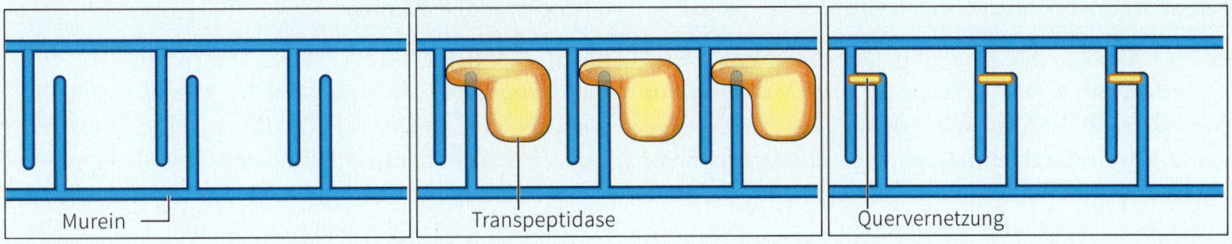

4 *Die Wirkung von Penicillin auf die Aktivität der Transpeptidase*

1 Wie wirksam ist ein Antibiotikum auf verschiedene Bakterienstämme? Um die Wirksamkeit eines Antibiotikums auf verschiedene Bakterienstämme zu untersuchen, werden die in Abbildung 3 dargestellten Experimente zur Erfassung der Wirkungsspektren von drei verschiedenen Antibiotika bei den Mikroorganismen durchgeführt.

a) Beschreiben Sie die jeweiligen Beobachtungen.

b) Leiten Sie begründet das Antibiotikum mit dem breitesten Wirkspektrum ab.

2. Die Wirkung des Antibiotikums Penicillin.

a) Beschreiben Sie die Wirkungsweise des Enzyms Transpeptidase sowie dessen Aktivität vor und nach Zugabe von Penicillin (Abb. 4).

b) Erläutern Sie die Wirkung von Penicillin auf Bakterienzellen. Gehen Sie dabei auch darauf ein, warum Penicillin keinen Einfluss auf menschliche Zellen ausübt.

c) Erläutern Sie, weshalb Penicillin keinen Einfluss auf sich nicht-teilende Bakterien hat.

→ B5 → Kap. 1.10

1.14 Die Unterbrechung von Genwirkketten

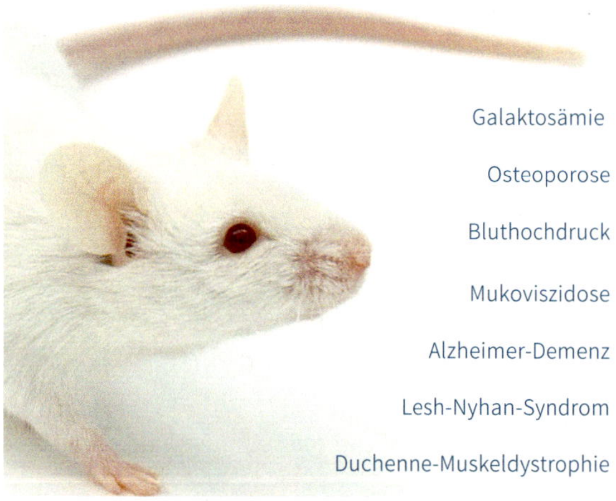

1 *Einige Krankheiten, die an Knockout-Mäusen erforscht werden*

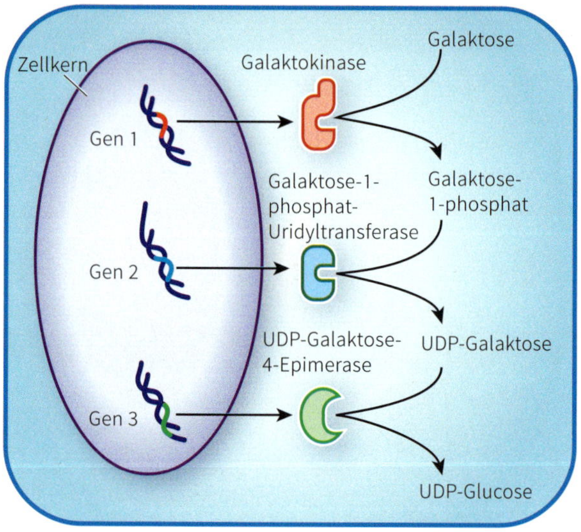

2 *Ausschnitt aus der Genwirkkette beim Galaktoseabbau*

Viele Stoffwechselerkrankungen, wie die Galaktosämie, lassen sich auf Enzymdefekte zurückführen. Um solche Krankheiten besser zu erforschen und Therapieansätze zu entwickeln, werden in der Wissenschaft Knockout-Tiere verwendet (Abb. 1). Bei diesen Modellorganismen werden Gene gezielt ausgeschaltet. Diese Methode wird als Gen-Knockout bezeichnet. Infolge des Genverlusts ist die Enzymproduktion bei den Versuchstieren gehemmt. Sie zeigen die zu untersuchende Krankheit. An ihnen können im weiteren Versuchsverlauf beispielsweise Medikamente getestet werden.

Bei der Galaktosämie handelt es sich um eine Störung des Galaktoseabbaus. Ursache ist eine Mutation auf Chromosom 9. Betroffene müssen ihr Leben lang eine galaktosefreie Diät einhalten, um schwerwiegende Folgen abzuwenden. Der Abbauweg von Galaktose erfolgt bei gesunden Personen in mehreren, aufeinander aufbauenden Teilschritten, die von je einem Enzym katalysiert werden.

Abbildung 2 zeigt einen Ausschnitt aus der Genwirkkette zum Galaktoseabbau. Das Enzym 1, die Galaktokinase, wandelt das Edukt Galaktose in das Zwischenprodukt 1 (Galaktose-1-phosphat) um, welches durch Enzym 2, die Galaktose-1-phosphat-Uridyltransferase, zu Zwischenprodukt 2, der Uridindiphosphat-Galaktose oder kurz UDP-Galaktose, reagiert. Enzym 3, die UDP-Galaktose-4-Epimerase, setzt die UDP-Galaktose zu dem Produkt UDP-Glucose um (Abb. 2).

Jedes der drei Enzyme wird von einem entsprechenden Gen codiert. Wenn Stoffwechselreaktionen wie beim Galaktoseabbau auf einem Zusammenspiel mehrerer Gene beruhen, spricht man von einer Genwirkkette. Bei Galaktosämie ist Schritt 2 der Genwirkkette des Galaktoseabbaus gestört. Die Galaktosämie hat ihren Ursprung in einer Mutation des Gens für das Enzym Galaktose-1-phosphat-Uridyltransferase auf dem Chromosom 9. Durch dieses defekte Enzym kann Galaktose-1-phosphat nicht mehr zu UDP-Galaktose umgewandelt werden.

Um die Erkrankung besser zu verstehen, führen Forschende einen Knockout für Gen 2 mit dem Ziel herbei, den Abbau von Galaktose zu verhindern. Bei den Versuchstieren schaltet man mittels Gentechnik ein bestimmtes Gen aus oder zerstört es, um so die Funktion dieses Gens zu untersuchen. Häufig werden hierfür Mäuse verwendet. Derart gentechnisch veränderten Knockout-Mäusen fehlt Enzym 2, wodurch der Galaktoseabbau unterbrochen ist. An diesen **Knockout-Mäusen** kann die Wirkung von Medikamenten gegen Galaktosämie systematisch untersucht werden.

Das Gen-Knockout-Verfahren wird auch bei der Suche nach Krebstherapien eingesetzt, wie beispielsweise HPV-induziertem Gebärmutterhalskrebs. Das langfristige Ausschalten von Genen, die an der Krebsentstehung beteiligt sind, stellt ein vielversprechendes Forschungsfeld dar.

→ Kap. 1.5

Das Humane Papillomvirus (HPV) zählt zu den häufigsten sexuell übertragbaren Krankheitserregern. Die Ansteckung erfolgt über Kontaktinfektion, in der Regel über betroffene Hautstellen, insbesondere der Schleimhaut. Von den über 200 HPV-Typen können einige Vertreter Gewebsveränderungen hervorrufen, die sich zu Warzen oder Krebs entwickeln können. Die Ständige Impfkommission (STIKO) empfiehlt eine HPV-Schutzimpfung bei Mädchen und Jungen.

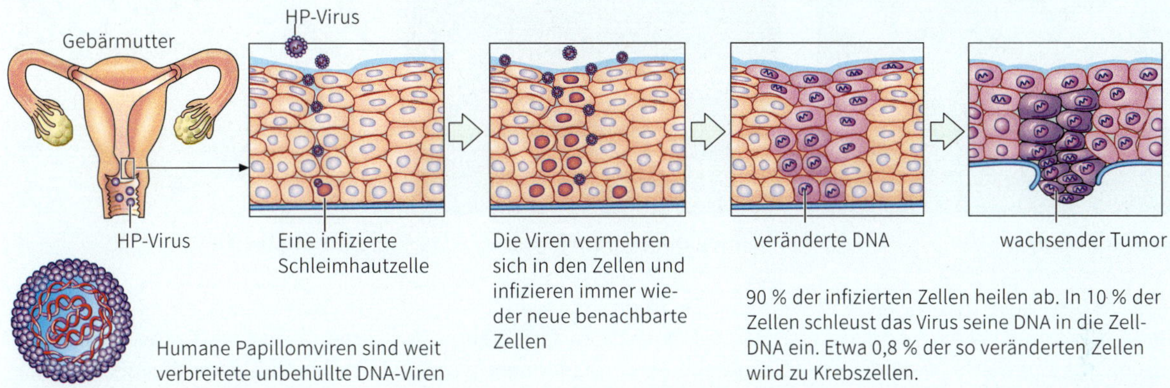

3 *Das humane Papillomvirus (HPV)*

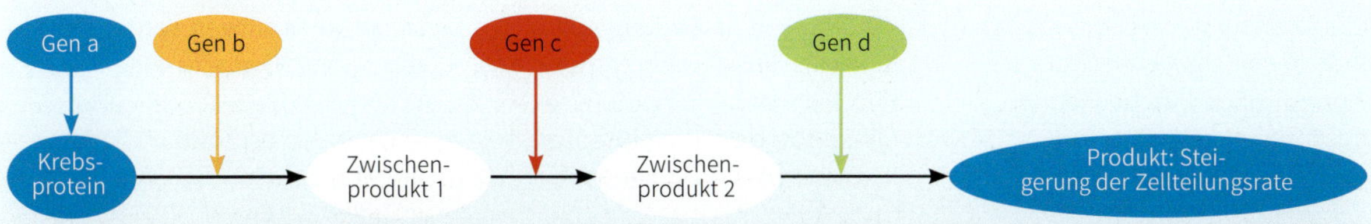

Knockout von Gen	Stoffe die in den Knockout-Tieren noch gebildet werden
a)	
b)	
c)	
d)	

4 *Entstehung von Gebärmutterhalskrebs nach einer HPV-Infektion*

1. Viren verursachen Gebärmutterhalskrebs. Das HP-Virus infiziert Zellen des Gebärmutterhalses und programmiert diese um (Abb. 3), indem es seine eigene Erbinformation in die DNA der Wirtszellen einbaut. Dadurch wird in der Zielzelle eine Genwirkkette aktiviert, die bei gesunden Zellen des Gebärmutterhalses unterbrochen ist (Abb. 4). Die Krebsforschung bedient sich des Gen-Knockout-Verfahrens, das hoffnungsvolle Ergebnisse für die HPV-Therapie verspricht. Anhand von Knockout-Organismen haben Forschende die beschriebene Genwirkkette genauer untersucht.

a) Beschreiben Sie die Entstehung eines Tumors, der durch HP-Viren ausgelöst wird, sowie die durch HP-Viren aktivierte Genwirkkette (Abb. 3, 4).

b) Erläutern Sie ausgehend von der Genwirkkette in Abbildung 4 die Folgen für eine HPV-infizierte Wirtszelle.

c) Übertragen Sie die Tabelle in Ihr Heft. Ergänzen Sie alle Stoffe, die bei dem jeweiligen Gen-Knockout noch gebildet werden. Begründen Sie Ihre Entscheidungen (Abb. 4).

2 HPV-Impfung. Führen Sie eine Internetrecherche in arbeitsteiliger Gruppenarbeit zur HPV-Impfung durch. Finden Sie sich anschließend in einem neuen Team mit je einem Experten der anderen Gruppen zusammen, tauschen Sie die Ergebnisse Ihrer Internetrecherche aus und stellen Sie diese in einer übersichtlichen Zusammenfassung dar. Präsentieren Sie die gewonnenen Erkenntnisse in geeigneter Weise vor der Lerngruppe.

→ Kap. 1.5 → Kap. 3.7

2.1 Die Regulation der Genaktivität bei den Eukaryoten

Blütenbildung
Die Zellen der Laubblätter der Acker-Schmalwand bilden ein Protein, das durch den Lichteinfall ab einer bestimmten Tageslänge weitere Reaktionen auslöst. Diese sorgen in den Laubblatt-Zellen für die Aktivierung eines Gens, das ein Protein namens Florigen codiert. Florigen ist ein Pflanzenhormon, das die Blütenbildung einleitet.

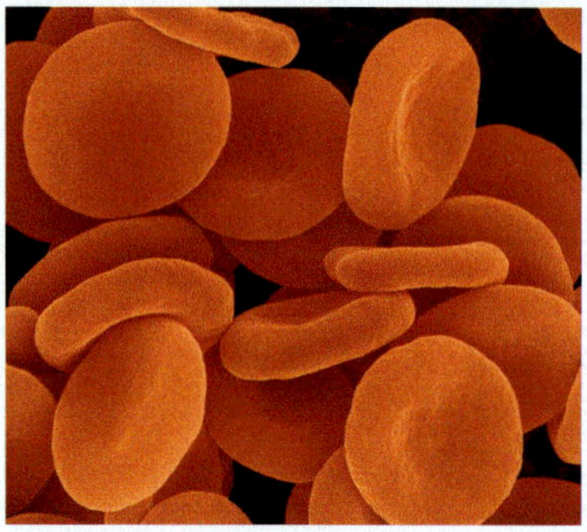

Hämoglobinsynthese
Der Hauptbestandteil von roten Blutzellen ist das Hämoglobin. Hämoglobin ist aus vier Protein-Untereinheiten zusammengesetzt. Seine Funktion ist der Transport von Sauerstoff im Blut.
Nur während der Reifung von roten Blutzellen aus den Stammzellen im Knochenmark sind die Gene für die Synthese der Protein-Untereinheiten des Hämoglobins aktiv.

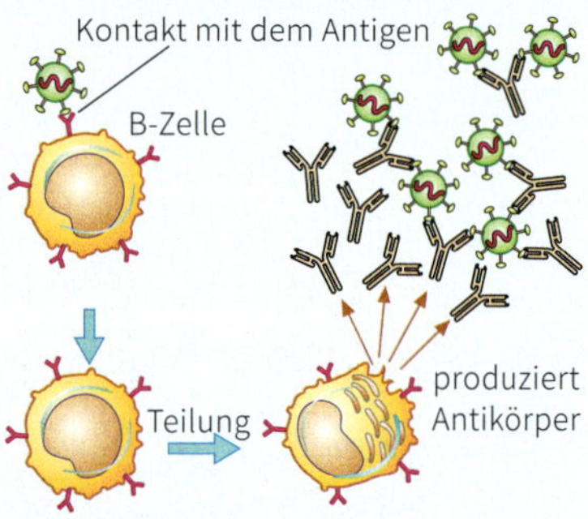

Immunabwehr
Eine Gruppe von weißen Blutzellen, die B-Lymphocyten, sind darauf spezialisiert, Antikörper herzustellen und in das Blut abzugeben. Trifft ein B-Lymphocyt im Verlauf einer Infektion erstmals auf sein spezifisches Antigen, wird ein bestimmtes Gen aktiviert. Die Zelle beginnt sich zu teilen und jede Tochterzelle bildet durch Genaktivität den speziellen Antikörper in großer Zahl.

1 *Drei Beispiele für die Regulation der Genaktivität bei Eukaryoten*

Im Gegensatz zu den Prokaryoten sind Eukaryoten meist komplexe Lebewesen, die aus einer Vielzahl von spezialisierten Zellen mit unterschiedlichen Funktionen bestehen. Jede dieser Zellen enthält das gesamte Genom mit allen Genen. Für ihre Funktion benötigen die verschiedenen Zelltypen jedoch nur einen Teil dieser Gene (Abb. 1). Die genetische Information der Eukaryoten ist auf verschiedene Chromosomen im Zellkern verteilt. Durch Proteinbiosynthese werden bei der Transkription im Zellkern und der Translation an den Ribosomen Proteine gebildet. Die Umsetzung der genetischen Information von Genen in die für den Zelltyp benötigten Proteine erfolgt durch eine Regulation der Genaktivität.

Die Gesamtheit der Gene eines eukaryotischen Lebewesens wird in proteincodierende und in nichtproteincodierende Gene unterteilt. Letztere enthalten unter anderem die Informationen für die Bildung der ribosomalen RNA sowie der tRNA. Ein Teil der proteincodierenden Gene, die sogenannten Haushaltsgene, wird ständig abgelesen. Haushaltsgene codieren für unentbehrliche, ständig benötigte Proteine. In den meisten Fällen wird die Aktivität eines proteincodierenden Gens jedoch nach Bedarf reguliert.

Während die Regulation der Genaktivität bei den Prokaryoten vor allem auf der Ebene der Transkription stattfindet, ist sie bei Eukaryoten deutlich komplexer und erfolgt auf mehreren Ebenen (Abb. 2). Der Zugang zu den Genen ist über die Veränderung der Chromatinstruktur beispielsweise durch die Methylierung der DNA reguliert. Die Transkription der Gene wird durch eine Vielzahl an Transkriptionsfaktoren gefördert oder gehemmt. Auch Hormone wirken als Transkriptionsfaktoren. Durch die Reifung oder **Prozessierung** der mRNA sowie den Abbau von mRNA und der Modifikation der Proteine nach der Translation wird die Art und Menge des gebildeten Proteins beeinflusst. Diese häufig parallel ablaufenden Prozesse ermöglichen es, die Proteinzusammensetzung einer Zelle ständig an die umweltbedingten Anforderungen anzupassen.

→ B3 → B4 → Kap. 2.2 → Kap. 2.3 → Kap. 2.4 → Kap. 2.6

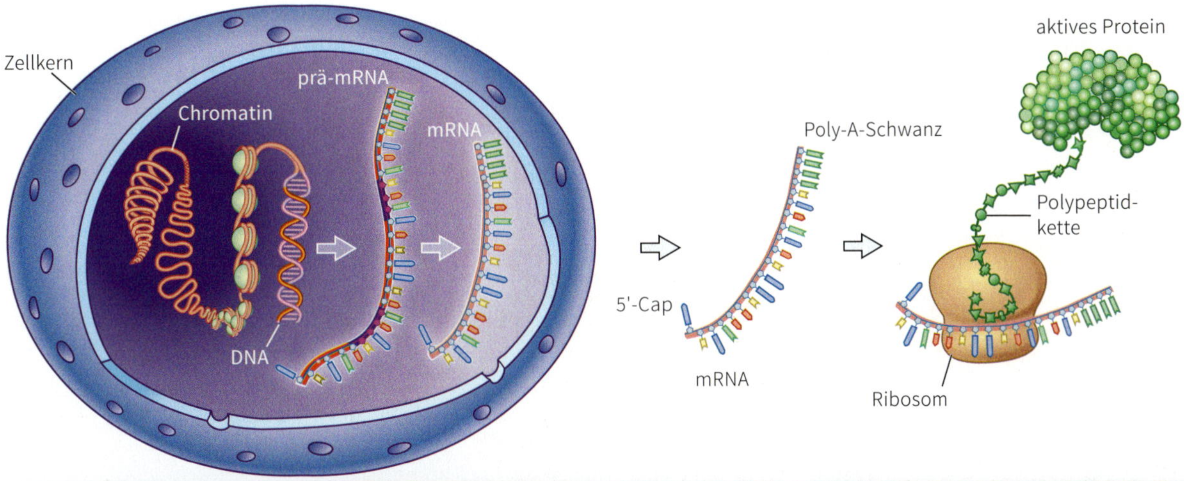

	Die Ebenen der Regulation	Steuerung
1	Chromatin	Regulation der Zugänglichkeit der DNA durch Histonmodifikation
2	DNA	Methylierung/ Demethylierung
3	Transkription	Transkriptionskontrolle durch Transkriptionsfaktoren
4	RNA-Prozessierung	Einführung von Schutzgruppen (5'-Cap und Poly-A-Schwanz), alternatives Spleißen
5	mRNA	Abbau durch RNA-Interferenz
6	Translation	Anzahl der Ribosomen, die ein mRNA-Molekül ablesen
7	Protein	posttranslationale Modifikation, z.B. Glykosylierung

2 *Die Ebenen der Regulation der Genaktivität bei Eukaryoten*

1. Die Regulation der Genaktivität.

a) Beschreiben Sie anhand von Abbildung 2 (mit Ausnahme der Punkte 1, 4 und 5), auf welchen Ebenen die Genaktivität bei Eukaryoten reguliert werden kann.

b) Erläutern Sie, welche der in Abbildung 2 (mit Ausnahme der Punkte 1, 4 und 5) dargestellten Regulationsmechanismen zu Zellen mit unterschiedlicher RNA- beziehungsweise unterschiedlicher Protein-Ausstattung führen.

c) Erläutern Sie den Zusammenhang zwischen Genregulation und Zelldifferenzierung anhand von Abbildungen 1 und 2 (mit Ausnahme der Punkte 1, 4 und 5).

2. Regulation der Genaktivität bei Eukaryoten.

a) Erläutern Sie unter Bezug auf den Text auf der linken Seite und den Abbildungen 1 und 3 die Regulation der Genaktivität bei Eukaryoten als Angepasstheit.

b) Vergleichen Sie die Regulation der Genaktivität von Eukaryoten mit der Regulation der Genaktivität von Prokaryoten. Erstellen Sie hierzu eine geeignete tabellarische Übersicht.

Bei Prokaryoten wie den Bakterien hängen die wichtigsten äußeren Reize mit dem Nährstoffangebot zusammen. Bakterien leben in Umgebungen, in denen sich das Angebot an Nährstoffen häufig ändern kann. Veränderungen in der Verfügbarkeit von Nährstoffen werden durch Veränderungen der Aktivität bestimmter Gene abgebildet. Dabei werden jeweils die Gene aktiviert, die für die Verwertung der Nährstoffe notwendig sind, die in der Umgebung vorliegen.

Bei Eukaryoten liegen die meisten Zellen in einer wenig veränderlichen Umgebung. Um diese Bedingungen aufrecht zu erhalten, werden die Aktivitäten der verschiedenen Zellen koordiniert. Für diese Zellen bestehen die wesentlichen äußeren Reize aus Hormonen, Wachstumsfaktoren und Molekülen, die Signale innerhalb des Organismus übermitteln und koordinierte Veränderungen der Genaktivitäten auslösen.

3 *Die Regulation der Genaktivität bei Prokaryoten und Eukaryoten*

→ B3 →B4 → Kap. 2.2 → Kap. 2.3 → Kap. 2.4 → Kap. 2.6 → Kap. 2.7

2.2 Die Regulation der Genaktivität durch Transkriptionsfaktoren

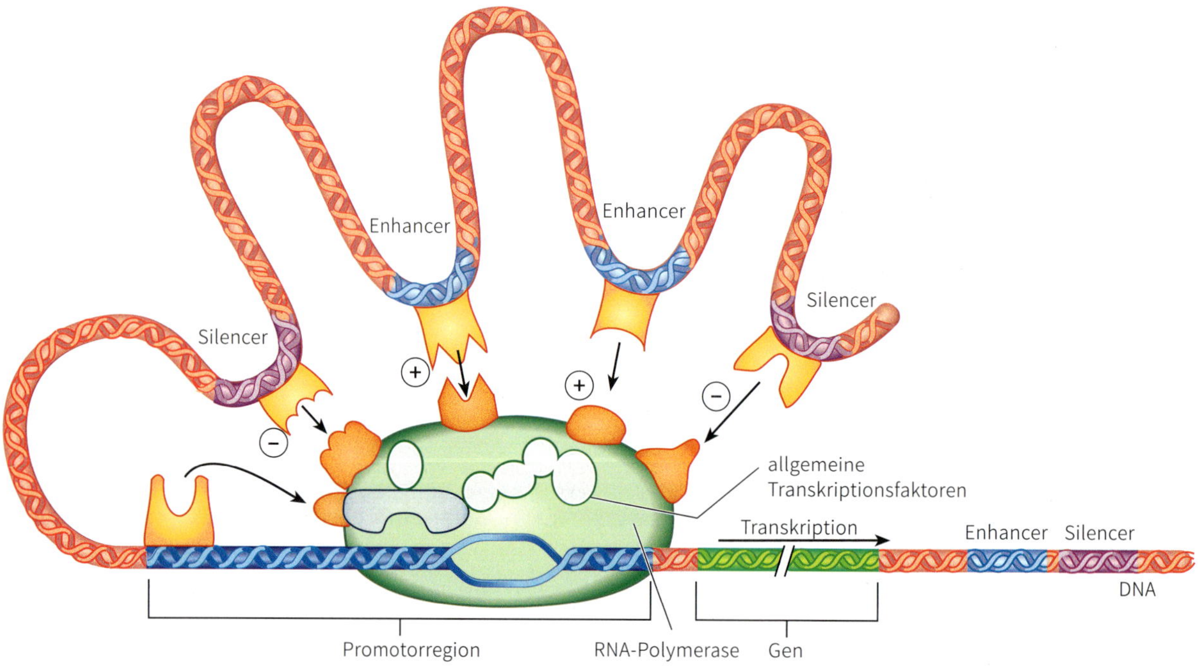

1 *Model der Regulation der Genaktivität durch Transkriptionsfaktoren*

Obwohl jede Zelle eines Organismus das gleiche Genom besitzt, nutzt sie nur einen kleinen Bruchteil der darin enthaltenen Informationen. Viele Gene sind nur in bestimmten Zelltypen, in bestimmten Stoffwechsellagen oder bei der Zelldifferenzierung aktiv. Dies wird auf Transkriptionsebene durch Proteine, die als **Transkriptionsfaktoren** bezeichnet werden, gesteuert. Damit die RNA-Polymerase an den Promotor des Gens binden kann, müssen dort bis zu zwölf verschiedene Proteine zusammenwirken (Abb. 1). Dabei werden zwei Gruppen von Transkriptionsfaktoren unterschieden: Die allgemeinen Transkriptionsfaktoren binden nacheinander an der DNA und sorgen dafür, dass die RNA-Polymerase an den Promotor binden kann. Durch sie wird die DNA entwunden und die beiden Einzelstränge der DNA so auseinandergedrückt, dass die Transkription stattfinden kann. Die spezifischen Transkriptionsfaktoren binden an Regulationssequenzen spezifischer Gene und bestimmen dadurch, welches Gen abgelesen wird. Die Regulationssequenzen können weit entfernt von der Promotorregion des Gens liegen und entweder als **Enhancer** oder **Silencer** fungieren. An Enhancer binden Aktivatorproteine und fördern so die Genaktivität. An Silencer binden Repressorproteine und hemmen die Genaktivität.

Durch die Schleifenbildung der DNA können allgemeine und spezifische Transkriptionsfaktoren miteinander in Kontakt treten und so die Genaktivität beeinflussen.

Auch chemische Botenstoffe wie Hormone können die Genaktivität steuern (Abb. 2). **Steroidhormone** wie beispielsweise Östrogen oder Testosteron sind lipophil und können die Zellmembran passieren. Dort binden sie an spezifische Rezeptoren und bilden einen Hormon-Rezeptor-Komplex. Dieser wirkt im Zellkern als Transkriptionsfaktor und steuert die Genaktivität.

Peptidhormone, wie beispielsweise das Insulin, sind hydrophil und können nicht durch die Zellmembran diffundieren. Sie binden an einen passenden Rezeptor in der Zellmembran. Durch diese Bindung wird intrazellulär ein Enzym A aktiviert. Diese Aktivierung erfolgt, solange das Peptidhormon am Rezeptor gebunden ist. So kann ein Hormonmolekül viele Moleküle von Enzym A aktivieren. Das Enzym A aktiviert seinerseits Enzym B, dieses Enzym C und so weiter. In jedem Schritt der Reaktionskaskade aktiviert ein Enzym viele weitere Enzyme. Das ursprüngliche Signal wird dadurch verstärkt. Das Endprodukt dieser Reaktionskaskade wirkt als Transkriptionsfaktor im Zellkern oder verändert Enzymfunktionen in der Zielzelle.

→ B4 → Kap. 1.10 → Kap. 2.1

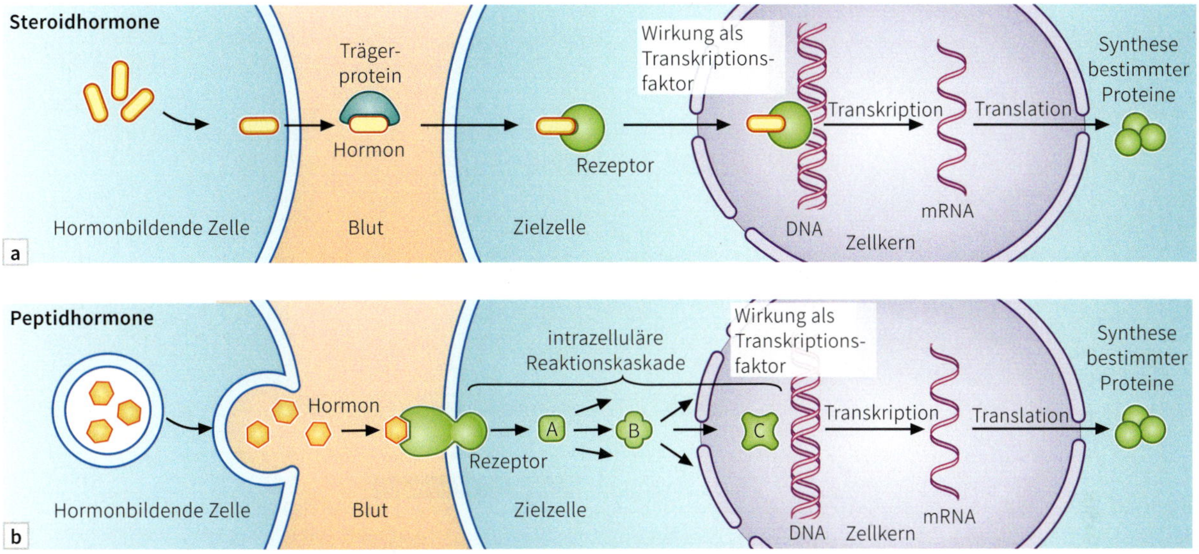

2 *Regulation der Genaktivität durch a) lipophile Steroidhormone, b) hydrophile Peptidhormone*

Bei Männern, die unter Testosteronmangel leiden, wird ebenfalls ein Mangel an Erythrozyten beobachtet. Das männliche Geschlechtshormon Testosteron ist ein Steroidhormon. Seine Produktion und Ausschüttung erfolgt durch Zellen des Hodens in das Blut. Aus dem Blut diffundiert es in die Zielgewebe.
Die Erythrozyten werden im Knochenmark aus Vorläuferzellen gebildet. Die Bildung der Erythrozyten wird durch das in der Niere gebildete Glykoproteinhormon Erythropoetin, kurz EPO, gesteuert.
Um den Zusammenhang zwischen Testosteron und EPO zu untersuchen, wurde Mäusen Testosteron injiziert. Anschließend wurde in Nierenzellen die für EPO codierende mRNA sowie das gebildete EPO-Hormon gemessen. Den Mäusen im Kontrollversuch wurde kein Testosteron verabreicht.

3 *Das Testosteron und seine Wirkung*

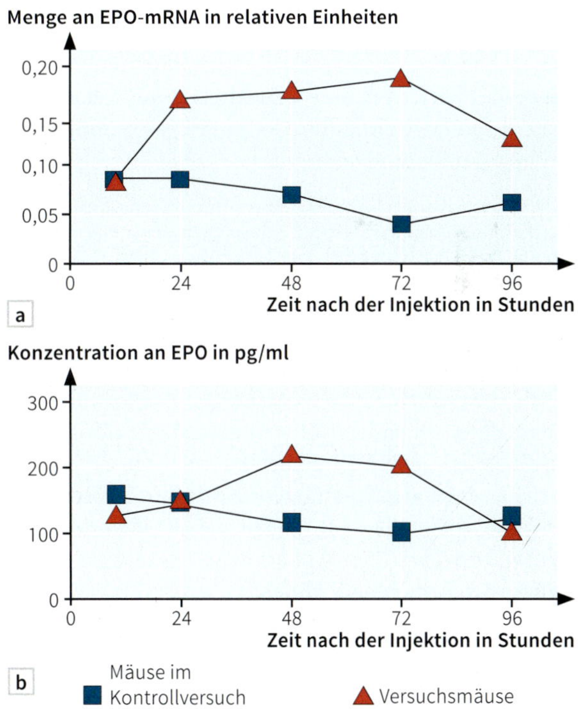

4 *Der Zusammenhang von Testosteron und Erythropoetin*

1. Die Transkriptionsfaktoren.

a) Beschreiben Sie die Regulation der Genaktivität durch Transkriptionsfaktoren.

b) Erläutern Sie die Bedeutung von spezifischen Transkriptionsfaktoren bei der Regulation zellulärer Prozesse.

c) Betrachten Sie ein Gen, dessen Expression durch einen Transkriptionsfaktor X aktiviert und durch einen Transkriptionsfaktor Y gehemmt wird. Erklären Sie, wie die Zelle sicherstellt, dass dieses Gen nur unter bestimmten Bedingungen exprimiert wird.

2. Hormone als Transkriptionsfaktoren.

a) Vergleichen Sie die Wirkung der Hormone aus Abbildung 2 auf die Genaktivität.

b) Erläutern Sie anhand der Abbildungen 1, 3 und 4 die Regulation der Genaktivität durch Testosteron.

→ B4 → Kap. 1.10 → Kap. 2.1

e 2.3 Die Regulation der Genaktivität durch RNA-Prozessierung

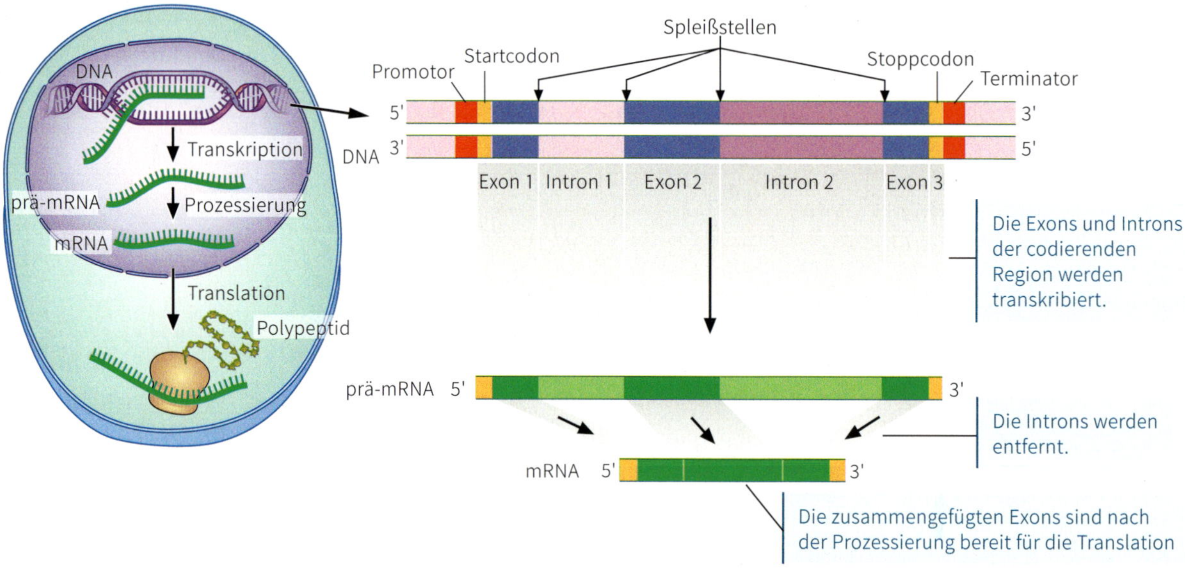

1 *Die Transkription des β-Globin-Gens und der Vorgang des Spleißens*

Das in Abbildung 1 dargestellte β-Globin-Gen besteht aus etwa 1600 Basenpaaren. Die drei Exons, welche das Protein codieren, enthalten Codons für 146 Aminosäuren und ein Stopp-Codon.

Die Exons können beim Spleißen in verschiedener Anordnung miteinander verknüpft werden. Das Ergebnis des Spleißens kann also unterschiedlich ausfallen. Es können auf Grundlage eines Mosaikgens also mehrere unterschiedliche Proteine entstehen. Beim Zusammenfügen der Exons kann es zur Umorientierung, Umlagerung oder auch zum Auslassen von Exons kommen, sodass unterschiedliche mRNAs entstehen und sich die Zahl der möglichen Proteine erhöht (Abb. 2). Dieser Vorgang wird als **alternatives Spleißen** bezeichnet. Alternatives Spleißen führt dazu, dass viele Proteine in zahlreichen Varianten vorkommen. Diese werden als Protein-Isoformen bezeichnet.

Ein Beispiel hierfür sind die Neurexine. Sie spielen eine wichtige Rolle für die Ausbildung von Kontakten zwischen den Nervenzellen. Sie werden von drei Genen codiert, die jeweils neun bis zehn Exons enthalten. Bisher wurden über 2000 verschiedene Neurexin-mRNAs entdeckt, die durch alternatives Spleißen entstanden sind. Sie codieren für unterschiedliche Protein-Isoformen. Welche Neurexin-Isoformen zu welchem Zeitpunkt gebildet werden, ist für die Ausbildung und Differenzierung des Nervensystems von großer Bedeutung.

Eine DNA-Sequenz, also ein Gen, kann unterschiedliche Proteine codieren. Eine menschliche Zelle ist somit in der Lage, mit ihren rund 20.000 bis 25.000 Genen mehrere hunderttausend verschiedene Proteine zu synthetisieren. Die Entstehung neuer Proteine erfolgt erheblich einfacher als durch Mutationen, da nur das Spleißen auf andere Weise reguliert wird. Es ist viel wahrscheinlicher, dass ein durch alternatives Spleißen entstandenes neues Protein funktionstüchtig ist, als bei Mutationen. Der Grund hierfür ist, dass bereits bewährte Proteinabschnitte verwendet werden. Arten mit höherer Variabilität können im Verlauf der Evolution schneller auf veränderte Umweltbedingungen Angepasstheiten herausbilden. Dies könnte ein entscheidender Schritt für die Evolution von Lebewesen mit langer Generationsdauer gewesen sein. Während bei Bakterien zwei Generationen oft innerhalb von einer Stunde entstehen, kann diese Zeit beim Menschen auch mehr als 30 Jahre betragen.

Das Protein MALT1 ist eine wichtige Schaltstelle in Immunzellen und kann deren Aktivität beeinflussen. Forscher konnten zeigen, dass das Protein MALT1 durch alternatives Spleißen reguliert wird. Das Protein MALT1A führt zu einer stärkeren Stimulation von T-Zellen als das Protein MALT1B. Welche Form bevorzugt produziert wird, regelt ein Molekül mit dem Namen hnRNPU. Ist es nur in geringen Mengen vorhanden, wird viel MALT1A produziert

→ B3 → B4 → Kap. 1.8 → Kap. 1.10 → Kap. 2.1

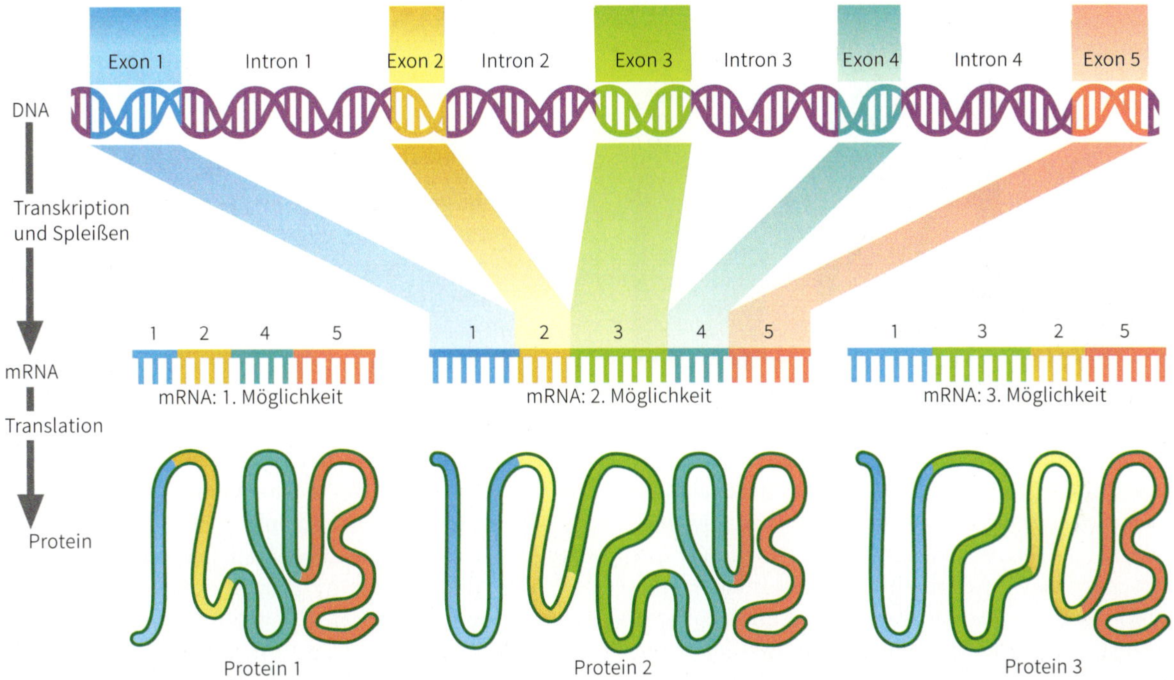

2 *Modell zum alternativen Spleißen. Durch alternatives Spleißen können mit der Information eines Gens viele unterschiedliche Proteine gebildet werden.*

1. Alternatives Spleißen.
a) Beschreiben Sie anhand der Abbildung 2 beispielhaft die verschiedenen Alternativen beim Spleißen. Verdeutlichen sie modellhaft die Alternativen, indem Sie Worte für Exons und Introns wählen, beispielsweise "Otto angelt sich einen Fisch".
b) Erklären Sie die Proteinvielfalt durch alternatives Spleißen am Beispiel der Haarsinneszellen funktional (Abb. 3).

2. Definitionsproblem: Was ist ein Gen? „Ein Gen codiert für ein Protein“ lautet ein alter Grundsatz. Begründen Sie, am Beispiel des MALT1-Gens, dass diese Aussage heute nicht mehr haltbar ist.

3. Evolution bei den Eukaryoten Begründen Sie, weshalb das alternative Spleißen eine evolutionsbiologisch sehr bedeutsame Entwicklung bei den Eukaryoten ist.

4. Vor- und Nachteile der Bildung mehrerer Genprodukte durch alternatives Spleißen. Entwickeln Sie je eine Hypothese zu einem evolutionsbiologischen Vorteil und einem Nachteil, der durch die Bildung mehrerer Genprodukte aus einem DNA-Abschnitt entsteht (Abb. 2).

Immer wenn wir etwas hören, treffen Schallwellen auf unser Ohr. Diese Schallwellen müssen in Nervensignale übersetzt werden, die dann zum Gehirn geleitet werden. Dies geschieht im Innenohr. Die Haarsinneszellen des Innenohrs ermöglichen uns eine Vielzahl von Geräuschen und Tönen wahrzunehmen und zu unterscheiden. Die Haarsinneszellen besitzen bis zu 100 winziger Härchen, die durch die Schallwellen in Bewegung gesetzt werden und dadurch elektrische Signale generieren. Jede Haarsinneszelle reagiert auf eine bestimmte Schallfrequenz. Hierfür sind durch Calcium-Ionen aktivierte Kaliumionen-Kanäle in der Zellmembran der Haarsinneszelle verantwortlich. Das *cSlo*-Gen codiert für diesen Ionenkanal. Es werden viele unterschiedliche Varianten dieses Ionenkanals exprimiert. Die Ionenkanal-Varianten weisen unterschiedliche Öffnungs- und Schließgeschwindigkeiten auf und reagieren dadurch auf unterschiedliche Schallwellen. Durch alternatives Spleißen der prä-mRNA können auf Grundlage des *cSlo*-Gens mehr als 576 verschiedene Proteine entstehen. Je vier Proteine bilden zusammen einen Ionenkanal.

3 *Informationen zu Haarsinneszellen*

→ B3 → B4 → B5 → Kap. 1.8 → Kap. 1.10 → Kap. 2.1

2.4 Die Epigenetik: Die Umwelt und die Gene wirken zusammen

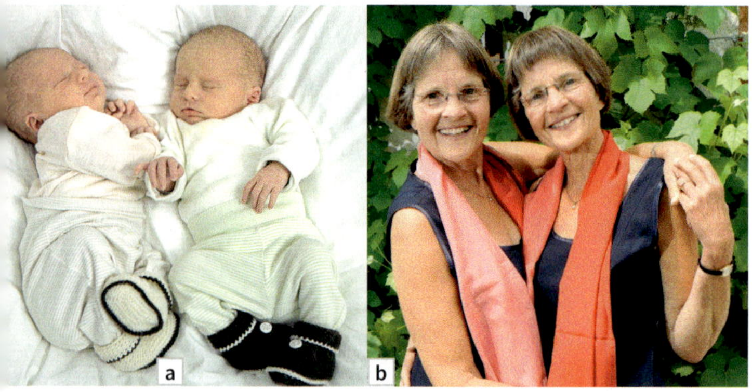

1 *Eineiige Zwillinge a) im Kleinkindalter und b) im Seniorenalter*

Lange Zeit wurde davon ausgegangen, dass die Eigenschaften eines Lebewesens nur von der Basenabfolge der DNA bestimmt werden. Diese Annahme konnte jedoch nicht erklären, warum eineiige Zwillinge mit identischer DNA im Laufe ihres Lebens immer mehr phänotypische Unterschiede aufweisen und deutliche Unterschiede in der Empfänglichkeit für Erkrankungen zeigen können (Abb. 1). Heute ist bekannt, dass Umwelteinflüsse, wie z.B. Ernährung oder Stress, die Aktivität der Gene beeinflussen können. Durch sie wird nicht die Basensequenz der DNA beeinflusst, sondern die Aktivität von Genen reguliert. Da die Veränderung „über" dem Erbmaterial stattfindet, wird dieses Fachgebiet als **Epigenetik** bezeichnet (Abb. 2). Der Begriff setzt sich aus den altgriechischen Worten *epi:* über, oberhalb oder außerhalb und *génesis:* Abstammung/ Ursprung zusammen. Das Forschungsgebiet der Epigenetik befasst sich mit außerhalb des Genoms liegenden reversiblen Veränderungen, die mit einer veränderten Genaktivität einhergehen und zu vererbbaren Veränderungen von Genfunktionen führen können. Die epigenetischen Regulationsmechanismen haben Auswirkungen auf den Stoffwechsel und damit auch auf

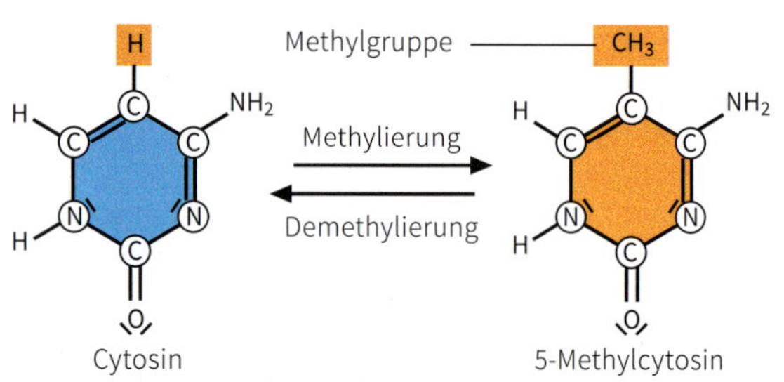

2 *Die Methylierung und Demethylierung von Cytosin im Bereich des Promotors eines Gens regelt die Genaktivität*

die Morphologie und das Verhalten eines Lebewesens. Ihre biologische Bedeutung liegt darin, dass sie dem Lebewesen beziehungsweise spezifischen Zellen oder Geweben eine bessere Angepasstheit auf veränderte Umweltbedingungen erlauben.

Ein wichtiger Mechanismus der epigenetischen Genregulation ist die chemische Modifizierung der DNA durch die Bindung von Methylgruppen. Diese **DNA-Methylierung** erfolgt hauptsächlich an Nucleotiden mit der Base Cytosin, auf die im 5'→3'-Strang der DNA ein Nukleotid mit der Base Guanin folgt. Diese Nukleotidabfolge wird als **CpG-Einheit** bezeichnet. DNA-Abschnitte, die besonders reich an CpG-Einheiten sind, werden als **CpG-Inseln** bezeichnet. CpG-Inseln sind in der Promotorregion von Genen sowie in Exons vorzufinden. Die Methylierung der DNA erfolgt durch spezielle Enzyme, die DNA-Methyltransferasen, kurz DNMTs, die eine Methylgruppe auf die C_5-Position des Pyrimidinrings von Cytosin übertragen (Abb. 2). Über den Methylierungsgrad der CpG-Inseln wird reguliert mit welcher Häufigkeit ein Gen transkribiert wird. In der Regel ist eine vermehrte Methylierung von CpG-Inseln in der Promotorregion mit einer Stilllegung der Transkription eines Gens verbunden. Dies wird als **Silencing** bezeichnet. Umgekehrt kann eine Demethylierung dieser CpG-Inseln zu einer Aktivierung der Gentranskription führen. Je geringer die Methylierung, desto häufiger wird ein Gen abgelesen.

Die epigenetische Regulation der Genaktivität kann aber aber auch auf Chromatinebene durch Histonmodifikation oder auf der Translationsebene stattfinden. Viele dieser epigenetischen Regulationsprozesse konnten in Zwillingsstudien beobachtet werden (Abb. 3).

Bei Säugetieren besitzen weibliche Individuen in der Regel zwei X-Chromosomen in einer Zelle, männliche Individuen besitzen ein X-Chromosom und ein Y-Chromosom. Um die höhere Menge an Genen, die auf dem X-Chromosom lokalisiert sind, auszugleichen, werden während der Embryonalentwicklung in Zellen mit mehr als einem X-Chromosom alle bis auf eines durch ein Verpacken in Heterochromatin inaktiviert. Dies wird als **X-Inaktivierung** bezeichnet. Durch sie wird übermäßige Genexpression vermieden. Obwohl epigenetische Veränderungen grundsätzlich reversibel sind, kann das inktivierte X-Chromosom nicht spontan reaktiviert werden. (vgl. Kap. 2.6).

→ B4 → Kap. 2.1 → Kap. 2.5 → Kap. 2.6 → Kap. 5.6

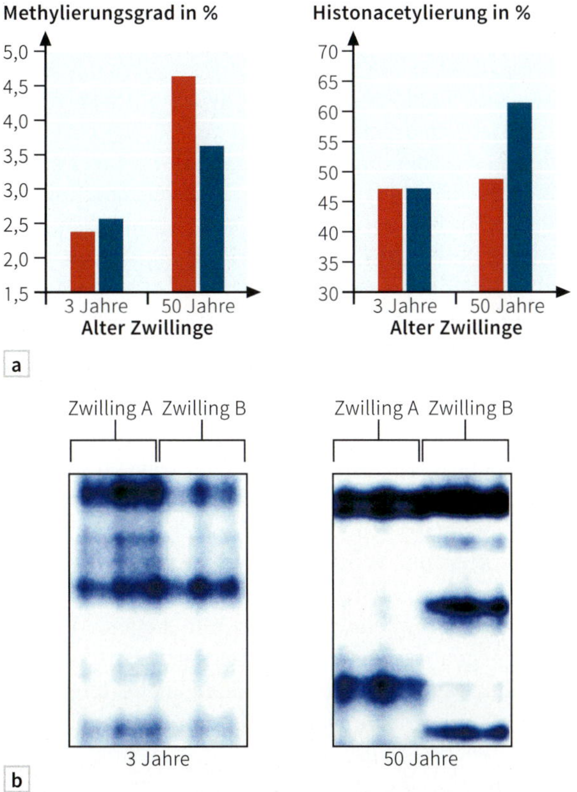

3 *a) Methylierungsgrad der DNA sowie Histonacetylierung zweier eineiiger Zwillingspaare. Die roten und blauen Balken stehen für je einen Zwilling des Paares. b) Methylierungsmuster von Chromosomen zweier eineiiger Zwillingspaare (je dunkler die Färbung, desto mehr Methylierung hat stattgefunden)*

1. **CpG-Einheit.** Beschreiben Sie mit Bezug auf den Grundwissentext, was man unter einer CpG-Einheit versteht.

2. **Epigenetik.**

a) Erläutern Sie den Unterschied zwischen einer Mutation und epigenetischen Veränderungen der DNA.

b) Erklären Sie mithilfe von Abbildung 3, weshalb eineiige Zwillinge trotz gleicher DNA nicht den gleichen Phänotyp aufweisen.

c) Leiten Sie aus den Versuchsergebnissen in der Abbildung 4 ab, dass die Genaktivität über den Grad der Methylierung gesteuert wird.

d) Recherchieren Sie in digitalen Quellen nach dem Mechanismus der X-Inaktivierung. Erstellen Sie anhand eines konkreten Beispiels ein Fließschema für diesen Vorgang.

Um den Einfluss von frühkindlichem Stress (ELS) auf den Organismus zu untersuchen, teilten Forschende trächtige Mäuse in zwei Gruppen ein.
In der ELS-Gruppe wurden die neugeborenen Mäuse in den ersten zehn Tagen nach ihrer Geburt, jeden Tag für drei Stunden von ihren Müttern und Geschwistern entfernt. Nach den zehn Tagen wurden die Jungen ungestört von ihren Müttern aufgezogen. In der Kontrollgruppe kam es zu keiner Störung der Mutter-Kind-Bindung.
Anschließend wurde bei den ausgewachsenen Mäusen der Methylierungsgrad der Promotorregion des *POMC*-Gens sowie die Menge an *POMC*-mRNA gemessen. Das Protein und Prohormon Proopiomelanocortin, kurz POMC, bildet die Vorstufe für zehn verschiedene Hormone die unter anderem an der Stressreaktion, der Steuerung des Hungergefühls, der Sexualität und der Bildung von Sexualhormonen beteiligt sind.

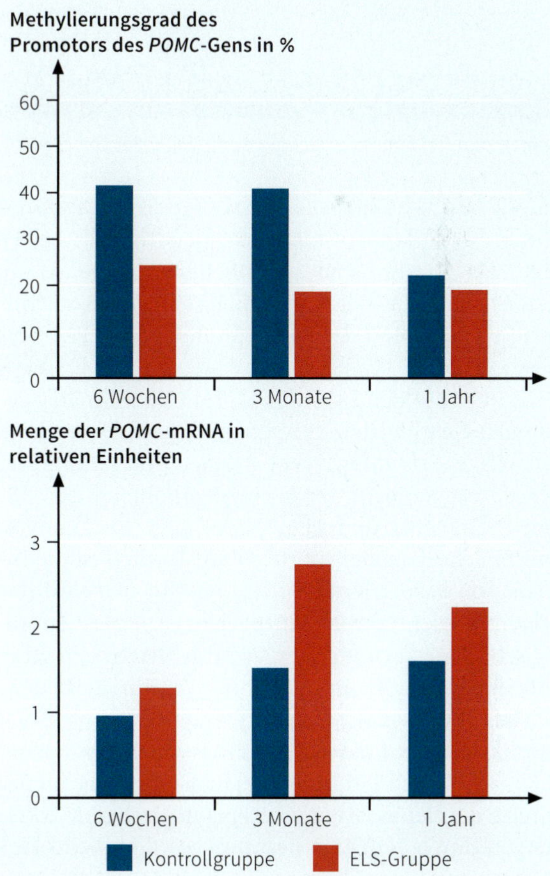

4 *Untersuchungen zum Einfluss von frühkindlichem Stress*

→ B4 → Kap. 2.1 → Kap. 2.5 → Kap. 2.6 → Kap. 5.6

2.5 Entstehung neuen Wissens: Vererbung oder Umwelteinfluss?

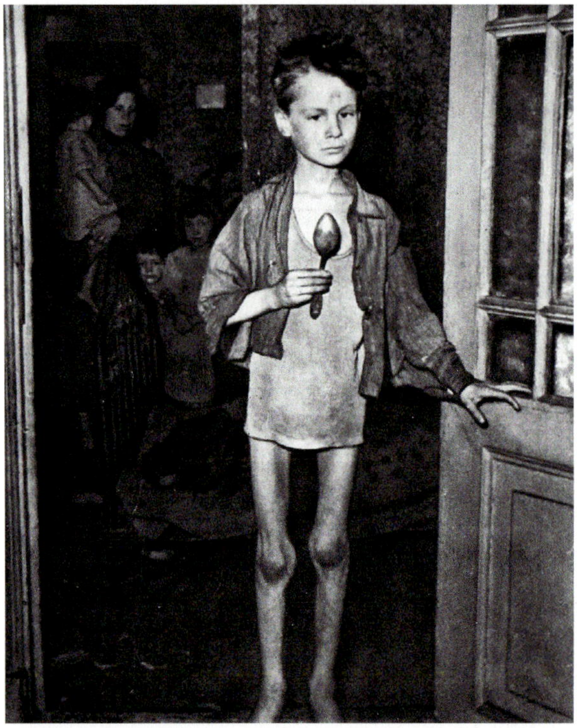

1 *Unterernährtes Kind im niederländischen Hungerwinter 1944/45*

Im Winter 1944/45 kam es zu einer großen Hungersnot in den Niederlanden mit Tausenden Toten (Abb. 1). Mehr als 50 Jahre später verglichen Forschende die Geburtsdaten und die Krankengeschichten von Kindern, die während des so genannten Hungerwinters gezeugt oder geboren worden waren, bis ins Erwachsenenalter mit den Daten ihrer früher oder später geborenen Geschwister. Es zeigte sich, dass das niedrige Geburtsgewicht infolge der extremen Unterernährung der schwangeren Mütter zu einem erhöhten Risiko für Typ-II-Diabetes und Herz-Kreislauf-Erkrankungen im Erwachsenenalter führte. Offensichtlich ist die Information gespeichert worden, wie für den Rest des Lebens mit der Nahrung umzugehen ist. Molekularbiologische Untersuchungen ergaben als Ursache für diese umweltbedingte Programmierung von Erwachsenenerkrankungen epigenetische Veränderungen während einer kritischen Phase in der Embryonalentwicklung (Abb. 2a). Durch Fütterungsversuche mit Labortieren konnte die Veränderung von epigenetischen Markierungen durch Nahrung bestätigt werden. Wird beispielsweise Mäusen Futter mit einem erhöhten Anteil an Sojaprodukten gegeben, so wird die Aktivität des für die Fellfarbe verantwortlichen Gens verändert und es ändert sich die Fellfarbe der Maus. Insgesamt führt das An- und Abschalten von Genen zu vielfältigen Kombinationsmöglichkeiten in den Zellen. Auf diese Weise entsteht neben der Basensequenz der DNA eine zweite Informationsebene, das **Epigenom**. Die direkte Weitergabe veränderter Eigenschaften, die durch den Einfluss der Umwelt beim erwachsenen Lebewesen entstehen können, wird **epigenetische Vererbung** genannt.

Auch die Enkel der während der Schwangerschaft unterernährten Frauen zeigen ein erhöhtes Risiko für bestimmte Erkrankungen. Dies deutet darauf hin, dass nicht nur Gene, sondern auch deren Schaltpläne, also ihre epigenetischen Markierungen, zumindest teilweise von Generation zu Generation weitergegeben werden. Dazu passen Ergebnisse von Laboruntersuchungen: Ein Labor-Stamm der Fruchtfliege *Drosophila melanogaster* hat weiße Augen. Wird die Temperatur der Eier kurzzeitig von den üblichen 25 °C auf 37 °C erhöht, haben die später schlüpfenden Fliegen rote Augen. Werden diese Fliegen wieder untereinander gekreuzt, so sind auch ohne weitere Wärmebehandlung in den folgenden Generationen einige Nachkommen rotäugig. Dieses Experiment belegt, dass die Wärmebehandlung die Aktivität des Genes dieses Fliegenstamms verändert und die so behandelten Individuen die Veränderung über mehrere Generationen an ihre Nachkommen weitergeben, obwohl die DNA-Sequenz des Gens, das für die Augenfarbe verantwortlich ist, bei weißäugigen Eltern und rotäugigen Nachkommen übereinstimmt. Unklar bleibt jedoch, wie beispielsweise die Methylierungsmuster an die Folgegeneration weitergegeben werden, wenn sie in der Zygote fast vollständig abgebaut werden (Abb. 2a). Hinzu kommt, dass das Enzym, das die Methylierung von Zell- zu Zellgeneration innerhalb der Mitosen weitergibt, die Erhaltungsmethyltransferase, nur mit einer Genauigkeit von etwa 95 % arbeitet.

Die bisherigen Befunde deuten darauf hin, dass sowohl die Vererbung als auch die Umwelt an der Ausformung des Phänotyps beteiligt sind. Die Frage „Gen *oder* Umwelt?" stellt sich also nicht. Es ist jedoch noch unklar, wie epigenetische Modifikationen über mehrere Generationen in den Keimzellen erhalten bleiben. Der Zustand, bei dem die Genexpression davon abhängt, von welchem Elternteil das Allel stammt und darüber bestimmt, ob das väterliche oder das mütterliche Allel aktiv ist, wird als **genomische Prägung** bezeichnet.

→ B4 → Kap. 2.4 → Kap. 5.6

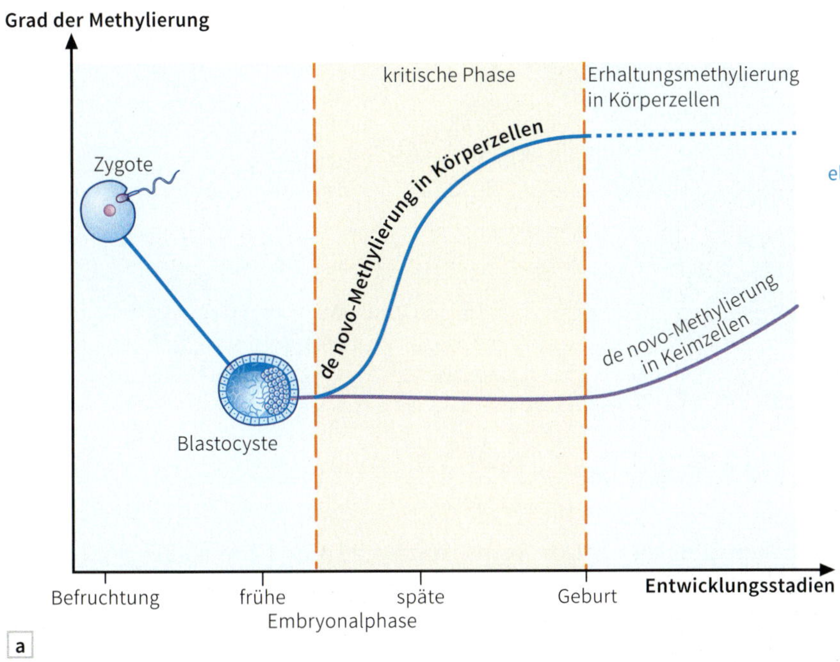

2 *a) Kritische Phase für die Bildung neuer Methylierungen im Verlauf der Embryonalentwicklung, b) de novo- und Erhaltungsmethylierung*

1. Weg der Erkenntnisgewinnung. Erläutern Sie den in der Methode M 2 dargestellten Weg der Erkenntnisgewinnung in den Naturwissenschaften, indem Sie den einzelnen Aspekten die entsprechenden Sachverhalte aus dem Text dieses Kapitels zuordnen.

2. De novo- und Erhaltungsmethylierung.
a) Begründen Sie anhand von Abb. 2a und 2b, weshalb der Zeitraum der de novo-Methylierung eine kritische Phase im Verlauf der Embryonalentwicklung darstellt.
b) Die Erhaltungsmethylierung, also die mitotische Weitergabe des DNA-Methylierungsmusters von differenzierten Zellen, nennt man auch „Zellgedächtnis". Entwickeln Sie eine Hypothese zur biologischen Funktion des „Zellgedächtnisses".

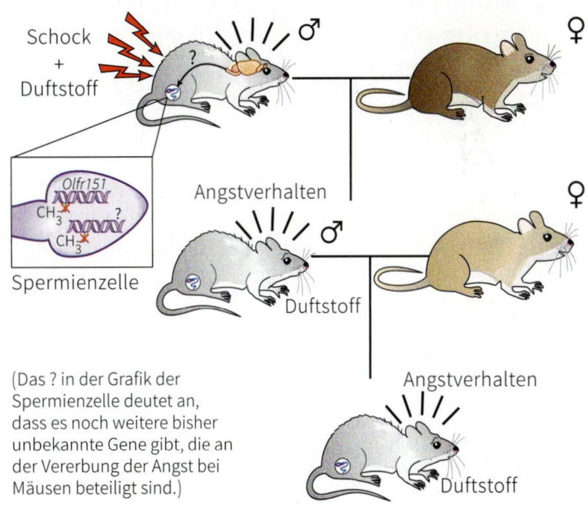

3 *Die Vererbung von Angst bei Mäusen*

3. Vererbte Angst bei Mäusen. Forschende konditionierten männliche Mäuse mit schwachen Stromstößen darauf, Angst vor dem Kirschduft Acetophenon zu entwickeln (Abb. 3). Der Sensor für diesen Duft in der Nase der Tiere wird von einem einzigen Gen mit dem Namen *olfr151* codiert. Die Forschenden wiesen nach, dass die kurz darauf gezeugten Nachkommen der nächsten und übernächsten Generation überempfindlich auf den Kirschduft reagierten, obwohl sie ebenso wenig wie die Mutter jemals negative Erfahrungen mit dem Duftstoff gemacht hatten. Gegenüber anderen Düften verhielten sich die Nachkommen normal. Die Jungen wurden direkt nach der Geburt abgesondert. Sowohl die Spermienzellen der konditionierten Männchen als auch jene ihrer Jungen wiesen am *olfr151*-Gen besonders wenige Methylgruppen auf. Dies ermöglicht es meist, ein Gen gut abzulesen. Erläutern Sie das Experiment und die jeweiligen Beobachtungen.

→ B4 → Kap. 2.4 → Kap. 5.6

2.6 Die Regulation der Genaktivität durch die Histonmodifikation

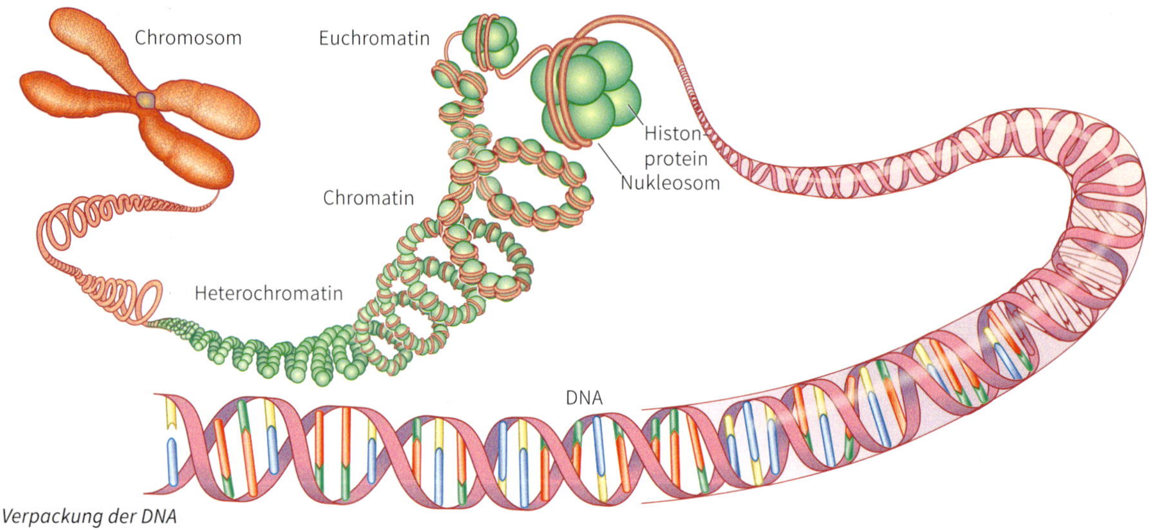

1 *Verpackung der DNA*

Bei Eukaryoten liegt die genetische Information in Form von Chromosomen im Zellkern vor. Die DNA der sechsundvierzig menschlichen Chromosomen ergibt zusammen einen etwa zwei Meter langen Faden und besteht aus ungefähr sechs Millionen Basenpaaren. Der Durchmesser eines Zellkerns beträgt jedoch nur 10 bis 100 µm. Die DNA muss deshalb besonders dicht verpackt werden. Um eine ausreichend kompakte Verpackung der DNA zu erreichen, liegt die eukaryotische DNA an Proteine gebunden vor.

Der Komplex aus DNA und Proteinen wird **Chromatin** genannt (Abb. 1). Die kleinste Verpackungseinheit des Chromatins ist ein Nucleosom. Ein Nucleosom besteht aus acht Histonproteinen, die zu einem Komplex zusammengelagert sind. Um diesen Histonkomplex sind je 146 Basenpaare des DNA-Strangs gewickelt. Dies, sowie weitere Histone und andere Proteine ermöglichen eine zehntausendfache Verkürzung des DNA-Strangs und die Faltung der DNA in Chromosomen. Besonders dicht verpacktes Chromatin wird als **Heterochromatin** bezeichnet und kann nicht von der RNA-Polymerase transkribiert werden. Weniger dicht gepacktes Chromatin wird als **Euchromatin** bezeichnet und ist für die Transkriptions-Maschinerie zugänglich.

Während der Zellteilung wird das Heterochromatin durch intensive Schleifenbildung noch kompakter, um eine störungsfreie Verteilung der Chromosomen auf die Tochterzellen zu ermöglichen. Die mikroskopisch sichtbare Form der DNA, die Metaphasen-Chromosomen sind die kompakteste Verpackungsform der DNA.

Der Verpackungsgrad des Chromatins wird unter anderem durch die chemische Veränderung der Histonproteine gesteuert. Diese Histonmodifikation findet an den endständigen Aminosäureketten statt, die wie Arme aus den kugelförmigen Histonen herausragen (Abb. 2). Normalerweise ziehen diese Enden die DNA aufgrund ihrer Ladung elektrostatisch an und sorgen dafür, dass das Chromatin dicht verpackt ist und als Heterochromatin vorliegt.

Durch das Enzym Histonacetyltransferase können Acetylgruppen auf die endständigen Aminosäureketten übertragen werden. Dieser Vorgang wird als **Acetylierung** bezeichnet. Hierdurch kehrt sich die Ladung der Aminosäureketten um und die elektrostatische Anziehung wird abgeschwächt. Die Chromatinstruktur wird gelockert und es entsteht Euchromatin. So können Transkriptionsfaktoren binden und eine Transkription der DNA wird möglich. Die Acetylierung der Histone ist reversibel und kann durch das Enzym Histondeacetylase auch wieder entfernt werden, sodass das Chromatin wieder dichter verpackt wird.

Neben der Acetylierung der Histone gibt es weitere Histonmodifikationen wie Methylierung und Phosporylierung, die die Chromatinstruktur beeinflussen. Die Chromatinstruktur wird zelltypspezifisch und zielgerichtet gesteuert und ermöglicht es verschiedenen Zelltypen spezifische Proteine herzustellen. Neben der Regulation durch den Zelltyp, kann die Chromatinstruktur auch durch Umweltfaktoren beeinflusst werden.

→ B4 → Kap. 1.4 → Kap. 1.10

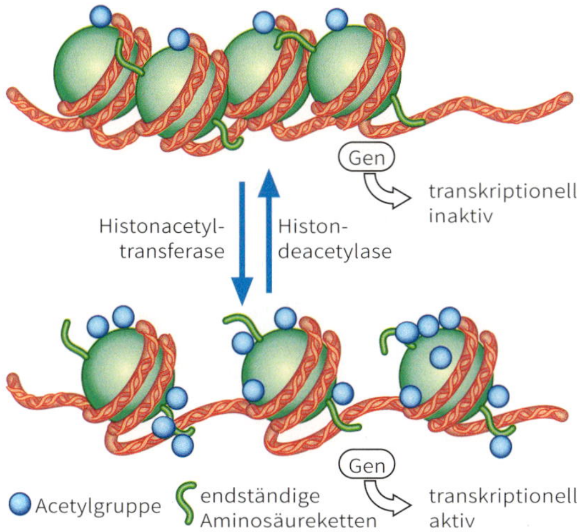

2 *Histonmodifikation durch Acetylierung*

1. Verpackung der DNA.

a) Beschreiben Sie die verschiedenen Verpackungszustände der DNA.

b) Erläutern Sie den Unterschied zwischen Euchromatin und Heterochromatin.

c) Beurteilen Sie die Aussagen zur DNA-Verpackung:

1. "Ein Vorteil der DNA-Verpackung bei Eukaryoten ist , dass so eine schnelle und sichere Teilung des genetischen Materials in der Mitose erfolgen kann."
2. "Zwei Nachteile der DNA-Verpackung bei Eukaryoten sind, dass die DNA zum Ablesen der genetischen Information entpackt werden muss. Weiterhin ist die Bildung von Histonen energetisch sehr aufwändig."

2. Histonmodifikation.

a) Beschreiben Sie die verschiedenen Formen der Histonmodifikation. Recherchieren Sie dazu die weiteren Histonmodifikation Methylierung und Phosphorylierung.

b) Erklären Sie mithilfe von Abbildung 2 und dem Grundwissenstext auf der linken Seite die Regulation der Genaktivität durch Histonmodifikation am Beispiel der Acetylierung proximat.

3. Inaktivierung von X-Chromosomen.

a) Erklären Sie, weshalb bei weiblichen Säugetieren eine Inaktivierung des X-Chromosoms notwendig ist.

b) Erläutern Sie mithilfe von Abbildung 3 den Vorgang der Inaktivierung eines X-Chromosoms

c) Stellen Sie unter Verwendung von Abbildung 3 das Zustandekommen der rot-schwarzen Fellfärbung bei weiblichen Katzen in Form eines Schaubildes dar.

Weibliche Säugetiere besitzen im Gegensatz zu männlichen Säugetieren zwei X-Chromosomen. Wären bei den weiblichen Individuen die Gene beider X-Chromosomen aktiv, würde dies zu einer doppelten Anzahl an Genprodukten führen und die normale Entwicklung der weiblichen Tiere stark beeinträchtigen. Um die Genaktivität zu reduzieren wird bei weiblichen Säugetieren bereits in einer frühen embryonalen Entwicklungsphase eines der X-Chromosomen deaktiviert. Ist das Embryo etwa 16 Zellen groß, beginnt die Inaktivierung mit der Herstellung einer speziellen RNA, der XIST-RNA. Das codierende Gen für XIST-RNA liegt auf dem X-Chromosom. Die XIST-RNA wird nicht in ein Protein translatiert, sondern bindet an eines der beiden X-Chromosomen und löst dort verschiedene molekulare Prozesse aus. Es kommt hauptsächlich zur inaktivierenden Methylierung und vereinzelter Acetylierung von Histonen, sodass die DNA des X-Chromosoms immer enger verpackt wird. Das entstandene Heterochromatin ist als sogenanntes Barr-Körperchen im Lichtmikroskop zu sehen. Welches der beiden X-Chromosomen inaktiviert wird, entscheidet sich zufällig. Meist ist in der Hälfte ihrer Zellen das mütterliche und in der anderen Hälfte das väterliche X-Chromosom inaktiviert. Das führt dazu, dass weibliche Säugetiere genetische Mosaike sind und verschiedene Gewebe unterschiedliche Phänotypen aufweisen können. Das wird beispielsweise bei der Fellfärbung von Katzen deutlich. Die Gene, die eine rote oder schwarze Fellfarbe bestimmen liegen auf dem X-Chromosom. Kater besitzen daher in der Regel eine rote oder schwarze Fellfärbung, häufig in Kombination mit Weiß, da sie nur ein X-Chromosom besitzen. Weibliche Katzen hingegen habe zwar auch nur ein aktives X-Chromosom, aber welches von beiden aktiv ist variiert von Zelle zu Zelle. So kann bei diesen Tieren eine rot-schwarz-weiße Fellfärbung entstehen.

3 *Inaktivierung von X-Chromosomen*

→ B4 → Kap. 1.4 → Kap. 1.10 → Kap. 2.4

2.7 Die Regulation der Genaktivität durch RNA-Interferenz

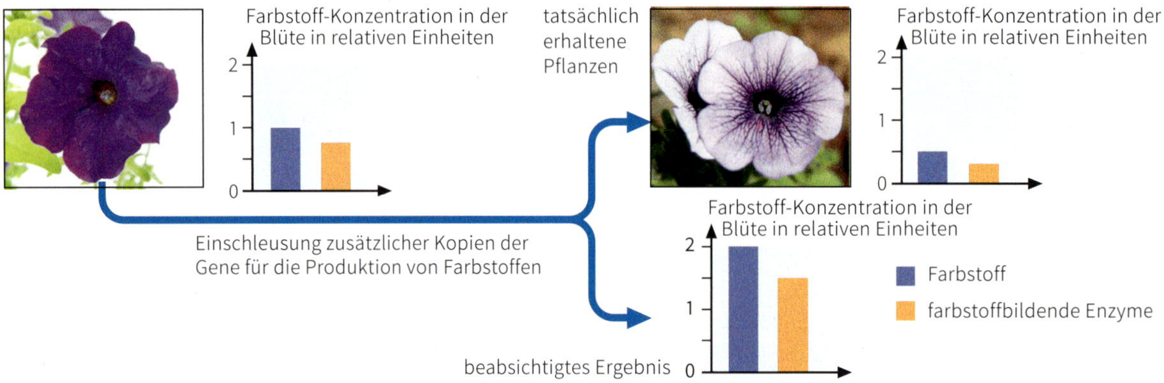

1 *Experiment zur Intensivierung der Blütenfarbe bei Petunien.*

Um die Blütenfarbe von Petunien zu verstärken, schleusten Forschende zusätzliche Kopien der Gene in Zellen der Pflanzen ein, die für die farbstoffbildenden Enzyme codieren. Pflanzen, die fremde Gene enthalten, werden **transgene Pflanzen** genannt. Die entstandenen transgenen Pflanzen zeigten jedoch zum Teil helle Bereiche der Kronblätter oder waren insgesamt heller. Weitere Untersuchungen zeigten, dass sogar weniger farbstoffbildende Enzyme vorlagen, als in den ursprünglich eingesetzten Pflanzen (Abb. 1). Dieses Phänomen wird **Co-Suppression** genannt, dabei wird die Aktivität einer endogenen Erbinformation durch eine zusätzliche transgene Kopie unterdrückt.

Schon vorher war bekannt, dass die mRNA durch die Anlagerung einer komplementären mRNA, auch **antisense-RNA** genannt, unterdrückt werden kann, da die resultierende doppelsträngige mRNA, nicht abgelesen werden kann. Gene können also noch nach erfolgter Transkription „stillgelegt" werden. Der Mechanismus dieser natürlichen **RNA-Interferenz** unterscheidet sich bei Pflanzen grundlegend von dem bei Tieren und Menschen (Abb. 2). Pflanzen bilden beispielsweise aufgrund entsprechender Gene RNA-abhängige RNA-Polymerase-Enzyme, kurz RdRP, die mRNA-Stränge komplementär zu einer dsRNA ergänzen. Diese dsRNA wird anschließend durch ein **Dicer-Enzym** (engl. *dice:* zerhacken) in kleine doppelsträngige Bruchstücke, sogenannte **siRNA** (*small interfering RNA*) zerlegt. Diese fungieren wiederum als Ansatzstelle, sogenannte **Primer**, für weitere RdRP-Enzyme, indem sie komplementär an weitere mRNA-Stränge binden. So entsteht eine positive Rückkopplung, welche die Stilllegung des Gens aufrechterhält. Durch die zusätzlichen Genkopien in den Petunien kam es zu einem RNA-Rückstau, der diesen Regulationsmechanismus auslöste. Für die Forschung ergibt sich so die Möglichkeit, durch Einbringen von künstlicher antisense-RNA gezielt einzelne Gene abzuschalten. Ein solcher Knockout wird durchgeführt, um die Bedeutung eines Gens für die Entwicklung und den Stoffwechsel eines Lebewesens zu untersuchen.

Beim „**Gen-Knock-down**" wird dagegen die Bildung eines Proteins mit besonderen Wirkstoffen, beispielsweise sogenannten mikroRNAs, blockiert. Der Knock-down (engl. *knock-down:* herunterschlagen) ist eine molekularbiologische Methode, bei der eine Genexpression von einem oder mehreren Genen einer Zelle oder eines Organismus zum Beispiel durch RNA-Interferenz gemindert wird.

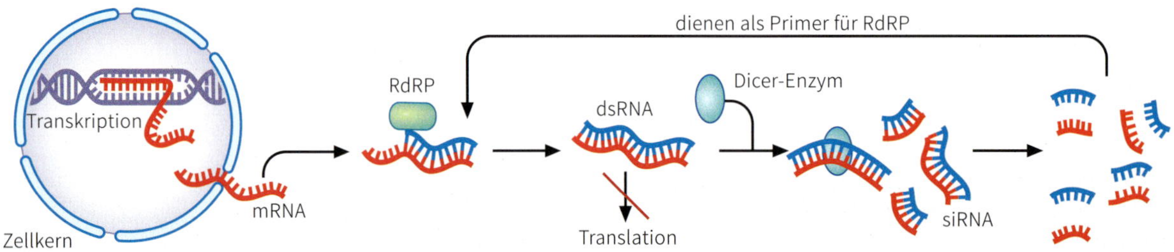

2 *Modell für den Mechanismus der RNA-Interferenz bei Pflanzen*

→ B3 → B4 → Kap. 1.10 → Kap. 2.1

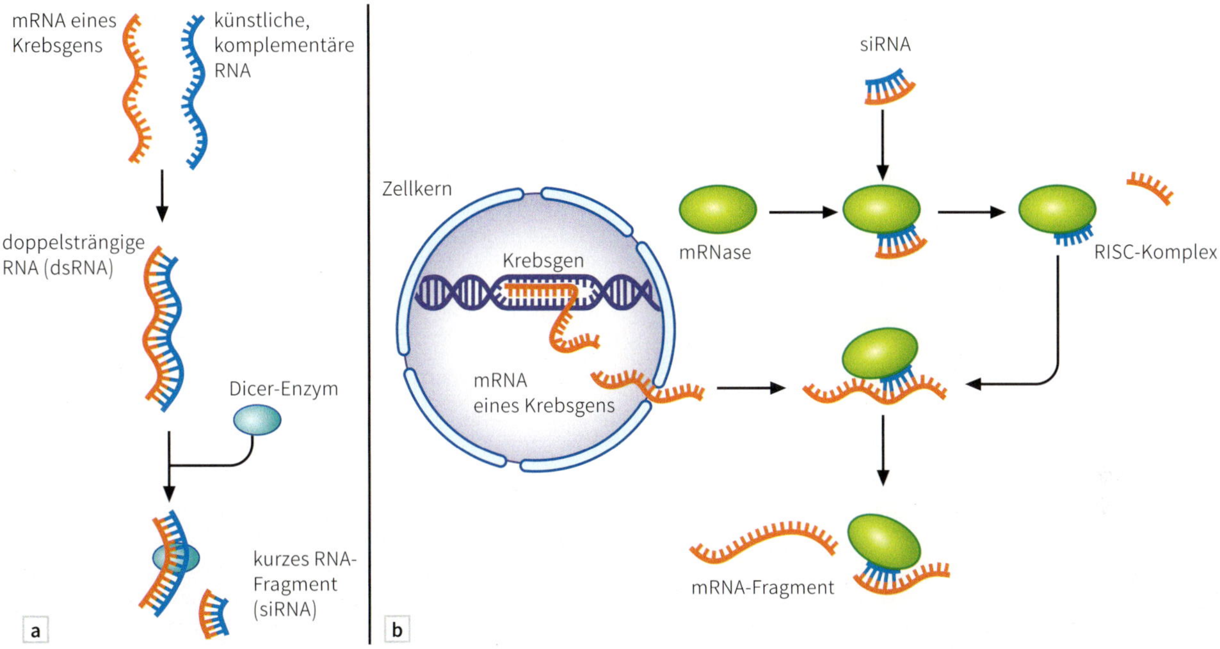

3 *a) Herstellung von siRNA für die RNA-Interferenz, b) RNA-Interferenz zur Krebsbehandlung eines Menschen*

1. RNA-Interferenz zur Behandlung bei Krebserkrankungen. Beim Mechanismus der RNA-Interferenz der Tiere und Menschen hat der RISC-Komplex (*RNA-induced silencing complex*) eine entscheidende Bedeutung. Es handelt sich dabei um einen Enzymkomplex, der dsRNA aufspalten kann. Wird siRNA in diesen Enzymkomplex überführt, so wird dieser Enzymkomplex spezifisch für eine bestimmte mRNA. Bestimmte mRNA-Sorten spielen bei der Vermehrung von Viren und bei der Entstehung von Krebs eine zentrale Rolle. Forschende versuchen auf Grundlage der RNA-Interferenz Medikamente zu entwickeln, die sich an diese mRNA binden und sie somit unwirksam machen (sogenannte Krebs- bzw. Viren-Hemmer).

a) Beschreiben Sie die RNA-Interferenz bei Tieren und Menschen (Abb. 3).

b) Vergleichen Sie anhand der Abbildungen 2 und 3 den Mechanismus der RNA-Interferenz bei Tieren mit dem von Pflanzen.

c) Erläutern Sie die Wirkungsweise eines Krebs-Hemmers.

d) Stellen Sie Hypothesen auf, warum nicht zwingend eine Heilung bei einer Behandlung mit Krebs-Hemmern erfolgen muss.

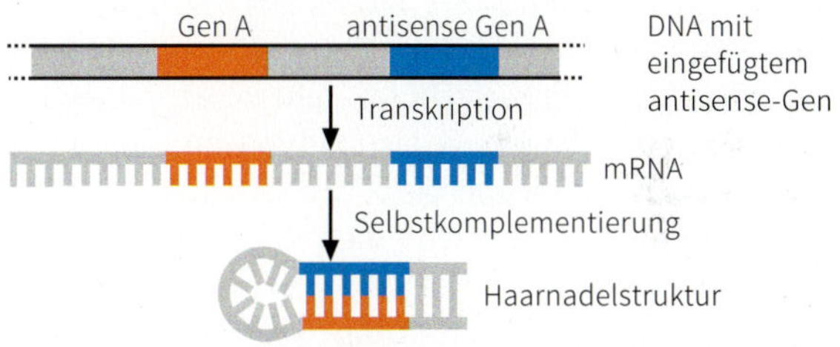

4 *Bildung von „Hairpin"-Strukturen in der mRNA*

2. Ausschalten von Genen. Zur Untersuchung der Bedeutung von Genen wird ihre Aktivität durch Versuche unterbunden. Dazu wird zunächst eine zum entsprechenden Gen komplementäre DNA-Sequenz hergestellt. Diese „antisense-DNA" wird in der Nähe des zu untersuchenden Gens in den DNA-Strang eingefügt, sodass sie ebenfalls transkribiert wird. Die erzeugte mRNA hat aufgrund der zusätzlichen Sequenz die Fähigkeit zur Selbstkomplementierung (Abb. 4).

a) Erklären Sie die Fähigkeit zur Selbstkomplementierung der gebildeten mRNA.

b) Erläutern Sie, wie es zur RNA-Interferenz durch Einschleusen einer antisense-Sequenz in den originären DNA-Strang kommt.

c) Erläutern Sie welche Konsequenzen sich aus der Bildung der Haarnadelstruktur ergeben.

→ B3 → B4 → Kap. 1.10 → Kap. 2.1

2.8 Undifferenzierte Stammzellen können sich differenzieren

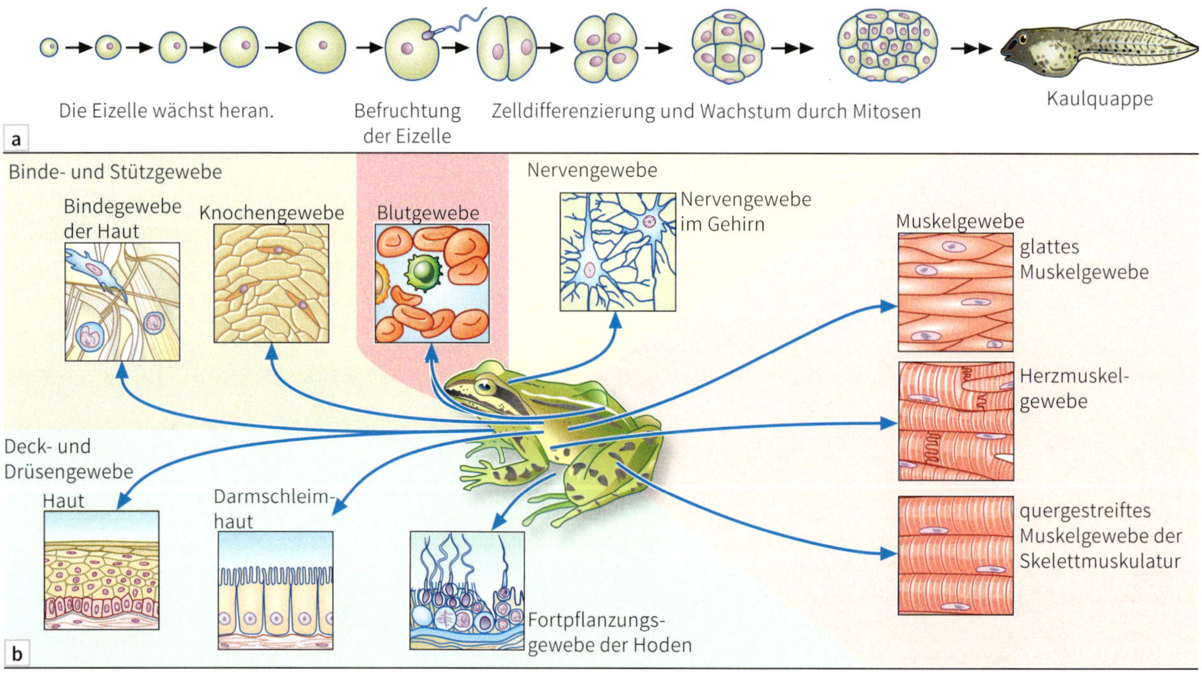

1 *Entwicklung eines Frosches und die Vielfalt der spezialisierten Zellen. a) Entwicklung eines Frosches aus der befruchteten Eizelle bis zur Kaulquappe. Aus der befruchteten Eizelle gehen durch Zell- und Kernteilungen (Mitosen) erblich gleiche Körperzellen hervor. b) Verschiedene Gewebe mit differenzierten Zellen beim Frosch*

Der Frosch ist ein vielzelliges Lebewesen mit unterschiedlichen Zelltypen. Jeder Zelltyp weist einen charakteristischen Bau mit ganz spezifischen Aufgaben auf. Nervenzellen besitzen einen Zellkern und haben lange und vernetzte Ausläufer. Nervenzellen sind auf die Informationsweiterleitung spezialisiert. Diese **Spezialisierung** in verschiedene Zelltypen ermöglicht eine effektive Arbeitsteilung. Zu Beginn der Embryonalentwicklung kommt es, ausgehend von der befruchteten Eizelle, zu mehreren Zellteilungen. Die dabei entstandenen Zellen sehen noch völlig gleich aus. In der weiteren Entwicklung beginnen sich die Zellen zu verändern. Sie nehmen ihre endgültige Gestalt an. Ausdifferenzierte Zellen verlieren ihre Teilungsfähigkeit. Jetzt übernimmt die ausgereifte Zelle ihre spezifische Aufgabe. Den Prozess der Spezialisierung von Zellen in ihre spezifische Struktur und Funktion nennt man **Zelldifferenzierung.** In diesem Prozess werden lediglich die Strukturen vermehrt ausgebildet, mit denen die Zelle ihre spezifischen Aufgaben erfüllt. Im Zellkern liegt in allen Zellen die gleiche Erbsubstanz vor. Es werden jedoch nur die Bereiche in der Erbsubstanz abgelesen, die zum Erhalt der Struktur und Funktion der Zelle notwendig sind.

Alle Körperzellen eines Vielzellers entstehen durch Zell- und Kernteilungen (Mitosen) letztlich aus der befruchteten Eizelle. Die stark differenzierten Zellen sind in der Regel nicht mehr teilungsfähig. Sie lassen sich in mehrere Gewebetypen einteilen: zum Beispiel Deck- und Drüsengewebe, Binde- und Stützgewebe, Nervengewebe und Muskelgewebe. Darüber hinaus gibt es noch das Blutgewebe. In diesem besonderen Gewebe befinden sich die verschiedenen Typen von Blutzellen in einer Flüssigkeit, dem Blutplasma. Die Erythrocyten transportieren Sauerstoff.

Die Leukocyten sind vor allem für die Abwehr von Krankheitserregern verantwortlich. An vielen Stellen des menschlichen Körpers müssen alte, nicht mehr funktionstüchtige Zellen ersetzt werden. Die Zellteilung ist der Vorgang, durch den sich Zellen bilden und vermehren. Dabei teilen sich nicht alle Zellen, sondern nur die, die ihre Teilungsfähigkeit bewahren. Diese teilungsfähigen **Stammzellen** durchlaufen immer wieder den Zellzyklus. Die entstehenden Tochterzellen entwickeln sich zu ausdifferenzierten Zellen. Der Vorgang dieser Neubildung von Zellen wird als **Regeneration** bezeichnet.

→ B Systemebenen → B5 → Kap. 2.9 → Kap. 2.10 → Kap. 3.6 → Kap. 3.8

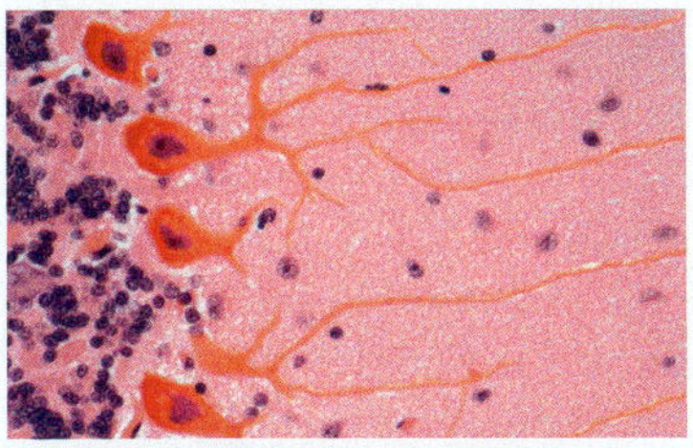

Nervenzellen besitzen einen Zellkern und haben lange und vernetzte Ausläufer. Nervenzellen sind auf die Informationsweiterleitung spezialisiert.

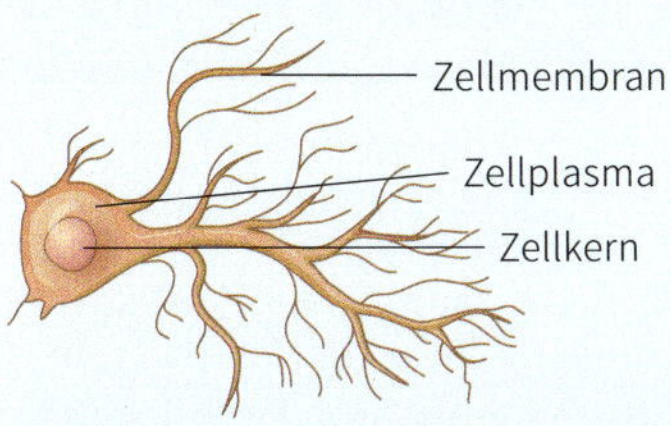

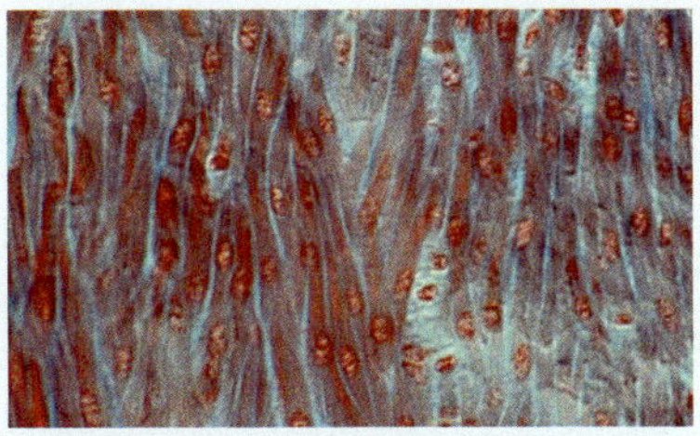

Muskelzellen sind längliche Zellen. Muskelzellen sind darauf spezialisiert, sich auf Nervenimpulse hin zusammenzuziehen (zu kontrahieren). Muskeln ermöglichen zusammen mit Sehnen, Knochen und Gelenken Bewegungen.

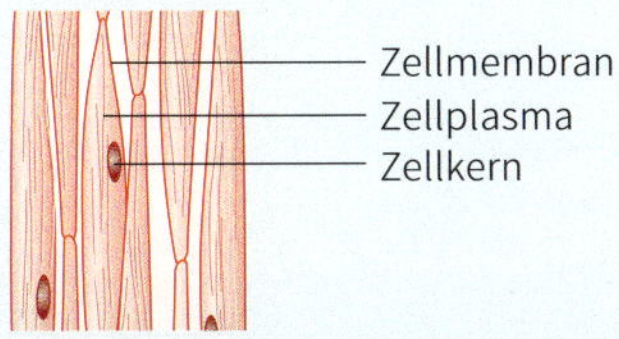

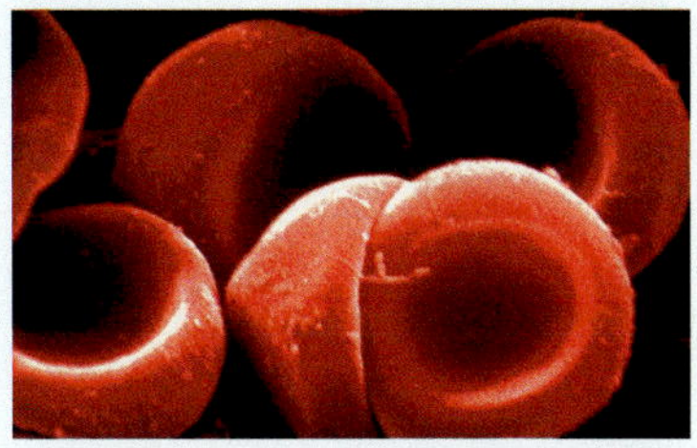

Rote Blutzellen des Menschen sind auf Sauerstofftransport spezialisiert. Sie haben keinen Zellkern und keine Mitochondrien. Sie sind angefüllt mit dem Protein Hämoglobin, dem roten Blutfarbstoff, der Sauerstoff transportiert

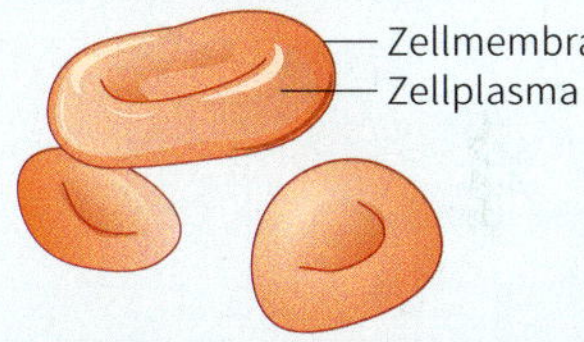

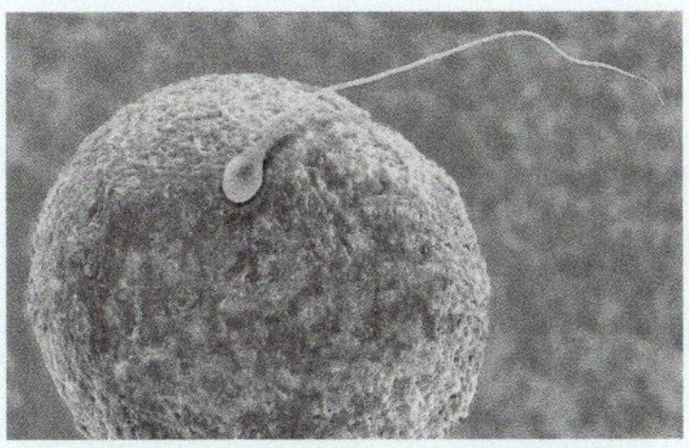

Geschlechtszellen sind auf Fortpflanzung spezialisiert. In den Zellkernen der Geschlechtszellen befinden sich die Erbinformationen väterlicher bzw. mütterlicher Herkunft.

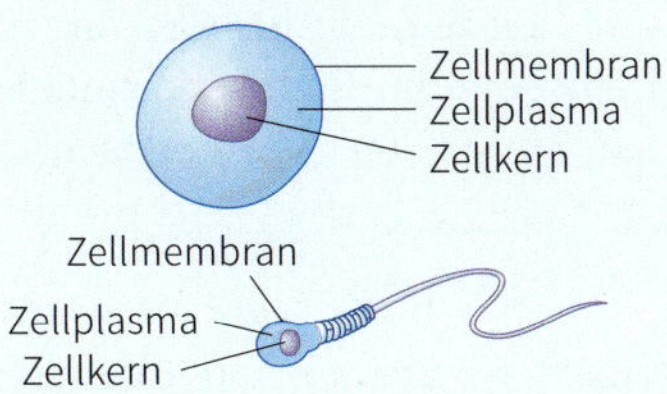

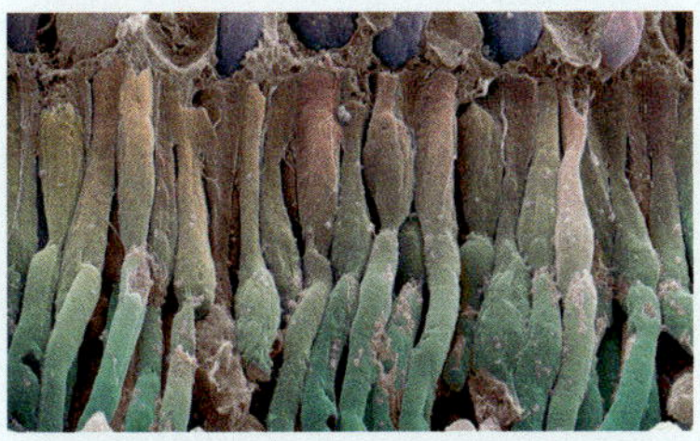

Sehsinneszellen der Netzhaut sind auf die Aufnahme von Lichtreizen spezialisiert. Sie besitzen lichtempfindliche Moleküle.

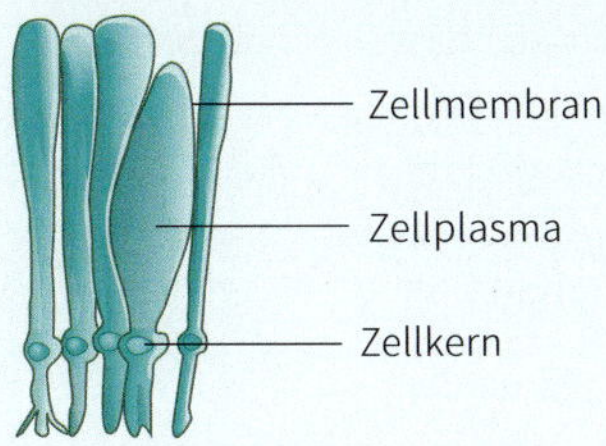

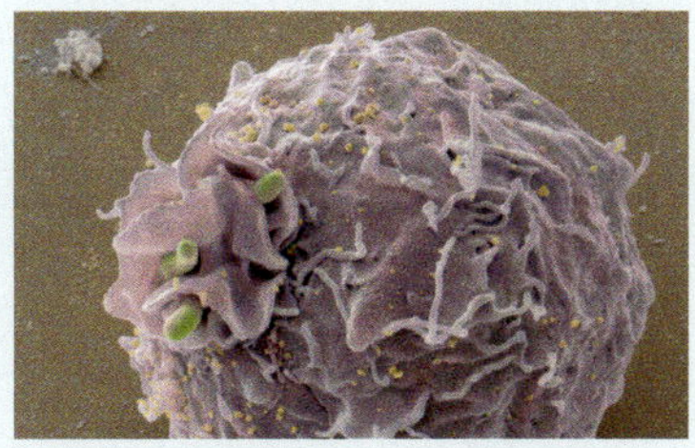

Weiße Blutzellen sind auf die Abwehr von Krankheitserregern, zum Beispiel bestimmte Bakterien spezialisiert. Manche Weiße Blutzellen können ihre Form verändern und Krankheitserreger fressen.

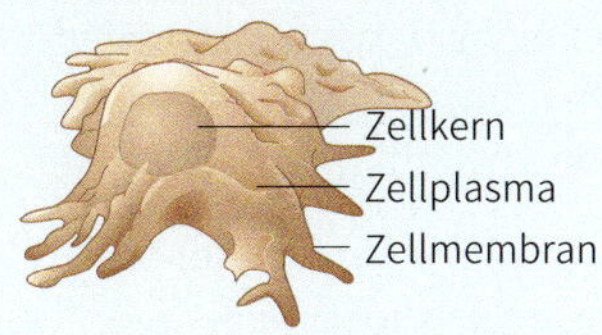

2 *Verschiedene spezialisierte Zellen des Menschen (nachträglich gefärbt)*

1. Gemeinsamkeiten und Unterschiede differenzierter Zellen.

a) Beschreiben Sie mit Hilfe von Abbildung 2 die Gemeinsamkeiten und die Unterschiede von differenzierten Zellen.

b) Erläutern Sie anhand von selbst gewählten Beispielen den Zusammenhang von Struktur (Bau) und Funktion (Aufgabe) einer differenzierten Zelle.

2. Zelldifferenzierung in der Individualentwicklung. Erläutern Sie anhand von Abb. 1a und b die Differenzierung von Zellen in der Entwicklung. Benennen Sie die Funktionen der in Abb. 1b genannten Gewebe.

3. Lebensdauer roter Blutzellen. Entwickeln Sie eine Hypothese, weshalb die roten Blutzellen des Menschen eine so kurze Lebensdauer von nur 120 Tagen haben.

Hilfe **Webcode** WES-105475_071

2.9 Bedeutung von Stammzellen in der Forschung

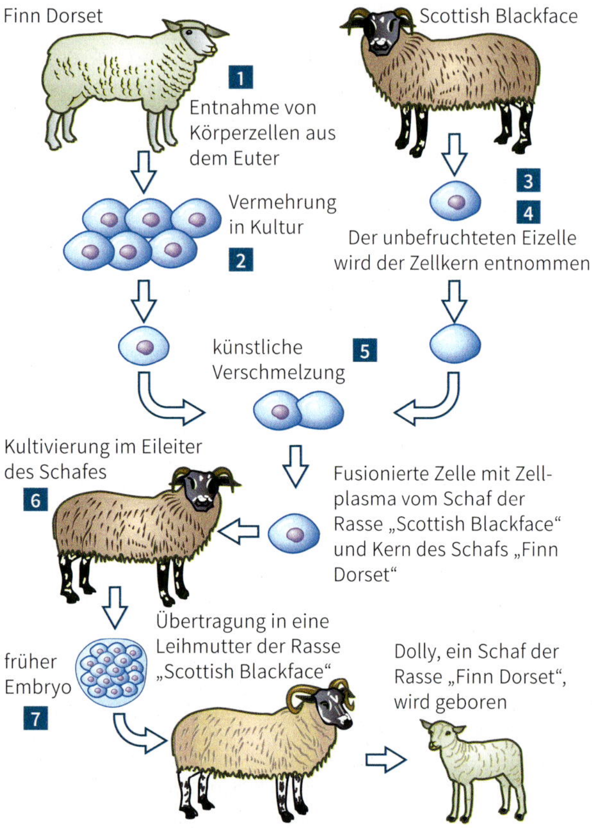

1 *Klonen durch Kerntransfer am Beispiel „Dolly"*

Seit Jahrtausenden versuchen Menschen, die Qualität von Nutzpflanzen und Nutztieren durch Züchtung, zu optimieren. Dieses Vorgehen ist oft langwierig und nicht immer erfolgreich. Heute wird in der modernen Nutztierzucht unter anderem die Technik des **Klonens** angewendet, um schnell und zielsicher erbgleiche Nachkommen von einem wirtschaftlich wertvollen Tier, wie eine Milchkuh mit großem Euter, zu erhalten.

Unter einem **Klon** versteht man Zellen oder Lebewesen, die genetisch identisch sind. Klone werden nicht nur im Labor erzeugt, es gibt sie auch in der Natur. Bei Säugetieren entstehen Klone eher zufällig und daher selten. Bei etwa jeder 500sten Geburt entstehen beim Menschen eineiige Zwillinge. Bei Pflanzen findet man dagegen häufig durch ungeschlechtliche Fortpflanzung entstandene genetisch identische Ableger, z.B. bei Erdbeerpflanzen oder Grünlilien.

Seit 1996 wird das **Klonen durch Kerntransfer** durchgeführt, das zum ersten Mal bei dem Klonschaf Dolly erfolgreich verlief. Einem für die Zucht wertvollen Schaf der Rasse *Finn Dorset*, das geklont werden soll, wurden Körperzellen entnommen **1** und in Kultur vermehrt **2** (Abb. 1). Parallel dazu hat man aus einem Schaf der Rasse *Scottish Blackface* reife unbefruchtete Eizellen entnommen **3** und anschließend den Zellkern entfernt **4**. Es kommt zum Kerntransfer durch künstliche Verschmelzung der kultivierten Euter-Zelle mit Zellkern und der kernlosen Eizelle **5**. Die fusionierte Zelle wird entweder in einem Reagenzglas oder im Eileiter eines Schafes kultiviert **6**. Diese teilt sich mehrfach und ein früher Embryo entsteht **7**. Der heranwachsende Embryo wird in eine Leihmutter der Rasse *Scottish Blackface* übertragen, in dem der Embryo bis zur Geburt heranreift. Die Leihmutter der Rasse *Scottish Blackface* gebiert nun ein Schaf der Rasse Finn Dorset (Abb. 1).

Das bedeutsame an dieser Methode des Klonens ist, dass keine sexuelle Fortpflanzung und damit keine Neu- bzw. Rekombination des Erbinformation stattfindet. Der diploide Zellkern des für die Zucht wertvollen Tieres wird in eine kernlose Eizelle eines weiblichen Tieres der anderen Rasse übertragen. Die unerwünschte Neukombination der Gene kann durch den Kerntransfer unterbunden werden. Dolly ist daher ein **genetisch identisches** Schaf des Muttertieres der Rasse *Finn Dorset*. Klonen hat keine genetischen Veränderungen zur Folge, sondern führt ausschließlich zu mehreren genetisch identischen Nachkommen eines Individuums.

Dolly starb vorzeitig im Alter von etwa sechs Jahren an einer bei Schafen natürlicherweise vorkommenden Virusinfektion und zeigte auch bereits vorzeitig Alterserscheinungen. Dieses Phänomen beobachtete man auch bei weiteren Klontieren. Lebenserwartung und Fruchtbarkeit der Tiere ist geringer als bei ihren natürlich entstandenen Artgenossen.

Das Klonen beim Menschen hat nicht die Erzeugung von geklonten Individuen zum Ziel, sondern die Schaffung von Embryonen zur Gewinnung von teilungsfähigen Stammzellen. Das Immunsystem der Embryonen ist mit dem des Spenders identisch. Betroffenen Patienten könnten wie beim Klonen durch Kerntransfer bereits ausdifferenzierte Zellen entnommen werden. Auf diese Weise ließen sich Abstoßungsreaktionen vermeiden, nachdem die Zellen im Rahmen von therapeutischen Anwendungen verwendet worden sind. Der Einsatz des Klonens beim Menschen ist jedoch bislang umstritten.

→ B5 → Kap. 2.8 → Kap. 2.10

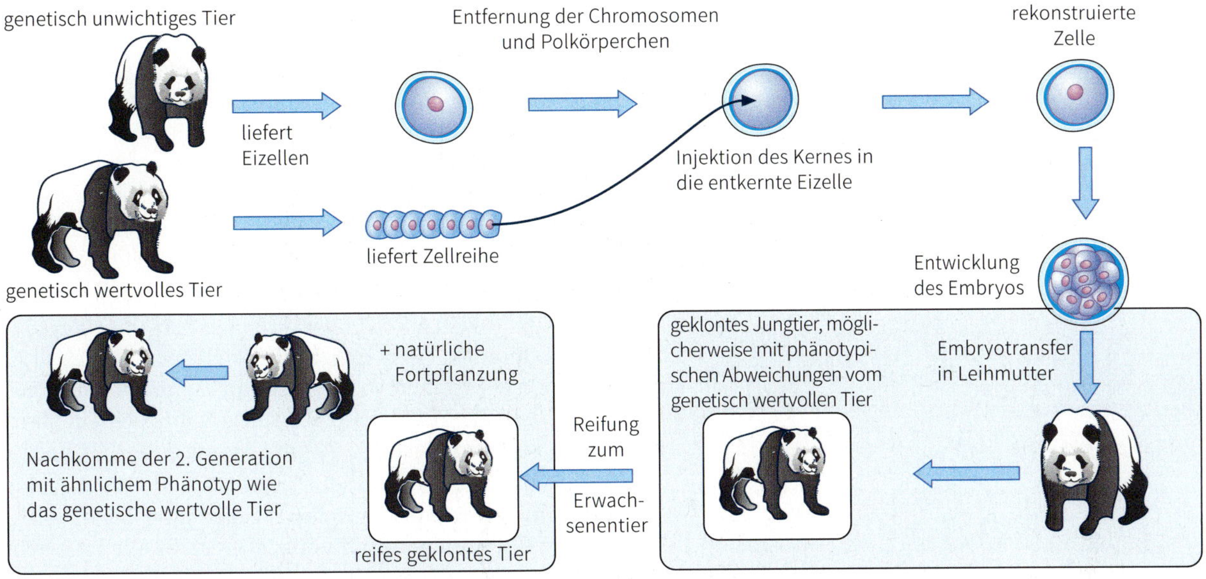

2 *Klonen zur Erhaltung bedrohter Tierarten*

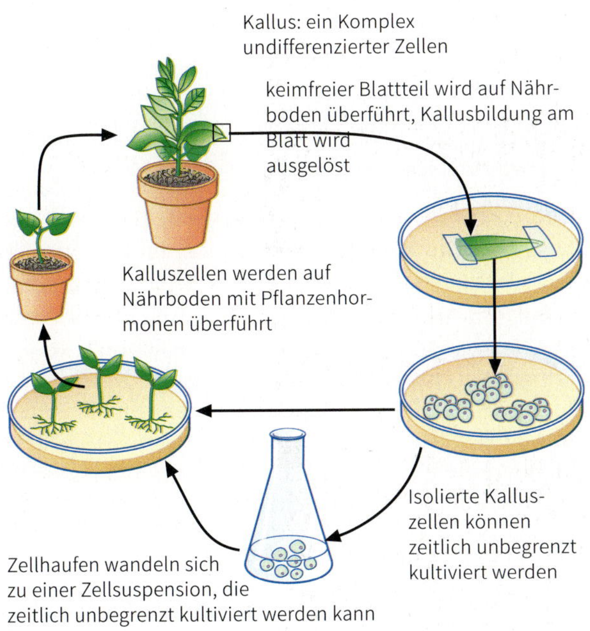

3 *Klonen einer Pflanze*

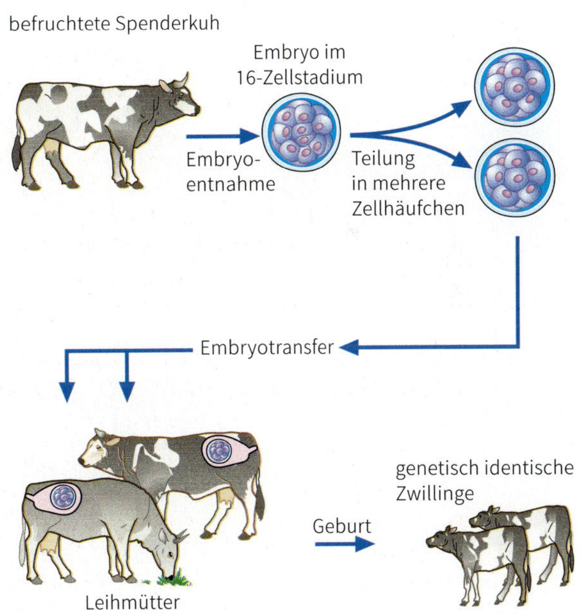

4 *Klonen durch Embryosplitting*

1. Klonen zum Erhalt von Tierarten. Erläutern Sie die Vorgehensweise beim Klonen von Organismen zum Erhalt bedrohter Tierarten anhand von Abbildung 2.

2. Klonen von Pflanzen. Beschreiben und vergleichen Sie die Vorgehensweise zum Klonen einer Pflanze mit dem Klonen durch Kerntransfer bei Tieren anhand von Abbildung 3.

3. Klonen durch Embryosplitting. Nicht immer ist das Klonen durch Kerntransfer wie beim Klonschaf Dolly ohne weiteres erfolgreich für die Zucht. Daher wird auch eine andere Form des Klonens zur Zucht von Nutztieren angewandt, das Embryosplitting (Abb. 4). Erläutern Sie die Methode des Embryosplittings. Stellen Sie eine Hypothese auf, weshalb Tiere, die mithilfe dieser Methode erzeugt wurden, keine vorzeigen Alterungsprozesse zeigen.

Hilfe **Webcode** WES-105475_073

→ B5 → Kap. 2.8 → Kap. 2.10

2.10 Stammzellen und Klonen

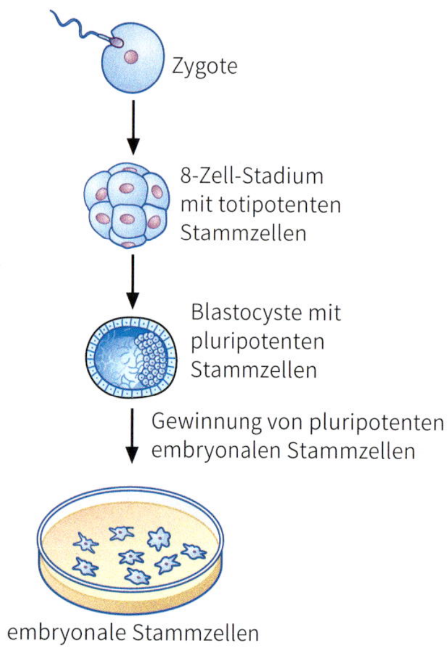

1 *Verschiedene Stammzelltypen des Menschen*

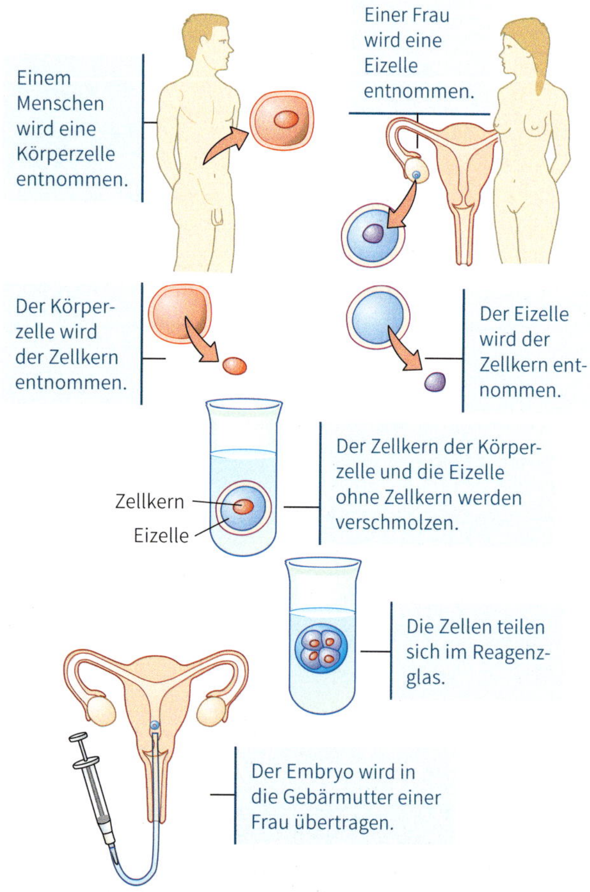

2 *Die Technik des reproduktiven Klonens*

Aus einer Zygote entsteht etwa vier Tage nach der Befruchtung durch drei Zellteilungen ein 8-Zell-Stadium (Abb. 1). Bis zu diesem Stadium sind die Zellen **totipotent**. Das bedeutet, aus jeder dieser Zellen kann ein vollständiger Mensch entstehen. Diese Stammzellen werden als **embryonale Stammzellen** bezeichnet. Das deutsche Embryonenschutzgesetz definiert totipotente Zellen als Embryo mit Menschenwürde. Durch weitere Zellteilungen entsteht die Blastocyste. Ihre Zellen sind **pluripotent**. Sie besitzen das Potenzial, jeden Zelltyp des erwachsenen Organismus auszubilden. Nur eines können sie nicht mehr: im Mutterleib zu einem Menschen heranwachsen. **Adulte Stammzellen** stammen aus einem erwachsenen Organismus. Sie sind in zahlreichen Geweben zu finden. Wegen ihrer Eigenschaft, eine Vielzahl von Zelltypen, aber nicht alle bilden zu können, nennt man sie **multipotent**. Die Hauptaufgabe der adulten Stammzellen ist die Reparatur und Erneuerung des jeweiligen Gewebes, z. B. der Haut oder des Darms. Die adulten Stammzellen teilen sich und bringen bei jeder Zellteilung eine neue Stammzelle sowie eine bereits spezialisierte Vorläuferzelle hervor. Vorläuferzellen bilden fortlaufend vollständig ausdifferenzierte Zellen des jeweiligen Gewebes.

Unter **reproduktivem Klonen** versteht man beim Menschen die künstliche Erzeugung eines Klonembryos, der in die Gebärmutter einer Frau eingesetzt wird, damit sich daraus ein Mensch entwickelt und geboren wird (Abb. 2). Dieses Kind wäre hinsichtlich seiner Erbanlagen eine Kopie des Menschen, der den Zellkern gespendet hat. Das reproduktive Klonen von Menschen ist weltweit geächtet. In Tierversuchen ergab sich, dass Klontiere ein erhöhtes Risiko für Entwicklungsschäden und bestimmte Krankheiten haben.

Beim **therapeutischen Klonen** wird der künstlich erzeugte Klonembryo zerlegt, um so Stammzellen zu erhalten (Abb. 3). Man hofft, aus Stammzellen im Labor verschiedene Gewebe züchten zu können, die als Ersatz für krankes Gewebe beim Spender des Zellkerns dienen.

Sowohl das reproduktive Klonen als auch das therapeutische Klonen sind bezüglich des Menschen in Deutschland verboten. Allerdings dürfen deutsche Forscher unter strengen Auflagen mit bestimmten Stammzellen aus anderen Ländern wissenschaftliche Untersuchungen betreiben.

→ M14 → B5 → Kap. 2.8 → Kap. 2.9

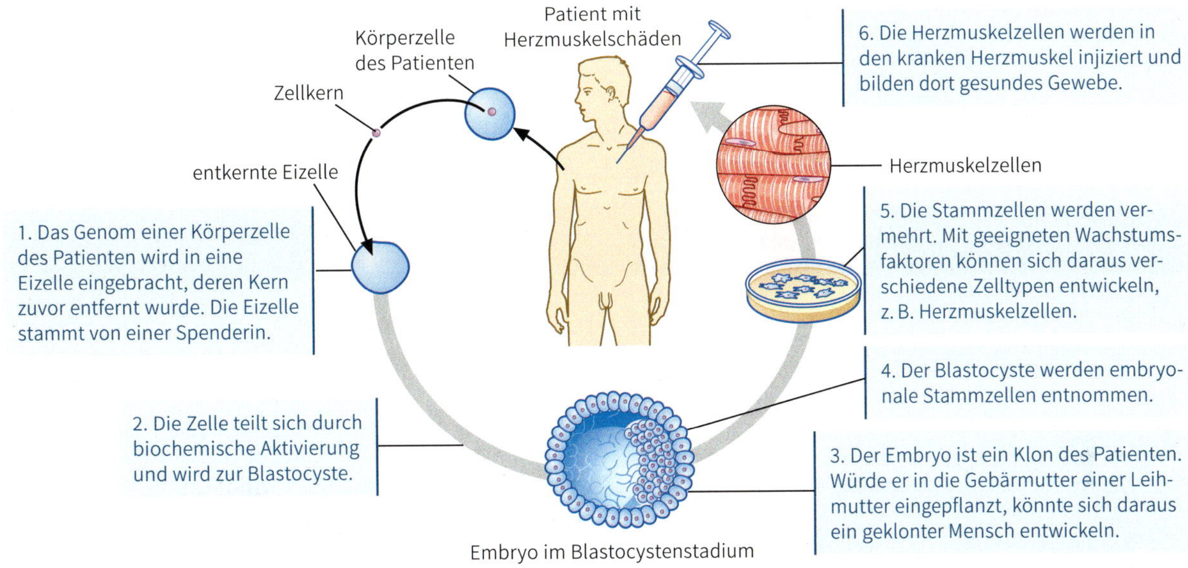

3 *Theorie des therapeutischen Klonens*

1. Embryonale und adulte Stammzellen. Vergleichen Sie anhand der Informationen im Grundwissentext embryonale und adulte Stammzellen in Form einer Tabelle.

2. Glossar anfertigen. Unter einem Glossar versteht man eine Liste von Wörtern mit Erläuterungen und Definitionen. Fertigen Sie anhand des Textes auf der linken Seite ein Glossar der fett gedruckten Begriffe an. Informieren Sie sich durch Recherche nach der Begriffsbestimmung „Embryo" laut § 8 (1) des Embryonenschutzgesetzes.

3. Reproduktives und therapeutisches Klonen.
a) Vergleichen Sie reproduktives und therapeutisches Klonen (Abb. 2, 3). Nennen Sie mögliche Gründe dafür, dass das reproduktive Klonen von Menschen weltweit abgelehnt wird, das therapeutische Klonen jedoch nicht.
b) Erarbeiten Sie Argumente für und gegen therapeutisches Klonen. Beachten Sie dabei auch Herkunft und Eigenschaften embryonaler und adulter Stammzellen.

4. Ethische Positionen. Wer könnte die in Abb. 4 genannten Positionen jeweils vertreten? Begründen Sie Ihre Entscheidung ausführlich. Nutzen Sie dabei auch die in M14 dargestellte Methode.

A – Mit der Vereinigung von Ei- und Samenzelle liegt ein menschliches Wesen vor, dem menschliche Würde zukommt und das geschützt werden muss. Deshalb darf nicht zugelassen werden, dass einzelne Embryonen als geeignet für ein Weiterleben bezeichnet und andere ausgemustert werden.
B – Es ist ethisch nicht vertretbar, schwer kranken Menschen mögliche Heilungschancen zu verweigern.
C – Wir können es uns nicht leisten, dass Forschungen auf einem so wichtigen Gebiet nur im Ausland möglich sind. Da sich die Entwicklung nicht aufhalten lässt, sollte man auch in Deutschland an menschlichen Embryonen forschen dürfen.
D – Für die Herstellung von Embryonen werden Eizellen benötigt. Diese stammen von Frauen, deren Eizellproduktion vor der Eizellspende hormonell stimuliert wird. Dabei kommt es immer wieder zu Komplikationen, die teilweise sogar lebensbedrohlich sein können. Zum Schutz dieser Frauen sollten keine embryonalen Stammzellen verwendet werden.
E – In der Allgemeinen Erklärung der Menschenrechte heißt es: „Alle Menschen sind frei und gleich an Würde und Rechten geboren." Deshalb darf das Recht eines kranken Menschen auf Heilung nicht höher bewertet werden als der Schutz werdenden Lebens.

4 *Ethische Positionen*

→ M14 → B5 → Kap. 2.8 → Kap. 2.9

Wiederholen · Üben · Festigen

Dieser Abschnitt bietet Hilfestellungen zur eigentätigen oder arbeitsteiligen Organisation Ihrer Wiederholungen in den Lernbereichen "Speicherung und Realisierung genetischer Information" sowie "Regulation der Genaktivität", zum Beispiel vor Klausuren oder umfassender vor der Abiturprüfung. Die Kompetenzen aus diesen Bereichen des Fachlehrplans Biologie 12 für das Gymnasium in Bayern sind nachfolgend angegeben. In der Tabelle sind die Kernabschnitte aus diesem Buch zur Wiederholung der jeweiligen Grundlagen genannt. Kompetenzen des Fachlehrplans, die zusätzlich zu den Kompetenzen für Kurse auf grundlegendem Anforderungsniveau für Kurse auf erhöhtem Anforderungsniveau ausgewiesen sind, sind fett gedruckt dargestellt.

Nr.	Kompetenzen laut Fachlehrplan Biologie 12 für das Gymnasium in Bayern Die Schülerinnen und Schüler...	W-Ü-F-Aufgaben	Abschnitte in diesem Buch
1	beschreiben ein Modell zum Bau der DNA und vergleichen es mit einem entsprechenden Modell zum Bau der RNA.	1a, 1b, 2a, 2b, 2c, 2d, 5d	B1, 1.1, 1.2, 1.3, 1.4, M6, M7, M8
2	leiten aus Basensequenzen der DNA Aminosäuresequenzen von Proteinen sowie aus der Aminosäuresequenz von Proteinen mögliche Basensequenzen für eine codierende DNA ab, indem sie den genetischen Code anwenden.	1a, 1b, 5d, 6b	B1, B3, 1.4, 1.5, 1.6, 1.7, 1.8, 1.9
3	beschreiben den Mechanismus der Bildung von Proteinen durch die Proteinbiosynthese und erklären deren Bedeutung für das Leben.	1a, 1b, 6a, 6b, 6c	B1, B3, 1.5, 1.6, 1.7, 1.8, 1.9, 1.10, 1.11
4	**erklären die Bedeutung des alternativen Spleißens für die Erhöhung der Proteinvielfalt bei Eukaryoten, die eine Voraussetzung für Selektionsprozesse in der Evolution darstellt.**	1a, 1b, **6d**	B3, 2.1, **2.3**
5	**beschreiben den Eingriff von Viren in die Proteinbiosynthese ihres Wirts und den Vermehrungszyklus von Viren, um Auswirkungen auf den Wirt und mögliche Therapieansätze erläutern zu können.**	1a, 1b, **5a**	B1, B4, **1.12**
6	**erläutern die Wirkung von Antisense-RNA auf die Proteinbiosynthese, um daraus Anwendungsmöglichkeiten in der Medizin abzuleiten.**	1a, 1b, **3a, 3b, 3c, 5b**	B4, **2.7**
7	**leiten mögliche Angriffsorte in Prokaryoten für Antibiotika aus Unterschieden zwischen der Proteinbiosynthese bei Prokaryoten und Eukaryoten ab.**	1a, 1b, **6f**	B4, **1.13**
8	erläutern die Aufgaben von Proteinen sowie das Zusammenwirken von Genen in einer Genwirkkette bei der Ausbildung von Merkmalen **und erklären die Auswirkungen der Unterbrechung einer Genwirkkette.**	1a, 1b, 5c	1.5, **1.14**
9	beschreiben mögliche Mechanismen zur Regulation der Genaktivität, um zu erklären, warum trotz gleicher genetischer Ausstattung von Zellen diese unterschiedliche Eigenschaften aufweisen können und so eine flexible Anpassung an Umweltbedingungen sowie eine Entwicklung und Spezialisierung in lebendigen Systemen möglich ist.	1a, 1b, **3a, 3b, 3c,** 4a, 4b, 4c, 4d, **4e**	2.1, 2.2, **2.3**, 2.4, 2.5, **2.6, 2.7**
10	beurteilen die Bedeutung von Stammzellen für die Forschung und für medizinische Anwendungen und bewerten deren Einsatz aus ethischer Sicht.	1a, 1b, 6e	B5, 2.8, 2.9, 2.10, **3.8**

Nukleotid, komplementäre Basenpaarung, DNA, RNA, genetischer Code, Proteinbiosynthese, Intron, Exon, Transkription, Prozessierung, Translation, Proteine, Genprodukte, Genwirkkette, Genaktivität, Transkriptionsfaktoren, Enhancer, Silencer, Epigenetik, DNA-Methylierung, Inaktivierung des X-Chromosoms, embryonale Stammzellen, adulte Stammzellen, Basensequenz, Aminosäuresequenz, Prokaryot, Eukaryot, **alternatives Spleißen, Virus, Virusbefall, reverse Transkription, Integration, Expression, Vermehrungszyklus, natürliche Antisense-RNA, künstliche Antisense-RNA, Knock-Down-Verfahren, Antibiotika, Knock-Out-Organismen, Unterbrechung von Genwirkketten, RNA-Interferenz, Histonmodifikation**

1 *Begriffskasten „Bau und Funktion der DNA"*

Lösung **Webcode** WES-105475_076

1. Schlüsselbegriffe.

a) Erläutern Sie die in Abbildung 1 genannten Begriffe.

b) Erstellen Sie eine Concept-Map zum Thema „Bau und Funktion der DNA". Verwenden Sie dabei die Begriffe in Abbildung 1. Die zusätzlichen Begriffe für das erhöhte Niveau sind fett gedruckt dargestellt.

2. Bau der DNA als Erbsubstanz.

a) Beschreiben Sie den Aufbau der DNA anhand der Abbildung 2.

b) Erläutern Sie die komplementäre Basenpaarung als Beispiel für das Schlüssel-Schloss-Prinzip.

c) Erläutern Sie, inwiefern die Versuche von GRIFFITH und AVERY als Beweis für die DNA als Erbsubstanz gelten.

d) Vergleichen Sie DNA und RNA im Hinblick auf ihren Bau, ihre Länge und ihre Funktion.

→ M4 → M8

3. RNA-Interferenz.

a) Beschreiben Sie den Ablauf der RNA-Interferenz bei Eukaryoten.

b) Ordnen Sie die Bilder a – e in Abbildung 3 in der richtigen Reihenfolge.

c) Begründen Sie, inwiefern die RNA-Interferenz ein Mechanismus zur Hemmung der Genaktivität ist.

4. Epigenetik.

a) Erklären Sie den Begriff „epigenetische Steuerung“.

b) Nehmen Sie zu der Aussage „Gene haben ein Gedächtnis“ Stellung.

c) Erläutern Sie die Unterschiede zwischen epigenetischen Veränderungen und Mutationen (vgl. Glossar).

d) Nehmen Sie zu folgender Aussage begründet Stellung: "Der Methylierungszustand der DNA kann durch Mitose in die nächste Zellgeneration und über die Keimzellen auch in die nächste Individuengeneration weitergegeben werden."

e) Erläutern Sie proximat, inwiefern die Modifikation von Histonen ein Mechanismus der Epigenetik ist.

5. Anwendungsmöglichkeiten.

a) Beschreiben Sie den Eingriff von Viren in die Proteinbiosynthese ihres Wirts und den Vermehrungszyklus von Viren, um Auswirkungen auf den Wirt und mögliche Therapieansätze erläutern zu können.

b) Erläutern Sie die Wirkung von Antisense-RNA auf die Proteinbiosynthese an einem selbst gewählten Beispiel.

c) Erklären Sie die Auswirkungen der Unterbrechung einer Genwirkkette.

d) Erklären Sie, warum ein Kohlenhydrat wie Stärke nicht als Träger der Erbinformation geeignet ist.

6. Von der DNA zum Protein.

a) Erläutern Sie die Vorgänge bei der Transkription.

b) Übersetzen Sie folgenden Strang in eine Aminosäuresequenz: 5'UACUCUCCCCGAAAAGUCCUAUAG3'. Ermitteln Sie weiterhin die entsprechenden Anticodons und den codogenen DNA-Abschnitt (Code-Sonne, Seite 37).

c) Beschreiben Sie den Bau von Proteinen.

d) Erklären Sie die Entstehung der Proteinvielfalt durch alternatives Spleißen in der Proteinbiosynthese.

e) Beurteilen Sie die Bedeutung von Stammzellen für die Forschung sowie für medizinische Anwendungen und bewerten deren Einsatz aus ethischer Sicht.

f) Leiten Sie mögliche Angriffsorte in Prokaryoten für Antibiotika aus Unterschieden zwischen der Proteinbiosynthese bei Prokaryoten und Eukaryoten ab.

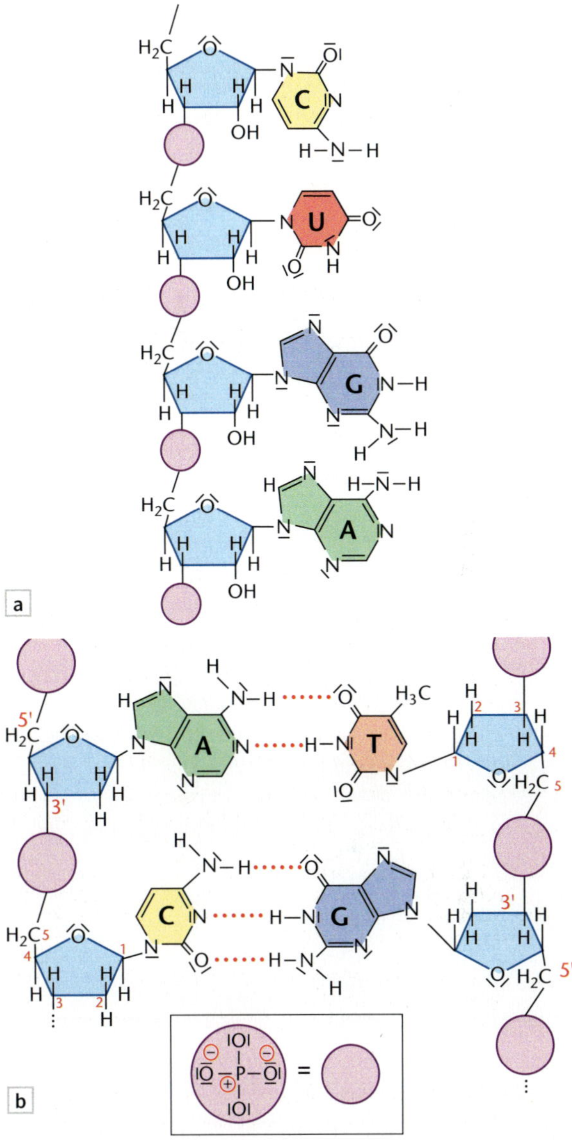

2 Strukturmodell a) der RNA und b) der DNA

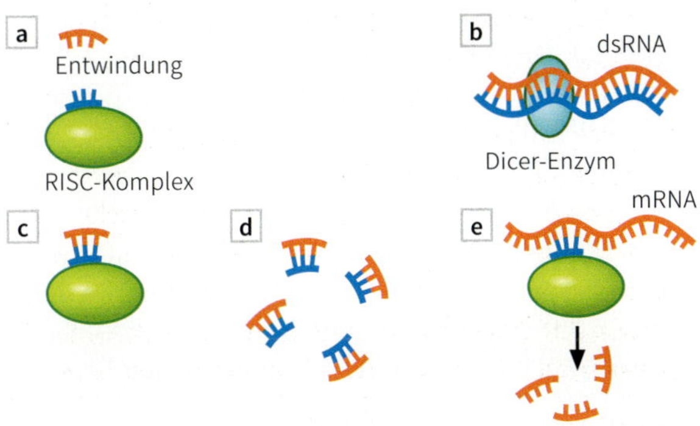

3 Modell der RNA-Interferenz

Mangelmutante	Nährmedium +			
	Ant	Ind	Cho	Trp
a	–	–	–	+
b	–	+	–	+
c	+	+	–	+
d	+	+	+	+

Cho (Chorisminsäure); Ind (Indol); Ant (Anthranilsäure); Try (Tryptophan); + Wachstum; – kein Wachstum

Vier Versuchsserien mit diesen Mangelmutanten:
Versuchsserie A: Aus der Wildform des roten Brotpilzes wurde ein Enzym isoliert, das die Umsetzung von Shikimisäure zu Chorisminsäure katalysiert. Wurde ein vergleichbares Enzym aus Pilzen der Gruppe 1 isoliert, so war dieses Enzym dem Enzym der Wildform sehr ähnlich, besaß aber nicht dessen katalytische Eigenschaften. Pilze der Gruppe 1 waren daher nicht in der Lage Tryptophan zu bilden und so zu wachsen. Ansonsten waren Pilze der Gruppe 1 identisch mit der Wildform.

Versuchsserie B: Wurden Geflechte des roten Brotpilzes auf einen Minimalboden übertragen, so kam es zum Absterben der Pilzfäden. Wurde jedoch rechtzeitig der Stoff Indol zugegeben, so blieb das Absterben aus.

Versuchsserie C: Einige der Pilze aus Versuchsreihe B konnten ihr Bedürfnis nach Indol auch durch die Zugabe von Anthranilsäure befriedigen (Gruppe 2). Bei den übrigen Pilzen aus der Versuchsreihe B führte die Zugabe von Anthranilsäure nicht zum Wachstum der Pilzfäden (Gruppe 3).

Versuchsserie D: Die Pilze der Gruppe 2 waren jedoch nicht alle gleich. Ein Teil dieser Pilze (Gruppe 2a) reicherte in den Zellen vor dem Absterben den Stoff Chorisminsäure an. Wurde dieser Stoff zu einem Minimalnährboden gegeben, so entwickelte sich der andere Teil der Gruppe 2 (Gruppe 2b) auch ohne Zugabe von Anthranilsäure weiter.

1 *Mangelmutanten beim roten Brotpilz*

2 *Roter Brotpilz*

1. Beeinflussungen von Stoffwechselvorgängen beim roten Brotpilz – Mangelmutanten.

Umfassende Untersuchungen zur Beeinflussung von Stoffwechselvorgängen wurden vor allem beim roten Brotpilz vorgenommen (Abb. 2). Die Wildform des roten Brotpilzes ist in der Lage, auf einem Minimalnährboden zu wachsen, der nur Zucker und anorganische Salze enthält. G. W. Beadle und seine Mitarbeitenden konnten in jahrelangen Untersuchungen viele Mutanten isolieren, die sich von der Wildform fast nur dadurch unterschieden, dass sie eine bestimmte chemische Reaktion nicht mehr durchführen konnten. Für das Wachstum dieser Mangelmutanten ist die Zugabe eines bestimmten Stoffes notwendig. So entdeckten die Forschenden Mangelmutanten des roten Brotpilzes, die nicht in der Lage waren, aus Shikimisäure die lebensnotwendige Aminosäure Tryptophan herzustellen. Die Aminosäure Tryptophan kann in Anwesenheit eines Enzyms auch aus dem Stoff Indol gebildet werden.

a) Beschreiben Sie den typischen Bau von Proteinen.

b) Entwickeln Sie die Reaktionsfolge für die Synthese der lebenswichtigen Aminosäure Tryptophan aus Shikimisäure in Form einer Genwirkkette auch anhand der vier Versuchsserien von G. W. Beadle in Abbildung 1. Begründen Sie Ihre Entscheidungen ausführlich.

c) An der Synthese von Tryptophan aus Shikimisäure sind vier Enzyme beteiligt. Ermitteln Sie anhand der Tabelle in Abbildung 1, welches der vier Gene jeweils mutiert ist.

d) Beadle und Tatum formulierten anhand ihrer Untersuchungen im Jahre 1941 die „Ein-Gen-ein-Enzym-Hypothese", die besagt, dass jedes Gen für die Synthese eines Enzyms zuständig ist. Erklären Sie, weshalb heute besser von der „Ein-Gen-ein-Polypeptid-Hypothese" die Rede ist.

3 *Kartoffelkäfer*

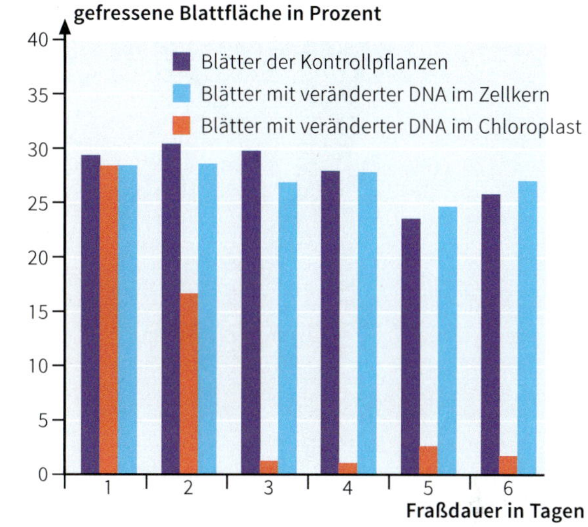

4 *Fütterungsversuche mit adulten Kartoffelkäfern*

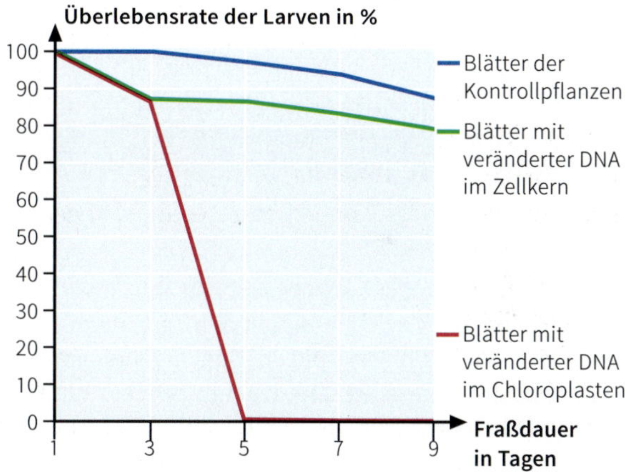

5 *Fütterungsversuche mit Larven des Kartoffelkäfers*

2. Bekämpfung des Kartoffelkäfers mit RNA-Interferenz. Kartoffelkäfer stammen ursprünglich aus Amerika und wurden Ende des 19. Jahrhunderts nach Europa eingeschleppt. Hier haben sich die Käfer rasch vermehrt. Sie können erhebliche Ernteeinbußen verursachen. Die Käfer und ihre Larven fressen die Blätter von Kartoffelpflanzen, aber auch von Tomaten-, Paprika- und Tabakpflanzen (Abb. 3). Kartoffelkäfer haben kaum natürliche Fressfeinde und werden deshalb meist mit Pestiziden bekämpft. Im Laufe der Zeit haben sich jedoch in den Insekten Resistenzen gegen den Wirkstoff entwickelt. Forschende versuchen nun, die Kartoffelpflanze durch RNA-Interferenz vor den Käfern zu schützen. Doppelsträngige RNA (dsRNA) in der Nahrung wird vom Verdauungssystem der Insekten aufgenommen und durch Dicer-Endoribonuklease zu siRNA abgebaut. Entspricht die Sequenz der dsRNA der eines Insektengens, so wird die Aktivität dieses Gens gestört. So können dsRNAs als artspezifische Insektizide wirken. Allerdings benötigt man für eine effektive Wirkung in den Insekten dsRNAs mit einer Länge von mindestens 60 Basenpaaren. Pflanzenzellen verfügen über Dicer-Enzyme, die dsRNA zu siRNA abbauen um sich vor fremder RNA zu schützen. Die Chloroplasten der Pflanzenzellen verfügen zwar über eigene DNA, jedoch nicht über ein RNAi-System (RNA-Interferenz-System). Daher wird die dsRNA in den Chloroplasten nicht abgebaut. Um die Wirksamkeit von RNA-Interferenz bei der Bekämpfung des Kartoffelkäfers zu untersuchen, wurden Kartoffelpflanzen gentechnisch verändert. Sie produzieren dann dsRNA, die zu einem lebenswichtigen Gen des Kartoffelkäfers passt. Bei einem Teil der Pflanzen wurde die DNA des Zellkerns verändert, beim anderen Teil die DNA der Chloroplasten. Unveränderte Kartoffelpflanzen dienten als Kontrolle. Mit den Blättern der Kartoffelpflanzen
wurden Fütterungsversuche an Kartoffelkäfern und ihren Larven durchgeführt (Abb. 4, 5).

a) Stellen Sie den Mechanismus der RNA-Interferenz bei Pflanzen in Form eines Fließdiagramms dar.

b) Fassen Sie die wesentlichen Aussagen der Diagramme in den Abbildungen 4 und 5 zusammen.

c) Werten Sie die Informationen im Text sowie die Abbildungen 4 und 5 in Hinblick auf die Wirksamkeit von RNA-Interferenz bei der Bekämpfung des Kartoffelkäfers aus.

3.1 Die Verdoppelung von Zellen – die Mitose

1 *Austreibende Küchenzwiebel*

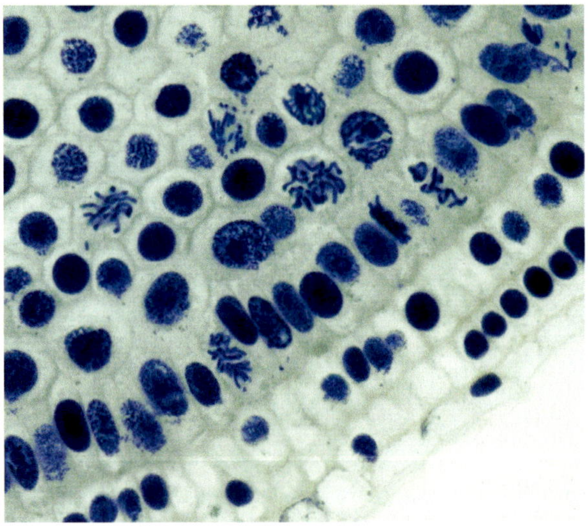

2 *Mitosephasen im Wurzelgewebe einer Küchenzwiebel*

Wurzeln nehmen Wasser und Mineralsalze auf. Dazu wachsen die Spitzen der Wurzeln immer weiter in das Erdreich hinein. Auch die anderen Organe der Pflanze, wie der Spross und die Blätter, wachsen ständig (Abb. 1). Beschädigte Organe müssen regeneriert werden. Auch hierbei kommt es zum Wachstum des Gewebes in den neu angelegten Organen.

Dieses Wachstum des Gewebes ist nur durch wiederholte Teilungen der Zellen möglich. In Wachstumszonen, wie etwa den Wurzelspitzen, finden Teilungen von Zellen sehr häufig statt. Die Küchenzwiebel enthält weniger Chromosomen als eine tierische Zelle. Daher können sie leichter während der Zellteilung beobachtet werden. Stadien dieser Zellteilungen lassen sich durch die Präparierung des Wurzelgewebes einer Zwiebel beobachten. Die Chromosomen können durch Anfärben unter dem Mikroskop sichtbar gemacht werden. Dabei zeigen sich unterschiedliche Verteilungsmuster der Chromosomen (Abb. 2).

Vor der Teilung der Zelle findet eine Teilung des Zellkerns statt. Diese **Kernteilung** wird **Mitose** genannt. Dabei entstehen zwei Zellkerne mit identischer Erbinformation, folglich zwei identische Tochterzellen mit je einem Zellkern. Ihre Erbinformationen entsprechen den Erbinformationen der Zelle, aus der sie hervorgegangen sind. Dieser Vorgang wird daher **erbgleiche Teilung** genannt. Da die Mitose den Zellkern betrifft, findet sie auch nur bei Eukaryoten statt.

Vor der Kernteilung, in der so genannten **Interphase**, befinden sich im Zellkern feine Chromatinfäden. In der **Prophase,** zu Beginn der Mitose, spiralisieren sich die Chromatinfäden auf. Dadurch verdichten sich die Chromatinfäden und es entstehen kompakte und lichtmikroskopisch erkennbare Chromosomen (Abb. 2). Außerdem löst sich die Kernmembran auf. Weiterhin bilden sich in der Zelle winzige Röhren, die so genannten Spindelfasern.

In der jetzt folgenden **Metaphase** binden die Spindelfasern an die Centromere der Chromosomen und ordnen sie in der Zellmitte an. Dieser Bereich wird Äquatorialebene genannt. Die Chromosomen sind kompakt genug, um im Zellplasma transportfähig zu sein. Diese verdichtete Chromosomenform wird daher auch als **Transportform** bezeichnet.

In der **Anaphase** verkürzen sich die Spindelfasern und ziehen dadurch die beiden Chromatiden der Zwei-Chromatid-Chromosomen auseinander. Die jetzt entstandenen Ein-Chromatid-Chromosomen werden durch die weitere Verkürzung der Spindelfasern zu den beiden Polen der Mutterzelle gezogen.

In der **Telophase** lösen sich die Spindelfasern auf und an beiden Polen entsteht eine Kernmembran, wodurch die Chromosomen umfasst werden. Beide Zellkerne weisen jetzt einen vollständigen Chromosomensatz aus Ein-Chromatid-Chromosomen auf, welche sich wieder zu Chromatinfäden entspiralisieren.

→ M10 → B5 → Kap. 1.2 → Kap. 3.2

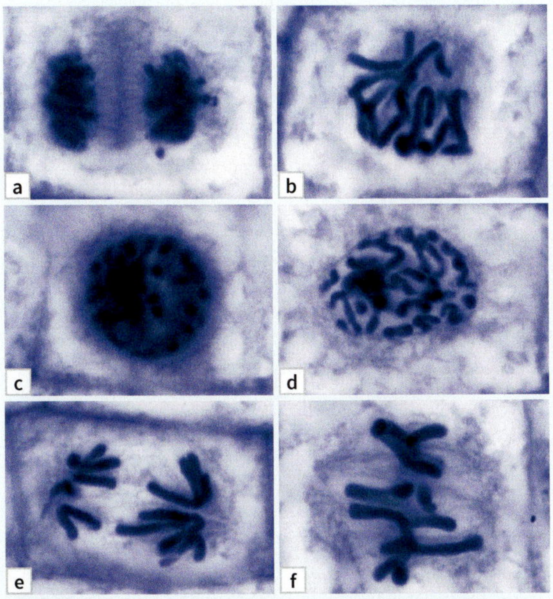

Zwiebeln verfügen in ihren Zellen über zwei größere und zehn kleinere Chromosomen. Da die Wurzeln der Pflanze besonders intensiv wachsen, können in diesem Bereich unterschiedliche Phasen der Mitose beobachtet werden. In der Mitose bilden sich in einer Mutterzelle aus einem Zellkern zwei Zellkerne mit identischem Informationsgehalt. Dadurch können bei einer Zellteilung zwei erbgleiche Tochterzellen mit jeweils einem Zellkern entstehen.

3 *Mitosestadien in den Zellen der Zwiebelwurzel*

1. Der Ablauf einer Mitose.

a) Beschreiben Sie anhand der Schemazeichnungen den Ablauf der Mitose (Abb. 4).

b) Erläutern Sie die biologische Funktion der Mitose.

c) Nennen Sie die in den Fotos a - f jeweils dargestellten Phasen eines Zellzyklus im Gewebe der Zwiebelwurzel in der richtigen Reihenfolge. Beginnen Sie mit der Interphase (Abb. 3).

d) In Geweben mit hoher Teilungsaktivität befinden sich mehr verdichtete Chromosomen als in anderen Geweben. Begründen Sie diesen Sachverhalt.

e) In einem Gewebe, in dem sich ständig viele Zellen teilen, besitzen einige Zellen nur die Hälfte der DNA-Menge der übrigen Zellen. Erklären Sie, in welcher Phase des Zellzyklus sich diese Zellen befinden.

f) Entwickeln Sie eine Hypothese zu dem Phänomen, dass das Chromatin kondensiert und nach der Mitose dekondensiert.

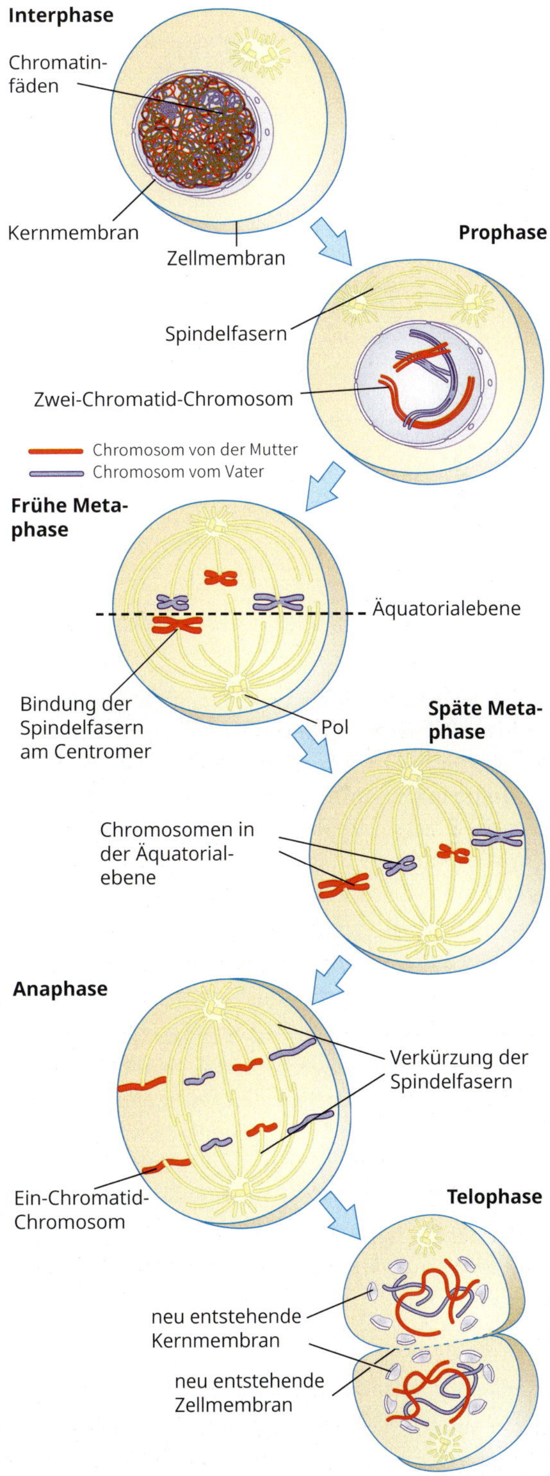

4 *Ablauf der Mitose*

→ M10 → B5 → Kap. 1.2 → Kap. 3.2

3.2 Die Verdoppelung von Zellen – der Zellzyklus

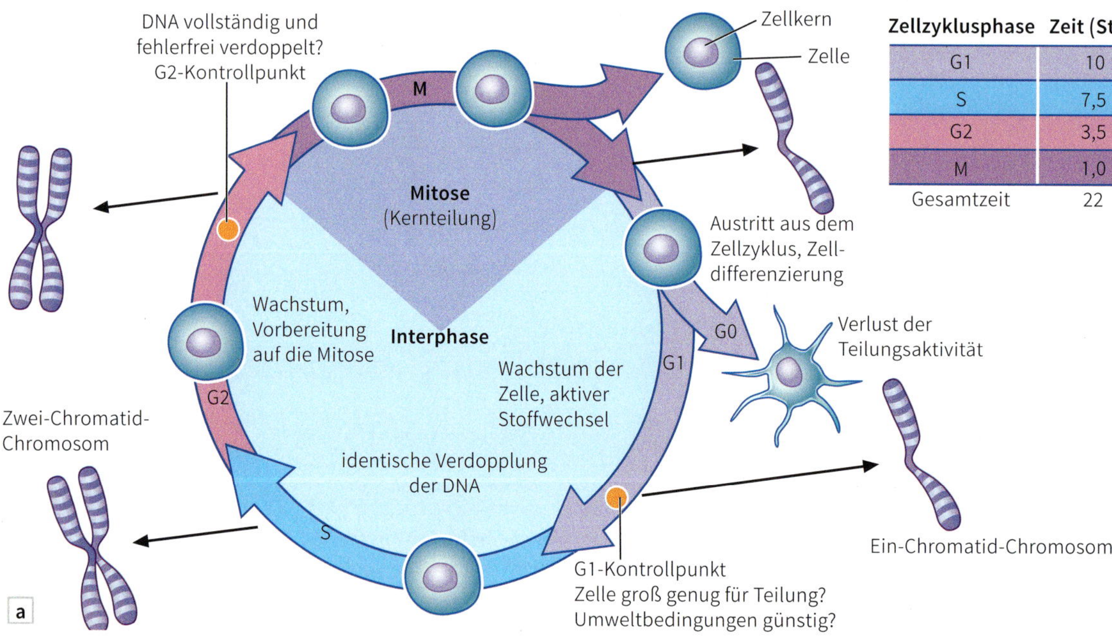

Zellzyklusphase	Zeit (Std.)
G1	10
S	7,5
G2	3,5
M	1,0
Gesamtzeit	22

b

1 *a) Phasen des Zellzyklus (Die DNA liegt in der Interphase als Chromatin vor. Die Chromosomen dienen lediglich der Veranschaulichung), b) durchschnittliche Dauer der Phasen bei Zellkulturen*

Für das Wachstum eines vielzelligen Organismus ist eine Vermehrung der Zellen nötig. Bei einer Zellteilung entstehen zwei Tochterzellen, welche die identische genetische Information wie die Mutterzelle enthalten. Zudem besitzen sie die gleichen Zellorganellen und Zellplasmabestandteile. In jedem vielzelligen Organismus finden laufend Zellteilungen statt. Die Verdopplung von Zellen ist in verschiedene Phasen untergliedert (Abb. 1a). Der gesamte Vorgang wird als **Zellzyklus** bezeichnet.

Nach einer Zellteilung ist die neu entstandene Tochterzelle relativ klein. Sie wächst heran, wobei Zellmembranbestandteile, Zellorganellen und Zellplasma vom Stoffwechsel der jungen Zelle produziert werden. Diese Vorgänge finden zu Beginn der Interphase in der G_1-Phase statt. Ist die Zelle noch teilungsfähig, kann sie den Zellzyklus weiter durchlaufen. Es erfolgt eine Überprüfung, ob die Zelle groß genug für eine Teilung ist und ob die Umweltbedingungen günstig sind. Ist dies der Fall, wird der G_1-Kontrollpunkt auf ein körpereigenes Signal hin durchschritten und die DNA der Zelle wird identisch verdoppelt. Die Zelle befindet sich nun in der S-Phase.

Im Anschluss finden in der G_2-Phase die Vorbereitungen auf die folgende Zellteilung statt, wobei am Ende überprüft wird, ob die DNA fehlerfrei und vollständig verdoppelt wurde. Nur in diesem Fall wird die Teilungsphase erreicht, die mit der Kernteilung, der **Mitose**, beginnt.

Im Verlauf der Mitose wird die Kernmembran aufgelöst, die Chromosomen verkürzen sich und lagern sich in der Zellmitte an (Abb. 2). Anschließend werden die Chromosomen zu den beiden entgegengesetzten Zellpolen gezogen. Dort wird jeweils eine Kernmembran um sie herum gebildet, sodass zwei neue Zellkerne mit identischer Erbinformation entstehen. Die Mitose ist abgeschlossen und die Aufteilung des Cytoplasmas beginnt. Die beiden Tochterzellen trennen sich voneinander und befinden sich dann in der G_1-Phase. Der Zellzyklus dauert beim Menschen etwa 24 Stunden, wobei die Länge des Zellzyklus je nach Zelltyp variiert (Abb. 1b).

Je nach Zelltyp durchlaufen Zellen eines Organismus unterschiedlich häufig den Zellzyklus. Danach treten die meisten Zellen aus dem Zellzyklus aus und teilen sich nicht mehr. Sie übernehmen durch Differenzierung ihre spezifische Aufgabe im Organismus und befinden sich in der G_0-Phase. Unter besonderen Bedingungen, beispielsweise bei Verletzungen können einige dieser Zellen auch wieder in die G_1-Phase des Zellzyklus eintreten und Gewebe regenerieren.

→ B5 → Kap. 3.1 → Kap. 3.3 → Kap. 3.6

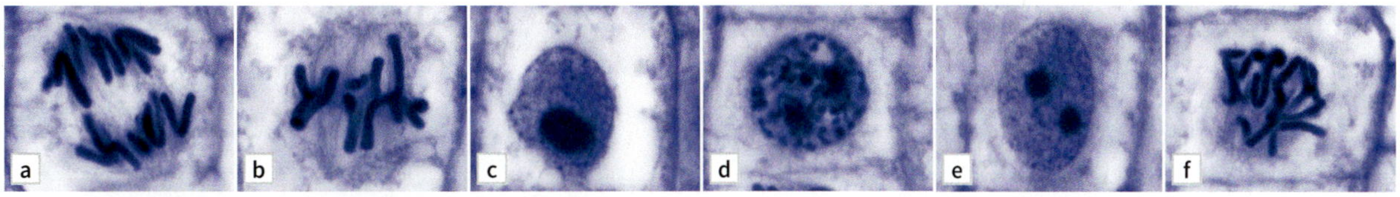

2 *Lichtmikroskopische Aufnahmen von Mitosestadien*

3 *Ungeschlechtliche Reproduktion beim Brutblatt*

Der Körper eines erwachsenen Menschen besteht aus etwa 37 Billionen Zellen. Diese Zellen sind ein Ergebnis vieler Zellteilungen, die im Körper stattfinden.
Nach einer Verletzung beginnen die Zellen in der Nähe der Wunde sich schnell zu teilen und das zerstörte Gewebe zu reparieren. Jede dieser Zellen durchläuft den Zellzyklus, sodass zwei identische Tochterzellen entstehen.
Kaum eine Pflanze vermehrt sich so effizient wie das Brutblatt (Abb. 3). Es bildet entlang seiner Blattränder vollständig entwickelte kleine, zur Mutterpflanze genetisch identische Pflänzchen aus, die leicht abfallen. Am Landeplatz wachsen sie schnell an. Wenn sich von einem Organismus abgelöste Teile zu einem neuen Organismus entwickeln, liegt eine ungeschlechtliche Reproduktion vor. Die einfachste Form der ungeschlechtlichen Reproduktion ist die Zellteilung, z.B. bei einzelligen Pantoffeltierchen. Erdbeerpflanzen können sich ungeschlechtlich über Ausläufer vermehren.

4 *Bedeutung des Zellzyklus: Wachstum, Reparatur und ungeschlechtliche Fortpflanzung*

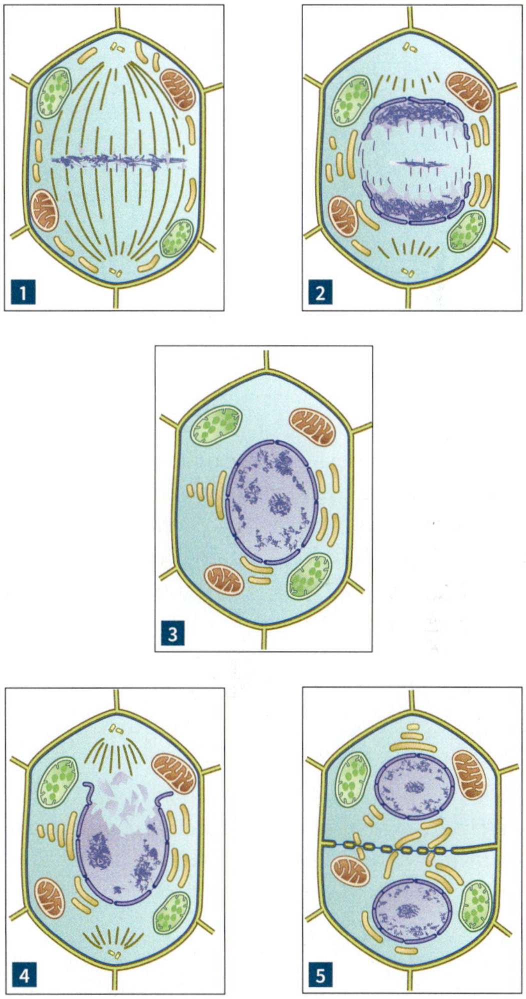

5 *Schemazeichnungen von elektronenmikroskopischen Bildern der Kern- und Zellteilung einer Pflanzenzelle*

1. Der Zellzyklus. Beschreiben Sie anhand der Schemazeichnungen die verschiedenen Phasen des Zellzyklus. Gehen Sie dabei auch auf die Kontrollpunkte ein (Abb. 1).

2. Mitosestadien im elektronenmikroskopischen Bild. Ordnen Sie die Schemazeichnungen von elektronenmikroskopischen Bildern in der Abbildung 2 der Zell- und Kernteilung einer Pflanzenzelle in eine sinnvolle Abfolge. Begründen Sie Ihre Entscheidungen (Abb. 2, 5).

3. Die biologische Funktion des Zellzyklus. Erläutern Sie die biologische Funktion des Zellzyklus für Einzeller und für Vielzeller. Gehen Sie dabei auch auf das Wachstum, die Reparatur und die ungeschlechtliche Reproduktion ein (Abb. 3, 4).

→ B5 → Kap. 3.1 → Kap. 3.3 → Kap. 3.6

3.3 Der Mechanismus der semikonservativen Replikation

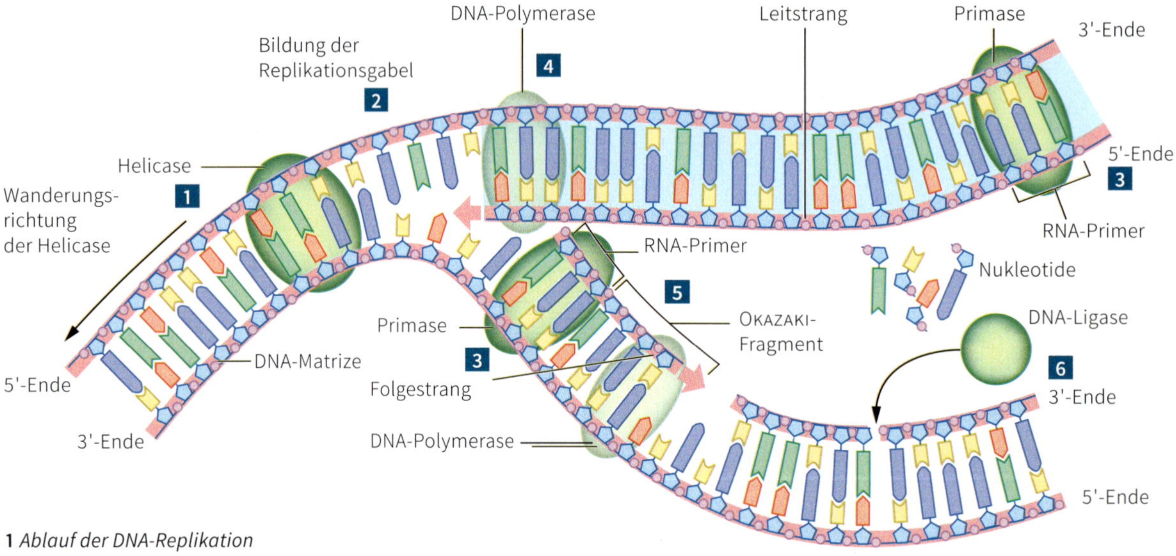

1 *Ablauf der DNA-Replikation*

Die identische Verdopplung der DNA, die **Replikation**, ist die Voraussetzung, dass aus jeder Zellteilung erbgleiche Tochterzellen hervorgehen. Dadurch haben alle Körperzellen die gleichen genetischen Informationen. Während der S-Phase des Zellzyklus entstehen so zwei identische DNA-Moleküle. Theoretisch sind drei Mechanismen für die Verdopplung möglich:

1. Beide Einzelstränge eines DNA-Moleküls werden vollständig kopiert. Nach diesem konservativen Mechanismus entstünde ein komplett neues DNA-Molekül.
2. Jeder Einzelstrang der DNA könnte zum Teil aus ursprünglichen, teils aus neuen DNA-Abschnitten zusammengesetzt werden.
3. Es wird jeweils nur ein Einzelstrang kopiert. Ein neues DNA-Molekül bestünde dann aus einem alten und einem neuen Einzelstrang (semikonservativ).

Forschende fanden heraus, dass die Replikation der DNA nach dem **semikonservativen Mechanismus** abläuft (Abb. 2). Am Ende der Replikation liegen zwei identische DNA-Doppelstränge vor, die aus einem DNA-Strang entstanden sind.

1 Das Enzym **Helicase** lagert sich an dem Replikationsursprung, einer bestimmten Basensequenz, an und löst die Wasserstoffbrücken zwischen den Basen der komplementären DNA-Stränge.

2 Dadurch werden die beiden komplementären DNA-Stränge voneinander getrennt. Es ergibt sich eine Y-förmige Struktur, die **Replikationsgabel** genannt wird.

3 An beiden Einzelsträngen wird ein kurzes Stück Ribonucleinsäure (RNA) durch die **Primase** an den jeweiligen DNA-Strang angelagert. Dieses zum DNA-Strang komplementäre Stück wird als **RNA-Primer** bezeichnet. Es bildet den Startpunkt für die DNA-Polymerase.

4 Die **DNA-Polymerase** knüpft an den RNA-Primer frei im Kernplasma vorkommende Nukleotide an, die komplementär zum abgelesenen DNA-Strang sind. Die DNA-Polymerase kann die Nukleotide nur in 5´→3´-Richtung verknüpfen, was bedeutet, dass die DNA-Nukleotide stets am 3´-Ende des neu entstehenden DNA-Stranges angeheftet werden. Daher kann nur ein neuer Strang kontinuierlich der Helicase folgend synthetisiert werden (**kontinuierliche DNA-Replikation**). Dieser Strang benötigt nur einen RNA-Primer. Er wird **Leitstrang** genannt.

5 Die Replikation des anderen DNA-Stranges kann nicht kontinuierlich verlaufen, da die Wanderungsrichtung der Replikationsgabel zur Syntheserichtung des neu entstehenden DNA-Stranges entgegengesetzt verläuft. An einem RNA-Primer entsteht ein DNA-Stück mit etwa 1 500 Nucleotiden, danach bricht die Synthese ab und die DNA-Polymerase löst sich. An anderen RNA-Primern, die jeweils weiter in der Wanderungsrichtung der Replikationsgabel liegen, heftet sich eine DNA-Polymerase an und startet die Replikation erneut. Es entstehen viele kurze DNA-Stücke, die nach ihrem Entdecker **Okazaki-Fragmente** genannt werden. Sobald die RNA-Nukleotide ihre Funktion als Primer erfüllt haben, werden sie von einer RNase abgebaut und von der DNA-Polymerase durch DNA-Nukleotide ersetzt. Man spricht von **diskontinuierlicher DNA-Replikation.**

6 Benachbarte Okazaki-Fragmente werden abschließend durch die DNA-Ligase zu einem einheitlichen DNA-Strang verbunden. Dieser diskontinuierlich hergestellte Strang wird als **Folgestrang** bezeichnet.

→ B5 → Kap. 1.4 → Kap. 3.2

ERKENNTNISGEWINNUNG NACHVOLLZIEHEN

Frage

Wie erfolgt die identische Verdopplung der DNA?

Hypothesen

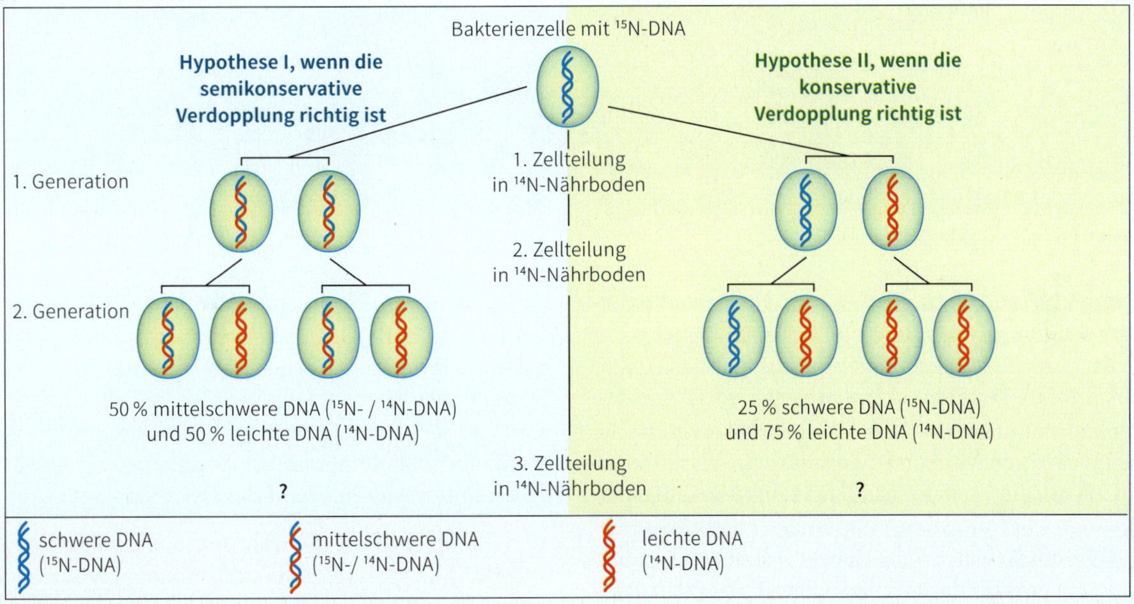

Durchführung

Isotope sind Atome eines chemischen Elements mit unterschiedlicher Massenzahl. Beim Stickstoff (N) gibt es ein schweres Isotop mit der Massenzahl 15 (^{15}N) und ein leichtes Isotop mit der Massenzahl 14 (^{14}N). Bakterien benötigen Stickstoff zum Aufbau der DNA. Das Experiment von MESELSON und STAHL nimmt als Ausgangspunkt Bakterien, die zu hundert Prozent die etwas schwerere ^{15}N-DNA besitzen. Diese Bakterien wurden auf einen Nährboden überführt, der nur ^{14}N als Stickstoffquelle enthielt. Dort vermehrten sich die Bakterien durch Zellteilungen. Somit enthielt neu gebildete DNA ausschließlich leichtere ^{14}N-DNA. MESELSON und STAHL verfügten über technische Möglichkeiten, um schwere, mittelschwere und leichte DNA voneinander zu trennen. Von jeder Bakteriengeneration wurde die DNA isoliert und der Anteil der unterschiedlich schweren DNA-Moleküle bestimmt.

Ergebnis

Mithilfe von Stickstoff-Isotopen konnten die beiden Forscher MATTHEW MESELSON und FRANKLIN STAHL 1958 an Bakterien beweisen, dass die Verdopplung der DNA semikonservativ erfolgt. Die alternative Hypothese, die konservative Verdopplung, bei der eine vollständig neue Kopie des DNA-Moleküls hergestellt wird, wurde nicht bestätigt.

2 *Der Versuch von MESELSON und STAHL zur semikonservativen oder konservativen Verdopplung der DNA*

1. Enzyme der DNA-Replikation. Erläutern Sie, die jeweilige Aufgabe der Enzyme bei der DNA-Replikation.

2. Kontinuierliche und diskontinuierliche DNA-Replikation. Vergleichen Sie die Abläufe bei der kontinuierlichen und diskontinuierlichen DNA-Replikation.

3. Identische Verdopplung der DNA.

a) Vergleichen Sie die Hypothesen in Abbildung 2.

b) Erläutern Sie jeweils mithilfe einer Skizze die Anteile schwerer, mittelschwerer und leichter DNA, die sich nach der 3. Zellteilung bei konservativem und semikonservativem Mechanismus finden ließen.

→ B5 → Kap. 1.4 → Kap. 3.2

3.4 Der Mechanismus der Polymerase-Kettenreaktion (PCR)

1 *Spurensicherung nach einem Verbrechen*

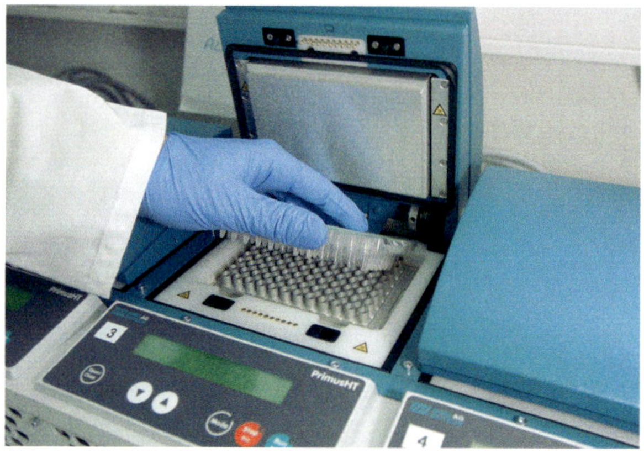

2 *Thermocycler zur automatisierten Durchführung der PCR*

Bei einem Verbrechen werden von Tatverdächtigen oft Hautzellen sowie Spuren aus Blut, Speichel oder Sperma am Tatort hinterlassen. Aus der DNA der darin enthaltenen Zellen kann mithilfe molekularbiologischer Methoden ein DNA-Profil erstellt werden, ein sogenannter **genetischer Fingerabdruck**. Dieser kann dann mit anderen genetischen Fingerabdrücken in einer Datenbank, beispielsweise aus Mundschleimhautzellen-DNA eines Speichelabstriches, verglichen werden (Abb. 1). Mithilfe dieses genetischen Fingerabdrucks können in der Kriminalistik tatverdächtige Personen überführt oder entlastet werden. Auch die Identität unkenntlicher Leichen kann auf diese Weise zweifelsfrei festgestellt werden. Das Bundeskriminalamt führt eine Datenbank, in der eindeutige **DNA-Profile** von Spuren und Personen gespeichert werden.

Für einen genetischen Fingerabdruck werden nur bestimmte DNA-Abschnitte verwendet. Es handelt sich dabei um Sequenzen, die nicht für Proteine codieren. Diese Sequenzen sind jeweils in ihrer Länge sehr variabel. Jedes Individuum besitzt ein einzigartiges Längenmuster dieser Sequenzen. Da diese Analyse auf Abschnitte zurückgreift, die nicht codieren, können bis auf das Geschlecht keine weiteren Rückschlüsse auf Merkmale gezogen werden.

Zur Erstellung eines genetischen Fingerabdrucks müssen von diesen DNA-Abschnitten in ausreichender Menge Kopien vorliegen. Dafür wird die Methode der Polymerase-Kettenreaktion, kurz PCR (eng. ***polymerase chain reaction***) eingesetzt. Hierbei werden bestimmte DNA-Abschnitte aus den originalen Zellen in einem sogenannten Thermocycler identisch vervielfältigt (Abb. 2).

Bei dem grundlegenden Ablauf der PCR-Methode befindet sich die DNA zusammen mit freien Nukleotiden, Primer-Molekülen und hitzebeständiger DNA-Polymerase in einer Lösung. Die Primer sind kurze DNA-Abschnitte mit der Funktion eines Startpunktes für die DNA-Polymerase, die komplementär zu einem bestimmten Abschnitt auf der DNA sind.

Im ersten Schritt des Verfahrens löst das Erhitzen auf ungefähr 95 °C die Wasserstoffbrücken zwischen den komplementären Basen. Die DNA liegt nun einsträngig vor. Im zweiten Schritt ermöglicht das Abkühlen der Lösung die Bindung der passenden Primer an die Enden des zu kopierenden Bereichs auf der DNA. Im dritten Schritt wird die Lösung auf etwa 70 °C erhitzt. Diese Temperatur ist die optimale Arbeitstemperatur für die DNA-Polymerase. Die DNA wird jetzt durch die Anlagerung der Nukleotide verdoppelt. Nach ungefähr 30 Zyklen liegt die erforderliche Menge identischer DNA-Abschnitte vor (Abb. 3).

Mithilfe der Gelelektrophorese werden anschließend verschiedene DNA-Abschnitte wieder voneinander getrennt. Kürzere Abschnitte werden durch das Gel weniger behindert und wandern daher in der gleichen Zeit weiter als längere. Da identische DNA-Abschnitte gleiche Längen aufweisen, ist auch ihre Geschwindigkeit gleich. Im Gel entstehen dadurch Banden, die jeweils viele identische Kopien enthalten und unter UV-Licht oder mithilfe von Farbstoffen sichtbar gemacht werden können (Abb. 4). Das entstandene Bandenmuster ist für jeden Menschen genauso individuell wie sein Fingerabdruck. Deswegen sprechen Kriminalisten von einem **genetischen Fingerabdruck**.

→ B1 → Kap. 1.4 → Kap. 6.4 → Kap. 6.11 → Kap. 7.7

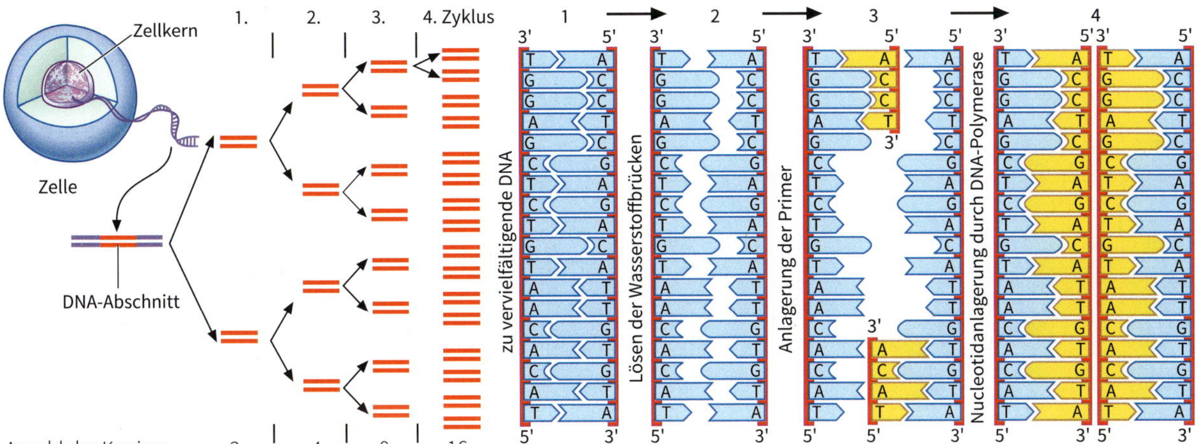

3 *Das Prinzip der PCR-Technik im Überblick und im Detail*

1. PCR-Technik.

a) Beschreiben Sie mithilfe der Abbildung 3 die Methode der PCR-Technik. Erklären Sie die Bedeutung der namensgebenden Buchstaben P, C und R sowie der Wichtigkeit des Einsatzes hitzebeständiger DNA-Polymerase.

b) Begründen Sie, warum bei der Auswahl der Primer darauf geachtet werden muss, dass die beiden gewählten Primer nicht komplementär zueinander sind und auch die 5'- und 3'-Enden eines Primers nicht komplementär zueinander sein dürfen.

c) Erläutern Sie das Schlüssel-Schloss-Modell am Beispiel der PCR.

d) Vergleichen Sie den Ablauf einer PCR mit der DNA-Replikation in der Zelle.

e) Bei der PCR werden etwa 30 Zyklen durchlaufen. Berechnen Sie die Zahl der so gewonnenen Stränge.

2. Werkzeuge der Molekularbiologie.

a) Erläutern Sie das Zusammenwirken der PCR-Technik und der Gel-Elektrophorese zur Erstellung eines genetischen Fingerabdrucks.

b) Entwickeln Sie Hypothesen, inwiefern diese Techniken genutzt werden können, um folgende Erkenntnisse zu gewinnen:
- Nachweis bestimmter Inhaltsstoffe in Lebensmitteln
- Aufstellen von Stammbäumen
- Bestimmen von Arten mithilfe einer Datenbank
- Identifizierung bekannter Krankheitserreger
- Nachweis der biologischen Vaterschaft
- Erkennen von genetisch bedingten Erkrankungen
- Entlastung von Straftätern

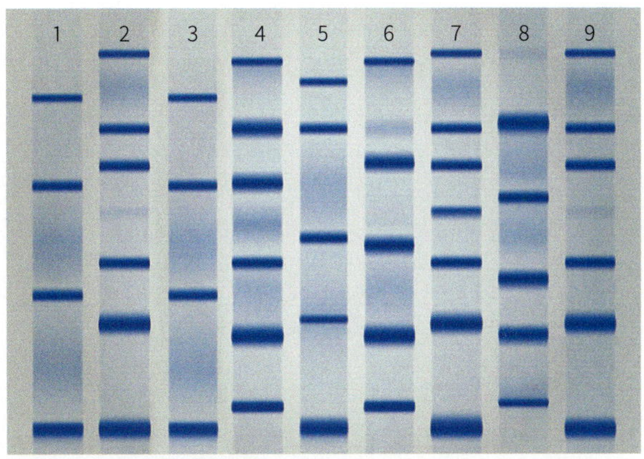

4 *Bandenmuster aus verschiedenen DNA-Proben*

3. Bandenmuster-Auswertung.

a) In Abbildung 4 ist das Bandenmuster des Opfers eines Gewaltverbrechens (1), das Bandenmuster einer Blutspur auf der Kleidung des Opfers (2 – 3) sowie sechs Bandenmuster von Tatverdächtigen (4 – 9) dargestellt. Werten Sie die Abbildung aus und ermitteln Sie den Täter.

b) Die Polizei hat einen 51 Jahre alten Mann festgenommen, der in dem dringenden Tatverdacht steht, zwei Mädchen getötet zu haben. Der Mann, dessen DNA-Spur am Tatort gefunden wurde, ist ein naher Verwandter der Mädchen. Stellen Sie eine Hypothese auf, inwiefern der genetische Fingerabdruck der Proben zu dem Mann führte, obwohl sein DNA-Profil unbekannt war.

c) Diskutieren Sie mögliche Schwachpunkte der hier dargestellten Vorgehensweise zur Identifizierung der gesuchten straffälligen Person.

→ B1 → Kap. 1.4 → Kap. 6.4 → Kap. 6.11 → Kap. 7.7

3.5 Die DNA-Reparatur

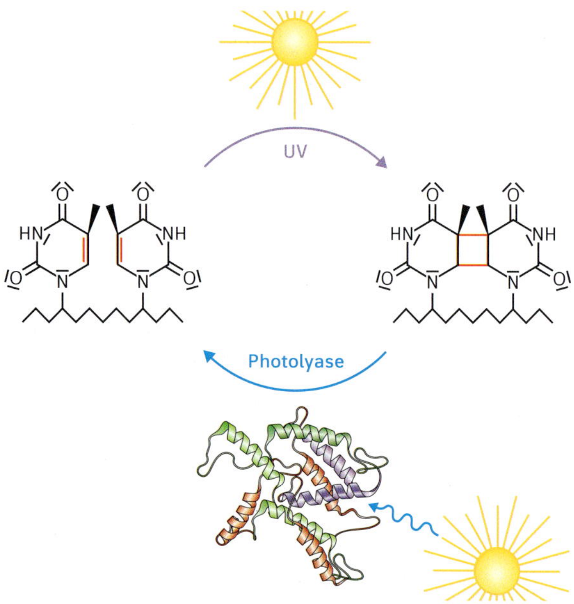

1 Die Fotoreaktivierung

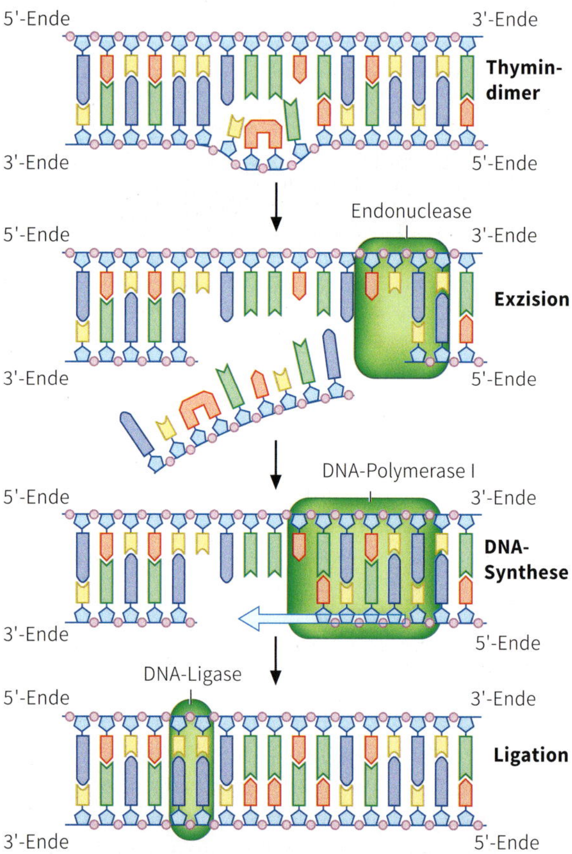

2 Die Exzisionsreparatur

Die menschliche DNA besteht aus über drei Milliarden Basenpaaren. Täglich wirken zahlreiche äußere Einflüsse auf die menschliche DNA ein. Strahlung und andere Faktoren können zu genetischen Veränderungen führen. Mutationen können auch bei zellulären Prozessen entstehen, beispielsweise bei der Zellteilung. Jede menschliche Zelle mit einem Zellkern führt täglich etwa 20000 Reparaturen an der DNA durch. Um die Mutationsrate zu verringern, wandern mehr als 130 verschiedene Reparaturenzyme ständig an der DNA entlang und überprüfen sie auf Fehler. Wenn eine fehlerhafte DNA-Sequenz entdeckt wird, tritt einer von vielen Reparaturmechanismen in Gang.

UV-Licht kann aufgrund seiner energiereichen Strahlung eine Verknüpfung von zwei nebeneinander liegenden Thymin-Basen bewirken. Dies wird als **Thymin-Dimerisierung** bezeichnet. Dadurch verändert sich die Struktur des DNA-Einzelstrangs. Der derart verformte DNA-Bereich stört jede weitere Replikation und kann langfristig zu Hautkrebs führen. Um die fehlerhaft verbundenen Basen zu trennen, bindet das Reparaturenzym Fotolyase im Dunkeln an das Thymin-Dimer. Bei Anwesenheit von sichtbarem Licht katalysiert die Fotolyase die Spaltung in zwei Thymin-Monomere. Daher wird dieser Reparaturmechanismus als **Fotoreaktivierung** bezeichnet (Abb. 1). Replikationsfehler können zudem mit der **Fehlpaarungsreparatur** behoben werden. Dazu werden einzelne falsch eingebaute DNA-Nukleotide enzymatisch entfernt. Das nun fehlende DNA-Nukleotid wird daraufhin von dem Enzym DNA-Polymerase synthetisiert und von der Ligase mit dem DNA-Einzelstrang verbunden. DNA-Schäden können auch mit dem Enzym Endonuklease behoben werden, bei der sogenannten **Exzisionsreparatur** (Abb. 2). Die Endonuklease arbeitet wie eine DNA-Schere. Sie entfernt die fehlerhafte Stelle die aus mehreren zusammenhängenden DNA-Nukleotiden besteht. Die entstandene Lücke wird von der DNA-Polymerase mit komplementären DNA-Nukleotiden aufgefüllt. Das Enzym Ligase verknüpft die Schnittstellen wieder miteinander. Alle Reparaturenzyme verringern die Mutationsrate deutlich: 300 000 Fehler pro Replikationszyklus auf etwa drei Fehler pro Replikationszyklus. Die verbleibenden Mutationen wirken sich nicht alle nachteilig auf das Individuum aus. Sie können Antrieb der Evolution sein oder keine direkten Auswirkungen haben. Letzteres wird neutrale Mutation genannt.

→ Kap. 1.4 → Kap. 3.3 → Kap. 4.6

DNA-Kopie	A	B	C
Art des DNA-Schadens	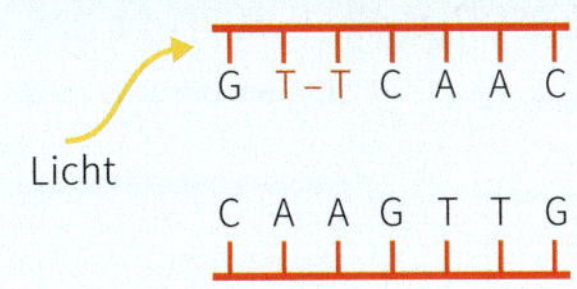	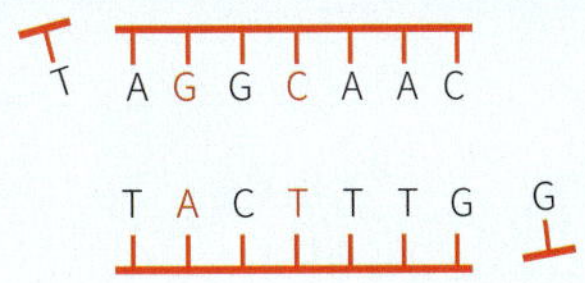	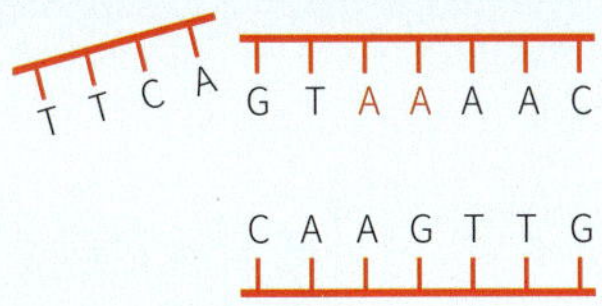
mögliche Ursache			
Art der DNA-Reparatur	Fotoreaktiverung	Fehlpaarungsreparatur	Exzisionsreparatur
beteiligte Enzyme			

3 *Verschiedene DNA-Schäden und deren mögliche Ursachen*

1. Verschiedene DNA-Reparatursysteme.

a) Beschreiben Sie anhand des Grundwissentextes die häufigsten DNA-Schäden und deren Reparatur.

b) Eine Zelle mit der untenstehenden DNA-Basensequenz durchläuft zwei Replikationen mit anschließenden Zellteilungen. Drei der dabei entstandenen Zellen weisen fehlerhafte Kopien A, B und C der DNA-Sequenz auf (Abb. 3).

```
G  T  T  C  A  A  C
                        DNA
C  A  A  G  T  T  G
```

Ergänzen Sie in ihrem Heft die leeren Kästchen der Tabelle in Abbildung 3 mit den entsprechenden Fachbegriffen.

c) Bei der identischen Verdopplung der DNA sind die an der Replikation beteiligten Enzyme mit DNA-Reparatursystemen gekoppelt. Erläutern Sie die biologische Bedeutung dieser Kopplung.

2. Klein, aber oho! Das nicht einmal 1 mm kleine Bärtierchen ist ein wahrer Überlebenskünstler (Abb. 4a). Selbst Extrembedingungen im Weltraum überlebt es, unter anderem dank ausgeprägter DNA-Schadensreparatur. Sie tragen ein einzigartiges Protein an ihrer DNA, das ihre Zellen gegen Strahlung und ätzende Lösungsmittel schützt. Um Rückschlüsse auf die Reparaturmechanismen menschlicher Zellen zu erforschen, wurden Bärtierchen mit UV-Licht bestrahlt und die Bildung und Reparatur der Thymindimere untersucht (Abb. 4b).

a) Erstellen Sie ausgehend von einer Internetrecherche einen Steckbrief über Bärtierchen. Berücksichtigen Sie dabei beispielsweise die folgenden Aspekte: Aussehen, Lebensraum, Verbreitung, Ernährung, Resistenzstadien.

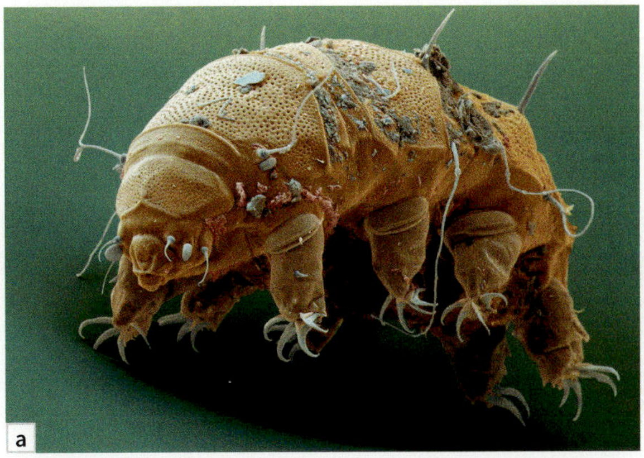

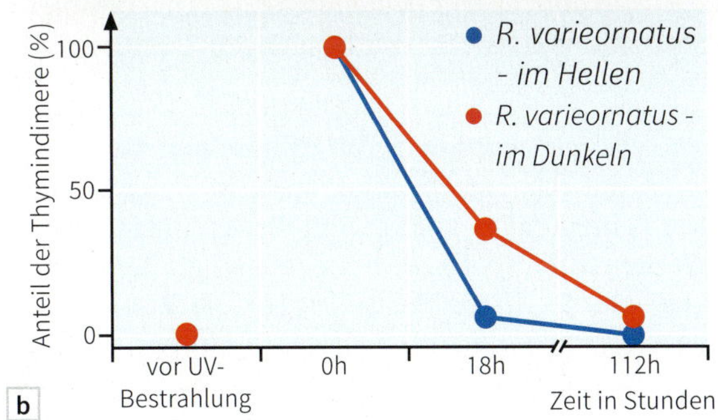

4 *a) Eine elektronenmikroskopische Aufnahme des Bärtierchens, b) zeitlicher Verlauf der Häufigkeit der Thymindimerbildung in der DNA eines Bärtierchens*

b) Beschreiben Sie die in Abbildung 4b dargestellten Versuchsergebnisse zur DNA-Reparatur beim Bärtierchen *Ramazzottius varieornatus.*

c) Interpretieren Sie die in Abbildung 4b dargestellten Versuchsergebnisse.

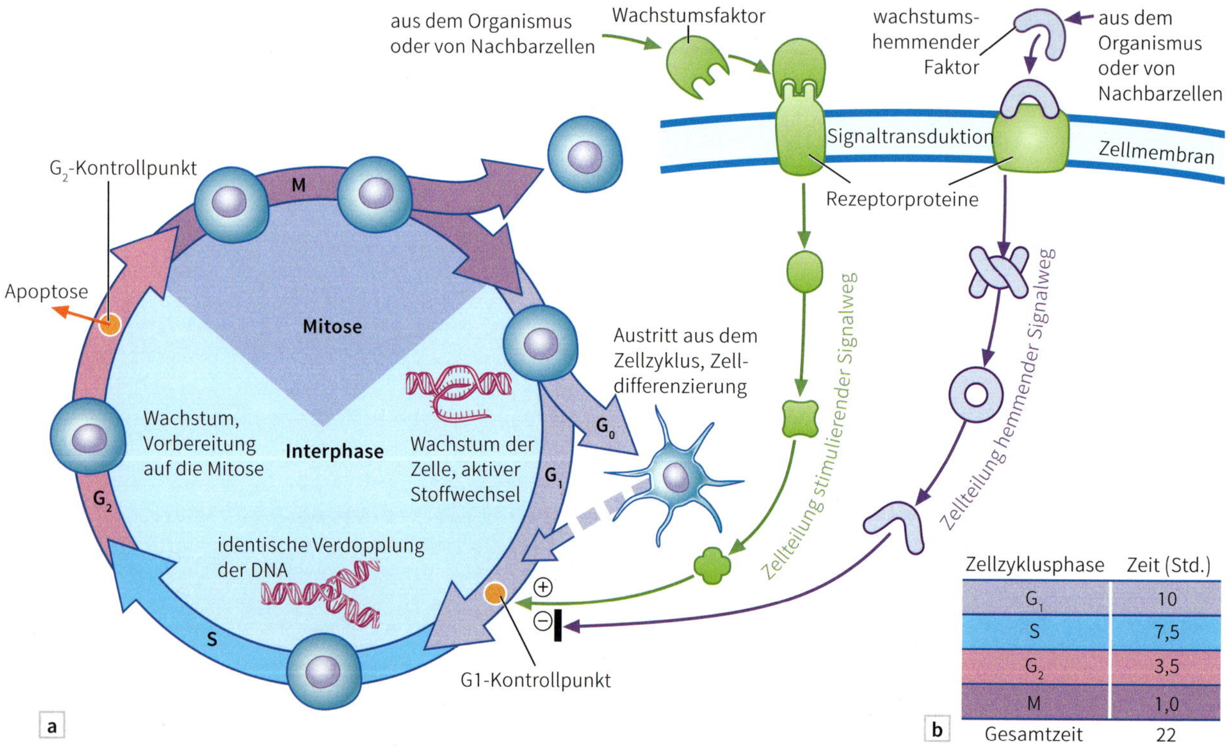

Zellzyklusphase	Zeit (Std.)
G_1	10
S	7,5
G_2	3,5
M	1,0
Gesamtzeit	22

b

1 *a) Phasen des Zellzyklus und die Regulation durch äußere Wachstumsfaktoren, b) durchschnittliche Phasendauer bei Zellkulturen*

Im System eines Vielzellers ist Zellteilung ein grundlegender Vorgang, der geregelt und gesteuert wird. Daher ist von einer **kontrollierten Zellteilung** die Rede. Unkontrollierte Zellteilungen können beispielsweise das Wachstum von bösartigen Tumoren wie Hautkrebs zur Folge haben.

Der Zellzyklus wird in die **Interphase** und die **Mitose** eingeteilt (Abb. 1 a). Die Interphase, die Zeit zwischen zwei Zellteilungen, wird in drei Phasen untergliedert, von denen die G_1-Phase in der Regel die längste ist (Abb. 1 b). In dieser Phase wächst die Zelle heran, bildet neue Zellorganellen und betreibt einen intensiven Stoffwechsel. Danach folgt die S-Phase, in der die DNA identisch verdoppelt wird. In der G_2-Phase erfolgt die Vorbereitung der Zelle auf die folgende Mitose, deren Ergebnis zwei genetisch identische Tochterzellen sind. Manche Zellen, wie beispielsweise Nervenzellen, treten aus dem Zellzyklus aus, differenzieren sich und teilen sich nicht mehr oder nur unter ganz besonderen Bedingungen (G_0-Zustand, Abb. 1 a). An der Zellteilung und ihrer Regulation sind viele verschiedene Proteine beteiligt, die ihrerseits genetisch codiert sind.

Während des Zellzyklus gibt es mehrere Zeitpunkte, an denen die Zelle **Kontrollpunkte** durchläuft. Hierbei wirken bestimmte Proteine als molekulare Schalter, die den Zellzyklus anhalten oder seine Fortsetzung einleiten. Der wichtigste Kontrollpunkt liegt am Übergang von der G_1- in die S-Phase. **Wachstumsfaktoren** aus Nachbarzellen und dem Organismus stimulieren über **Signaltransduktion** und intrazelluläre Signalwege den Start der S-Phase (Abb. 1 a). Außerdem fließen Informationen über die Größe der Zelle und die Schäden der DNA in die Kontrollen ein. Sind die Bedingungen günstig, wird die S-Phase und die Verdopplung der DNA eingeleitet. Nach Durchlaufen des G_1-Kontrollpunktes erfolgen die weiteren Schritte des Zellzyklus unabhängig von äußeren Wachstumsfaktoren.

Am G_2-Kontrollpunkt wird die DNA abermals auf Schäden geprüft. Können diese nicht durch das zelleigene **DNA-Reparatursystem** behoben werden, kann die Zelle über eine Kette vorprogrammierter enzymatischer Reaktionen absterben. Dieser Vorgang wird als programmierter Zelltod oder **Apoptose** bezeichnet.

→ B4 → B5 → Kap. 3.1 → Kap. 3.2 → Kap. 3.7

Die Oberhaut des Menschen bildet seine äußere Schutzhülle. Sie ist etwa 0,1 mm dick und besteht hauptsächlich aus Keratinocyten. Wenn diese Zellen sich differenzieren und verhornen (keratinisieren), geht aus ihnen die widerstandsfähige Hornschicht hervor. Ausgehend von Stammzellen werden Keratinocyten durch Zellzyklen beständig erneuert. Stammzellen sind Körperzellen, aus denen spezialisierte Zellen hervorgehen können. Es dauert etwa 30 Tage von der Entstehung der Keratinocyten aus einer Stammzelle bis zum Abschilfern der toten Hornzellen in Form von Hautschuppen. Im Laufe eines Menschenlebens erneuert sich die Oberhaut etwa 1000-mal.

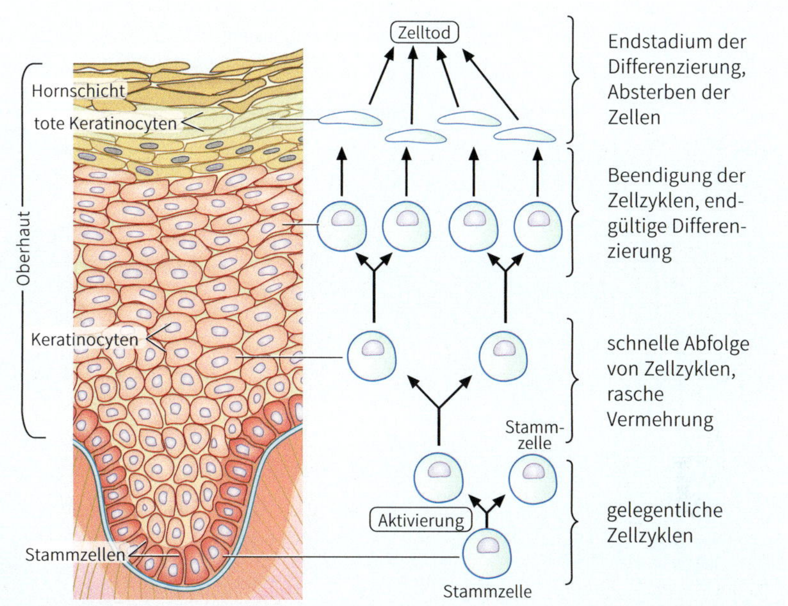

2 *Stammzellen und Zellzyklen in der Oberhaut des Menschen*

1. Stammzellen und Zellzyklus in der Oberhaut.

a) Beschreiben Sie unter Bezug auf die beiden Abbildungen 1 und 2 die Zellzyklen bei Keratinocyten von der Entstehung aus Stammzellen bis zu ihrem Absterben.

b) Entwickeln Sie unter Bezug auf Abb. 1 Hypothesen über die Ursachen des Versuchsergebnisses in Abb. 3.

2. Biologische Bedeutung der Prüfung auf DNA-Schäden an den Kontrollpunkten.

a) Erläutern Sie unter Berücksichtigung von Abbildung 1 die biologische Bedeutung der Prüfung auf DNA-Schäden an den Kontrollpunkten des Zellzyklus.

b) Erklären Sie die biologische Bedeutung des Zellzyklus für Wachstum, Reparatur und ungeschlechtliche Reproduktion.

3. Recherche: Rinderrasse, Zellzyklus und Gendoping.

Die äußerst muskulöse Rinderrasse der „Weißblauen Belgier“ (Abb. 4) hat eine Mutation in dem Gen, dessen Produkt, das Protein Myostatin, den Zellzyklus von Skelettmuskelzellen hemmt. Fehlfunktionen des Myostatins können auch beim Menschen zu überschießendem Wachstum der Skelettmuskulatur führen. Recherchieren Sie für einen Kurzvortrag, ob Myostatin ein Mittel für Gendoping sein könnte. Erläutern Sie in diesem Zusammenhang auch, was unter Gendoping zu verstehen ist.

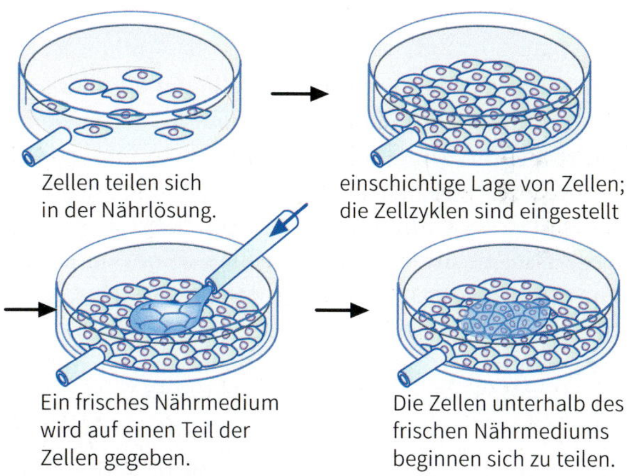

3 *Versuch zum Zellzyklus*

4 *Rinderrasse „Weißblaue Belgier“*

→ B4 → B5 → Kap. 3.1 → Kap. 3.2 → Kap. 3.7

3.7 Tumorwachstum durch Störung des Zellzyklus

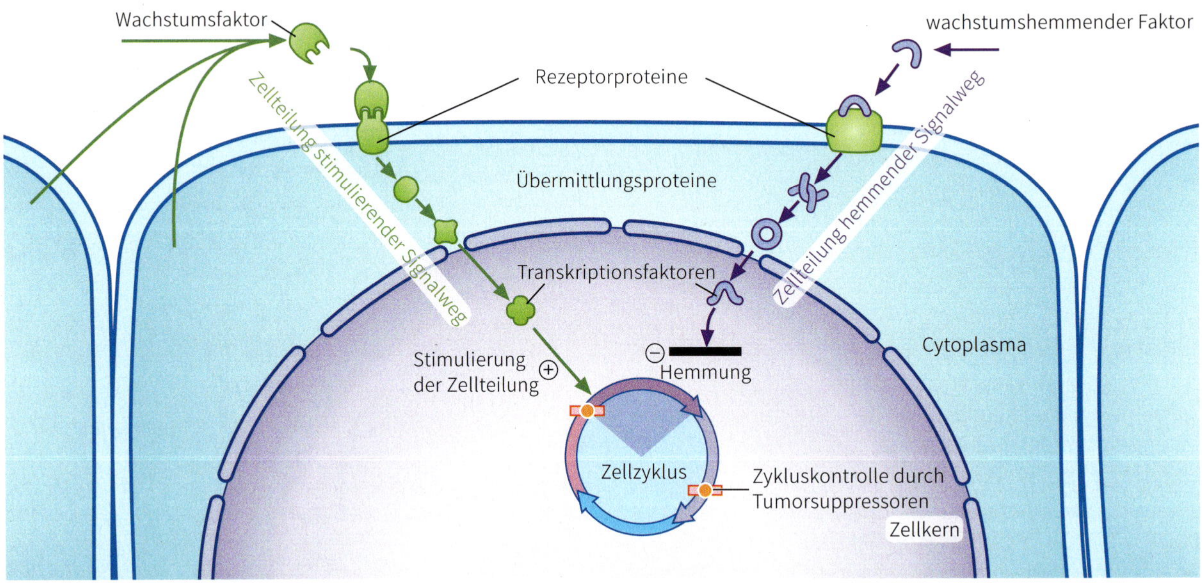

1 *Regulation und Kontrolle der Zellteilung*

Proto-Onkogene, wörtlich übersetzt als „Vorläufer von Krebs-Genen", sind normale Gene, die in jeder kernhaltigen Zelle vorkommen. Sie codieren für Proteine, welche die normalen Zellteilungen kontrollieren und steuern. Durch Mutationen oder epigenetische Veränderungen können aus Proto-Onkogenen sogenannte **Onkogene**, also „Krebs-Gene", werden, die unter bestimmten Umständen unkontrollierte Zellteilungen fördern. **Anti-Onkogene** oder auch als Tumor-Suppressorgene (lat. *suppressio:* Unterdrückung) bezeichnet, sind normale Gene, die für Proteine codieren, die den Zellzyklus und Zellteilungen hemmen. Liegen Mutationen oder epigenetische Veränderungen in diesen Genen vor, so können sie diese Funktion verlieren. Dadurch kann es zu unkontrollierten Zellteilungen kommen.

Krebszellen zeigen eine Reihe typischer Eigenschaften. Sie reagieren nicht auf extra- und intrazelluläre Signale der Zellteilungskontrolle und teilen sich unkontrolliert. Krebszellen altern nicht, sind unreif und wenig oder gar nicht differenziert. Im Gegensatz zu normalen Zellen stellen Krebszellen bei Kontakt zu Nachbarzellen ihre Teilungen und Wanderungsbewegungen nicht ein. Sie dringen in benachbartes Gewebe vor und können es zerstören. Durch Botenstoffe regen Krebszellen benachbarte Blutkapillaren dazu an, in den **Tumor** hineinzuwachsen und ihn mit Sauerstoff und Nährstoffen zu versorgen. Dies führt zu einem schnellen Tumorwachstum. Da die Krebszellen keinen festen Kontakt zu den Nachbarzellen herstellen, ist ihre Beweglichkeit ungehemmt. Dadurch haben sie die Fähigkeit, Tochtertumore, die **Metastasen**, in anderen Regionen des Körpers zu bilden. Metastasen sind oft das medizinische Hauptproblem bei der Behandlung bösartiger Tumore.

In der **Krebsforschung** stehen auf molekularer und zellulärer Ebene Proto-Onkogene und Anti-Onkogene im Mittelpunkt. Sie codieren für Proteine, die in normalen Zellen an der Zellteilung sowie an den stimulierenden oder hemmenden Signalwegen bei der Kontrolle des Zellzyklus beteiligt sind (Abb. 1). Durch Mutationen können diese Gene zu Krebsgenen umgewandelt werden und dann fehlerhafte oder funktionslose Proteine codieren. Wenn sich solche Mutationen anhäufen, kann eine Krebszelle entstehen. Jedoch kann auch eine Fehlregulation von epigenetischen Regulationsmechanismen zur Entstehung von Krebserkrankungen führen, indem Onkogene aktiviert oder Anti-Onkogene durch epigenetische Regulation dauerhaft unterdrückt werden. Im Gegensatz zu Mutationen sind diese Veränderungen reversibel und bilden damit Ansatzpunkte für die Entwicklung von Medikamenten zur **Krebstherapie**. Im Fokus der Forschung stehen Hemmstoffe verschiedener Enzyme, die für die epigenetischen Modifikationen verantwortlich sind.

→ B4 → B5 → Kap. 3.2 → Kap. 3.6

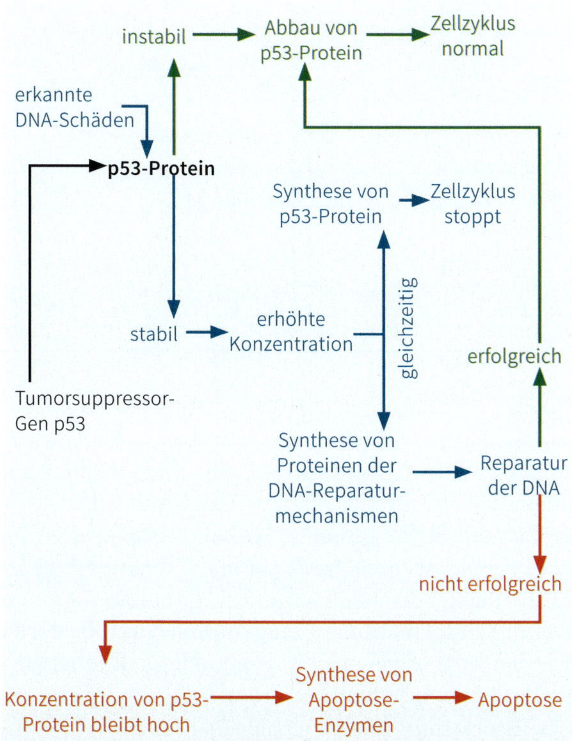

2 *Fließdiagramm zur Regulierung des Tumorsuppressors p53*

1. Transformation zur Krebszelle durch fehlerhafte Zellteilungskontrolle.

a) Erläutern Sie Abbildung 1.

b) Ermitteln Sie unter Bezug auf Abbildung 1 mögliche Folgen, wenn bedingt durch Mutation(-en) …

1. der Rezeptor für den Wachstumsfaktor dauerhaft die intrazelluläre Signalkette aktiviert, ohne dass der Wachstumsfaktor an ihn bindet;
2. der Rezeptor für den wachstumshemmenden Faktor defekt ist und die zugehörige intrazelluläre Signalkette nicht aktivieren kann;
3. eines der intrazellulären Übermittlungsproteine des hemmenden (bzw. des stimulierenden) Signalweges übermäßig gebildet wird;
4. Proteine an den Kontrollstellen ausfallen.

2. Der Tumorsuppressor p53.

a) Erläutern Sie den Wirkmechanismus des p53-Proteins anhand von Abbildung 2.

b) Stellen Sie Hypothesen auf, an welchen Kontrollpunkten des Zellzyklus die Regulation durch p53-Proteine am sinnvollsten wäre. Begründen Sie ihre Hypothesen.

Gebärmutterhalskrebs ist weltweit die zweithäufigste Krebserkrankung der weiblichen Geschlechtsorgane. Im Jahr 2019 erkrankten allein in Deutschland etwa 4 575 Frauen an Gebärmutterhalskrebs. Bevor es zur Ausbildung eines Tumors kommt, können Veränderungen im Gewebe beobachtet werden. Diese Krebsvorstufen werden in drei Schweregrade eingeteilt: CIN I entspricht leichten, CIN II mittleren und CIN III starken Gewebsveränderungen.

Forschende haben festgestellt, dass Gebärmutterhalskrebs fast immer durch bestimmte Virenarten, die sogenannten Humanen Papillomviren, kurz HPV, entsteht. Diese Viren werden hauptsächlich durch Hautkontakt wie beispielsweise beim Geschlechtsverkehr übertragen. Untersuchungen zeigten, dass Fehlregulierungen der Immunantwort bei der Entstehung und der Ausbreitung des Gebärmutterhalskrebs eine wichtige Rolle spielen. Da epigenetische Regulationsmechanismen in der Kontrolle der Immunantwort eine wichtige Funktion einnehmen, untersuchten Forschende den Methylierungsgrad des IFN-Gens bei gesunden und an Gebärmutterhalskrebs erkrankten betroffenen Personen.

Interferon-γ, kurz IFNγ, ist ein Botenstoff, der von den T-Helferzellen des Immunsystems gebildet wird. Er aktiviert die natürlichen Killerzellen und verstärkt so die Reaktion des Immunsystems gegen Tumorzellen.

	gesunde Person	CIN I	CIN II/ III	Gebärmutter-halskrebs
Methylierungsgrad des IFN-Gens	4,7 %	13 %	15,4 %	34,9 %

3 *Epigenetische Veränderungen beim Gebärmutterhalskrebs*

3. Gebärmutterhalskrebs.

a) Beschreiben Sie was unter den Begriffen Proto-Onkogen, Onkogen und Anti-Onkogen zu verstehen ist.

b) Ordnen Sie das das Gen, das für IFNγ codiert einem der Begriffe in Aufgabe a begründet zu (Abb. 3).

c) Erläutern Sie, inwieweit sich Tumorzellen von normalen Zellen unterscheiden.

d) Werten Sie die Forschungsbefunde zum Gebärmutterhalskrebs in Abbildung 3 hinsichtlich der Rolle epigenetischer Einflüsse bei der Krebsentstehung aus.

→ M8 → B4 → B5 → Kap. 3.2 → Kap. 3.6

e Methode M9 Umgang mit Quellen: personalisierte Krebsmedizin

Verantwortliche?

- Verfassende?
- Herausgebende?
- Impressum?
- Unabhängigkeit?
- Qualifikation?
- Auftraggeber?

Gestaltung?

- Fehler (Grammatik, Rechtschreibung)?
- Werbung?
- klare Struktur?
- Professionalität?
- sachliches Layout?

Inhalt?

- Quellenangabe?
- Sachlichkeit?
- Fachwissen?
- Zielsetzung?
- Objektivität?
- mehrere Perspektiven?

Aktualität?

- Datumsangabe?
- Aktualisierung?
- veraltet?
- zeitgemäß?
- aktuelle Quellen?
- aktuelle Daten?

1 *Die Kriterien zur Bewertung der Qualität von Quellen*

Bei einem 72-jährigen Mann wird nach einer Krebsvorsorgeuntersuchung der Verdacht auf Prostatakrebs diagnostiziert. Personen, die mit diesem Verdacht konfrontierten werden, suchen häufig online Informationen über die Krankheit und nach möglichen Therapien. Beim Recherchieren ist es wichtig, gezielt und effizient zu arbeiten sowie verlässliche Quellen von fragwürdigen zu unterscheiden.

Bei der Onlinesuche gilt als Grundsatz, dass wenige, zentrale Worte besser sind als das Eingeben ganzer Sätze. Die Reihenfolge der Wörter ist wichtig, so liefert die Suche nach „Krebs Prostata" andere Trefferlisten als „Prostata Krebs". **Suchoperatoren** helfen, die Anfrage einzugrenzen und zu präzisieren, wie die folgenden beiden Beispiele zeigen. Die Anfrage „Prostatakrebs und Vorsorge" liefert Ergebnisse mit beiden Begriffen. Im Vergleich dazu liefert die Suchanfrage „Prostatakrebs - Vorsorge" keine Treffer zur Vorsorge. Der Operator „Prostatakrebs **filetyp:pdf**" grenzt die Suche nach bestimmten Dateiformaten ein. Mit dem Operator **define:Überdiagnose** wird in verschiedenen Quellen die Definition des Begriffs gesucht. Wurde ein interessanter Beitrag gefunden, dann kann mithilfe der Tastenkombination **„Strg-F"** ein umfangreicher Artikel nach bestimmten Schlagwörtern durchsucht werden.

Bei der Onlinesuche sollte man sich nicht nur auf Google verlassen, sondern alternative Suchmaschinen, wie zum Beispiel Ecosia oder DuckDuckGo einbeziehen. Diese sammeln keine persönlichen Daten oder filtern nicht Suchanfragen aufgrund von gesammelten Nutzerverhalten. Es gibt Suchmaschinen, wie beispielsweise Google Scholar, die sich auf wissenschaftliche Quellen beschränken. Eine differenzierte Recherche bezieht neben der Onlinesuche auch analoge Quellen wie beispielsweise Bücher, Zeitschriften, Lexika oder Interviews von Experten mit ein. Eine solche breit angelegte Recherche liefert eine gute Basis für umfassende Informationen. Eine verlässliche und vom Anspruch passende Quelle sollte die Grundlage einer jeden Recherche bilden. Darauf aufbauend können weitere Informationen eingeordnet und bewertet werden. Die folgenden Fragen nach Qualitätsmerkmalen können helfen, um fragwürdige von seriösen Quellen zu unterscheiden (Abb. 1).

Wer ist für die Inhalte verantwortlich? Die herausgebenden und verfassenden Personen sind angegeben. Sie verfügen über die nötige Qualifikation für das Thema. Es gibt die Möglichkeit der Kontaktaufnahme. Bei einer Webseite in Deutschland ist die Auflistung des Impressums verpflichtend.

Wie ist die Seite gestaltet? Der Text ist professionell gestaltet und weist keine Fehler in Rechtschreibung und Grammatik auf. Die Quelle ist klar strukturiert und hat ein übersichtliches Layout.

Wann wurde die Quelle erstellt – Aktualität? Das Datum der Veröffentlichung ist angegeben. Die Informationen sind nicht veraltet und werden laufend aktualisiert.

Was steht in der Quelle? Die Urhebenden der Materialien, der Fotos, der Studien und der verwendeten Quellen werden angegeben und sind in einem Quellenverzeichnis aufgelistet. Die Werbung ist von den Informationen klar getrennt und nicht zu umfangreich. Die Informationen sind dabei sachlich dargestellt und basieren auf Fakten. Meinungen und Wertungen sind von den Fakten klar getrennt und sind als solche klar zu erkennen.

→ Kap. 3.7

Von einem Bundesausschuss wurde das Institut für Qualität und Wirtschaftlichkeit im Gesundheitswesen, kurz IQWiG, beauftragt, eine Studie zu folgendem Thema durchzuführen: Ist es sinnvoll, dass Männern ohne Verdacht auf Prostatakrebs durch die Krankenkassen ein Prostatakarzinomscreening mittels PSA-Test angeboten werden soll. Der Institutsleiter JÜRGEN WINDELER fasst das Ergebnis der Studie in einem Interview wie folgt zusammen: „Screeningmaßnahmen können erhebliche Schäden nach sich ziehen. Männern ohne Verdacht auf Prostatakrebs sollten deshalb gegenwärtig innerhalb der gesetzlichen Krankenversicherung kein organisiertes Prostatakarzinom-Screening mittels PSA-Test angeboten werden“. Die auf 16 Jahre angelegte Studie umfasste mehr als 400 000 Männer zwischen 55 und 70 Jahren. Die Auswertung der Daten ergab, dass das Screening statistisch gesehen 3 von 1 000 Probanden nützt, weil bei ihnen eine metastasierte Krebserkrankung verhindert werden kann. Auf der anderen Seite kommt es jedoch häufig zu Überdiagnosen, die eine enorme psychische Belastung darstellen und falsch-positive Befunde bei etwa 24 Prozent der Probanden ergeben. Dies führt dazu, dass es bei unnötigen Folgebehandlungen bei etwa zwei Prozent der Männer zu schwerwiegenden Komplikationen kommen kann, wie beispielsweise Inkontinenz und Impotenz.

2 *Zusammenfassung einer Pressemitteilung des IQWiG, 06.01.2020, Stiftung für Qualität und Wirtschaftlichkeit im Gesundheitswesen, Köln*

1. Die Recherche im Internet – Prostatakrebs. Laut Robert Koch-Institut werden in Deutschland pro Jahr etwa 64 000 Neuerkrankungen diagnostiziert.

a) Recherchieren Sie alle wichtigen Informationen zum Thema Prostatakrebs und fassen Sie diese in einer Mindmap zusammen. Folgende Schlagwörter sollen Ihnen bei der Strukturierung helfen: Vorsorgeuntersuchung, Symptome, Diagnose und Therapie. Geben Sie für Ihre Informationen jeweils die Quelle an und berücksichtigen Sie bei Ihrer Recherche Webseiten von guter Qualität wie beispielsweise www.krebsgesellschaft.de oder www.rki.de.

b) Recherchieren Sie nach wissenschaftlichen Suchmaschinen und nach weiteren nützlichen Suchoperatoren von Suchmaschinen.

c) In einer Zeitschrift steht über einem Artikel über alternative Behandlungsmethoden von Prostatakrebs die folgende Überschrift: „Propolis der Bienen als Wundermittel bei der Prostatakrebs-Therapie durch wissenschaftliche Studie bewiesen“. Recherchieren Sie Quellen, die sich mit diesem Thema befassen, ordnen Sie sie in verlässliche und in nicht zuverlässige Quellen begründet ein und beurteilen Sie den Wahrheitsgehalt dieser Überschrift.

2. Die Qualität von Quellen – PSA-Tests in der Diskussion. Der PSA-Test ist ein Bluttest, der den Wert des Prostata-spezifischen-Antigens, kurz PSA, misst. Er soll helfen, Prostatakrebs bei Männern früh zu erkennen. Bei Fachleuten werden diese Tests heftig diskutiert und der Nutzen wird in vielen Studien untersucht (Abb. 2).

a) Lesen Sie sich die Pressemitteilung von Abbildung 2 und die Bewertung dieser Quelle in Abbildung 3

- Quellenangabe mit aktuellem Datum
- Rechtschreibung und Grammatik fehlerfrei
- keine Werbung
- Studienergebnisse und Fachkompetenz
- klare und sachliche Gestaltung
- Fachperson wird zitiert
- …

- Unabhängigkeit nicht ganz klar
- Angabe Autor wirkt unseriös
- genaue Quellenangaben für die Studie fehlen, beispielsweise, welche Institute dafür verantwortlich waren
- Impressum fehlt
- …

3 *Ein Bewertungsschema für die Quelle von Abbildung 2*

aufmerksam durch. Recherchieren Sie alle Ihnen unbekannten Fachbegriffe und suchen Sie nach weiteren Artikeln zu diesem Thema.

b) Erstellen Sie jeweils ein Bewertungsschema für eine bessere und eine schlechtere von Ihnen recherchierte Quelle im Vergleich zur angegebenen Quelle.

c) Sie arbeiten in der Abteilung für Wissenschaftsjournalismus in einem großen Medienverlag. Verfassen Sie einen ähnlich langen Artikel wie in Abbildung 2 basierend auf Ihren Rechercheergebnissen zu diesem Thema.

d) Recherchieren Sie Fake-News zum Thema Prostatakrebs.

→ Kap. 3.7

3.8 Die Apoptose – der programmierte Zelltod

1 *Kaulquappe mit Schwanz*

Der Schwanz einer Kaulquappe bildet sich bei der Entwicklung zum Frosch durch gezieltes Absterben von Zellen zurück (Abb. 1). Voraussetzung für die Entwicklung eines vielzelligen Organismus ist dieser **programmierte Zelltod**, die **Apoptose** (Abb. 2).

In gealterten oder fehlerbehafteten Zellen findet ebenso eine Apoptose statt. Die betroffenen Zellen werden dabei aus dem Zellverbund entfernt. Die Apoptose dient im embryonalen und heranwachsenden Organismus der Formbildung und Funktionsreifung von Geweben. Im ausgewachsenen Organismus unterstützt die Apoptose die Zustandserhaltung und Wiederherstellung von Geweben. Der programmierte Zelltod läuft in mehreren Schritten ab (Abb. 2).

In einem menschlichen Körper sterben täglich um die zehn Milliarden Zellen durch Apoptose. Je nach Zelltyp variiert die Lebensdauer. Einige Zellen verbleiben ein Leben lang im Organismus, wie beispielsweise Nervenzellen. Andere haben eine kurze Lebensdauer, so leben beispielsweise Hautzellen 20 Tage und Darmwandzottenzellen drei bis fünf Tage. Danach setzt die Apoptose ein und die Zelle wird entzündungsfrei entsorgt.

Eine Zygote stellt für den Menschen sowie die meisten Tiere und Pflanzen den Beginn ihres Daseins dar. Durch anschließende Zellteilungen vermehrt sich die Anzahl der Zellen von zwei auf vier, von vier auf acht, von acht auf sechzehn usw. **Stammzellen** sind Körperzellen, aus denen unterschiedliche differenzierte Zellen hervorgehen können. Die Zygote und etwa die ersten acht Zellen besitzen die Fähigkeit, einen vollständigen Organismus hervorzubringen. Deshalb werden sie als **totipotente** (lat. *totus:* ganz) Stammzellen bezeichnet. Anschließend verlieren sie diese Fähigkeit, können jedoch noch jeden Zelltyp des Organismus ausbilden. Daher werden sie als **pluripotent** (lat. *pluriens:* vielfach) bezeichnet.

Bei den Zellteilungen werden Signalstoffe, die den Stoffwechsel der jeweiligen Zelle beeinflussen, unterschiedlich auf die neu entstehenden Tochterzellen verteilt. Die Tochterzellen lassen sich äußerlich, also in ihrem Aufbau, jedoch nicht unterscheiden. Nach einigen Zellteilungen wird durch die fortschreitend ungleiche Verteilung der Signalstoffe die zukünftige Aufgabe der Zelle bestimmt. Diese Festlegung der zukünftigen Aufgabe wird **Determination** genannt. Die umgebenden Zellen beeinflussen durch Wechselwirkungen zudem die Determination.

Der durch die Determination beeinflusste Stoffwechsel führt dazu, dass sich die Struktur und die Funktion der Zelle verändert. Im Laufe der Zelldifferenzierung kommt es bis auf sehr wenige Ausnahmen zu keinem Verlust an genetischer Information. Vielmehr werden durch die in der Zelle vorhandenen Signalstoffe nicht alle Informationen im Zellkern abgelesen, sondern nur diejenigen, die für die Zelldifferenzierung entscheidend sind. Die Gestaltung der Körperform des Organismus erfolgt über ein komplexes Wechselspiel aus Zellvermehrung, Zelldifferenzierung und Zellkommunikation. Zudem verändern Zellen durch Wanderung ihre Lage im Embryo.

In einer Vielzahl verschiedener Gewebe des bereits geborenen Organismus finden sich Zellen, die ständig neue Zellen bilden. Diese Stammzellen können die abgestorbenen Zellen ersetzen und das jeweilige Gewebe, z. B. das Hautgewebe, erneuern. Manche dieser Stammzellen können verschieden differenzierte Zelltypen hervorbringen. Sie sind **multipotent** (lat. *multus:* viel).

Im gesunden Zustand besteht im Körper ein genetisch festgelegtes und gesteuertes Gleichgewicht zwischen Zellteilung und Zelltod. Das ungebremste Wachstum einer Krebszelle beruht auf einer Störung dieses Gleichgewichts. Die Signalwege, welche die Apoptose in einer geschädigten, gealterten oder entarteten Zelle einleiten, funktionieren in Krebszellen nicht. In Krebszellen sind oftmals die Gene geschädigt, die das Auslösen der Apoptose bewirken. Bei verminderter Fähigkeit zu Apoptose steigt die Gefahr, dass sich aus Krebsvorstufen ein bösartiger Tumor entwickelt. Sowohl Chemo- als auch Strahlentherapie sollen in Tumorzellen die Apoptose wieder aktivieren.

→ B Systemebenen → Kap. 2.8 → Kap. 2.9 → Kap. 2.10 → Kap. 3.7

1 Die betroffene Zelle erhält ein intrazelluläres oder extrazelluläres Todessignal. Sie löst sich aus dem Gewebeverband und verliert den Kontakt zu den Nachbarzellen.
2 Die Oberfläche der Zelle wirft Bläschen und der Zellkern zerfällt in Bruchstücke.
3 Die gesamte Zelle zerfällt in kleine apoptotische Körperchen.
4 Diese Zellreste werden vollständig von den Nachbarzellen und von Fresszellen aufgenommen und abgebaut.

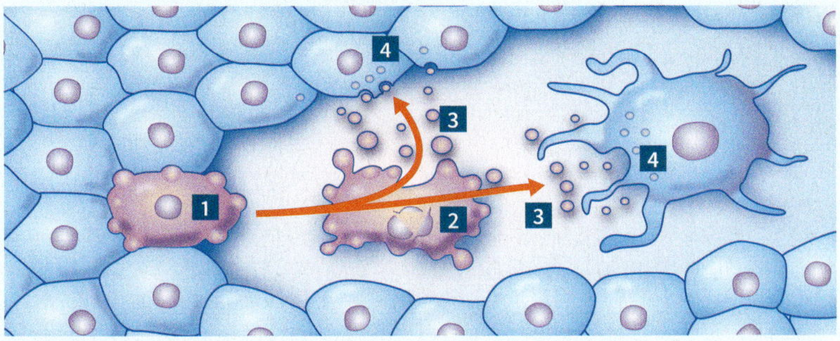

2 *Ablauf des programmierten Zelltodes (Apoptose)*

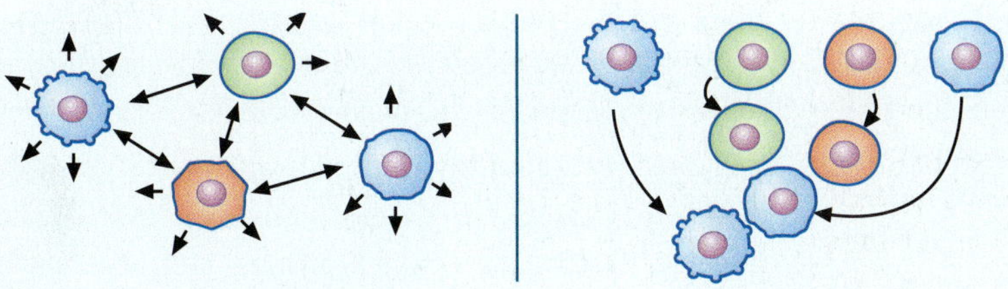

Zell-Kommunikation
Zellen tauschen Informationen über Zelldichte und Zelltypen aus.

Zellwanderung
Zellen wandern vom Ort ihrer Synthese zum funktionalen Gewebe.

4 *Fünf Prozesse führen zur Entwicklung eines vielzelligen Organismus aus einer Zygote*

1. Multi-, pluri- und totipotente Zellen. Erläutern Sie die Unterschiede zwischen multi-, pluri- und totipotenten Zellen.

2. Teilung von Stammzellen. Die Abbildungen 2-4 zeigen fünf wichtige Prozesse die zur Entwicklung eines vielzelligen Organismus aus einer Zygote führen.

a) Beschreiben Sie die Abbildunge 2, 3 und 4.
b) Erklären Sie, inwiefern sich die Teilung einer Stammzelle von einer gewöhnlichen Zellteilung unterscheidet.
c) Entwickeln Sie Hypothesen zur Ausbildung einer Syndaktylie (Abb. 7).

3. Apoptose – programmierter Zelltod bei der Organentwicklung.
a) Erläutern Sie die biologische Bedeutung der Apoptose (Abb. 2).
b) Beschreiben Sie die Entwicklung einer menschlichen Hand (Abb. 5, 6).

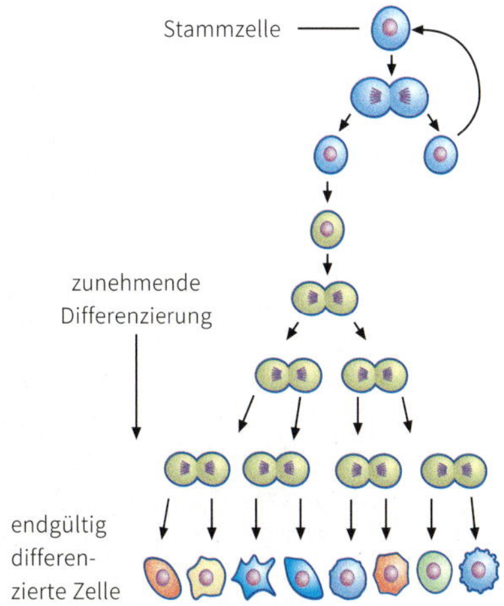

3 *Stammzellen und Entwicklung differenzierter Zellen*

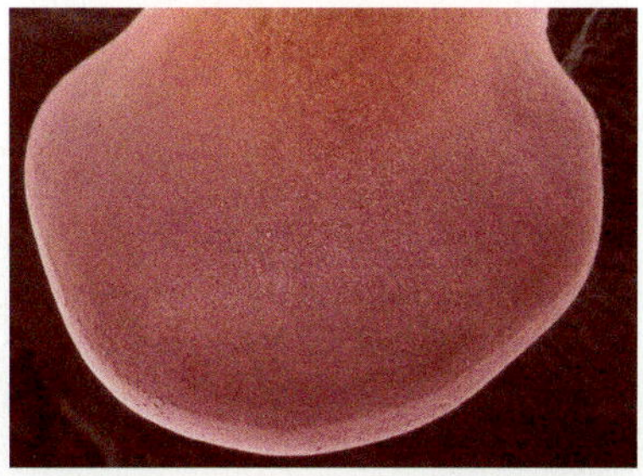

5 *Hand eines 35 Tage alten menschlichen Embryos*

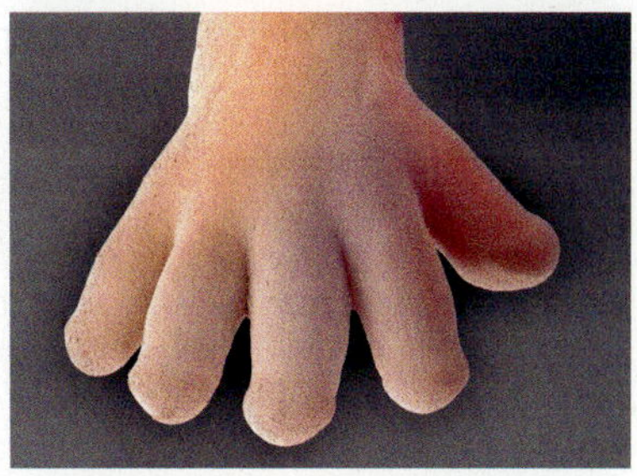

6 *Hand eines 77 Tage alten menschlichen Embryos*

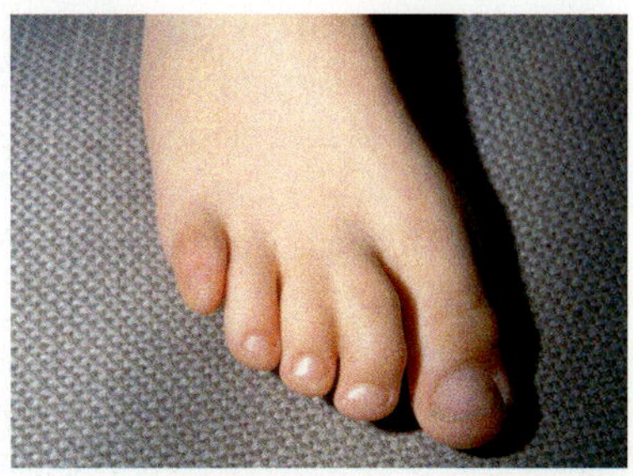

7 *Syndaktylie: Verwachsung menschlicher Zehen*

→ B Systemebenen → Kap. 2.8 → Kap. 2.9 → Kap. 2.10 → Kap. 3.7

4.1 Die Meiose – Bildung der Geschlechtszellen

1 *Eizelle und Spermienzelle*

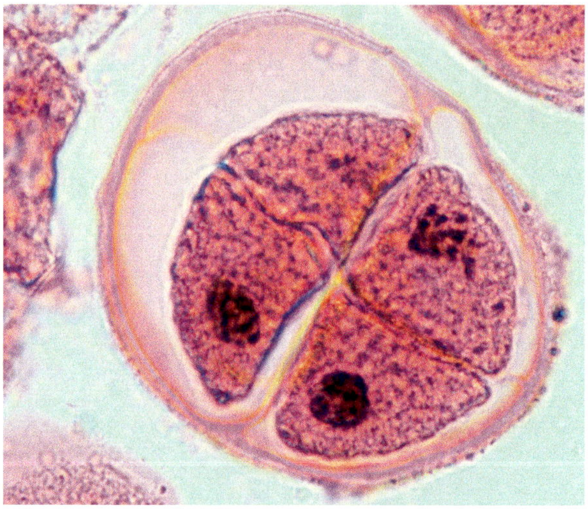

2 *Ergebnis meiotischer Teilung*

Bei der Befruchtung verschmelzen Eizelle und Spermienzelle Aus diesen beiden haploiden Geschlechtszellen entsteht eine diploide **Zygote** (Abb. 1). Sie enthält den vollständigen Chromosomensatz, der beim Menschen 46 Chromosomen umfasst. Aus der Zygote gehen durch mitotische Teilungen alle Körperzellen hervor, die ebenfalls 23 Chromosomenpaare enthalten. Jedes dieser Chromosomenpaare besteht aus einem mütterlichen und einem väterlichen Chromosom, die aus den Geschlechtszellen stammen. Zur Fortpflanzung werden aus bestimmten Körperzellen erneut Geschlechtszellen gebildet. Enthielten diese 46 Chromosomen, würde die daraus entstehende Zygote 92 Chromosomen enthalten und wäre nicht lebensfähig. Daher ist es erforderlich, dass aus bestimmten diploiden Körperzellen haploide Geschlechtszellen entstehen. Dieser Vorgang ist die **Meiose**. Sie findet bei Frauen in den Eierstöcken und bei Männern in den Hoden statt.

Im ersten Abschnitt der **Meiose I**, der **Reduktionsteilung**, löst sich die Kernmembran einer Ursprungszelle auf. Diese ist diploid und beinhaltet Zwei-Chromatid-Chromosomen. Mithilfe der Spindelfasern lagern sich die homologen Chromosomen zusammen. Sie liegen dann paarweise in der Äquatorialebene. Dabei können sich die Chromatiden homologer Chromosomen überkreuzen. Eine solche Überlagerung ermöglicht den Austausch genetischer Informationen zwischen homologen Abschnitten der Chromatiden. Dieser Vorgang heißt **Crossing-over** und ist eine wichtige Ursache für die Variabilität von Individuen. Anschließend werden die homologen Chromosomen getrennt. Jedes Chromosom eines Paares gelangt dann, zufällig verteilt, jeweils in eine von zwei entstehenden Tochterzellen. Sie sind genetisch nicht identisch, da sie entweder das mütterliche oder das väterliche Chromosom eines Paares enthalten.

Der zweite Abschnitt der Meiose, die **Äquationsteilung**, entspricht weitgehend dem Ablauf der Mitose. Dementsprechend ordnen sich zuerst die Zwei-Chromatid-Chromosomen im Bereich der Äquatorialebene an. Die einzelnen Chromatiden werden mithilfe der Spindelfasern voneinander getrennt und auf zwei Tochterzellen verteilt. Durch die Meiose entstehen somit die für die Fortpflanzung nötigen haploiden Zellen (Abb. 2). Sie enthalten jeweils 23 Ein-Chromatid-Chromosomen. Bei der Verschmelzung dieser Geschlechtszellen entsteht eine **diploide Zygote**.

Bei der Meiose und der späteren Befruchtung werden die genetischen Informationen neu kombiniert. Dieser Vorgang heißt Neukombination oder **Rekombination**. Die Rekombination geschieht bei der nach dem Zufallsprinzip erfolgenden Verteilung der homologen Chromosomen auf die Geschlechtszellen. So werden die 23 ursprünglich vom Vater und die 23 von der Mutter stammenden Chromosomen in völlig neuen Kombinationen in der Anaphase I und II auf die zukünftigen Geschlechtszellen verteilt. Diese Art der Rekombination wird als **interchromosomale Rekombination** bezeichnet.

→ M10 → B5 → Kap. 1.2 → Kap. 3.1

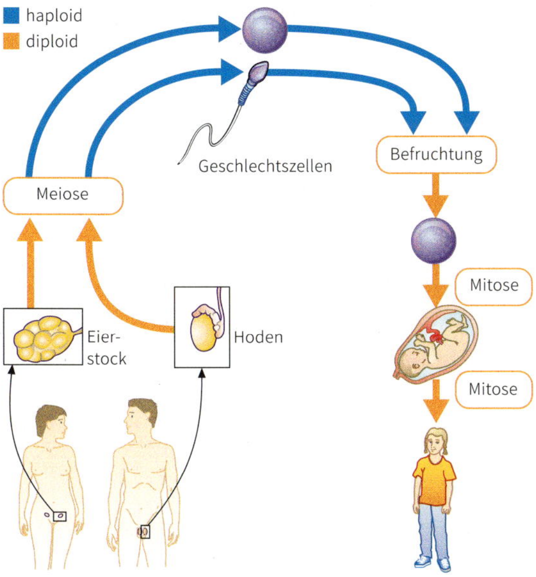

3 *Lebenszyklus bei diploiden Organismen*

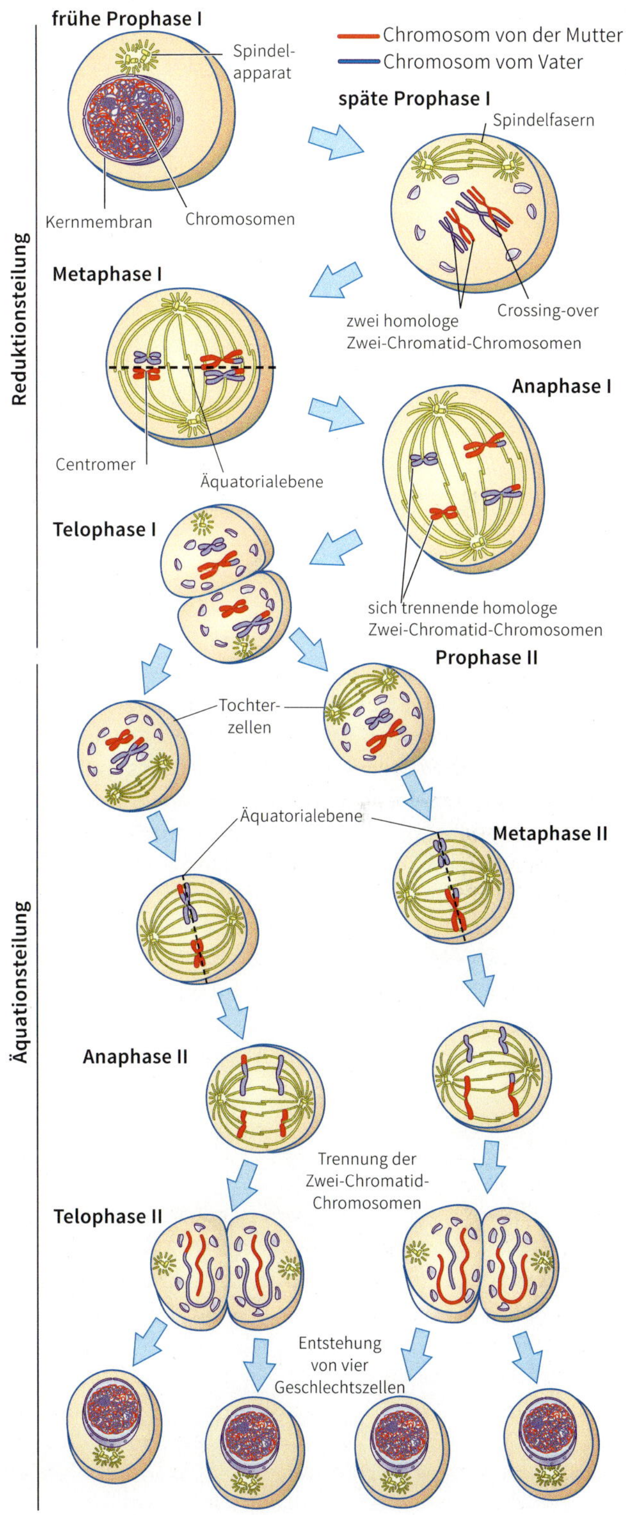

4 *Stadien der Meiose*

1. Bildung von Geschlechtszellen
Zur Vereinfachung geht das in Abbildung 4 abgebildete Schema der Meiose modellhaft von zwei Chromosomenpaaren aus. Auch die rote und blaue Färbung dient der Übersichtlichkeit, denn sie stehen für Chromosomen der Mutter und des Vaters. Dadurch wird auch das Crossing-over sichtbar gemacht.

a) Beschreiben Sie den Ablauf der Meiose.
b) Erläutern Sie, welche Vorgänge während der Meiose wichtig für die Rekombination der Erbinformationen sind.
c) Erläutern Sie die Abbildung 3 zum Lebenszyklus bei diploiden Organismen. Entwickeln Sie dazu eine Hypothese, warum der Wechsel zwischen haploiden und diploiden Zellen vorteilhaft für die Vielfalt sein kann.
d) Bakterien sind Einzeller ohne Zellkern. Erläutern Sie, warum bei ihnen keine Meiose stattfindet.
e) Ermitteln Sie, in welcher Phase der Meiose es sich entscheidet, ob eine Spermienzelle ein X- oder ein Y-Chromosom enthält.

2. Rekombination durch Crossing-over. Rekombination erfolgt außerdem durch den Austausch von DNA-Abschnitten zwischen Chromosomen, das Crossing-over. Diese Art der Rekombination heißt intrachromosomale Rekombination. Erläutern Sie durch Betrachtung eines Chromosomenpaars, dass alle vier gebildeten Zellen nach erfolgtem Crossing-over genetisch verschieden sind, ohne Crossing-over jedoch nur zwei (Abb. 4)

→ M10 → B5 → Kap. 1.2 → Kap. 3.1

4.2 Der Ablauf der Meiose bei den Geschlechtern

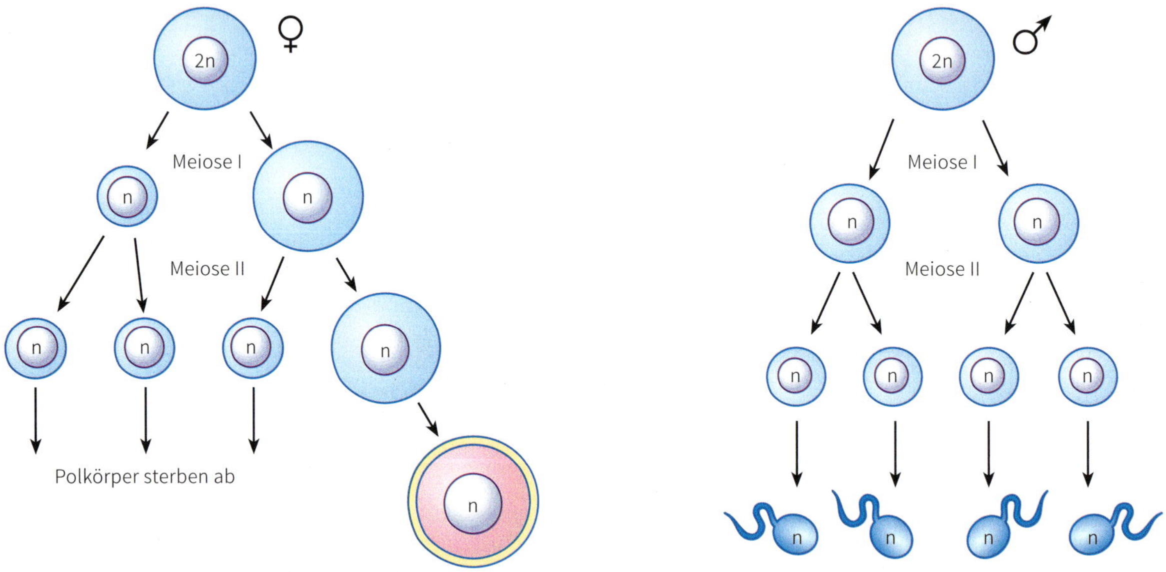

1 *Geschlechtsspezifische Unterschiede der Meiose (2n = diploid; n = haploid)*

Beim männlichen Geschlecht entstehen aus einer diploiden Ursprungszelle vier haploide Geschlechtszellen, die Spermienzellen. Auch beim weiblichen Geschlecht beginnt die Meiose in einer diploiden Ursprungszelle. In der weiteren Entwicklung entstehen daraus jedoch eine große und drei wesentlich kleinere Zellen. Die große Zelle wird zur Eizelle, die letztlich deutlich größer ist als die Spermienzellen. Die drei kleineren Zellen, die Polkörper, haben keine weitere Funktion und gehen zugrunde (Abb. 1). Die Meiose setzt bei Frauen schon sehr früh im Leben ein und wird dann im Laufe des Lebens eingestellt. Bei Männern beginnt die Meiose hingegen ab der Pubertät und läuft bis zum Tod ab.

2 *Asiatischer Marienkäfer mit zahlreichen Variationen*

In der Meiose I trennen sich die homologen Chromosomen. Dabei entscheidet sich zufällig, welches der Zwei-Chromatid-Chromosomen nach der Anaphase I in eine der beiden Tochterzellen gelangt. Eine Tochterzelle enthält dann entweder das mütterliche oder das väterliche Chromosom eines Chromosomenpaares. Durch diese zufällige Verteilung entstehen bei einer Körperzelle mit 23 Chromosomenpaaren 2^{23}, also 8 388 608 verschiedene Kombinationsmöglichkeiten der Chromosomen in den Geschlechtszellen.

Bei der sexuellen Fortpflanzung verschmelzen zwei Geschlechtszellen miteinander. Damit sind in einer menschlichen Zygote $2^{23} \times 2^{23}$, also etwa 70 Billionen Kombinationen möglich. Entsprechend hoch ist der Grad der **Variation** durch unterschiedliche Chromosomensätze (Abb. 2). In der Meiose I kann es innerhalb von Chromosomen zu einer Vermischung des Erbgutes und damit zu einer Erhöhung der genetischen Variation kommen. Bei der Paarung der homologen Chromosomen liegen die Zwei-Chromatid-Chromosomen so dicht nebeneinander, dass **Crossing-over** stattfinden kann. Dies ermöglicht den Austausch homologer Abschnitte. Trennt sich ein solches Chromosomenpaar, besteht ein Chromatid des väterlichen Chromosoms auch aus Abschnitten des mütterlichen Chromosoms und umgekehrt. Durch die **Rekombination** entsteht eine Variabilität der Nachkommen, die sich in unterschiedlichen Merkmalskombinationen äußert.

→ B5 → Kap. 4.1 → Kap. 4.5 → Kap. 5.7

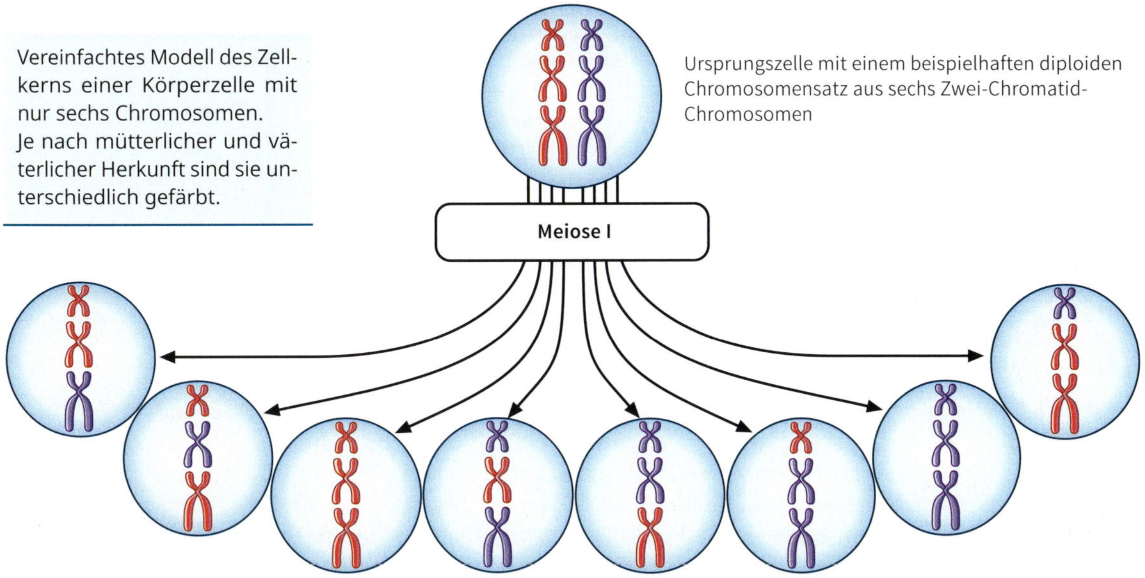

3 *Schema zur Entstehung von Tochterzellen*

1. Variabilität durch zufällige Verteilung

Die Zusammensetzung der Chromosomen in Körperzellen bildet sich aus den haploiden Chromosomensätzen der ursprünglichen Geschlechtszellen. Je umfangreicher der Chromosomensatz, desto zahlreicher ergeben sich Kombinationsmöglichkeiten durch die Verteilung der homologen Chromosomen in der Meiose I auf die Geschlechtszellen. Dabei berechnet sich die Zahl der Kombinationsmöglichkeiten nach folgender Formel:

$$x = 2^n$$

x = Zahl der Kombinationsmöglichkeiten
n = Zahl der Chromosomen im haploiden Chromosomensatz, was auch der Zahl der homologen Chromosomenpaare entspricht.

a) Beschreiben Sie die Verteilung der homologen Chromosomen in der Meiose als eine Ursache für Vielfalt.

b) Erläutern Sie das Schema in Abbildung 3 zur Entstehung von Tochterzellen in der Meiose I. Gehen Sie in diesem Zusammenhang auch auf die hohe Zahl der Kombinationsmöglichkeiten in der chromosomalen Zusammensetzung einer menschlichen Zygote durch die zufällige Verteilung der Chromosomen ein.

c) Berechnen Sie für die in der Abbildung 4 tabellarisch dargestellten Organismen die jeweilige Zahl der Kombinationsmöglichkeiten der Geschlechtszellen. Stellen Sie Ihre Berechnungen in einer übersichtlichen Form dar.

d) Erläutern Sie die Erhöhung der Variabilität durch Crossing-over anhand von Abbildung 5.

Art	Chromosomenzahl in Körperzellen verschiedener Arten
Regenwurm	32
Stechmücke	6
Karpfen	104
Rind	60
Erbse	14
Schachtelhalm	216

4 *Chromosomenzahl in Körperzellen verschiedener Arten*

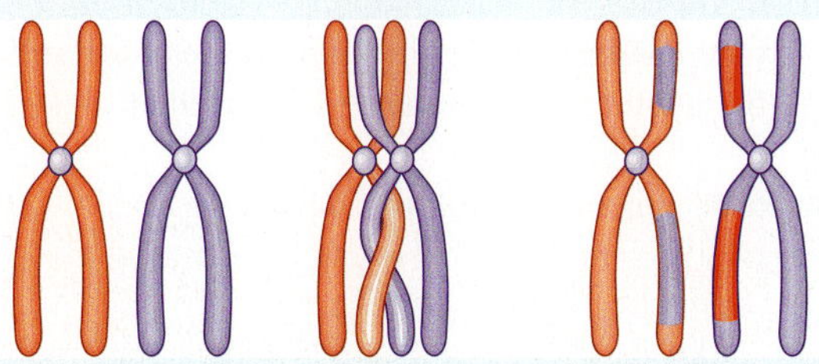

Alle Erbinformationen, die auf einem Chromosom liegen, werden gemeinsam vererbt. Sie stellen somit ein Paket dar. Durch den Austausch von Bruchstücken zwischen homologen Zwei-Chromatid-Chromosomen beim Crossing-over werden die Erbinformationen eines Chromosoms neu zusammengestellt.

5 *Schematische Darstellung von Crossing-over*

→ B5 → Kap. 4.1 → Kap. 4.5 → Kap. 5.7

Methode M10 Ein Erklärvideo erstellen

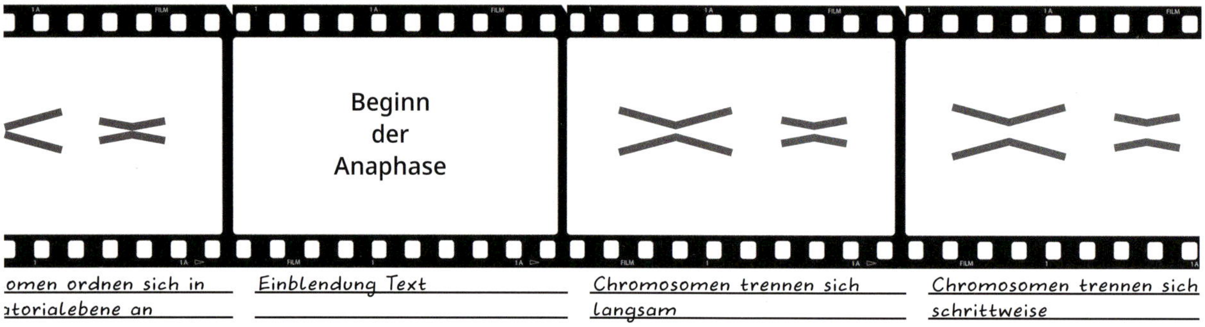

1 *Ausschnitt eines Storyboards: mögliche Abfolge der Einzelbilder*

Auf sozialen Plattformen und Portalen werden häufig verschiedene Videos geteilt und verlinkt. Neben Beauty-Tutorials und Lets Play-Videos werden auch Erklärvideos zu verschiedenen gesellschaftlichen oder naturwissenschaftlichen Themen erstellt und geteilt. Hochwertige Erklärvideos dienen dabei nicht nur der Unterhaltung, sondern stellen komplexe Themen und Abläufe vereinfacht und anschaulich dar. Auf diese Weise können Erklärvideos beim Verstehen und Lernen von neuen Inhalten helfen. Jedoch ist nicht nur das Anschauen eine gute Möglichkeit, komplexe Inhalte besser zu verstehen. Auch selbst ein Erklärvideo zu erstellen hilft, komplexe biologische Prozesse, wie beispielsweise die Meiose, besser zu verstehen.

Eine einfache Möglichkeit des Erklärvideos bietet der Legetrick-Stil. Hierbei werden Zeichnungen, ausgeschnittene Symbole oder einfache Materialien genutzt. Das Material wird dabei von Hand gelegt und bewegt. Von jedem Schritt werden mehrere Einzelbilder erstellt. Zusätzlich wird jeder Schritt mit einer entsprechenden Erklärung vertont. Die Einzelbilder werden mit einer Software aneinander gereiht und mit dem Ton unterlegt. So entsteht ein animiertes Erklärvideo.

Anforderungen an ein Storyboard

1. Alle Einzelbilder sind nummeriert. So gerät die Reihenfolge nicht durcheinander.
2. Jeder neue (Zwischen-)Schritt wird durch ein neues Einzelbild festgelegt.
3. Abhängig von der Komplexität der Einzelbilder können Sie diese mit wichtigen Stichpunkten versehen.
4. Einzelbilder und Sprechertexte müssen zusammenpassen.

2 *Ansprüche an ein Storyboard*

Wie alle großen Filme wird ein Erklärvideo nicht allein erstellt und muss zunächst geplant werden. Bei der anfänglichen Planung hilft ein sogenanntes Storyboard (Abb. 1). Ein Storyboard stellt alle Schritte und Zwischenschritte als Einzelbilder dar. So wird der zeitliche Ablauf des Videos im Voraus geplant und festgelegt. Dafür ist es zunächst wichtig zu wissen, welcher Vorgang oder welche Thematik mit welchen Elementen und Materialien dargestellt werden soll. Für jeden Schritt muss dabei überlegt werden, wie dieser letztendlich im fertigen Erklärvideo aussehen soll. Dies wird jeweils in einem Einzelbild auf dem Storyboard festgehalten und mit einem kurzen Erklärtext unterlegt (Abb. 2).

Ein Team besteht meist aus mindestens drei Personen. Eine Person bedient die Kamera und filmt jeden Schritt mit Hilfe eines Smartphones, Tablets oder einer Kamera von oben. Eine Person aus dem Filmteam spricht die Texte zu den einzelnen Schritten und eine weitere Person legt und verschiebt die einzelnen Elemente in der Animationsfläche. Die digitale Bearbeitung kann im Anschluss gemeinsam erfolgen. Der sichtbare Bereich des Erklärvideos ist die Animationsfläche. Als Animationsfläche kann ein Bogen einfarbiges Tonpapier oder eine weiße Oberfläche genutzt werden. Weiterhin muss darauf geachtet werden, dass die Kamera immer denselben Abstand zur Animationsfläche hat. Dies lässt sich mit einigen Stativstangen aus dem Chemieunterricht, einem Dreifuß oder auch einer großen, durchsichtigen Kunststoffbox erreichen.

Weiterhin ist auf eine ausreichende Beleuchtung der Animationsfläche zu achten, damit alle Elemente gut zu erkennen sind. Dies lässt sich beispielsweise mit Schreibtischlampen oder auch den internen Taschenlampen von Smartphone und Tablet erreichen.

→ Kap. 3.1 → Kap. 4.1

Tipps zum Erstellen eines Legetrick-Videos:
1. Achten Sie darauf, dass die Einzelbilder ruckelfrei aufgenommen werden.
2. Vermeiden Sie Störgeräusche im Hintergrund.
3. Auf der Animationsfläche sollten sich immer nur die Elemente befinden, die auch für den aktuellen Schritt benötigt werden.
4. Verwenden Sie einfache und leicht verständliche Elemente und Bilder.
5. Achten Sie darauf, nicht zu stark von ihrem Thema abzuweichen.
6. Denken Sie daran, dass der Erklärtext zum animierten Bild passt. Er soll die Animation unterstützen, jedoch nicht eins zu eins wiedergeben.

3 *Hinweise zum Erstellen eines Erklärvideos*

Nachdem das Storyboard erstellt, alle Materialen vorhanden und das Filmset aufgebaut ist, beginnt die eigentliche Aufnahme des Films. Die Elemente werden wie im ersten Schritt auf dem Storyboard festgehalten auf der Animationsfläche angeordnet und die Aufnahme wird gestartet. Neben den zuvor genannten Punkten gibt es noch weitere Hinweise zur Erstellung eines Erklärvideos (Abb. 3).

Anschließend findet das digitale Zusammenfügen der Einzelbilder statt (Abb. 4). Hierfür stehen eine Vielzahl an kostenfreier Software-Möglichkeiten zur Verfügung. Eine geeignete App oder Software lässt sich in einer kurzen Internetrecherche finden. Dabei ist zu beachten, dass nicht jede Software mit allen Endgeräten kompatibel ist und bei einigen Angeboten zusätzliche Kosten anfallen können. Beim Schnitt werden die Einzelbilder entsprechend des Storyboards angeordnet. Dabei ist zu beachten, dass die Videolänge eines Schritts und die Länge des gesprochenen Textes zusammenpassen. Am Ende, wenn alles angeordnet ist, ist es hilfreich, das komplette Erklärvideo noch einmal anzuschauen. So lassen sich kleine Ruckler und Unstimmigkeiten erkennen und beheben. Das fertige Erklärvideo wird am besten im mp4-Format abgespeichert.

1. Erstellung eines Erklärvideos

a) Entwickeln Sie ein Erklärvideo zur Mitose und präsentieren Sie dieses vor der Klasse.

b) Entwickeln und präsentieren Sie ein Erklärvideo zum Ablauf der Meiose. Berücksichtigen Sie dabei auch ein mögliches Crossing-over.

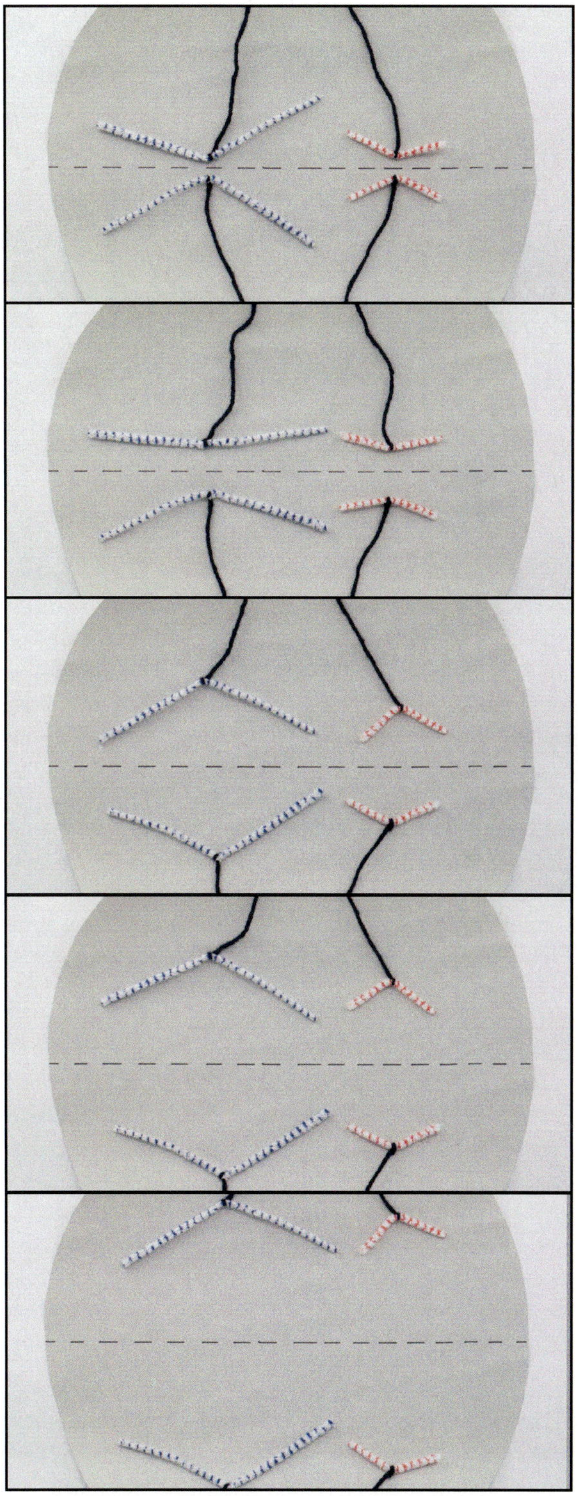

4 *Beispiel einer Bildabfolge*

→ Kap. 3.1 → Kap. 4.1

4.3 Trisomien – Fehlverteilungen von Chromosomen I

1 *Junge und Mädchen mit Down-Syndrom*

Menschen mit dem Down-Syndrom sind vom **Phänotyp** her meist kleiner und haben kurze Hände. Der Kopf hat eine rundliche Form mit flachem Gesicht und tief sitzenden Ohren. An den Augen zeigt sich eine schmale Lidfalte (Abb. 1, 2). Innere Organe wie Herz und Darm können Fehlbildungen aufweisen. Menschen mit Down-Syndrom leiden an erhöhter Anfälligkeit für Infektionskrankheiten und haben häufig Seh- und Hörstörungen. Kinder mit dem Down-Syndrom lernen später sprechen und haben häufig eine schwer verständliche Sprache. In vielen Fällen können Betroffene Sachverhalte nicht schnell erfassen und haben Probleme, Gelerntes zu behalten. Wenn gleichzeitig viele unterschiedliche Symptome vorliegen, ist von einem **Syndrom** die Rede. Menschen mit einem Down-Syndrom sind meist besonders freundlich und hilfsbereit. Sie sind Teil unserer Gesellschaft. Betroffene Jugendliche gehen ganz normal in die Schule und haben Freunde. Jeder Mensch mit Down-Syndrom ist anders und seine individuelle Entwicklung ist stark davon abhängig, wie und inwieweit die Betroffenen gefördert werden. Eine wichtige Aufgabe unserer Gesellschaft ist es, die Fähigkeiten von Menschen mit einem Down-Syndrom zu fördern und ihnen ein möglichst eigenständiges Leben zu ermöglichen.

Fachsprachlich gesehen muss zwischen einer Krankheit und einer phänotypischen Änderung unterschieden werden (vergleiche Kapitel 6.5). Das Down-Syndrom beruht auf einem Fehler in der Meiose von Mutter oder Vater. Durch diesen Fehler werden die Chromosomen nicht gleichmäßig verteilt. Vom **Genotyp** her zeigt sich im Karyogramm, dass das Chromosom 21 drei Mal in Form von Zwei-Chromatid-Chromosomen vorkommt. Dieses Phänomen heißt daher **Trisomie 21**. Es führt dazu, dass die Gene, die auf Chromosom 21 liegen, häufiger abgelesen werden als normalerweise und sich bestimmte Genprodukte, wie Enzyme oder Eiweiße im Körper anhäufen. Andere Gene werden dagegen in geringerem Maße ausgeprägt. Dies führt zu den typischen Symptomen des Down-Syndroms. Bei der Trisomie 21 handelt es sich um eine Mutation, die nicht nur ein Gen, sondern den ganzen Chromosomensatz verändert. Es liegt eine **Genommutation** vor.

Beim Menschen weisen etwa 0,3 Prozent der Neugeborenen eine Chromosomenfehlverteilung auf. Etwa ein Drittel der von einer Trisomie 21 betroffenen Feten versterben noch während der Schwangerschaft auf natürliche Weise im Mutterleib. Beim Menschen treten auch die Trisomie 13, oder die Trisomie 18 auf. Das Risiko, ein Kind mit Trisomie 18 zu gebären, ist stark vom Alter der Mutter abhängig. Für eine achtzehnjährige Frau beträgt das Risiko, in der 12. Schwangerschaftswoche ein Kind mit einer Trisomie 18 im Mutterleib zu tragen, etwa 1:2500. Dieses Risiko steigt auf etwa 1:180 für eine vierzigjährige Frau. Das Vorkommen nur eines Chromosoms, einer **Monosomie**, ist beim Menschen, außer beim X-Chromosom, immer tödlich. Das liegt daran, dass die Informationen beider homologer Chromosomen für die Entwicklung eines Menschen bedeutsam sind.

Chromosomenfehlverteilungen können auch bei Pflanzen auftreten. Einige Pflanzen enthalten den dreifachen Chromosomensatz in ihren Zellen. Solche Pflanzen sind **triploid**. Besitzen Lebewesen grundsätzlich mehr als zwei Chromosomensätze in ihren Zellen, spricht man von **Polyploidie**. Triploide Pflanzen sind daher polyploide Pflanzen. Polyploidie tritt bei Pflanzen sehr häufig auf. Viele der kultivierten Obst- und Gemüsearten weisen Polyploidie auf, sei es als Folge einer Züchtung oder durch zufällige Ereignisse und Kreuzungen. Viele Pflanzen mit polyploidem Chromosomensatz sind lebensfähig und bringen in der Regel größere Früchte hervor. Durch Züchtung entstandene triploide Pflanzen sind beispielsweise die Apfelsorte Jonagold oder samenlose Melonen. Beim Löwenzahn gibt es triploide Exemplare, die ohne menschliche Einwirkung entstanden sind.

→ B5 → Kap. 4.1 → Kap. 4.4 → Kap. 5.9 → Kap. 6.5

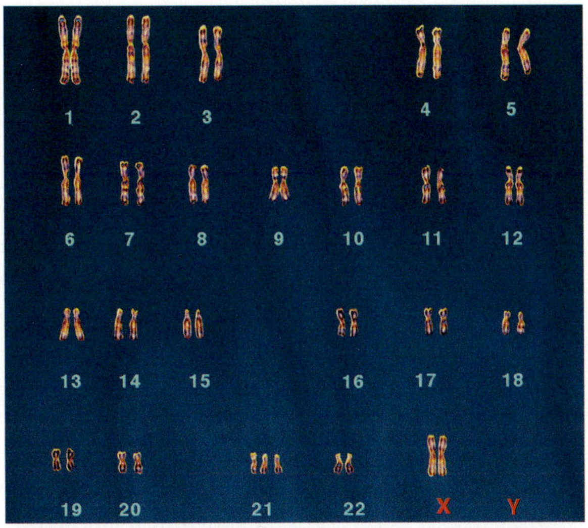

3 *Karyogramm eines Menschen*

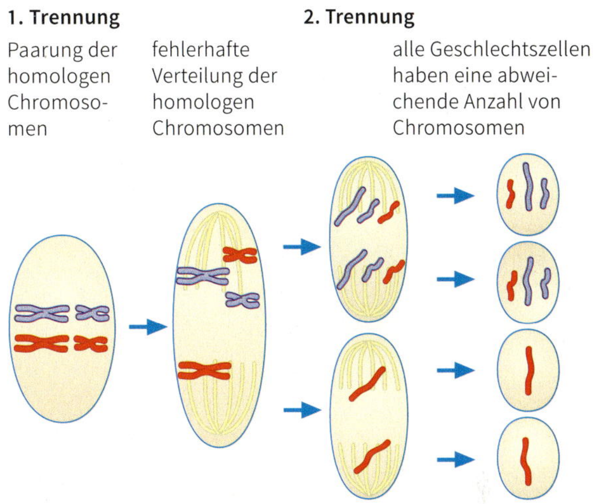

4 *Fehlerhafte Verteilung der homologen Chromosomen*

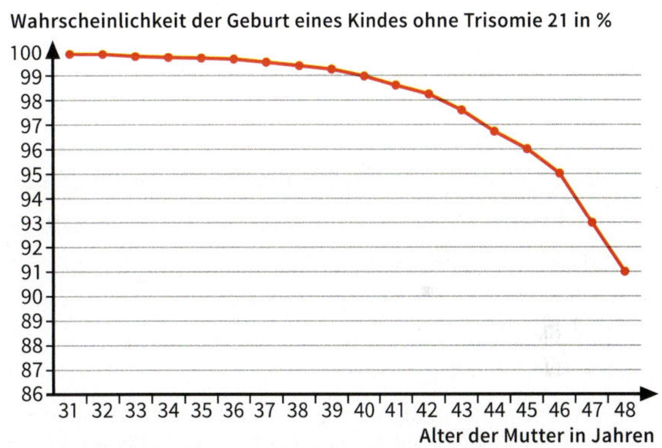

5 *Abhängigkeit von Trisomie 21 vom Alter der Mutter*

Zeitpunkt	20-Jährige	35-Jährige	40-Jährige
12. Schwangerschaftswoche	ca. 1:1 100	1:270	1:70
Bei der Geburt	1:1 390	1:360	1:90

6 *Diagnose von Trisomie 21 zu unterschiedlichen Zeitpunkten*

1. Entstehung der Trisomie 21. Die Ursachen für eine Trisomie 21 sind Fehler, die entweder in der ersten oder in der zweiten meiotischen Teilung erfolgen können.

a) Beschreiben Sie das Karyogramm in Abbildung 3.

b) Erläutern Sie die Entstehung der Trisomie 21 anhand der schematischen Darstellung in Abbildung 4. Gehen Sie in diesem Zusammenhang auch auf die Folgen für die erzeugten Zellen nach einer möglichen Befruchtung ein.

c) Entwickeln Sie eine Abfolge von Skizzen zu den jeweiligen Stadien der Meiose, wie durch eine fehlerhafte Verteilung der Chromosomen in der zweiten meiotischen Teilung bei der Mutter ein Kind mit Down-Syndrom entstehen kann. Präsentieren Sie die Skizzen in Form eines Erklärvideos vor der gesamten Lerngruppe. Gehen Sie dabei so vor, wie es in der Methode M9 "Ein Erklärvideo erstellen" beschrieben wird.

2. Alter und Trisomie 21. In den Eizellen der Frau befindet sich ein spezielles Bindeprotein. Es hält die in den Eizellen befindlichen Chromosomen bei Zellteilungsvorgängen in Position. Mit zunehmendem Alter kommt es verstärkt zu einem Abbau dieser Bindeproteine.
Das Diagramm in Abbildung 5 sowie die Tabelle in Abbildung 6 verdeutlichen das Risiko für eine Trisomie 21 in Abhängigkeit vom Alter der Mutter.

a) Beschreiben Sie die Wahrscheinlichkeit der Geburt eines Kindes ohne Trisomie 21.

b) Werten Sie die Daten in den Abbildungen 5 und 6 im Hinblick auf die Wahrscheinlichkeit der Geburt eines Kindes ohne Trisomie 21 aus.

3. Recherche zu den Trisomien 13 und 18. Die Trisomie 21 ist die weltweit häufigste Trisomie beim Menschen. Nur die Trisomien 13 und 18 sind die einzigen langfristig lebensfähigen Trisomien. Alle sonstigen autosomalen Trisomien sind fast immer tödlich. Recherchieren Sie in geeigneter Form zu den Trisomien 13 und 18. Erstellen Sie zu diesen beiden Trisomien je einen Steckbrief und präsentieren Sie diesen vor der gesamten Lerngruppe.

→ M10 → B5 → Kap. 4.1 → Kap. 4.4 → Kap. 5.9

e 4.4 Trisomien – Fehlverteilungen von Chromosomen II

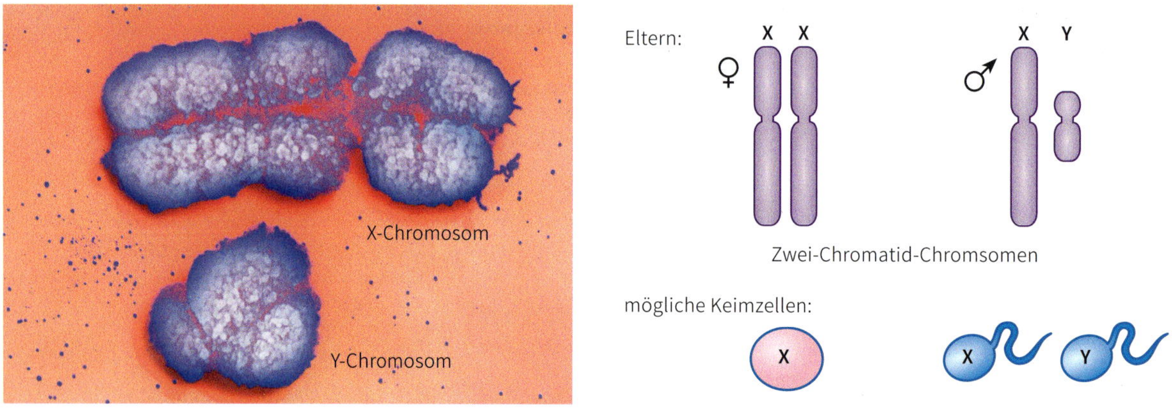

1 *X- und Y-Chromosomen bestimmen das Geschlecht eines Menschen: a) Mikroskopische Aufnahme (bearbeitet); b) Schema*

Jede Körperzelle der Frau enthält, neben den in beiden Geschlechtern vorkommenden 44 Autosomen, zwei X-Chromosomen als Gonosomen. Die Körperzellen des Mannes hingegen enthalten ein X-Chromosom und ein Y-Chromosom (Abb. 1). Bei der Bildung der Geschlechtszellen in der Meiose trennen sich die beiden Gonosomen. Die Eizellen der Frau enthalten jeweils ein X-Chromosom. Beim Mann entstehen je zur Hälfte X-Chromosomen enthaltende Spermienzellen und Spermienzellen, die ein Y-Chromosom enthalten (Abb. 1). Verschmelzen bei der Befruchtung eine Eizelle mit einem X-Chromosom und eine Spermienzelle mit einem X-Chromosom, entsteht ein Mädchen. Werden ein X-Chromosom und ein Y-Chromosom miteinander kombiniert, entsteht ein Junge. Das genetisch bedingte Geschlecht wird bei einem Mädchen durch XX- und bei einem Jungen durch XY-Kombination bestimmt.

Im Chromosomensatz von Betroffenen mit dem **Klinefelter-Syndrom** tritt neben einem Y- und einem X-Chromosom ein weiteres X-Chromosom auf. Sie besitzen neben den 44 Autosomen drei Gonosomen und haben den Genotyp 44+XXY (Abb. 2). Betroffene dieser Fehlverteilung der Gonosomen haben häufig ungewöhnlich lange Beine und Arme und sehr kleine Hoden. Sie sind unfruchtbar, da die verkleinerten Hoden keine funktionstüchtigen Spermienzellen entwickeln können. Weitere Symptome sind ein später Stimmbruch und eine sehr geringe Körperbehaarung. Jeder 500ste Mann ist vom Klinefelter-Syndrom betroffen, jedoch werden in Deutschland nur etwa zehn bis fünfzehn Prozent diagnostiziert.

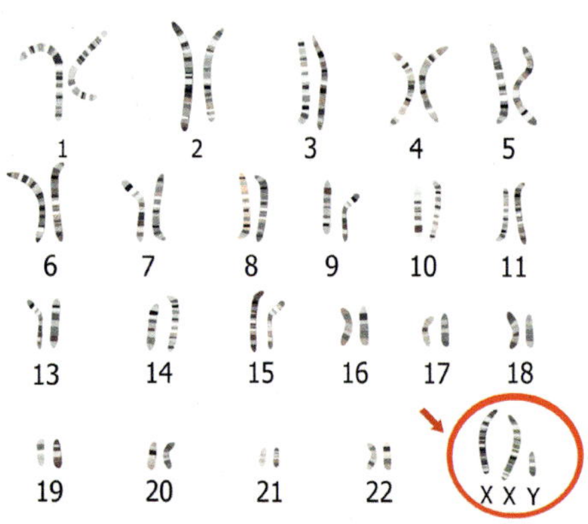

2 *Karyogramm eines Mannes mit Klinefelter-Syndrom*

Neben dem Klinefelter-Syndrom sind auch **Diplo-Y-Männer** bekannt, die beispielsweise den Genotypen 44+XYY aufweisen. Diese Männer werden oft sehr groß, zeigen veränderte Gesichtsproportionen und leiden oft an einem Herzfehler. Häufig tritt eine heftige Akne in der Jugendzeit auf, die sich durchaus bis weit ins Erwachsenenalter erstrecken kann. Im Gegensatz zu Männern mit Klinefelter-Syndrom sind Diplo-Y-Männer zeugungsfähig. Die meisten Träger dieses Genotyps bleiben unerkannt.

Bei Frauen treten sowohl Anomalien mit nur einem X-Chromosom auf, dem **Turner-Syndrom**, als auch **Poly-X-Frauen**, die drei oder mehr X-Chromosomen aufweisen. Turner-Frauen sind unfruchtbar, da sie keine funktionsfähigen Eierstöcke entwickeln. Diese genetisch bedingte Erkrankung ist die einzige beim Menschen bekannte lebensfähige Monosomie. Unter 2500 Geburten von Mädchen wird eines mit Turner-Syndrom geboren. Poly-X-Frauen sind eingeschränkt fruchtbar und zeigen häufig verminderte Intelligenz.

→ B5 → Kap. 4.3

1. Die Entstehung von ungleichen Chromosomenverteilungen.

Autosomale Trisomien sowie über- oder unterzählige Geschlechtschromosomen beruhen auf einer Chromosomenfehlverteilung in der Meiose. Der Fehler oder die Nicht-Trennung von entweder zwei homologen Chromosomen oder zwei Schwesterchromatiden, wird als Non-Disjunction bezeichnet. Es entstehen Keimzellen, die dazu führen, dass nach der Befruchtung eine Zygote mit einem dreifach vorhandenen Chromosom, eine Trisomie, oder einem fehlenden Chromosom, eine Monosomie, entsteht.

a) Beschreiben Sie die in der Tabelle Abbildung 4 dargestellten Möglichkeiten zur Fehlverteilung der Geschlechtszellen.

b) Erläutern Sie die Fälle zur Entstehung von ungleichen Chromosomenverteilungen beim Menschen anhand von Abbildung 3.

c) Erklären Sie jeweils die Entstehung der in Abbildung 4 dargestellten Möglichkeiten zur Fehlverteilung von Geschlechtszellen.

d) Erläutern Sie auch anhand einer selbsterstellten Skizze, in welchem Abschnitt der Meiose es zu einer Fehlverteilung der Chromosomen kommen muss damit das Diplo-Y-Syndrom (Abb. 4) entstehen kann.

e) Ermitteln Sie bei normal ablaufender Meiose alle möglichen Chromosomensätze, die bei Kindern eines Paares auftreten können, bei dem die Frau einen normalen Chromosomensatz und der Mann einen Satz des Typs 44 + XXY hat.

f) Nehmen Sie auch unter Bezug auf ethische Aspekte Stellung zu der Frage, ob bei schwangeren Frauen routinemäßig ein Bluttest oder eine Fruchtwasseruntersuchung auf das Klinefelter-Syndrom durchgeführt werden sollte.

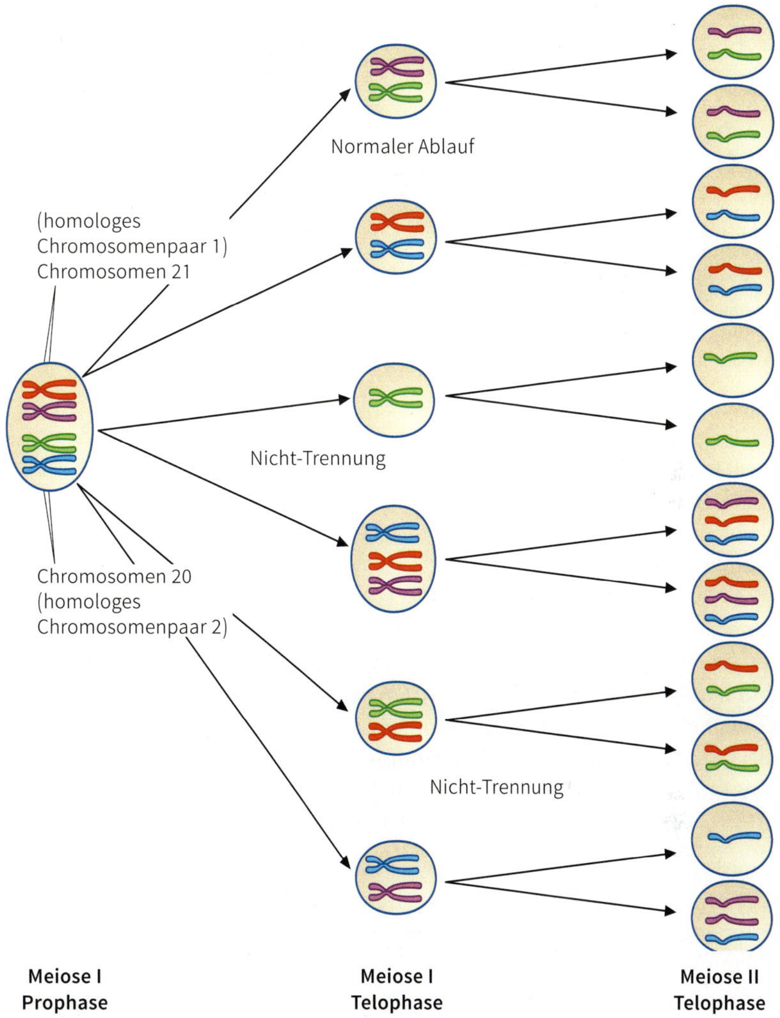

3 *Schema zur Entstehung von ungleicher Chromosomenverteilung*

Chromosomensatz	Syndrom	Phänotyp	Keimdrüsen (angelegt)	Symptome (Auswahl)
44 + XXX	Triple-X	weiblich	Eierstöcke	normale Entwicklung
44 + XXY	Klinefelter	männlich	Hoden	verkümmerte Hoden, unfruchtbar
44 + XYY	Diplo-Y	männlich	Hoden	normale Entwicklung
44 + X0	Turner	weiblich	Eierstöcke	verkümmerte Eierstöcke
44 + Y0	---	---	---	nicht lebensfähig

4 Fehlverteilung von Gonosomen

→M14 → B5 → Kap. 4.3

4.5 Die genetische Variation und die Biodiversität

1 *Die genetische Variabilität bei Schnirkelschnecken*

2 *Die Varianten des Zweipunkt-Marienkäfers*

Auffällig bei Schnirkelschnecken ist die große Vielfalt der Schneckengehäuse. Sie können rot, gelb oder braun und dabei ungemustert oder vielfach gebändert sein. Alle in Abbildung 1 abgebildeten Schnecken wurden im selben Gebiet gefunden. Sie gehören zu einer **Population**. Variabilität ist eine wichtige Voraussetzung für evolutive Prozesse. Nur wenn sich die Schnirkelschnecken einer Art voneinander unterscheiden und dies zu unterschiedlichem Fortpflanzungserfolg führt, kann natürliche Selektion zwischen den Individuen der Schneckenpopulation stattfinden. Dies setzt voraus, dass die Unterschiede im Aussehen auf verschiedene Erbinformationen zurückzuführen sind. Man spricht von genetischer Vielfalt oder **genetischer Variation**.

Schnirkelschnecken werden von Singdrosseln gefressen. Dabei finden die Drosseln zuerst diejenigen Schnecken, die am auffälligsten und daher nicht gut getarnt sind. Schnecken mit hellen Gehäusen werden deswegen in der dunklen Umgebung eines Waldes häufig gefressen. Die Zahl der Schnecken mit hellen Schalen ist aufgrund der natürlichen Auslese (Selektion) im Wald gering, während die Zahl der Schnecken mit dunklen Schalen groß ist.

Beim Zweipunkt-Marienkäfer sind mehr als 80 genetisch bedingte Varianten bekannt. Die Varianten reichen von einer roten Grundfärbung mit zwei schwarzen Punkten bis zu einer schwarzen Farbe mit zwei roten Punkten (Abb. 2). Die Färbung ist geschlechtsunabhängig. Zweipunkt-Marienkäfer sind thermokonforme (wechselwarme) Tiere. Es treten mehrere Generationen pro Jahr auf. Bedingt durch ihre Lebensweise am Boden und unter Blättern sind sie dem Sonnenlicht nur bedingt ausgesetzt. Licht kann die Körperfarbe der Marienkäfer beeinflussen. Schwarz gefärbte Körperteile absorbieren mehr Licht als rote Körperteile und erwärmen sich daher stärker. Werden schwarze und rote Marienkäfer in einem Experiment gleichermaßen mit Licht bestrahlt, so liegt die Körpertemperatur der schwarzen Variante etwa 5,5 °C über der Umgebungstemperatur, die der roten Variante dagegen nur um ca. 3 °C. Schwarze Marienkäfer benötigen mehr Nährstoffe als die roten Marienkäfer, da mit höherer Körpertemperatur auch die Stoffwechselaktivität erhöht ist. Im Winter ist die höhere Stoffwechselaktivität von Nachteil. Da die Marienkäfer von ihren Fettreserven zehren, verhungern die schwarzen Käfer eher als die roten Varianten. Aufgrund der höheren Wintersterblichkeit der schwarzen Variante findet man im Frühling zahlenmäßig mehr rote als schwarze Varianten des Zweipunktmarienkäfers. Im Herbst dominieren aufgrund der natürlichen Auslese die Käfer mit schwarzer Grundfärbung in der Population. Durch die erhöhte Stoffwechselaktivität können sie mehr Nachkommen hervorbringen als rote Marienkäfer. Durch Selektion werden demnach im Winter die roten Käfer begünstigt, im Sommer die schwarzen.

Die Artenvielfalt ist Teil der biologischen Vielfalt, der Biodiversität. Darunter versteht man die Vielfalt der Habitate und Ökosysteme, die Vielfalt der biologischen Wechselwirkungen, die Vielfalt der Arten und die genetische Vielfalt in einer Art (Abb. 3). Variation durch Neukombination mündet in Biodiversität. Die genetische Vielfalt und die Artenvielfalt sind das Ergebnis langer Evolutionsprozesse. Die biologische Vielfalt ist eine unersetzliche Lebensgrundlage und für den Menschen aus vielen Gründen wertvoll. Gründe sind z.B. die biologische Schädlingbekämpfung und die Bestäubung von Nutzpflanzen. Naturschutzmaßnahmen haben deshalb zum Ziel, die Biodiversität zu bewahren oder zu erhöhen.

→ B5 → Kap. 4.2 → Kap. 5.5 → Kap. 8.5

3 *Die Facetten der Biodiversität*

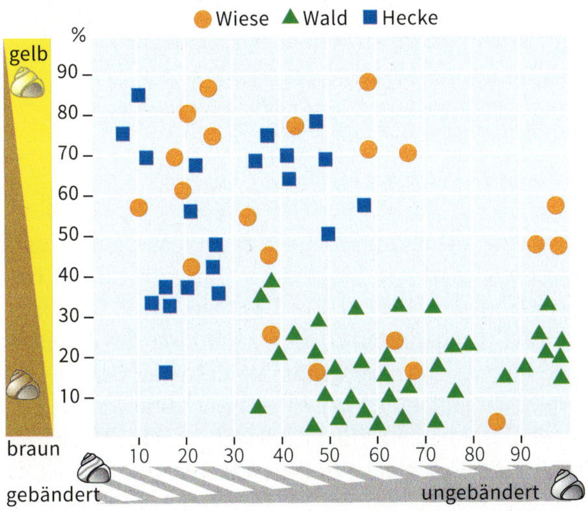

4 *Das Vorkommen unterschiedlicher Schnirkelschneckenvarianten*

Zeitpunkt		rote Variante	schwarze Variante
1. Jahr	Oktober	45	55
	April	42	58
2. Jahr	Oktober	60	40
	April	38	62
3. Jahr	Oktober	23	77
	April	73	27
4. Jahr	Oktober	42	58
	April	69	31
5. Jahr	Oktober	30	70
	April	78	22
Mittelwert	Oktober	40	60
	April	60	40

5 *Die Häufigkeit der schwarzen und der roten Variante des Zweipunkt-Marienkäfers im Frühjahr und im Herbst*

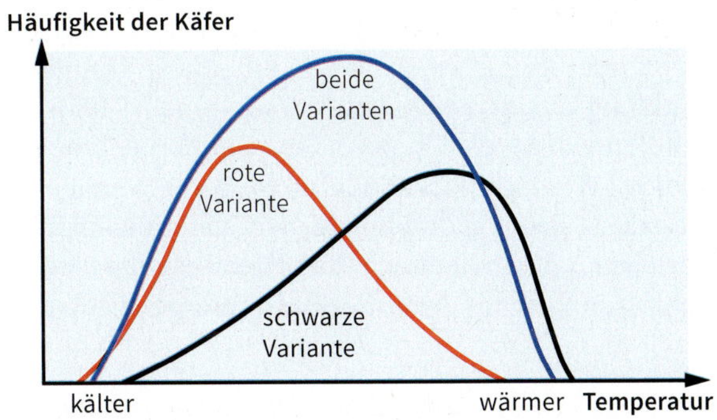

6 *Die Häufigkeit der roten und schwarzen Varianten des Zweipunkt-Marienkäfers bei unterschiedlichen Temperaturen*

1. Neukombination, Vielfalt und Biodiversität.

a) Erläutern Sie die Daten in Abb. 5 unter Berücksichtung der Informationen aus Abb. 6 und dem Grundwissentext.

b) Begründen Sie anhand der Abbildungen 5 und 6, dass der jährliche Fortpflanzungserfolg der schwarzen und roten Variante zusammen größer ist, als wenn es jeweils nur eine Form geben würde.

c) Recherchieren Sie in digitalen Quellen inwiefern der Zweipunktmarienkäfer für die biologische Schädlingsbekämpfung ein Rolle spielt. Ordnen Sie die Quellen anhand der Kriterien auf Seite 94 in verlässliche und nicht verlässliche Quellen ein. Begründen Sie ihre Einordnung.

2. Neukombination führt zu Angepasstheit. Singdrosseln zerschlagen die Schneckengehäuse von Schnirkelschnecken an Steinen, bevor sie die weichen Teile fressen und suchen hierzu immer die gleichen Orte auf. Forscher verglichen die Häufigkeit der Gehäusefärbungen bei den zerbrochenen Schneckengehäusen an unterschiedlichen Wiesenstandorten mit verschiedenen Gras- und Blütenpflanzen. Sie fanden heraus, dass der Anteil der Variationen mit dunklen Bändern in der Färbung der Schneckengehäuse dabei immer deutlich geringer war, als der Anteil der ungebänderten Formen. Werten Sie die in Abbildung 4 dargestellten Informationen zum Vorkommen unterschiedlicher Variationen der Schnirkelschnecke an verschiedenen Standorten unter Berücksichtigung der Informationen aus dem Grundwissentext aus.

Hilfe **Webcode** WES-105475_109

4.6 Die Genmutationen

1 *Albino-Gorilla*

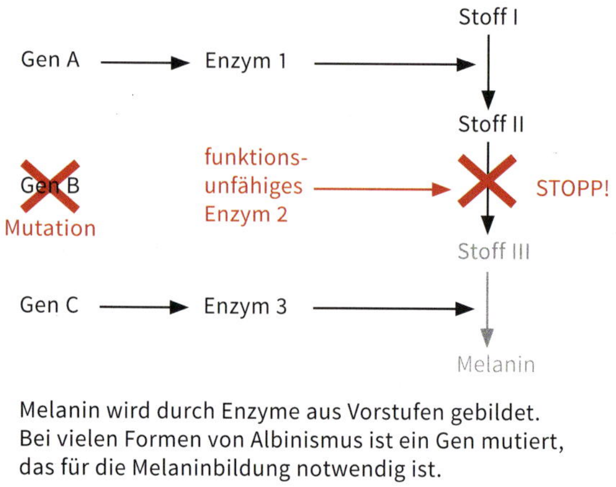

2 *Eine Mutation führt zum Albinismus*

Das Fell eines Albino-Gorillas weicht mit seiner weißen Färbung deutlich von der gewöhnlich schwarzgrauen Färbung ab (Abb. 1). Das weiße Fell beruht auf einer dauerhaften Veränderung der genetischen Information, einer **Mutation**. Diese Mutation führt dazu, dass kein funktionsfähiges Enzym gebildet werden kann, das für die Herstellung des dunklen Hautfarbstoffs Melanin notwendig ist (Abb. 2).

Physikalische und chemische Einflüsse, welche die Erbinformation verändern, werden **mutagene Faktoren** oder **Mutagene** genannt. Zu den physikalischen mutagenen Faktoren gehören unter anderem kurzwelliges Licht, wie beispielsweise UV-Licht, sowie Röntgenstrahlung. Zu den chemischen mutagenen Faktoren gehören zahlreiche Chemikalien, wie beispielsweise Dioxin. Werden Mutationen nicht durch Mutagene ausgelöst, sondern durch Fehler in den molekularen Vorgängen einer Zelle wie beispielsweise der DNA-Replikation, ist von **spontanen Mutationen** die Rede.

Die Erbinformation eines Lebwesens ist in der Abfolge der DNA-Basen, der DNA-Basensequenz, festgelegt. Wird diese Abfolge verändert, kann dies Auswirkungen auf die hergestellten Proteine haben. Diese Veränderungen der DNA-Basensequenz heißen **Genmutationen**. Wird nur eine einzelne Base eines Basentripletts verändert, wird von einer **Punktmutation** gesprochen. Punktmutationen sind die häufigsten Mutationen. Lebewesen sind in einem begrenzten Umfang in der Lage, Punktmutationen zu reparieren. Wird eine DNA-Base eines Basentripletts gegen eine andere DNA-Base ausgetauscht handelt es sich um eine Substitution. Wird eine zusätzliche DNA-Base in den DNA-Strang eingefügt wird von einer Insertion gesprochen. Bei der Entfernung einer DNA-Base von einer Deletion. Dadurch verändert sich die Anzahl der DNA-Basen innerhalb der Basensequenz. Da der genetische Code keine Leerstellen besitzt, entsteht an dieser Stelle ein neues Basentriplett und es kommt zu einer Verschiebung des Leserasters, einer **Leserastermutation**.

Eine bekannte Genmutation ist das Thymindimer, bei dem sich unter Einwirkung von UV-Strahlung zwei benachbarte Thyminbasen verbinden und nicht mehr abgelesen werden können (Abb. 4). In diesem Fall ändert sich das Basentriplett von CTT zu CGT. Auch alle nachfolgenden Basentripletts verändern sich. Das führt zu weitreichenden Veränderungen der Erbinformationen. Häufig entstehen auf der Grundlage der mutierten DNA-Sequenz Proteine, deren Struktur stark verändert ist. Dadurch wird ihre ursprüngliche Funktion entweder stark eingeschränkt oder sie werden vollkommen funktionslos. Auch dem Albinismus liegt in den meisten Fällen eine Genmutation zugrunde.

Mutationen treten zufällig und ohne Ziel auf. Sie verändern die Eigenschaften von Lebewesen und können dadurch bewirken, dass die Organismen besser oder schlechter an ihre Umwelt angepasst werden. Mutationen in Körperzellen werden nicht vererbt. Mutationen, die in den Geschlechtszellen auftreten, werden über die Keimbahn an die Nachkommen vererbt. Solche Mutationen sind erblich. Vorteilhafte, erbliche Mutationen sind die Grundlage für die Vielfalt der Lebewesen. Sie sind sehr wichtig für die Evolution von Lebewesen.

→ B1 → B5 → Kap. 1.4 → Kap. 1.5 → Kap. 6.6 → Kap. 6.7

Substitution: Eine Base eines Basentripletts wird durch eine andere Base ausgetauscht.		**Insertion/Deletion:** Eine Base wird hinzugefügt oder geht verloren, sodass sich das Triplett-Leseraster ab dieser Stelle verschiebt.	
1. Missense-Mutation	Das veränderte Basentriplett codiert für eine andere Aminosäure.	**1. Missense-Mutation**	Durch die Verschiebung des Triplett-Leserasters entsteht eine andere Aminosäuresequenz.
2. Nonsense-Mutation	Das veränderte Basentriplett codiert für ein Stopp-Codon, das den Abbruch der Translation an dieser Stelle bewirkt.	**2. Nonsense-Mutation**	Das Triplett-Leseraster ist verschoben und es entsteht ein Stopp-Codon, das zum Abbruch der Translation an dieser oder späterer Stelle führt.
3. Stumme Mutation	Das veränderte Basentriplett codiert für dieselbe Aminosäure, daher bleibt die Aminosäuresequenz des Proteins unverändert.		

3 *Übersicht Genmutationen*

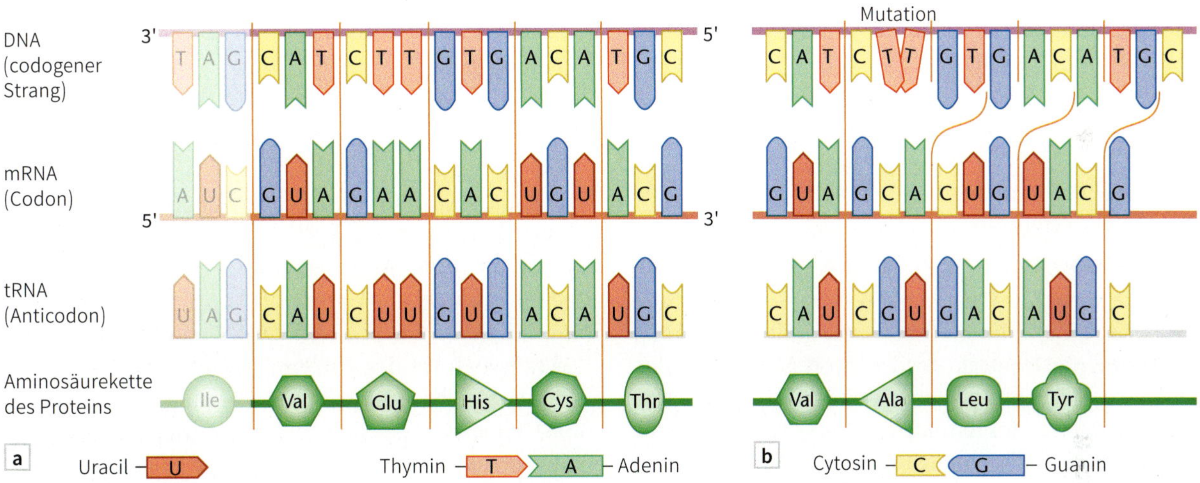

4 *a) Übertragung der genetischen Information, b) Auswirkung einer Genmutation durch Bildung eines Thymindimers*

1. Bildung eines Thymindimers. Erläutern Sie die Folgen der in Abbildung 4 dargestellten Mutation.

2. Genmutationen. Ermitteln Sie die jeweiligen Aminosäuresequenzen in Abbildung 5 mithilfe der Code-Sonne in Kapitel 1.6. Ordnen Sie die in Abbildung 5 dargestellten Genmutationen einem Mutationstyp aus Abbildung 3 zu. Erläutern Sie mögliche Auswirkungen dieser Mutationen.

3. Albinismus. Erläutern Sie anhand von Abbildung 2 und 6 die Auswirkungen einer Genmutation in einem Gen, das an der Bildung von Melanin beteiligt ist auf Zell-, Organ- und Organismus-Ebene.

Ursprüngliche DNA-Basensequenz

3' TCC GGA GCC ACG TCA AAC AAA TGG AAG GGG ACA TTG GCT TAT TTT ATA 5'

DNA-Basensequenz nach Genmutationen

a) TCC GGA GCC ACG TCA AAC AAA ATG GAA GGG GAC TTT GGC TTA TTT TAT
b) TCC GGA GCC ACG TCA AAC AAG TGG AAG GGG ACA TTG GCT TAT TTT ATA
c) TCC GGA GCC ACG TCA AAC AAA TGA AGG GGA CAT TGG CTT ATT TTA TAT
d) TCC GGA GCC ACG TCA AAC AAA TGG AAG GGG ACA TTG GCT TAT ATT ATA
e) TCC GGA GCC ACG TCA AAC AAA TGG AAG GGG ACA TTG GCT TAA TTT ATA

5 *Basensequenzen und Genmutationen*

Melanine sind rötliche, braune und schwarze Pigmente, die beim Menschen die Haut, die Augen und die Haare färben. An der Bildung der Melaninpigmente aus der Aminosäure Tyrosin sind mehrere Enzyme beteiligt. Sie findet in speziellen Zellorganellen, den Melanosomen in den Melanozyten statt. Das gebildete Melanin dient in erster Linie dem Schutz vor UV-Strahlung und reduziert damit das Risiko an Hautkrebs zu erkranken.

6 *Melanin*

→ B1 → B5 → Kap. 1.4 → Kap. 1.5 → Kap. 1.6 → Kap. 6.6 → Kap. 6.7

4.7 Die Mutagene

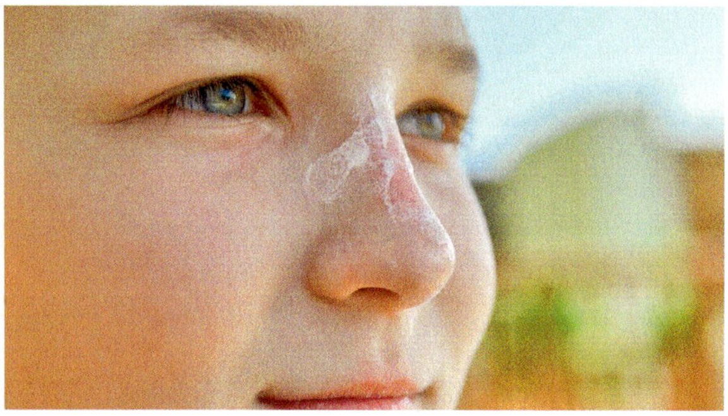

1 *Starker Sonnenbrand im Gesicht*

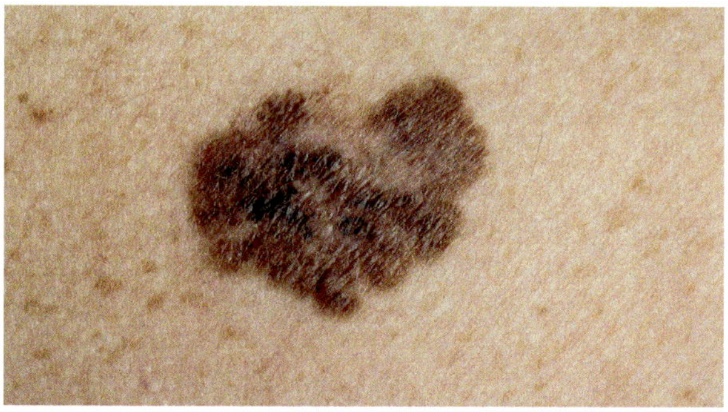

2 *Melanom – ein bösartiger Tumor der Haut*

Die Strahlung der Sonne besteht unter anderem aus dem für uns Menschen sichtbaren Licht sowie aus der ultra-violetten (UV) Strahlung. Ein Sonnenbad schenkt gute Laune und Energie. Dennoch ist Vorsicht geboten, denn übermäßige **UV-Strahlung** der Sonne gilt als wichtigster Risikofaktor für die Entstehung von bösartigem Hautkrebs (Abb. 1, 2).

Die für den Menschen lebenswichtige Ozonschicht bewirkt, dass nur Teile der UV-Strahlung zur Erde gelangen. UV-Strahlung führt unter anderem zu einer Bräunung der Haut, da der Farbstoff Melanin in den Pigmentzellen der Haut vermehrt gebildet wird. Melanin verhindert das tiefe Eindringen von UV-Strahlung in die Haut. Starke UV-Strahlung führt zu einer Entzündung der Haut, dem Sonnenbrand (Abb. 1). UV-Licht erzeugt in der DNA Fotoreaktionen, wodurch nebeneinander liegende Thyminringe zu einem Doppelmolekül, einem Dimer, verschmelzen können (Abb. 4). Ein Übermaß an UV-Strahlung führt in den Hautzellen zu Schäden in der DNA und kann so **Mutationen** auslösen.

Geringe Schäden können von DNA-Reparaturenzymen behoben werden. Bei sehr intensiver und langer Sonneneinstrahlung mit anschließendem Sonnenbrand sind diese natürlichen Reparatursysteme des Körpers oft überlastet. Die DNA kann nicht fehlerfrei repariert werden. Die Zellen mit geschädigter DNA können zu Krebszellen entarten. UV-Licht ist daher ein Faktor, durch den die Mutationsrate erheblich gesteigert werden kann. Einflussfaktoren, die eine dauerhafte DNA-Schädigung in den Zellen hervorrufen, werden als **Mutagene** bezeichnet.

Humane Papillomviren, kurz HPV, sind DNA-Viren und gehören zu den **biologischen Mutagenen.** Sie können Epithelzellen der Haut oder der Schleimhäute infizieren. Die Viren verhindern den natürlichen Zelltod und die Reparatur der DNA. Bei Infizierten können solche Viren zu einem unkontrollierten Wachstum der infizierten Zellen führen. Oft sind die Tumore gutartig und es kommt nur zur Bildung von Warzen.

Zu den **chemischen Mutagenen** gehören Stoffe wie beispielsweise Teerstoffe, Basenanaloga und polyzyklische aromatische Kohlenwasserstoffe. Teerstoffe in Tabakwaren besitzen ein Molekül mit Ringsystem und können sich zwischen die Nucleotide schieben. So täuschen sie den Enzymen eine nichtexistierende Base vor. Während der DNA-Replikation wird an dieser Base eine andere beliebige Base angelagert. So ist der neu entstehende DNA-Strang um ein Nucleotid länger.

Der Stoff 5-Bromuracil gehört zu den Basenanaloga und entspricht bis auf die Methyl-Gruppe der Base Thymin. Das Bromuracil-Molekül ist so ähnlich gebaut, dass es anstelle von Thymin eingebaut wird. Die mutagene Wirkung beruht darauf, dass ein Bromuracil-Molekül durch Umlagerungen im Molekül in zwei Formen vorkommt. Die Keto-Form kann genau wie Thymin Wasserstoffbrücken mit dem Adenin ausbilden. Die Enol-Form ist dagegen komplementär zum Guanin. Bei der Replikation kommt es zu einem Austausch des ursprünglichen Basenpaares Adenin-Thymin durch das Basenpaar Guanin-Cytosin und damit zu einer Mutation.

Die DNA wird nur selten durch Röntgenstrahlung, einem **physikalischen Mutagen**, beschädigt. Durch das Einwirken von Röntgenstrahlung kann die Zucker-Phosphat-Kette eines DNA-Strangs aufbrechen. Dieser Bruch hindert die DNA-Polymerase an der vollständigen Replikation und die RNA-Polymerase an der vollständigen Transkription.

→ Kap. 1.4 → Kap. 3.5 → Kap. 4.6

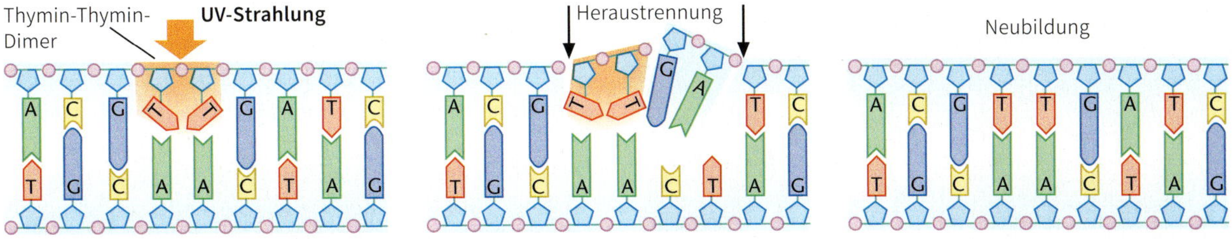

3 *DNA-Reparatur durch DNA-Reparaturenzyme*

Schaden		Ursache
Einzel- oder Doppelstrangbruch	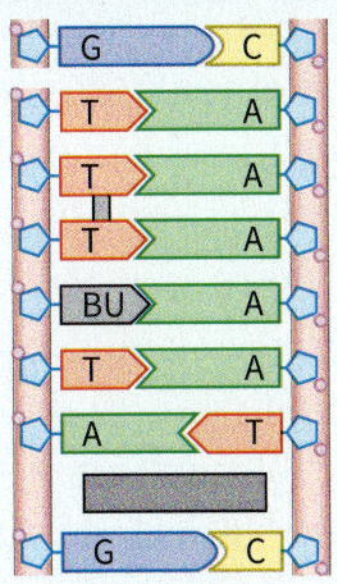	Röntgenstrahlung
Dimerbildung (Pyrimidine TiC)		UV-Strahlung
Einbau falscher Basen		Basenanaloga wie 5-Bromuracil (BU)
Dehnung der DNA		sich einlagernde Substanzen wie Ethidiumbromid

4 *Wirkung von Mutagenen auf die DNA*

1. Mondscheinkrankheit.

a) Beschreiben Sie anhand Abbildung 3 die Vorgänge der Reparatur von UV-bedingten DNA-Schäden.

b) Erläutern Sie anhand von Abbildung 5 die Folgen, die *Xeroderma pigmentosum* für den Alltag der Betroffenen hat.

2 Wirkung ausgewählter Mutagene.

1. Acridinmoleküle schieben sich in der DNA zwischen zwei Nucleotide. Bei der Replikation können sie mit einer der vier Basen eine Bindung ausbilden und bewirken ein Hinzufügen oder einen Verlust einzelner Basenpaare.

2. 2-Aminopurin kann anstelle von Adenin in die DNA eingebaut werden. Es paart sich häufig mit Thymin. Es kann jedoch auch eine Fehlpaarung mit Cytosin eingehen.

a) Vergleichen Sie anhand der Informationen auf dieser Doppelseite die Wirkung von 5-Bromuracil, Acridin, 2-Aminopurin, UV-Licht, Teerstoffen und Röntgenstrahlung in Bezug auf die Art der erzeugten Mutation.

b) Stellen Sie für drei aufeinander folgende Replikationsschritte die durch 5-Bromuracil, Teerstoffe, Acridin und 2-Aminopurin erzeugten Mutationen schematisch dar. Gehen Sie dabei von folgendem DNA-Doppelstrang-Teilstück aus: TCACG
AGTGC

Die beiden Zwillinge rechts im Foto leiden an der seltenen autosomalen Krankheit *Xeroderma pigmentosum,* abgekürzt XP. Bei Menschen mit dieser Erkrankung reagiert die Haut extrem empfindlich auf UV-Licht. Die Erkrankung wird umgangssprachlich auch „Mondscheinkrankheit“ genannt. Betroffene Menschen dürfen sich nie dem Sonnenlicht aussetzen. Viele können nur nachts das Haus verlassen. Schon nach kurzem Aufenthalt in der Sonne reagiert die Haut mit sonnenbrandähnlichen Rötungen, die wochenlang sichtbar sind. Später kommen Pigmentflecken und stark erweiterte Hautgefäße hinzu. Die Haut trocknet aus und schrumpft. Diese Erkrankung kann noch nicht geheilt werden.

In Deutschland leben ungefähr 80 Menschen mit festgestellter Erkrankung an XP. Viele davon sind Kinder, da die Lebenserwartung von Betroffenen viel geringer ist als bei gesunden Menschen. Bei Menschen mit XP ist das DNA-Reparatursystem defekt, das die UV-bedingten Mutationen erkennt und beseitigt. Daher häufen sich Mutationen an. Die Wahrscheinlichkeit, Hautkrebs zu entwickeln, ist bei Menschen mit XP im Vergleich zu Gesunden vieltausendfach erhöht. Daher müssen Menschen mit XP konsequent das Sonnenlicht und vor allem jede UV-Strahlung meiden. Um die Betroffenen vor den schädlichen Umwelteinflüssen abzuschirmen, hat die NASA Schutzanzüge vorgestellt. Sie bestehen aus demselben Material wie die Raumanzüge der Astronauten und schützen vor den in diesem Falle lebensbedrohlichen Sonnenstrahlen.

5 *Xeroderma pigmentosum und Mondscheinkinder*

→ Kap. 1.4 → Kap. 3.5 → Kap. 4.6

4.8 Auswirkungen von Mutationen auf die Evolution

1 *Normal gefärbter Tiger und weißer Tiger*

Weiße Tiger sind eine seltene Variante des Königstigers (Abb. 1). Sie haben eine veränderte DNA, wodurch ein bestimmtes **Genprodukt** nicht mehr hergestellt wird. Dem Fell eines Königstigers fehlt dann in diesem Fall die orange Färbung. Es liegt eine Mutation in dem Gen vor, das für die Fellfarbe codiert. Mutationen können grundsätzlich jeden Bereich der DNA betreffen. Sie passieren häufig spontan und ohne äußere Einwirkungen. Mutagene können die Wahrscheinlichkeiten von Mutationen deutlich erhöhen. Die meisten Mutationen haben nur geringe oder keine Auswirkungen auf die Zellfunktionen. Zellen haben zudem Mechanismen zur Reparatur defekter DNA-Abschnitte. Gelingen diese Reparaturen nicht, können betroffene Zellen sterben. Manche Mutationen verändern Zellfunktionen so weit, dass durch unkontrolliertes Zellwachstum ein Tumor entsteht.

In tierischen Lebewesen, die sich durch geschlechtliche Fortpflanzung vermehren, existieren zum einen die Körperzellen, die auch als somatische Zellen bezeichnet werden, und zum anderen die Keimzellen. Findet in einer Körperzelle eine Mutation statt, wird von einer **somatischen Mutation** gesprochen. Diese Mutationen werden nicht an die nächste Generation weitervererbt.

Weiße Tiger sind Nachkommen eines Königstigers, bei dem diese Mutation erstmalig auftrat. Der entsprechende Gendefekt existierte bereits in der **Zygote** dieser Nachkommen. Durch **Mitose** gelangen diese genetischen Veränderungen in alle Körperzellen, die aus der Zygote hervorgehen. Aus bestimmten Körperzellen, die sich zunächst mitotisch teilen, entstehen durch **Meiose** die **Geschlechtszellen**. Diese Vorläuferzellen der Ei- und Spermienzellen werden als **Keimbahnzellen** bezeichnet. Damit ist auch die Zygote eine Keimbahnzelle und kann ihre Mutationen an die Geschlechtszellen weitergeben. In den Eierstöcken und Hoden befinden sich Keimbahnzellen. Sie werden beim Röntgen mit einer Bleischürze vor der Röntgenstrahlung geschützt, um Mutationen bei den Nachkommen zu vermeiden. Tritt eine Mutation in einer Spermienzelle oder in einer Eizelle auf, so bleibt diese für den Körper folgenlos. Kommt es jedoch zu einer Verschmelzung dieser Zellen zu einer Zygote, so wird die Mutation durch mitotische Zellteilungen an jede Zelle des heranwachsenden Lebewesens weitergegeben. Es handelt sich um eine **Keimbahnmutation**. Dieses Lebewesen gibt seinerseits die Mutation über die Keimbahn an seine Nachkommen weiter.

Erbliche Mutationen wirken sich nicht immer negativ aus. Sie erhöhen die genetische Variabilität, was in einigen Fällen auch vorteilhaft sein kann. Träger vorteilhafter Merkmale haben einen **Selektionsvorteil** und pflanzen sich mit einer höheren Wahrscheinlichkeit fort. Durch diesen Prozess der Evolution entstehen in Populationen neue Merkmale und gegebenenfalls auch neue Arten. Mutationen werden daher häufig auch als "Motor der Evolution" bezeichnet. Mutationen sind dabei zufällig und ungerichtet.

Mutationen können letztendlich auch Auswirkung auf das Verhalten von Lebewesen haben. Einige Personen schreiben dem Menschen aufgrund der natürlichen Selektion ein den Tieren ähnliches Verhalten zu. Die einfache Übertragung von Erkenntnissen, über anderen Tierarten, auf den Menschen ist jedoch kritisch zu hinterfragen. Ein solches Vorgehen, das aus der reinen Beschreibung eines biologischen Ist-Zustands ein normatives So-soll-es-Sein ableitet, heißt **naturalistischer Fehlschluss**. Dass zum Beispiel Schimpansen-Gruppen gegen benachbarte Gruppen Kriege führen, die bis zur Auslöschung einer ganzen Gruppe führen können, rechtfertigt nicht Unterdrückung und Fremdenhass beim Menschen. An dieser Stelle zeigt sich, dass der Mensch auch bewusst gegen „seine Natur" handeln kann und es aus moralischen Gründen auch muss.

→ B5 → Kap. 4.6 → Kap. 4.7 → Kap. 8.7

1. Resistenzbildung und Keimbahnzellen. Sind Organismen gegen schädliche Einwirkungen widerstandsfähig, ist von einer Resistenz die Rede. Resistenzen können bei Insekten gegen Insektizide bestehen oder auch bei Viren gegen antivirale Medikamente. Dabei können Mutationen eine entscheidende Rolle spielen.

a) Nach mehrfachem Einsatz von Insektiziden wird oftmals beobachtet, dass die bekämpften Insekten wieder an Zahl zunehmen, nun aber gegen das Insektengift resistent sind. Erläutern Sie den dargestellten Prozess zur Resistenzbildung bei Insekten (Abb 2), sowie die Tatsache, weshalb am Ende mehr Schädlinge als vor Einsatz des (Breitband)Insektizids vorliegen.

b) Beschreiben Sie die Schemazeichnung zur Darstellung der Keimbahnen in Abbildung 3.

c) Mutierte Gene einer Keimbahnzelle sind bei diploiden Organismen nicht zwangsläufig in allen Geschlechtszellen zu finden, die aus ihr hervorgehen. Erklären Sie diesen Sachverhalt.

2. Somatische Mutationen.

a) "Somatische Mutationen reichern sich im Laufe des Lebens im Körper eines Menschen an". Nehmen Sie begründet Stellung zu dieser Aussage. Etwickeln Sie dabei analog zu der Schemazeichnung in Abbildung 3 eine eigene Schemazeichnung, die Ihre Argumentation verdeutlicht.

b) Somatische Mutationen haben keine erheblichen Auswirkungen auf die Evolutionsentwicklung. Erklären Sie diesen Sachverhalt.

3. Bedeutung von Mutationen in der Medizin. Interpretieren Sie die Abbildung 4 zu Resistenzen bei der Behandlung von HIV.

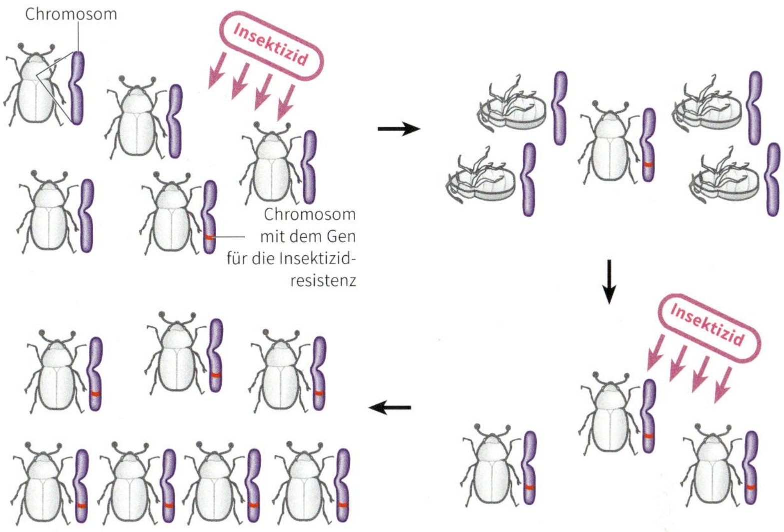

2 *Resistenzentwicklung bei Käfern*

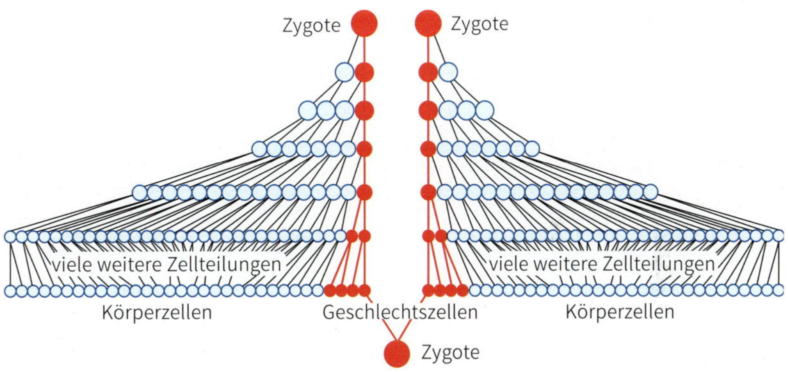

3 *Keimbahnen*

Wie Insekten und Bakterien können auch Viren Resistenzen gegen antivirale Medikamente entwickeln. Dies erschwert eine endgültige Heilung der Erkrankungen. Weiterhin müssen dadurch immer neue Medikamente entwickelt werden, um die Ausbreitung der Krankheit zu verlangsamen. Eine HIV-Infektion ist auch heutzutage immer noch unheilbar. Betroffene Personen müssen daher ein Leben lang Medikamente einnehmen. Medikament wie Lamivudin, kurz 3TC, verhindert die Vermehrung von HI-Viren im Menschen.

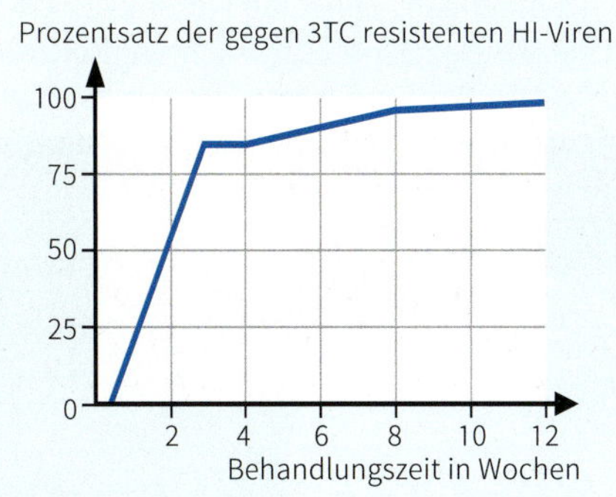

4 *Resistenzen bei der Behandlung von HIV*

→ B5 → Kap. 4.6 → Kap. 4.7 → Kap. 8.7

4.9 Biologische Arbeitstechnik: Die DNA-Chip-Technologie

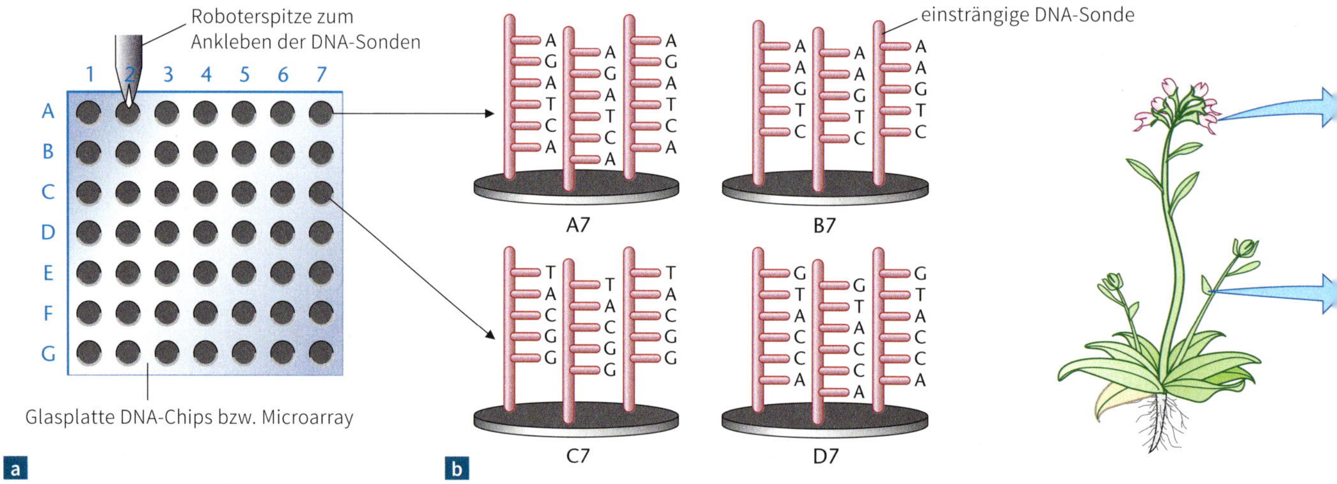

a Microarrays werden auf kleinen Glasplatten hergestellt. Die Platte ist in mehrere zehntausend Felder (engl. *array:* Kästchen) unterteilt, jedes nicht einmal halb so breit wie ein menschliches Haar. Hier ist zum besseren Verständnis nur ein DNA-Chip mit 7 x 7 = 49 Feldern (A1 bis G7) dargestellt. Mithilfe eines Roboters werden in jedes Feld Kopien von kurzen einzelsträngigen DNA-Bruchstücken, DNA-Sonden, aus dem Genom der Pflanze an das Glas geklebt.

b In jedem einzelnen Feld des DNA-Microarrays ist die Basensequenz dieser DNA-Sonden einheitlich, von Feld zu Feld jedoch verschieden. Die DNA-Sonden eines jeden Feldes repräsentieren einen bestimmten DNA-Abschnitt aus dem Genom der Pflanze. Die Basensequenz der DNA-Sonden eines jeden Feldes und die Position des Feldes auf dem DNA-Chip sind in einem Computer gespeichert.

1 *Das Prinzip der DNA-Chip-Technik am Beispiel der Acker-Schmalwand. Untersucht wurde, ob sich Blüten- und Laubblätter in der Genaktivität unterscheiden.*

In der Biologie und Medizin sind Vergleiche auf molekularer und zellulärer Ebene interessant. Wichtige Fragen sind dabei unter anderem: Wie verändert sich die Genaktivität von einem Entwicklungsstadium zum anderen? Wodurch unterscheidet sich ein bösartiger Tumor von normalem Gewebe? In diesem Zusammenhang spielt die Technik der **DNA-Chips** oder **DNA-Microarrays** eine wichtige Rolle. Sie basiert auf dem **Schlüssel-Schloss-Modell** der komplementären Basenpaarung (Adenin-Thymin, Cytosin-Guanin). Treffen zwei komplementäre DNA-Einzelstränge aufeinander, können sie aufgrund der Basenpaarung durch Wasserstoffbrücken einen Doppelstrang bilden. Die DNA-Chip-Technik gehört zu den **Hochdurchsatz-Techniken**, bei denen in kurzer Zeit große Mengen genetischer Information anfallen. Die Anwendungsgebiete von DNA-Chips sind sehr vielfältig. Dazu gehören unter anderem:

2 *Ein DNA-Chip mit einem Microarray*

- die Analyse der Genaktivität im Verlauf von Entwicklungsprozessen und dem Altern,
- die Untersuchung der Auswirkungen von Umwelteinflüssen auf die Genaktivität,
- die Erforschung von erblichen und erblich mitbedingten Krankheiten,
- die Analyse der Unterschiede in der Genexpression von gesundem und erkranktem Gewebe,
- die Analyse der Wirkungen von Medikamenten auf die Genexpression.

→ B1 → Kap. 1.4 → Kap. 4.15

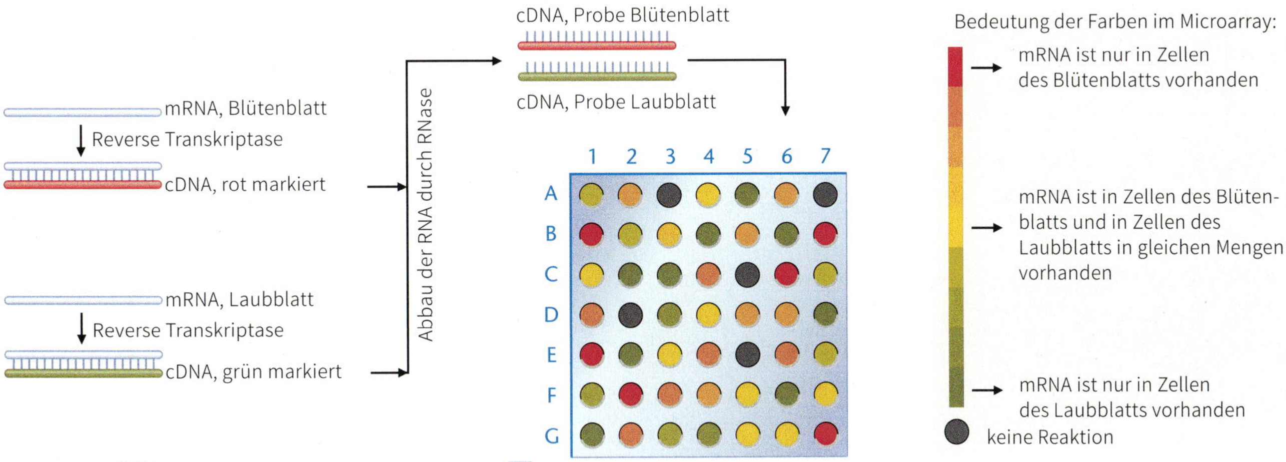

c **d**

c Aus Blütenblättern und aus Laubblättern der Pflanze wird mRNA gewonnen, diese mRNA-Moleküle repräsentieren aktive Gene. Die mRNA-Moleküle sind instabil. Mithilfe des Enzyms Reverse Transkriptase werden die mRNA-Moleküle in stabile einzelsträngige komplementäre, sogenannte cDNA-Moleküle umgeschrieben. Die cDNA aus Laubblättern und Blütenblättern wird getrennt mit verschiedenen Fluoreszenzfarbstoffen markiert. Häufig werden solche Farbstoffe benutzt, die durch grünes Licht (hier für cDNA aus dem Laubblatt) oder durch rotes Licht (hier für cDNA aus dem Blütenblatt) angeregt werden.

d Die Proben werden zu gleichen Teilen gemischt und auf das Microarray gegeben. Bei der Hybridisierungsreaktion (lat. *hybrida:* Mischling) „fischt" eine DNA-Sonde eine cDNA der Probe mit komplementärer Basensequenz heraus und bildet einen Doppelstrang. Aufgrund seiner Fluoreszenz-Markierung wird dieser Doppelstrang mit einem Laserlicht-Scanner erkannt und am Computerbildschirm als farbiger Kreis wiedergegeben. Die Färbung eines Kreises hängt davon ab, wie viele DNA-Doppelstränge sich in dem Array gebildet haben und in welchem Verhältnis dabei rot und grün markierte cDNA beteiligt sind.

1. Komplementäre Basenpaarung. Nehmen Sie an, die folgende Basensequenz sei Teil der DNA-Sonde im Feld A1 des Microarrays (Abb. 1): 5' … AGTCCCTTGGCTC …3'. Nennen Sie die Basensequenz der entsprechenden mRNA und der komplementären cDNA.

2. Auswertung eines DNA-Chips.

a) Erläutern Sie anhand von Abbildung 1 a – d, welche Aussagen ein grünes, rotes, gelbes und graues Feld zulassen und wie die verschiedene Intensität der Mischformen zustande kommt.

b) Werten Sie das Ergebnis (1d) mit Bezug zur Hypothese: „Blüten- und Laubblätter unterscheiden sich in der Genexpression" aus.

3. Hautkrebs und DNA-Chip-Technik.

a) Erläutern Sie anhand von Abbildung 3, welche Fragestellungen mit einem DNA-Chip in Hinblick auf das maligne Melanom beantwortet werden können.

b) Beschreiben Sie in den Grundzügen die Vorgehensweise zur Beantwortung der zugrundeliegenden Fragestellungen aus Aufgabe a).

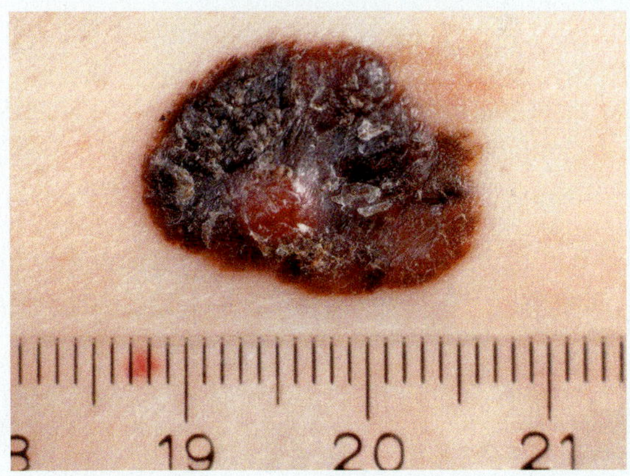

Aus dem Prospekt einer Firma, die DNA-Chips herstellt:

DNA microarrays are the ideal tools for studying gene expression. Our Human Microarray is designed to profile gene expression of a panel of 113 genes. Through a simple hybridization experiment you can determine differential gene expression between your samples.

3 *Ein Text aus einem Firmenprospekt und ein malignes Melanom*

4.10 Exkurs: Die Erforschung des Ganzen: die Omics-Forschung

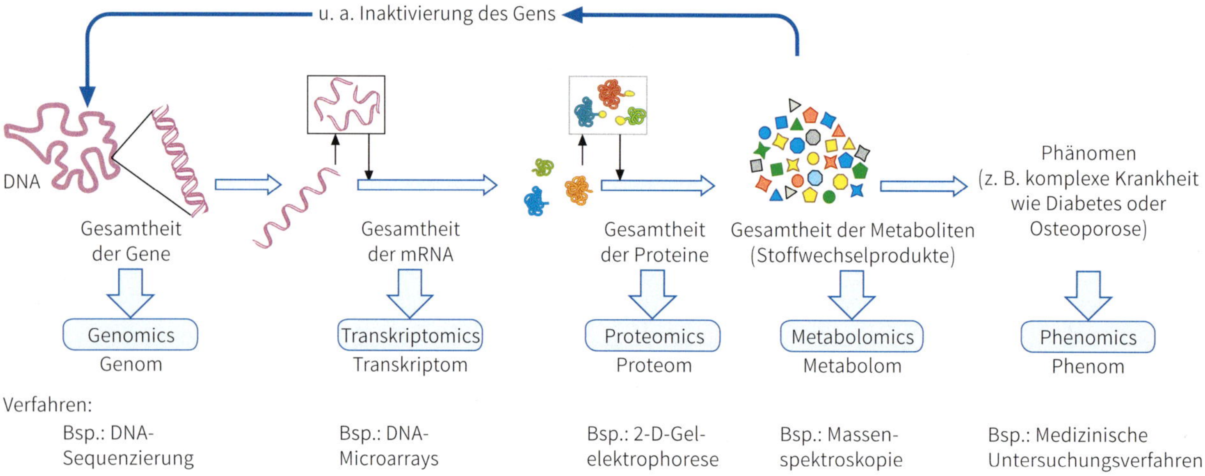

1 *Die Welt der „Omics": Vom Gen zum Phänotyp*

Unter dem Begriff **„Omics"** werden viele Spezialdisziplinen und moderne molekularbiologische Methoden zusammengefasst (Abb. 1). Mithilfe dieser Methoden können Veränderungen in verschiedenen Molekülklassen, wie beispielsweise DNA, Proteine und Stoffwechselprodukte gleichzeitig erfasst werden. Die modernen **Hochdurchsatz-Sequenzierungen** haben maßgeblich zur technischen Entwicklung der „Omics" beigetragen. Die Bedeutung der Silbe „-omics" liegt in der Erforschung eines bestimmten Themenfeldes der Biologie, das oft mit der Silbe „-om" endet. Der Begriff „Genomics" bedeutet daher die Erforschung des Genoms, also der Gesamtheit aller Gene. Zum Forschungsbereich der **Genomics** gehören unter anderem die räumliche Lokalisierung der Gene sowie die Untersuchung der Gene und ihre Bedeutung für das Wachstum, die Entwicklung, die Steuerung biologischer Funktionen innerhalb eines Organismus und den Aufbau biologischer Strukturen.

Das **Genom** ist mit der Gesamtheit aller Gene, abgesehen von selten auftretenden Mutationen, sehr stabil und ändert sich sehr wenig. Das Genom ist daher in allen Zellen eines Organismus weitgehend identisch. Im Jahre 2003 wurde die endgültige Version des vollständig entschüsselten menschlichen Genoms durch die Forscher der **Human-Genom-Organisation (HUGO)** veröffentlicht. Das menschliche Genom beinhaltet etwa 25 000 verschiedene Gene.

Das **Proteom** beschreibt die Gesamtheit der Proteine, die durch das Genom codiert werden. Die Erforschung des **Proteoms** ist das Ziel der **Proteomics**. Anders als die Gene sind deren Produkte, die Proteine, nicht statisch, sondern werden je nach Aktivierung bestimmter Gene immer neu gebildet und wieder abgebaut. Dank moderner Methoden wie der **Massenspektroskopie** sind seit 2010 die Proteome bestimmter Zellen des Menschen vollständig bekannt. Beim Menschen wird die Zahl der unterschiedlichen Proteine insgesamt auf etwa 300 000 geschätzt. Die Gene liefern als Erbinformation den Bauplan eines Organismus. Die Proteine übernehmen die biologische Funktion oder bauen Strukturen im Organismus auf. Für das Verständnis der Vorgänge innerhalb eines Organismus ist die Wechselwirkung der zahllosen Proteine von entscheidender Bedeutung (Abb. 2).

Die Untersuchung der Substanzen, die beim Stoffwechsel innerhalb einer Zelle durch Proteine verwendet, umgesetzt oder hergestellt werden, liegt im Fokus der **Metabolomics** (Abb. 1). Als Metaboliten werden dabei die Stoffwechselprodukte innerhalb der Zelle bezeichnet. Schwerpunktmäßig wird hier beispielsweise die Regulation von Stoffkreisläufen und Zellaktivitäten durch bestimmte Stoffwechselprodukte erforscht.

Das **Phenom** beschreibt die Gesamtheit der phänotypischen Eigenschaften, die durch eine Zelle, ein Gewebe, ein Organ oder einen Organismus ausgedrückt wird (Abb. 1). Ein Phenom beschreibt dabei mehrere phänotypische Merkmale. Beispiele für menschliche phänotypische Merkmale sind Hautfarbe, Augenfarbe oder Körpergröße.

→ B4 → Kap. 6.4 → Kap. 7.6 → Kap. 7.7

1. Proteogenomics. Der Begriff Proteogenomics umfasst die Gesamtheit der Disziplinen und Unterdisziplinen der Genomics und der Proteomics. Jede dieser Unterdisziplinen liefert einen wichtigen Beitrag zum Verständnis komplexer biologischer Prozesse.

a) Erläutern Sie den in Abbildung 1 dargestellten Weg von Genen über die Proteine bis zu den gesteuerten Vorgängen unter Berücksichtigung von Abbildung 2.

b) Recherchieren und beschreiben Sie die molekularbiologischen Untersuchungsmethoden „DNA-Sequenzierung" und „2-D-Gelelektrophorese" sowie deren jeweilige Bedeutung für die Proteogenomics (Abb. 1).

2. Toxico-Genomics. Mithilfe dieser Methode werden Änderungen der Aktivität bestimmter Gene auf der Ebene der mRNA erfasst, die beispielsweise durch giftige Stoffe ausgelöst werden. Beschreiben Sie diese Methode anhand von Abbildung 3.

3. Weitere Einsatzgebiete der „Omics". Neben der Toxiko-Genomik gibt es zahlreiche weitere Anwendungsgebiete der „Omics". Begründen Sie, welche Omics Sie als Forschungsteam für die folgenden Fragestellungen einsetzen würden:

1. Wie groß ist die intraspezifische genetische Variablität?
2. Wie unterscheiden sich Krebszellen von gesunden Zellen eines betroffenen Menschen?
3. Wie unterscheiden sich unterschiedlich differenzierte Zellen eines Menschen, beispielsweise Leberzellen und Hautzellen?
4. Auf der Basis molekularbiologischer Verwandtschaftsbelege soll ein Stammbaum für drei Arten von Lebewesen erstellt werden.

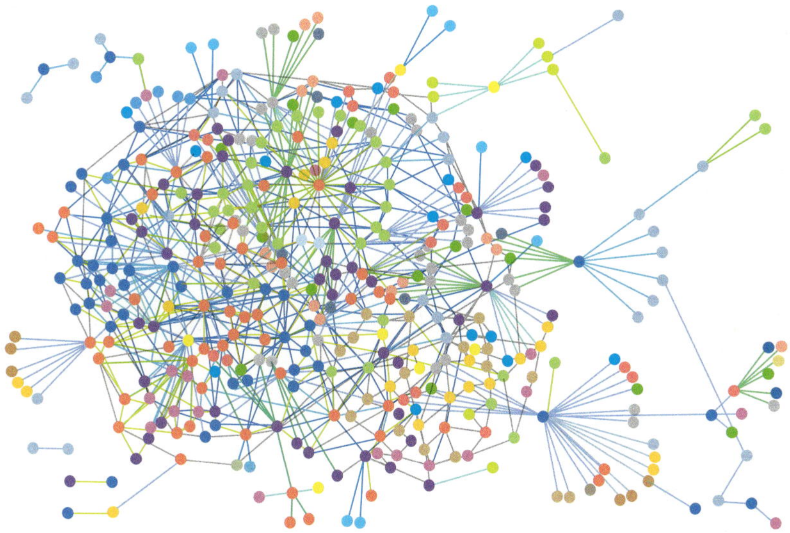

2 *Ein Netzwerk an Protein-Interaktionen (Jeder Kreis entspricht einem Protein)*

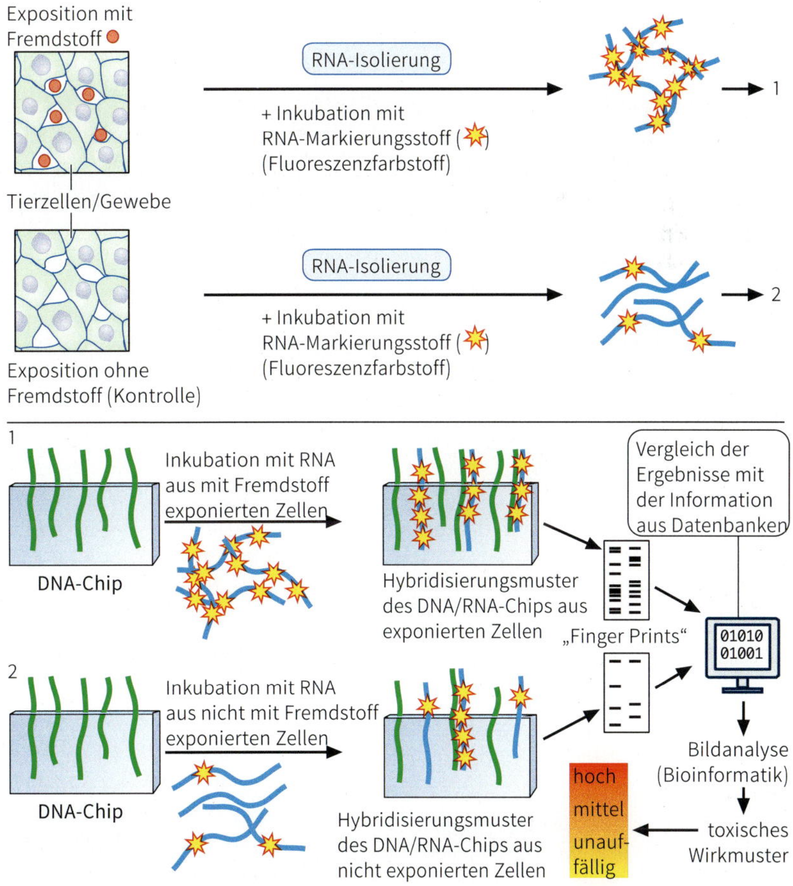

3 *Microarray-Technik mit DNA-Chip*

→ B4 → Kap. 6.4 → Kap. 7.6 → Kap. 7.7

4.11 Eine Anwendung der Gentechnik: Synthese von Humaninsulin

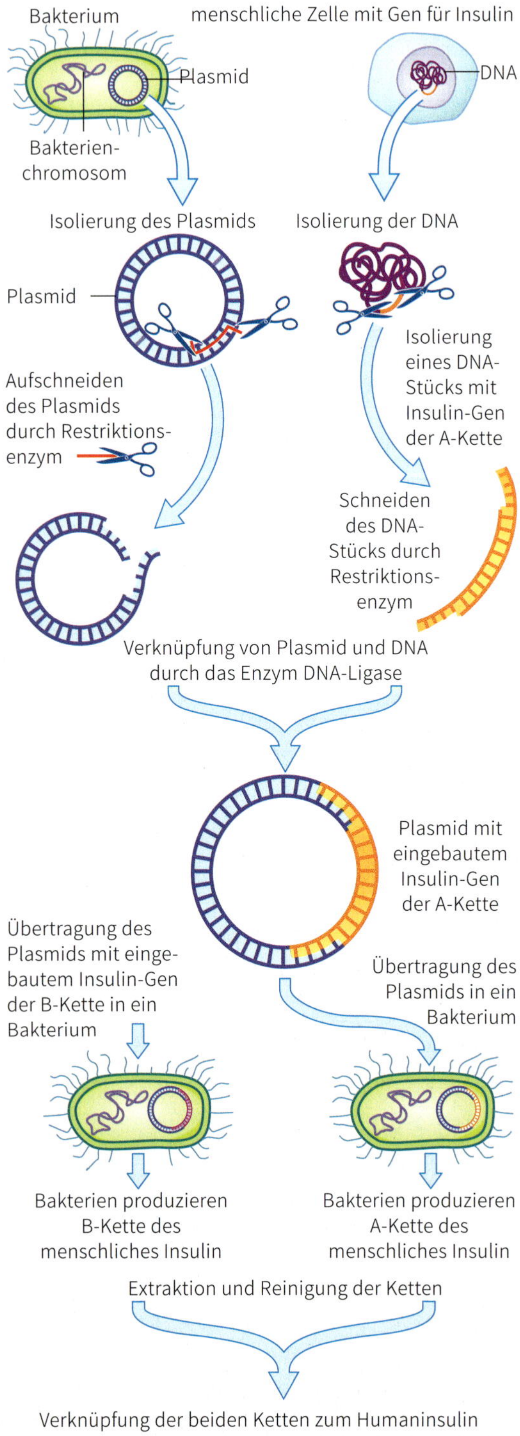

1 *Ein Verfahren zur gentechnischen Veränderung von Bakterien , das Verfahren wird für die A- und B-Kette des Insulins gleich durchgeführt und dann jeweils in ein Bakterium übertragen*

Schon früh haben Menschen die Stoffwechselleistungen bestimmter Lebewesen für sich genutzt. So werden Hefepilze zum Brotbacken und Bierbrauen und Milchsäurebakterien zur Herstellung von Sauermilch, Joghurt, Kefir und Käse genutzt. Heute nennt man die Produktion von Waren und Dienstleistungen durch Lebewesen **Biotechnologie**. Ein jüngeres Teilgebiet der Biotechnologie ist die **Gentechnik**. Gentechnische Verfahren sind möglich, weil die Erbinformation aller Lebewesen aus DNA besteht. Das ist der Grund, warum Bakterien auch Gene des Menschen lesen können und so Stoffe herstellen können, die sonst nur im menschlichen Körper gebildet werden. Im Jahr 1982 gelang es erstmals, das menschliche Insulin mithilfe gentechnisch veränderter Bakterien zu produzieren. Insulin ist ein Protein, das als Hormon an der Regelung des Blutzuckerspiegels beteiligt ist. Das Insulin-Molekül setzt sich aus zwei Polypeptid-Ketten mit unterschiedlicher Länge zusammen. Die A-Kette besteht aus 21, die B-Kette aus 30 Aminosäuren. Im Insulin-Molekül sind beide Ketten über zwei Disulfid-Brücken miteinander verbunden. Von den Menschen, die an Diabetes erkrankt sind, benötigen viele Insulin als Medikament. Vor der gentechnischen Herstellung wurde Insulin aus Bauchspeicheldrüsen von Rindern und Schweinen gewonnen.

Grundlegende Verfahren der Gentechnik sind die **Genanalyse** und der **Gentransfer** (Abb. 2). Mithilfe des Gentransfers können Bakterien gentechnisch so verändert werden, dass sie Proteine des Menschen wie etwa das Insulin herstellen (Abb. 1). Für dieses Verfahren sind zwei verschiedene Enzyme von großer Bedeutung. Ein Restriktionsenzym erkennt eine bestimmte Abfolge von Basen auf der DNA und schneidet die DNA an dieser Stelle auf. Es gibt verschiedene Restriktionsenzyme, die jeweils eine andere Basenabfolge auf der DNA erkennen und dort schneiden. Weil Restriktionsenzyme vereinfacht wie eine Schere wirken, heißen sie auch „molekulare Scheren". Ein anderes Enzym, die DNA-Ligase, verknüpft die zueinander passenden Enden von DNA-Stücken.

Bakterien enthalten oft zusätzlich zu ihrem Chromosom kleine, ringförmige DNA-Moleküle, die **Plasmide** (Abb. 1). Plasmide können aus Bakterien isoliert und mithilfe eines Restriktionsenzyms aufgeschnitten werden. In die Schnittstelle kann mittels DNA-Ligase ein neues Gen, beispielsweise das für das menschliche Insulin, eingefügt werden. So entsteht ein Plasmid mit neukombinierter DNA. Solche Plasmide werden in Bakterien übertragen und von den Bakterien identisch vervielfältigt. Die neukombinierten Plasmide sorgen in den Bakterien für die Bildung des gewünschten Proteins, in diesem Fall des Insulins. Das in Abbildung 1 dargestellte Verfahren muss einmal für die A-Kette des Insulins und einmal für die B-Kette durchlaufen werden. Die Bakterien beginnen erst nach Zugabe von Lactose zur Initiierung der Genexpression mit der Produktion der beiden Ketten. Jedes ***Escherichia coli***-Bakterium kann bis zu 100 000 Moleküle der A- bzw. der B-Kette synthetisieren. Nach der Extraktion und Reinigung der A-und B-Ketten aus den verschiedenen *E. coli*-Kulturen werden diese zusammengegeben. Dann verknüpfen sich beide Ketten über zwei Disulfidbrücken miteinander zum fertigen Humaninsulin.

→ Kap. 4.12

Genanalyse bei Viren, Bakterien, Pilzen, Pflanzen, Tieren und Menschen:	**Gentransfer bei Viren, Bakterien, Pilzen, Pflanzen und Tieren:**
– den Code eines Gens analysieren; – das An- und Abschalten von Genen erforschen; – die Bedeutung von Genen im Organismus erforschen; – neue Gene entdecken.	– Gene isolieren; – Gene verändern; – Gene zwischen verschiedenen Arten übertragen und einbauen.

2 *Die Methoden der Gentechnik*

Insulin ist ein Protein, das in der Bauchspeicheldrüse gebildet wird. Insulin ist ein Hormon und fördert die Aufnahme von Glucose aus dem Blut in Zellen. Seit 1928 wird Insulin als Medikament bei Diabetikern eingesetzt. Dazu wurde Insulin aus Bauchspeicheldrüsen von Rindern und Schweinen gewonnen. Bereits 1976 wurde von Wissenschaftlern prognostiziert, dass Insulin aus Bauchspeicheldrüsen schon in wenigen Jahrzehnten den Bedarf nicht mehr decken könne. Weltweit ist die Zahl der Diabetiker deutlich gestiegen. Im Jahr 2006 gab es weltweit 180 Millionen Diabetiker. Bis zum Jahr 2030 rechnet die Weltgesundheitsorganisation mit einer Verdopplung. Schweineinsulin und Rinderinsulin unterscheiden sich vom Humaninsulin in einer Aminosäure beziehungsweise zwei Aminosäuren. Das hatte bei einigen Patienten Unverträglichkeitsreaktionen zur Folge. 1975 gelang es, durch Enzyme, Schweineinsulin in Humaninsulin umzuwandeln.
Gentechnisch hergestelltes Humaninsulin hat in den letzten Jahrzehnten auch aus wirtschaftlichen Gründen den größten Teil des Marktes erobert. In einem Bioreaktor von 40 Kubikmetern werden mit dem Bakterienstamm *E. coli* K12 in 30 Stunden etwa 100 Gramm Humaninsulin gewonnen. Mittlerweile gibt es neue, gentechnisch hergestellte Humaninsuline, die sich in der Dauer ihrer Wirksamkeit unterscheiden und eine sorgfältige Abstimmung von Blutzuckerspiegel und Ernährung ermöglichen.

3 *Das Insulin*

1. Gentechnische Veränderung von Bakterien. Beschreiben Sie unter Verwendung der beiden Abbildungen 1 und 2 das Verfahren zur Herstellung gentechnisch veränderter Bakterien.

2. Erfindungen bauen auf anderen Erfindungen und Entdeckungen auf. Die gentechnische Herstellung von Insulin seit 1982 hat eine Reihe wissenschaftlicher Voraussetzungen. Erläutern Sie dies anhand der Angaben in Abbildung 4.

3. Medizinische und wirtschaftliche Aspekte. Erörtern Sie medizinische und wirtschaftliche Gesichtspunkte, die das Aufkommen gentechnisch hergestellten Insulins begünstigt haben. Beachten Sie dabei Abbildung 3.

1865	Der österreichische Augustinermönch GREGOR MENDEL formuliert aufgrund seiner Versuche mit Erbsenpflanzen die Vererbungsgesetze.
1903	Die „Chromosomentheorie der Vererbung“ wird formuliert. Sie besagt, dass Chromosomen Träger der Erbanlagen sind.
1909	Der Begriff „Gen“ wird eingeführt.
1944	Bei Experimenten mit einem Bakterium, das bei Mäusen Lungenentzündung hervorruft, gelingt der Beweis, dass Gene aus DNA bestehen.
1950	Bei Untersuchungen zur chemischen Zusammensetzung der DNA wird festgestellt, dass stets die Basen Adenin und Thymin sowie Guanin und Cytosin in gleichen Mengen vorkommen.
1953	JAMES D. WATSON und FRANCIS CRICK entschlüsseln die Doppelhelix-Struktur der DNA.
1961	Der genetische Code, der den Zusammenhang zwischen Basenabfolge der DNA und Aminosäureabfolge in einem Protein beschreibt, wird entschlüsselt.
1968	Restriktionsenzyme zum Schneiden der DNA werden entdeckt.
1977	Erstmals werden Insulin-Gene von Ratten auf Bakterien übertragen (Gentransfer).
1982	Gentechnisch hergestelltes Insulin des Menschen wird vermarktet.

4 *Aus der Geschichte der Genetik*

→ Kap. 4.12

4.12 CRISPR/Cas – Molekulare Genscheren

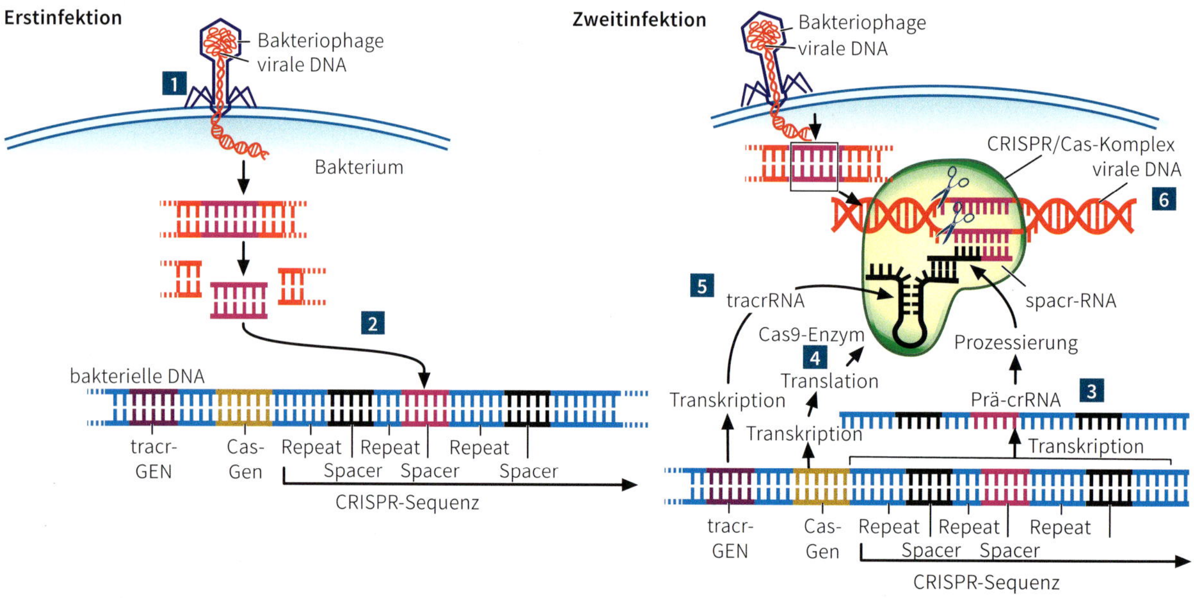

1 *Das CRISPR/Cas-System zur Immunabwehr bei Bakterien*

Nicht nur Menschen, sondern auch Bakterien können von Viren , sogenannten Bakteriophagen, infiziert werden. Bakterien haben Abwehrmechanismen gegen diese Bakteriophagen entwickelt (Abb. 1). Bei einer Erstinfektion mit einem bestimmten Virus werden Teile seiner DNA in das Bakteriengenom als sogenannte Spacer integriert. Dies erfolgt in kurzen sich wiederholenden Nucleotidsequenzen des Bakteriengenoms, der **CRISPR**-Region (engl. *clustered **r**egularly **i**nterspaced **s**hort **p**alindromic **r**epeats*). So entsteht im Laufe der Zeit eine Art Bibliothek der Viren, die das Bakterium infiziert haben. Dadurch kann bei einer Zweitinfektion das Virus durch das Bakterium erkannt und durch das Enzym Cas9 funktionslos gemacht werden. Die gespeicherte Information kann an die Nachkommen weitergegeben werden.

Man entdeckte diesen Mechanismus der Immunabwehr bei Bakterien und modifizierten ihn so, dass dieser Mechanismus, auch in Pflanzen- und Tierzellen, mit Hilfe des CRISPR/Cas-Systems möglich ist, DNA-Moleküle an jeder gewünschten Stelle zu zerschneiden. So können gezielt DNA-Bausteine entfernt oder eingefügt sowie Gene stillgelegt werden (Abb. 2). Das CRISPR/Cas-System wird deshalb auch als **Genschere** und ihre Anwendung als ***Genome editing*** bezeichnet. Durch sie hat sich die Gentechnik grundlegend verändert.

Erstinfektion einer Bakterienzelle

1 Trifft ein Bakteriophage auf ein Bakterium, bindet es an einen passenden Rezeptor an der Bakterienoberfläche und injiziert seine DNA in das Bakterium. Durch die Transkription des Virusgenoms kommt es dann zur Produktion von neuen Viren.

2 Manchmal gelingt es den Bakterien die injizierte DNA zu zerschneiden und kurze Fragmente davon in die CRISPR-Abschnitte des eigenen Genoms zu integrieren. Diese als Spacer bezeichneten Genabschnitte dienen als Immungedächtnis der Bakterien.

Zweitinfektion einer Bakterienzelle

3 Bei einer Infektion werden die CRISPR-Sequenzen zusammen mit den enthaltenen Spacer-Sequenzen transkribiert und die entstandene prä-crRNA zur reifen crRNA prozessiert.

4 Das Cas-Gen (CRISPR-associated) codiert für ein Enzym, das DNA schneiden kann. Es wird bei einer Zweitinfektion des Bakteriums mit dem gleichen Virus exprimiert.

5 Ein weiteres Transkriptionsprodukt, die tracrRNA bindet zusammen mit der Spacer-RNA an komplementäre Abschnitte der viralen DNA. Sie dienen als Erkennungssequenz für das Cas9-Enzym.

6 Das Cas9-Enzym entspiralisiert die Virus-DNA, zerschneidet sie und macht sie so funktionslos, da die Bakteriophagen keine DNA-Reparaturenzyme besitzen.

→ Kap. 1.4 → Kap. 4.11

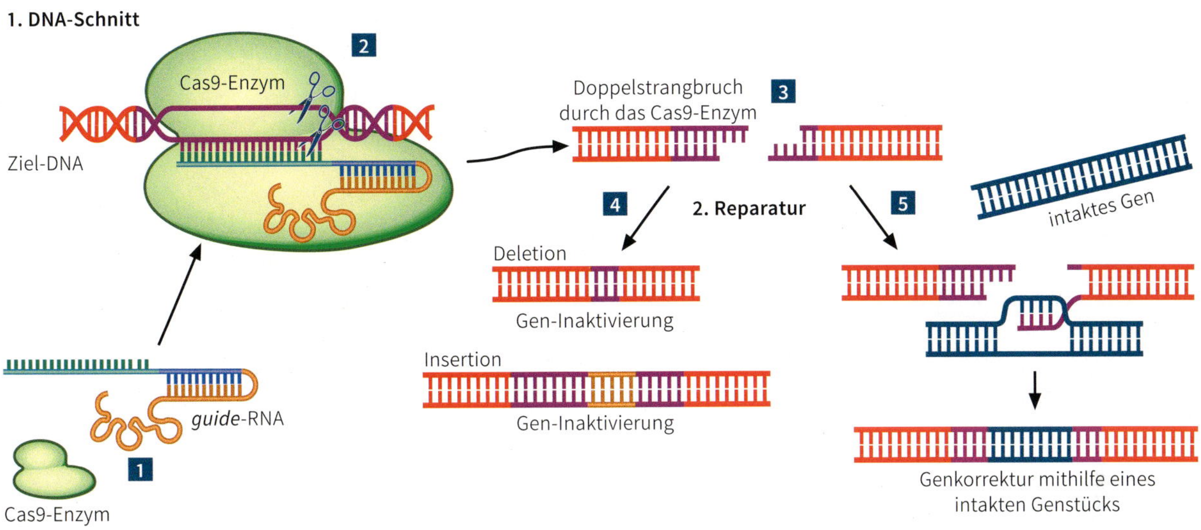

2 *Das CRISPR/Cas-System als Genschere*

1 Für den Einsatz des CRISPR/Cas-Systems als Genschere wird ein kurzes crRNA-Molekül als genetische Erkennungssequenz mit einer tracrRNA zu einer guide-RNA verbunden und zusammen mit dem Cas9-Enzym in die Zielzelle geschleust.

2 Die RNA-Erkennungssequenz dirigiert das Cas9-Enzym an die gewünschte Stelle im Genom und das Enzym schneidet die beiden DNA-Stränge.

3 Durch den Doppelstrangbruch der DNA werden die DNA-Reparaturmechanismen der Zelle aktiviert.

4 Die freien Basen-Enden der DNA werden wieder zusammengefügt. Durch den Einbau oder Abbau einzelner Nucleotide an den DNA-Enden entstehen jedoch Fehler. Dadurch wird das betroffene Gen funktionslos.

5 Wird zusammen mit der guide-RNA und dem Cas9-Enzym auch eine intakte Kopie des Zielgens mit in die Zelle geschleust, so wird die Bruchstelle der DNA nach dieser Vorlage repariert und die fehlenden Nucleotide korrekt eingebaut. So lassen sich neue Gene in das Erbgut einbringen.

1. CRISPR/Cas-System.

a) Beschreiben Sie den Abwehrmechanismus von Bakterien gegen Viren anhand von Abbildung 1.

b) Erstellen Sie anhand der Abbildungen 2 und 3 ein Fließdiagramm, das die notwendigen Schritte zur Gentherapie bei β-Thalassämie zeigt.

c) Erläutern Sie wie mithilfe des CRIPR/Cas-Systems eine Pflanze erzeugt werden kann, die ein Resistenzgen gegen Schädlinge besitzt.

Hämoglobin ist ein eisenhaltiger Proteinkomplex, der aus vier Globin Untereinheiten besteht. Er ist ein wichtiger Bestandteil der Erythrozyten. Es bindet Sauerstoff und Kohlenstoffdioxid und ermöglicht ihren Transport im Blut. Das Hämoglobin eines noch ungeborenen Kindes wird als fetales Hämoglobin, kurz HbF, bezeichnet und besteht aus zwei α- und zwei γ-Globinen. Das Hämoglobin von erwachsenen Menschen HbA besteht hingegen aus zwei α- und zwei β-Globinen. Nach der Geburt wird die Genexpression des Gens für γ-Globin durch den Transkriptionsfaktor BCL11A gehemmt und es wird zunehmend mehr HbA gebildet.

Bei der sogenannten β-Thalassämie liegt eine von 4 000 bekannten Mutationen des Gens für β-Globin vor. Es kommt zu einer Störung der Erythrozytenbildung und es sind regelmäßige Bluttransfusionen zur Behandlung notwendig.

Forschenden der Universität Regensburg gelang es erstmals, den Gesundheitszustand von Betroffenen mithilfe einer Gentherapie zu verbessern. Sie entnahmen den Betroffenen Blutstammzellen aus dem Knochenmark. Mithilfe der CRISPR/Cas-Genschere durchtrennten sie im Labor das Gen für den Transkriptionsfaktor BCL11A. Die veränderten Stammzellen wurden den Betroffenen wieder infundiert und gelangten zurück in das Knochenmark. Nach kurzer Zeit bildeten sie funktionstüchtige Erythrozyten mit HbF.

3 *Gentherapie bei β-Thalassämie*

→ Kap. 1.4 → Kap. 4.11

4.13 Eine Anwendung der Gentechnik: synthetische Organismen

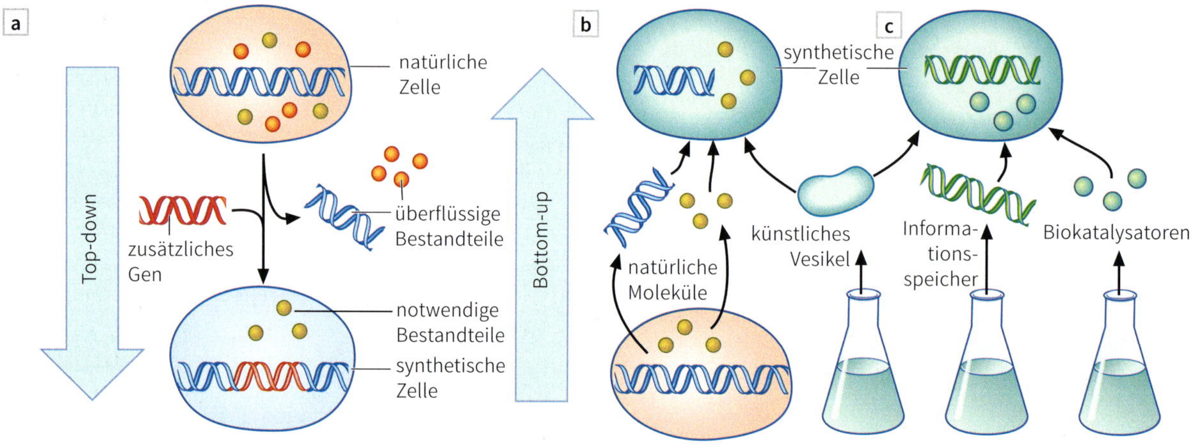

1 *a) Top-down-Ansatz, b) in-vitro-synthetischer Bottom-up-Ansatz, c) chemisch-synthetischer Bottom-up-Ansatz*

Die **Synthetische Biologie** verändert bestehende zellbiologische Systeme und kombiniert sie teilweise mit chemisch synthetisierten Komponenten zu neuen Einheiten, den **synthetischen Organismen**. Dadurch können Eigenschaften entstehen, die in den natürlichen Organismen nicht vorkommen.

Die Arbeitsweise der Synthetischen Biologie basiert auf gentechnischen und biotechnologischen Verfahren und stellt ihre Weiterentwicklung dar. Ziele der Synthetischen Biologie in der nahen Zukunft sind beispielsweise:

- Die Entwicklung von neuartigen Proteinen für bestimmte Funktionen. Dafür könnten auch neu entwickelte Aminosäuren verwendet werden.
- Die Beschleunigung und Optimierung von Stoffwechselprozessen durch die Gestaltung neuartiger Schaltkreise zum gezielten An- und Abschalten von Genen.
- Der Bau von neuen Organismen, zum Beispiel für die Produktion von Medikamenten, Nährstoffen oder zur Energiegewinnung.

Ein Organismus mit einem vollständig künstlich hergestellten Genom wurde erstmals im Jahr 2010 geschaffen. Dafür hat man zahlreiche etwa 1000 Basenpaare lange Genom-Stücke eines sehr einfach gebauten Mycoplasma-Bakteriums im Labor hergestellt. Anschließend wurden die verschiedenen künstlichen Genom-Stücke durch Rekombination in Hefezellen miteinander verbunden. Das nun vollständig synthetisierte Genom übertrug man in eine andere Mycoplasma-Art, wo es dann die genetische Kontrolle übernahm und sich eigenständig vermehrte. Wirklich neues Leben ist auf diese Weise jedoch nicht geschaffen worden, da das natürliche Genom noch als Vorlage diente, nach der die künstlichen Bausteine eins zu eins zusammengesetzt wurden. Der Nutzen des künstlichen Genoms besteht darin, dass man aus ihm gezielt einzelne Gene entfernen und so überprüfen kann, welche Gene für das Überleben der Zelle notwendig sind. Auf diese Weise könnte man schließlich einen **Minimalorganismus** erschaffen, für den nur noch drei Komponenten erforderlich sind:

- Eine Hülle, welche die Bestandteile zusammenhält und den Stoffaustausch mit der Umgebung regelt.
- Ein Stoffwechsel, der aufgenommene Stoffe in Baustoffe umwandelt und Energie bereitstellt.
- Ein System, das die Baupläne speichert.

Durch Hinzufügen von neuen Stoffwechselwegen ließe sich dann aus einem Minimalorganismus ein Organismus schaffen, der sich zur Herstellung eines bestimmten Stoffes eignet (Abb. 2).

Neben dem als **Top-down-Ansatz** bezeichneten Versuch, ein bereits existierendes biologisches System in seiner Komplexität zu reduzieren, wird noch ein anderer Weg verfolgt (Abb. 1a). Beim **Bottom-up-Ansatz** startet man mit künstlichen Bauteilen, aus denen ein System minimaler Größe von Grund auf neu konstruiert wird (Abb. 1b, 1c). Der Top-down-Ansatz bietet einerseits zunächst den Vorteil, dass die Natur die grundlegenden Funktionen der Bestandteile bereits im Verlauf der Evolution optimiert hat, schränkt andererseits aber die Entwicklungsmöglichkeiten ein.

→ Kap. 4.11 → Kap. 4.12 → Kap. 4.14

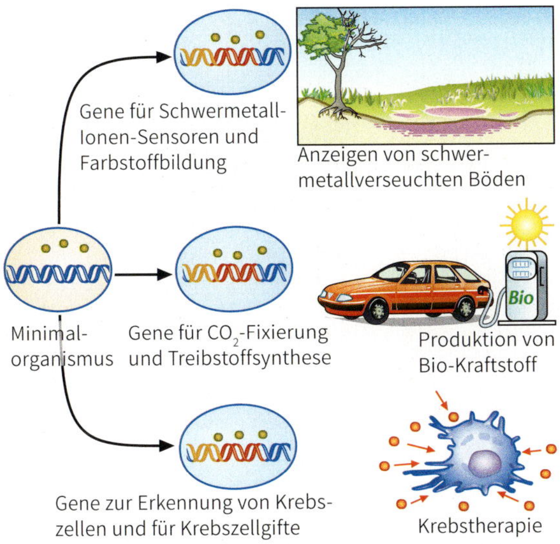

2 *Mögliche Einsatzgebiete von synthetischen Organismen*

Es mag unproblematisch erscheinen, wenn zunächst nur Pilze und Einzeller gezielt so verändert werden, dass sie Rohstoffe für den Menschen produzieren. Doch wenn man auch höhere Lebewesen aus der Perspektive einer möglichen Verwertung betrachtet, kann irgendwann nicht mehr eindeutig zwischen einem Lebewesen und einer Maschine unterschieden werden. Schließlich führt dies zu der Überzeugung, dass das Leben einer komplexen Maschine gleicht. Auf diese Weise entwertet man alles Lebendige.

3 *Eine ethische Position zur Schaffung synthetischer Organismen*

1. Synthetische Organismen – ein gesellschaftliches Problem?

a) Recherchieren Sie für eines der dargestellten möglichen Einsatzgebiete (Abb. 2) von synthetischer Organismen die aktuellen Entwicklungen und die Ziele der Forschung.

b) Bewerten Sie die aktuellen Entwicklungen aus biologischer und aus gesellschaftlicher Sicht.

2. Ethische Aspekte. Nehmen Sie Stellung zu der Argumentation in der Abbildung 3. Verfassen Sie hierzu eine Erwiderung, mit der Sie die Argumentation begründet unterstützen oder ablehnen."

3. Biosafety und Biosecurity. Übertragen Sie die Informationen aus Abbildung 4 in eine Mind-Map und ergänzen Sie diese mit eigenen Überlegungen. Berücksichtigen Sie dabei auch ethische Aspekte.

Die **Synthetische Biologie** birgt Risiken aufgrund der Folgen unbeabsichtigter Freisetzung von synthetischen Organismen (**Biosafety**) und hinsichtlich der Missbrauchsmöglichkeiten durch beabsichtigte Freisetzung (**Biosecurity**). In Bezug auf die Biosafety sagen Kritiker, dass die Herstellung synthetischer Organismen schwer zu kontrollierende Umweltgefahren mit sich bringt. So sei die unkontrollierte Verbreitung von synthetischen Organismen unvermeidbar, wenn diese in großen Mengen produziert und verwendet werden. Hinzu kommt, dass die Biomasse der synthetischen Organismen über offene Stoffkreisläufe entsorgt werden müsse (z. B. Tierfutter oder Dünger).

Die Befürworter sind hingegen der Meinung, dass die Entsorgung vergleichbar zu anderen Industrien sei, da die synthetischen Anteile z. B. durch Verbrennen vernichtet werden könnten. Besonders kritisch wird gesehen, dass die synthetischen Organismen aufgrund ihrer raschen Vermehrung, ihrer gezielt erzeugten Angepasstheit an die Umweltbedingungen und ihrer möglichen Veränderung durch Evolution natürliche Arten verdrängen könnten. Ihre Fähigkeit zur Übertragung genetischer Elemente auf natürliche Organismen durch horizontalen Gentransfer könnte zu Veränderungen natürlicher Arten führen.

Die Befürworter weisen in diesem Zusammenhang allerdings darauf hin, dass die meisten Minimalorganismen auf Ertrag, Inhaltsstoffe oder Volumen hin optimiert sind und in der Natur nicht überleben könnten. Dahingehend unterscheiden sich synthetische Organismen nicht von gentechnisch veränderten Organismen.

Die geltenden Gesetze und Regelungen würden also ausreichen. Dem wird jedoch entgegnet, dass für die Risikobewertung nicht die aktuelle Praxis zugrunde gelegt werden dürfe, sondern Szenarien zukünftiger Entwicklungen. Im Rahmen der Biosecurity werden Risiken untersucht, die mit der beabsichtigten Freisetzung von krankheitserregenden Bakterien und Viren verbunden sind. Als ein Lösungsansatz wird die Selbstkontrolle von Forschung und Wirtschaft vorgeschlagen. Allerdings ließe sie sich kaum in allen Staaten durchsetzen.

4 *Biosafety und Biosecurity in der Synthetischen Biologie*

→ M14 → Kap. 4.11 → Kap. 4.12 → Kap. 4.14

4.14 Beispiele transgener Organismen und ihrer Verwendung

1 *Zebrabärblinge a) natürliche Form, b) fluoreszierende transgene Form, Leuchtfisch*

Seit 2004 gibt es die Möglichkeit in den USA verschiedene Formen von Leuchtfischen zu kaufen. Dabei handelt es sich meistens um einen Zebrabärbling, *Danio rerio*, der durch den Einbau von Genen aus einer Anemonenart und zwei Quallenarten bei Tages- oder Kunstlicht rot, grün oder gelb fluoresziert (Abb. 1b). Der Fisch ist das erste transgene Heimtier. Vorher wurden **transgene Organismen** in den verschiedenen Bereichen der Gentechnik verwendet.

Mäuse werden häufig in der medizinischen Grundlagenforschung eingesetzt. Sie werden mithilfe der Gentechnik gezielt so verändert, dass sie unter den gleichen Krankheiten leiden wie Menschen. Diese transgenen Mäuse eignen sich als Modelle sowohl zur Erforschung der krankheitsauslösenden Vorgänge als auch zur Erprobung neuer Medikamente, die aus ethischen Gründen nicht am Menschen durchgeführt werden. Jedoch eignet sich die Maus nicht für alle Krankheiten des Menschen als Modellsystem. Dies zeigt sich beispielsweise bei der Erforschung der **Cystischen Fibrose** (CF), der häufigsten genetisch bedingten Erkrankung des Menschen in Europa. CF beeinträchtigt neben anderen Organen vor allem die Atemwege und die Lungen. Ursache sind Mutationen des CFTR-Gens, das für die Aminosäuresequenz eines Chloridionen-Kanalproteins codiert. Doch Mäuse, bei denen man gezielt dieses CFTR-Gen ausschaltet, sogenannte CFTR-Knock-out-Mäuse, zeigen nicht die Symptome der Lungenerkrankung. Erst die Entwicklung von CFTR-Knock-out-Schweinen führte zum Erfolg. Die dem Menschen in anatomischer wie physiologischer Hinsicht ähnlicheren Schweine zeigen alle für den Menschen typischen Symptome der Lungenerkrankung, sodass sie als Modellsystem in der CF-Forschung eingesetzt werden können. Darüber hinaus könnten Schweine möglicherweise einmal als Lieferanten von Spenderorganen für kranke Menschen dienen. Es wird versucht, das tierische Gewebe genetisch so zu verändern, dass die tierischen Implantate vom menschlichen Immunsystem nicht mehr als fremd erkannt und abgestoßen werden. Auch die Übertragung von Krankheiten lässt sich zukünftig eventuell mithilfe transgener Mücken bekämpfen, die dann genetisch so verändert sind, dass sie beispielsweise nicht mehr den Malariaerreger *Plasmodium* übertragen können.

Ein weiterer Verwendungsbereich von transgenen Organismen ist das **Gene-Pharming**, eine Wortschöpfung aus Pharmazie und dem englischen farming. Das zugrunde liegende Prinzip ist einfach: Tiere und Pflanzen, in welche die gewünschte Erbinformation eingeschleust wird, sollen zum Beispiel in ihren Milchdrüsen oder Blättern Wirkstoffe produzieren, die dann beim Melken, Pflücken oder Mähen gewonnen werden können. Seit 2008 ist der erste Wirkstoff aus transgenen Tieren auf dem deutschen Markt zugelassen. Das Protein Antithrombin wird in der Milch von Ziegen produziert (Abb. 2). Es verhindert als Gerinnungshemmer bei Eingriffen an Patienten mit angeborenem Antithrombin-Mangel die Entstehung von Blutgerinseln. Eine transgene Ziege liefert im Jahr bis zu einem Kilogramm des Wirkstoffs. Dafür wären sonst mehrere Tausend menschliche Plasmaspender nötig. Ziegen wurden ausgewählt, weil sie sich schneller fortpflanzen als Kühe und mehr Antithrombin produzieren als beispielsweise Hasen oder Mäuse.

→ Kap. 4.11 → Kap. 4.12 → Kap. 4.13

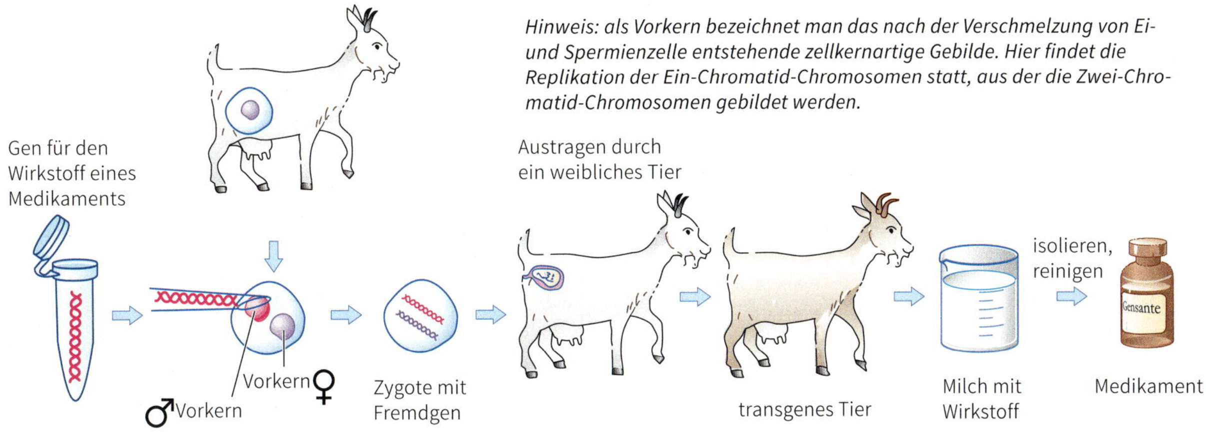

2 *Erzeugung transgener Ziegen zur Antithrombin-Produktion*

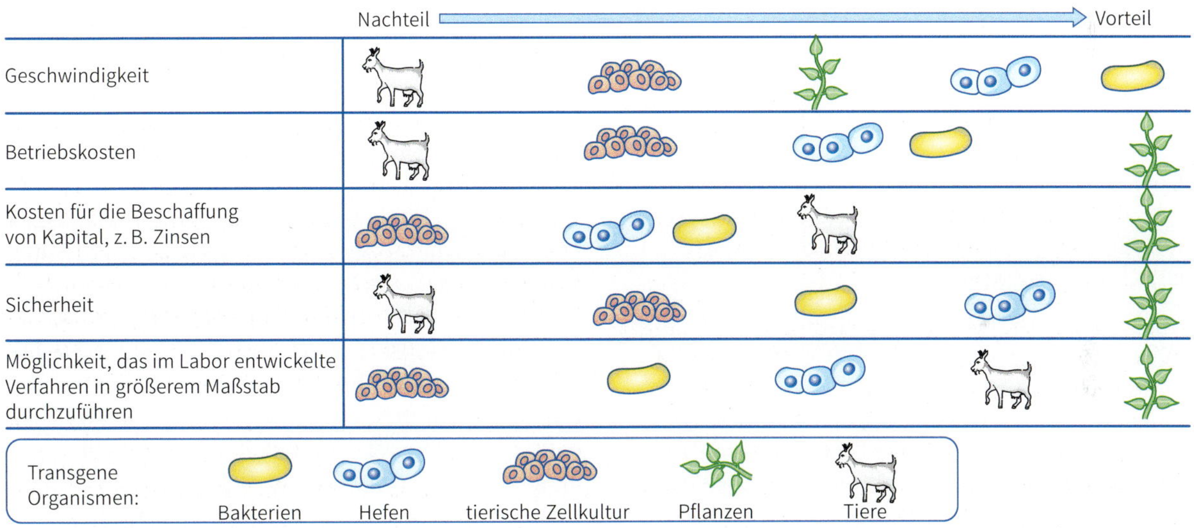

3 *Gentechnische Produktion von Proteinen als Wirkstoffe – ein Methodenvergleich*

1. Recherche: Transgene Organismen. Recherchieren Sie im Internet für die Kartoffelsorte „Amflora“, die Reissorte „Golden Rice“ oder die Maissorte „1507“ das Für und Wider der Herstellung und Verwendung dieser transgenen Pflanzen. Stellen Sie die Ergebnisse als Poster dar.

2. Leuchtfische in Deutschland zulassen? In der Europäischen Union sind Vertrieb und Zucht gentechnisch veränderter Tiere verboten. Nehmen Sie Stellung zu der Frage, ob der Leuchtfisch in Deutschland als Aquarienfisch zugelassen werden sollte (Abb. 1).

3. Gene-Pharming. Erläutern Sie anhand von Abb. 2 die Erzeugung einer transgenen Ziege und die Produktion des Wirkstoffs Antithrombin.

4. Angewandte Biotechnologie: HIV-Antikörper gentechnisch herstellen.

a) Stellen Sie sich vor, Sie erhielten als Mitarbeiter eines Pharma-Unternehmens die Aufgabe, die Produktion eines bestimmten Antikörpers gegen HI-Viren zu planen. In diesem Zusammenhang stehen Sie vor der Entscheidung, transgene Tiere, Pflanzen, Hefen, Bakterien oder Zellkulturen einzusetzen (Abb. 3). Begründen Sie Ihre Entscheidung.

b) Recherchieren Sie unter Bezug auf die in M9 dargestellt Vorgehensweise in digitalen Quellen, weshalb für das Gene-Pharming oft die Notwendigkeit besteht, eukaryotische Tiere und keine Mikroorganismen zu verwenden. Begründen Sie diesen Sachverhalt ausführlich.

→ M14 → Kap. 2.10 → Kap. 4.11 → Kap. 4.12 → Kap. 4.13

4.15 Hochdurchsatz-DNA-Sequenzierungen – Chancen und Risiken

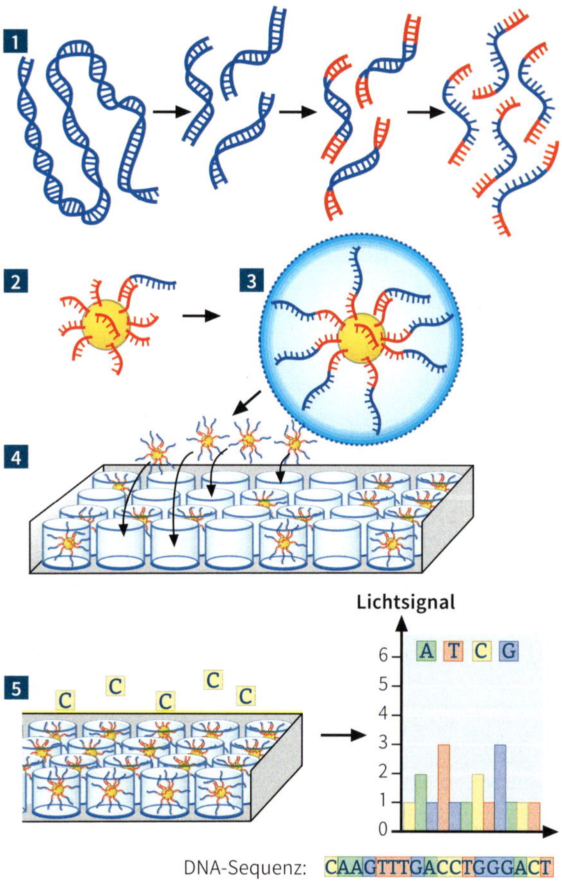

1 *Next Generation Sequencing*

Der zweifache Nobelpreisträger FREDERICK SANGER (1918–2013) legte im Jahr 1975 den Grundstein für eine auch heute noch bedeutende enzymatische Methode, mit der die Abfolge und damit Sequenz der Nucleotide der DNA mit ihren vier verschiedenen Basen A, T, C und G bestimmt werden konnte. SANGER freute sich im Jahre 1975 sehr, etwa fünf Basen in einer Woche zu sequenzieren. Im Vergleich zu diesen fünf Basen ist die Zahl der Basenpaare (bp) der Genome, also der Gesamtheit der genetischen Information eines Lebewesens, riesig: $4{,}6 \cdot 10^6$ bp beim Bakterium *E. coli*, $3{,}2 \cdot 10^9$ bp beim Menschen, $1{,}7 \cdot 10^{10}$ bp beim Weizen und $1{,}5 \cdot 10^{11}$ bp bei der japanischen Einbeere, dem bisher größten entdeckten Genom.

Heute kann das Genom eines Menschen innerhalb weniger Tage für weniger als 1 000 Dollar sequenziert werden. In diesem Zusammenhang ist oft vom „1 000-Dollar-Genom“ die Rede. Ermöglicht wird dies durch sogenannte **Hochdurchsatztechnologien in der Genomanalyse**. Dazu zählt unter anderem die DNA-Chip-Technik und eine neue Generation von Sequenzierverfahren (engl. *Next Generation Sequencing, NGS;* Abb. 1). Den Hochdurchsatzverfahren ist gemein, dass sie durch hochgradig automatisierte, parallele, also zeitgleiche, Sequenzierung sehr vieler DNA-Abschnitte schnell und effizient sind und zudem relativ kostengünstig arbeiten. Dabei fallen riesige Datenmengen an, mitunter mehrere Dutzend Terabyte.

Die Auswertung der Daten für humangenetische Diagnosen stellt eine Herausforderung dar. Die Entschlüsselung der DNA-Sequenz ist eine Seite, die ungleich schwierigere Aufgabe ist es, das Genom und seine Funktionen zu verstehen. Hilfreich sind die Hochdurchsatzverfahren bei der Suche nach bestimmten individuellen Varianten einzelner Basen, sogenannte Einzelnucleotid-Polymorphismen (eng: *single **n**ucleotid **p**olymorphism, SNP*), die Bedeutung für Krankheiten haben oder haben könnten. Die zunehmend kostengünstiger gewordenen Hochdurchsatzverfahren verbessern die Chancen, Mutationen zu finden, die im Zusammenhang mit Krankheiten stehen. Schon bestehende Diagnosen einiger genetisch mitbedingter Krankheiten können mit diesen Verfahren abgesichert werden. Die Auswertung von Hochdurchsatz-Sequenzierungen zum Zwecke humangenetischer Diagnostik, beispielsweise auf der Suche nach krankheitsverursachenden Mutationen, wird durch die Variabilität des menschlichen Genoms erschwert. Es gibt keine Standard-DNA-Sequenz. Jedes Individuum hat etwa drei Millionen SNPs, die zumeist keine Auswirkungen auf den Phänotyp des Einzelnen haben. Wurden nur die Exons im Genom sequenziert, sind es immer noch 20 000 bis 50 000 individuelle Veränderungen.

Die Hochdurchsatz-Sequenzierung bildet auch die Grundlage für eine **personalisierte Medizin**. Es ist bekannt, dass beispielsweise nicht alle Betroffenen gleichermaßen gut auf die selbe Krebstherapie ansprechen. Der Grund ist die individuelle genetische Ausstattung eines jeden Menschen. So kann das gleiche Krankheitsbild durch verschiedene Ursachen hervorgerufen und Medikamente in unterschiedlicher Weise verstoffwechselt werden. Ziel der personalisierten Medizin ist es, mithilfe molekulargenetischer Untersuchungen von Gewebe oder Blutproben die individuellen Gegebenheiten des Genoms zu identifizieren und so eine optimale Behandlung zu erreichen.

→ M14 → Kap. 4.9

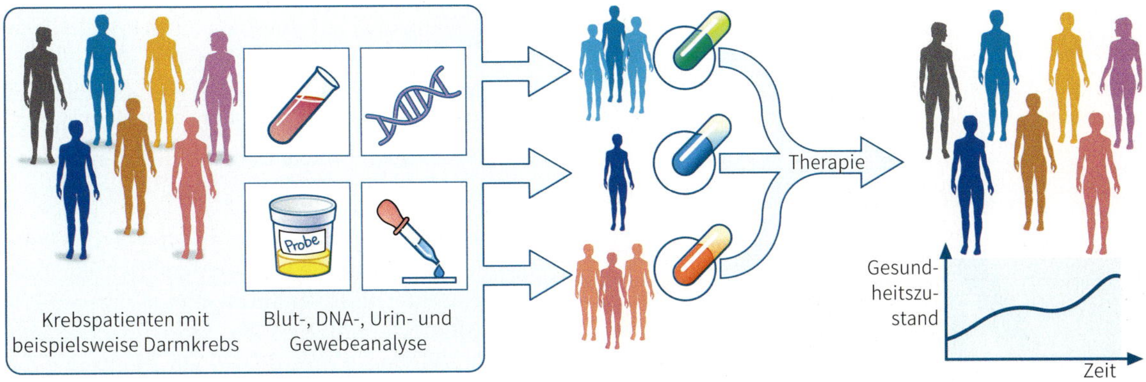

2 *Schema zur personalisierten Krebstherapie*

1. Hochdurchsatz-Sequenzierungen: Chancen und Risiken. Erörtern Sie unter Bezug auf Abbildung 2 und 3 Chancen, Risiken und ethische Aspekte der Hochdurchsatztechniken (DNA-Chips, NGS). Recherchieren Sie in diesem Zusammenhang auch zum „1 000-Dollar-Genom".

2. Next Generation Sequencing. Beim NGS wird die DNA in Fragmente mit einer Länge von 300 bis 800 bp zerlegt und an jedem Ende werden kurze DNA-Stücke mit einer bekannten DNA-Sequenz angebracht, die sogenannten Adapter. Anschließend wird die DNA in Einzelstränge überführt **1** (Abb. 1). Diese werden dann an sehr kleine Kugeln gebunden, die an ihrer Oberfläche komplementäre Adapter tragen **2** (Abb. 1). Die mit DNA beladenen Kugeln werden anschließend zusammen mit PCR-Reagenzien in Öl emulgiert. Es folgt eine Vervielfältigung der DNA-Fragmente mittels PCR. Jede Kugel ist nun vollständig mit identischen Kopien des originalen DNA-Fragments überzogen **3** (Abb. 1). Die Kugeln werden einzeln in Vertiefungen einer Titerplatte gebracht. Jede Vertiefung enthält die notwendigen Reagenzien wie Primer und DNA-Polymerase **4** (Abb. 1). Die eigentliche Sequenzierung beginnt, in dem eine Maschine abwechselnd die vier unterschiedlichen Desoxyribonukleosidtriphosphate (dNTPs: T, A, C, und G) in alle Vertiefungen der Titerplatte gibt. Ist das Nukleotid komplementär zu der nächsten Base des DNA-Einzelstrangs wird es von der DNA-Polymerase eingebaut. Dabei entsteht durch eine spezielle enzymatische Reaktion ein Lichtblitz. Dieser wird von einem Messgerät registriert. So werden die DNA-Fragmente in allen Vertiefungen der Titerplatte gleichzeitig sequenziert. Werden mehrere gleiche Nukleotide hintereinander eingebaut, so entsteht ein zur Nukleotidmenge proportional stärkeres Lichtsignal. Wird ein an dieser Stelle nicht passendes Nukleotid zugegeben, bleibt der Lichtblitz aus **5** (Abb. 1). Die nicht gebundenen Nukleotide werden nach jedem Durchgang zerstört. Eine spezielle Software analysiert die Lichtreaktionen und erstellt für jedes DNA Fragment die DNA-Sequenz. Diese Sequenzen werden dann computergestützt durch Sequenzüberlappungen zu einer DNA-Sequenz zusammengeführt.

a) Stellen Sie die Abläufe der DNA-Sequenzierung in Form eines Fließdiagramms dar.

b) Vergleichen Sie die Next Generation Sequencing-Technologie mit der in Kapitel 7.7 dieses Buches beschriebenen Methode der DNA-Sequenzierung nach Sanger. Diese wird heutzutage nur noch selten verwendet, jedoch beruhen die meisten heutigen Verfahren auf dieser Methode.

- Das menschliche Genom ist grundlegender Bestandteil des gemeinsamen Erbgutes aller Menschen.
- Jeder Mensch hat seine eigene genetische Identität. Dabei lässt sich die Persönlichkeit eines Menschen nicht auf seine genetischen Merkmale reduzieren.
- Jeder Mensch hat unabhängig von seinen genetischen Eigenschaften ein Recht auf Achtung seiner Würde. Niemals darf er aufgrund seiner Merkmale diskriminiert werden.
- Jedem Individuum soll das Recht auf das ihn betreffende krankheitsrelevante genetische Wissen garantiert sein. Gleichzeitig soll er aber das Recht haben, auf solches Wissen verzichten zu können.
- Die Würde und Freiheit des Menschen muss absoluten Vorrang vor jedem wissenschaftlichen Fortschritt haben.

3 *Aus der „Allgemeinen Erklärung über das menschliche Genom und Menschenrechte" (UNESCO, 1997).*

→ M14 → Kap. 3.4 → Kap. 7.7 → Kap. 4.9

4.16 Grüne Gentechnik am Beispiel Bt-Mais

1 *genetisch veränderter Mais*

Bereits seit Jahrtausenden züchtet der Mensch Nutzpflanzen und -tiere. Heute gibt es in Ergänzung der klassischen Züchtungsmethoden die Möglichkeit, die Erbinformation von Pflanzen und Tieren gezielt zu verändern, indem Gene anderer Organismen in das Genom der Nutzpflanzen bzw. Nutztiere eingeschleust werden. Anders als bei klassischen Züchtungsmethoden ist es dabei möglich, artfremde Gene zu übertragen. Dadurch können auch Eigenschaften hervorgebracht werden, die innerhalb der Art bisher nicht vorkamen (Abb. 2). Diesen Bereich der Gentechnik, der sich mit Tieren und Pflanzen beschäftigt, bezeichnet man als **Grüne Gentechnik**.

Die Ziele, die bei der gentechnischen Pflanzenzüchtung angestrebt werden, entsprechen weitgehend denen bei klassischen Züchtungsmethoden. Vor allem sollen Ertrag und Qualität erhöht und die Widerstandsfähigkeit der Pflanzen gegen Schädlinge oder Umweltbedingungen verbessert werden. So enthält Bt-Mais ein Gen des Bodenbakteriums *Bacillus thuringiensis*. Bt-Maispflanzen produzieren ein Protein, das für ihren Hauptschädling, den Maiszünsler, giftig ist. Der Maiszünsler verursacht in Europa regelmäßig erhebliche Ernteeinbußen. Es gibt verschiedene Varianten des Bt-Maises. Die Sorte 1507, deren Anbau in Europa seit 2014 erlaubt ist, enthält ein weiteres artfremdes Gen. Das pat-Gen macht die Pflanze unempfindlich gegen ein sehr wirksames Totalherbizid eines bestimmten Herstellers. Wird dieses Pflanzengift ausgebracht, tötet es alle Pflanzen bis auf den gentechnisch veränderten Mais.

Anders als in den USA sind in Europa die Vorbehalte gegenüber gentechnisch veränderten Pflanzen groß. Es wird befürchtet, dass verstärkt Allergien gegen Pflanzeninhaltsstoffe auftreten. Der permanente Kontakt von Schädlingen mit den von den Pflanzen produzierten giftigen Stoffen, wie beim Bt-Mais könnte zur Ausbildung von Resistenzen bei Schädlingen führen. Die Herbizidresistenzen könnten auf Wildkräuter übergehen, die dann nur noch schwer zu bekämpfen wären. Vor allem aber wird befürchtet, dass Pollen von im Freiland angebauten gentechnisch veränderten Pflanzen sich unkontrolliert ausbreiten und konventionell angebaute Pflanzen bestäuben könnte. Vollständig gentechnikfreie Anbauflächen würde es dann nicht mehr geben.

Mehr Akzeptanz für gentechnisch veränderte Pflanzen verspricht die **cis-Gentechnologie** (cis, lat. diesseits ... der Artgrenzen). Dabei überträgt man ausschließlich Gene von Pflanzen der gleichen Art oder von nahen kreuzbaren Verwandten. Das führt dazu, dass Pflanzen entstehen, die auch durch Kreuzungen erhalten werden könnten. Mit der modernen CRISPR-Cas9-Technik lassen sich Gene punktgenau in das Zielgenom einsetzen, wodurch Risiken vermindert werden. Häufig sind Wildformen resistent gegen Schädlinge. Die Resistenzgene kann man auf Kulturformen übertragen. Man erhält so zum Beispiel pilzresistente Kartoffeln. Umstritten ist, ob derartige Pflanzen rechtlich wie gentechnisch veränderte Organismen oder wie durch Kreuzung erhaltene Pflanzen bewertet werden sollten.

Lebensmittel, die mithilfe der Gentechnik erzeugt werden, werden umfangreich getestet. Die meisten Wissenschaftler und Wissenschaftlerinnen halten sie für gesundheitlich unbedenklich. Dennoch sollen Verbraucher in Europa selbst entscheiden können, ob sie mit gentechnischen Methoden erzeugte oder gentechnikfreie Lebensmittel konsumieren möchten. Deshalb müssen in der Europäischen Union Lebensmittel, die mithilfe gentechnisch veränderter Organismen hergestellt werden, gekennzeichnet werden.

→ M14 → Kap. 4.12 → Kap. 4.14 → Kap. 4.17

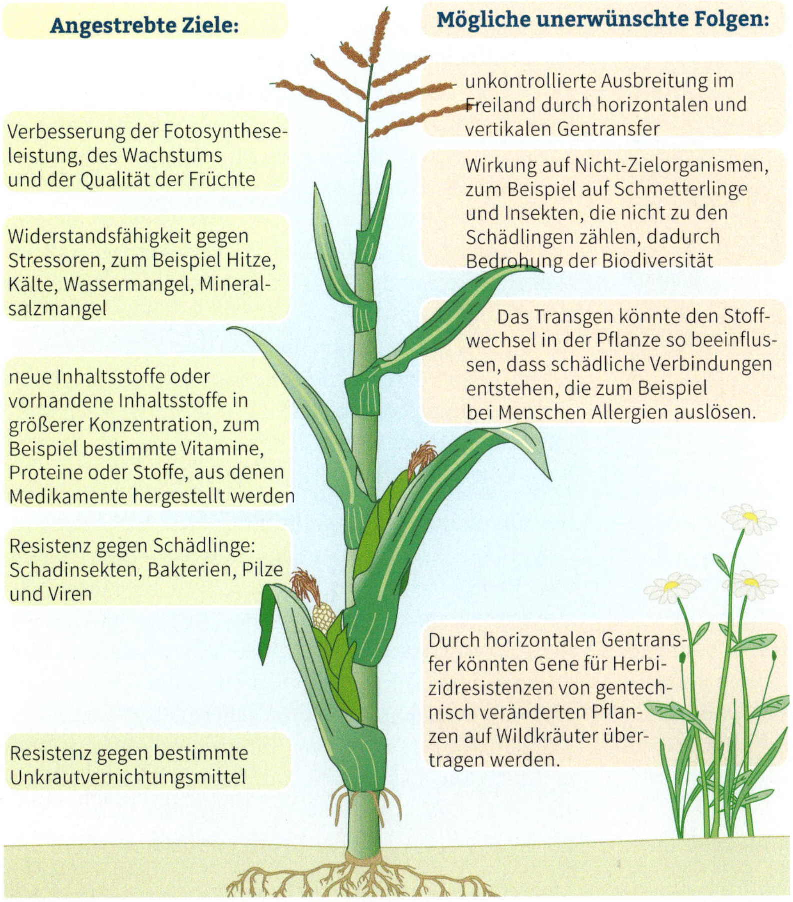

2 *Angestrebte Ziele und mögliche unerwünschte Folgen der Gentechnik an Nutzpflanzen (Begriffe in Abb. 3)*

1. Grüne Gentechnik am Beispiel Bt-Mais. Bilden Sie in Ihrem Kurs Gruppen aus Befürwortern und weitere aus Gegnern einer Zulassung von Bt-Mais. Sammeln Sie Argumente für ihre Position. Berücksichtigen Sie auch folgende wirtschaftliche Aspekte: Lizenzen, Patente und Monopolstellungen. Tragen Sie Ihre Argumente zielgruppengerecht vor und ermitteln Sie in ihrem Kurs ein Meinungsbild zum Anbau von Bt-Mais.

2. Resistenz beim Maiswurzelbohrer. In den USA wird Bt-Mais seit vielen Jahren auf riesigen Feldern angebaut. Im Jahr 2009 sind erstmals Ernteschäden durch Maiswurzelbohrer bekannt geworden, die gegen das Bt-Protein resistent sind. Viele Wissenschaftler hatten bemängelt, dass der Bt-Mais auch an Standorten angebaut wird, an denen der Maiswurzelbohrer kaum Ernteschäden bei konventionellen Pflanzen verursacht. Nach Ansicht von Wissenschaftlern gleichen die Verhältnisse denen, die zur Ausbildung von Antibiotikaresistenzen bei Bakterien führen. Analysieren Sie, inwiefern die Bedingungen bei der Resistenzentwicklung des Maiswurzelbohrers und bei der Entwicklung von Antibiotikaresistenzen bei Bakterien Parallelen aufweisen.

Resistenz: die Widerstandskraft eines Organismus gegen Schädlinge, gegen schädigende Umwelteinflüsse oder gegen bestimmte Wirkstoffe

Transgen: ein Gen, das mithilfe gentechnischer Verfahren vom Organismus einer Art auf einen Organismus einer anderen Art übertragen wurde

Cisgene Pflanzen sind gentechnisch veränderte Pflanzen, die nur arteigenes Erbmaterial enthalten

Freisetzung: das gezielte Ausbringen von gentechnisch veränderten Organismen in die Umwelt

Herbizidresistenz bei genetisch veränderten Pflanzen bewirkt, dass diese Pflanzen nicht durch Herbizide (Unkrautvernichtungsmittel) geschädigt werden.

Sicherheitsforschung: Die biologische Sicherheitsforschung beschäftigt sich auch mit den Auswirkungen, die ein Anbau gentechnisch veränderter Pflanzen auf Menschen, Tiere und Pflanzen haben kann.

Nicht-Zielorganismen sind solche Pflanzen und Tiere, die nicht zum eigentlich angestrebten Ziel einer Pflanzenschutzmaßnahme gehören, dennoch von der Maßnahme betroffen sind.

Horizontaler Gentransfer meint die Übertragung von Genen im Freiland über Artgrenzen hinweg.

Vertikaler Gentransfer ist die Übertragung von Genen im Freiland auf andere Pflanzen der Art, zum Beispiel durch Pollenflug.

3 *Begriffserklärungen*

→ M14 → Kap. 4.12 → Kap. 4.14 → Kap. 4.17

4.17 Grüne Gentechnik: Recherchieren und Bewerten

1 *Ein Maisfeld, das mit genetisch verändertem Mais bepflanzt ist*

Die Grüne Gentechnik ist in Deutschland umstritten. Die einen sehen in ihr eine große Chance. Für die anderen greift Gentechnik in die Ernährung ein, ohne dass der Verbraucher sich dagegen wehren kann. In den Medien sind ständig neue Erkenntnisse aus der Gentechnik präsent. Medien wie das Internet oder das Smartphone sind nicht mehr aus dem Alltag wegzudenken. Sie ermöglichen die ständige Kommunikation mit anderen, bieten Unterhaltung und beliefern die Nutzer regelmäßig mit neuen Nachrichten und Informationen. Jeder kann auch selbst Material produzieren und dieses im Internet veröffentlichen. Dies eröffnet viele Möglichkeiten, unterstützt andererseits aber auch die Verbreitung von Falschmeldungen, auch Fake News genannt. Fake News werden häufig absichtlich ins Internet gestellt, um beispielsweise Menschen in ihrem Denken und Handeln zu beeinflussen. Auch Abbildungen können unser Denken manipulieren und beispielsweise Gentechnik in Zusammenhang mit dem Auftreten von Krankheiten bringen. Daher ist es besonders wichtig, Fakten von Fake News unterscheiden zu können. Beim Recherchieren ist es daher bedeutsam, gezielt und effizient zu arbeiten sowie verlässliche Quellen von fragwürdigen zu unterscheiden. Bei der Onlinesuche gilt als Grundsatz, dass wenige, zentrale Worte besser sind als das Eingeben ganzer Sätze. Die Reihenfolge der Wörter ist wichtig, so liefert die Suche nach „Mais grüne Gentechnik" andere Trefferlisten als „Grüne Gentechnik Mais". **Suchoperatoren** helfen, die Anfrage einzugrenzen und zu präzisieren. Genauere Informationen zu diesem Thema sind bei näherem Interesse in der Methode M9 beschrieben.

Bei der Onlinesuche sollte man sich nicht nur auf Google verlassen, sondern alternative Suchmaschinen, wie Ecosia oder Bing einbeziehen. Es gibt Suchmaschinen, wie beispielsweise Google Scholar, die sich auf wissenschaftliche Quellen beschränken. Eine differenzierte Recherche bezieht neben der Onlinesuche auch analoge Quellen wie beispielsweise Bücher, Zeitschriften, Lexika oder Interviews von Experten mit ein. Eine solche breit angelegte Recherche liefert eine gute Basis für umfassende Informationen. Eine verlässliche und vom Anspruch passende Quelle sollte die Grundlage einer jeden Recherche bilden. Darauf aufbauend können weitere Informationen eingeordnet und bewertet werden. Die in Abbildung 2 dargestellten Fragen nach Qualitätsmerkmalen können helfen, um fragwürdige von seriösen Quellen zu unterscheiden.

Wer ist für die Inhalte verantwortlich? Die herausgebenden und verfassenden Personen sind angegeben. Sie verfügen über die nötige Qualifikation für das Thema. Es gibt die Möglichkeit der Kontaktaufnahme. Bei einer Webseite in Deutschland ist die Auflistung des Impressums verpflichtend. Die Herkunft der Quelle muss so genau angegeben sein, dass sie von jedem Lesenden überprüfbar ist.

Wie ist die Seite gestaltet? Der Text ist professionell gestaltet und weist keine Fehler in Rechtschreibung und Grammatik auf. Die Quelle ist klar strukturiert und hat ein übersichtliches Layout.

Was steht in der Quelle? Die Urhebenden der Materialien, der Fotos, der Studien und der verwendeten Quellen werden angegeben und sind in einem Quellenverzeichnis aufgelistet. Die Werbung ist von den Informationen klar getrennt und nicht zu umfangreich. Die Informationen sind sachlich dargestellt und basieren auf Fakten. Meinungen und Wertungen sind von den Fakten klar getrennt. Sie sind als solche klar zu erkennen.

Wann wurde die Quelle erstellt – Aktualität? Das Datum der Veröffentlichung ist angegeben. Die Informationen sind nicht veraltet und werden laufend aktualisiert.

2 *Einige Kriterien zur Bewertung der Qualität von Quellen*

→ M9 → M14 → Kap. 4.16

Medizin-Nobelpreisträgerin, C. Nüsslein-Volhard

„**Die Bundesregierung muss sich klar zu gentechnisch veränderten Lebensmitteln bekennen.** Sie sollte sich von Vernunft leiten lassen, nicht von Ideologie! Es ist doch klar: Um den Nahrungsbedarf einer wachsenden Weltbevölkerung zu decken, müssen wir die landwirtschaftlichen Erträge steigern.
Entweder zerstören wir dazu Natur und machen unberührte Flächen urbar. Oder aber wir setzen die Grüne Gentechnik ein, um unsere Äcker ergiebiger zu machen und weniger Pflanzenschutzmittel zu versprühen. Insofern ist ein Bekenntnis zur Grünen Gentechnik auch eines zum Naturschutz …
Bisher hat es keinen nachweisbaren Schaden für Mensch und Umwelt gegeben, obwohl die Pflanzen weltweit auf einer Fläche angebaut werden, die dreimal größer ist als Deutschland. Warum sollten Cornflakes aus Genmais ausgerechnet für die Deutschen schädlich sein?“

Verbraucherin, Frau Kiene

„**Ich will kein Genfood!** Ich will frei entscheiden können, was ich esse. Ich bin gegen den Anbau von gentechnisch veränderten Pflanzen im Freiland, weil die manipulierten Gene über Insekten, Pflanzenteile oder Pollen auf andere Pflanzen übertragen werden. Das ist nicht kontrollierbar und in einiger Zeit wird es gar keine gentechnikfreien Nahrungsmittel mehr geben. Ich habe bereits heute Probleme mit Nahrungsmittelallergien und ich glaube, dass sich diese durch den Verzehr genmanipulierter Pflanzen noch verstärken werden.“

Verbraucher, Herr Ratermann

„**Die Risiken werden beherrschbarer.** Ich habe keine grundsätzlichen Bedenken, Lebensmittel zu essen, die mit gentechnisch veränderten Organismen hergestellt werden. Ich sehe eher große ökologische Risiken, wenn gentechnisch veränderte Pflanzen im Freiland angebaut werden. Ich glaube aber, dass zukünftig mit der Beschränkung auf Cisgene Pflanzen verbunden mit neuen Technologien, die das punktgenaue Einsetzen der übertragenen Gene in das Zielgenom erlauben, diese Risiken nicht mehr bestehen.“

Gärtnerin, Biohof, Alexandra Fritzsch

„**Für mich gibt es viele Gründe, mich gegen Gentechnik auszusprechen** – sozial, wirtschaftlich, ökologisch und auch emotional. Dass ich Biogemüse anbaue, ist nur ein Grund von vielen und auch bevor ich selbst Gärtnerin geworden bin, war ich schon gegen den Einsatz und die Erforschung dieser Technik. Wütend macht mich die Pseudo-Moral der Gentechnikbefürworter, nur mit ihrer Technik ließe sich die Ernährung der gesamten Weltbevölkerung sichern. Es gibt genügend Lebensmittel, auch für noch mehr Menschen, sie sind nur falsch zwischen Nord und Süd verteilt. Außerdem werden Flächen, auf denen Nahrungsmittel für Menschen angebaut werden könnten, benutzt, um unseren Energiebedarf zu decken und Futter für all unser Billigfleisch zu produzieren. Für mich geht es nicht darum, die Landwirtschaft unseren in meinen Augen falschen Bedürfnissen anzupassen, sondern menschliche Bedürfnisse an den gegebenen Bedingungen auszurichten. Momentan liegt die Produktivität von Gensojapflanzen übrigens noch immer unter dem Ertrag konventionell angebauten Sojas. Soviel zur Bekämpfung des Welthungers.“

1. Grüne Gentechnik: Chancen und Risiken

a) Stellen Sie die Argumente, die in den Texten auf dieser Seite für und gegen die Anwendung der Grünen Gentechnik genannt werden, übersichtlich dar. Ergänzen Sie gegebenenfalls weitere Aspekte. Beachten Sie dabei auch das Kapitel 4.16. Geben Sie ethische Werte an, die hinter den Pro- und Kontra-Argumenten stehen (Methode M14).

b) Recherchieren Sie wichtige Positionen zum Thema "Grüne Gentechnik" und fassen Sie diese in einer Mindmap zusammen. Berücksichtigen Sie dabei auch
1. Positionen der Firma Monsanto, einer Herstellungsfirma von gentechnisch veränderten Pflanzen
2. Positionen der Kirche
3. Positionen der Industrievereinigung Biotechnologie
4. Positionen des Naturschutzbundes Deutschland NABU.
Geben Sie für Ihre Informationen jeweils die Quelle an und beurteilen Sie die bei Ihrer Recherche aufgerufenen Webseiten hinsichtlich Ihrer Qualität.

c) Versetzen Sie sich in die Lage der jeweiligen Interessengruppen und erörtern Sie aus deren Sicht Chancen und Risiken der Anwendung gentechnisch veränderter Pflanzen in der Landwirtschaft.

→ M9 → M14 → Kap. 4.16

Wiederholen · Üben · Festigen

Dieser Abschnitt bietet Hilfestellungen zur eigentätigen oder arbeitsteiligen Organisation Ihrer Wiederholungen in den Lernbereichen "Vervielfältigung genetischer Information" sowie "Neukombination und Veränderung genetischer Information", zum Beispiel für regelmäßige Wiederholungen, vor Klausuren oder umfassender vor der Abiturprüfung. Die Kompetenzen aus diesen Bereichen des Fachlehrplans Biologie 12 für das Gymnasium in Bayern sind nachfolgend angegeben. In der Tabelle sind die Kernabschnitte aus diesem Buch zur Wiederholung der jeweiligen Grundlagen genannt. Kompetenzen des Fachlehrplans, die zusätzlich zu den Kompetenzen für Kurse auf grundlegendem Anforderungsniveau für Kurse auf erhöhtem Anforderungsniveau ausgewiesen sind, sind fett gedruckt dargestellt.

Nr.	Kompetenzen laut Fachlehrplan Biologie 12 für das Gymnasium in Bayern Die Schülerinnen und Schüler...	W-Ü-F-Aufgaben	Abschnitte in diesem Buch
1	vergleichen den natürlichen Prozess der DNA-Replikation mit dem technischen Prozess der Polymerase-Kettenreaktion (PCR), um an diesem Beispiel Probleme und Lösungen in der technischen Umsetzung natürlicher Prozesse zu erklären. **Hierbei beschreiben sie die Bedeutung von Reparaturenzymen bei der natürlichen DNA-Replikation.**	1a, 1b, 4a, 4b, **4c**	B5, 1.1, 1.2, 3.1, 3.3, 3.4, **3.5,** 4.6, 4.7
2	beschreiben die Phasen des Zellzyklus und erklären seine biologische Bedeutung für Wachstum, Reparatur und ungeschlechtliche Reproduktion.	1a, 1b, 5a	B4, B5, 3.1, 3.2, 3.6
3	**erklären am Beispiel der Tumorbildung Ursachen und Auswirkungen von Störungen des Zellzyklus und der Apoptose auf einen Organismus.**	1a, 1b, **5b**, **5c**	B4, 3.6, **3.7, 3.8, M9**
4	beschreiben den Ablauf der Meiose bei den unterschiedlichen Geschlechtern und erklären ihre Bedeutung für die geschlechtliche Fortpflanzung.	1a, 1b, 3a	B5, 1.1, 1.2, 4.1, 4.2, M10
5	erklären den Zusammenhang zwischen genetischen Neukombinationsprozessen und der Evolution der bisherigen sowie zukünftigen Biodiversität.	1a, 1b, 3b	B5, 4.1, 4.2, 4.5
6	leiten aus der Auswertung von Karyogrammen verschiedene Typen von Genommutationen ab, beschreiben deren Auswirkungen auf das Lebewesen **auf verschiedenen Organisationsebenen** und differenzieren zwischen einer Änderung des Genotyps, des Phänotyps und einer Krankheit.	1a, 1b, 3a, 7	B5, 1.2, 4.3, **4.4,** 6.5
7	unterscheiden verschiedene durch mutagene Einflüsse ausgelöste Genmutationen und erläutern deren Auswirkung auf die Funktion des codierten Proteins, um für die Bedeutung des Schutzes vor mutagenen Einflüssen sensibilisiert zu sein.	1a, 1b, 2a, 2b, 2c, 8	B5, 3.4, 4.6, 4.7, 4.8
8	erläutern die prinzipielle Verfahrensweise **und eine konkrete Technik** zur künstlichen Veränderung von Erbanlagen sowie verschiedene Anwendungen von gentechnischen Verfahren und bewerten deren gesellschaftliche Auswirkungen.	1a, 1b, 6	B5, 4.9, 4.10, 4.11, 4.12, 4.13, 4.14, 4.15, 4.16, 4.17

Semikonservative Replikation, Polymerase-Kettenreaktion, DNA-Reparatur, Basenexzisionsreparatur, Zellzyklus, Mitose, Interphase, G-Phasen, Synthesephase, Kernteilung, Prophase, Metaphase, Anaphase, Telophase, **Apoptose, Tumorbildung**, Meiose, Reduktionsteilung, Äquationsteilung, Biodiversität, Evolution, Genommutationen, Trisomie 21, Non-Disjunction, Karyogramm, Genommutation, **Polyploidie**, Genmutation, Austausch, Verlust, Einschub von Nukleotiden, Mutagene, Reparaturenzyme, somatische Mutation, Keimbahnmutation, Krebs, **Onkogene, Anti-Onkogene,** molekulargenetische Techniken, Veränderung von Erbanlagen, CRISPR/Cas-System, Gentechnik, Gentherapie, gentherapeutisches Verfahren, ethische Aspekte, naturalistischer Fehlschluss.

1 Begriffskasten „Vervielfältigung, Neukombination und Veränderung genetischer Information“

Lösung **Webcode** WES-105475_134

1. Schlüsselbegriffe.

a) Erläutern Sie die in Abbildung 1 genannten Begriffe.

b) Erstellen Sie eine Concept-Map zum Thema „Vervielfältigung, Neukombination und Veränderung genetischer Information". Verwenden Sie dabei die Begriffe in Abbildung 1. Die zusätzlichen Begriffe für das erhöhte Niveau sind fett gedruckt dargestellt.

2. Mutationen.

a) Beschreiben Sie anhand von Beispielen, was unter Mutagenen zu verstehen ist.

b) Erläutern Sie jeweils anhand eines selbst gewählten Beispiels Genmutationen sowie Genommutationen und ihre Auswirkungen auf Zell-, Organ- und Organismus-Ebene. Unterscheiden Sie dabei zwischen einer Änderung des Genotyps, des Phänotyps und einer Krankheit.

c) Erläutern Sie die Auswirkungen der Mutationen auf die Aminosäuresequenz (Abb. 2; Code-Sonne, Seite 37).

→ M4 → M8

Originale mRNA:	AUG AAG UUU GGC UAA
Mutation I:	AUG AAG UUU GGU UAA
Mutation II:	AUG AAG UUU AGC UAA
Mutation III:	AUG UAG UUU GGC UAA
Mutation IV:	AUG AAG UUG GCU AA
Mutation V:	AUG UAA GUU UGG CUA A

2 *Verschiedene Typen von Genmutationen*

Turner-Syndrom: X (kein Y), unfruchtbar, meist normale Intelligenz und Lebenserwartung. Häufigkeit: 1:3000 Frauen.
Triple-X-Syndrom: XXX, äußerlich unauffällig, meist leicht geistig rückständig. Häufigkeit: 1:1000 Frauen.
Diplo-Y-Syndrom: XYY, fruchtbar, erhöhter Testosteronspiegel, häufig labil. Häufigkeit: 1:800 Männer.

3 *Numerische Fehlverteilung von Geschlechtschromosomen*

3. Gonosomenfehlverteilung.
a) Skizzieren Sie die Möglichkeiten bei der Entstehung von Chromosomenfehlverteilungen bei Gonosomen (Abb. 3).
b) Erklären Sie den Zusammenhang zwischen genetischen Neukombinationsprozessen und der Evolution der bisherigen sowie zukünftigen Biodiversität.

4. Replikation der DNA.
a) Erläutern Sie die Erbgleichheit bei Zellen durch die semikonservative Replikation der DNA.
b) Beurteilen Sie, inwiefern die Modelldarstellung eines Schülers in Abbildung 5 den Abläufen bei dem natürlichen Prozess der DNA-Replikation entspricht.
c) Vergleichen Sie den natürlichen Prozess der DNA-Replikation mit dem technischen Prozess der PCR.

5. Zellzyklus, Onkogene und Anti-Onkogene.
a) Beschreiben Sie die Phasen des Zellzyklus und erklären Sie seine biologische Bedeutung für Wachstum, Reparatur und ungeschlechtliche Reproduktion.
b) Beschreiben Sie die Entstehung von Krebs als unkontrollierte Teilungen und Wachstum von Zellen.
c) Erläutern Sie je eine Möglichkeit, wie sich der Zellzyklus durch mutierte oder epigenetisch modifizierte Onkogene und Anti-Onkogene beziehungsweise ihre Genprodukte beeinflussen lässt.

6. Künstliche Veränderung von Erbanlagen. Erläutern Sie an jeweils einem selbst gewählten Beispiel aus diesem Buch die prinzipielle Verfahrensweise zur künstlichen Veränderung von Erbanlagen sowie verschiedene Anwendungen von gentechnischen Verfahren und bewerten Sie deren gesellschaftliche Auswirkungen.

7. Das Pätau-Syndrom. Werten Sie das Karyogramm eines Menschen mit dem Pätau-Syndrom, das auch als Bartholin-Patau-Syndrom bezeichnet wird, aus (Abb. 4).

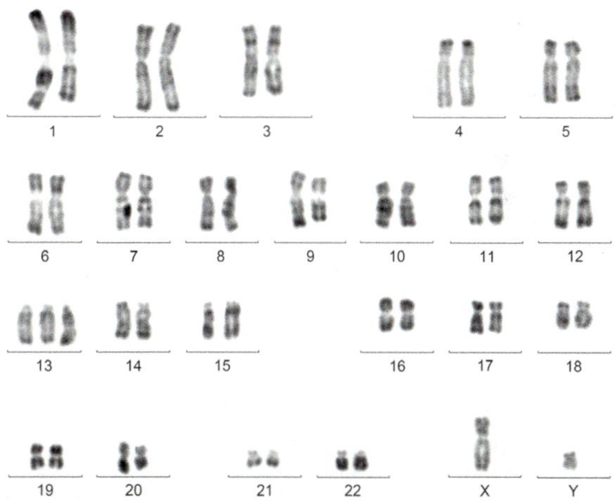

4 *Karyogramm eines Menschen mit dem Pätau-Syndrom*

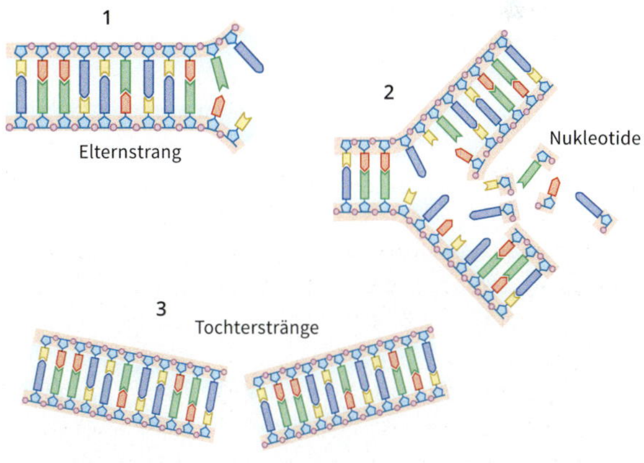

5 *Modell eines Schülers zur Verdeutlichung der DNA-Replikation*

8. Chemische Mutagene. Recherchieren Sie in digitalen Quellen hinsichtlich der Wirkung von Nitriten beziehungsweise Nitrosaminen als Mutagene auf die DNA. Entwickeln Sie eine grafische Darstellung analog der Abbildung 4 auf Seite 113, welche die Wirkung dieser Mutagene auf die DNA verdeutlicht.

K Klausuraufgaben

1. Die Unterscheidung von Fremd- und Selbst. Theoretisch erscheint es logisch, dass die in den Bakterien synthetisierten CRISPR/Cas-Komplexe die eigene, bakterielle DNA schneiden können. In den Bakterienzellen geschieht dies aber nicht. Die Aufklärung der Frage nach der Unterscheidung zwischen fremder und eigener DNA zeigte, dass sich auf der viralen DNA neben der Zielsequenz immer ein *proto-spacer-adjacent motif*, PAM, befindet. Festgestellt wurde, dass drei Nukleotide weiter der Doppelstrangbruch durch das Cas-Enzym ausgelöst wird.

a) Beschreiben Sie ganz allgemein die Abwehrreaktion eines Bakteriums auf eine Erstinfektion durch einen Bakteriophagen.

b) Erklären Sie das Immungedächtnis der Bakterien sowie dessen Vorteil für das Überleben von Bakterien.

c) Begründen Sie, auch anhand einer Skizze zur Immunabwehr der Bakterien, warum das Erbmaterial des Bakteriums nicht durch das eigene CRISPR/Cas-System geschnitten wird.

2. Duchenne Muskeldystrophie. Muskeldystrophien sind eine Gruppe von Erkrankungen, die zu Lähmungen und Muskelabbau führen. Im Kindesalter am häufigsten ist die Duchenne-Muskeldystrophie DMD, die bereits im jungen Erwachsenenalter durch Lähmung und Abbau der Herz- und Atemmuskulatur zum Tode führen kann. Die Ursache für diesen Typ der Muskeldystrophie sind Mutationen innerhalb eines Gens, das eines der größten Gene beim Menschen ist, und unter anderem aus einer Vielzahl von Exons besteht. In Exon 51 treten vermehrt Mutationen auf. Das Gen codiert für das Protein Dystrophin, welches für den Muskelaufbau und dessen Funktion von zentraler Bedeutung ist. Bei Hunden, die ebenfalls an DMD erkranken können, wurde das CRISPR/Cas-System als Therapiemethode eingesetzt und geprüft.

Im Rahmen der Behandlung der Modellorganismen wurde ein vereinfachtes CRISPR/Cas-System eingesetzt: Die crRNA sowie die tracrRNA sind zu einer *single guide* RNA (sgRNA) fusioniert, diese bildet mit dem jeweiligen Cas-Enzym eine einfach zu handhabende molekulare Schere. Mithilfe der Basensequenzanalyse wird die Basenfolge aufgeklärt, sodass der in der sgRNA vorkommende Spacer passgenau im Labor hergestellt werden kann.

a) Ermitteln Sie die Basensequenz, die der künstlich hergestellte Spacer aufweisen muss, um eine zielgenaue Erkennung des Exons 51 zu ermöglichen.

b) Beschreiben Sie die Vorgehensweise zur Behandlung der Erkrankung durch das CRISPR/Cas-System.

c) Beschreiben Sie die in Abbildung 2 dargestellten Versuchsergebnisse.

d) Der Doppelstrangbruch führt dazu, dass die zelleigenen Reparaturmechanismen das Gen ohne Exon 51 wieder zusammensetzen. Enwickeln Sie eine Hypothese zur Erklärung der dargestellten Versuchsergebnisse in Abbildung 1 in Zusammenhang mit Abbildung 2.

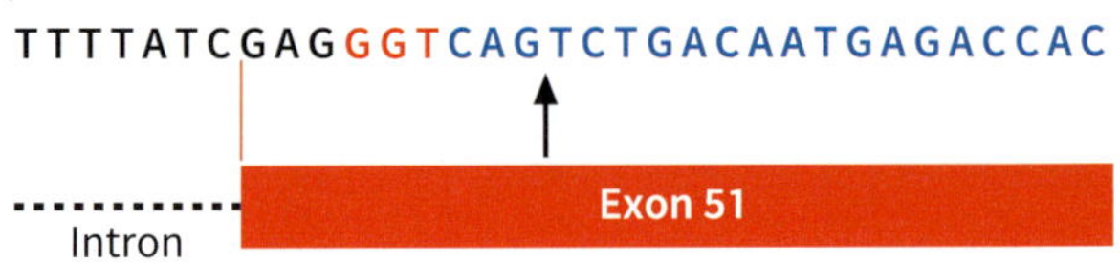

1 *Basensequenz des Exon51 des Dystrophie-Gens, der schwarze Pfeil zeigt eine Stelle des Doppelstrangbruches durch das passende CRISPR/Cas-System an, PAM-Sequenz in rot, Zielsequenz in blau*

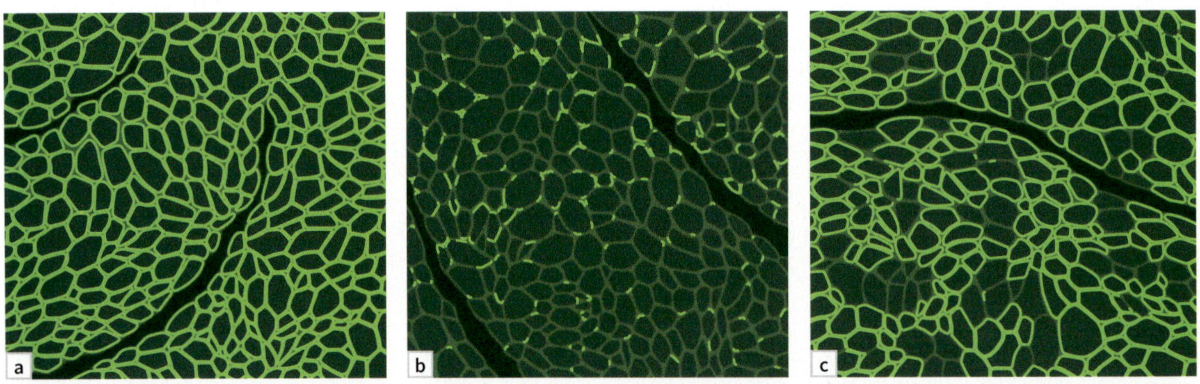

2 *Querschnitte von Zwerchfellmuskulatur. Das muskelbildende Protein Dystrophin ist mit grünfluoreszierendem Farbstoff angefärbt. a) gesundes Tier b) Muskelquerschnitt eines an Duchenne-Muskeldystrophie erkrankten Tieres c) erkranktes Tier sechs Wochen nach Geneditierung durch CRISPR/Cas*

3 *Das Geflecht des Teufelszwirns umschlingt seine Wirtspflanzen*

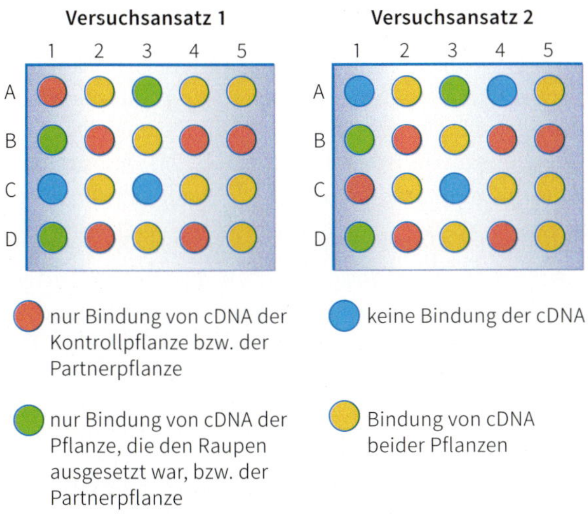

4 *Ergebnisse der DNA-Chips der Versuche 1 und 2*

3. Teufelszwirn hilft seinen Wirtspflanzen bei der Abwehr von Fressfeinden. Der Teufelszwirn ist eine parasitische Pflanze (Abb. 3). Er besitzt keine Wurzeln, sondern haftet sich mit Saugorganen an die Leitbahnen seiner unterschiedlichen Wirtspflanzen und entzieht ihnen so Wasser und Nährstoffe. Oft befällt der Teufelszwirn nicht nur eine Wirtspflanze, sondern gleich mehrere auf einmal. So verbindet der Parasit über „Teufelszwirn-Brücken“ verschiedene Pflanzen. Ähnliche Netzwerke sind von symbiontischen Mykorrhizapilzen bekannt. Hier ist bekannt, dass neben Nährstoffen auch Informationen zwischen den daran beteiligten Pflanzen ausgetauscht werden. Forschende stellten deshalb folgende Hypothese auf: Netzwerke des Teufelszwirns fungieren als Kommunikationsverbindung zwischen den Wirtspflanzen.

Werden Pflanzen von pflanzenfressenden Insekten befallen, werden Signalstoffe in die Leitungsbahnen abgegeben und so in den noch nicht befallenen Pflanzenteilen Abwehrgene aktiviert, die die Resistenz gegen die Fressfeinde erhöhen.
Um die aufgestellte Hypothese zu überprüfen, wurden zwei Versuche durchgeführt und anschließend die Genexpression im Blattgewebe der Pflanzen untersucht.

Versuch 1: Sojapflanzen wurden in zwei Gruppen unterteilt. Auf die Blätter der einen Gruppe wurden Raupen des Asiatischen Baumwollwurms gesetzt, die andere Gruppe blieb ohne Fressfeind. Sie diente als Kontrollgruppe. Nach 24 Stunden wurde die Genexpression in den Blättern der Pflanzen untersucht.

Versuch 2: Jeweils zwei Sojabohnenpflanzen wurden wie unten dargestellt über den Parasit Teufelszwirn miteinander verbunden. Anschließend wurde bei der Hälfte dieser Pflanzenpaare auf eine der Pflanzen Raupen des Asiatischen Baumwollwurms gesetzt. Die andere Hälfte blieb ohne Raupen (Kontrolle). Nach 24 Stunden wurde die Genexpression in den Blättern der Partnerpflanzen untersucht.

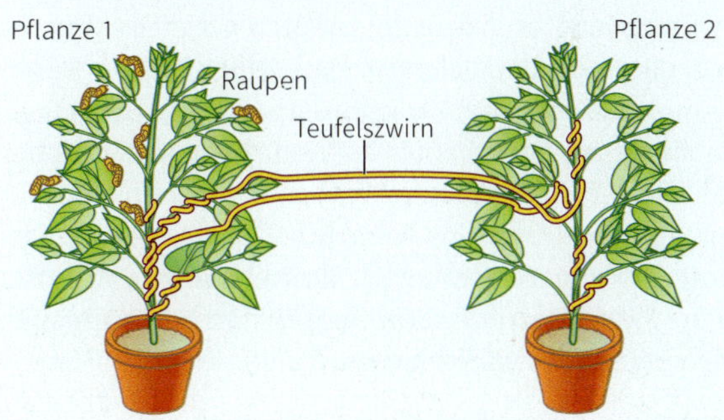

5 *Versuchsaufbau*

a) Die Genexpression kann mithilfe der DNA-Chiptechnologie untersucht werden. Beschreiben Sie die Durchführung der DNA-Chiptechnologie.
b) Ermitteln Sie anhand der in Abbildung 4 dargestellten DNA-Chips die Genaktivitäten bei Versuch 1 (Abb. 5).
c) Bestätigen Sie mithilfe der Ergebnisse von Versuch 1 und 2 in Abbildung 4 die Hypothese zur Kommunikationsverbindung zwischen den Wirtspflanzen des Teufelszwirns (Abb. 5).

5.1 Die Arbeitsweise GREGOR MENDELS

1 *Phänotypen innerhalb einer Familie*

2 GREGOR MENDEL *(1822 – 1884)*

Betrachtet man Menschen genauer, so kann man bei jeder Person unterschiedliche Merkmale wie Augenfarbe, Hautfarbe oder Körpergröße feststellen (Abb. 1). Jeder Mensch weist ein individuelles Erscheinungsbild auf. Dieses Erscheinungsbild wird als **Phänotyp** bezeichnet. Der Phänotyp wiederum wird durch den **Genotyp** bestimmt. Der Genotyp umfasst die genetische Information und damit alle Gene eines Organismus. Wissenschaftler versuchten bereits im frühen 18. Jahrhundert, Regelmäßigkeiten bei der Weitergabe von Merkmalen der Eltern an ihre Nachkommen zu erforschen. Der Augustinermönch GREGOR MENDEL war der Erste, der sich wissenschaftlich mit der Vererbung von Merkmalen beschäftigte (Abb. 2). Er vermied dabei wesentliche Fehler anderer wissenschaftlichen Arbeiten. Erstens kreuzte MENDEL nur Rassen einer Art miteinander. Zweitens betrachtete er nur wenige, klar unterscheidbare Merkmale. Drittens führte MENDEL seine Versuche mit Elternpflanzen durch, die konstant gleiche Nachkommen hatten.

MENDEL verwendete Erbsenpflanzen, die sich in eindeutigen Merkmalen wie Form der Erbsensamen oder der Blütenfarbe unterschieden. Auch die Samenfarbe kann variieren. So gibt es grüne und gelbe Erbsensamen. MENDEL kreuzte eine Erbsenpflanze mit grünen Samen mit einer Erbsenpflanze mit gelben Samen. Die Ausgangsgeneration, mit der ein Kreuzungsexperiment startet, wird als Elterngeneration oder **P-Generation** (Parental-Generation) bezeichnet. Aus den verschmelzenden Keimzellen entwickeln sich die direkten Nachkommen, auch Tochtergeneration oder **F_1-Generation** (Filial-Generation) genannt. Die Pflanzen der F_1-Generation wiesen alle gelbe Samen auf. MENDEL kreuzte wiederum die gelbsamigen Erbsenpflanzen aus der F_1-Generation untereinander und beobachtete, dass in der **F_2-Generation** gelbsamige und grünsamige Pflanzen auftraten. Die gelbsamigen Erbsenpflanzen waren jedoch viel häufiger vertreten.

Insgesamt führte MENDEL sehr viele Kreuzungsexperimente mit Erbsenpflanzen durch und wertete sie aus. Bei der Auswertung dieser Versuche konnte er mathematische Gesetzmäßigkeiten feststellen. Die Ursache für diese Gesetzmäßigkeiten konnte MENDEL seinerzeit nicht kennen, denn Genotypen und Gene waren noch völlig unbekannt.

Erstmals wurde der Begriff des „Gens" 1909 von dem dänischen Botaniker WILHELM JOHANNSEN verwendet. Ein Gen trägt die Information für die Ausbildung eines Merkmals. Da es bei Erbsenpflanzen grüne und gelbe Samen gibt, muss es für das Merkmal Samenfarbe zwei Varianten des Gens geben. Verschiedene Varianten eines Gens, die dasselbe Merkmal unterschiedlich ausprägen, werden als **Allele** bezeichnet. Es gibt demnach zwei Allele des Gens, das in der Elterngeneration die Samenfarbe Gelb oder Grün bewirken. Da MENDEL viel mehr gelbsamige als grünsamige Erbsenpflanzen zählen konnte, muss sich bei der Vererbung das Allel für gelbe Samen gegen das Allel für grüne Samen durchsetzen. Dieses Allel ist **dominant**, das unterlegene Allel ist dagegen **rezessiv**. Zur Unterscheidung wird ein dominantes Allel stets mit einem Großbuchstaben gekennzeichnet, zum Beispiel mit dem Buchstaben A. Das rezessive Allel bekommt den zugehörigen kleinen Buchstaben, also a.

→ M11 → B5 → M12 → Kap. 5.2

3 *Künstliche Fremdbestäubung bei Erbsenpflanzen*

1. Vorgehensweise Mendels bei seinen Kreuzungsexperimenten. Mendel bestäubte in einem ersten Versuch Erbsenpflanzen, die aus gelben Samen hervorgingen, mit Pollen von Erbsenpflanzen aus grünen Samen. Da dieses unter natürlichen Bedingungen nicht geschieht, führte er eine künstliche Fremdbestäubung durch. Mendel ging sehr sorgfältig vor, um eine Blüte im richtigen Stadium auszuwählen. Die Bestäubung führte er bereits zu einem Zeitpunkt durch, als sich die Blüten gerade noch im Knospenstadium befanden.

a) Beschreiben Sie die Vorgehensweise Mendels bei seinen Kreuzungsexperimenten (Abb. 3).

b) Erklären Sie den Sachverhalt, dass Mendel in seinen Kreuzungsexperimenten unbedingt eine Selbstbestäubung bei den Erbsenpflanzen der P-Generation verhindern wollte (Abb. 3).

2. Dominant-rezessive Vererbung der Erbsenfarbe. Die Samen können je nach Erbsenpflanze gelb oder grün sein. Erbsenpflanzen sind diploide Organismen. Somit besitzen sie das Allel für die Samenfarbe auch in zweifacher Ausführung. Unter Berücksichtigung der Groß- und Kleinschreibung der Allele lautet beispielsweise der Genotyp der gelbsamigen Elternpflanze AA. Der Buchstabe A steht für das dominante Allel, das die gelbe Samenfarbe ausprägt. Der Buchstabe a für das rezessive Allel, das die grüne Samenfarbe ausprägt.

a) Beschreiben Sie das Vorgehen in dem in Abbildung 5 dargestellten Erbschema zur Vererbung der Samenfarbe mit eigenen Worten.

b) Vergleichen Sie die Phänotypen und Genotypen von P-Generation, F_1-Generation und F_2- Generation miteinander (Abb. 4 und Abb. 5).

c) In der F_1-Generation wiesen alle Erbsen eine gelbe Farbe auf. In der F_2-Generation zählte Mendel 6 022 gelbe und 2 001 grüne Erbsen (Abb. 5). Erläutern Sie dies.

4 *Variabilität der Samenfarbe bei Erbsen bei der F_2-Generation*

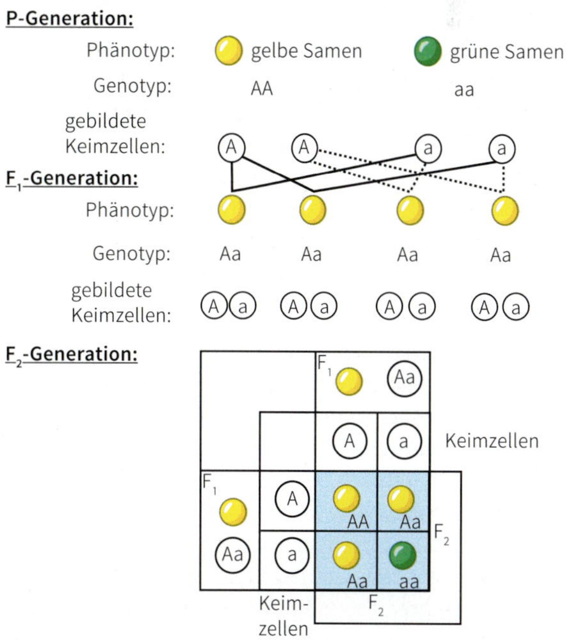

5 *Erbschema zur Vererbung des Merkmals Samenfarbe*

Methode M11 Auswerten von Kreuzungsexperimenten

	Ergebnisse der F_2-Generation		Verhältnis
Erbsenfarbe	6 022 gelbe	2 001 grüne	3,01 : 1
Erbsenform	5 474 runde	1850 kantige	2,96 : 1

1 *Mendels Ergebnisse bei seinen Kreuzungen mit Erbsenpflanzen*

Die in Abbildung 1 dargestellten Ergebnisse erhielt Gregor Mendel bei Kreuzungen von Erbsenpflanzen, bei denen er nur ein Merkmal untersuchte (monohybride Erbgänge). Ausgezählt sind die Ergebnisse in der F_2-Generation. Kritiker Mendels haben ihm vorgeworfen, seine Versuchsergebnisse gefälscht zu haben, da sie so gut mit den theoretischen Ergebnissen (der Kreuzungsschemata) übereinstimmen. Jedoch hatte sich Mendel nicht mit je einem oder mit wenigen Versuchen zufrieden gegeben. Erst in vielen Kreuzungsexperimenten mit vielen Individuen konnte er insgesamt nachweisen, dass das Verhältnis von gelben und grünen bzw. runden und kantigen Erbsensamen dem Verhältnis 3:1 in der F_2 entsprechen. Aus diesen Werten hat er dann das Kreuzungsschema abgeleitet. Das heißt also, dass erst mit vielen Versuchen die Ergebnisse der Kreuzungsversuche statistisch gesichert sind. Mit folgendem Modell-Experiment, das mit gelben und grünen Erbsen durchgeführt wird, kann man die Auszählung reifer Samen der jeweils nächsten Generation simulieren.

MODELL-EXPERIMENT - KREUZUNG VON ERBSENPFLANZEN

Frage:
Wie lassen sich die Ergebnisse bei der jeweils nächsten Generation im Rahmen der Kreuzung von Erbsenpflanzen simulieren?

Material:
Für alle Gruppen je eine Kiste (z. B. Schuhkarton oder eine flache Obstkiste aus Pappe ohne Löcher);
1. Gruppe 1 (oder mehrere Gruppen): 60 gelbe Erbsen; 20 grüne Erbsen
2. Gruppe 2 (oder mehrere Gruppen): 30 gelbe Erbsen; 10 grüne Erbsen.

Hinweis:
Man nimmt getrocknete Erbsen. Diese werden in verschiedenen Geschäften verkauft. Dabei nimmt man die geschälten Erbsen, weil nur hier ein deutlicher Farbunterschied zwischen gelb und grün sichtbar ist.

Vorbereitung:
1. Die gelben Erbsen symbolieren das Allel A, die grünen Erbsen das Allel a.
2. Die Gesamtheit der Erbsen stellt den Anteil des Genpools der Population dar, der das Merkmal „Samenfarbe" codiert. Jede Erbse im Spiel entspricht dem Allel A oder a einer haploiden Geschlechtszelle (Keimzelle). Die Individuen (beispielsweise Erbsenpflanzen) sind diploid. Zwei Erbsen im Spiel entsprechen also einem Allelpaar und kennzeichnen so den Genotypen einer diploiden (Erbsen-)Pflanze.
3. Wir nehmen an, dass sich in der Population alle Individuen in zufälliger Verteilung paaren.

Gelbe und grüne getrocknete kantige Erbsen

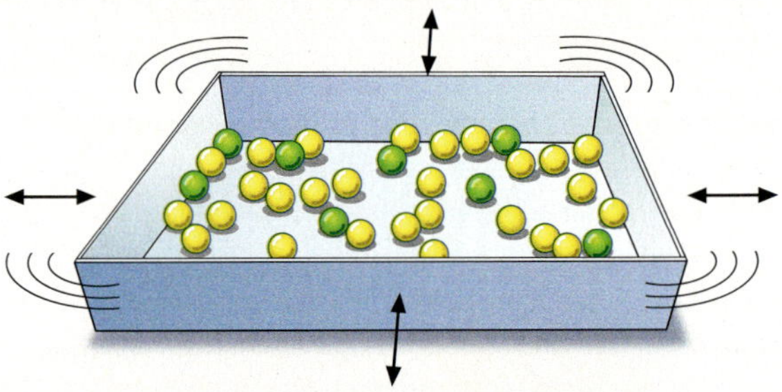

Ausgangslage des Modellversuches

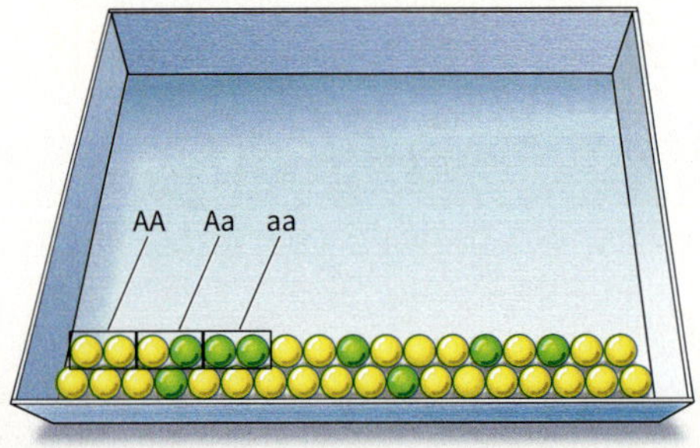

Auszählung der Allelpaare nach der "Befruchtung"

→ B5 → Kap. 5.1 → Kap. 5.2 → Kap. 5.4

Versuchsdurchführung:

1. Zur Simulation der Keimzellenbildung werden die Erbsen in der Kiste geschüttelt.

2. Kippen Sie die Kiste zu sich, sodass die Erbsen eine oder mehrere Reihen bilden. Dies simuliert die Befruchtung. Nebeneinander liegende Erbsen zeigen jeweils den Genotyp eines Nachkommen.

3. Die „Allelpaare" in jeder Reihe werden einzeln von links unten nach rechts oben ausgezählt. Eine Person zählt, eine andere führt eine Strichliste für die Allelpaare AA, Aa und aa.

4. Die Häufigkeiten der Genotypen in % werden ermittelt und in eine Tabelle übertragen. Dazu wird die ermittelte Zahl für jedes „Allelpaar" (z.B. 21) durch die Gesamtzahl der Paare (z.B. 40) geteilt. Sie erhalten Zahlen <1 (z.B. 0,2625 = 26,25%). Es sollte beachtet werden, insgesamt nicht über 100% zu kommen.

5. Das Spiel sollte mindestens 5 Mal wiederholt werden. Zählen Sie jedes Mal die „Genotypen" aus, und errechnen Sie deren Häufigkeiten, danach tragen Sie auch diese Ergebnisse in die Tabelle ein.

6. Vergleichen Sie die Ergebnisse. Betrachten Sie hierzu zunächst einmal diejenigen Ergebnisse, die Ihre Gruppe bei den unterschiedlichen (mindestens fünf!) Versuchen erzielt hat.

7. Vergleichen Sie danach die Ergebnisse aller Gruppen, also auch solcher Gruppen, die das Simulationsspiel mit mehr bzw. mit weniger Erbsen durchgeführt haben.

8. Bei diesem Experiment zeigt sich Erstaunliches: Auch bei der hier in jedem Fall relativ geringen Anzahl von Erbsen lassen sich Regelmäßigkeiten erkennen. Formulieren Sie daraus eine allgemeine Erkenntnis zur Gültigkeit der Ergebnisse von Kreuzungsexperimenten.

9. Führen Sie auch eine Fehlerdiskussion durch:
   a) Welche Gegebenheiten muss man bei der Durchführung der Versuche beziehungsweise bei den Versuchsergebnissen beachten, welche könnten die Ergebnisse verfälschen?
   b) Welche Gegebenheiten sind generell anders als bei Mendels Versuchen?

Ergebnisse:

Folgende Ergebnisse wurden von einer Schülergruppe ermittelt, die diese Versuche durchgeführt hat.

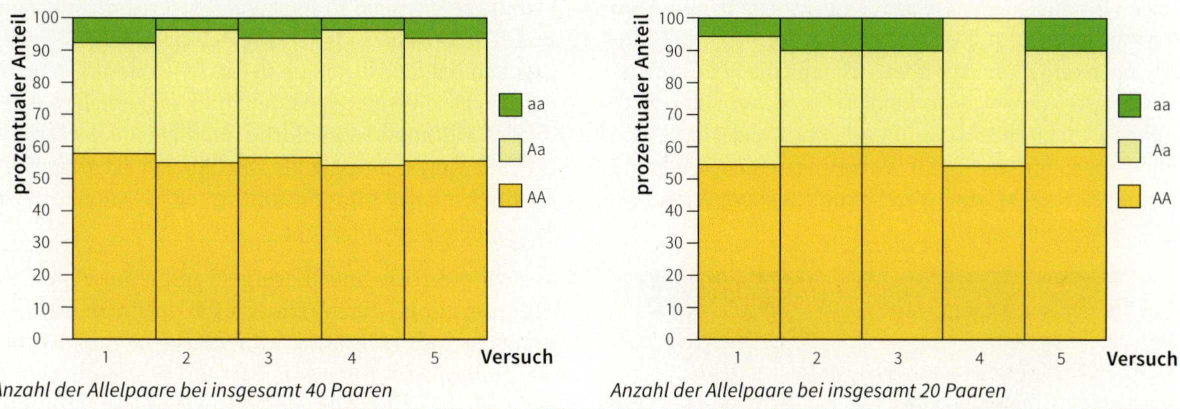

2 *Modell-Experiment zur Simulation der Ergebnisse bei der jeweils nächsten Generation im Rahmen der Kreuzung von Erbsenpflanzen*

1. Modell-Experiment zur Kreuzung von Merkmalen. Führen Sie das Modell-Experiment in Abbildung 2 durch und werten Sie dieses aus. Berücksichtigen Sie dabei die Hinweise zur Durchführung und Auswertung (Abb 2).

2. Modellkritik. Nehmen Sie kritisch Stellung zur Eignung dieses Modell-Experiments mit verschiedenfarbenen Erbsen. Gehen Sie dabei auch auf die Vermischung von Genotyp und Phänotyp ein.

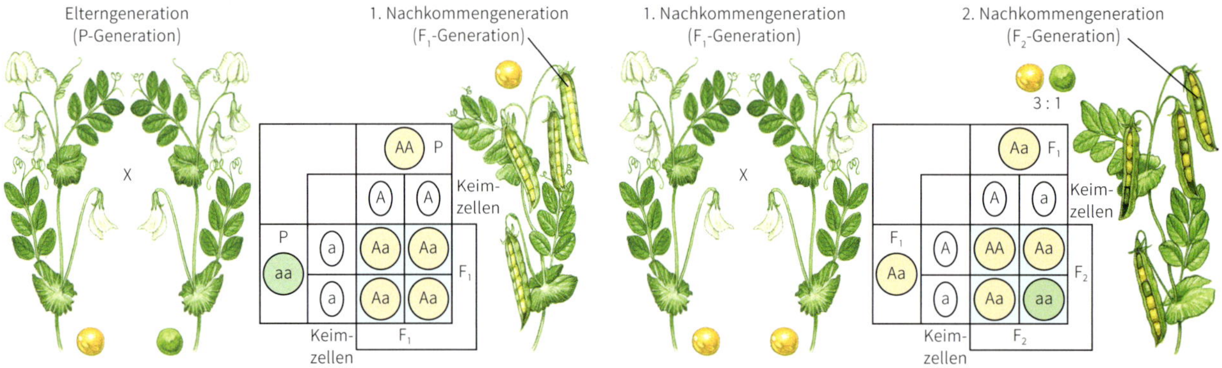

1. Mendelsche Regel – Uniformitätsregel
Wenn reinerbige (homozygote) Individuen einer Art gekreuzt werden, die sich in einem Merkmal unterscheiden, dann ist bei allen Nachkommen in der F_1-Generation das betrachtete Merkmal gleich (uniform).
A = Erbanlage für gelbe Samenfarbe
a = Erbanlage für grüne Samenfarbe

2. Mendelsche Regel – Spaltungsregel
Wenn in Bezug auf ein Merkmal mischerbige (heterozygote) Individuen der F_1-Generation miteinander gekreuzt werden, treten in der F_2-Generation beide betrachteten Merkmale im Zahlenverhältnis 3 : 1 wieder auf.
A = Erbanlage für gelbe Samenfarbe
a = Erbanlage für grüne Samenfarbe

1 *Die Kombinationsquadrate für die F_1-Generation und F_2-Generation*

MENDEL nutzte für seine Kreuzungsexperimente ausschließlich reinerbige Elternpflanzen. Ein Organismus ist reinerbig, wenn er auf beiden homologen Chromosomen das identische Allel für das betrachtete Merkmal aufweist, beispielsweise AA (Abb. 2). Reinerbige Individuen werden auch als **homozygot** bezeichnet. Mischerbige Organismen, die zwei unterschiedliche Allele für das betreffende Merkmal besitzen, wie Aa, werden **heterozygot** genannt. Die Weitergabe von erblichen Merkmalen an die Nachkommen wird in Form von Erbgängen erfasst. Bei der Vererbung eines Merkmals ist von einem **monohybriden Erbgang** die Rede. Bei der Vererbung von zwei Merkmalen von **dihybriden Erbgängen**. Im Jahre 1865 veröffentlichte Mendel basierend auf seinen statistischen Auswertungen die noch heute gültigen Regeln der Vererbung, die sogenannten **Mendelschen Regeln**.

2 *Grüne Erbsensamen einer reinerbigen Pflanze der P-Generation*

Kreuzt man zwei Pflanzen aus der P-Generation, die sich reinerbig im Merkmal Samenfarbe unterscheiden und die Genotypen AA beziehungsweise aa aufweisen, so kann man in der F1-Generation nur Pflanzen mit gelben Erbsensamen und den Genotypen Aa finden (Abb. 1). Das Ergebnis ist immer identisch, die Nachkommen in der F1-Generation sind bezüglich des Merkmals Samenform untereinander alle gleich beziehungsweise **uniform**. Hieraus leitete Mendel die Uniformitätsregel ab. Erklärbar ist dies, indem jedes Elternteil nur eines seiner identischen Allele, A beziehungsweise a, weitergegeben hat. Die Pflanzen in der F1-Generation erhalten auf diese Weise die beiden unterschiedlichen Allele für das Merkmal Samenfarbe und haben den Genotyp Aa und sind heterozygot. Das Allel A ist dominant, wodurch es zur Bildung uniformer F1-Nachkommen mit gelben Samen kommt.

Kreuzt man die mischerbigen Individuen aus der F_1-Generation, die phänotypisch uniform sind, so spaltet sich das Merkmal Samenfarbe in ein bestimmtes Zahlenverhältnis auf. Bei den Nachkommen in der F_2-Generation gibt es statistisch gesehen dreimal mehr Pflanzen mit gelben Samen als mit grünen Samen, denn das Verhältnis der Phänotypen der F_2-Generation beträgt zahlenmäßig 3 : 1. Dieses Zahlenverhältnis gilt für alle **dominant-rezessiven Erbgänge**, bei denen nur ein Merkmal betrachtet wird. Hieraus leitete MENDEL die **Spaltungsregel** ab (Abb. 1).

→ M11 → B5 → Kap. 5.1 → Kap. 5.3 → Kap. 5.4 → Kap. 5.5

Merkmal	Phänotypen der P-Generation		Ergebnisse aus Kreuzungsexperimenten
Blütenfarbe	 violett	 weiß	F_2-Generation: 428 Erbsenpflanzen mit violetten Blüten, 152 Erbsenpflanzen mit weißen Blüten
Hülsenform	 eingeschnürt	 glatt	F_2-Generation: 2 485 Erbsenpflanzen mit eingeschnürten Hülse, 7 405 Erbsenpflanzen mit glatten Hülsen
Samenform	 rund	 kantig	F_2-Generation: 5 474 Erbsenpflanzen mit runden Erbsen, 1 850 Erbsenpflanzen mit kantigen Erbsen

3 *Die Ergebnisse der Kreuzungsexperimente anhand verschiedener Merkmale*

1. Erbsenzählerei.

a) Die Vererbung des Merkmals Samenform verhält sich identisch zur Vererbung des Merkmals Samenfarbe. Skizzieren Sie das vollständige Erbschema für die Vererbung des Merkmals Samenform bei Erbsenpflanzen bis zur F_2-Generation (Abb. 3, 4). Die Elternpflanzen sind homozygot.

b) Berechnen Sie die Zahlenverhältnisse in der F_2-Generation. Setzen Sie die kleinste Zahl als „1".

c) MENDEL untersuchte neben den Merkmalen Samenfarbe und Samenform viele weitere Merkmale bei Erbsen, darunter Hülsenform und Blütenfarbe (Abb. 3). Ermitteln Sie die jeweiligen Genotypen der P-Generation und F_1-Generation. Begründen Sie Ihre Entscheidung.

d) Begründen Sie mithilfe der Tabelle und eines Taschenrechners, warum es für die Formulierung der Mendelschen Regeln wichtig war, dass Mendel sehr viele Kreuzungsexperimente durchführte.

2. Vererbung der Haarlänge bei Angorakaninchen.

Das Angorakaninchen zeichnet sich durch ein langhaariges Fell aus (Abb. 5). In einem Kreuzungsexperiment soll geklärt werden, ob das Allel für langhaariges Fell oder das Allel für glatthaariges Fell rezessiv vererbt wird. Im Kreuzungsexperiment treten in der F_1-Generation ausschließlich Kaninchen mit glatthaarigem Fell auf.

a) Begründen Sie, ob es sich bei dieser Vererbung um einen mono- oder dihybriden Erbgang handelt.

b) Planen Sie die Durchführung des Kreuzungsexperiments, um das rezessive Allel bestimmen zu können.

c) Ermitteln Sie mit Hilfe eines Erbschemas die Genotypen der P-Generation, F_1-Generation und F_2-Generation. Überprüfen und begründen Sie, ob bei diesem Kreuzungsexperiment die Mendelschen Regeln zutreffen.

Im Erbschema werden die Allele durch Buchstaben symbolisiert. Dominante Allele werden mit großen Buchstaben, rezessive mit entsprechenden kleinen Buchstaben bezeichnet. Der Großbuchstabe steht im Genotyp vorne. Der Phänotyp in Bezug auf die Samenfarbe wird z. B. durch grün beziehungsweise gelb gefärbte Kreise veranschaulicht.

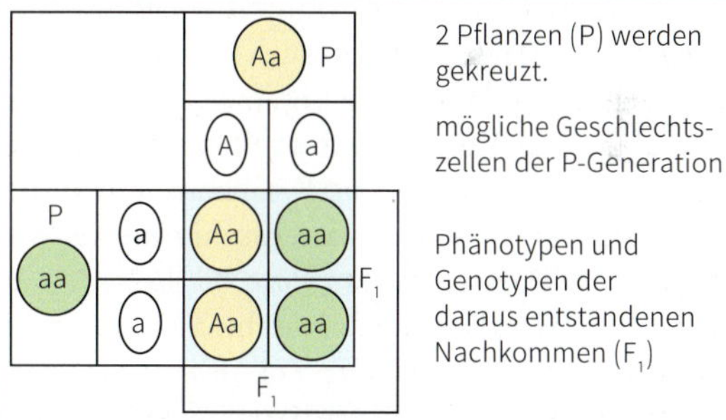

4 *Erstellen eines Erbschemas*

5 *Angorakaninchen mit langhaarigem Fell*

5.3 Die unvollständige Dominanz (Intermediäre Erbgänge)

1 *Die möglichen Blütenfarben der Wunderblume*

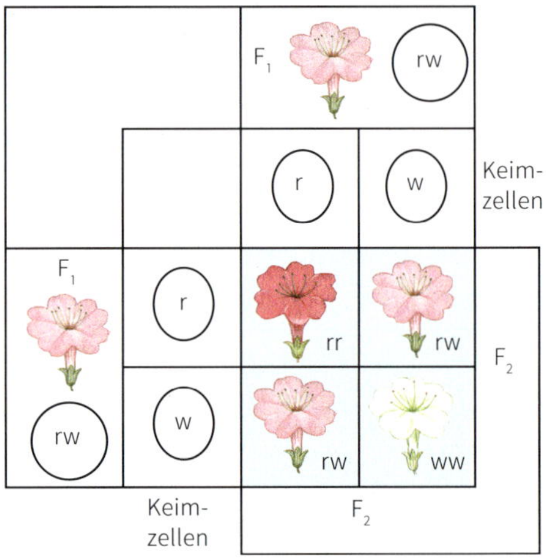

2 *Das Erbschema für die F_2-Generation*

Die Wunderblume ist eine aus Mittelamerika stammende krautige Pflanze. Die Blüten können in ihrer Farbe stark variieren, was die Namensgebung Wunderblume erklärt. So gibt es unter anderem Pflanzen mit roten, weißen und rosa Blüten (Abb. 1).

Jahrzehnte nach MENDELS Untersuchungen führte der deutsche Forscher CARL CORRENS ebenfalls Vererbungsversuche durch. Dafür kreuzte er zunächst eine reinerbige Wunderblume mit roten Blüten mit einer reinerbigen weißblütigen Wunderblume. Er beobachtete, dass alle Nachkommen der F_1-Generation uniform rosablühend waren. Da Rosa die Mischfarbe aus Weiß und Rot ist, schloss er daraus, dass die Pflanzen aus der F_1-Generation die phänotypische Mischform aus beiden Elternteilen darstellen. Die gemischte Merkmalsausprägung ist damit erklärbar, dass die Allele der Elternpflanzen sich nicht wie bei einem dominant-rezessiven Erbgang dominant beziehungsweise rezessiv zueinander verhalten, sondern gleichwertig sind. Das weiße Allel stellt keinen Farbstoff her und das rote Allel ist nicht in der Lage genügend roten Farbstoff herzustellen, sodass in der Folge eine Mischfarbe resultiert. Deswegen werden den Allelen in diesem Beispiel auch keine Großbuchstaben zugewiesen, da ein Großbuchstabe stets für ein dominantes Allel steht.

3 *Die intermediäre Vererbung der Fellfarbe beim Shorthorn-Rind*

Die diploide, homozygot rote Elternpflanze besitzt den Genotyp rr. Der Buchstabe r steht hier für die Blütenfarbe rot. Bei der Kreuzung mit einer weißfarbigen Elternpflanze mit dem Genotyp ww werden jeweils die Allele r und w an die Nachkommen weitergegeben. Die heterozygoten Pflanzen der F_1-Generation besitzen alle den Genotyp rw. Da die beiden Allele r und w gleichwertig sind, kommt es in den F_1-Pflanzen gleichzeitig zur Bildung roter und weißer Blütenfarbstoffe, was letztendlich rosafarbene Blüten ergibt. Ein Erbgang, bei dem beide Allele gleich stark wirken und dadurch eine dazwischenliegende phänotypische Mischform ausgebildet wird, wird als **intermediärer Erbgang** bezeichnet. Kreuzt man die Wunderblumen der F_1-Generation untereinander, so treten in der F_2-Generation sowohl die Merkmale der P-Generation als auch der F_1-Generation in einem Zahlenverhältnis von 1 : 2 : 1 auf (Abb. 2). Dieses Zahlenverhältnis entspricht nicht dem des dominant-rezessiven Erbgangs.

Intermediäre Erbgänge sind nicht nur bei Pflanzen bekannt. Die Vererbung der Fellfarbe beim Shorthorn-Rind folgt zum Beispiel ebenfalls einem intermediären Erbgang. Aus der Paarung von zwei reinerbig braunroten mit reinerbig weißen Tieren resultieren mischerbig schimmelfarbige Nachkommen, bei denen rote und weiße Haare gemeinsam auftreten (Abb. 3).

→ B5 → Kap. 5.1 → Kap. 5.2

4 *Vererbung der Blütenfarbe bei der Rose*

1. Die Blütenfarbe bei Rosen. Bei der Kreuzung einer Rose mit gelber Blüte und einer mit roter Blüte entstehen in der F_1-Generation Rosen mit orangefarbenen Blüten (Abb. 4).

a) Erläutern Sie die Entstehung von orangefarbenen Blüten bei den Rosen.

b) Formulieren Sie das Erbschema für die Vererbung des Merkmals Blütenfarbe bei Rosen. Verwenden Sie geeignete Allelbuchstaben und achten Sie auf Groß- und Kleinschreibung.

c) Ermitteln Sie mit Hilfe des Erbschemas aus Aufgabe b) das phänotypische Zahlenverhältnis der F_2-Generation.

d) Begründen Sie, ob auf den intermediären Erbgang die 1. und die 2. Mendelsche Regel zutreffen.

e) Vergleichen Sie den intermediären Erbgang mit einem dominant-rezessiven Erbgang. Berücksichtigen Sie dabei die unterschiedlichen Zahlenverhältnisse.

f) Stellen Sie den Erbgang bis zur F_2-Generation dar, wenn die Rose mit roter Blütenfarbe mit einer Rose mit orangefarbenen Blüten gekreuzt wird.

2. Das Modellexperiment zur Wunderblume.

a) Übernehmen Sie die Tabelle aus Abbildung 5 in Ihr Heft und ermitteln Sie die zufällig gezogenen Genotypen. Nutzen Sie hierfür die Allelbuchstaben r und w.

b) Vervollständigen Sie in der Tabelle die Phänotypen der F_2-Generation und ermitteln Sie, in welchem Zahlenverhältnis sie zueinander stehen (Abb. 5).

c) Vergleichen Sie Ihr ermitteltes phänotypisches Zahlenverhältnis der F_2-Generation mit dem anderer Schülergruppen. Erklären Sie mögliche Abweichungen in den Ergebnissen. Begründen Sie, ob in der Natur ein Abweichen vom idealen Zahlenverhältnis möglich ist.

Praxis

Frage: Welches Zahlenverhältnis tritt beim intermediären Erbgang in der F_2- Generation auf?

Material: Beutel, 16 rote (r) und 16 weiße (w) Murmeln

Durchführung: Jede Murmel steht für ein Allel. Die Murmelfarbe symbolisiert die Blütenfarbe, die durch das Allel ausgeprägt wird. Ziehen Sie blind jeweils zwei Murmeln aus dem Beutel. Das gezogene Allelpaar entspricht dem Genotyp einer Wunderblumenpflanze der F_2-Generation. Wiederholen Sie den Vorgang so lange, bis keine Murmeln mehr im Beutel sind.

Allelpaar	Genotyp	Phänotyp
Nr. 1		
Nr. 2		
Nr. 3		
Nr. 4		
Nr. 5		
Nr. 6		
Nr. 7		
usw.		

5 *Modellexperiment zur Wunderblume*

3. Die Vererbung von zwei Merkmalen bei der Wunderblume. Bei der Wunderblume hat CORRENS auch Kreuzungen mit zwei Merkmalspaaren durchgeführt. Man führt eine Kreuzung einer reinerbigen Wunderblume mit weißen Blüten und hellgrünen Blättern mit einer reinerbigen Wunderblume, die rote Blüten und dunkelgrüne Blätter besitzt, durch. Kein Allel ist dabei dominant. Formulieren Sie das Erbschema für diesen Kreuzungsversuch. Verwenden Sie geeignete Allelbuchstaben und achten Sie auf Groß- und Kleinschreibung. Geben Sie dabei sowohl die Phänotypen als auch die Genotypen der F_1-Generation sowie der F_2-Generation an.

→ B5 → Kap. 5.1 → Kap. 5.2

5.4 Die dritte Mendelsche Regel

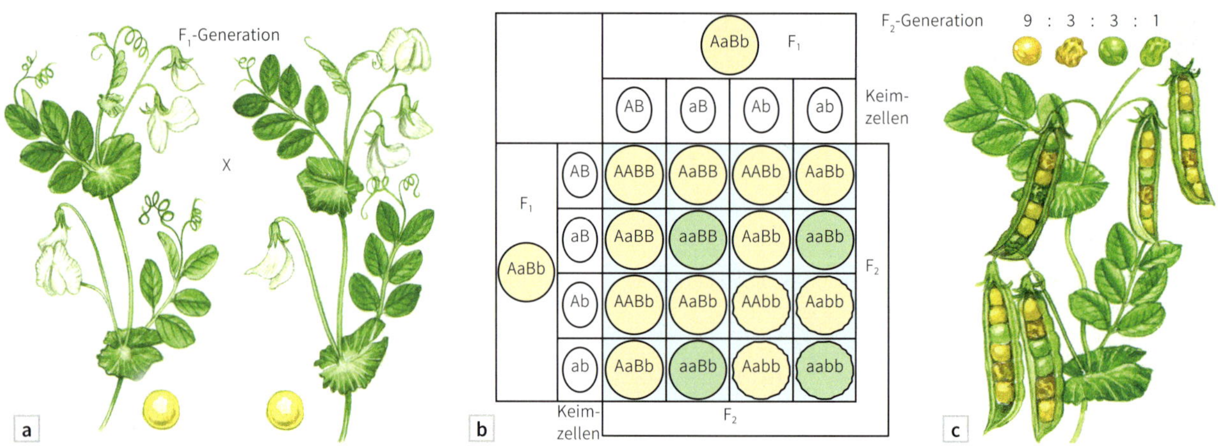

1 *Der dihybride Erbgang a) heterozygote Pflanzen der F_1-Generation, b) Erbschema und c) Zahlenverhältnis der F_2-Generation*

Mendel kreuzte auch Erbsenpflanzen miteinander, die sich in zwei Merkmalen unterschieden. Für diesen dihybriden Erbgang wählte er die einfach zu beobachtenden Merkmale Samenform und Samenfarbe. Eine reinerbige Elternpflanze mit gelben und runden Samen wurde mit einer reinerbigen Elternpflanze mit grünen und kantigen Samen gekreuzt. Die durch künstliche Fremdbestäubung und anschließender Befruchtung entstandenen Samen der F_1-Generation waren uniform und besaßen ausschließlich gelbe und runde Samen (Abb. 1a). Bei der Kreuzung der Pflanzen der F_1-Generation erkannte Mendel, dass sich in der F_2-Generation vier unterschiedliche Phänotypen in einem bestimmten Zahlenverhältnis ausbildeten. Bei der Kreuzung der Pflanzen der F_1-Generation untereinander entwickelten sich insgesamt 556 Samen. Mendel zählte in der F_2-Generation 315 gelb-glatte, 101 gelb-runzelige, 108 grün-glatte und 32 grün-runzelige Samen. Mendel wiederholte diese Kreuzung mehrfach. Dabei erhielt er immer wieder ähnliche Ergebnisse.

In der F_2-Generation traten die bereits aus der P-Generation bekannten Phänotypen gelbrunde Samen beziehungsweise grünkantige Samen auf. Zudem bildeten sich neue Varianten mit gelbkantigen und grünrunden Samen. Mendel nahm daher an, dass Allele unabhängig voneinander vererbt werden. Gesichert durch eine Vielzahl an Kreuzungsexperimenten formulierte Mendel seine dritte Regel, die auch **Neukombinationsregel** genannt wird: Kreuzt man zwei Individuen, die sich in zwei reinerbigen Merkmalen unterscheiden, so werden die einzelnen Gene unabhängig voneinander neu kombiniert. Die neuen Merkmalskombinationen spalten sich in der F_2-Generation im Zahlenverhältnis 9 : 3 : 3 : 1 auf (Abb. 1c). Diese Regel gilt nur, wenn die Gene auf unterschiedlichen Chromosomen liegen. Die dritte Mendelsche Regel kann leicht anhand eines Kombinationsquadrats nachvollzogen werden (Abb. 1b). Die uniformen Pflanzen der F_1-Generation sind heterozygot und haben den Genotyp AaBb. Die Allele für die Samenfarbe und die Samenform werden unabhängig voneinander kombiniert, die Individuen der F_1-Generation bilden Keimzellen mit den Allelvarianten AB, aB, ab und Ab. Durch zufällige Befruchtung ergeben sich die im Kombinationsquadrat dargestellten 16 Kombinationsmöglichkeiten der F_2-Generation. Werden daraus die Phänotypen abgeleitet, ergibt sich das Zahlenverhältnis von 9 : 3 : 3 : 1 der dritten Mendelschen Regel.

Merkmal	Ausprägung	Allel
Farbe	gelb	A
	grün	a
Form	rund	B
	runzlig	b

2 *Eine Merkmalstabelle zum dihybriden Erbschema*

Die F_1-Generation besitzt einen einheitlichen Genotyp (AaBb) und einen einheitlichen Phänotyp (gelber, glatter Samen). Auch in diesem Fall trifft die 1. Mendelsche Regel, die Uniformitätsregel, zu. Gleiches gilt für die 2. Mendelsche Regel, die Spaltungsregel. Wenn die mischerbigen Individuen der F_1-Generation (AaBb) miteinander gekreuzt werden, treten in der F_2-Generation die betrachteten Merkmale in einem festen Zahlenverhältnis, hier 9 : 3 : 3 : 1, wieder auf.

→ M11 → B5 → Kap. 5.1 → Kap. 5.2 → Kap. 5.3 → Kap. 5.5

3 *Meerschweinchen*

1. Meerschweinchen.
Ein Züchter möchte kurzhaarig-weiße Meerschweinchen verkaufen. Als Elterntiere stehen ihm ein reinerbig kurzhaarig-schwarzes Männchen und ein reinerbig langhaarig-weißes Weibchen zur Verfügung, die er miteinander verpaart. Die daraus hervorgehende F_1-Generation umfasst nur langhaarig-schwarze Meerschweinchen. Im Anschluss kreuzt der Züchter die Individuen der F_1-Generation untereinander.

a) Erstellen Sie für diesen Erbgang eine Merkmalstabelle wie in Abbildung 2. Nutzen Sie für die Felllänge den Buchstaben A und für die Fellfarbe den Buchstaben B.

b) Geben Sie den Typ des vorliegenden Erbgangs an und begründen Sie Ihre Entscheidung.

c) Entwickeln Sie das vollständige Erbschema mit den ensprechenden Phäno- und Genotypen.

d) Erläutern Sie, welche der Mendelschen Regeln auf dieses Beispiel zutreffen.

e) Berechnen Sie die Wahrscheinlichkeit für den Züchter, in der F_2-Generation ein kurzhaarig-weißes Meerschweinchen zu erhalten.

f) Für Züchter ist das Wissen bedeutsam, dass die für die Kreuzungen verwendeten Meerschweinchen reinerbig sind. Daher wird eine sogenannte **Rückkreuzung** oder **Testkreuzung** durchgeführt. Die Funktion einer Testkreuzung ist die Ermittlung eines unbekannten Genotyps. Hierfür werden die zu untersuchenden Lebewesen mit einem reinerbig rezessiven Partner gekreuzt. Der Züchter untersucht auf diese Weise nur das Merkmal der Haarlänge. Er wählt ein langhaariges Meerschweinchen für den Test aus. Die Nachkommen spalten im Genotyp im Verhältnis 1 : 1 auf. Begründen Sie das Verhältnis mithilfe eines entsprechenden Erbschemas. Geben Sie an, ob das Meerschweinchen homozygot für dieses Merkmal war.

Zwei reinerbige Erbsenpflanzen werden gekreuzt. Ein Elternteil ist aus gelbem, rundem Samen entstanden, der in einer grünen Hülse heranreift. Der andere Elternteil hat sich aus grünem, runzeligem Samen entwickelt, dessen Hülse vor der Reife gelb gefärbt war. Das Allel für die Ausbildung der grünen Hülsenfarbe ist dominant.

4 *Vererbung der Hülsenfarbe*

2. Vererbung der Hülsenfarbe. Stellen Sie ein Kreuzungsschema für die F_1- und die F_2-Generation auf. Ermitteln Sie alle Geno- und Phänotypen der F_2-Generation. Berechnen Sie das Verhältnis der Geno- und Phänotypen.

3. Züchtung einer süßen und reblausfesten Rebsorte.
Im Weinanbau ist die Reblaus die Ursache für das Weingartensterben, daher wurde vesucht ab den 1880er Jahren durch Kreuzungen neue Rebsorten zu züchten. Ein Züchter hat eine süße, aber reblausanfällige Traubensorte sowie eine reblausfeste Sorte mit sauren Trauben. Entwickeln Sie eine Vorgehensweise, wie der Züchter eine süße, reblausfeste Rebsorte züchten kann. Die Allele für sauer und für reblausanfällig sind dominant und liegen bei den vorhandenen Sorten homozygot vor.

4. Weiße Leistenkrokodile. In einem Zoo gibt es ein Leistenkrokodil mit einem weißen Panzer und roten Augen. Diese Merkmale sind auf rezessive Allele zurückzuführen. Alle anderen Krokodile besitzen einen bräunlichen Panzer und grüne Augen. Es ist kein Krokodil bekannt, das einen bräunlichen Panzer und rote Augen oder einen weißen Panzer und grüne Augen aufweist. Auch durch Kreuzungen ist es noch nie gelungen, weiße Krokodile mit grünen Augen zu züchten. Inwiefern ist dies ein Widerspruch zu MENDELS Aussage, dass Allele unabhängig voneinander vererbt werden? Stellen Sie Hypothesen zur Erklärung auf.

Hilfe **Webcode** WES-105475_147

→ M11 → B5 → Kap. 5.1 → Kap. 5.2 → Kap. 5.3 → Kap. 5.5

5.5 Neukombination der Gene führt zu Vielfalt

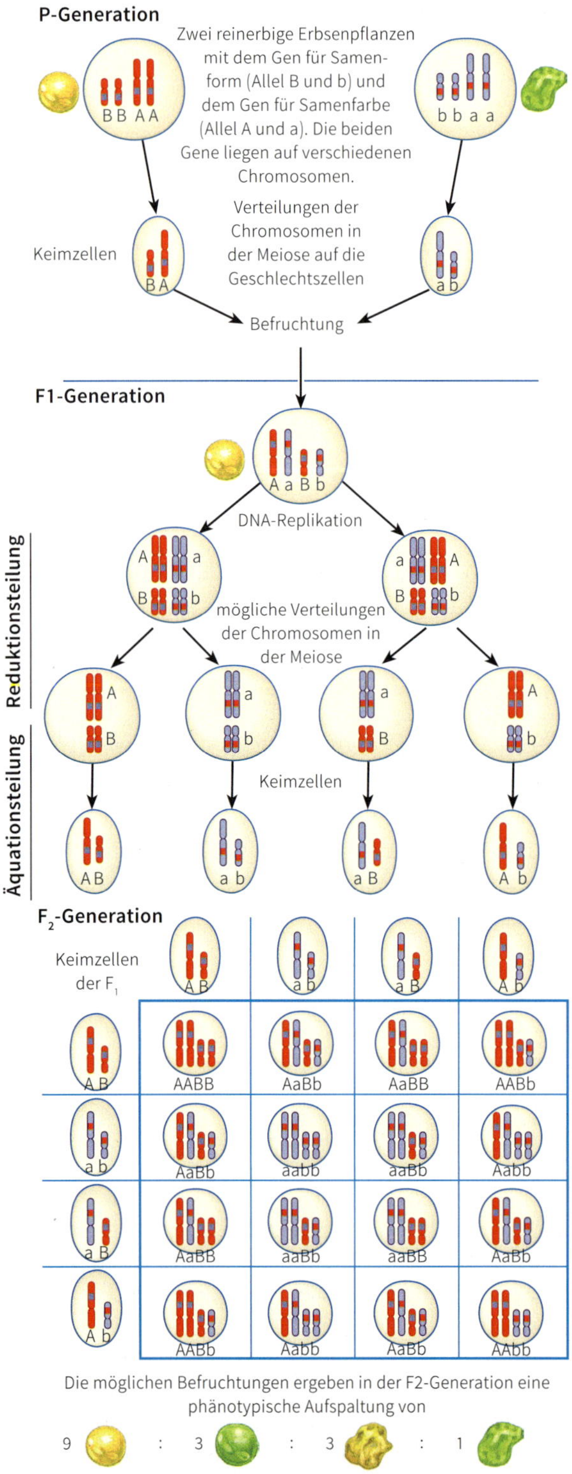

1 *Mendels Versuchsergebnisse und die Chromosomentheorie der Vererbung*

Gregor Mendel hatte seinerzeit noch keine Kenntnisse über das Vorhandensein von Zellkernen, Chromosomen und DNA. Er ging aber bereits von Erbanlagen aus, die zu gleichen Teilen von Vater und Mutter stammen. Kurz nach Mendels Tod stellten Forscher zu Beginn des 20. Jahrhunderts die Theorie auf, dass die Chromosomen im Zellkern paarweise vorkommen und dass die Chromosomen die Träger der Erbanlagen sein müssen. Bis heute ist von der **Chromosomentheorie der Vererbung** die Rede.

Homologe Chromosomen tragen an der gleichen Chromosomenstelle ein Allel des betreffenden Gens. Bei Erbsenpflanzen liegt das Gen für das Merkmal Samenform auf dem Chromosom Nummer 1, das Gen für die Samenfarbe auf dem Chromosom Nummer 7. Während der Meiose werden die homologen Chromosomen und mit ihnen die Allelpaare getrennt und zufällig auf die Keimzellen aufgeteilt. Die Keimzellen haben einen einfachen Chromosomensatz und weisen unterschiedliche Allelkombinationen auf (Abb. 1). Bei der Befruchtung verschmelzen zwei zufällige Keimzellen miteinander, die Allele werden unabhängig voneinander neu kombiniert. Dadurch wird eine große **genetische Vielfalt** unter den Nachkommen gewährleistet (Abb. 1).

Die unabhängige Neukombination von Allelen ist nur möglich, wenn die Gene auf unterschiedlichen Chromosomen liegen. Da die Zahl an Genen die Zahl an Chromosomen weit übersteigt, müssen einige Gene zwangsläufig auf ein und demselben Chromosom liegen. Diese Gene können dann nur gemeinsam als Gesamtpaket an die Nachkommen weitergegeben werden. Sie werden als **gekoppelte Gene** bezeichnet (Abb. 2). Gekoppelte Gene verhalten sich abweichend von der dritten Mendelschen Regel. Mendel hatte pures Glück, dass er für seine Kreuzungsexperimente zur 3. Mendelschen Regel unwissentlich nur Merkmale auswählte und betrachtete, deren Ausprägungen durch nicht-gekoppelte Gene gesteuert werden.

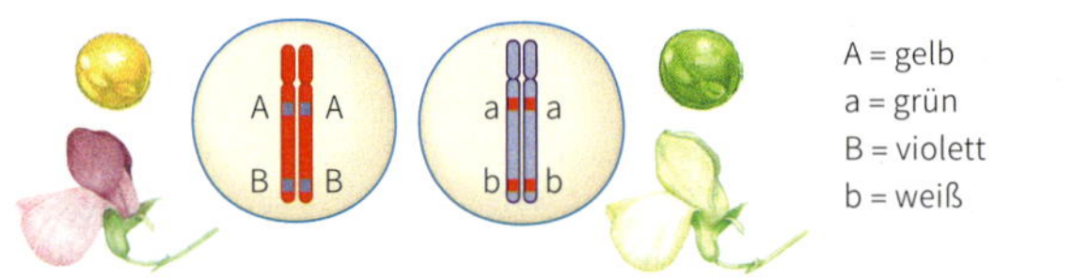

2 *Gekoppelte Gene. Anders als Samenform und Samenfarbe liegen Samenfarbe und Blütenfarbe auf einem Chromosom. Wären diese gekoppelt würde die 3. Mendelsche Regel nicht für diese Merkmale gelten.*

→ B5 → M11 → Kap. 5.4

Es ist möglich, die Wahrscheinlichkeiten für die Vererbung von Allelen mathematisch zu berechnen. Das von Sir Francis Galton erfundene Galtonbrett dient zur Demonstration von Wahrscheinlichkeitsverteilungen und kann gut als Modell für die Vererbung herangezogen werden. In einem Galtonbrett fallen viele Kugeln, die zuvor in einen Trichter gegeben wurden, von oben nach unten, um letztendlich in Fächern zu landen. Dabei prallen die fallenden Kugeln an Hindernissen, die regelmäßig auf dem Brett angeordnet sind, ab. Jede Kugel kann an jedem Hindernis entweder mit einer Wahrscheinlichkeit von 50 Prozent nach links oder mit einer Wahrscheinlichkeit von 50 Prozent nach rechts abprallen. Das in diesem Beispiel verwendete Galtonbrett hat drei Fächer, nummeriert mit den Zahlen 1, 2 und 3. Die Fächer stehen für die Genotypen Aa, aa und AA. Jede Kugel steht für ein Individuum. Zudem gibt es die drei Hindernisse X, Y und Z. Das Modellexperiment soll die Wahrscheinlichkeitsverteilung der Allele eines monohybriden Erbgangs zeigen.

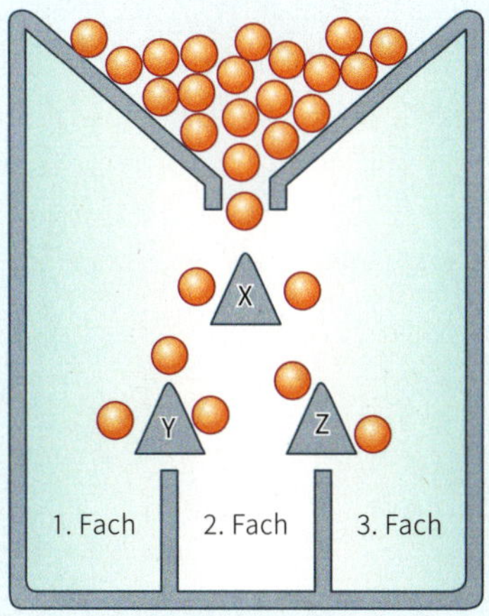

3 *Der statistische Charakter der Vererbung von Allelen: Das Galtonbrett*

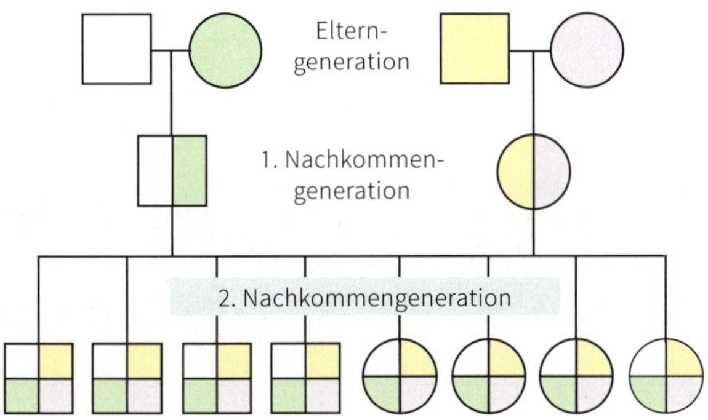

4 *Galtons Hypothese der Vererbung.*

Ergebnisse Mendels	Ergebnisse der Zellforschung
1. Die Erbanlagen bewahren bei der Weitergabe durch die Generationen ihre Eigenständigkeit.	**1.** Die Chromosomen werden als selbstständige Einheiten durch die Generationen weitergegeben. Die Gene sind auf den Chromosomen lokalisiert.
2. In den Körperzellen ist für jedes Merkmal ein Erbanlagenpaar vorhanden.	**2.** Die Chromosomen sind in den Körperzellen paarweise vorhanden. Auf den beiden homologen Chromosomen können die sich entsprechenden Gene in verschiedenen Genvarianten oder Allelen vorliegen.
3. In jede Geschlechtszelle gelangt je eine Erbanlage dieses Paares.	**3.** Bei der Meiose gelangt von den beiden homologen Chromosomen jeweils eines in jede Geschlechtszelle.
4. Die Erbanlagen werden unabhängig voneinander auf die Geschlechtszellen verteilt. Sie können bei der Befruchtung neu kombiniert werden.	**4.** Bei der Geschlechtszellenbildung werden die homologen Chromosomen unabhängig voneinander auf die Geschlechtszellen verteilt. Sie können bei der Befruchtung neu kombiniert werden.

5 *Mendels Ergebnisse und die der Zellforschung*

1. Die Galton-Hypothese der Vererbung. Der Brite Sir Francis Galton (1822 – 1911), Cousin des weltberühmten Charles Darwin, war ein Forscher, der in vielen verschiedenen wissenschaftlichen Bereichen wichtige Forschungsergebnisse erzielte. Für seine Verdienste wurde er zum Ritter geschlagen. Galton beschäftigte sich unter anderem mit der Vererbung und formulierte hierzu die abgebildete Hypothese. Kreise stehen für weibliche Individuen, Quadrate für männliche Individuen (Abb. 4).

a) Beschreiben Sie die in Abbildung 4 dargestellte Hypothese der Vererbung.

b) Begründen Sie, ob Galtons Vererbungshypothese im Widerspruch zu der Chromosomentheorie der Vererbung steht oder diese bestätigt (Abb. 4).

c) Vergleichen Sie die Hypothese des Briten Sir Francis Galton mit der von Gregor Mendel. Arbeiten Sie hierfür Gemeinsamkeiten und Unterschiede heraus (Abb. 4, 5).

2. Vererbung trifft auf Statistik: Das Galtonbrett.

a) Berechnen Sie die jeweilige Wahrscheinlichkeit, mit der eine Kugel in das Fach 1, 2 beziehungsweise 3 fällt (Abb. 3).

b) Begründen Sie anhand von Abbildung 3, wie viele von 10 000 Kugeln statistisch gesehen in jedes Fach des Galtonbretts fallen werden.

c) Ordnen Sie den in der Abbildung 3 dargestellten Fächern 1, 2 und 3 des Galton-Bretts den jeweils passenden Genotyp Aa, aa und AA begründet zu.

→ B5 → M11 → Kap. 5.4

e 5.6 Die epigenetische Vererbung

1 *Bienenkönigin und Arbeiterinnen*

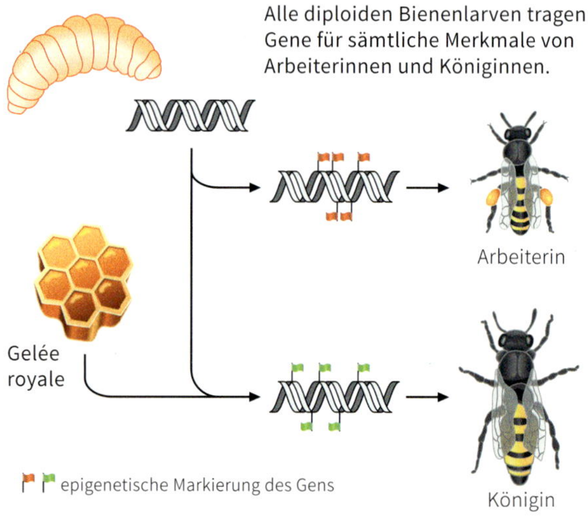

2 *Epigenetische Wirkung bei Bienen*

Königin und Arbeiterinnen in einem Bienenstock sind Schwestern beziehungsweise Mutter und Tochter, trotzdem sind sie sehr unterschiedlich in Aussehen und Verhalten (Abb. 1). Die Arbeiterinnen sind klein und kümmern sich zum Beispiel als Ammen um die Brut oder sorgen für Pollen- und Nektarnachschub als Sammlerinnen. Die sehr viel größere Königin lebt 36mal so lang wie eine Arbeiterin, legt Eier und sorgt so für Nachkommen. In den ersten zwei Tagen gleichen sich der Körper einer Königinnen- und einer Arbeiterinnenlarve. Die Unterschiede werden durch die anschließende Ernährung hervorgerufen. Larven, die zu Arbeiterinnen werden, erhalten Pollen und Nektar. Larven, die sich in den Weiselzellen befinden, erhalten einen besonderen, mit verschiedenen Substanzen angereicherten Futtersaft, das Gelée royale, und wachsen so zu Königinnen heran (Abb. 2).

Durch die Inhaltsstoffe des Gelée royales wird an einigen Stellen des Erbmaterials verhindert, dass bestimmte chemische Gruppen binden. Durch die chemischen Gruppen wird der Ablesevorgang dieser Gene während der Entwicklung zur Biene verändert. Sie werden inaktiv. Die Nahrung steuert demnach, welcher Teil der Erbinformation verwendet wird. Wenn das Erbgut selbst nicht verändert wird, sondern nur die Steuerung, wann welche Proteine produziert werden und in welchen Mengen, handelt es sich um **epigenetische Regulation**.

Wird die Bindung dieser chemischen Gruppen an das Erbmaterial gentechnisch verhindert, so entwickeln sich die Bienenlarven auch ohne Gelée royale zu Königinnen. Es ist daher nicht die Basensequenz der DNA, die sich ändert, sondern die Gene werden unterschiedlich chemisch markiert (Abb. 2).

Die Epigenetik beschäftigt sich mit Einflüssen auf die **Genaktivität**, die ohne Änderung der genetischen Information erfolgen. Auch die mögliche Vererbung solcher epigenetischen Phänomene wird erforscht. Besonders spektakulär waren die Experimente zur epigenetischen Vererbung einer erlernten Eigenschaft bei Mäusen. Hierbei zeigte sich, dass diese Eigenschaft an die beiden folgenden Generationen weitergegeben wurde. Danach trat sie nicht mehr auf. Bislang ist aber noch unbekannt, wie die epigenetischen Veränderungen der Körperzellen auf Keimzellen übertragen werden können. Die biologische Bedeutung epigenetischer Regulation besteht darin, dass mit ihnen eine unmittelbare Reaktion auf Umweltreize erfolgen kann. Die genomische Prägung und damit auch die **epigenetische Vererbung** konnte bereits bei mehreren Organismen nachgewiesen werden. In einem Experiment wurden trächtige Mäuse täglich dem Geruch von Rotfüchsen ausgesetzt. Die Jungtiere erwiesen sich nach der Geburt als übermäßig furchtsam gegenüber Rotfüchsen.

Grüner Tee ist bekanntlich gesund. Forschende fanden heraus, dass die gesundheitsfördernde Wirkung ebenfalls auf epigenetische Regulation zurückzuführen ist. Der Inhaltsstoff Epigallocatechin-3-Gallat des grünen Tees kann unter anderem auch die chemische Markierung der DNA hemmen und somit dem Entstehen von Krebszellen entgegenwirken.

→ B5 → Kap. 2.4 → Kap. 2.5

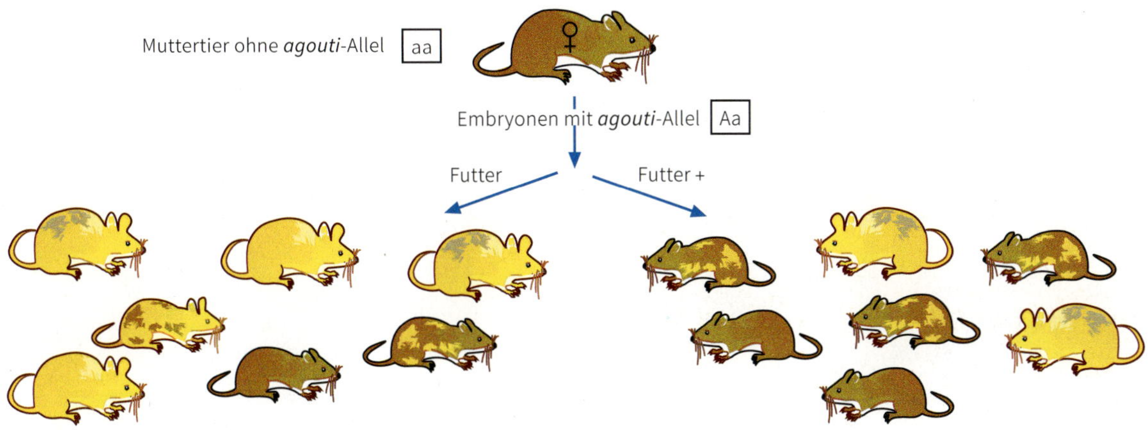

3 *Experiment von Waterland und Jirtle*

1. Untersuchungen zur Fellfärbung von agouti-Mäusen. Das *agouti*-Gen bei Mäusen ist für die Produktion eines Eiweißes verantwortlich, das sowohl die Fellfarbe bestimmt, als auch für den Gesundheitszustand der Mäuse verantwortlich ist.
Mäuse, die homozygot bezüglich des agouti-Allels sind (AA), weisen eine gelbe Fellfarbe auf, sind fettleibig und erkranken häufig an Diabetes und Krebs. Mäuse ohne agouti-Allel (aa) sind braun und gesund. Es können jedoch auch Mäuse, die das agouti-Allel besitzen, braun sein (Abb. 5). Vor einigen Jahren wurden die agouti-Mäuse durch ein Experiment von Robert Waterland und Randy Jirtle von der Duke University in Durham schlagartig berühmt. Gesunde Mäuse-Mütter ohne agouti-Allel trugen Embryonen mit agouti-Allel aus. Das Experiment und die Beobachtungen hierzu sind in Abbildung 3 dargestellt. Einer Gruppe von trächtigen Weibchen wurde normales Futter gefüttert. Die andere Gruppe erhielt ein Spezialfutter, dem Nahrungsergänzungsmittel wie Folsäure, Vitamin B12 und Cholin beigemischt waren (Futter +).

a) Beschreiben Sie die Ergebnisse des dargestellten Experiments (Abb. 3).

b) Erklären Sie die Versuchsergebnisse unter Verwendung aller Materialien (Abb. 3, 4, 5). Beziehen Sie in die Erklärung auch den Aspekt des Methylierungsgrades (Kap. 2.4 und 2.5) mit ein.

c) Entwickeln Sie Hypothesen zum Gesundheitszustand der entstandenen Mäuse.

d) Diskutieren Sie mit Ihren Mitschülern, inwieweit die Ergebnisse des Experiments mit agouti-Mäusen von Waterland und Jirtle für den Menschen relevant sind und auf ihn übertragen werden können.

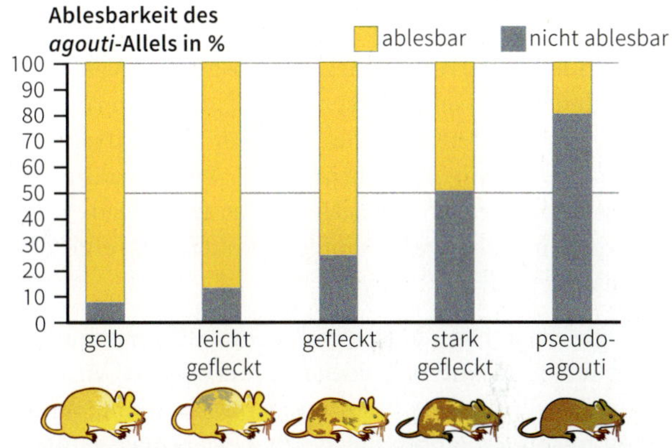

4 *Lesbarkeit des agouti-Allels und Fellfarbe bei heterozygoten Tieren*

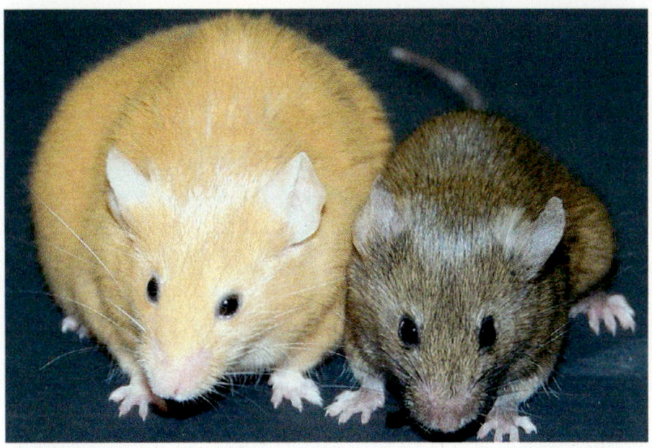

5 *Gelbe und braune agouti-Maus*

2. Recherche: Verwandlung beim Schwalbenschwanz. Die Verwandlung von der Raupe über die Puppe bis hin zum fertigen Schmetterling erfolgt unter epigenetischem Einfluss. Recherchieren Sie hierzu in geeigneten Medien.

Methode M12 Die Entwicklung genetischen Wissens

1 *Historische Persönlichkeiten die zur Entwicklung des genetischen Wissens beigetragen haben*

1866 veröffentlichte JOHANN GREGOR MENDEL (1822-1884) seine Abhandlung „Versuche über Pflanzen-Hybriden". Sie enthält die Ergebnisse seiner Versuche, die den Schlüssel zum Verständnis der Vererbungsvorgänge bildeten. Dafür hatte er im Garten des Klosters Brünn in mehrjähriger Arbeit zahlreiche Erbsenpflanzen (*Pisum sativum*) herangezogen. Seine Vorgehensweise war in einigen Punkten für seine Zeit genial neuartig.

- Die Saaterbse hat verschiedene Pflanzenrassen mit leicht zu unterscheidenden Merkmalen. MENDEL benutzte nur solche Pflanzen, deren Nachkommen in den folgenden Jahren die gleichen Merkmale zeigten.
- Er beschränkte sich für eine Versuchsreihe auf die Beobachtung nur eines Merkmals.
- Außerdem vermied er die bei der Erbsenblüte natürlich vorkommende Selbstbestäubung, indem er die Staubbeutel entfernte. Dann konnte er gezielt Pollen einer ausgewählten Blüte auf die Narbe bringen.
- Er bestäubte sowohl Blüten gelber Erbsen mit Pollen grüner Erbsen und umgekehrt (reziproke Kreuzung).
- Er führte in jeder Versuchsreihe viele Kreuzungen gleichzeitig durch und erhielt viele Nachkommen.
- Die Ergebnisse wurden ausgezählt und in Zahlenverhältnissen aufgeschrieben. Er führte also bereits eine statistische Auswertung durch, für seine Zeit kein übliches Verfahren.
- Er untersuchte auch andere Merkmale der Saaterbse.

So konnte er schließlich Gesetzmäßigkeiten ableiten, die heute als Mendelsche Regeln bekannt sind. Zu MENDELS Lebzeiten wurden seine Arbeiten von der Fachwelt nicht zur Kenntnis genommen.

Versuche über Pflanzen-Hybriden

Künstliche Befruchtungen, welche an Zierpflanzen deshalb vorgenommen wurden, um neue Farben-Varianten zu erzielen, waren die Veranlassung zu den Versuchen, die hier besprochen werden sollen. Die auffallende Regelmäßigkeit, mit welcher dieselben Hybridformen immer wiederkehrten, so oft die Befruchtung zwischen gleichen Arten geschah, gab die Anregung zu weiteren Experimenten, deren Aufgabe es war, die Entwicklung der Hybriden in ihren Nachkommen zu verfolgen. [...] Wenn es noch nicht gelungen ist ein allgemein giltiges Gesetz, für die Bildung und Entwicklung der Hybriden aufzustellen, so kann das Niemanden Wunder nehmen, der den Umfang der Aufgabe kennt und die Schwierigkeiten zu würdigen weiss, mit denen Versuche dieser Art zu kämpfen haben. Eine endgültige Entscheidung kann erst dann erfolgen, bis Detail-Versuche aus den verschiedensten Pflanzen-Familien vorliegen. Wer die Arbeiten auf diesem Gebiete überblickt, wird zu der Ueberzeugung gelangen, dass unter den zahlreichen Versuchen keiner in dem Umfange und in der Weise durchgeführt ist, dass es möglich wäre, die Anzahl der verschiedenen Formen zu bestimmen, unter welchen die Nachkommen der Hybriden auftreten, dass man diese Formen mit Sicherheit in den einzelnen Generationen ordnen und die gegenseitigen numerischen Verhältnisse feststellen könnte. Es gehört allerdings einiger Muth dazu, sich einer so weit reichenden Arbeit zu unterziehen; indessen scheint es der einzig richtige Weg zu sein, auf dem endlich die Lösung einer Frage erreicht werden kann, [...].

2 *Auszug aus "Versuche über Pflanzen-Hybriden" von* GREGOR MENDEL

→ Kap. 5.1 → Kap. 5.2 → Kap. 5.4 → Kap. 5.5 → Kap. 5.7

Erst 1894 führte Carl Correns (1864-1933) Kreuzungsexperimente mit Pflanzen durch, aus deren Ergebnissen er Gesetzmäßigkeiten der Vererbung ableiten konnte. Die Ergebnisse veröffentlichte er 1900. Sie wurden gleichzeitig und unabhängig voneinander von Hugo de Vries (1848-1935) und Erich Tschermak (1871-1962) ebenfalls entdeckt. Im Zuge ihrer Forschungen wurde die Arbeit Gregor Mendels wiederentdeckt, und die aus den Versuchen abgeleiteten Gesetzmäßigkeiten wurden Mendelsche Regeln genannt. Die Forscher beschäftigte nun die Frage, in welcher Form die Information zur Ausprägung von Merkmalen und Eigenschaften von einer Generation zur Nächsten weitergegeben wird.

Dazu hatte bereits Carl Wilhelm von Nägeli (1817-1891), 1842 leicht färbbare Einheiten in lebenden Zellen beschrieben, die später Chromosomen genannt wurden. 1875 hatte Eduard Strasburger (1844-1912), zusammen mit anderen Forschern die Verteilung der Chromosomen bei der Zellteilung untersucht.

Verfeinerte Untersuchungsmethoden, unter anderem bessere Mikroskope und neue Erkenntnisse aus den Kreuzungsversuchen zeigten eine deutliche Übereinstimmung zwischen der Verteilung der Erbanlagen und der Verteilung der Chromosomen in der Zelle. So führten Untersuchungen von Walter Sutton (1877-1916) und Theodor Heinrich Boveri (1862-1915) 1902 und 1903 zur Chromosomentheorie der Vererbung. Weitere wesentliche Erkenntnisse der klassischen Genetik wurden an der Frucht- oder Taufliege (*Drosophila melanogaster* und *Drosophila hydei*) gewonnen. Sie sind klein, anspruchslos und erzeugen viele Nachkommen, die in kurzer Zeit geschlechtsreif sind.

Thomas Hunt Morgan (1866-1945) und sein Team führten Tausende von Kreuzungsexperimenten mit diesen Fliegen durch. Sie führten auch Kreuzungen durch, bei denen zwei verschiedene Merkmale untersucht wurden. Dabei zeigte sich, dass manche Erbanlagen nicht frei auf die Nachkommen verteilt werden. Offenbar müssen die Anlagen für diese Merkmale gekoppelt sein. Die Gene für die Ausprägung dieser Anlagen müssen also auf einem Chromosom liegen.

In geringer Anzahl erhielten Morgan und sein Team aber auch Fliegen, die nur die eine oder die andere der gekoppelten Anlagen mitbekommen hatten. Die Anzahl der rekombinanten Fliegen variiert je nach den ausgewählten Merkmalen. Morgan und sein Team nahmen an, dass weiter auseinander liegende Gene durch ein Crossing-over eher getrennt werden können als näher bei einander liegende. Aus der Häufigkeit der Rekombinanten schlossen sie also auf die Entfernung der entsprechenden Gene auf dem Chromosom. Nach vielen weiteren Kreuzungen stellten sie eine relative Genkarte des Organismus *Drosophila melanogaster* auf.

Morgan und sein Team hatten, wie Mendel vor ihnen, Grundprinzipien der Vererbung durch die Beobachtung konkreter Versuchsergebnisse gewonnen. Dieses Vorgehen ist für heutige Forschung unabdingbar.

1. Die Gesetzmäßigkeiten der Vererbung.

a) Stellen Sie den historischen Verlauf der Entwicklung der Gesetzmäßigkeiten der Vererbung in einem Fließdiagramm dar.

b) Diskutieren Sie inwiefern die Aussagen von Mendel noch heute Gültigkeit haben (Abb. 2).

→ Kap. 5.1 → Kap. 5.2 → Kap. 5.4 → Kap. 5.5 → Kap. 5.7

e 5.7 Die Genkopplung und der Genaustausch

1 *Die Frucht- oder Taufliege Drosophila melanogaster (Wildtyp)*

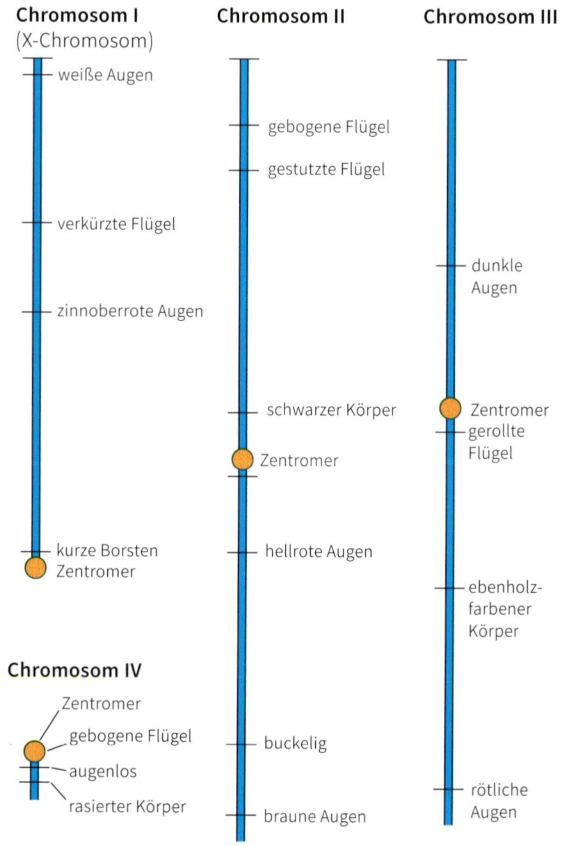

2 *Genkarte von Drosophila melanogaster*

Die Frucht- oder Taufliege *Drosophila melanogaster* ist weltweit eines der am besten untersuchten Lebewesen (Abb. 1). Die zwei Millimeter große Taufliege hat nur vier Chromosomenpaare und ist wegen der überschaubaren Chromosomenzahl und der leichten Aufzucht ein Modellorganismus für Genetiker. Die einzelnen Chromosomen der Taufliege sind heutzutage komplett erforscht, die Biologen kennen die phänotypischen Ausprägungen der Allele. Auch die exakten Orte der Allele auf den Chromosomen sind bekannt. Sie können einer Genkarte entnommen werden (Abb. 2).

Thomas Hunt Morgan beschäftigte sich Anfang des 20. Jahrhunderts, noch ohne die oben erwähnten detaillierten Kenntnisse, mit der Kreuzung von *Drosophila melanogaster*. Dabei stieß er auf Besonderheiten, die mit der 3. Mendelschen Regel nicht zu vereinbaren waren. So kreuzte Morgan in der P-Generation beispielsweise reinerbige stummelflügelig-schwarzfarbige Männchen (Abb. 6) mit reinerbigen normalflügelig-braunen Weibchen (Abb. 6)). Wie zu erwarten, waren in der F1-Generation alle Nachkommen uniform, die 1. Mendelsche Regel wurde bestätigt. Alle Taufliegen der F1-Generation besaßen den Genotyp AaBb und waren normalflügelig-braun. Kreuzte er nun diese Fliegen der F1-Generation untereinander, so zeigten die Nachkommen in der F2-Generation die Phanötypenkombination der Großeltern, wobei dreimal mehr normalflügelig-braune als stummelflügelig-schwarzfarbige Individuen auftraten. Es lag nicht das für die F2-Generation zu erwartende typische Phänotypenverhältnis 9:3:3:1 vor, sondern das Verhältnis 3:1. Aus diesem Widerspruch schloss Morgan, dass die Gene für Körperfarbe und Flügeltyp nicht frei kombinierbar sind und die 3. Mendelsche Regel nicht zutreffen kann. Beide Gene liegen nicht, wie angenommen getrennt auf verschiedenen Chromosomen, sondern müssen auf dem gleichen Chromosom lokalisiert sein. Sie können somit nur gemeinsam, das heißt gekoppelt, weitervererbt werden. Es liegen viele Gene auf einem Chromosom, sie bilden eine Kopplungsgruppe.

Sehr selten beobachtete Morgan während seiner Experimente auch das Auftreten von stummelflügelig-braunen und normalflügelig-schwarzen Taufliegen. Diese Varianten können nur erklärt werden, indem es zum gegenseitigen Stückaustausch zwischen den homologen Chromosomen während der Prophase I der Meiose kommt, einem Crossing-over. Dadurch kommt es zum Genaustausch und zur Veränderung in der Kopplungsgruppe (Abb. 5). Crossing-over kommt bei *Drosophila* nur während der Eizellenbildung in weiblichen Fliegen, nicht aber bei der Bildung von Spermienzellen vor.

→ B5 → M12 → Kap. 5.2 → Kap. 5.4 → Kap. 5.5

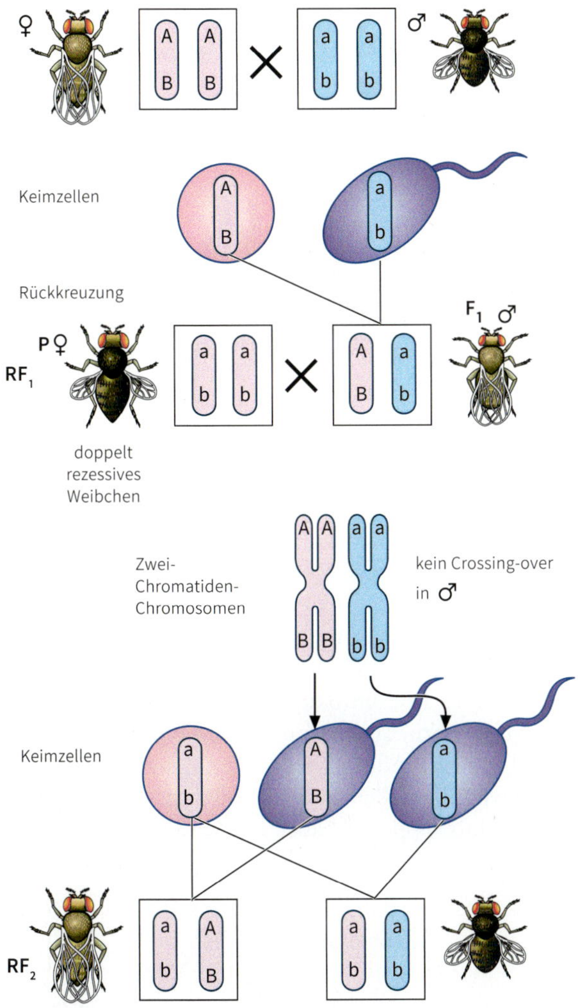

4 *Genkopplung bei Drosophila melanogaster*

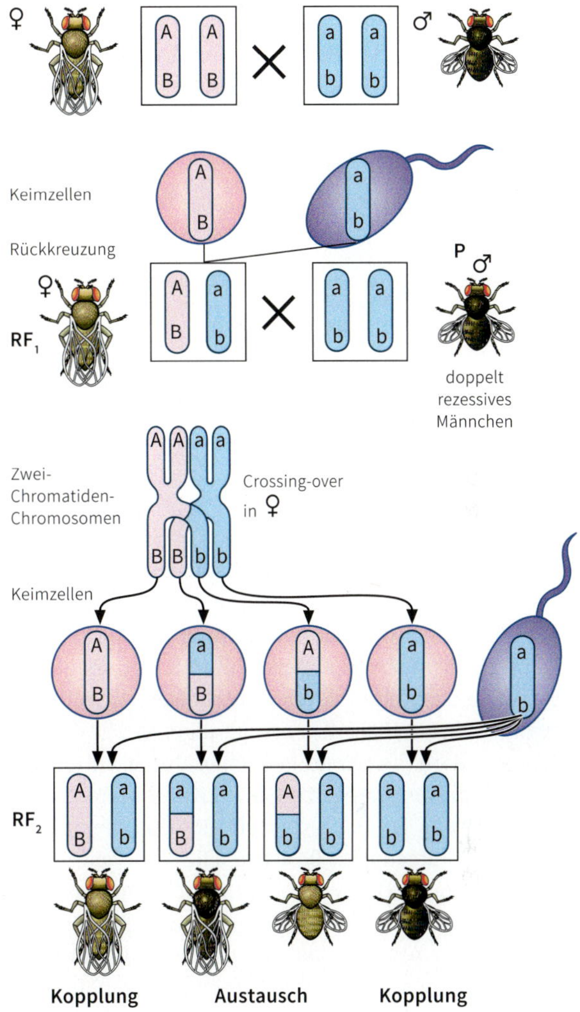

5 *Kopplungsbruch bei Drosophila melanogaster*

Merkmal	Ausprägung	Allel
Körperfarbe	braun	A
	schwarz	a
Flügelform	normalflügelig	B
	stummelflügelig	b

6 *Eine Merkmalstabelle zur Genkopplung bei Drosophila*

1. Genkopplung bei der Taufliege. THOMAS HUNT MORGAN kreuzte in der P-Generation reinerbige stummelflügelig-schwarzfarbige *Drosophila*-Männchen mit reinerbigen normalflügelig-braunen *Drosophila*-Weibchen (Abb. 6).

a) Entwickeln Sie analog zu der Darstellung des Erbgangs in Abb. 4 das Kreuzungsschema für diesen Erbgang. Beachten Sie dabei, dass die Individuen der F_1-Generation untereinander gekreuzt werden.

b) Erklären Sie anhand ihres Kreuzungsschemas aus a) die Tatsache, dass für die F_2-Generation nicht das zu erwartende typische Phänotypenverhältnis 9:3:3:1 vorlag, sondern das Verhältnis 3:1.

c) Erläutern Sie die in Abb. 4 und 5 dargestellten Erbgänge sowie die jeweiligen Phänotypenverhältnisse.

d) Begründen Sie das zu erwartende Phänotypenverhältnis bei der Kreuzung von reinerbigen weißäugigen Männchen mit ebenholzfarbenem Körper mit reinerbigen zinnoberrotäugigen Weibchen mit brauner Körperfarbe (Abb. 2). Die Merkmale zinnoberrote Augen und braune Körperfarbe sind dominant.

→ B5 → M12 → Kap. 5.2 → Kap. 5.4 → Kap. 5.5

5.8 Das AB0-System und Rhesus-System des menschlichen Blutes

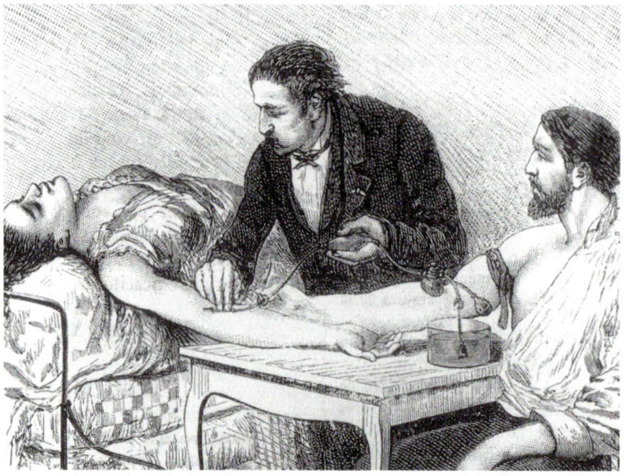

1 *Direkte Transfusion von Blut im Jahr 1882*

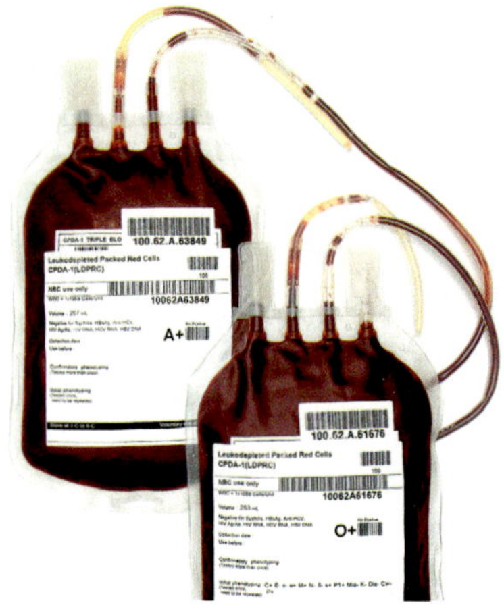

2 *Blutkonserven der Blutgruppen A und 0*

Anfang 1882 führte der Arzt Dr. Roussel eine Bluttransfusion von Person zu Person durch (Abb. 1). Die Empfängerin hatte bei einer Geburt viel Blut verloren. Sie erholte sich rasch. Zu dieser Zeit war das Überleben nach einer **Bluttransfusion** noch nicht selbstverständlich. Bluttransfusionen endeten für den Empfänger in vielen Fällen mit ernsthaften Komplikationen, oftmals sogar tödlich. Genauere Untersuchungen der Todesfälle zeigten, dass die feinen Äderchen durch miteinander verklumpte rote Blutzellen verstopft waren. Erst 1901 entdeckte Karl Landsteiner, dass Menschen bestimmte Blutgruppen besitzen. Die Benennung erfolgt nach dem AB0-System. Sie bezieht sich auf das Vorhandensein verschiedener Antigene auf den roten Blutzellen. Die roten Blutzellen und das Blutserum der vier Blutgruppen A, B, AB und 0 unterscheiden sich. Die Roten Blutzellen enthalten auf ihrer Oberfläche das Antigen A (Blutgruppe A), das Antigen B (Blutgruppe B), die Antigene A und B (Blutgruppe AB) oder keine Antigene (Blutgruppe 0) (Abb. 4)

Heute ist bekannt, dass eine **Blutgruppen-Unverträglichkeit** auf unterschiedlichen Antigenen und Antikörpern beruht. Im Blutserum befinden sich so genannte Blutgruppen-Antikörper. Sie können sich mit passenden Antigenen verbinden. Das Blut enthält keine Antikörper gegen die eigene Blutgruppe, jedoch Antikörper gegen fremde Blutgruppen. So kann das eigene Blut nicht durch **Antigen-Antikörper-Komplexe** verklumpen. Bei der Blutgruppe A enthält das Blutserum Antikörper gegen die Blutgruppe B. Die Blutgruppe B besitzt im Blutserum Antikörper gegen die Blutgruppe A. Bluttransfusionen erfolgen daher heute gezielt (Abb. 2). Die Vererbung der Blutgruppen erfolgt nach den Mendelschen Regeln. Es gibt drei Allele, A, B und 0, von denen jeder Mensch zwei besitzt. Die Allele A und B sind dominant über das Allel 0, das rezessiv ist. Sind beide Allele A und B vorhanden, so tragen sie gleichermaßen zum Phänotyp der Blutgruppe AB bei. Dies wird als **Kodominanz** bezeichnet. Personen, die phänotypisch die Blutgruppe A oder B haben, können homozygot die Allele AA beziehungsweise BB oder heterozygot die Allele A0 oder B0 besitzen. Personen mit der Blutgruppe AB haben nur die Allele AB, solche mit der Blutgruppe 0 die Allele 00.

Blut kann neben den Antigenen A und B als weiteres Antigen D, den sogenannten Rhesusfaktor, der zum Rhesus-System gehört, enthalten. Menschen mit Antigen D bezeichnet man als **rhesuspositiv**, ohne als **rhesusnegativ**. Wenn ein rhesusnegativer Empfänger Blut eines rhesuspositiven Spenders erhält, bildet der Körper Antikörper gegen das fremde Antigen D. Der Rhesusfaktor ist von großer Bedeutung bei Eltern, bei denen der Vater rhesuspositiv und die Mutter rhesusnegativ ist. Die erste Schwangerschaft mit einem rhesuspositiven Kind bleibt für das Kind meist folgenlos. Es kann jedoch Blut des Kindes in den Blutkreislauf der Mutter gelangen. In einer zweiten Schwangerschaft mit einem rhesuspositiven Kind kann der Fetus stark geschädigt werden, wenn mütterliches Blut in den Blutkreislauf des Fetus gelangt. Als Therapie erfolgt die Gabe von Antikörpern, sogenannten Anti-D-Immunglobulinen. Dadurch erkennt das Immunsystem der Mutter den Rhesusfaktor des Kindes nicht und bildet keine Antikörper gegen das Blut des Kindes.

→ M13 → B5 → Kap. 5.4 → Kap. 5.5 → Kap. 6.1

Serum von	rote Blutzellen von: Störk	Pletschnig	Sturli	Erdheim	Zaritsch	Landsteiner
Störk	nicht verklumpt	verklumpt	verklumpt	verklumpt	verklumpt	nicht verklumpt
Pletschnig	nicht verklumpt	nicht verklumpt	verklumpt	verklumpt	nicht verklumpt	nicht verklumpt
Sturli	nicht verklumpt	verklumpt	nicht verklumpt	nicht verklumpt	verklumpt	nicht verklumpt
Erdheim	nicht verklumpt	verklumpt	nicht verklumpt	nicht verklumpt	verklumpt	nicht verklumpt
Zaritsch	nicht verklumpt	nicht verklumpt	verklumpt	verklumpt	nicht verklumpt	nicht verklumpt
Landsteiner	nicht verklumpt	verklumpt	verklumpt	verklumpt	verklumpt	nicht verklumpt

nicht verklumpte Blutzellen — verklumpte Blutzellen

3 *Versuchsergebnisse von Landsteiner im Jahr 1901*

1. Landsteiners Versuche: Blutgruppen des Menschen. Mit der Entdeckung der Blutgruppen hat KARL LANDSTEINER die Medizin revolutioniert. Seine Forschung ermöglichte erstmals sichere Bluttransfusionen und hat bis heute vielen Menschen das Leben gerettet. LANDSTEINER war am serologisch-pathologischen Institut der Universität Wien tätig. Im Jahr 1900 beobachtete er, dass das Blut zweier Menschen bei Kontakt manchmal verklumpte und manchmal nicht. Das Blutserum besaß also nicht bei allen Menschen die gleichen Eigenschaften. Er begann, dieses Phänomen systematisch zu untersuchen.
LANDSTEINER führte Versuche mit dem Blut von Mitarbeitern durch. Er trennte das Blut des jeweiligen Mitarbeiters in das flüssige Blutserum, das die Antikörper enthält, und in die Roten Blutzellen. Dann vermischte er das Blutserum einer Probe mit anderen Proben in allen möglichen Kombinationen.

a) Beschreiben Sie LANDSTEINERS Versuchsergebnisse aus dem Jahr 1901 sowie die Merkmale der heute bekannten Blutgruppen im AB0-System anhand der beiden Tabellen (Abb. 3, 4).

b) Ermitteln Sie die Anzahl der unterschiedlichen Blutgruppen, die LANDSTEINER anhand seiner Untersuchungen entdeckt hat (Abb. 3).

c) Erläutern Sie, welche Blutgruppe STÖRK und LANDSTEINER jeweils besitzen (Abb. 3).

2. Vererbung der Blutgruppen des Menschen. Der Mathematiker FELIX BERNSTEIN schlug im Jahr 1924 für die Vererbung der Blutgruppen einen monohybriden Erbgang mit drei Allelen (A, B und 0) vor. Jeder Mensch besitzt zwei dieser Allele. Die Allele A und B seien dominant über das Allel 0. Seine Hypothese bestätigte BERNSTEIN durch statistische Auswertung vieler Familienstammbäume.

a) Ermitteln Sie anhand eines Erbschemas die möglichen Blutgruppen der Kinder, deren Vater die Blutgruppe AB und deren Mutter die Blutgruppe 0 besitzt. Fertigen Sie hierfür auch eine Merkmalstabelle an.

b) Auf einer Entbindungsstation werden vier Kinder geboren. Die Elternpaare haben die Phänotypen B und B (Paar 1), AB und 0 (Paar 2), A und B (Paar 3) sowie 0 und 0 (Paar 4). Die vier Kinder haben folgende Blutgruppen: AB (Kind 1), A (Kind 2), 0 (Kind 3) sowie B (Kind 4). Ordnen Sie jedes der Kinder begründet einem der vier Elternpaare zu.

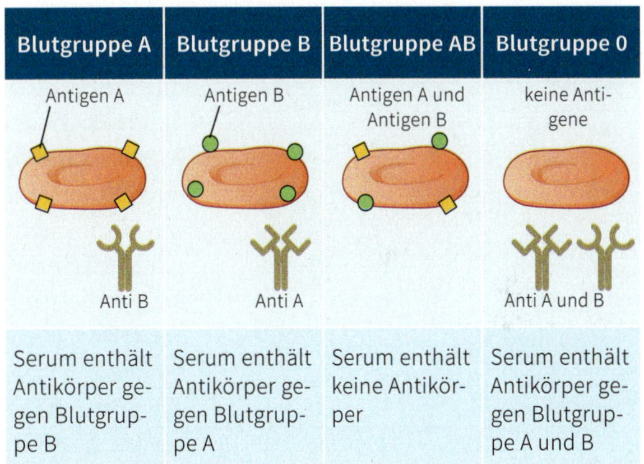

4 *Merkmale der vier Blutgruppen*

→ M13 → B5 → Kap. 5.4 → Kap. 5.5 → Kap. 6.1

5.9 Züchtungsmethoden

1 *Wildformen und Zuchtformen bei Getreidesorten. Die Buchstaben A, B, E, R stehen jeweils für alle Chromosomen der entsprechenden Pflanze.*

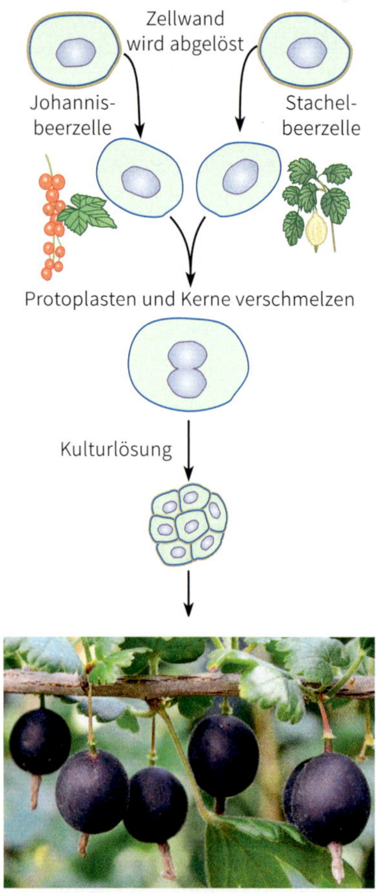

2 *Züchtung der Jostabeere durch Protoplastenfusion*

Bei der Züchtung gibt es unterschiedliche Verfahren, die auch kombiniert werden können. Bei der Auslesezüchtung wird ein Tier oder eine Pflanze mit einem gewünschten Merkmal weiter vermehrt. Häufig wird dabei durch Rückkreuzung angestrebt, ein Merkmal reinerbig zu erhalten. Bei der **Kombinationszüchtung** werden aufgrund der Mendelschen Regeln zwei Individuen gekreuzt, die je ein gewünschtes Merkmal reinerbig besitzen. Die Nachkommen sollen beide Merkmale reinerbig aufweisen. Die **Mutationszüchtung** erhöht die Mutationsrate bei Pflanzensamen (zum Beispiel durch Röntgenbestrahlung), mit der Absicht, dass dabei auch positive Mutationen entstehen, die dann durch Auslesezüchtung und Kombinationszüchtung weitergegeben werden. Bei vielen Pflanzen hat man die Erfahrung gemacht, dass der Ertrag höher ausfällt, wenn man zwei verschiedene reinerbige Pflanzen kreuzt. Die Ertragssteigerung ist dabei auf die mischerbige F1-Generation beschränkt. Diese Art der Züchtung bezeichnet man als **Hybridzüchtung**.

Entstehen bei der Meiose durch einen Fehler diploide Geschlechtszellen, erhält man bei der Befruchtung **polyploide** Organismen. Sie haben einen vielfachen Chromosomensatz. Haben sie zum Beispiel einen vierfachen Chromosomensatz, sind sie tetraploid. Auch durch Protoplastenfusion kann man polyploide Pflanzen erhalten. Dabei werden zwei Pflanzenzellen durch Stromstöße dazu gebracht, miteinander zu verschmelzen. So werden auch neue Arten gezüchtet (Abb. 2). In der Natur treten verschiedene Grade der Ploidie auf. Man unterscheidet dabei zwischen einer Autopolyploidie, wenn der verdoppelte Chromosomensatz auf das Genom einer Art zurückgeht, zum Beispiel bei der tetraploiden Kartoffel. Eine Allopolyploidie liegt vor, wenn mehrere verschiedene Genome zur Vervielfältigung beitragen, wie beispielsweise beim hexaploiden Weizen, der drei verschiedene Genome besitzt (Abb. 1). Polyploidie kann spontan auftreten oder mit Chemikalien, wie zum Beispiel Colchizin, induziert werden. Die so erzeugten polyploiden Pflanzen sind in der Regel besser wachsend, robuster und haben größere Früchte als die diploiden Ausgangspflanzen.

→ B5 → Kap. 4.3 → Kap. 8.11

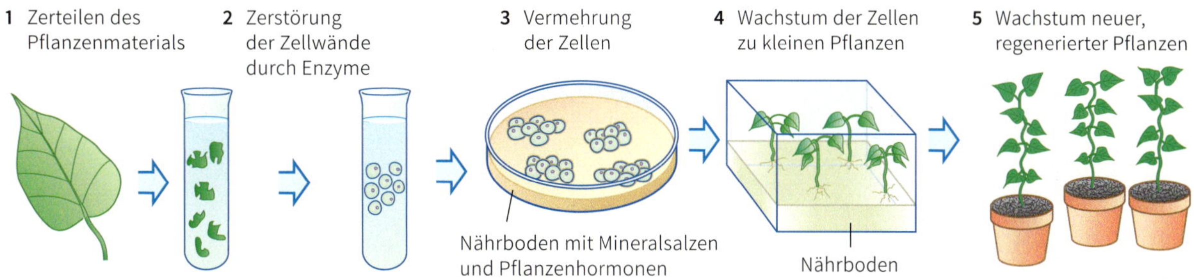

3 *Gewebekultur*

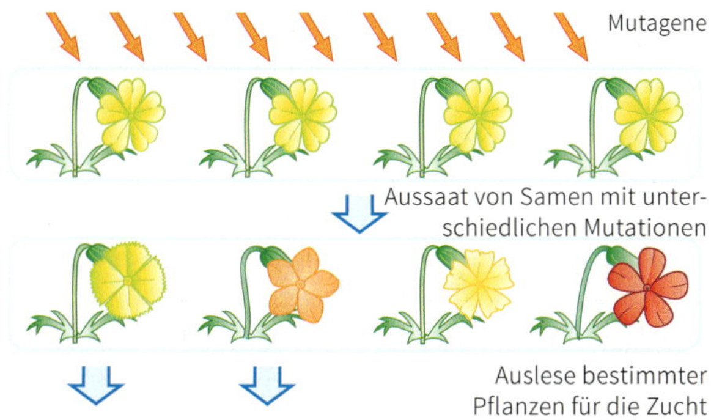

4 *Mutationszüchtung*

Bei den meisten Pflanzen entstehen die männlichen Geschlechtszellen nicht unmittelbar aus der Meiose. Aus den haploiden Zellen am Ende der Meiose entsteht durch Zellteilung erst eine mehrzellige haploide Spore, das Pollenkorn. Man nennt sie Mikrospore. In ihr bilden sich durch Mitosen die Geschlechtszellen.

Zellen des haploiden Pollenkorns werden in Gewebekultur mit Colchizin behandelt. Colchizin verhindert die Ausbildung der Spindelfasern in der Mitose. Dadurch erfolgt keine Trennung der Zwei-Chromatid-Chromosomen. So entsteht eine nicht lebensfähige Zelle ohne Chromosomen und eine diploide Tochterzelle. Aus ihr wächst nach Auswaschung des Giftes in der Kultur eine reinerbige, diploide Pflanze heran.

5 *Mikrosporenkultur*

1. Gewebekultur. Die Abbildung 3 beschreibt eine Methode, um aus einzelnen Zellen von Pflanzen wieder ganze Pflanzen zu regenerieren. Beschreiben Sie den Ablauf dieser Methode. Begründen Sie, warum diese Gewebekulturmethode als Schlüssel für viele moderne Züchtungsmethoden bei Pflanzen angesehen werden kann.

2. Mutationszüchtung. Beschreiben Sie die Vor- und Nachteile der Mutationszüchtung (Abb. 4). Geben Sie den günstigsten Zeitpunkt für die Anwendung der Mutagene an und begründen Sie diese Meinung.

3. Merkmalkombination durch Züchtung. Bei der diploiden Lupine existieren zwei reinerbige Formen. Die erste enthält Bitterstoffe in ihren Früchten, besitzt aber eine Hülse, die unempfindlich gegen Aufplatzen ist. Die zweite Sorte hat Früchte ohne Bitterstoffe, jedoch platzen die Hülsen bei der geringsten Berührung auf. Das Merkmal „Bitterstoffe (B)“ ist dabei dominant über das Merkmal „ohne Bitterstoffe (b)“ und das Merkmal „unempfindlich gegen Berührung (p)“ rezessiv gegenüber dem Merkmal „empfindlich (P)“. Durch Kombinationszüchtung soll aus beiden Sorten eine neue Sorte gezüchtet werden, deren Früchte ohne Bitterstoffe sind und deren Hülsen unempfindlich gegen das Aufplatzen sind. Beschreiben Sie, wie man am besten diese neue Sorte erhalten kann, und begründen Sie den aufgezeigten Weg.

4. Mikrosporenkultur. Die Mikrosporenkultur wird verwendet, um möglichst schnell Inzuchtlinien herzustellen. Darunter versteht man reinerbige Organismen, die zu Züchtungszwecken eingesetzt werden (Abb. 5).
a) Stellen Sie den Ablauf in einem Fließdiagramm dar.
b) Entwickeln Sie eine Skizze zur entscheidenden Zellteilung, die den Einsatz von Colchizin deutlich werden lässt. Beschränken Sie sich dabei auf eine Zelle mit zwei Chromosomen.

5. Recherche: Natürliche Polyploidisierung beim Weizen. Recherchieren Sie die Geschichte der natürlichen Polyploidisierung des Weizens sowie des Genoms. Präsentieren Sie Ihre Ergebnisse in geeigneter Form vor dem Kurs.

→ B5 → Kap. 4.3 → Kap. 5.4 → Kap. 5.5 → Kap. 8.11

6.1 Untersuchung von Familienstammbäumen

1 *Ein spitzer Haaransatz*

2 *Ein gerader Haaransatz*

Die Mendelschen Vererbungsregeln gelten auch für Menschen und zwar für alle erblichen Merkmale, beispielsweise für die Vererbung des spitzen oder des geraden Haaransatzes (Abb. 1, 2). Tritt ein Merkmal in einer Familie gehäuft auf, liegt die Vermutung nahe, dass es erblich ist. Beim Menschen werden bestimmte Merkmale dominant oder rezessiv vererbt.

Um die Art der Vererbung eines Merkmals zu erforschen, wird auf die Methode der **Stammbaumanalyse** zurückgegriffen. Der Stammbaum berücksichtigt nur das interessierende Merkmal. Personen, die das Merkmal aufweisen, heißen **Merkmalsträger**. Allele dominanter Merkmale werden durch Großbuchstaben gekennzeichnet, rezessive durch Kleinbuchstaben.

Merkmal	Ausprägung	Dominanz	Allele
Haar-ansatz	spitz	dominant	A
	gerade	rezessiv	a

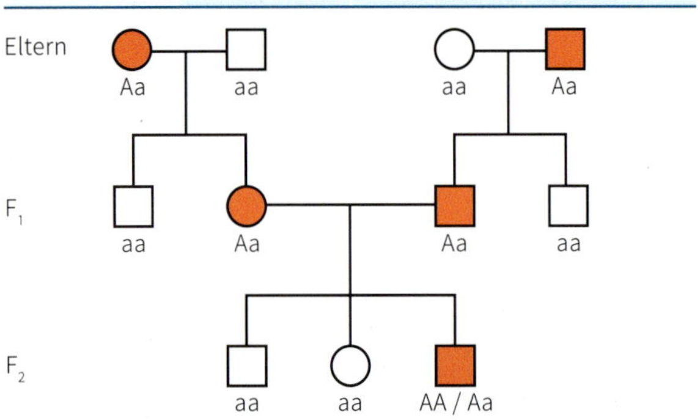

3 *Der Stammbaum einer Familie mit spitzem Haaransatz*

Für die Vererbung des Merkmals des spitzen Haaransatzes wurde der Stammbaum einer Familie analysiert (Abb. 3). Frauen und Männer zeigen das Merkmal „spitzer Haaransatz“ annähernd gleich häufig. Grundsätzlich ist bei geringer Anzahl an Merkmalsträgern der Rückschluss das es sich um ein autosomal vererbtes Merkmal handelt, potenziell fehleranfällig. Dieses Merkmal wird unabhängig vom Geschlecht vererbt. Das entsprechende Gen liegt also auf einem Autosom. Man spricht von einem **autosomalen Erbgang.**

Es treten relativ viele Merkmalsträger auf und der spitze Haaransatz ist in jeder Generation vertreten. Für das Merkmal „spitzer Haaransatz“ ergibt sich, dass dieses Merkmal dominant vererbt wird. Folglich handelt es sich bei dem Merkmal des spitzen Haaransatzes um ein autosomal dominant vererbtes Merkmal. Nur wenn mindestens ein Elternteil Merkmalsträger ist, können die Kinder das Merkmal ebenfalls tragen. Das bedeutet auch, dass alle Personen, die das Merkmal nicht tragen, homozygot rezessiv sind (Abb. 3).

Die Nachkommen in der 1. Generation, die das Merkmal tragen, müssen heterozygot sein, sonst könnten in der 2. Generation neben den Merkmalsträgern keine Kinder auftreten, die das Merkmal nicht tragen. Das Merkmal tritt also auch dann auf, wenn nur ein Chromosom das veränderte Allel des entsprechenden Gens trägt. Die für dieses Merkmal heterozygoten Träger zeigen also bereits den spitzen Haaransatz. Der merkmalstragende Enkel in der 3. Generation kann in Bezug auf das Merkmal „spitzer Haaransatz“ homozygot oder heterozygot sein (Abb. 3).

→ M13 → B5 → Kap. 5.2

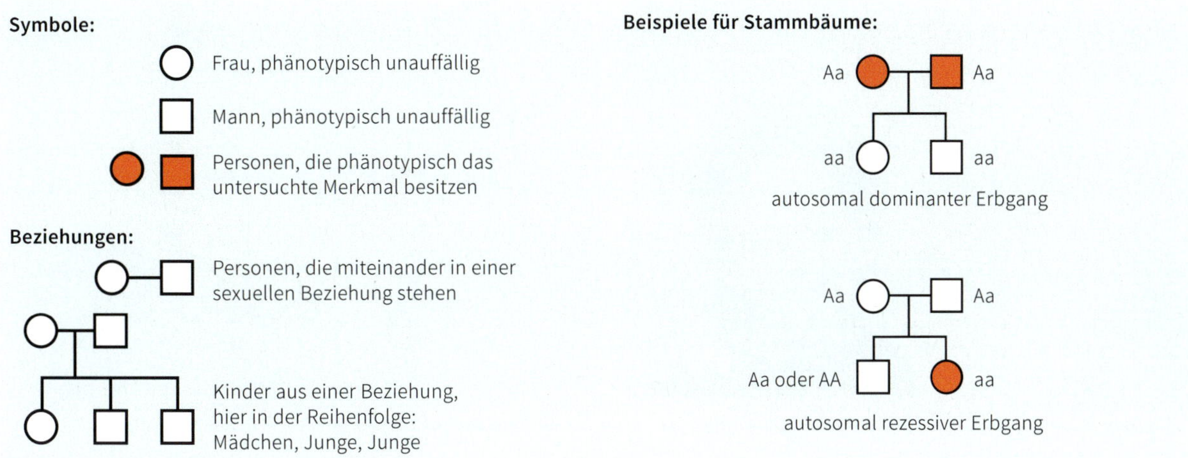

4 *Symbolik bei der Darstellung von Stammbäumen*

1. Erweiterter Stammbaum zur Vererbung des spitzen Haaransatzes.

a) Erläutern Sie die in Abb. 4 dargestellten Beispiele eines autosomal-dominanten und eines autosomal rezessiven Erbgangs. Nutzen Sie für die Bearbeitung auch die Methode 12 "Analyse von Familienstammbäumen".

b) Ermitteln Sie für alle Familienmitglieder einer Familie mit spitzem Haaransatz die möglichen Genotypen. Begründen Sie jeweils Ihre Entscheidung ausführlich (Abb. 4, 5).

c) Leiten Sie aus dem Stammbaum bedeutsame Eigenschaften der dominanten Vererbung eines Merkmals ab (Abb. 4, 5).

2. Vererbung des Albinismus beim Menschen.

a) Beschreiben Sie den Stammbaum einer Familie mit Albinismus unter Anwendung der Fachsprache (Abb. 4, 6).

b) Begründen Sie, ob es sich bei der Vererbung des Merkmals „Albinismus“ um einen autosomal-dominanten oder einen autosomal-rezessiven Erbgang handelt (Abb. 4, 6).

c) Ermitteln Sie zu allen Personen die möglichen Genotypen. Begründen Sie jeweils Ihre Entscheidung (Abb. 6).

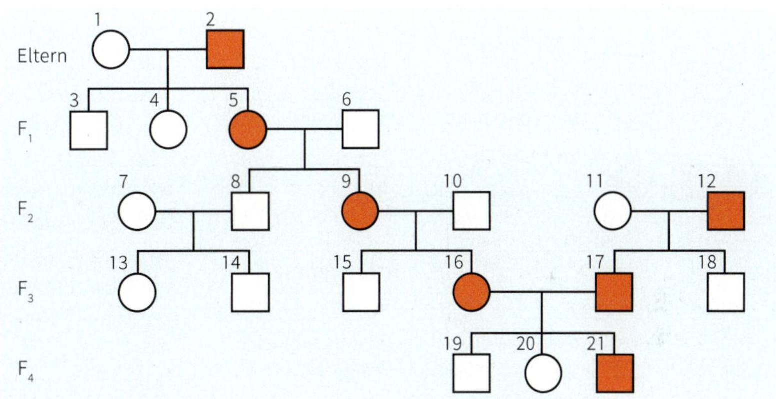

5 *Erweiterter Stammbaum einer Familie mit spitzem Haaransatz*

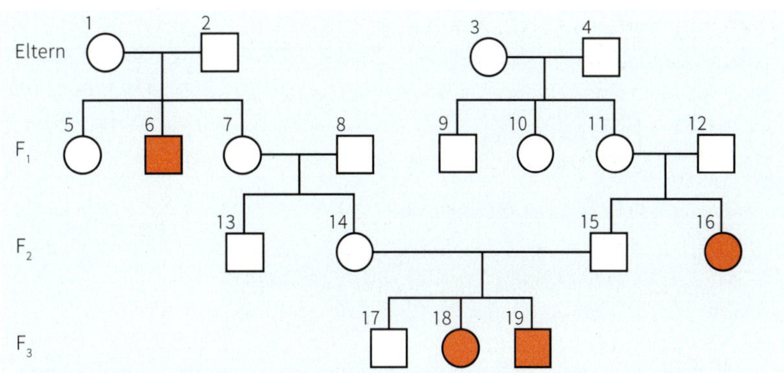

Menschen mit Albinismus zeigen meist eine hohe Lichtempfindlichkeit, die mit weiß-blonden Haaren, einer hellrosa Haut, hellblauer bis rötlicher Iris und einer Sehschwäche einhergehen. Das Merkmal „Albinismus beim Menschen“ kommt weltweit im Verhältnis von 1 : 20 000 vor.

6 *Stammbaum einer Familie mit Albinismus*

→ B5 → M13 → Kap. 5.2

Methode M13 Analysieren von Familienstammbäumen

1 *Mädchen mit Albinismus (links) und pigmentierter Junge*

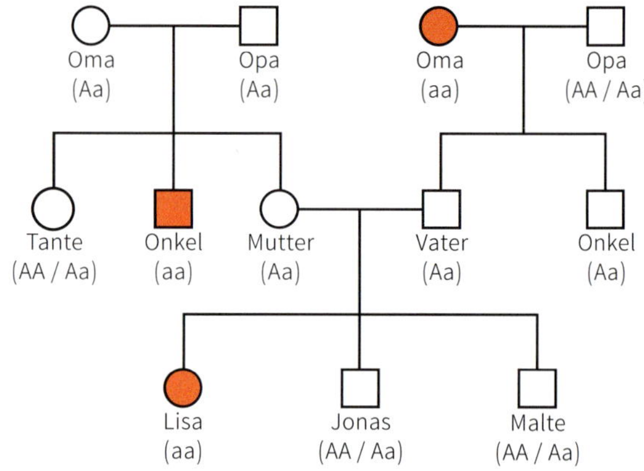

2 *Stammbaum von Lisas Familie mit möglichen Genotypen*

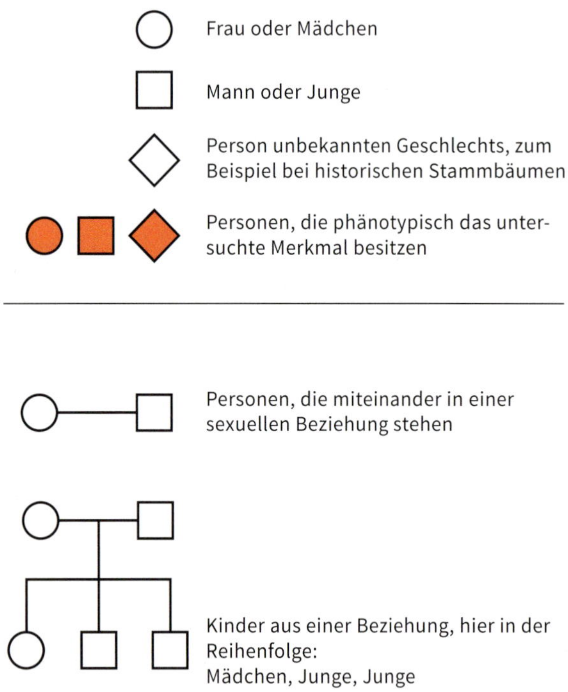

3 *Informationen zum Lesen von Stammbäumen*

Merkmal	Ausprägung	Dominanz	Allele
Pigmentierung der Haut und der Haare	pigmentiert	dominant	A
	nicht pigmentiert	rezessiv	a

4 *Merkmalstabelle*

Die Mendelschen Vererbungsregeln gelten auch für Menschen, beispielsweise für die Vererbung des Albinismus, dem Fehlen von Pigmenten in der Haut, den Haaren und der Iris (Abb. 1). Tritt ein Merkmal in einer Familie gehäuft auf, liegt die Vermutung nahe, dass es erblich ist. In einem Familienstammbaum werden die Mitglieder einer Familie dargestellt (Abb. 2). Um die Verwandtschaft übersichtlich darzustellen, wird der Stammbaum mit Symbolen gezeichnet. Männer werden mit einem Quadrat und Frauen mit einem Kreis dargestellt. Merkmalsträger erhalten dabei eine andere Farbe als Personen, die das Merkmal nicht besitzen (Abb. 3). Lisa hat eine sehr helle Haut und fast weiße Haare. Ihre beiden Brüder Jonas und Malte sowie Lisas Eltern haben eine pigmentierte Haut- und Haarfarbe. Lisas Tante mütterlicherseits besitzt eine pigmentierte Haut- und Haarfarbe und Lisas Onkel mütterlicherseits hat eine fehlende Pigmentierung. Ihr Onkel väterlicherseits und ihre Großeltern mütterlicherseits haben jeweils eine pigmentierte Haut- und Haarfarbe. Lisas Oma väterlicherseits hat eine sehr helle Haut und fast weiße Haare, ihr Opa väterlicherseits ist pigmentiert.

Beim Betrachten des Stammbaums ist festzustellen, dass das Merkmal in zwei verschiedenen Ausprägungen vorkommt. Die Pigmentierung der Haut und der Haare kann vorhanden sein oder fehlen. Um herauszufinden, wie dieses Merkmal vererbt wird, müssen die Mendelschen Regeln beachtet werden. Beim Menschen werden bestimmte Merkmale dominant oder rezessiv vererbt. Allele dominanter Merkmale werden durch Großbuchstaben gekennzeichnet, rezessive durch Kleinbuchstaben. Übersichtlich kann dies in einer Merkmalstabelle dargestellt werden (Abb. 4).

→ B5 → Kap. 6.1 → Kap. 6.2

Schritt 1: Autosomal dominant oder rezessiv?
Wenn das Merkmal in jeder Generation auftritt und insgesamt bei vielen Personen vertreten ist, sind das Hinweise auf eine **autosomal-dominante Vererbung** des Merkmals. Auch die Tatsache, dass zwei Merkmalsträger Kinder haben, die keine Merkmalsträger sind und somit den Genotyp aa haben, belegt dies. Dann sind die Eltern beide heterozygot mit dem Genotypen Aa. Treten nicht in jeder Generation Merkmalsträger auf oder sind die Merkmalsträger seltener, so sind dies Hinweise auf eine **autosomal-rezessive Vererbung**. Auch die Tatsache, dass zwei Personen, die keine Merkmalsträger sind, Kinder haben, die das Merkmal tragen und den Genotypen aa aufweisen, belegt dies. Die Eltern wären heterozygot: Aa.

Schritt 2: Autosomal oder Gonosomal?
Sind Männer und Frauen gleichermaßen betroffen, liegt das Gen mit hoher Wahrscheinlichkeit auf einem der Autosomen. Es handelt sich um einen **autosomalen Erbgang**. Kommen Männer und Frauen deutlich unterschiedlich häufig vor, so ist dies ein Hinweis auf einen geschlechtsgebundenen oder **gonosomalen Erbgang**. Das bedeutet, das Gen liegt auf einem Geschlechtschromosom.

Schritt 3: X-chromosomal-rezessiver Erbgang?
Tritt ein Merkmal deutlich häufiger bei Männern als bei Frauen auf, so ist dies ein Hinweis auf einen X-chromosomal-rezessiven Erbgang. Da es auch Merkmalsträgerinnen gibt, ist die Vererbung über das Y-Chromosom ausgeschlossen. Das rezessive Allel muss auf dem X-Chromosom liegen. Männer haben dann den Genotyp XY. Besitzt eine Mutter nur ein X-Chromosom mit dem veränderten Allel, bildet sie das Merkmal nicht aus. Sie hat den Genotyp XX.

5 *Die Vorgehensweise bei der Analyse von Stammbäumen*

A) Analyse:

1. Jedes Familienmitglied in Lisas Familie besitzt entweder pigmentierte Haut und Haare oder die Pigmentierung fehlt.
2. Eine betroffene Frau, die Oma väterlicherseits, hat zwei pigmentierte Söhne.
3. Familienmitglieder mit fehlender Pigmentierung kommen deutlich weniger vor als Personen mit normal pigmentierter Haut und Haaren.
4. Das betrachtete Merkmal taucht in jeder Generation auf.
5. Die Stammbaumanalyse zeigt, dass Eltern mit ausgeprägter Pigmentierung Kinder mit sehr heller Haut und fast weißen Haaren haben können.

B) Schlussfolgerungen:

aus 1, 4 und 5: Es handelt sich um einen dominant-rezessiven Erbgang und nicht um einen intermediären.

aus 2: Das Merkmal wird unabhängig vom Geschlecht vererbt. Der Erbgang ist autosomal.

aus 4 und 5: Heterozygote weisen das betrachtete Merkmal nicht auf.

aus 3, 4 und 5: Das Merkmal wird rezessiv vererbt. Alle Merkmalsträger haben den Genotyp aa.

Die Eltern von Lisa müssen beide heterozygot sein. Sie haben eindeutig den Genotyp Aa. Lisas Brüder haben daher entweder den Genotyp AA oder Aa.
Aus diesen Schlussfolgerungen lassen sich für alle Personen im Stammbaum von Lisas Familie schlüssige Genotypen ermitteln (Abb. 2).

6 *Analyse von Lisas Familienstammbaum (nur die Aussagen 2 und 5 in A) haben eindeutige Beweiskraft, die Aussagen 1, 3 und 4 in A) können als Hinweise für die Schlussfoglerungen in B) angesehen werden).*

1. Die Vererbung der Vielfingrigkeit. Personen, die an Vielfingrigkeit leiden, haben häufig sechs Finger an jeder Hand und sechs Zehen an jedem Fuß. In Hannas Familie ist jedoch nicht jedes Familienmitglied betroffen. Hanna selbst (Nr. 11 im Stammbaum, Abb. 7), zeigt keine phänotpyischen Merkmale der Vielfingrigkeit. Ermitteln Sie für jedes Familienmitglied die möglichen Genotypen. Begründen Sie Ihre Entscheidungen ausführlich.

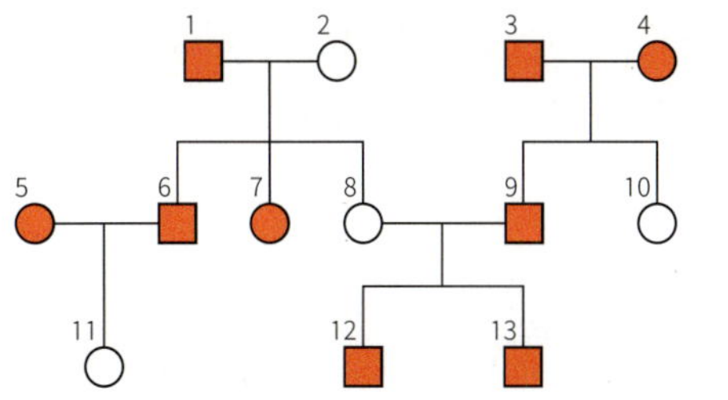

7 *Hannas Familienstammbaum*

→ B5 → Kap. 6.1 → Kap. 6.2

6.2 Die gonosomale Vererbung beim Menschen

1 *Farbwahrnehmung bei Normalsicht*

2 *Farbwahrnehmung mit Rot-Grün-Sehschwäche*

Bei der Rot-Grün-Sehschwäche handelt es sich um eine angeborene Farbfehlsichtigkeit. Betroffene Personen können die Farben Rot und Grün schlechter als Normalsichtige unterscheiden (Abb. 1, 2). Untersucht wird das mit der so genannten Ishihara-Farbtafel (Abb. 3). Auffällig ist dabei, dass signifikant mehr Männer (ungefähr neun Prozent) als Frauen (ungefähr 0,8 Prozent) dieses Merkmal aufweisen.

Hervorgerufen wird diese Farbsehschwäche durch eine genetisch bedingte Veränderung in den Sehpigmenten der Zapfen der Netzhaut. Sie resultiert aus einer Veränderung der entsprechenden DNA-Sequenz. Die Sehpigmente weisen dadurch eine veränderte Empfindlichkeit für Licht bestimmter Wellenlängen auf. Fehlt ein Gen für eines dieser Sehpigmente vollständig, spricht man von einer **Rot- oder Grünblindheit**.

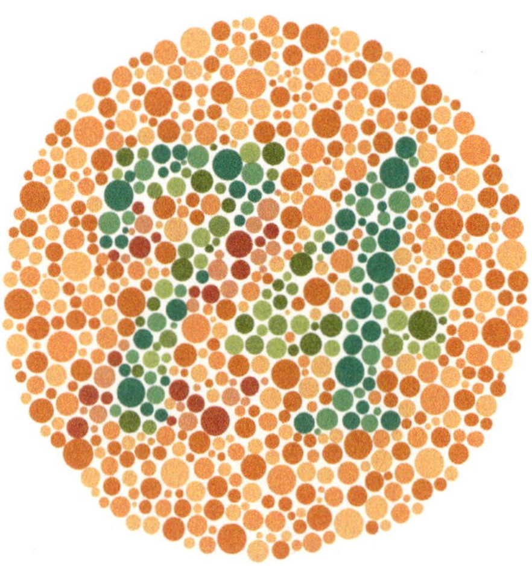

3 *Die Ishihara-Farbtafel zur Untersuchung der Farbtüchtigkeit. Normalsichtige Personen können eine 74 und 71 erkennen. Personen mit einer Rot-Grün-Sehschwäche sehen nur eine 71 und farbenblinde Personen erkennen keine Zahl.*

Die auffällige Häufung der männlichen Merkmalsträger ist auf eine **geschlechtsgebundene** oder **gonosomale Vererbung** dieser Sehschwächen zurückzuführen. Da es auch Merkmalsträgerinnen gibt , ist die Vererbung über das Y-Chromosom ausgeschlossen. Die Gene für die Sehpigmente müssen in diesem Fall auf dem X-Chromosom liegen. Dies wird als **X-chromosomale Vererbung** bezeichnet. Männer erben demnach ein entsprechendes Allel auf dem X-Chromosom von der Mutter. Da Männer nur ein X-Chromosom besitzen und das Y-Chromosom für dieses Merkmal keine Allele aufweist, bilden sie immer das Merkmal aus. Man spricht dann auch von **Hemizygotie**.

Da Frauen relativ selten eine Rot-Grün-Sehschwäche ausbilden, ist davon auszugehen, dass es sich um einen rezessiven Erbgang handelt. Frauen sind dabei nur dann fehlsichtig, wenn sie von ihrem ebenfalls fehlsichtigen Vater und auch gleichzeitig von ihrer Mutter ein verändertes Allel auf den an sie weitergegebenen X-Chromosomen erhalten. Sie sind also stets homozygot für das Merkmal.

Besitzt eine Mutter von Merkmalsträgern nur ein X-Chromosom mit dem veränderten Allel, bildet sie selber das Merkmal nicht aus. Da sie aber dieses Allel mit einer Wahrscheinlichkeit von 50 Prozent an ihre Nachkommen weitergibt, wird eine solche heterozygote Nichtmerkmalsträgerin auch als **Konduktorin** oder Überträgerin bezeichnet.

→ M13 → B5 → Kap. 1.2 → Kap. 6.1 → Kap. 6.3

„Ich kenne kein Grün in der Welt. Vor einigen Jahren habe ich meine Tochter mit einem vornehmen Mann vermählt. Am Tage vor der Hochzeit kam er in einem neuen Mantel aus bestem Stoff in mein Haus. Ich war sehr gekränkt, dass er, wie ich glaubte, in Schwarz gekleidet war, der Farbe der Trauer. Ich sagte ihm, er solle gehen und den Mantel wechseln. Aber meine Tochter sagte, dass mich meine Augen trögen.
Der Mann trug einen feinen weinroten Mantel. Dieser aber war für meine Augen schwarz. Es handelt sich um ein altes Familienleiden. Mein Vater hatte genau dieselbe Krankheit. Meine Mutter und eine meiner Schwestern konnten fehlerfrei sehen.
Meine zweite Schwester war farbuntüchtig wie ich. Sie hatte zwei Söhne, die beide an dieser Krankheit litten. Ihre Tochter war dagegen normalsichtig. Ich selber habe einen Sohn und eine Tochter, die beide alle Farben ohne Ausnahme sehen können. Das Gleiche gilt für meine Frau. Der Bruder meiner Mutter hat denselben Fehler wie ich."

4 *Auszug aus dem Brief von Mr. Scott an einen Freund aus dem Jahr 1777*

1. Rot-Grün-Sehschwäche in der Familie Scott

a) Nennen Sie die Aussagen im Brief von Mr. SCOTT, die auf eine Vererbung der Rot-Grün-Sehschwäche hinweisen (Abb. 4).

b) Beschreiben Sie den Familienstammbaum (Abb. 5).

c) Begründen Sie anhand einer geeigneten Personengruppe aus dem Stammbaum, dass die Vererbung der Rot-Grün-Sehschwäche nach einem x-chromosomal rezessiven Erbgang erfolgt (Abb. 5).

d) Ermitteln Sie begründet für alle aufgeführten Personen im Stammbaum der Familie SCOTT die möglichen Genotypen (Abb. 5, 6).

e) Erklären Sie, welche Personen im Stammbaum Konduktorinnen sind und welche es sein könnten (Abb. 5).

f) Begründen Sie, warum die Rot-Grün-Schwäche bei Männern häufiger vorkommt als bei Frauen.

g) Erläutern Sie das allgemeine Erbschema für einen x-chromosomalen Erbgang anhand der Schemazeichnung (Abb. 7).

h) Die Rot-Grün-Sehschwäche wird x-chromosomal-rezessiv vererbt. Aufgrund der geringen Personenzahl in dem Stammbaum der Abbildung 5 argumentiert ein Schüler, es könnte sich auch um einen autosomal-dominanten Erbgang handeln. Prüfen Sie dies. Beurteilen Sie an diesem Beispiel die Eindeutigkeit von Schlussfolgerungen in Hinblick auf geringe Personenzahlen (Abb. 5).

i) Erläutern Sie, ob die folgende Aussage zutreffend oder nicht zutreffend ist: "Die Wahrscheinlichkeit, dass ein Kind Merkmalsträger ist, beträgt 50 Prozent, wenn beide Eltern in Bezug auf das rezessive Merkmal heterozygot sind".

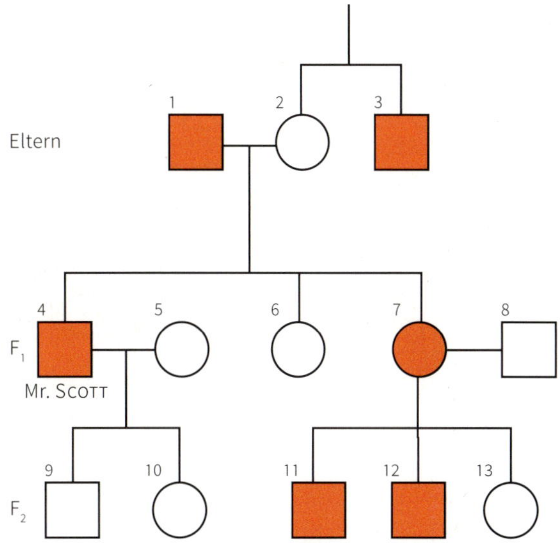

5 *Stammbaum der Familie Scott*

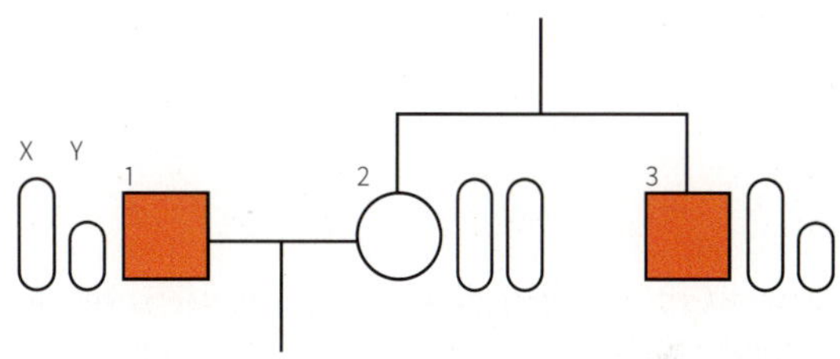

6 *Stammbaum der Familie Scott mit Gonosomen*

		Keimzellen mit Gonosomen des Vaters	
		X	Y
Keimzellen mit Gonosomen der Mutter	X	XX	XY
	X	XX (Konduktorin)	XY (Merkmalsträger)

7 *Allgemeines Erbschema für einen x-chromosomalen Erbgang; das X in rot kennzeichnet das Chromosom mit dem veränderten Allel*

6.3 Die Anwendung der Familienstammbaumanalyse

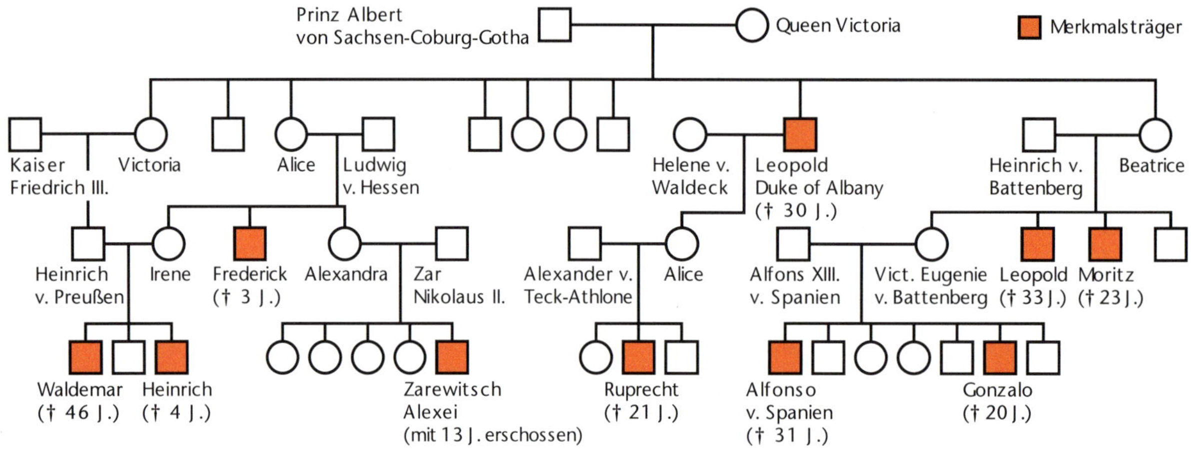

1 *Bluterkrankheit im europäischen Hochadel*

Ein weiteres X-chromosomal rezessiv vererbtes Merkmal ist die sogenannte **Bluterkrankheit** oder Hämophilie, bei der die Blutgerinnung gestört ist. Harmlose Verletzungen können dadurch lebensbedrohend sein. Aufgrund eines Gendefekts kann eines der Enzyme, die für die Blutgerinnung notwendig sind, nicht gebildet werden. Dadurch gerinnt das Blut erst nach 15 Minuten anstatt bereits nach fünf bis neun Minuten. Verletzungen können deswegen schnell lebensbedrohlich werden, wenn der Blutverlust nicht schnell genug verhindert wird. Kleinere Wunden werden bei Menschen meist durch Zusammenziehen der Muskulatur der kleinen Blutgefäße verschlossen. Dies ist auch bei Blutern der Fall. Dadurch, dass bei Frauen die Monatsblutung durch das Zusammenziehen kleiner Blutgefäße beendet wird, können auch die wenigen

2 *Königin Victoria (1819 – 1901) mit Prinz Albert und ihren Kindern, 1855*

Bluterinnen als Erwachsene überleben. Heute kann beim Auftreten der Bluterkrankheit durch Gendiagnostik das fehlende Enzym ermittelt werden. Dieses wird gentechnisch hergestellt und kann der betroffenen Person durch Spritzen zugegeben werden.

Die Bluterkrankheit tritt in der Bevölkerung selten auf. Das Risiko, dass zwei veränderte Gene bei einer Partnerschaft unter nicht verwandten Menschen zusammen kommen, ist gering. Das Risiko erhöht sich bei Partnerschaften von nahen Verwandten untereinander. Im europäischen Hochadel war eine Heirat unter nahen Verwandten üblich. Die daraus folgende Inzucht verursachte das häufige Auftreten der Bluterkrankheit. Königin VICTORIA von England war mit ihrem Cousin Prinz ALBERT verheiratet (Abb. 2). Sie war Trägerin des Allels, das die Bluterkrankheit verursachte. Ihr Sohn, Prinz LEOPOLD, starb daran. Zwei von VICTORIAS Töchtern waren Trägerinnen des Gens und gaben die Krankheit an die spanischen und russischen Königsfamilien weiter (Abb. 1). Bei dem Zarensohn ALEXEJ (1904 bis 1918) traten immer wieder bei harmlosen Anlässen lebensgefährliche Blutungen auf. Bei der Abfahrt eines Zuges schlug er mit dem Gesicht leicht gegen eine Scheibe. Gleich darauf strömte Blut aus seiner Nase. Das Nasenbluten versuchten seine Ärzte stundenlang vergebens, zu stillen. Diese Sachverhalte können durch die Familienstammbaumanalyse ermittelt werden. Diese Analyse ermöglicht zahlreiche statistisch begründete Aussagen zur Wahrscheinlichkeit des Auftretens von genetisch bedingten Erkrankungen in einer Familie. Sie ist damit der erste Schritt einer genetischen Familienberatung.

→ M13 → Kap. 1.2 → Kap. 6.1 → Kap. 6.2

Ein Beispiel für einen X-chromosomalen rezessiven Erbgang ist die Bluterkrankheit, bei der die Blutgerinnung gestört ist und harmlose Verletzungen lebensbedrohend sein können. Die Bluterkrankheit war besonders im Adel weit verbreitet (Abb. 1). Treten in einer Familie Erbkrankheiten auf, lässt sich aus dem **Stammbaum** ermitteln, wie groß die Wahrscheinlichkeit für ein weiteres Kind ist, die Erbkrankheit zu haben. Dies ist wichtig für eine genetische Beratung, wenn Eltern aus Familien, in denen Erbkrankheiten vorkommen, vor der Entscheidung stehen, ein Kind zu bekommen.

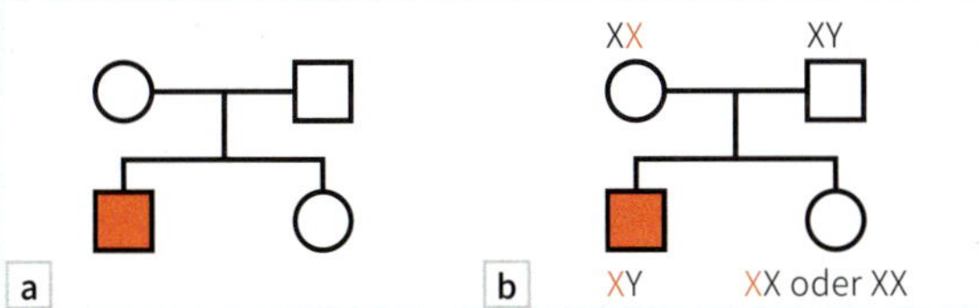

Ein Elternpaar hat einen Sohn, der Bluter ist und eine gesunde Tochter (a). Keiner der Eltern ist Merkmalsträger. Bei der Frage, wie groß die Wahrscheinlichkeit ist, dass ein weiteres Kind mit der Bluterkrankheit geboren wird, geht man so vor: Das Merkmal wird X-chromosomal rezessiv vererbt. Daraus ergeben sich die Genotypen bezüglich des Merkmals (b). Die Wahrscheinlichkeit, dass das Merkmal in der nächsten Generation auftritt, muss für jedes weitere Kind neu betrachtet werden. Dazu wird ein Erbschema erstellt:

Bildung haploider Geschlechtszellen durch Meiose		Geschlechtszellen des Vaters	
		X	Y
Geschlechtszellen der Mutter	X	XX	XY
	X	XX	XY

Die vier Möglichkeiten zeigen, dass zu 50 % Söhne gezeugt werden, wobei die Wahrscheinlichkeit, dass ein Sohn bluterkrank ist, 50 % beträgt. Zu 50 % treten Töchter auf, die alle gesund sind, wobei sie zu 50 % Überträgerinnen des Gens für das Merkmal Bluterkrankheit sind. Die Wahrscheinlichkeit für das Auftreten des Blutermerkmals im Phänotyp beträgt also 25 %.

3 *X-chromosomaler Erbgang: statistische Grundlagen*

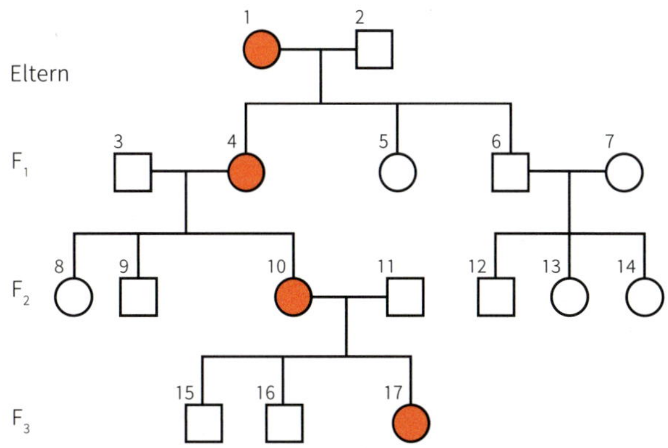

4 *Der Stammbaum einer Familie, in der das Oro-fazio-digitales Syndrom vom Typ 1 auftritt*

1. Familienstammbaumanalyse im europäischen Hochadel. Die Blutgerinnungsstörung Hämophilie tritt im europäischen Hochadel ausgehend von Königin VICTORIA auf.

a) Erläutern Sie, warum Hämophilie bei Frauen wesentlich seltener als bei Männern vorkommt (Abb. 1, 3).

b) Führen Sie eine Stammbaumanalyse für die Bluterkrankheit beim ZAREWITSCH ALEXEI sowie bei ALFONSO VON SPANIEN durch. Ermitteln Sie jeweils sämtliche möglichen Genotypen in diesen beiden Linien der Familie (Abb. 1, 3).

c) Ermitteln Sie sämtliche Frauen, die als Konduktorinnen bei der Hämophilie im europäischen Hochadel in Frage kommen (Abb. 1, 3).

2. Familienstammbaumanalyse: OFD-Syndrom. Unter dem Begriff des Oro-fazio-digitalen Syndroms (OFD-Syndroms) wird eine Reihe von seltenen Krankheitsbildern zusammengefasst. Dazu zählen Verwachsungen der Finger, Veränderungen von Knorpelteilen im Gesicht und am Ohr sowie eine erhöhte Zahl von Fehlgeburten vor allem männlicher Embryonen in einem Frühstadium der Schwangerschaft. Der Stammbaum zeigt eine Familie, in der das Oro-fazio-digitale Syndrom vom Typ 1 auftritt und über einen X-chromosomalen Erbgang vererbt wird.

a) Beschreiben Sie das Auftreten des Oro-fazio-digitalen Syndroms vom Typ 1 in dieser Familie anhand des Stammbaums (Abb. 4).

b) Begründen Sie, ob das betroffene Allel dominant oder rezessiv vererbt wird (Abb. 4).

c) Ermitteln Sie für alle Familienmitglieder die möglichen Genotypen. Begründen Sie für jede Person (Abb. 4).

d) Erläutern Sie, ob Kinder befürchten müssen, die genetisch bedingte Erkrankung ihrer Mutter zu bekommen, wenn diese in Bezug auf das Merkmal heterozygot ist.

→ M13 → Kap. 1.2 → Kap. 6.1 → Kap. 6.2

6.4 Biologische Arbeitstechnik: Gelelektrophorese

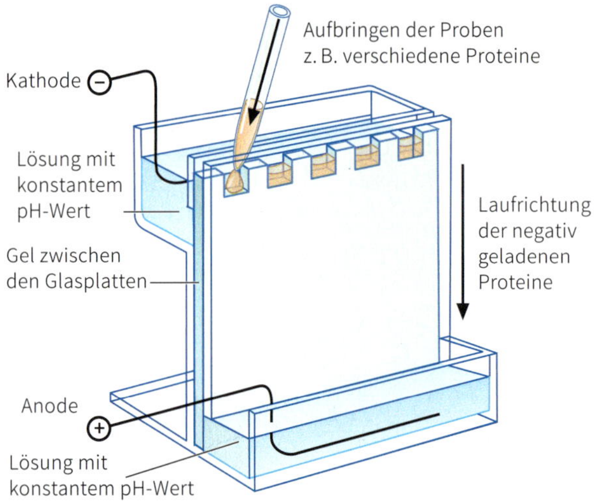

1 *Bau einer Elektrophoresekammer*

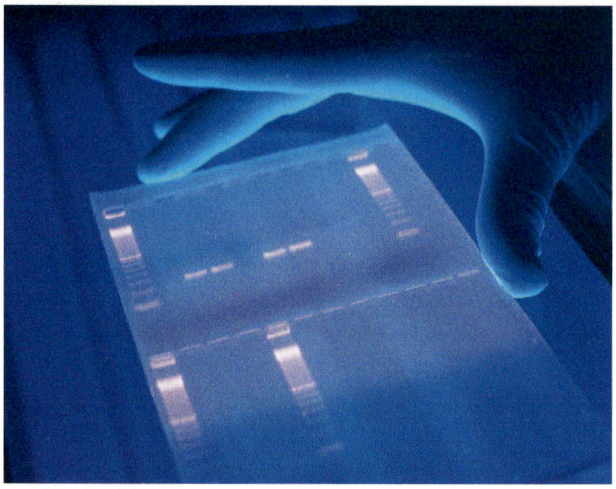

2 *Fertige Elektrophorese, angefärbte DNA-Banden unter UV-Licht*

Oft müssen häufig bestimmte Stoffe aus einem Stoffgemisch voneinander getrennt werden, bevor sie identifiziert und genauer untersucht werden können. Dies ist auch wichitg bei der Erstellung des DNA-Profils eines Menschen und damit seiner **Identität**, das für dieses in hohem Maße charakteristisch ist, dem genetischen Fingerabdruck. Bei der Feststellung von Identiäten vieler Personen wird in diesem Zusammenhang von einem **Massengentest** gesprochen. Um Protein- oder DNA-Gemische zu analysieren, wird eine Trennung durch **Gelelektrophorese** durchgeführt. Damit wird die Wanderung geladener Teilchen durch ein Gel in einem elektrischen Feld bezeichnet. Protein- oder DNA-Gemische, die auf diese Weise voneinander getrennt werden sollen, müssen drei Kriterien erfüllen:

1. Die Teilchen müssen eine Ladung tragen, damit sie in einem elektrischen Feld wandern können.
2. Die zu trennenden Teilchen müssen sich in mindestens einer ihrer Eigenschaften (Größe, Molekülmasse, Ladung) voneinander unterscheiden.
3. Das Gel muss als Trägermaterial auf die Teilchen eine bremsende Wirkung ausüben, damit die Teilchen aufgrund ihrer verschiedenen Eigenschaften im elektrischen Feld unterschiedlich schnell wandern.

Proteine haben aufgrund ihrer sauren oder basischen Aminosäuren in der Regel eine positive oder negative Ladung. Proteine mit positiver Ladung können chemisch behandelt werden, damit sie negativ geladen sind und Richtung Anode wandern. DNA-Teilstücke haben aufgrund ihrer Phosphat-Gruppen bei neutralem pH-Wert eine negative Ladung.

Das Gel bildet ein winziges, engmaschiges Netz, das die aufzutrennenden Moleküle bei ihrer Wanderung durch das Gel unterschiedlich stark behindert. Agarose-Gele sind relativ großporig, Polyacrylamid-Gele deutlich kleinporiger. Die Gele wirken also wie ein molekulares Sieb. In das Gel wird das aufzutrennende Stoffgemisch aufgebracht (Abb. 1). Dann wird eine elektrische Gleichspannung an das Gel angelegt. Die Moleküle beginnen nun je nach ihren Eigenschaften unterschiedlich schnell durch das Gel zu wandern. Kleine, negativ geladene Anionen wandern beispielsweise schneller zur positiv geladenen Anode als große Anionen. Gleiche Teilchen laufen mit gleicher Geschwindigkeit durch das Gel. Sie befinden sich also immer in derselben Zone des Gels, die auch als „Bande" bezeichnet wird. Die Gelelektrophorese wird beendet, wenn die am schnellsten beweglichen Teilchen das Ende des Gels erreicht haben. Dies kann durch das Mitlaufen eines gefärbten Größenstandards verfolgt werden. Dadurch wird eine optimale Auftrennung erreicht.

Zur Identifikation der voneinander getrennten Teilchen werden nach einer Gelelektrophorese in der Regel zwei Verfahren angewendet: Eine Möglichkeit ist, dass die Teilchen vor der Elektrophorese radioaktiv markiert werden und anschließend das Gel einer Autoradiographie unterzogen wird, um die Banden sichtbar zu machen. Eine zweite Möglichkeit besteht darin, das Gel vor oder nach der Elektrophorese mit UV-fluoreszierenden Farbstoffen zu versetzen. Unter UV-Licht betrachtet leuchten die DNA-Fragmente unterschiedlich stark (Abb. 2). Proteine werden dabei direkt angefärbt.

→ B1 → Kap. 1.4 → Kap. 1.11 → Kap. 3.4 → Kap. 7.7 → Kap. 6.11

PRAXIS – IONENTRENNUNG

Frage: Wie kann man ein Gemisch aus zwei verschiedenen Ionensorten voneinander trennen?

Hypothese: In einem elektrischen Feld werden die Ionen durch ihre Ladung getrennt.

Durchführung
Stellen Sie eine Lösung von ammoniakalischer Kupfer(II)-sulfat-Lösung (GHS07|09) und Kaliumpermanganat-Lösung (GHS09) her. Geben Sie je einen Tropfen ammoniakalische Kupfersulfatlösung (10 %) und Kaliumpermanganatlösung (1 %) auf die Mitte eines zuvor mit Kaliumnitratlösung getränkten Filterpapierstreifens. Die Lösungen enthalten Kupfer- (Cu^{2+}) beziehungsweise Permanganationen (MnO_4^-). Legen Sie je eine Kohleelektrode (Anode und Kathode) auf eine der Seiten des Filterpapiers, sodass sich die Tropfen in der Mitte zwischen den Elektroden befinden. Legen Sie eine Gleichspannung von 20 V an.

Entsorgung: Die Chemikalien in den Behälter für Schwermetallsalze geben.

3 *Experiment zur Ionentrennung*

1. Die Ionentrennung. Führen Sie das Experiment in Abbildung 3 durch. Beschreiben Sie Ihre Beobachtungen aus dem Experiment nach einigen Minuten und überprüfen Sie die Hypothese. Stellen Sie die Vorgänge auf Teilchenebene grafisch dar.

2. Das Verfahren der Gelelektrophorese. Deuten Sie das Ergebnis mit den DNA-Banden nach Beendigung der Gelelektrophorese (Abb. 4). Beachten Sie dabei, dass die Teilschritte 1 und 2 für uns nicht sichtbar sind.

3. Trennung eines Proteingemischs durch Gelektrophorese. Skizzieren Sie die auf dem Gel erkennbaren Banden wenn Sie ein Proteingemisch gelelektrophoretisch auftrennen. Das Proteingemisch besteht aus vier verschiedenen Proteinen 1 – 4. Die Proteine 1 – 3 sind unterschiedlich groß, wobei 1 das kleinste und 3 das größte Protein ist. Alle drei Proteine sind einfach negativ geladen. Das Protein 4 ist genauso groß wie das Protein 1, es ist aber zweifach negativ geladen. Erläutern Sie Ihre Skizze und begründen Sie die Position der Banden.

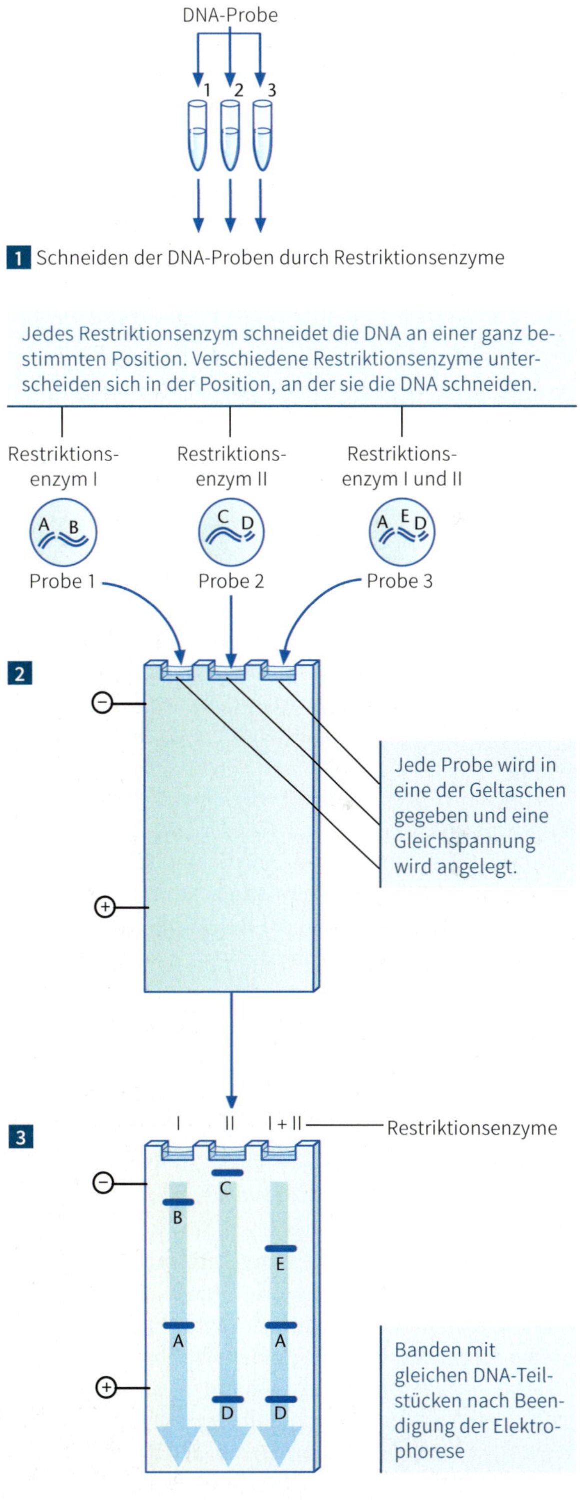

4 *Gelektrophorese einer DNA-Lösung*

→ Sicherheit beim Experimentieren →Liste der in Versuchen verwendeten Stoffe → Kap. 1.4 → Kap. 1.11 → Kap. 3.4

6.5 Die Phenylketonurie (PKU) und der Heterozygotentest

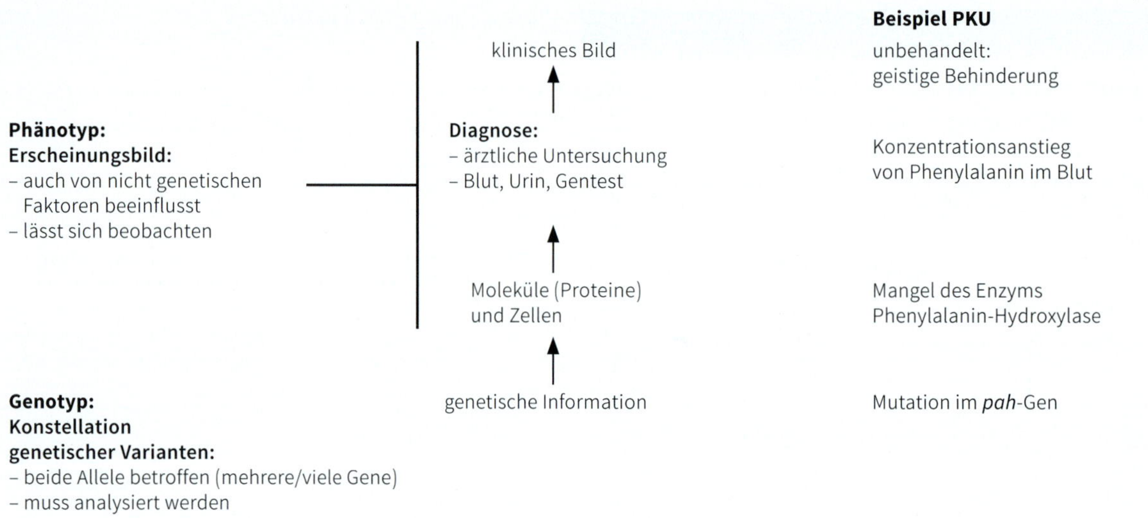

1 *Die Unterscheidung zwischen Genotyp und Phänotyp am Beispiel der Phenylketonurie (PKU)*

Mit der Nahrung nehmen Menschen Proteine zu sich. Bausteine der Proteine sind Aminosäuren. Eine der 20 verschiedenen Aminosäuren heißt Phenylalanin. Wir nehmen sie mit der Nahrung auf. Normalerweise wird Phenylalanin aus der verdauten Nahrung in Leberzellen mithilfe der Phenylalaninhydroxylase, die abgekürzt PAH genannt wird, zu der Aminosäure Tyrosin umgewandelt (Abb. 2). Tyrosin wiederum ist eine Vorstufe für die Bildung zum Beispiel von Schilddrüsenhormon, Dopamin und Melanin. Ein Übermaß an Phenylalanin im Blut kann über längere Zeiträume zu schweren Schädigungen führen (Abb. 1).

Das Gen für das Enzym PAH liegt auf Chromosom 12. Eine Punktmutation des Gens verändert seine Information derart, dass keine funktionsfähige PAH in Leberzellen gebildet werden kann (Abb. 1). Wenn beide Eltern jeweils das mutierte Gen an ein Kind weitergeben, ist es nicht in der Lage, Phenylalanin in Tyrosin umzuwandeln. Dann häuft sich Phenylalanin im Körper an. Man spricht von einer erblichen Stoffwechselkrankheit. Sie hat den Namen **Phenylketonurie**, abgekürzt **PKU**. Kinder, die von Phenylketonurie betroffen sind und nicht behandelt werden, entwickeln im Laufe der ersten Lebensjahre unter anderem schwere geistige Defekte. Das hängt damit zusammen, dass bei hoher Konzentration an Phenylalanin im Körper verstärkt Phenylpyruvat gebildet wird (Abb. 2). Dieser Stoff beeinträchtigt die Gehirnentwicklung. Heute werden in Deutschland alle Neugeborenen mithilfe eines Bluttests auf Phenylketonurie untersucht. Durchschnittlich ein Neugeborenes von 12000 hat diese erbliche Stoffwechselstörung. Wird die Krankheit erkannt, muss viele Jahre, meistens lebenslang, eine Diät mit wenig Phenylalanin eingehalten werden. So behandelte Kinder zeigen eine normale Entwicklung.

Wenn ein Mensch die Symptome einer Krankheit verspürt, sucht er häufig einen Arzt auf, um sich behandeln zu lassen. Alle körperlichen und geistigen Merkmale die der Mensch selbst wahrnimmt, werden in der Medizin zusammengefasst als **klinischer Phänotyp** bezeichnet. Kinder mit einer klassischen PKU sind bei der Geburt klinisch in der Regel gesund. Sie zeigen keine Symptome. Der Begriff einer Krankheit bezieht sich nur auf die wahrgenommenen Beschwerden und Symptome eines Patienten, und nicht auf genetische Varianten, die auf das Auftreten von Symptomen in der Zukunft hinweisen.

Phenylketonurie wird autosomal rezessiv vererbt. Heterozygote (Mischerbige mit dem Genotyp Aa) sind selbst nicht erkrankt, können aber das mutierte Gen übertragen. Bei Heterozygoten ist nur eines der beiden Allele für das Enzym PAH mutiert. Beim **Heterozygoten-Test** (Phenylalanin-Belastungstest) wird Personen eine bestimmte Menge Phenylalanin durch Injektion verabreicht und über einen Zeitraum von mehreren Stunden der Gehalt an Tyrosin im Blut gemessen. Auf diese Weise können heterozygote Personen erkannt werden (Abb. 1, 3).

→ B3 → Kap. 4.3 → Kap. 4.6 → Kap. 6.6 → Kap. 6.7

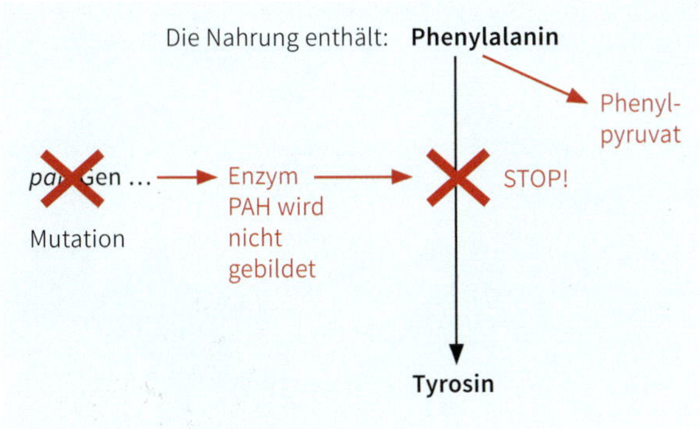

2 *Phenylalanin-Stoffwechsel*

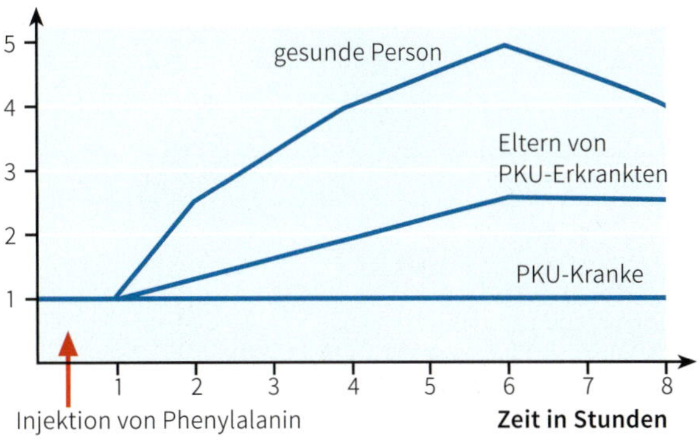

3 *Heterozygoten-Test (Phenylalanin-Belastungstest) bei verschiedenen Personengruppen*

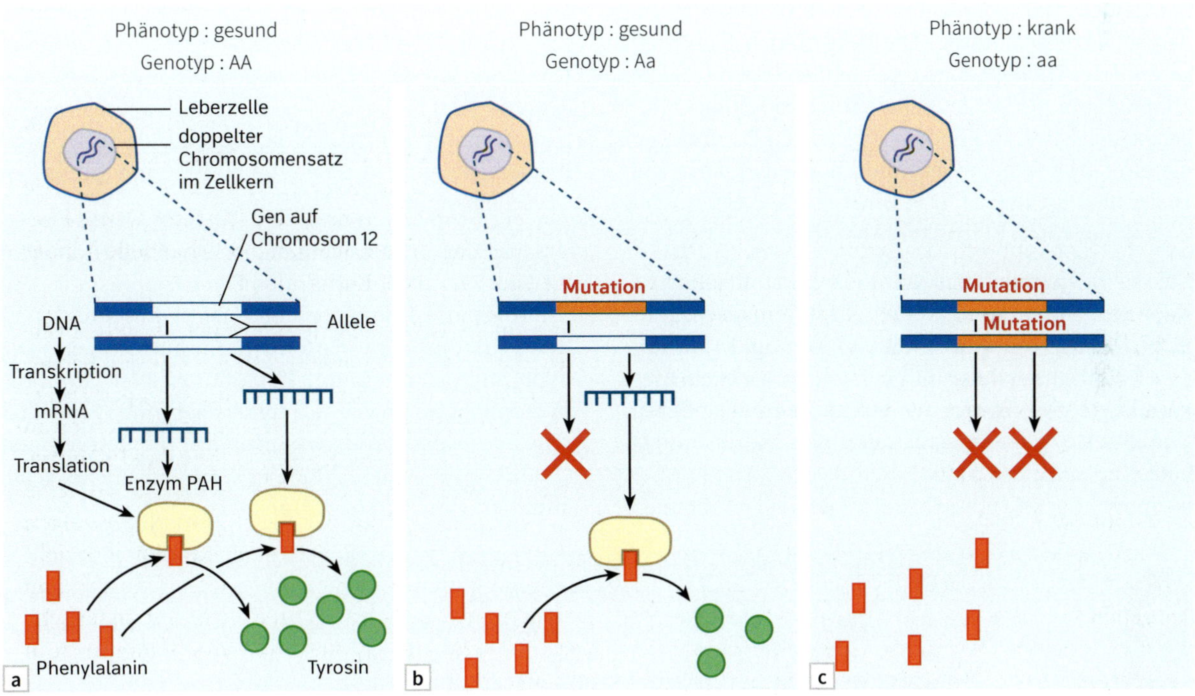

4 *Modell zum Stoffwechselgeschehen bei a) homozygot Gesunden, b) Heterozygoten und bei c) PKU-Kranken*

1. Die PKU - Unterscheidung zwischen Phäno- und Genotyp. Erläutern Sie anhand von Abbildung 1 und dem Grundwissentext, was man unter einer Änderung des Genotyps, des Phänotyps und einer Krankheit versteht.

2. Phenylalanin-Stoffwechsel bei verschiedenen Genotypen. Erläutern Sie unter Bezug auf Abb. 4 den Phenylalanin-Stoffwechsel bei homozygot Gesunden, Heterozygoten und bei PKU-Kranken.

3. Molekulare Grundlagen des Heterozygoten-Tests. Bei diesem Test wird allen Testpersonen die gleiche Menge an Phenylalanin je Kilogramm Körpermasse durch Injektion verabreicht. Dann wird der Tyrosin-Gehalt im Blut über die nächsten Stunden gemessen. Vergleiche die Kurvenverläufe in Abb. 3. Ordne jeder der drei Kurven in Abb. 3 eine Teilabbildung in Abb. 4 zu. Begründen Sie dann die Unterschiede im Verlauf der Kurven in Abb. 3 unter Bezug auf Abb. 4.

→ B3 → Kap. 4.3 → Kap. 6.6 → Kap. 6.7

6.6 Die Sichelzellanämie: Molekulare Ursachen einer Erkrankung

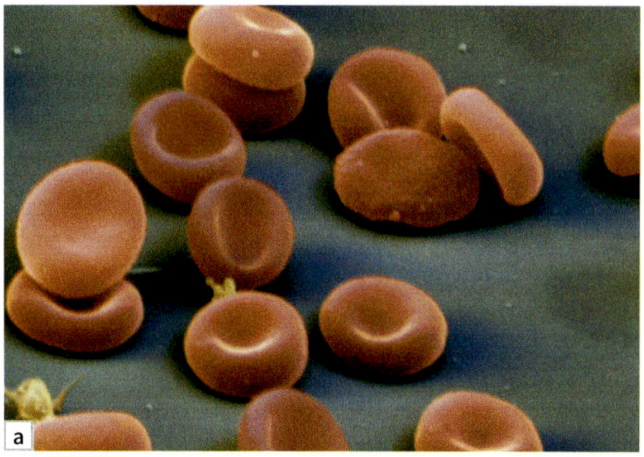

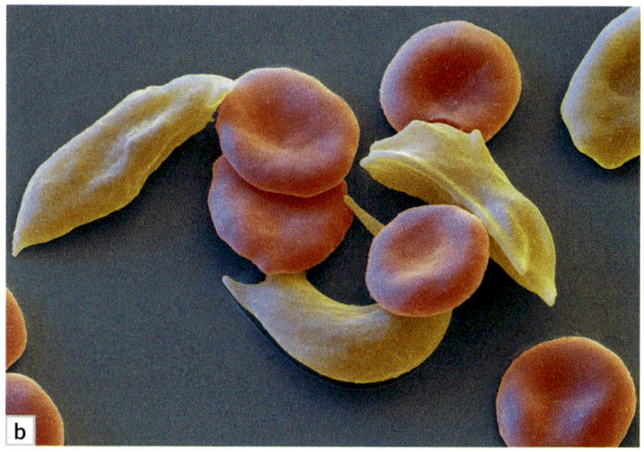

1 *Elektronenmikroskopische Aufnahme von a) normalen roten Blutzellen und b) roten Blutzellen eines Menschen mit Sichelzellanämie, 8 000x*

Die **Sichelzellanämie** ist eine genetisch bedingte und vererbbare Erkrankung. Die Betroffenen haben ein verändertes Hämoglobin, das gegenüber dem normalen Hämoglobin Hb-A als **Sichelzell-Hämoglobin** Hb-S bezeichnet wird. In der desoxygenierten Form neigen die Hb-S-Moleküle in den roten Blutzellen dazu, sich zusammen zu lagern. Das führt zur sichelförmigen Gestalt der roten Blutzellen (Abb. 1b).

Bei der Sichelzellanämie ist die Sauerstofftransport-Kapazität des Hämoglobins stark eingeschränkt. Sichelförmige rote Blutzellen verhaken und verklumpen leicht miteinander und verstopfen dadurch Blutkapillaren. Auf Ebene der Organe können Nieren, Muskeln, Gelenke, der Verdauungstrakt und die Lungen betroffen sein. Die Funktionen des Gehirns können beeinträchtigt sein und es kann zu Lähmungen kommen.

Die Sichelzellanämie ist eine lebensbedrohliche Erkrankung. Die Sichelzellanämie wird rezessiv vererbt. Die homozygoten Träger von zwei Sichelzell-Allelen (Genotyp aa) bilden die Krankheit voll aus. Heterozygote (Genotyp Aa) zeigen dagegen nur leichte Krankheitserscheinungen. Etwa die Hälfte ihrer Blutzellen ist sichelförmig.

Ursache der Sichelzellanämie ist eine **Punktmutation** im Gen für die ß-Ketten des Hämoglobins auf dem Chromosom 11 des Menschen. Diese Punktmutation führt zu einer veränderten Aminosäuresequenz. Die hydrophile Aminosäure Glutaminsäure ist durch die hydrophobe Aminosäure Valin ersetzt (Abb. 2). Das hat schwerwiegende Auswirkungen auf die Tertiär- und Quartärstruktur des Hämoglobins und damit auf seine Funktion, den Sauerstofftransport.

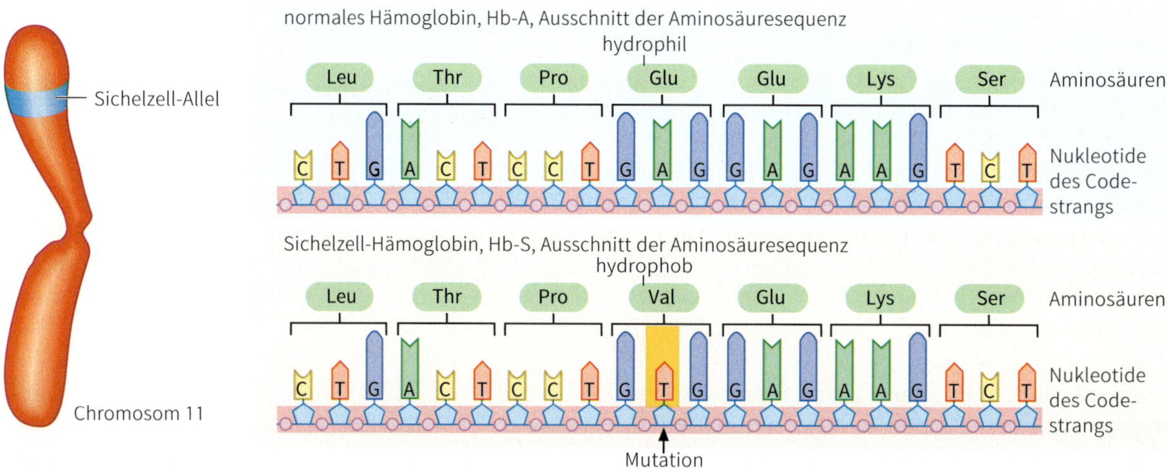

2 *Veränderte Aminosäuresequenz durch Punktmutation beim Sichelzell-Hämoglobin*

→ Kap. 1.4 → Kap. 6.4 → Kap. 4.6 → Kap. 6.4 → Kap. 6.5

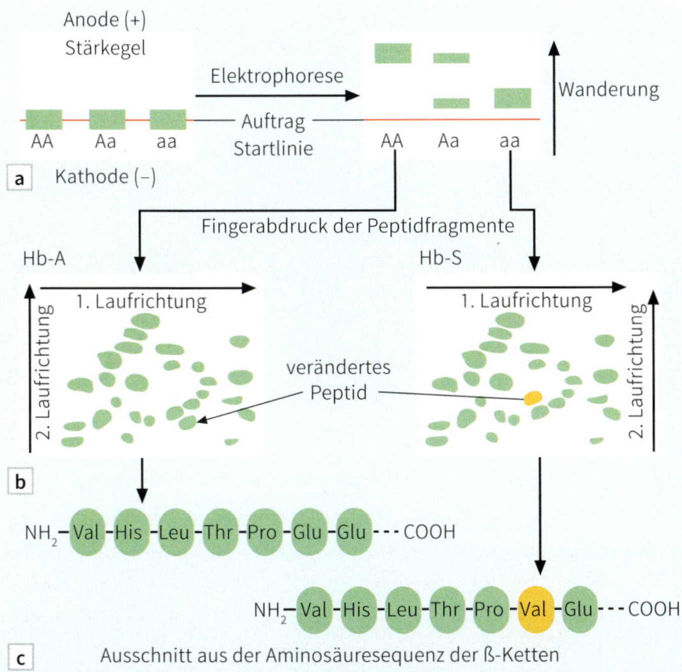

a) Elektrophorese im Stärkegel: Hämoglobin von Menschen dreier verschiedener Genotypen (AA, Aa, aa) wurde isoliert, jeweils auf ein Stärkegel aufgetragen und eine elektrische Spannung angelegt.

b) Fingerabdruck der Peptidfragmente: Hb-A und Hb-S wurden durch Enzyme in kurzkettige Peptidfragmente zerschnitten. Die Mischung aus diesen Bruchstücken wurde auf ein Papier aufgetragen und einem elektrischen Feld ausgesetzt. Nach einer festgelegten Zeit wurde das Papier um 90 Grad gedreht. Bei der nun folgenden Chromatografie bewegen sich die Peptidfragmente in die zweite Richtung. Das Ergebnis ist eine zweidimensionale Trennung der Peptidfragmente zu einem Muster von Punkten oder „Fingerabdrücken".

c) Aminosäuresequenz-Analyse: Das veränderte Peptid des Fingerabdrucks wird auf seine Aminosäuresequenz untersucht.

3 *Untersuchung von Hb-A und Hb-S durch a) Elektrophorese, b) Fingerabdruck und c) Aminosäuresequenz-Analyse*

1. Molekulare, zelluläre und Organ-Ebene der Sichelzellanämie. Beschreiben Sie die Ursachen und Auswirkungen der Sichelzellanämie auf molekularer und zellulärer Ebene sowie auf Ebene der Organe eines Menschen.

2. Aufklärung der molekularen Ursachen der Sichelzellanämie. Bei der Aufklärung der Ursachen der Sichelzellanämie wurden in der Mitte des vergangenen Jahrhunderts die in Abbildung 3 dargestellten Methoden eingesetzt.

a) Informieren Sie sich über das Prinzip der Elektrophorese und der Chromatographie.

b) Erläutern Sie unter Bezug auf Abbildung 3 die Ergebnisse der Elektrophorese, des Fingerabdrucks und der Aminosäuresequenz-Analyse. Fassen Sie die Teilergebnisse zusammen.

3. Sichelzell-Allel und Malaria in Afrika. In Malariagebieten sind heterozygote Träger des Sichelzell-Allels relativ häufig (Abb. 4). In Malariagebieten steht die Häufigkeit des Sichelzell-Allels meistens in einem stabilen Verhältnis zum Normal-Allel. Erörtern Sie mögliche Ursachen für diese beiden Sachverhalte.

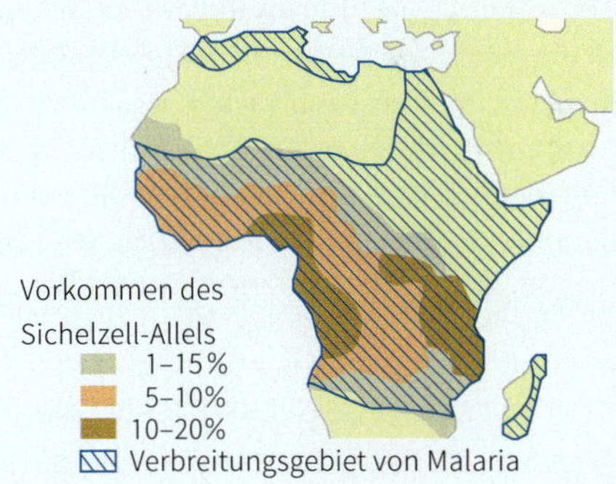

Die Erreger der Malaria sind Einzeller. Sie werden durch den Stich der weiblichen Anopheles-Mücke übertragen. Für die Fortpflanzung der Mücke sind Wärme und stehende Gewässer notwendig. Bestimmte Stadien der Malaria-Erreger befallen rote Blutzellen. Sie gewinnen aus dem Abbau von Hämoglobin Aminosäuren. Das Sichelzell-Hämoglobin ist allerdings für die Einzeller kaum verwertbar. In sichelförmigen Blutzellen wachsen die Malariaerreger schlecht. Heterozygote Träger des Sichelzell-Allels sind zu 60 bis 90 Prozent vor dem Krankheitsbild der schweren Malaria geschützt.

4 *Malariaverbreitung in Afrika*

Hilfe **Webcode** WES-105475_173

6.7 Die Mukoviszidose: eine genetisch bedingte Krankheit

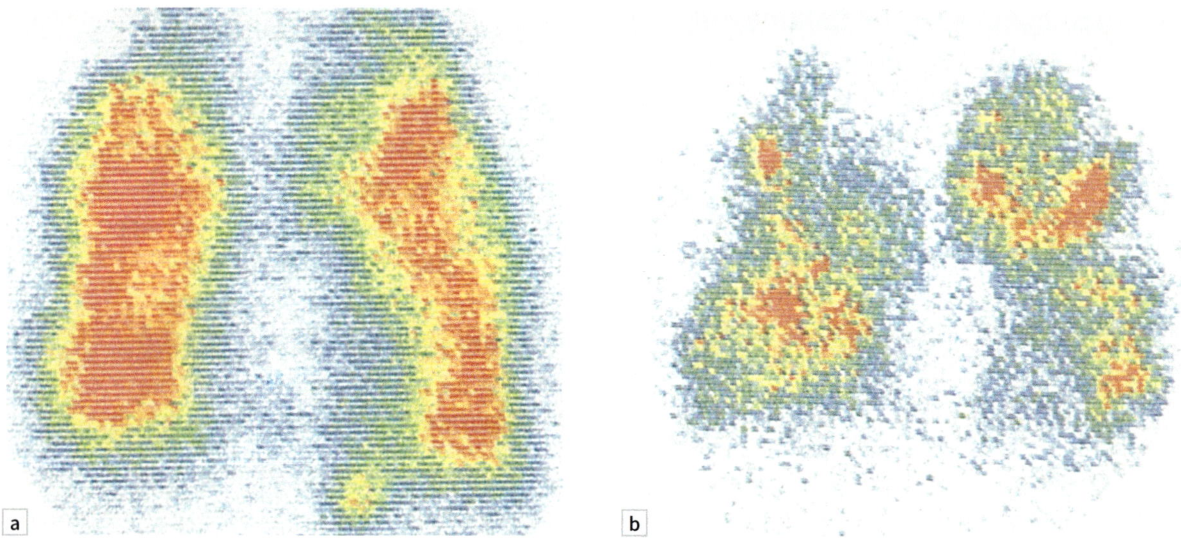

1 *Luft in den Lungen eines a) gesunden und b) an Mukoviszidose erkrankten Menschen. Die gut mit Luft gefüllten Bereiche der Lunge sind in rot und gelb dargestellt.*

Die Lunge ist für den Gasaustausch zwischen Luft und Blut zuständig (Abb. 1a). An **Mukoviszidose** erkrankte Menschen leiden in erster Linie unter Funktionsstörungen in der Lunge. Als Folge kann sich die Lunge nicht mehr gut mit Luft füllen und der Gasaustausch ist erheblich eingeschränkt (Abb. 1 b). Mukoviszidose (lat. *mucus:* Schleim; lat. *viscosus:* zähflüssig), auch **cystische Fibrose** genannt, ist die in Europa und Nordamerika häufigste genetisch bedingte Stoffwechselkrankheit. In Deutschland leben derzeit etwa 8000 Patienten.

Die Ursache der Erkrankung liegt in unterschiedlichen Mutationen des CFTR-Gens (engl. *cystic fibrosis transmembrane conductance regulator*) auf dem 7. Chromosom. Das CFTR-Gen trägt die Informationen für ein Kanalprotein, das am Transport von Chlorid-Ionen in den Schleimhautzellen beteiligt ist. Die bei Betroffenen am häufigsten auftretende Mutation ist eine Deletion, die das Fehlen der Aminosäure Phenylalanin bewirkt und zu einer veränderten Aminosäuresequenz führt (Abb. 2). Eine solche Mutation des CFTR-Gens hat zur Folge, dass der CFTR-Kanal geschlossen ist. Infolgedessen können keine Chlorid-Ionen, denen Wassermoleküle osmotisch folgen, aus den betroffenen Schleimhautzellen an deren Oberfläche gelangen (Abb. 3b). Durch den ausbleibenden Chlorid-Ionen-Transport ist der Wassergehalt der Sekrete an der Oberfläche der Schleimhautzellen zu gering, wodurch ein zäher Schleim entsteht. Im Bronchialgewebe der Lunge wird dadurch das Schlagen der Flimmerhärchen behindert, sodass keine Fremdpartikel, wie Staub oder Bakterien abtransportiert werden können. Der zähe Schleim bildet zudem einen idealen Nährboden für Bakterien. Bei gesunden Menschen führt der Chlorid-Ionen-Transport zu einem ausreichenden Wassergehalt an der Oberfläche der Schleimhautzellen, sodass die Sekrete dünnflüssig und fließfähig bleiben (Abb. 3a).

Mukoviszidose tritt nur dann auf, wenn die beiden homologen Chromosomen eines Nachkommens das mutierte CFTR-Gen tragen und in Bezug auf dieses Merkmal homozygot sind. Ein heterozygoter Elternteil ist Träger des mutierten CFTR-Gens auf einem der homologen Chromosomen und gibt dieses als Konduktor an seine Nachkommen weiter. Erkranken können Heterozygote jedoch nicht. Die Stoffwechselkrankheit wird also autosomal-rezessiv vererbt. Da Mukoviszidose eine genetisch bedingte Erkrankung ist, ist diese bislang nicht heilbar. Durch die Einnahme von Medikamenten, die schleimlösende Wirkstoffe enthalten, sowie durch regelmäßiges Inhalieren, Atemübungen und Sport können die Symptome jedoch gemildert werden. Eine Nichtbehandlung führt auf Dauer zu Organversagen und somit zum vorzeitigen Tod. Die durchschnittliche Lebenserwartung eines an Mukoviszidose erkrankten Menschen ist deutlich herabgesetzt. Durch fortschreitende Therapiemöglichkeiten steigt jedoch die Lebenserwartung.

→ B1 → Kap. 1.4 → Kap. 4.6 → Kap. 6.4 → Kap. 6.5 → Kap. 6.8

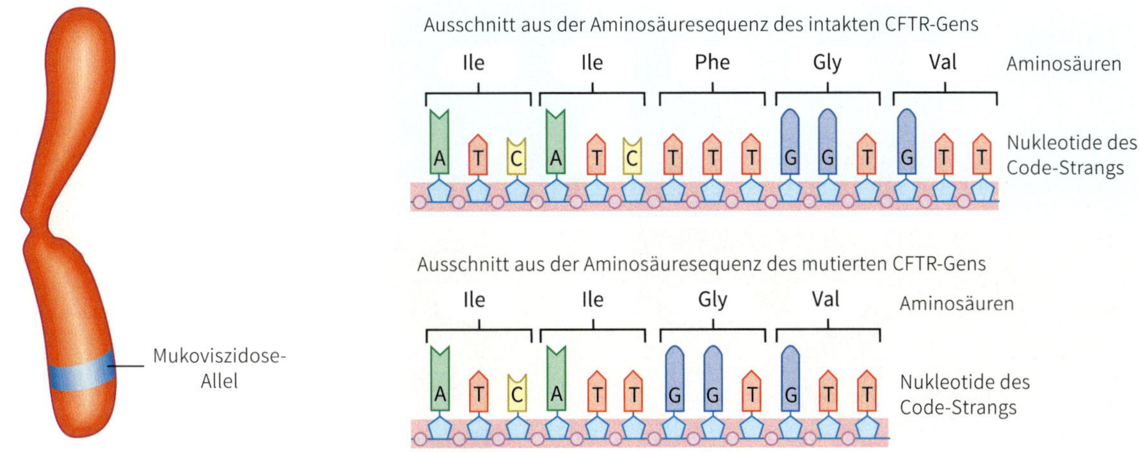

2 *Ausschnitt der Aminosäuresequenz eines intakten und mutierten CFTR-Gens auf dem 7. Chromosom*

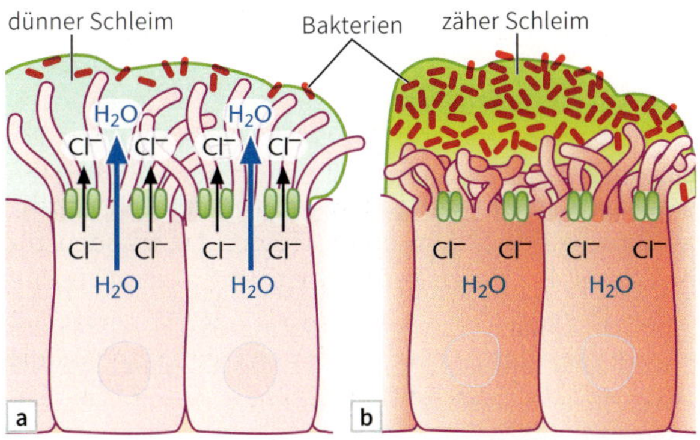

3 *CFTR-Kanäle an den Schleimhautzellen eines a) gesunden und b) an Mukoviszidose erkrankten Menschen*

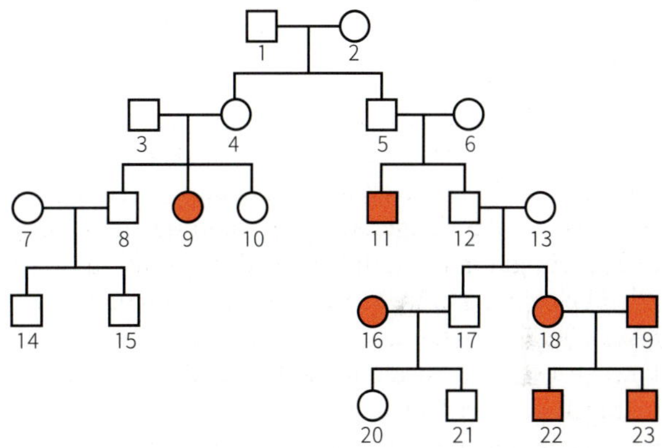

4 *Hypothetischer Stammbaum zur Erbkrankheit Mukoviszidose*

1. Mukoviszidose: Ursache und Symptome auf unterschiedlichen Ebenen. Erläutern Sie unter zuhilfenahme des Grundwissentextes und der Abbildung 1 die Auswirkungen der Mutation des CFTR-Gens auf molekularer und zellulärer Ebene sowie auf der Ebene von Geweben und Organen.

2. Mukoviszidose: Transportvorgänge an Membranen.
a) Erklären Sie anhand der Abbildung 3 die Entstehung des zähen Schleims in der Lunge bei an Mukoviszidose erkrankten Menschen.
b) Erklären Sie mithilfe der Abb. 3 a und auf Basis Ihres Vorwissens zu Transportmechanismen an Membranen aus Jahrgangsstufe 10 zum Stofftransport durch Biomembranen, warum Chlorid-Ionen (Cl^-) und Wassermoleküle (H_2O) die Membran der Schleimhautzellen bei gesunden Menschen auf unterschiedliche Weise passieren.

3. Mukoviszidose: Merkmale der Vererbung.
a) Beschreiben Sie unter zuhilfenahme des Grundwissentextes und des Familienstammbaums in Abbildung 4 die wesentlichen Merkmale der Vererbung von Mukoviszidose.
b) Ordnen Sie den Personen 1, 5, 12 und 17 aus dem Familienstammbaum in Abbildung 4 die möglichen Genotypen zu.
c) Begründen Sie anhand einer geeigneten Personengruppe aus dem Familienstammbaum in Abbildung 4, dass Mukoviszidose autosomal-rezessiv vererbt wird.
d) Begründen Sie, welche Familienmitglieder Konduktoren sind und welche es sein könnten.
e) Person 7 heiratet einen Partner, der an Mukoviszidose erkrankt ist. Ermitteln Sie mithilfe eines Kreuzungsschemas, mit welcher Wahrscheinlichkeit das Paar Kinder bekommt, die ebenfalls an Mukoviszidose erkranken.

→ M13 → B1 → Kap. 1.4 → Kap. 4.6 → Kap. 6.4 → Kap. 6.5 → Kap. 6.6 → Kap. 6.8

6.8 Familienstammbaumdiagnostik und Gendiagnostik

1 *Die genetische Familienberatung*

2 *Ein Junge mit Muskeldystrophie Duchenne*

Susanne und ihr Mann Andreas möchten gern gemeinsame Kinder bekommen. Susannes älterer Bruder starb mit 30 Jahren an **Duchenne Muskeldystrophie** (DMD). Um Gewissheit zu erlangen, ob sie Trägerin des veränderten Allels ist oder nicht, hat Susanne sich humangenetisch beraten lassen (Abb. 1). Bei der **genetischen Familienberatung** helfen Fachleute dem Einzelnen, dem Paar oder der Familie die Ursachen der Erkrankung zu erfassen. Mit Hilfe der Familienstammbaumanalyse erklären sie den Ratsuchenden den erblichen Anteil der Erkrankung und das Wiederholungsrisiko für bestimmte Verwandte. Sie helfen den Ratsuchenden dabei, eine Entscheidung zu treffen, die ihrem Risiko, ihren familiären Zielen, ihren ethischen und religiösen Wertvorstellungen entspricht. Dadurch können sie sich so gut wie möglich auf eine mögliche Erkrankung des betroffenen Familienmitgliedes einstellen.

DMD ist eine der häufigsten und schwersten genetisch bedingten Krankheiten. Während der ersten Lebensjahre erscheinen Kinder mit DMD völlig gesund, dann aber beginnt eine zunehmende Schwächung der Muskulatur. Ab dem zweiten Lebensjahr haben die Kinder Schwierigkeiten beim Gehen, Treppensteigen, Aufstehen und stolpern häufig. Mit zunehmendem Alter verschlimmert sich die Muskelschwäche immer mehr. Besonders im Bereich der Knöchel, Knie und Hüften verkürzen sich die Muskeln und die Gelenke werden dadurch steif und verspannt. Die betroffenen Kinder können nicht mehr laufen und sind auf einen Rollstuhl angewiesen. Später werden dann auch die Arme immer schwächer. Im weiteren Verlauf der Erkrankung wird schließlich auch die Atemmuskulatur angegriffen. Sehr viele sterben im frühen Erwachsenenalter. Eine Heilung ist derzeit nicht möglich. Ursache ist eine Mutation des Gens für das Eiweiß Dystrophin. Es stabilisiert die Zellmembran von Muskelfasern. Fehlt dieses Eiweiß werden die Muskelfasern nach und nach zerstört.

In einem Drittel aller Fälle wird die Krankheit durch eine spontane Mutation verursacht. Zwei Drittel beruhen auf Vererbung dieser Mutation. DMD wird durch ein rezessives Allel auf dem X-Chromosom verursacht, deshalb sind fast ausnahmslos Jungen von dieser Erkrankung betroffen. Söhne erben von ihren Vätern ein Y-Chromosom und von ihren Müttern ein X-Chromosom. Enthält das X-Chromosom die Mutation, so erkrankt er an DMD. Töchter hingegen erben sowohl von ihrer Mutter wie auch von ihrem Vater ein X-Chromosom. Da das Allel ohne Mutation dominant gegenüber dem mutierten Allel ist, kommt es zu keiner DMD-Erkrankung. Nur in seltenen Fällen kann es zu einer funktionellen Inaktivierung des gesunden X-Chromosoms kommen, sodass auch Frauen Symptome einer Muskeldystrophie oder auch einer Herzmuskelstörung entwickeln können. Frauen können diese Erkrankung jedoch als Überträgerinnen an ihre Söhne weitergeben.

→ M13 → M14 → Kap. 6.1 → Kap. 6.2 → Kap. 6.7

1. Muskeldystrophie Duchenne

a) Stellen Sie die Ursachen und Symptome der Muskeldystrophie Duchenne mithilfe eines Fließdiagramms anschaulich dar.

b) Erklären Sie, warum in seltenen Fällen auch Frauen an Muskeldystrophie Duchenne erkranken können.

2. Susannes Familiengeschichte.

Susannes Großeltern Elisabeth und Günter haben zwei Söhne, Klaus und Steffen sowie eine Tochter Andrea. Steffen ist mit 30 Jahren an DMD verstorben. Andrea hat Frank geheiratet und zusammen haben sie ebenfalls drei Kinder bekommen: Susanne, die mit Andreas verheiratet ist, Claudia und Oliver. Susannes Bruder Oliver, ist wie sein Onkel, mit 30 Jahren an Muskeldystrophie Duchenne verstorben.

a) Skizzieren Sie einen Stammbaum von Susannes Familie. Nutzen Sie dazu die typischen Symbole. Ergänzen Sie in Ihrem Stammbaum die Genotypen.

b) Ermitteln Sie mithilfe des Stammbaums, mit welchen Wahrscheinlichkeiten das Kind von Susanne und Andreas an DMD erkranken könnte.

c) Versetzen Sie sich in die Lage von Susanne und Andreas. Diskutieren Sie subjektiv empfundene Vorteile und Nachteile eines Gentests beziehungsweise dessen Ergebnis.

d) Simulieren Sie in Form eines Rollenspiels ein Beratungsgespräch zwischen Susanne, ihrem Mann Andreas sowie einer beratenden Ärztin oder eines Arztes. Beachten Sie dabei möglichst viele Aspekte einer genetischen Beratung sowie die Informationen zum Gendiagnostikgesetz (Abb. 3 und 4). Gehen Sie dabei wie folgt vor:

1. Teilen Sie sich in Gruppen zu je 4 Personen auf.
2. Sammeln Sie Argumente, die in dem Rollenspiel vorgebracht werden können. Nutzen Sie dazu auch die Ergebnisse von Aufgabe b).
3. Führen Sie das Rollenspiel durch. Eine Person übernimmt die Rolle von Susanne, eine Person die Rolle von Andreas und eine Person die Rolle der beratenden Ärztin oder des beratenden Arztes. Die vierte Person übernimmt die Rolle des Beobachters und notiert Argumente, die im Rollenspiel angeführt wurden.
4. Der Beobachtende stellt die Argumente vor.

e) Nehmen Sie Stellung zu der hypothetischen Forderung nach einer Pflicht zur Untersuchung auf ein Allel mit Mutation bei Paaren mit Kinderwunsch, das die Muskeldystrophie vom Typ Duchenne verursacht.

Mögliche Inhalte einer genetischen Beratung:

- die Erstellung eines Stammbaums auf der Grundlage der eigenen gesundheitlichen Vorgeschichte sowie der gesundheitlichen Vorgeschichte der Familienangehörigen,
- soweit dies für die Klärung der Fragestellung erforderlich ist, eine genetische Diagnostik,
- die Information über allgemeine genetische Risiken sowie die Abschätzung des genetischen Risikos für sich selbst und für mögliche Kinder.
- die genetische Beratung erfolgt ergebnisoffen
- die Erörterung der möglichen medizinischen, psychischen und sozialen Fragen im Zusammenhang mit der Durchführung oder auch Nichtdurchführung einer genetischen Diagnostik

3 *Inhalte einer genetischen Familienberatung*

Gendiagnostikgesetz

Am 01.2.2010 ist das Gendiagnostikgesetz in Deutschland in Kraft getreten. Es regelt genetische Untersuchungen beim Menschen sowie die Verwendung von genetischen Proben und Daten.
Ziel des Gesetzes ist es, die mit der Untersuchung menschlicher genetischer Eigenschaften verbundenen möglichen Gefahren und genetische Diskriminierung zu verhindern und gleichzeitig für jeden Einzelnen die Chancen des Einsatzes genetischer Untersuchungen zu wahren.

Zu den Grundprinzipien des Gesetzes zählt das Recht des Einzelnen auf informationelle Selbstbestimmung. Dazu gehören sowohl das Recht, die eigenen genetischen Befunde zu kennen (Recht auf Wissen) als auch das Recht, diese nicht zu kennen (Recht auf Nichtwissen). Im Rahmen der humangenetischen Beratung muss die ratsuchende Person sich überlegen, wie sie mit dem Wissen umgehen würde, das sie oder ihre Nachkommen irgendwann an einer schweren genetisch bedingten Störung erkranken könnten.
Einige betroffene Personen entscheiden sich deshalb gegen eine genetische Untersuchung und ziehen es vor, nicht zu wissen, ob sie das veränderte Allel in sich tragen.

4 *Das Gendiagnostikgesetz*

→ M13 → M14 → Kap. 6.1 → Kap. 6.2 → Kap. 6.7 → Kap. 6.11

6.9 Die Pränataldiagnostik I

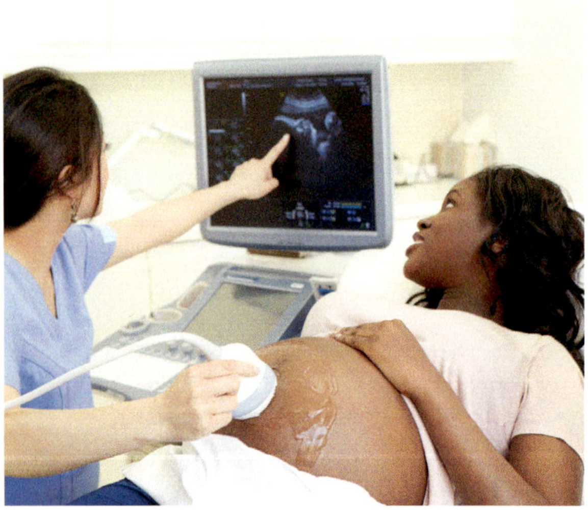

1 *Schwangere bei einer Ultraschalluntersuchung*

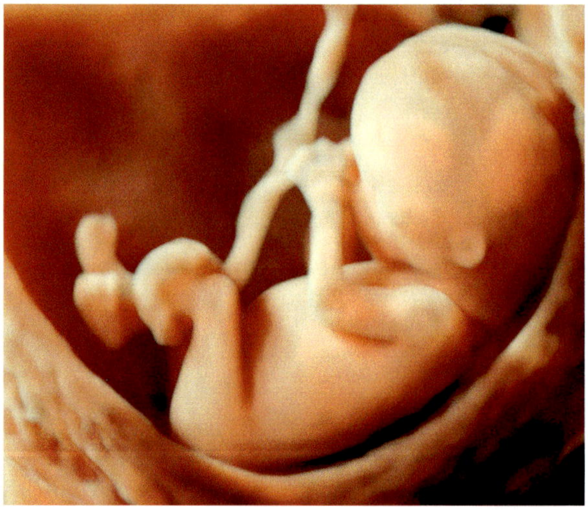

2 *Fetus im 3D-Ultraschall*

Schwangere Frauen zeigen im familiären Umfeld oder im Freundeskreis häufig Ultraschallbilder ihres ungeborenen Kindes. **Ultraschalluntersuchungen** gehören zur Vorsorge von Schwangeren, um die Entwicklung des Embryos zu beobachten (Abb. 1). Dabei werden vorgeburtliche Untersuchungen des Kindes unter dem Begriff **Pränataldiagnostik**, kurz **PND**, zusammengefasst. Die Methoden der PND lassen sich in nicht-invasive und invasive Verfahren einteilen.

Treten bei einer Ultraschalluntersuchung Auffälligkeiten auf, können weitere vorgeburtliche Untersuchungen durchgeführt werden um Aussagen über bestimmte Krankheiten und mögliche Behinderungen des ungeborenen Kindes zu geben.

Manche vorgeburtlichen Untersuchungen greifen nicht in den Körper der Frau ein. Eine Gefährdung des Ungeborenen ist daher sehr gering. Es handelt sich um **nicht-invasive Verfahren.** Neben der normalen Ultraschalluntersuchung geben erweiterte Ultraschalluntersuchungen ein genaueres dreidimensionales Bild, um Probleme frühzeitig zu erkennnen (Abb. 2). Durch Ultraschall wird beim Ungeborenen auch die so genannte **Nackentransparenz** bestimmt. Dabei handelt es sich um eine Flüssigkeitsansammlung im Bereich des kindlichen Nackens, die bei zunehmender Größe ein Hinweis für eine Fehlentwicklung sein kann. Die Ergebnisse sind nicht immer eindeutig. Ein Nackentransparenztest allein gibt daher keine zuverlässige Aussage über eine mögliche Fehlentwicklung. Seit 2012 können in Deutschland auch mit Bluttests Rückschlüsse auf Erkrankungen der Ungeborenen gezogen werden. Im Blut der Mutter befinden sich ungefähr zehn Prozent der DNA des Ungeborenen, die über die Plazenta in das mütterliche Blut gelangen. Diese geringe Menge an DNA wird bei diesen **nicht-invasiven Pränataltests (NIP-Test)** aus dem Blut der schwangeren Frau isoliert und mithilfe eines Gentests analysiert.

Invasive Verfahren dringen in den Körper der Schwangeren ein, um Zellen des ungeborenen Kindes zu entnehmen. Diese **invasiven Verfahren** sind daher immer mit einem Fehlgeburtenrisiko verbunden. Zu den wichtigsten invasiven Untersuchungsmethoden zählen die Fruchtwasseruntersuchung oder **Amniozentese**, die **Plazenta-Punktion** oder **Chorionzottenbiopsie** und die **Nabelschnurpunktion.** Diese Untersuchungen werden angeboten, wenn ein erhöhtes Erbkrankheitsrisiko besteht oder die Schwangere älter als 35 Jahre alt ist. Bei der Amniozentese wird unter Ultraschallkontrolle die Fruchtblase angestochen und eine geringe Menge Fruchtwasser entnommen. Im Fruchtwasser sind Zellen des Kindes enthalten, deren DNA untersucht werden kann. In einigen Fällen wird bei der Nabelschnurpunktion Blut des Kindes aus der Nabelschnur entnommen. Invasive Verfahren ermöglichen sehr zuverlässige Diagnosen, schließen aber auch bei negativem Ergebnis keine genetische Erkrankung des Kindes aus. Dazu verursachen sie ungefähr in 0,5-2 Prozent der Fälle Fehlgeburten. Gerade die Nabelschnurpunktion ist dabei mit erheblichen Risiken für das Kind verbunden.

→ M14 → B5 → Kap. 6.8 → Kap. 6.10

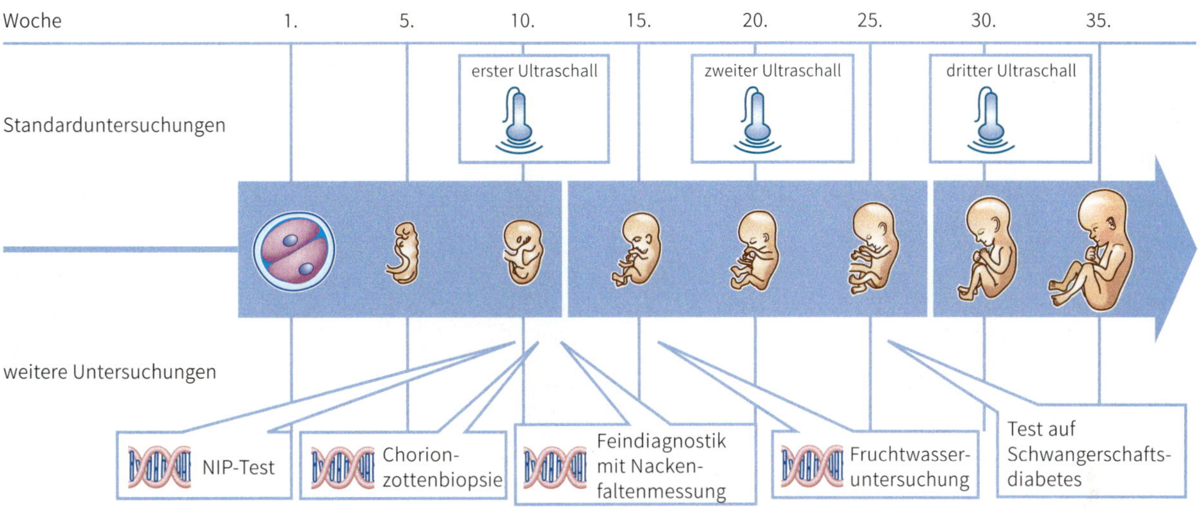

3 *Zeitpunkte der pränatalen Diagnostik während der Schwangerschaft*

Methode	Zeitpunkt	Verfahren	Ergebnis	Mögliche Befunde	Fehl-geburten-risiko
1. Bluttest	11.–14. SSW	Bestimmung der Konzentration bestimmter Hormone und Proteine im Blut	nach 1–2 Tagen	Erhöhte oder niedrige Werte des Hormons können ein Hinweis auf eine Genommutation sein	0 %
Ultra-schall	11.–14. SSW	Untersuchung der Dicke der Nackenfalte und der Größe des Nasenbeins	sofort	Eine dicke Nackenfalte und ein verkürztes Nasenbein können Hinweise auf eine Trisomie sein	0 %
2. Bluttest	15.–20. SSW	Bestimmung der Konzentration eines bestimmten Proteins	nach 1–2 Tagen	Erhöhte Werte des Proteins als Hinweis auf eine Fehlentwicklung des Nervensystems oder eine Genommutation	0 %
NIP-Test	ab 9. SSW	Untersuchung der genetischen Information des Fetus im Blut der Mutter auf Chromosomenanomalien	nach 2–10 Tagen	sehr hohe Zahl an Chromosomen-bruchstücken als möglicher Hinweis auf eine Trisomie	0 %
Amnio-zentese	14.–20. SSW	Entnahme von Fruchtwasser; Vermehrung der Zellen des Fetus, Untersuchung auf Chromosomenanomalien	nach 2 Wochen	Nachweis von Genommutationen Nachweis bestimmter Stoffwechsel- und Muskelerkrankungen	0,5–1 %
Chorion-zottenbi-opsie	11.–14. SSW	Gewebeentnahme aus Chorionzotten; Vermehrung der Zellen des Fetus, Untersuchung auf Chromosomenanomalien.	nach 1–14 Tagen;	Nachweis von Genommutationen, Nachweis bestimmter Stoffwechsel- und Muskelerkrankungen	0,5–2 %
Nabel-schnur-punktion	ab 18. SSW	Entnahme von Blut aus der Nabelschnurvene, Untersuchung auf Blutarmut und verschiedene Infektionen	nach 2–4 Tagen	Frühzeitige Feststellung und Behandlung von Infektionen; Bluttransfusion bei Blutarmut	1–3 %

4 *Methoden der pränatalen Diagnostik im Vergleich (SSW: Schwangerschaftswoche)*

1. Methoden der PND. Vergleichen Sie anhand der Angaben in der Tabelle aus Abbildung 4 die verschiedenen Methoden der pränatalen Diagnostik.

→ M14 → B5 → Kap. 6.8 → Kap. 6.10

6.10 Die Pränataldiagnostik II

1 *Mikroskopische Untersuchung und Karyogramm*

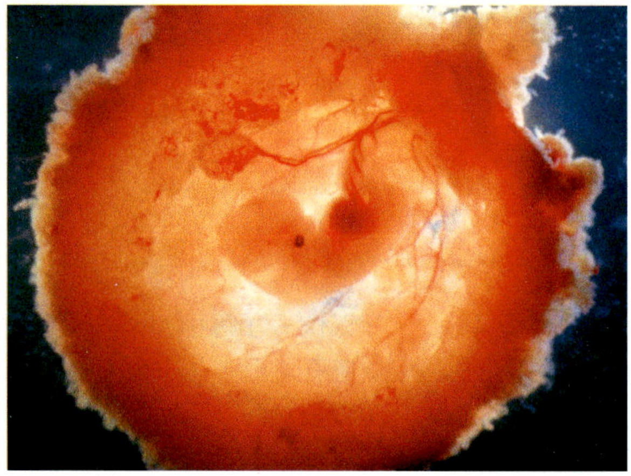

2 *Fetus umgeben von Fruchtblase mit Chorionzotten*

Das Amnion ist Teil der Fruchtblase, in der sich das Neugeborene befindet. Bei der **Amniozentese** (griech. „*amnion*": Embryonalhülle und „*kentesis*": stechen) werden mit einer Hohlnadel bis zu 20 Milliliter Fruchtwasser aus der Fruchtblase entnommen. In dieser so genannten **Amnionflüssigkeit** befinden sich Zellen des Fetus. Diese Zellen lassen sich im Labor isolieren und in einer Zellkultur vermehren. Nach zwei Wochen sind die Zellen ausreichend gewachsen, so dass eine DNA- und eine Chromosomenanalyse durchgeführt werden können (Abb. 1). Weiterhin gibt die Konzentration von bestimmten Proteinen in der Amnionflüssigkeit Aufschluss über mögliche Fehlbildungen der Wirbelsäule oder der Bauchwand.

Über die **Chromosomenanalyse** können die Trisomien 21, 13, 18 und Trisomie 8 und 9 sowie manche Erbkrankheiten mit 99-prozentiger Sicherheit festgestellt werden. Komplikationen bei einer Amniozentese sind selten, jedoch birgt der direkte Eingriff in die Fruchtblase Risiken. Die Fehlgeburtenrate bei einer Amniozentese liegt bei unter einem Prozent.

Als Chorion wird die äußere Schicht der Fruchtblase bezeichnet, welche verästelte Strukturen, die **Chorionzotten**, aufweist (Abb 2). Die Chorionzotten bilden die Kontaktstelle zwischen mütterlichem und kindlichem Blut und entwickeln sich später zur Plazenta weiter. Bei der **Chorionzottenbiopsie** wird mittels einer Hohlnadel bis zu 30 Milligramm Zottengewebe von der Plazenta entnommen und im Labor untersucht. Im Vergleich zur Amniozentese dringt die Nadel nicht in die Fruchtblase ein, sondern wird daran vorbeigeführt. Die entnommenen Zellen werden im Labor vermehrt, bis ausreichend Zellen vorhanden sind, um eine Chromosomenanalyse durchzuführen (Abb. 3). Mit 99-prozentiger Sicherheit können so ebenfalls Chromosomenfehlverteilungen, beispielsweise eine Trisomie, festgestellt werden. Fehlbildungen der Wirbelsäule oder der Bauchwand lassen sich jedoch nur mittels Amniozentese erkennen. Das Risiko einer Fehlgeburt bei der Chorionzottenbiopsie ist mit bis zu zwei Prozent größer als bei der Amniozentese.

Manchmal ist eine Blutentnahme aus der Nabelschnur im Mutterleib notwendig, um Infektionen, eine Blutarmut oder andere kindliche Erkrankungen schnell zu erkennen. Bei dieser **Cordozentese** wird eine Biopsienadel durch die Bauchdecke hindurch geführt und ständig mit dem Ultraschall kontrolliert. So wird die kindliche Nabelvene punktiert, um einige Milliliter kindliches Blut zu erhalten. Die Cordozentese ist etwa nach der 18. Schwangerschaftswoche möglich. Sie ist mit einem Risiko von 1-3 % geringfügig komplikationsträchtiger als Chorionzottenbiopsie und Amniozentese.

Ein **Mosaikbefund** tritt auf, wenn Zellen mit einer Chromosomenfehlverteilung neben Zellen mit normalem Chromosomensatz beobachtet werden. Bei einer pränatalen Chromosomenanalyse werden meist 15 bis 20 Zellen untersucht, die jedoch nur aus bestimmten Geweben stammen. Nach Chorionzottenbiopsien werden Mosaikbefunde etwa doppelt so häufig beobachtet wie nach einer Amniozentese. Dies ist auf eine Chromosomenfehlverteilung zurückzuführen, die auf die Plazenta beschränkt ist und beim Kind nicht vorkommt.

→ M14 → B5 → Kap. 6.8 → Kap. 6.9

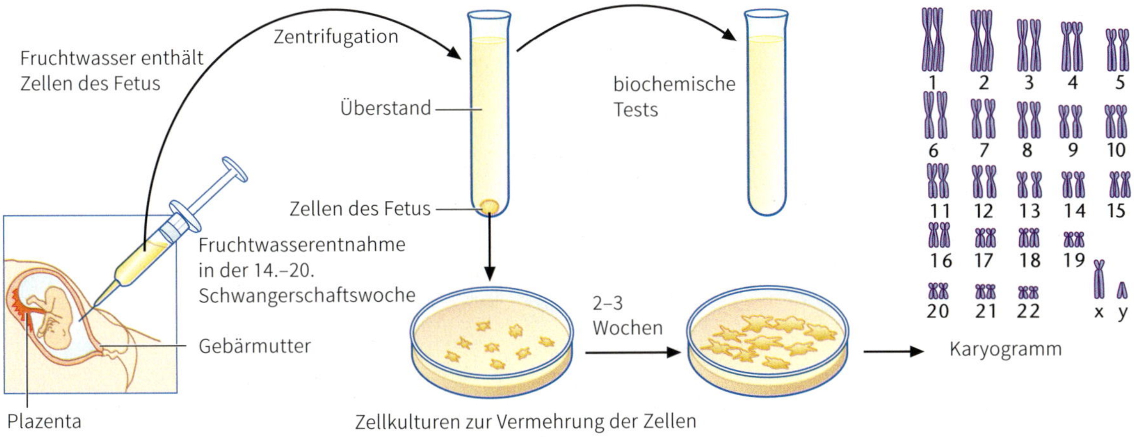

3 *Ablauf der Amniozentese*

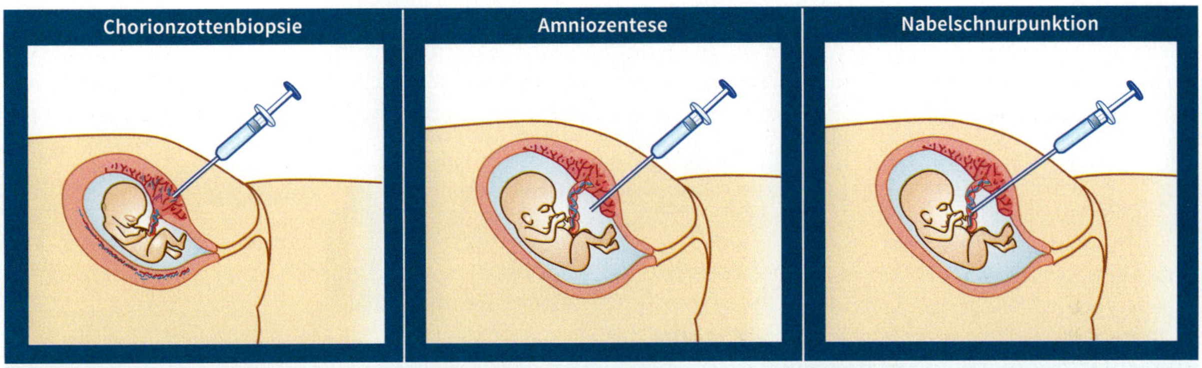

Chorionzottenbiopsie	Amniozentese	Nabelschnurpunktion
Zeitpunkt der Untersuchung 11. – 14. SSW	**Zeitpunkt der Untersuchung** 14. – 20. SSW	**Zeitpunkt der Untersuchung** ab 18. SSW
Technik der Zellgewinnung Gewebeentnahme durch die Bauchdecke	**Technik der Zellgewinnung** Entnahme von Furchtwasser durch die Bauchdecke	**Technik der Zellgewinnung** Punktion der Nabelschnur durch den Bauch
Dauer bis zum Ergebnis 1 Tag bis zu 14 Tage	**Dauer bis zum Ergebnis** 2 Wochen	**Dauer bis zum Ergebnis** 2 bis 4 Tage
Fehlgeburtenrate 0,5 – 2 %	**Fehlgeburtenrate** 0,5 – 1 %	**Fehlgeburtenrate** 1 – 3 %

4 *Vergleich verschiedener invasiver Verfahren*

1. Kriterienorientierter Vergleich von drei Invasiven Verfahren.

a) Vergleichen Sie die in Abbildung 4 dargestellten Untersuchungen miteinander. Betrachten Sie dabei neben den Informationen in der Tabelle auch die folgenden Aspekte: Material, nachweisbare Erkrankungen, allgemeine Risiken.

b) Trotz der grundsätzlich hohen Sicherheit der Ergebnisse der invasiven Untersuchungen besteht jedoch immer die Möglichkeit der Fehldiagnosen und der nicht ganz eindeutigen Befunde. Begründen Sie diesen Sachverhalt ausführlich unter Berücksichtigung eines möglichen Mosaikbefunds.

→ M14 → B5 → Kap. 6.8 → Kap. 6.9

Methode M14 Das ethische Bewerten - pränatale Gentests

1 *Kerstin und Marcus stehen vor einer schwierigen Entscheidung ...*

Mit Gentests während der Schwangerschaft kann das ungeborene Kind auf Chromosomenstörungen oder Erbkrankheiten untersucht werden. Die pränatale Diagnostik ist heute ein selbstverständlicher Teil der medizinischen Begleitung von schwangeren Menschen und ihren Partnern. Durch diese Untersuchungsmethoden können bereits in einem frühen Stadium der Schwangerschaft Fehlbildungen und einige Chromosomenfehlverteilungen festgestellt werden. Dies führt jedoch zu einem Konflikt. Die Schwangere und ihr Partner stehen vor der Frage, ob die Schwangerschaft fortgesetzt oder abgebrochen werden soll.

Es muss zwischen dem Selbstbestimmungsrecht der werdenden Eltern und dem Lebensrecht des ungeborenen Kindes entschieden werden. Auch innerhalb der Gesellschaft wird die Frage diskutiert, ob ein Kind ein Recht auf Leben unabhängig von seiner genetischen Ausstattung hat und ob eine schwangere Person und ihr Partner ein Recht auf Nichtwissen haben.

Beispiele für ethische Werte:
- verständnisvolles Handeln
- Wahrhaftigkeit und Toleranz
- Gleichwertigkeit von Mann und Frau
- von Treue und Respekt geprägte Partnerschaft
- Akzeptanz der individuellen Entscheidung
- gerechtes und faires Verhalten
- Ehrfurcht vor dem Leben

Beispiele für Grundrechte (nach dem Deutschen Grundgesetz):
- Recht auf allgemeine Handlungsfreiheit: freie Entfaltung der Persönlichkeit, Selbstbestimmungsrecht, Gewissensfreiheit, Meinungsfreiheit
- Recht auf Leben und körperliche Unversehrtheit
- Unantastbarkeit der Menschenwürde

2 *Die ethischen Werte und die Grundrechte der Menschen*

→ Kap. 6.8 → Kap. 6.9 → Kap. 6.10 → Kap. 6.11 → Kap. 6.12

Sechs-Schritt-Methode

1. Schritt: Erläutern des Dilemmas. Die sachlichen Grundlagen werden geklärt und der Konflikt mit eigenen Worten wiedergegeben.

2. Schritt: Aufzählen möglicher Handlungsmöglichkeiten oder Handlungsoptionen, die zur Lösung des Konflikts führen könnten.

3. Schritt: Auflisten von Pro- und Kontra-Argumenten zu den einzelnen Handlungsoptionen.

4. Schritt: Aufzählen ethischer Werte, die hinter den Argumenten stehen beziehungsweise die Handlungsoptionen berühren. Dabei wird zwischen deontologischer und konsequenzialistischer Argumentationsweise unterschieden.

5. Schritt: Fällen eines persönlichen und begründeten Urteils und Diskussion andersartiger Urteile. Alle Erkenntnisse aus den vorherigen Schritten werden einbezogen.

6. Schritt: Aufzählen von Konsequenzen, die das eigene Urteil und andere Urteile nach sich ziehen. Damit ist ein Perspektivwechsel verbunden.

3 *Die Sechs-Schritt-Methode zur ethischen Bewertung*

1. Das Ethische Bewerten, ein Fallbeispiel. Kerstin ist 35 Jahre alt und erwartet zusammen mit ihrem Mann Marcus ihr erstes Kind. In der Ultraschalluntersuchung zeigte sich ein auffälliger Befund. Der Arzt empfiehlt daraufhin weitere Untersuchungen: Die verschiedenen pränatalen Gentests ermöglichen es, mit hoher Genauigkeit Chromosomenveränderungen oder Mutationen beim Baby zu erkennen und zu diagnostizieren. Kerstin und Markus stehen vor einem Dilemma. Ein positives Testergebnis würde sie vor die Frage stellen, ob sie ein Kind mit einer Behinderung bekommen wollen. Lehnen sie die Untersuchung ab, zeigt sich erst nach der Geburt, ob eine genetisch bedingte Krankheit vorliegt und das Schicksal für sie entschieden hat.

a) Führen Sie für das oben beschriebene Fallbeispiel eine ethische Bewertung durch. Unterscheiden Sie dabei zwischen deskriptiven und normativen Aussagen. Nutzen Sie dafür die in Abbildung 3 dargestellte Methode der sechs Schritte.

b) Reflektieren Sie ihr Vorgehen bei der ethischen Bewertung aus Aufgabe a).

Begriffserläuterungen

Werte sind Zustände und/oder Ziele, die gesellschaftlich und individuell von Bedeutung sind. Einige Beispiele für Werte sind Frieden, Menschenwürde, Gesundheit, Schutz des Lebens, Gerechtigkeit, Freiheit, Sicherheit.

Normen sind Handlungsorientierungen, die zu bestimmten Handlungen auffordern (Du sollst helfen!) oder sie verbieten (Du sollst nicht lügen!). Normen sind häufig in Form von Regeln und Gesetzen festgehalten.

Bewerten bezeichnet einen Prozess, bei dem Sachinformationen mit Werten und Normen in einer nachvollziehbaren Weise verknüpft werden, um Entscheidungen zu treffen oder vorzubereiten.

Deskriptive Aussagen sind rein beschreibende, wertfreie Aussagen. Sie können verifiziert oder falsifiziert werden. Beispiel: Beim Klonen von Menschen wird ein genetisch gleicher Mensch künstlich hergestellt.

Normative Aussagen haben wertenden oder vorschreibenden Charakter. Normative Aussagen bezeichnen einen Soll-Zustand und nicht einen Ist-Zustand. Sie sind weder verifizierbar noch falsifizierbar. Beispiel: Es sollen keine genetisch gleichen Menschen künstlich hergestellt werden.

Konsequenzialistische Argumentationsweisen beurteilen eine Handlungsweise nach ihrem Ziel ("Gut ist, was nützt").

Deontologische Argumentationsweisen beurteilen eine Handlung ohne Berücksichtigung der Konsequenzen. Eine unmoralische Handlung bleibt auch dann verboten, wenn dadurch etwas Gutes erreicht wird.

Moral beinhaltet individuelle oder kollektive Vorstellungen und Überzeugungen, nach denen Menschen ihre Handlungen als moralisch gut oder schlecht bewerten.

Ethik ist das Nachdenken über moralische Vorstellungen und fragt auch nach Gründen, warum eine Handlung moralisch gut oder schlecht sein soll.

Dilemma: Ein Dilemma beschreibt eine Situation ähnlich einer Zwickmühle, in der sich zwei oder mehr Handlungsmöglichkeiten so entgegenstehen, dass jede Entscheidung zu einem unerwünschten Resultat führt: „Egal was man macht, man macht etwas falsch". In Hinblick auf Wertvorstellungen ist von einem Dilemma die Rede, wenn jede denkbare Entscheidung zur Verletzung eines Wertes führt.

4 *Eine Erläuterung wichtiger Begriffe*

6.11 DNA-Analyse: Gendiagnose und Gentherapie

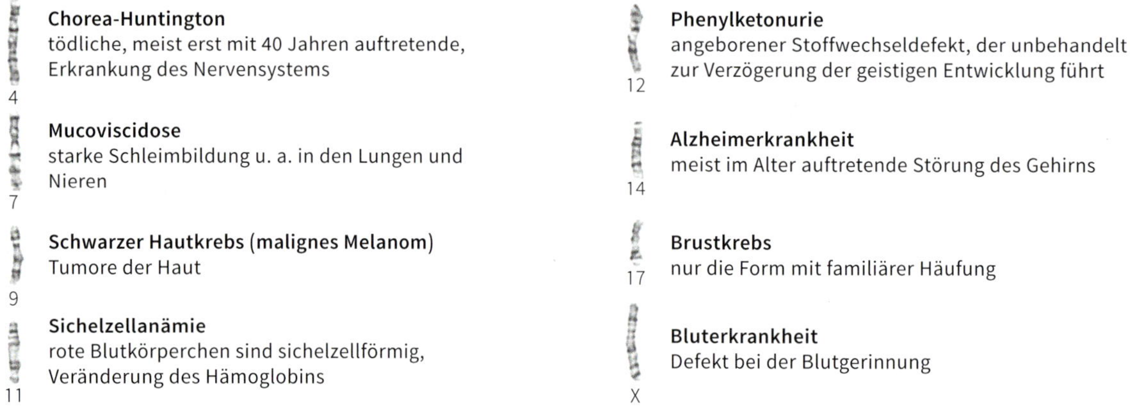

1 *Auswahl einiger menschlicher Chromosomen (mit ihrer Nummer) und zugehöriger genetisch bedingter Krankheiten. Gene auf diesen Chromosomen sind zusammen mit anderen Genen und Umweltfaktoren an der Auslösung der angegebenen Krankheit beteiligt. Für diese und andere genetisch (mit-) bedingte Krankheiten gibt es bereits Gentests.*

Als **DNA-Analytik** werden molekularbiologische Verfahren bezeichnet, die die Gelelektrophorese und ihre Anwendungen zusammenfassen. Heute sind etwa 6000 genetisch bedingte Erkrankungen bekannt. Knapp zwei Prozent der Lebendgeborenen weisen eine genetisch bedingte Fehlbildung oder Behinderung auf. Durch gentechnische Untersuchungen können mutierte Gene, die eine genetisch bedingte Krankheit verursachen, identifiziert werden (Abb. 1). Wesentliche Methoden einer solchen Gendiagnostik bestehen darin, veränderte Chromosomen auf zellulärer Ebene oder veränderte DNA-Sequenzen durch DNA-Analyse auf molekularer Ebene nachzuweisen. Neben der in Deutschland selten durchgeführten Präimplantationsdiagnostik (PID, vgl. Kap. 6.12) können solche Gentests auch bei Neugeborenen durchgeführt werden. Hierfür verwendet man eine Blutprobe des Neugeborenen. In der Blutprobe sind genügend Zellen enthalten, um eine DNA-Analyse auf der Grundlage einer PCR durchzuführen.

Bei der Sichelzellkrankheit oder Sichelzellanämie ist ein Gen verändert, welches für die Bildung eines Bestandteils des roten Blutfarbstoffs notwendig ist. Es liegt eine Punktmutation vor. Das veränderte Gen wird als Sichelzell-Gen bezeichnet. Wenn im menschlichen Körper mehr als die Hälfte des Gesamt-Hämoglobins verändert ist, kommt es zur Sichelzellkrankheit. Das normale Allel und das Sichelzellenallel des β-Globin-Gens unterscheiden sich in einer Restriktionsschnittstelle. Im Bereich des sechsten Codons im normalen Allel existiert eine bestimmte Sequenz, die das Restriktionsenzym MstII erkennt und schneidet. Durch die Punktmutation kann die Sequenz durch das Restriktionsenzym nicht mehr erkannt werden (Abb. 2). Durch die Verfahren der PCR und der Gelelektrophorese können die unterschiedlich langen DNA-Fragmente identifiziert werden. Dieses Vorgehen wird als **allelspezifische Restriktionsspaltung** bezeichnet. Diese Form der Gendiagnose funktioniert, wenn ein Restriktionsenzym existiert, das die Sequenz des normalen oder des mutierten Allels erkennt.

Sämtliche Gendiagnoseverfahren finden nur nach einer ärztliche Beratung statt. Im Anschluss können therapeutische Maßnahmen eingeleitet werden. Die Gentechnik kann auch zur Heilung genetisch bedingter Erkrankungen eingesetzt werden. Das Ziel einer solchen **Gentherapie** ist es, ein funktionsunfähiges Allel in den Zellen eines erkrankten Menschen durch ein funktionsfähiges Allel zu ersetzen. Beispielsweise können Mediziner dem Körper der erkrankten Person zunächst einige Zellen entnehmen. Dann wird in diese Zellen das intakte Gen eingeschleust, bevor die Zellen dem Patienten wieder übertragen werden. Man erhofft sich dadurch, dass das gewünschte Genprodukt erzeugt wird (Abb. 3). Da durch diese Form der Gentherapie differenzierte Körperzellen, die Somazellen, verändert werden, heißt diese Form der Gentherapie **somatische Gentherapie**. Gentherapeutische Veränderungen an Geschlechtszellen, bei denen der Einbau eines Gens in Ei- oder Spermienzellen erfolgt, sind in Deutschland aus rechtlichen Gründen untersagt. Im Unterschied zu der somatischen Gentherapie wären bei einer solchen **Keimbahntherapie** auch die Erbinformationen von möglichen Nachkommen betroffen.

→ M14 → Kap. 3.4 → Kap. 4.8 → Kap. 6.4 → Kap. 6.6 → Kap. 6.8

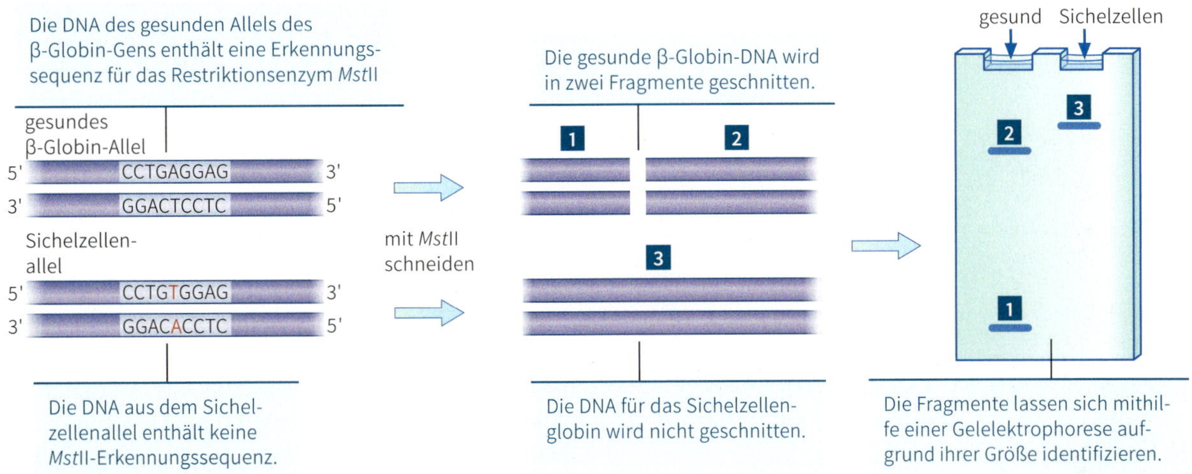

2 *Gentest mit Hilfe einer allelspezifischen Restriktionsspaltung*

1. Gendiagnostische Verfahren.

a) Erläutern Sie das Verfahren der allelspezifischen Restriktionsspaltung auch anhand von Abbildung 2.

b) Erklären Sie, welche Bedeutung eine Gendiagnose für heterozygote Personen bei rezessiv vererbten Krankheiten wie der Sichelzellkrankheit hat.

c) Recherchieren Sie das Prinzip der Gendiagnose durch allelspezifische Oligonukleotidhybridisierung und stellen Sie dieses durch ein Flussdiagramm dar.

2. Die Gentherapie. Erläutern Sie das Verfahren der somatischen Gentherapie (Abb. 3) und vergleichen Sie diese mit einer Keimbahntherapie.

3. Recherche: Das Gendiagnostik-Gesetz. Recherchieren Sie im Internet nach diesem Gesetz.

a) Erstellen Sie auf Basis der Paragraphen 1 bis 4 des Gendiagnostik-Gesetzes ein alphabetisch geordnetes Glossar für folgende Begriffe: Benachteiligungsverbot, informelle Selbstbestimmung, diagnostische genetische Untersuchung, prädiktive genetische Untersuchung, genetische Reihenuntersuchung.

b) Nennen Sie die wesentlichen Aussagen der genetischen Untersuchungen zur Klärung der Abstammung (§ 17, Abs. 1), der genetischen Untersuchungen im Versicherungsbereich (§ 18, Abs. 1) und im Arbeitsleben (§ 19).

c) Erörtern Sie Probleme und Konflikte, die die Möglichkeiten der Gendiagnose beim Menschen mit sich bringen können, einmal für Partner mit Kinderwunsch und wenn sie für Arbeitnehmer und Versicherungsnehmer zugelassen würde.

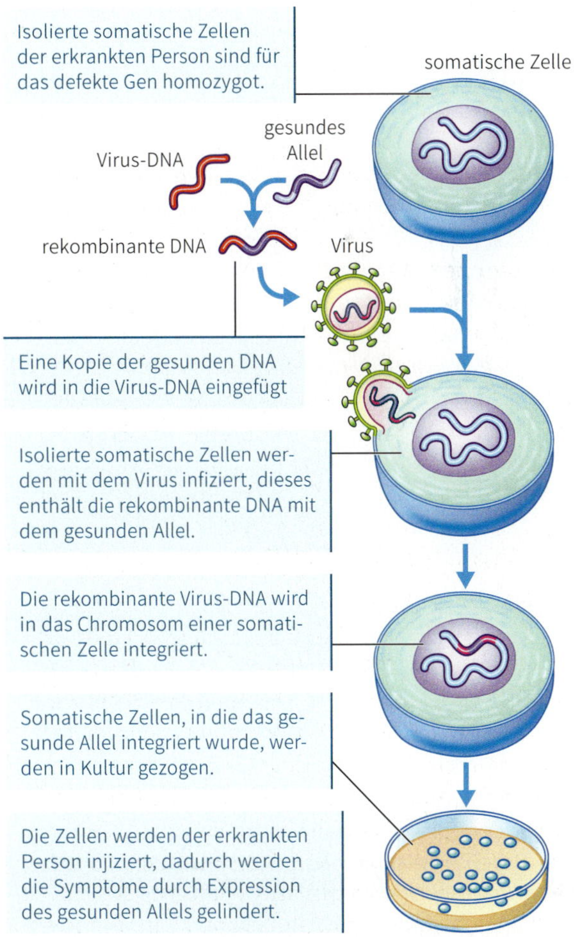

3 *Somatische Gentherapie*

Hilfe **Webcode** WES-105475_185

→ M14 → Kap. 3.4 → Kap. 4.8 → Kap. 6.4 → Kap. 6.8

e 6.12 Die Präimplantationsdiagnostik (PID)

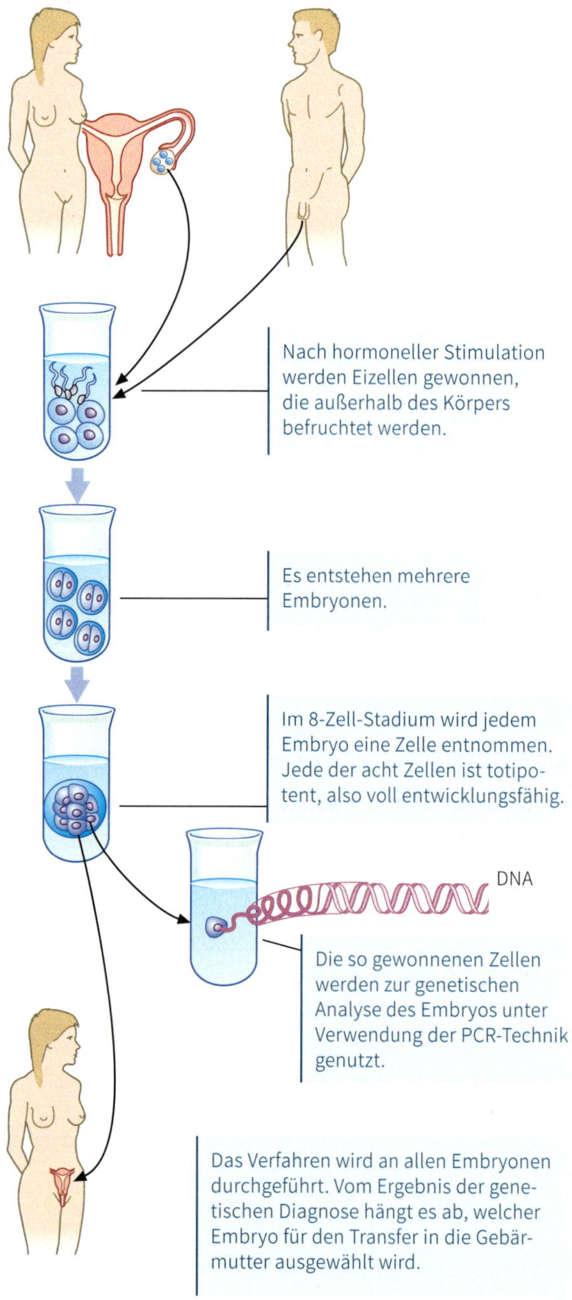

1 *Präimplantationsdiagnostik. PID ermöglicht im Zusammenhang mit künstlicher Befruchtung eine genetische Diagnose, insbesondere für bestimmte Erbkrankheiten (u. a. Bluterkrankheit, Sichelzellanämie, Mukoviszidose) und Chromosomenanomalien vor der Einnistung, also vor Beginn der Schwangerschaft. In einigen Ländern ist die PID verboten, in vielen Ländern, z. B. in England, nicht. In Deutschland ist die PID eingeschränkt erlaubt.*

Neue Erkenntnisse aus Biologie und Medizin sowie Neuerungen in technologischen Verfahren haben Eingang in viele **Anwendungsgebiete der Life-Sciences**, der Wissenschaften vom Leben, gefunden. Ein gemeinsames Kennzeichen biologischer Anwendungen ist, dass dabei vom Menschen biologische Strukturen und Prozesse beeinflusst werden. Oftmals stehen sich dabei **Chancen und mögliche Risiken** gegenüber. Eine **ethische Bewertung** ist vor allem dort gefordert, wo es um die Verantwortung des Menschen gegenüber sich selbst, für andere Menschen, für andere Lebewesen und für die Umwelt geht. Beispiele sind Embryonenforschung, moderne Fortpflanzungsmedizin, Anwendungen der Gentechnik (z. B. Gendiagnostik beim Menschen), Sterbehilfe, Organtransplantationen, Tierversuche, Doping im Sport und Gehirndoping sowie Eingriffe in Ökosysteme. Insbesondere die Gendiagnostik vermag es im Rahmen der **personalisierten Medizin**, spezifische, an die genetischen Voraussetzungen eines Patienten angepassten, Therapieansätze zu ermöglichen.

Cecile (28) und Harry (29) wünschen sich ein Kind. In der Familie von Harry trat gehäuft Brustkrebs auf, der auf einer Mutation des Gens BRCA1 beruht (BReast CAncer 1, ein Tumorsuppressorgen auf Chromosom 17). Das mutierte BRCA1 kann durch PID erkannt werden. 50 bis 85 Prozent der Frauen mit dieser Genvariante müssen damit rechnen, dass sie im Laufe ihres Lebens an Brustkrebs erkranken. Sollten Cecile und Harry eine Tochter bekommen, so wäre mit diesen Wahrscheinlichkeiten damit zu rechnen, dass ihre Tochter im Laufe ihres Lebens an Brustkrebs erkrankt. Einerseits stehen Cecile und Harry der künstlichen Befruchtung und vor allem der Embryonenselektion bei der PID ablehnend gegenüber, anderseits verspüren sie einen starken Wunsch nach einem eigenen Kind. Das Paar fühlt sich in einem Dilemma.

2 *Der Fall*

§ 8(1): Als Embryo im Sinne dieses Gesetzes gilt bereits die befruchtete, entwicklungsfähige menschliche Eizelle vom Zeitpunkt der Kernverschmelzung an, ferner jede einem Embryo entnommene totipotente Zelle, die sich bei Vorliegen der dafür erforderlichen Voraussetzungen zu teilen und zu einem Individuum zu entwickeln vermag.

3 *Begriffsbestimmung „Embryo" im Sinne des Embryonenschutzgesetzes*

→ M9 → M14 → Kap. 6.8 → Kap. 6.9 → Kap. 6.10 → Kap. 6.11

Ulrich Steinvorth (*1941), deutscher Philosoph: Menschen unterliegen erst dann dem Tötungsverbot, wenn sie Individualität zeigen. Individualität ist gegeben, sobald keine Möglichkeit mehr zur Zwillingsbildung besteht. Das ist in der Regel ab dem 14. Tag nach der Befruchtung der Fall.

Prophet Mohammed (570–632), Begründer des Islam: „Die Schöpfung eines jeden von euch wird im Leibe seiner Mutter in vierzig Tagen als Samentropfen zusammengebracht, danach ist er ebenso lang ein Blutklumpen, danach ist er ebenso lang ein kleiner Klumpen Fleisch, dann wird zu ihm der Engel gesandt, der ihm den Lebensgeist (Seele, Ruh) einhaucht." Diese Aussage wird in zweierlei Weise interpretiert: a) Bis zur Einhauchung der Seele dauert es 40 Tage, b) bis zur Einhauchung der Seele dauert es drei mal vierzig Tage. Je nach Interpretation beginnt menschliches Leben für einen Moslem mit dem 40. bzw. dem 120. Tag.

Judentum: Der Embryo gilt als schutzwürdiger Mensch, sobald er beseelt ist. Die Beseelung erfolgt am 49. Tag. Ein Embryo, der nicht beseelt und auch noch nicht in die Gebärmutter eingenistet ist, wird als Präembryo bezeichnet. Der Präembryo ist nur ein potenzielles menschliches Wesen ohne menschlichen Charakter. Diese Auffassung gilt beispielsweise für Embryonen im Reagenzglas.

Buddhismus: Einen Embryo in der ersten Phase seines Lebens zu töten ist dasselbe wie Tötung eines Menschen. Denn bereits wenn Spermium und Eizelle zusammenkommen und ein Wesen aus dem so genannten Zwischenzustand zwischen altem und neuen Leben in diese Verbindung eintritt, beginnt im gleichen Moment die neue Existenz, die zunächst „Phase der Menschwerdung" genannt wird. Die „Phase der Menschwerdung" gehört bereits zur „Phase des Menschseins", die es zu schützen gilt.

Anlehnung an § 218a des Strafgesetzbuches (Deutschland): Nach § 218 des Strafgesetzbuches ist ein Schwangerschaftsabbruch in Deutschland verboten. Der § 218a nennt Bedingungen, unter denen der Schwangerschaftsabbruch straffrei ist. In Anlehnung an den § 218a des Strafgesetzbuches fordern manche, dass menschliches Leben erst nach der Phase des straffreien Schwangerschaftsabbruchs, also nach der 12-Wochen-Frist, beginnt.

Christentum: Für die christliche Kirche beginnt das Leben mit der Verschmelzung von Ei und Spermienzelle und der dabei stattfindenden Simultanbeseelung. Ab diesem Zeitpunkt hat das Leben absolute Schutzwürdigkeit. Bis 1869 galt noch das Konzept der sukzessiven Beseelung, die bei einem männlichen Embryo 40 Tage und bei einem weiblichen Embryo 80 Tage dauere.

Denkweise in der Tradition von Immanuel Kant (1724–1804), einem Philosophen der Aufklärung: Menschliches Leben ist um seiner selbst willen, also ohne Bezug auf aktuelle Eigenschaften und Fähigkeiten wie denken, sprechen und urteilen können, moralisch schutzwürdig. Das Recht auf Leben und Unversehrtheit gilt als unumstößlich und absolut. Entscheidendes Kriterium für den Lebensbeginn ist die Verschmelzung von Ei- und Samenzelle, da es sich dabei um die einzige „willkürfreie" und eindeutig feststellbare Zäsur handelt.

4 *Einige Positionen zur Frage „Wann beginnt menschliches Leben?"*

1. Ethisches Bewerten am Beispiel der PID.
a) Führen Sie unter Bezug auf den Fall von Cecile und Harry, der in Abbildung 2 dargestellt ist, eine ethische Bewertung durch.
Unterscheiden Sie im Rahmen Ihrer ethischen Bewertung zwischen deskriptiven und normativen Aussagen. Nutzen Sie für Ihre ethische Bewertung die in M14 dargestellte Sechs-Schritte-Methode zur ethischen Bewertung.
b) Recherchieren Sie Unterschiede zu dem Verfahren der NIPD (nicht-invasive pränatale Diagnostik).

2. Wann beginnt menschliches Leben? Ordnen Sie die Standpunkte zur Frage „Wann beginnt menschliches Leben?" nach dem Zeitpunkt, an dem einem Embryo Menschenwürde zugesprochen wird (Abb. 3, 4). Vergleichen und diskutieren Sie die verschiedenen Positionen.

→ M9 → M14 → Kap. 6.8 → Kap. 6.9 → Kap. 6.10 → Kap. 6.11

Wiederholen · Üben · Festigen

Dieser Abschnitt bietet Hilfestellungen zur eigentätigen oder arbeitsteiligen Organisation Ihrer Wiederholungen in den Lernbereichen "Weitergabe genetischer Information" sowie "Genetik menschlicher Erkrankungen und DNA-Analytik", zum Beispiel für regelmäßige Wiederholungen und Übungen, vor Klausuren oder umfassender im Vorfeld der Abiturprüfung. Die Kompetenzen aus diesen Bereichen des Fachlehrplans Biologie 12 für das Gymnasium in Bayern sind nachfolgend angegeben. In der Tabelle sind die Kernabschnitte aus diesem Buch zur Wiederholung der jeweiligen Grundlagen genannt. Kompetenzen des Fachlehrplans, die zusätzlich zu den Kompetenzen für Kurse auf grundlegendem Anforderungsniveau für Kurse auf erhöhtem Anforderungsniveau ausgewiesen sind, sind fett gedruckt dargestellt.

Nr.	Kompetenzen laut Fachlehrplan Biologie 12 für das Gymnasium in Bayern Die Schülerinnen und Schüler...	W-Ü-F-Aufgaben	Abschnitte in diesem Buch
1	**werten (ggf. selbst durchgeführte) Kreuzungsexperimente aus, um den statistischen Charakter der Vererbung abzuleiten.**	1a, 1b	B5, 5.1, 5.2, **M11**
2	treffen Vorhersagen zur Genotypen- und Phänotypenverteilung bei Kreuzungen, indem sie Gesetzmäßigkeiten der Vererbung auf mono- und dihybride Erbgänge anwenden.	1a, 1b, 2a, 2d	B5, 5.1, 5.2, 5.3, 5.4, 5.5, **5.7**, 5.9, **M11**
3	**erklären den direkten Einfluss von Umweltbedingungen auf die Genaktivität der nächsten Generation als Folge epigenetischer Regulationsmechanismen.**	1a, 1b	B5, 2.4, 2.5, **5.6**
4	beschreiben die Veränderung des Wissens und die Bedeutung neuer Erkenntnisse bei der Erklärung von biologischen Phänomenen am Beispiel der Aufdeckung von Gesetzmäßigkeiten der Vererbung.	1a, 1b, 2b	B5, 5.1, 5.2, 5.4, 5.5, **5.7**, M12
5	analysieren Erbgänge mithilfe von Familienstammbäumen und treffen so Vorhersagen über Wahrscheinlichkeiten des Auftretens unterschiedlicher genetisch bedingter Krankheiten.	1a, 1b, 2a, 2b, 2c, 2e, 3, 4a	B5, 5.8, 6.1, 6.2, 6.3, M13
6	grenzen Methoden der genetischen Familienberatung gegeneinander ab, um ihre Vor- und Nachteile zu bewerten und in entsprechenden Entscheidungssituationen eine begründete Entscheidung auch aus ethischer Sicht treffen zu können.	1a, 1b, 4b, 5	6.8, 6.9, 6.10, 6.11, 6.12, M14
7	erläutern die Bedeutung der DNA-Analytik beim Menschen in medizinischen sowie gesellschaftlichen Kontexten. Sie analysieren und bewerten die DNA-Analytik unter ethischen Gesichtspunkten.	1a, 1b, 4c, 5	5.9, 6.4, 6.5, 6.6, 6.7, 6.8, 6.9, 6.10, 6.11, **6.12**

Monohybrider Erbgang, dihybrider Erbgang, statistischer Charakter, Allel, dominante Genwirkung, rezessive Genwirkung, Rhesus-System, unvollständige Dominanz, Kodominanz, AB0-System, Blutgruppen, **Genkopplung, Genaustausch, Crossing-over, epigenetische Vererbung, genomische Prägung**, Mendelsche Regeln, autosomal-dominanter Erbgang, autosomal-rezessiver Erbgang, X-chromosomal-rezessiver Erbgang, genetisch bedingte Krankheiten, Methoden der genetischen Familienberatung, Familienstammbaumanalyse, Heterozygotentest, Pränataldiagnostik, **Präimplantationsdiagnostik**, ethische Aspekte, Gentests beim Menschen, Gelelektrophorese, genetischer Fingerabdruck, DNA-Sequenzierung, **personalisierte Medizin**, Feststellung der Identität, Massengentests, Gentests als Teil von Gesundheitsprüfungen.

1 *Begriffskasten „Weitergabe genetischer Information" sowie "Genetik menschlicher Erkrankungen und DNA-Analytik“*

1. Schlüsselbegriffe.

a) Erläutern Sie die in Abbildung 1 genannten Begriffe.

b) Erstellen Sie eine Concept-Map zu den Themen „Weitergabe genetischer Information" sowie "Genetik menschlicher Erkrankungen und DNA-Analytik, Neukombination und Veränderung genetischer Information". Verwenden Sie die Begriffe in Abbildung 1. Die zusätzlichen Begriffe für das erhöhte Niveau sind fett gedruckt dargestellt.

2. Erbliche Gehörlosigkeit. Die ausgefüllten Symbole im Familienstammbaum mit erblicher Gehörlosigkeit zeigen die Merkmalsträger (Abb. 3).

a) Erläutern Sie an selbst gewählten Beispielen, dass Vererbung nach Regeln erfolgt.

b) Beschreiben Sie die Veränderung des Wissens und die Bedeutung neuer Erkenntnisse bei der Erklärung von biologischen Phänomenen am Beispiel der Aufdeckung von Gesetzmäßigkeiten der Vererbung.

c) Ermitteln Sie für alle Familienmitglieder die theoretisch möglichen Genotypen. Begründen Sie Ihre Ansicht.

d) Prüfen Sie, ob die Mendelschen Regeln auf die Vererbung der erblichen Gehörlosigkeit Gültigkeit haben.

e) Analysieren Sie den Familienstammbaum und begründen Sie, um welchen Erbgang es sich bei der erblichen Gehörlosigkeit handelt. Schließen Sie nicht zutreffende Erbgänge begründet aus.

Lösung **Webcode** WES-105475_188

→ M4 → M8

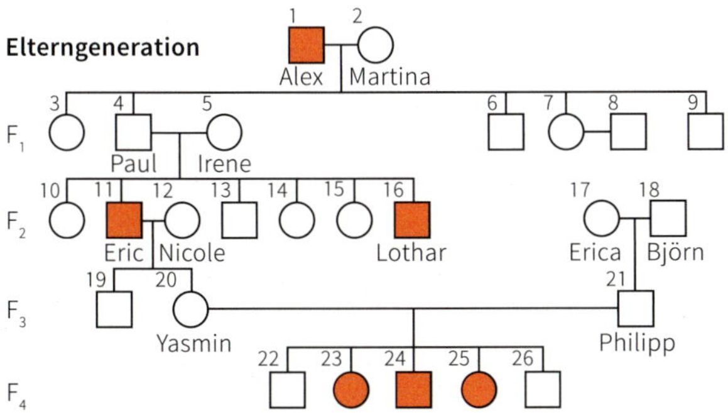

3 *Stammbaum bei erblicher Gehörlosigkeit*

3. Galaktosämie. Ein Ehepaar (Personen 7 und 8 in Abb. 5) kommt zu einer Beratungsstelle. Ihre ersten beiden Kinder leiden an Galaktosämie und sind geistig schwer eingeschränkt. Beide Elternteile sind phänotypisch gesund. Sie wünschen sich ein drittes Kind, fürchten aber, dass auch dieses behindert sein könnte. Ermitteln Sie anhand von Abbildung 5, wie groß die Wahrscheinlichkeit ist, dass das dritte Kind gesund ist.

4. Retinoblastom. Das Retinoblastom, der erbliche Augenkrebs, wird nach dem Stammbaum in Abb. 6 vererbt. Es ist eine seltene Krebserkrankung des Auges. Sie tritt in der Regel bei Säuglingen und Kleinkindern auf und geht von Zellen der Netzhaut aus.

a) Analysieren Sie den Stammbaum und geben Sie an, mit welchen Wahrscheinlichkeiten das Merkmal in der nächsten Generation auftritt, wenn ein Elternteil das Merkmal besitzt.

b) Grenzen Sie verschiedene Methoden der pränatalen Diagnostik zur genetischen Familienberatung gegeneinander ab. Bewerten Sie ihre Vor- und Nachteile.

c) Erläutern Sie ganz allgemein die Bedeutung der DNA-Analytik beim Menschen in medizinischen sowie gesellschaftlichen Kontexten. Analysieren und bewerten Sie die DNA-Analytik unter ethischen Gesichtspunkten.

5. Pränatale Diagnostik: Molekularbiologische Bluttests. Ein molekularbiologischer Bluttest gehört zu den nichtinvasiven Verfahren der pränatalen Diagnostik. Er wird nach der 12. Schwangerschaftswoche durchgeführt, wenn z. B. aufgrund des Alters einer Mutter die Wahrscheinlichkeit einer Abweichung des Chromosomensatzes erhöht ist. Dabei wird der schwangeren Frau Blut abgenommen, aus dem die DNA des ungeborenen Kindes gewonnen und untersucht wird. Eine zu hohe Menge fetaler DNA z. B. des Chromosoms 21 weist auf eine Trisomie 21 hin. Das bedeutet, dass das Chromosom 21 dreifach vorhanden ist und das Kind am Down-Syndrom leiden wird. Vor dem Test wird eine ausführliche humangenetische Beratung durch einen Arzt durchgeführt. Führen Sie in Form einer Gruppenarbeit eine ethische Analyse durch (→ M14). Beziehen Sie dabei auch die Sichtweise der schwangeren Frau, die Sichtweise der Gesellschaft und die Sichtweise der Behindertenverbände mit ein.

Galaktosämie ist eine seltene Erbkrankheit. Auf 20 000 Geburten kommt ein Kind mit Galaktosämie. Die betroffenen Kinder können Galaktose, ein Bestandteil des Milchzuckers, nicht abbauen. Sie reagieren auf milchzuckerhaltige Nahrung mit starkem Brechdurchfall. Im Gehirn treten erhebliche Schäden auf. Durch eine milchzuckerfreie Diät gehen die Durchfallbeschwerden rasch zurück, die geistigen Behinderungen, die oft erst später zutage treten, lassen sich aber in der Regel nicht auskurieren. Die Galaktosämie ist nicht heilbar. Die wichtigste Behandlung ist eine lebenslange Diät. Die Ernährung sollte milchfrei sein und möglichst wenig Galaktose enthalten. Galaktosämie wird allgemein nach folgendem Schema vererbt.

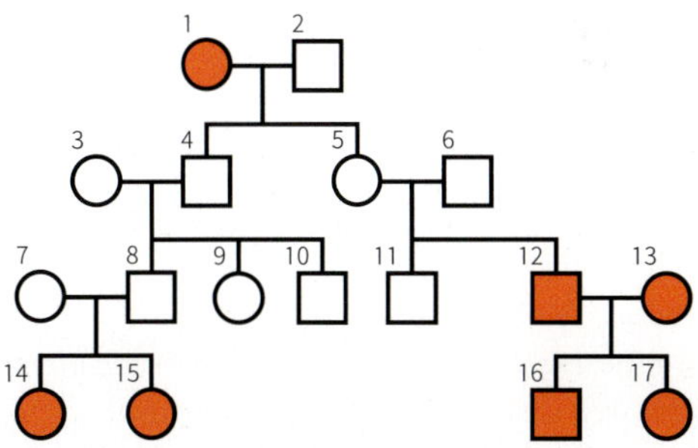

5 *Galaktosämie*

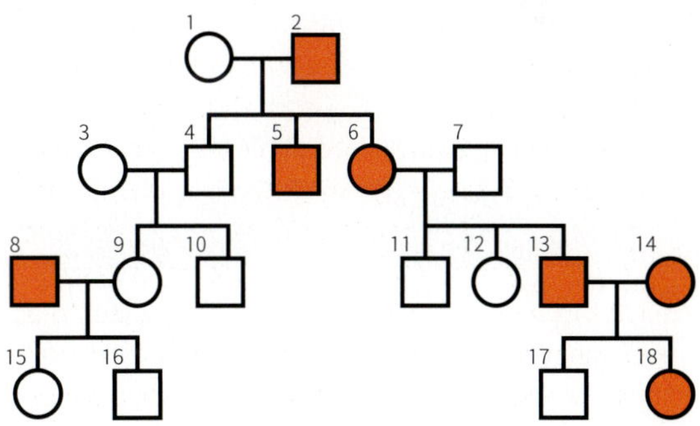

6 *Stammbaum Retinoblastom*

K Klausuraufgaben

1. Stammbäume und ihr Vererbungsmuster.

a) Ordnen Sie folgende ungeordnete Aussagen begründet je einem Stammbaum der Abb. 1 zu.

A – Nur Männer haben das Merkmal. Merkmalsträger haben immer einen Vater, der auch Merkmalsträger ist. Alle Söhne eines Mannes mit dem Merkmal besitzen es auch.

B – Mindestens ein Elternteil der Person mit dem Merkmal ist Merkmalsträger. Beide Geschlechter sind betroffen. Das Merkmal wird von beiden Geschlechtern übertragen.

C – Die Merkmalsträger haben häufig Eltern ohne das Merkmal. Die Eltern von Merkmalsträgern sind normalerweise Überträger, die das Merkmal nicht besitzen. Beide Geschlechter sind betroffen.

D – Fast nur Männer sind betroffen. Diese Männer haben meist Eltern ohne das Merkmal. Häufig ist die Mutter eine Überträgerin ohne Merkmalsausbildung, kann aber betroffene männliche Verwandte haben. Frauen können das Merkmal besitzen, wenn der Vater betroffen ist und die Mutter eine Überträgerin oder Merkmalsträgerin ist.

b) Erläutern Sie für die Stammbäume 2 und 3 in Abb. 1, wie das Merkmal vererbt wird.

2. Zweifaktorenanalyse. Bei der Fruchtfliege *Drosophila* liegen das Gen für die Flügelform (Allele: normal/gewellt) und das Gen für die Form der Körperborsten (Allele: normal/stumpf) gekoppelt auf dem Chromosom Nr. 3. Die Allele für die Normalform sind dominant. Die von der Normalform abweichenden Allele sind durch Mutation entstanden. Bei der Kreuzung der Wildform mit der Doppelmutante spaltet die F_2-Generation aufgrund von Crossing-over in folgendem Verhältnis auf:

Wildform	Doppelmutante	Flügel gewellt/ normale Borsten	normale Flügel/ stumpfe Borsten
292	92	9	7

Im nächsten Versuch wurde die Wildform mit einer braunen Körperfarbe und normalen Flügeln mit einer Doppelmutante mit schwarzer Körperfarbe und Stummelflügeln gekreuzt. Beide Gene liegen auf dem Chromosom Nr. 2. Die Allele für die Normalform sind dominant. In der F_2-Generation ergibt sich folgendes Verhältnis:

Wildform	Doppelmutante	schwarz/ normale Flügel	braun/ Stummelflügel
221	19	79	77

Leiten Sie für beide Fälle aus den Ergebnissen den örtliche Abstand der beiden Gene auf den Chromosomen ab. Erläutern Sie ihre Einschätzung.

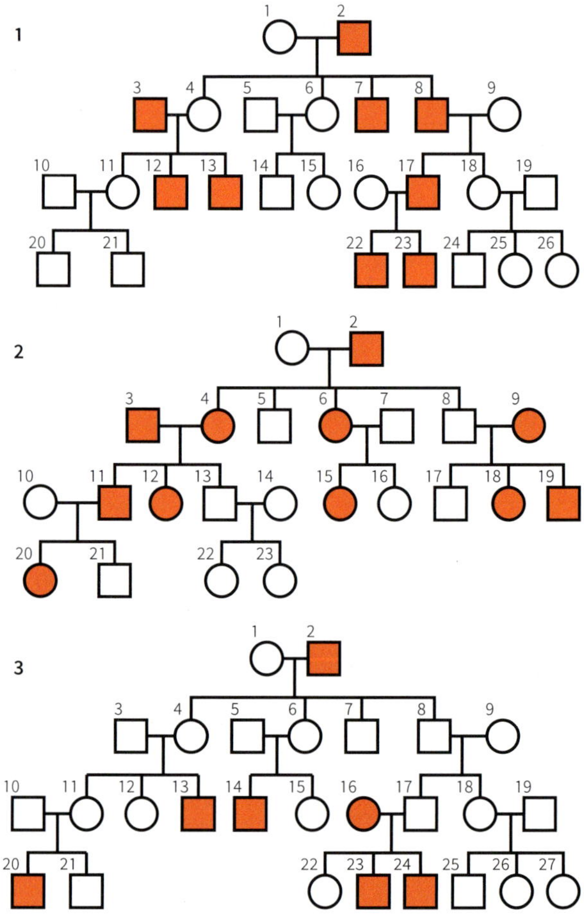

1 *Verschiedene Stammbäume*

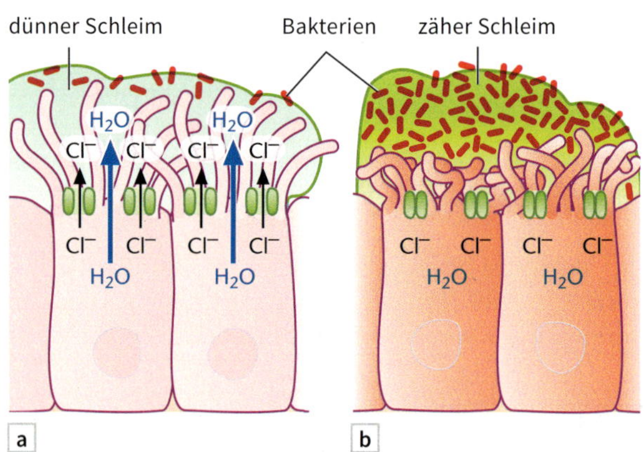

2 *Bei der Mukoviszidose ist ein Kanalprotein für Chloridionen in seiner Funktion gestört. Es wird aufgrund der osmotischen Verhältnisse ein zäher (b) und kein dünner Schleim (a) produziert. Die Ursache liegt in der Fehlfunktion des CFTR-Kanalproteins.*

3. Die Mukoviszidose - Krankheit und humangenetische Beratung. Die Mukoviszidose ist in Europa die häufigste genetisch bedingte Stoffwechselstörung. Eines von 2500 Neugeborenen leidet an der Krankheit, die rezessiv vererbt wird. Ursache ist die Mutation eines Gens auf dem Chromosom 7. Das Gen trägt die Information für ein Protein, das in Schleimhautzellen am Austausch von Chlorid-Ionen beteiligt ist. Die Mutation führt dazu, dass die Schleimhautzellen einen sehr zähen Schleim abgeben. Er häuft sich vor allem in den Atemwegen, im Darm und in der Bauchspeicheldrüse an und schädigt die Organe. Vor allem die Lungen sind betroffen. Der zähe Schleim bildet einen Nährboden für Infektionen. Häufige Lungenentzündungen können die Folge sein. Durch das Immunsystem kommt es zur Schädigung des Lungengewebes, das zunehmend schlechter in der Lage ist, den Gasaustausch zu gewährleisten (Abb. 2).
Starben noch vor wenigen Jahrzehnten die meisten Erkrankten im Kindesalter, so kann mit heutigen medizinischen Möglichkeiten eine Lebenserwartung von mehr als vier Jahrzehnten erreicht werden.

a) Erläutern Sie die Auswirkungen der Mutation des CF-TR-Gens anhand der Informationen sowie anhand von Abbildung 2 auf der molekularen Ebene, auf der zellulären Ebene, auf der Ebene von Geweben und Organen und auf Ebene des gesamten Körpers.

b) In der Abbildung 4 stehen die roten Personen für an Mukoviszidose Erkrankte. Erläutern Sie wofür die grünen und blauen Personen stehen.

c) Geben Sie für die Personen der Beispiele A bis E die jeweiligen Genotypen und jeweils die Wahrscheinlichkeiten an, dass Nachkommen der Eltern homozygot gesund, heterozygot oder an Mukosviszidose erkrankt sein werden. Erläutern Sie Ihre Entscheidung (Abb. 3).

d) Simulieren Sie an einem Beispiel aus der Abbildung 3 die genetische Beratung eines Elternpaares. Beachten Sie dabei, dass eine genetische Beratung dabei helfen soll ...

1) die medizinischen Fakten einschließlich der Diagnose des mutmaßlichen Verlaufs und der zur Verfügung stehenden Behandlungen zu erfassen;

2) den erblichen Anteil der Erkrankung und das Wiederholungsrisiko für bestimmte Verwandte zu begreifen;

3) eine Entscheidung zu treffen, die ihrem Risiko, ihren familiären Zielen, ihren ethischen und religiösen Wertvorstellungen entspricht und in Übereinstimmung mit dieser Entscheidung zu handeln und

4) sich so gut wie möglich auf die mögliche Behinderung des betroffenen Familienmitgliedes einzustellen.

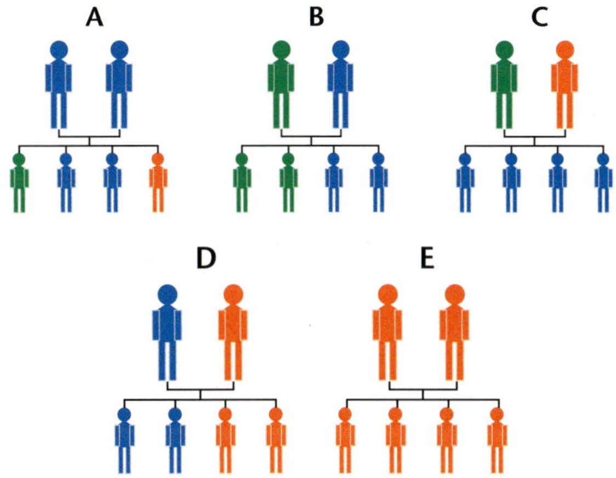

3 *Fallbeispiele von an Mukoviszidose erkrankter Personen*

4. Geschlechtsbestimmung bei Menschen, Vögeln und Heuschrecken. Von genetischem oder chromosomalem Geschlecht wird gesprochen, wenn die Geschlechtsbestimmung auf der Art oder Anzahl der vorhandenen Chromosomen beruht. Hierbei sind mehrere Systeme bekannt.
Das XX/XY – System: Beim Menschen und anderen Säugetieren sind zwei verschiedene Geschlechtschromosomen vorzufinden, die mit X und Y bezeichnet werden. Weibliche Säugetiere haben zwei X-Chromosomen (XX) und männliche ein X- und ein Y-Chromosom (XY).
Das ZW/ZZ – System: Bei Vögeln liegen die Geschlechtschromosomen (W und Z) in der Eizelle und legen das Geschlecht der Nachkommen fest. Weibchen haben ein Z- und ein W-Chromosom (ZW) und Männchen zwei Z-Chromosomen (ZZ).
Das XX/X0 – System: Bei Heuschrecken und einigen anderen Insekten wird das Geschlecht nur über ein einziges Geschlechtschromosom festgelegt. Weibchen haben zwei X-Chromosomen (XX). Männchen haben lediglich ein X-Chromosom, das zweite X-Chromosom fehlt (X0). Das Geschlecht wird ausschlißlich dadurch festgelegt, ob die Spermienzellen ein X-Chromosom enthalten oder nicht.

a) Beschreiben Sie die Vererbung des Geschlechts beim Menschen unter Bezug auf ein selbst erstelltes Kreuzungsschema in Chromosomenschreibweise.

b) Vergleichen Sie die dargestellten Formen der chromosomalen Geschlechtsbestimmung.

c) Begründen Sie mithilfe von Kreuzungsschemata in Chromosomenschreibweise, in welchem Zahlenverhältnis die beiden Geschlechter bei Vögeln und Heuschrecken gebildet werden.

5. Gendiagnostik bei der Huntington-Krankheit. Die Huntington-Krankheit, auch HD für *Huntington's Disease* genannt, ist eine zurzeit noch unheilbare Erkrankung des zentralen Nervensystems (Abb. 4). In Deutschland leben etwa 8 000 bis 12 000 betroffene Menschen. Die Symptome der Erkrankung entwickeln sich oftmals erst um das vierzigste Lebensjahr. Es ergeben sich Veränderungen im Bewegungsablauf, im Gedächtnis und im Verhalten. Die medizinische Behandlung lindert lediglich die Symptome. Um sicher zu gehen, ob man selbst auch Träger des veränderten Allels ist oder nicht, kann eine humangenetische Beratung erfolgen. Unter anderem werden in diesem Fall eine Analyse des Familienstammbaums und eine Gelelektrophorese durchgeführt (Abb. 5, 6).

a) Nennen Sie für die Personen 1 bis 7 im Stammbaum die entsprechenden Genotypen (Abb. 4, 5).

b) Leiten Sie aus dem Familienstammbaum die Wahrscheinlichkeit des Auftretens von HD bei den Personen 6 und 7 ab.

c) Begründen Sie, warum in der Gelelektrophorese in jeder Probe zwei Banden sichtbar sind und in welchem Fall es theoretisch nur eine Bande geben würde (Abb. 6).

d) Erläutern Sie, wie mithilfe der Ergebnisse der Gelelektrophorese der spätere Ausbruch der Huntington-Krankheit vorausgesagt werden kann (Abb. 4, 5 und 6).

e) Die Huntington-Krankheit bricht meistens erst in einem Alter aus, in dem die meisten Menschen ihre Familienplanung abgeschlossen haben. Bis zum Ausbruch der Krankheit sind die Betroffenen symptomfrei. Wer das Gen geerbt hat, erkrankt auf jeden Fall. Zur Zeit gibt es keine Heilung von dieser Krankheit. Kinder von Erkrankten erfahren meist erst als junge Erwachsene, dass sie potenziell betroffen sind.
Klaus G. (25 Jahre, von Beruf Copilot bei einer deutschen Fluggesellschaft) hat erfahren, dass seine Mutter an der Huntington-Krankheit erkrankt ist. Klaus G. kann sich noch nicht klar entscheiden, ob er erfahren möchte, ob er das Gen von seiner Mutter geerbt hat oder nicht.
Versetzen Sie sich in die Lage von Klaus G. Diskutieren Sie subjektiv empfundene Vor- und Nachteile eines Gentests beziehungsweise dessen Ergebnis.

f) Entwickeln Sie ein mögliches genetisches Beratungsgespräch für die Personen 5, 6 und 7. Beziehen Sie unterschiedliche Sichtweisen ein und unterscheiden Sie dabei zwischen deskriptiven und normativen Aussagen. Differenzieren Sie im Rahmen Ihrer Ausführungen zwischen einer Änderung des Genotyps, des Phänotyps und einer Krankheit.

HD ist eine seltene, vererbbare Erkrankung, die die Nervenzellen mit zunehmender Krankheitsdauer schädigt. HD wird autosomal-dominant vererbt und beruht auf einer Mutation des Huntington-Gens. Die Mutation ist sehr charakteristisch: Es gibt zu viele Wiederholungen der Basenfolge CAG im Huntington-Gen auf dem kurzen Arm des vierten Chromosoms. Das Basen-Triplett CAG codiert für die Aminosäure Glutamin. Normalerweise wiederholt sich das Basentriplett etwa zwanzigmal. Bei HD-Betroffenen führen mehr als vierzig Wiederholungen zu einem veränderten Huntington-Protein mit einer ungewöhnlich langen Kette von Glutamin-Molekülen. Die Krankheit führt durchschnittlich etwa 15 Jahre nach den ersten Symptomen zum Tod.

4 *Informationen zur Huntington-Krankheit (HD)*

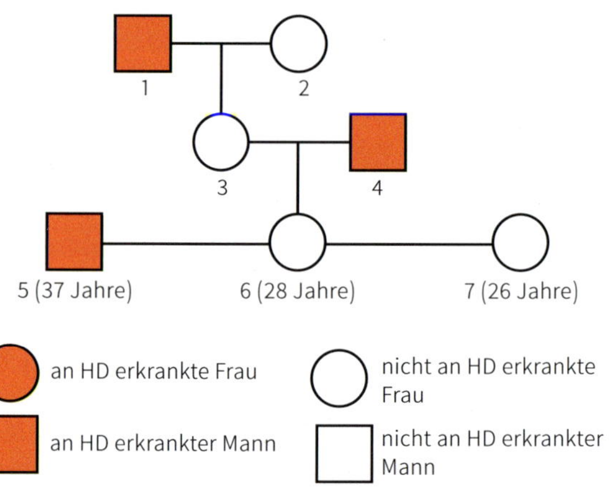

5 *Stammbaum einer Familie mit an HD erkrankten Familienmitgliedern*

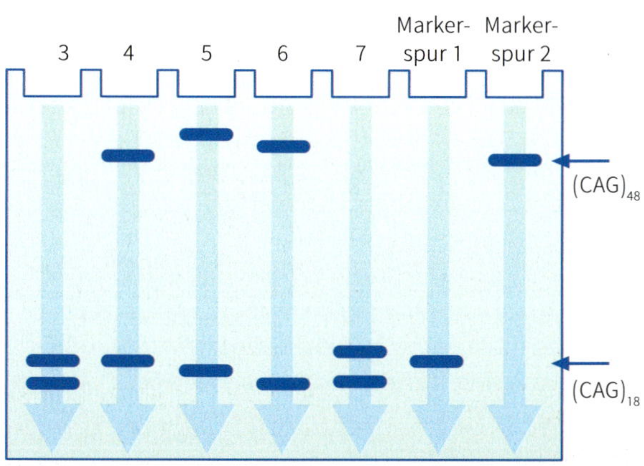

6 *Bandenmuster einer Gelelektrophorese des Huntington-Gens der betroffenen Familie*

Mutiertes Gen und abgebildete Nukleotide	Teilsequenzen des Code-Stranges (5' → 3')	
	gesunde Person	erkrankte Person
DBT-Gen, Exon 2 Nukleotide 70 – 81 (83)	CAA ACA TGT GGT (AA) …	CAA ACG TGG T (AA) …
DBT-Gen, Exon 7 Nukleotide 898 – 906	GCT CGT GGA	GCT TGT GGA
BCKDHA-Gen, Exon 2 Nukleotide 109 – 120	CAC CCC CCC AGG	CAC CCC CCA GGC
BCKDHA-Gen, Exon 8 Nukleotide 1012 – 1020	TAC TGG GAT	TAC TAG GAT

7 *Ausschnitt aus dem Code-Strang je einer gesunden und je einer erkrankten Person*

6. **Die Leuzinose.**
Die Leuzinose oder Ahornsirupkrankheit (engl. *Maple syrup urine disease*) ist eine seltene autosomal-rezessiv vererbte Krankheit, die Störungen im Stoffwechsel der Aminosäuren hervorruft.
Erkrankte Säuglinge zeigen bereits in der ersten Lebenswoche unter anderem Nahrungsverweigerung, Teilnahmslosigkeit und Krampfanfälle. Auch ein Koma kann auftreten. Unerkannt führt die Ahornsirupkrankheit schon nach wenigen Tagen zu schweren bleibenden Hirnschäden und unbehandelt führt sie innerhalb kurzer Zeit zum Tod. Charakteristisch ist auch der süßliche Geruch des Urins nach Ahornsirup.
In einer wissenschaftlichen Studie wurden mehrere betroffene Personen mit Ahornsirupkrankheit untersucht. Bei allen Personen wurde die molekulargenetische Untersuchung hinsichtlich möglicher Mutationsereignisse im *BCKDHA*- und *DBT*-Gen durchgeführt. Beide Gene codieren für einen Enzymkomplex, welcher für den Abbau von verzweigten Aminosäuren benötigt wird.
a) Beschreiben Sie das Verfahren einer typischen Gelelektrophorese.
b) Werten Sie die Ergebnisse der Gelelektrophorese in Abbildung 8 im Hinblick auf den Stammbaum einer Familie mit Ahornsirupkrankheit in Abbildung 9 aus.
c) Ermitteln Sie die entsprechenden Nukleotid-Sequenzen des jeweiligen codogenen DNA-Abschnitts sowie der entsprechenden mRNA bei allen vier in Abbildung 7 abgebildeten Genabschnitten der gesunden und der erkrankten Personen.
d) Werten Sie Abbildung 7 unter Nutzung der Code-Sonne im Hinblick auf die Auswirkungen der vier Mutationen beziehungsweise der Mutationstypen auf die entsprechenden Aminosäuresequenzen aus.

Es wurde unter anderem jeweils eine PCR durchgeführt. Im Anschluss an die PCR erfolgte die gelelektrophoretische Auftrennung der DNA-Fragmente und der Kontrolle K. Unterschiedliche Basensequenzen beeinflussen die Wanderungsgeschwindigkeit der DNA-Fragmente. Mit einer besonderen Art der Gelelektrophorese, der SSCP-Analyse, können DNA-Fragmente aufgetrennt werden, die infolge von Mutationen ein unterschiedliches Laufverhalten zeigen.

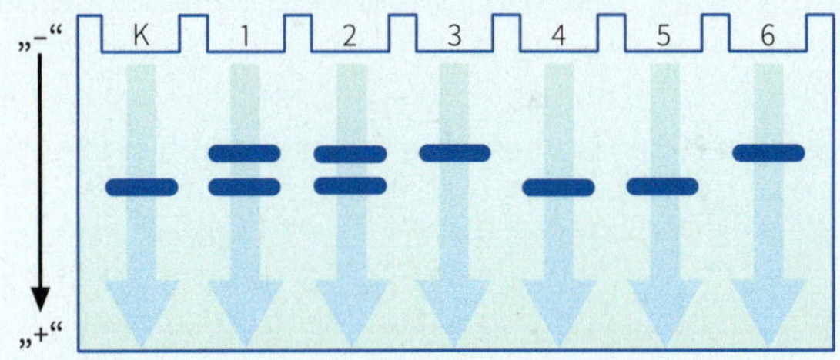

8 *Gelelektrophoretische Auftrennung des betroffenen Genabschnitts im BCKDHA-Gens, K: gesunde, nicht betroffene Person*

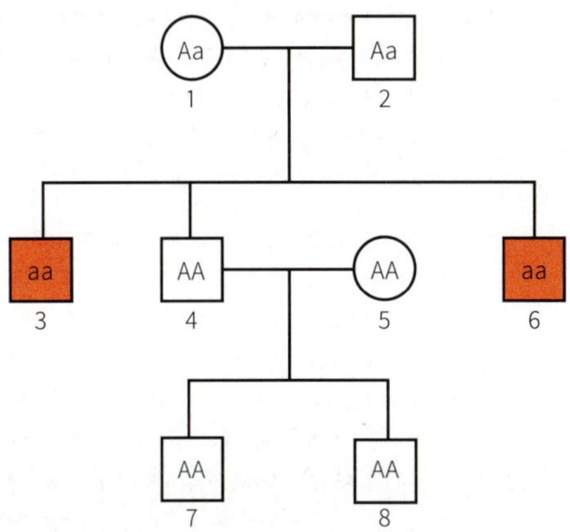

9 *Stammbaum einer Familie mit Ahornsirup-Krankheit*

Die Wissenschaft Biologie hat eine riesige, ständig wachsende Fülle biologischer Phänomene und Sachverhalte zu erklären. Dabei stellt sich heraus, dass dieser Vielfalt eine überschaubare Zahl grundlegender biologischer Gemeinsamkeiten und Regeln zugrunde liegt, sodass man zur Ordnung neben den Systemebenen **biologische Prinzipien des Lebendigen** formulieren konnte. Diese Prinzipien des Lebendigen nennt man auch **Basiskonzepte**. Sie dienen dazu, die kaum überschaubare Vielfalt biologischen Fachwissens zu strukturieren. Mithilfe der Basiskonzepte können biologische Phänomene und Sachverhalte aus verschiedenen Bereichen der Biologie gedanklich miteinander verknüpft und vernetzt werden. Die Bildungsstandards im Fach Biologie für die Allgemeine Hochschulreife nennen fünf unterschiedliche Basiskonzepte (Abb. 1). Mit Basiskonzepten wird biologisches Denken einfacher. Vor der fast unüberschaubaren Fülle des biologischen Wissens erscheint das Auswendiglernen als keine geeignete Herangehensweise, um sich ein grundlegendes und umfassendes Bild von der Biologie anzueignen. Ein Weg, eine sinnvolle Struktur in diese Vielfalt zu bringen, ist die Zuordnung der vielen Phänomene zu den fünf grundlegenden Basiskonzepten. Basiskonzepte fördern das eigenständige Lernen. Sie helfen dabei, einen Blick dafür zu entwickeln, welche Aspekte es bei einem biologischen Phänomen zu entdecken gibt.

Die Basiskonzepte helfen auch beim Verstehen und Einordnen neuer Phänomene. Ist ein grundlegendes Prinzip einmal bekannt und kommt dann etwas Ähnliches in neuem Kontext wieder vor, kann das Neue schneller verstanden und besser mit dem Bekannten verknüpft werden. So entsteht nach und nach ein Wissensnetz über biologische Themen, das nicht auf Auswendiglernen von zusammenhanglosen Fakten beruht, sondern auf dem Verständnis von Gemeinsamkeiten.

Die fünf Basiskonzepte beschreiben Sachverhalte, die in der Biologie immer wieder auftreten. Im Zentrum steht das jeweilige biologische System, zum Beispiel die Zelle, der Organismus, die Population oder das Ökosystem. Die fünf Basiskonzepte sind jedoch nicht als streng voneinander getrennt, sondern eng miteinander vernetzt zu verstehen (Abb. 2). Eine besondere Rolle spielt dabei die Evolutionstheorie als zentrale Theorie der Biologie. Sie stellt als wichtige Leitlinie der Biologie alle Basiskonzepte in einen gemeinsamen Zusammenhang (Abb. 2).

B1 Struktur und Funktion: Lebewesen und ihre Teile (Moleküle, Zellorganellen, Zellen, Organe) sind in ihrer Struktur (Aufbau) an bestimmte Funktionen (Aufgaben, biologische Bedeutungen) angepasst. Der Zusammenhang von Struktur und Funktion ist auf verschiedenen Systemebenen, von den Molekülen bis zur Biosphäre, relevant und gilt für Lebewesen und Lebensvorgänge. Dabei ist der Zusammenhang zwischen der Struktur und der Funktion nicht immer leicht zu erkennen. Auch beim Menschen wird deutlich, dass Organe ganz bestimmte Strukturen aufweisen müssen, damit sie spezifische Funktionen wahrnehmen können.
B2 Stoff- und Energieumwandlung: Alle Lebewesen nehmen Stoffe auf, wandeln sie enzymatisch um und geben Stoffe ab. Alle Lebensvorgänge laufen unter Energieumwandlung ab. An den meisten biochemischen Reaktionen, die Zufuhr von Energie benötigen, ist Adenosintriphosphat, kurz ATP, beteiligt. ATP dient in den Zellen als universeller Überträger für Energie.
B3 Information und Kommunikation: Nicht nur zwischen Lebewesen, sondern auch im Körper eines Lebewesens findet zwischen Organen, zwischen Zellen und innerhalb einer Zelle Informationsübertragung und Kommunikation statt. Kommunikation findet auf verschiedenen Systemebenen statt. In einem Organismus sind alle Organe, Gewebe, Zellen und deren Bestandteile fortwährend an der Kommunikation beteiligt.
B4 Steuerung und Regelung: Auf allen Systemebenen (Moleküle, Zellen, Organe, Organismen, Ökosysteme) treten Wechselwirkungen auf. Bestimmte Wechselwirkungen unterliegen der Steuerung und Regelung. Dadurch werden Bedingungen im Körper stabil gehalten, auch wenn innere oder äußere Faktoren sich kurzfristig stark ändern.
B5 Individuelle und evolutive Entwicklung: Dieses Basiskonzept beschreibt den Sachverhalt, dass sich lebende Systeme über verschiedene Zeiträume im Zusammenhang mit Umwelteinflüssen verändern. Die individuelle Entwicklung von Lebewesen und die Weitergabe ihrer genetischen Information durch Fortpflanzung sind die Grundlage für evolutive Entwicklung. Sexuelle Fortpflanzung führt zur Rekombination von genetischem Material und erhöht die genetische Variation. Zusammen mit Selektion ist genetische Variation eine wichtige Ursache für Artwandel.

1 *Basiskonzepte in Kurzform*

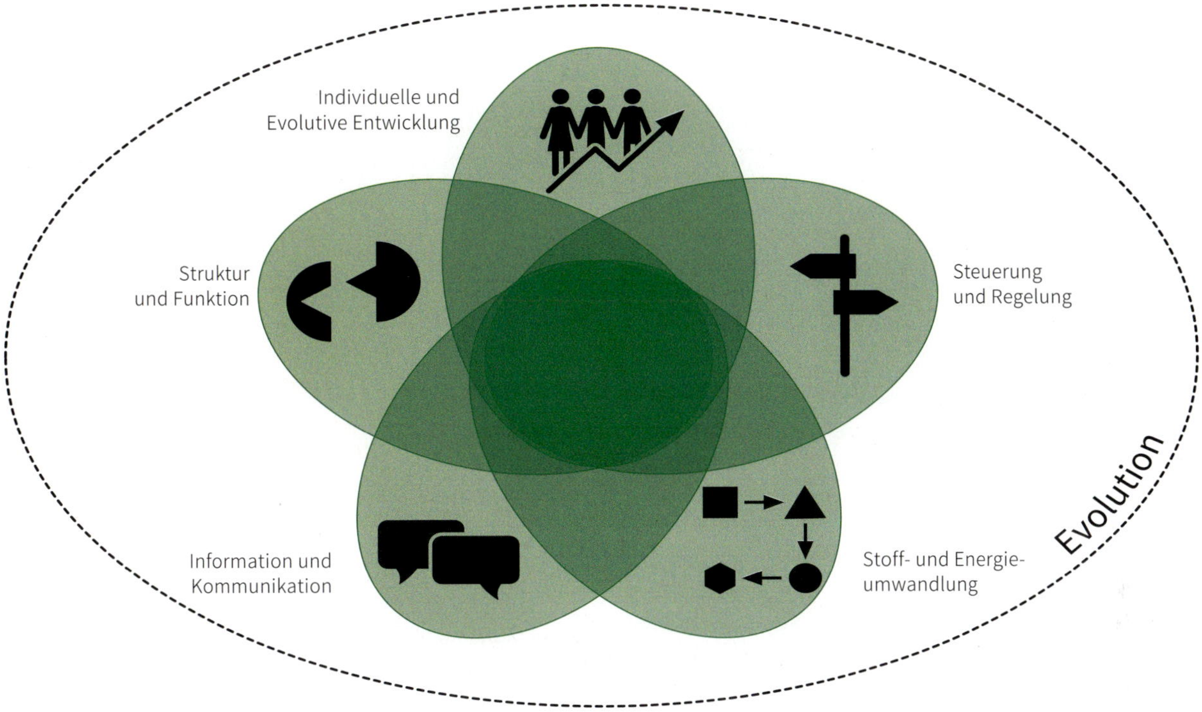

2 *Basiskonzepte strukturieren das Wissen der Biologie*

Die Basiskonzepte fassen verschiedene biologische Prinzipien zusammen. Auf den Basiskonzeptseiten in diesem Buch werden die biologischen Prinzipien näher vorgestellt. Die biologischen Prinzipien beschreiben übergeordnete Zusammenhänge. Auf den unterschiedlichen Systemebenen in der Biologie, zum Beispiel der Ebenen der Moleküle, der Zellen, der Organe, im Organismus, in Ökosystemen und in der Biosphäre findet man die Basiskonzepte wieder (Abb. 3).

Fast jedes Thema des Biologieunterrichts lässt sich einem Basiskonzept oder mehreren Basiskonzepten zuordnen. Das regelmäßige Arbeiten mit den Basiskonzepten trägt zum Aufbau strukturierten Wissens bei, verbessert den Überblick und kann dadurch das Lernen erleichtern. Das Wissen um Basiskonzepte ist ein wichtiges Werkzeug, um sich eigenständig neue biologische Sachverhalte zu erschließen und die neu erworbenen Kenntnisse mit vorhandenem Wissen zu verknüpfen. Die Kapitel über die fünf Basiskonzepte in diesem Buch können im Biologieunterricht unter anderem dazu genutzt werden

- sich über Basiskonzepte zu informieren,
- sich regelmäßig darin zu üben, biologische Sachverhalte des jeweiligen Unterrichtsthemas einem oder mehreren Basiskonzepten zuzuordnen,

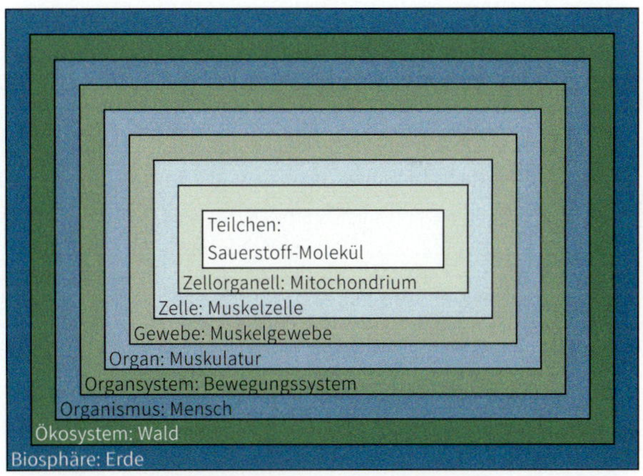

3 *Ein Schema der Systemebenen in der Biologie*

- mithilfe von Basiskonzepten neu erworbenes Wissen mit schon vorhandenem Wissen zu verknüpfen,
- sich mithilfe der Basiskonzepte neue biologische Sachverhalte und Zusammenhänge eigenständig zu erschließen,
- über biologische Zusammenhänge zwischen den Basiskonzepten nachzudenken,
- sich in der Vorbereitung auf Klausuren oder das Abitur einen wiederholenden Überblick der Basiskonzepte und relevanter Inhalte zu verschaffen.

Basiskonzept B1 „Struktur und Funktion"

1 *Was haben Lungengewebe (a), Wurzelhaare (b) und Mitochondrien (c) gemeinsam?*

Die Lungen eines Menschen sind aus mehreren Millionen Lungenbläschen aufgebaut, deren Funktion der Gasaustausch von Sauerstoff und Kohlenstoffdioxid ist (Abb. 1 a). Insgesamt nehmen die Lungenbläschen eine Fläche von $90\,m^2$ ein. Die äußere Lungenoberfläche beträgt dagegen nur etwa $0{,}07\,m^2$. Diese große innere Oberfläche erhöht die Intensität des Stoffaustausches beträchtlich. Auch die große Oberfläche der Wurzelhaare (Abb. 1 b) und die große Oberfläche der vielfältig eingestülpten inneren Mitochondrienmembran (Abb. 1 c) begünstigen den Stoffaustausch. Dies deutlich den Zusammenhang von Struktur und Funktion.

Innerhalb dieses Basiskonzeptes gibt es einige Prinzipien, die eine eigene Bezeichnung haben (Abb. 2).

Der Zusammenhang von Struktur und Funktion ist auf allen Systemebenen, von den Molekülen bis hin zum Ökosystem, relevant. Lebewesen und ihre Teile (Moleküle, Zellorganellen, Zellen, Organe) sind in ihrer Struktur an bestimmte Funktionen angepasst.

In Ergänzung zum Biologieunterricht in den Jahrgängen 5 bis 10 wird das Basiskonzept „Struktur und Funktion" im Sekundarbereich II vor allem auf die Systemebenen der Zellen und der Moleküle angewandt.

Das **Schlüssel-Schloss-Modell** beschreibt Wechselwirkungen zwischen Teilen, die sich in ihrer Struktur räumlich ergänzen, d. h. die ähnlich wie ein Schlüssel zum Schloss zueinander passen müssen, um ganz bestimmte biologische Funktionen erfüllen zu können. Wenn Moleküle nach dem Schlüssel-Schloss-Modell miteinander in Wechselwirkung treten, wird die Genauigkeit der Passung durch den chemischen Aufbau und die Verteilung von Ladungen bestimmt. Beispiele: Antigen-Antikörper-Reaktion, Enzym-Substrat-Komplex.

Das Prinzip der **Kompartimentierung** beschreibt den Sachverhalt, dass ein biologisches System in voneinander abgegrenzte Räume, die Kompartimente, unterteilt ist. In diesen Kompartimenten können gleichzeitig verschiedene biologische Vorgänge stattfinden. Beispiele: Zellorganellen, wie Zellkern, Mitochondrien oder Chloroplasten.

Das **Prinzip der Oberflächenvergrößerung** besagt, dass ein Körper umso mehr Fläche hat, je stärker er durch Auffaltungen oder Einstülpungen strukturiert ist. Solche Körper haben im Vergleich zu ihrem Volumen eine sehr große Oberfläche. Eine große Oberfläche pro Volumeneinheit begünstigt unter anderem den Stoffaustausch.

Mit dem **Bausteinprinzip** wird der Aufbau von Lebewesen aus Grundbausteinen beschrieben. Auf molekularer Ebene sind vier verschiedene Nukleotide die Bausteine der DNA und 20 verschiedene Aminosäuren die Bausteine aller Proteine. Grundbausteine aller Lebewesen sind Zellen. Eng verknüpft mit dem Bausteinprinzip ist das **Abwandlungsprinzip**. Es besagt, dass durch Abwandlungen in der Struktur oder durch verschiedene Kombinationen von Grundbausteinen Teile mit veränderter Funktion entstehen. Beispiele: verschiedene Zelltypen, DNA-Basentripletts.

Das **Prinzip der Gegenspieler** nennt man auch „antagonistisches Prinzip". Die Gegenspieler oder Antagonisten wirken entgegengesetzt auf einen bestimmten biologischen Vorgang. Beispiele: Beuge- und Streckmuskel, die Hormone Insulin und Glukagon bei der Blutzuckerregulation.

Das **Prinzip der Komplementarität** verdeutlicht die räumliche Passung und die gegenseitige Bindung von Molekülen. Beispiel: Komplementäre Basenpaarung beim DNA-Doppelstrang.

2 *Biologische Prinzipien des Basiskonzeptes "Struktur und Funktion"*

Struktur und Funktion in der Jahrgangsstufe 12

Abwandlungsprinzip: Strukturen können so abgewandelt sein, dass sie trotz gleicher Grundbaupläne äußerlich eine unterschiedliche Form aufweisen und andere Aufgaben wahrnehmen. Die Beine von Pferden (oben) und Fledermäusen (unten) sind von der Gliederung in Finger-, Mittelhand- und Handwurzelknochen sowie Elle, Speiche und Oberarmknochen vergleichbar (homologe Strukturen). Ihre Funktion ist jedoch an die jeweilige Lebensweise angepasst.

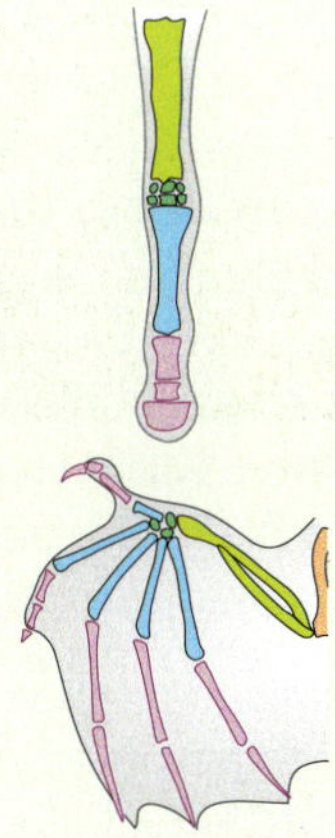

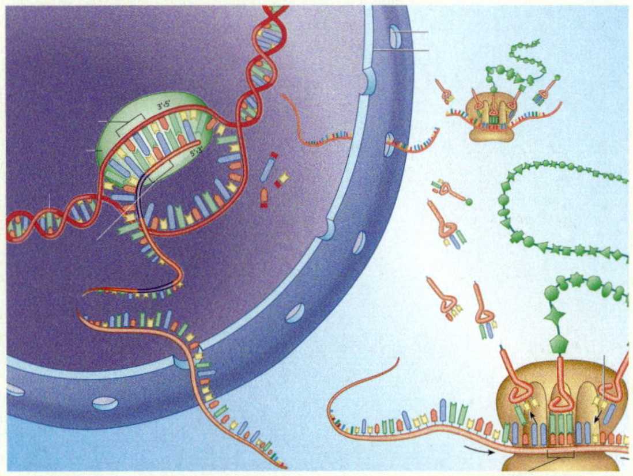

Kompartimentierung: Die Proteinbiosynthese in eukaryotischen Zellen findet in verschiedenen Kompartimenten in zwei Schritten statt. Die Transkription, bei der die mRNA gebildet wird, findet im Zellkern statt. Bei der Translation im Zellplasma werden an den Ribosomen die Aminosäuren entsprechend des genetischen Codes zu einem Polypeptid zusammengesetzt.

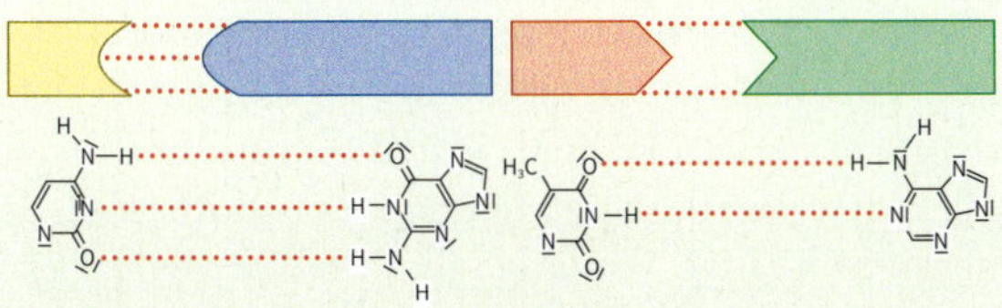

Prinzip der Komplementarität: Die komplementären Basen der DNA tragen die genetische Information. Die Komplementarität ermöglicht erst beispielsweise die identische Verdopplung bei der Replikation. Die komplementären Basen Cytosin und Guanin sowie Thymin und Adenin gewährleisten bei der identischen Verdopplung der DNA, dass aus jedem Einzelstrang ein identischer neuer Tochterstrang gebildet wird.

Bausteinprinzip: Durch Kombination von wenigen verschiedenen Nukleotiden lassen sich sehr viele unterschiedliche Kombinationen in der DNA bilden und damit eine Vielzahl verschiedener Gene realisieren. Dieses Prinzip findet man bei verschiedenen Makromolekülen.

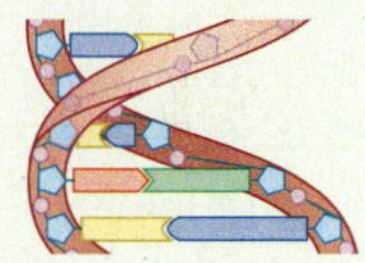

Schlüssel-Schloss-Modell:
Die räumliche Passung zwischen dem Anticodon der tRNA zum komplementären Codon der mRNA garantiert, dass bei der Translation am Ribosom aus einem mRNA-Strang nur bestimmte Aminosäureketten gebildet werden können. Nur tRNA-Moleküle mit einem passenden Anticodon können an das Codon der mRNA binden wie ein Schlüssel ins Schloss. Am anderen Ende des tRNA-Moleküls sind die Aminosäuren gebunden. Sämtliche tRNA-Moleküle mit einem spezifischen Anticodon tragen dieselbe Aminosäure.

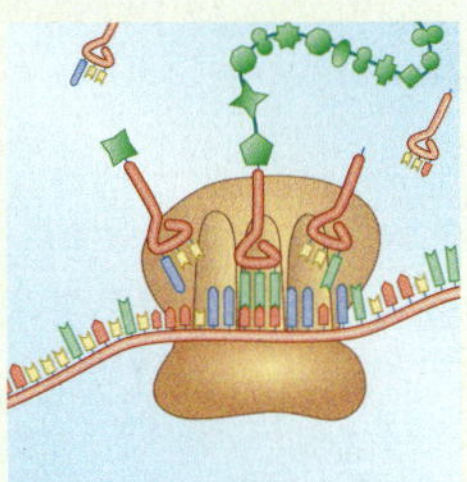

Kompartimentierung:
In den Zellen eines Eukaryoten laufen Tausende biochemischer Reaktionen gleichzeitig nebeneinander ab. Dies wird durch die räumliche Gliederung der Zelle in verschiedene membranumschlossene Kompartimente ermöglicht. So laufen zum Beispiel im Zellkern die Transkription, im Chloroplasten die Fotosynthese ab und die Modifikation von Proteinen im Golgi-Apparat ab.

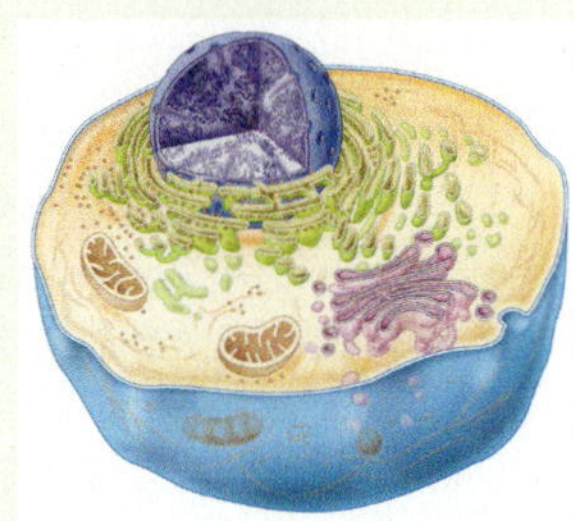

Basiskonzept B2 „Stoff- und Energieumwandlung“

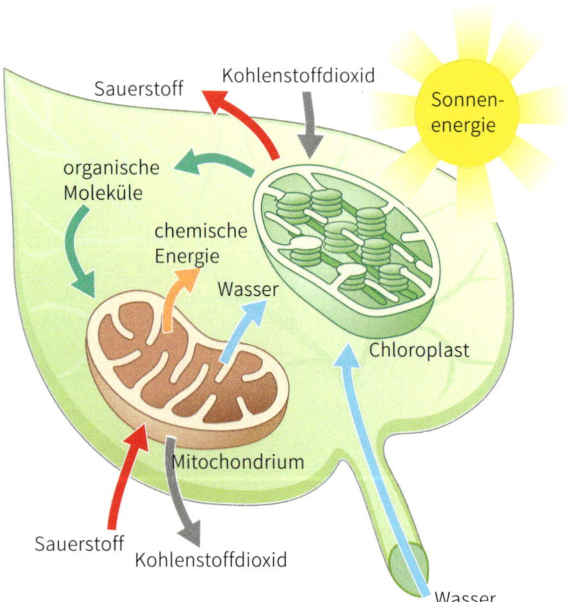

1 *Fotosynthese und Zellatmung*

Lebewesen sind **offene Systeme**. Sie nehmen ständig Stoffe aus ihrer Umgebung auf, wandeln sie durch enzymatische Reaktionen um und geben Endprodukte des Stoffwechsels an ihre Umgebung ab. Lebewesen benötigen ständig nutzbare Energie, die sie aus Energieumwandlungen beziehen. Stoff- und Energieumwandlungen dienen den Lebensäußerungen, dem Erhalt, dem Wachstum und der Fortpflanzung der Lebewesen.

Kohlenstoffatome sind der Grundbaustein aller organischen Verbindungen. Die Prozesse, bei denen schrittweise körpereigene Substanzen aufgebaut werden, werden als **aufbauenden Stoffwechsel** bezeichnet. Er ist in der Regel energiebedürftig. Ein bedeutender aufbauender Stoffwechselweg ist die **Fotosynthese**, bei der mithilfe von Lichtenergie aus energiearmem Kohlenstoffdioxid und Wasser energiereiche organische Substanzen wie Glucose aufgebaut werden. Der Abbau energiereicher organischer Verbindungen wie beispielsweise Glucose wird **abbauender Stoffwechsel** genannt. Lebewesen beziehen aus dem abbauenden Stoffwechsel Energie für ihre Lebensvorgänge. Die **Zellatmung** ist ein Beispiel für einen aeroben, also Sauerstoff benötigenden Stoffwechselprozess. Menschen, die meisten Tiere und Pflanzen sowie viele Arten von Pilzen beziehen aus der Zellatmung nutzbare Energie. Aufbauender und abbauender Stoffwechsel sind stets eng miteinander verknüpft (Abb. 1).

In biologischen Systemen sind Bewegungsenergie, Lichtenergie, elektrische Energie und vor allem chemische Energie von Bedeutung. In Biomasse ist chemische Energie gespeichert. Grundsätzlich bleibt bei allen Energieumwandlungen die Energie vollständig erhalten, es ändert sich lediglich die Energieform, etwa wenn eine Pflanze im Verlauf der Fotosynthese Lichtenergie in chemische Energie und Wärme umwandelt. Alle Lebewesen beziehen Energie für endotherme, also energiebedürftige Vorgänge unmittelbar aus der exothermen, d.h. Energie freisetzenden Hydrolyse von ATP zu ADP und einer Phosphatgruppe. Man bezeichnet ATP daher als universellen biologischen Energieüberträger. Das ATP-ADP-System vermittelt zwischen exergonischen und endergonischen Stoffwechselprozessen. Bei **Energieumwandlungen** in biologischen Systemen wird ein Teil als **Wärme** frei. Wärme ist eine Energieform, die kein Lebewesen in eine andere Energieform wandeln kann. Wenn nutzbare Energie in nicht mehr nutzbare Energie gewandelt wird, spricht man von **Energieentwertung**.

Prinzip des Fließgleichgewichtes: Wenn die Ein- und Ausströme von Stoffen und Energie dauerhaft in etwa gleicher Rate erfolgen, kommt es zu einem Gleichgewichtszustand. Dieser wird in der Biologie als Fließgleichgewicht bezeichnet. Zur Natur des Fließgleichgewichts gehört, dass es sich um ein offenes System handelt und dass Transportvorgänge die Gleichgewichtskonzentrationen der einzelnen Stoffe in jeder Zelle bestimmen.
Mit dem **Prinzip der Energieentwertung** wird ausgesagt, dass bei allen Energieumwandlungen und -übertragungen Energieverluste auftreten. Der Anteil der nutzbaren Energie verringert sich. Durch die Energieentwertung kann ein chemischer Vorgang, der unter Energieentwertung abläuft, nicht von selbst in umgekehrter Richtung ablaufen.
Das **Prinzip der energetischen Kopplung** besagt, dass es bei Stoffwechselprozessen oft zu einer Kopplung von Energie bereitstellenden, exergonischen Reaktionen wie z.B. der Spaltung von ATP mit Energie benötigenden, endergonischen Reaktionen kommt. Die Energie benötigenden Reaktionen werden dadurch energetisch erst möglich.

2 *Biologische Prinzipien des Basiskonzeptes "Stoff- und Energieumwandlung"*

Stoff- und Energieumwandlung in der Jahrgangsstufe 12

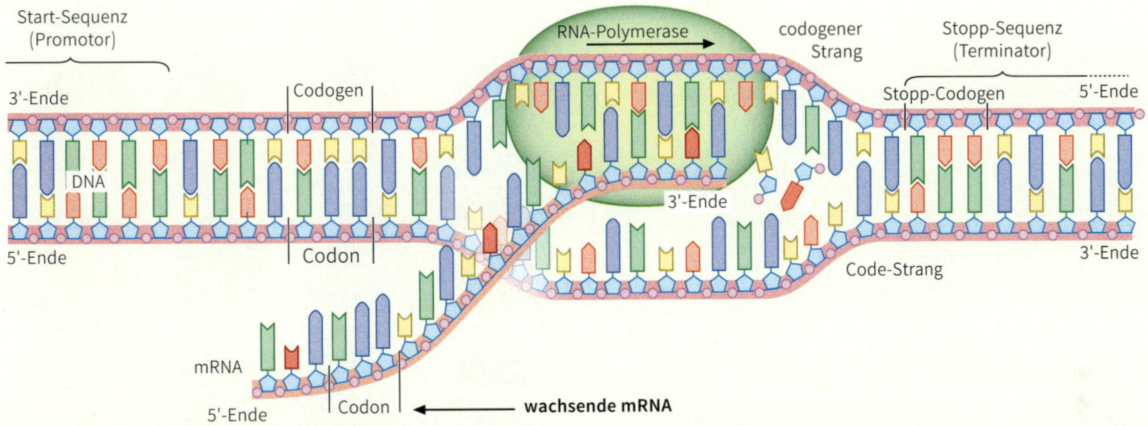

Energieumwandlung und energetische Kopplung: Die Transkription führt zur Bildung einer mRNA-Kopie des entsprechenden Gens. Sie wird katalysiert durch das Enzym RNA-Polymerase. Diese trennt die DNA-Doppelhelix durch Lösen der Wasserstoffbrücken in einem kurzen Bereich in zwei DNA-Einzelstränge auf. Dies ist ebenso wie die Verknüpfung der angelagerten Nukleotide zur mRNA ein Energie benötigender Prozess. Die Energie für diese endothermen Vorgänge wird aus der Energie freisetzenden Hydrolyse von ATP zu ADP und einer Phosphatgruppe bezogen.

Kosten-Nutzen-Analysen: Junge Vögel mit einer größeren Körpermasse haben innerhalb des ersten Lebensjahres eine höhere Überlebenswahrscheinlichkeit. Es zeigt sich ein deutlicher Zusammenhang zwischen Gelegegröße und Überlebensrate. Im Rahmen von Kosten-Nutzen-Analysen wird die Auswirkung eines Verhaltens auf die reproduktive Fitness untersucht. Die Kosten-Nutzen-Analyse ist die Energiebilanz zwischen aufgenommener und aufgewendeter Energie für bestimmte Verhaltensweisen. Der Nutzen eines Verhaltens bemisst sich am Beitrag zum Fortpflanzungserfolg eines Individuums. Kurzfristig kann sich Nutzen auch im Gewinn nutzbarer Energie ausdrücken. Die Kosten beziehen sich meist auf die Energie, die notwendig ist, um ein Verhalten zu zeigen. Das Verhältnis zwischen Kosten und Nutzen eines Merkmals entscheidet also über seinen adaptiven Wert. Im Laufe der Evolution haben sich nur die Merkmale durchsetzen können, bei denen der Nutzen größer als die Kosten ist.

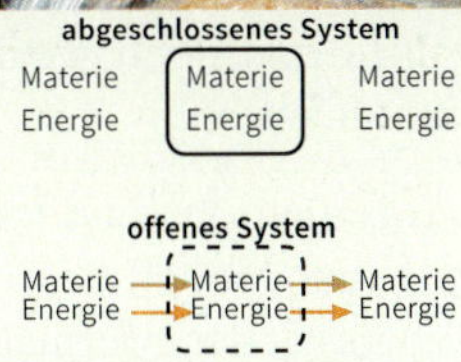

Fließgleichgewichte gibt es auf allen Systemebenen: auf Ebene der Zelle, der Organe, des Organismus und des Ökosystems. Zellen stehen zum Beispiel in permanentem Stoffaustausch mit ihrer Umgebung. Nährstoffe werden aufgenommen, in der Zelle abgebaut oder zum Aufbau anderer Stoffe verwendet, Stoffwechselprodukte werden ausgeschieden. Nur in offenen Systemen können sich Fließgleichgewichte einstellen. Das Fließgleichgewicht beschreibt einen ausgeglichenen Zustand, bei dem fortgesetzt Stoffe und/oder Energie in ein System einströmen und Reaktionsprodukte und/oder Energie herausgeschleust werden. Im Fließgleichgewicht halten sich diese Ein- und Ausströme die Waage. Nach Störungen des Fließgleichgewichts-Zustands besteht bei offenen Systemen die Tendenz, zum ursprünglichen Zustand zurückzukehren.

Basiskonzept B3 „Information und Kommunikation"

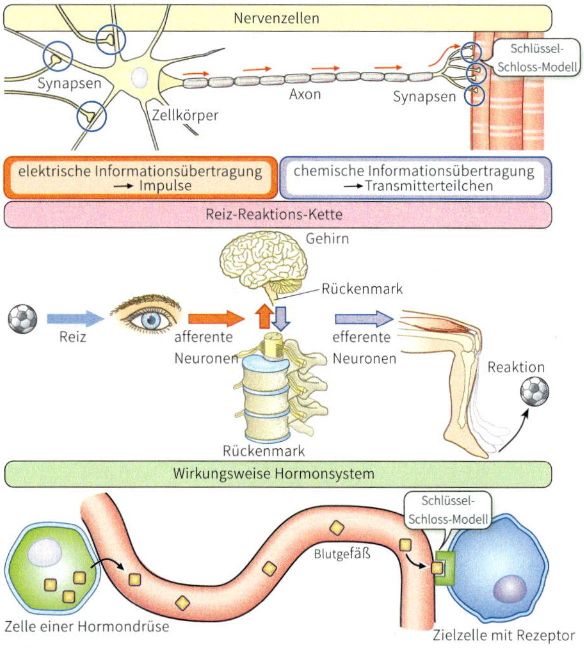

1 *Übersicht: Informationsaufnahme, -verarbeitung und Reaktion beim Menschen*

2 *Der Austausch von Informationen durch Kommunikation setzt grundsätzlich voraus, dass der Empfänger die vom Sender verschlüsselten Signale entschlüsseln kann. Entworfen nach dem Gemälde: „Die Tratscher" von NORMAN ROCKWELL (1894–1978).*

Jeder Organismus und jede lebende Zelle nimmt fortwährend Informationen auf, überträgt, verarbeitet und speichert Informationen und kann auf Informationen reagieren. Informationen, die sich im Zustand der Übertragung befinden, werden auch Signale genannt. Signale können aus der Umwelt oder aus dem Inneren eines Lebewesens oder einer Zelle stammen. Der Weg der Information im Verlauf der Übertragung wird als **Informationsfluss** bezeichnet. Erfolgt der Austausch von Informationen wechselseitig, spricht man von Kommunikation.

Der Informationsfluss kann im sogenannten Sender-Empfänger-Modell beschrieben werden. Der Sender verschlüsselt die Information und überträgt das Signal. Nur dann, wenn das Signal den Empfänger erreicht und der Empfänger das Signal entschlüsseln kann, sind die Informationen für den Empfänger nutzbar (Abb. 1, 2).

In einem vielzelligen Organismus sind alle Organe, Gewebe und Zellen beständig an der Kommunikation beteiligt. Ein Beispiel für Zell-Zell-Kommunikation innerhalb eines Vielzellers ist die Informationsübertragung zwischen Nervenzellen (Abb. 1).

Die Fähigkeit zur Umwandlung von extrazellulären in intrazelluläre Signale ist eine Eigenschaft aller lebenden Zellen. Diese Signaltransduktion erfolgt immer nach dem gleichen Prinzip über Rezeptorproteine, die meistens in der Zellmembran sitzen. Nur solche extrazellulären Signale, zu denen es ein passendes Rezeptorprotein gibt, können in der Zelle biologische Wirkung entfalten.

Signaltransduktion bezeichnet den Vorgang, bei dem ein extrazelluläres Signal durch einen spezifischen Rezeptor, oft ein Protein in der Zellmembran, aufgenommen und in ein intrazelluläres Signal umgewandelt wird, das in der Folge zu einer spezifischen Zellantwort führt. Die Zellantwort auf ein äußeres Signal kann zum Beispiel in Veränderungen des Stofftransports, in veränderter Aktivität von Enzymen oder in veränderter Genaktivität bestehen.
Das **Prinzip der Codierung und Decodierung** von Information beschreibt die Umwandlung von Information aus einer Informationssprache in eine andere. Die Codierung (Umwandlung) der Information ist oft eine Voraussetzung zur Übertragung der Information. Das Decodieren (Rückwandlung) ist der entsprechende Gegenprozess.

2 *Biologische Prinzipien des Basiskonzeptes "Information und Kommunikation"*

Information und Kommunikaton in der Jahrgangsstufe 12

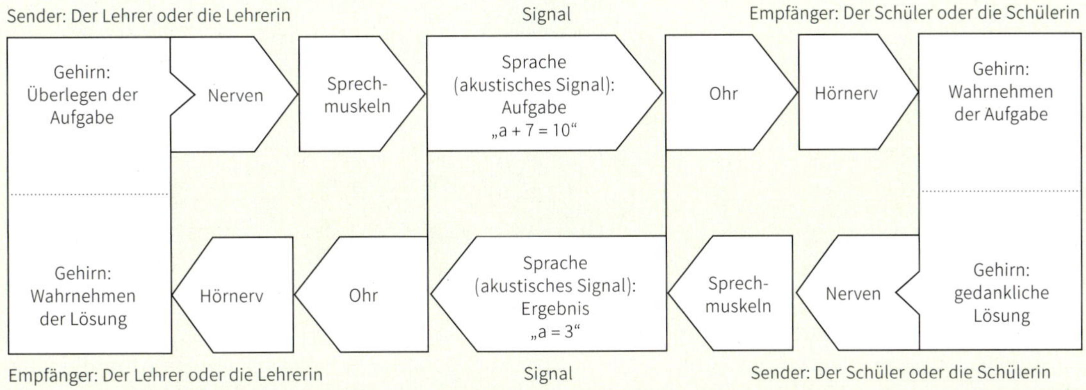

Kommunikationsschema zwischen Sender und Empfänger (Sender-Empfänger-Modell); Beispiel: Die Lehrkraft stellt eine Aufgabe

Prinzip der Codierung und Decodierung bei der Kommunikation: Erfolgt der Austausch von Informationen wechselseitig, spricht man von Kommunikation. Man kann den Informationsfluss im Sender-Empfänger-Modell beschreiben. Der Sender verschlüsselt die Information und überträgt das Signal. Nur dann, wenn das Signal den Empfänger erreicht und der Empfänger das Signal entschlüsseln kann, sind die Informationen für den Empfänger nutzbar. Von Kommunikation ist bei Tieren die Rede, wenn mithilfe eines Signals eine Information von einem Sender an einen Empfänger übertragen wird und der Empfänger als Reaktion darauf sein Verhalten oder seinen Stoffwechsel verändert. Es werden u. a. visuelle, akustische, taktile und chemische Signale unterschieden. Die Funktionen der Signale sind vielfältig. Tiere locken mithilfe von Signalen Paarungspartner an und markieren ihre Reviergrenzen. Für viele koloniebrütende Vögel ist es entscheidend, den eigenen Nachwuchs von dem anderer Elterntiere unterscheiden zu können. Bei Pinguinen spielen hierbei akustische Signale eine wichtige Rolle. Zudem helfen Signale bei der effizienten Nahrungssuche.

Übertragung von extra-zellulären Signalen in intrazelluläre Signale: Bei der Kommunikation zwischen Zellen müssen externe Signale in interne Signale umgewandelt werden. Dies wird über Rezeptoren ermöglicht die extrazelluläre Signale aufnehmen und eine Kette intrazellulärer Signalmoleküle aktivieren. Diese beeinflussen dann die intrazelluläre Antwort.

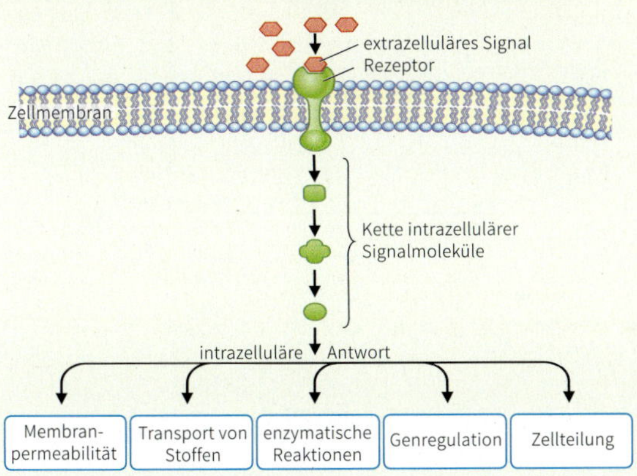

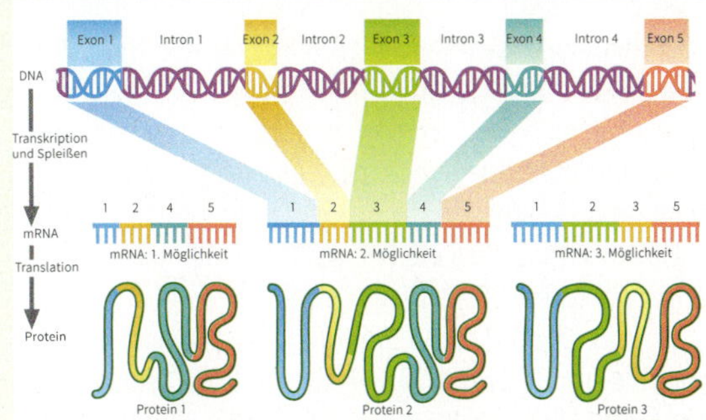

Codierung und Decodierung bei der Proteinbiosynthese: Die genetische Information der Eukaryoten ist auf verschiedene Chromosomen im Zellkern verteilt. Der Informationsfluss bei der Proteinbiosynthese erfolgt von der DNA durch Transkription zu verschiedenen mRNA-Molekülen und von dort durch Translation zu je einem Protein. In der Abfolge der DNA-Basentripletts ist die Aminosäuresequenz codiert.

Basiskonzept B4 „Steuerung und Regelung“

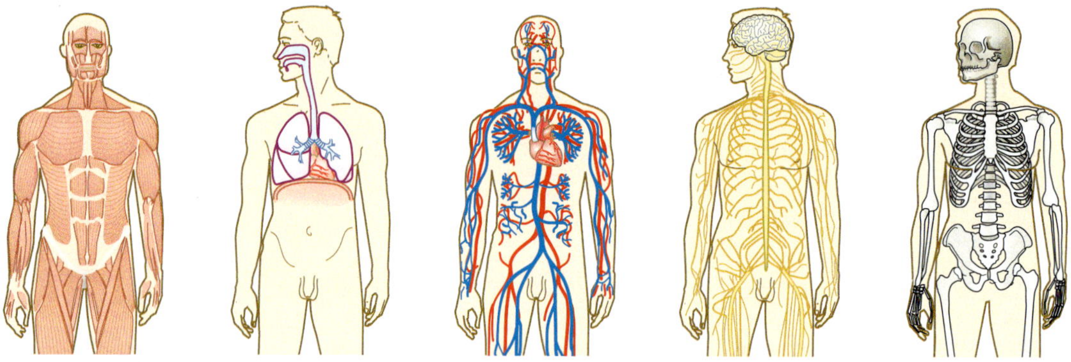

1 *Ein Individuum ist ein lebendes System, Systemelemente sind die Organsysteme mit ihren Wechselwirkungen*

Das Basiskonzept „Steuerung und Regelung“ ist eng mit dem Begriff „System“ verbunden (Abb. 1, 2). In biologischen Systemen wie Zellen und Lebewesen finden dauernd Wechselwirkungen statt. Wenn eine Wechselwirkung darin besteht, dass ein Vorgang in gerichteter Weise beeinflusst wird, spricht man von Steuerung. Zum Beispiel steuern Hormone Zustandsgrößen im Stoffwechsel, unter anderem den Glucosegehalt im Blut. In biologischen Systemen sind Steuerungen meistens Teil von Regelungsvorgängen. Von Regelung spricht man dann, wenn eine bestimmte Zustandsgröße, z. B. der Glucosegehalt im Blut, durch **negative Rückkopplung** auf sich selbst zurückwirkt.

Regelungen in Zellen und Lebewesen setzen die Messung des aktuellen Wertes einer Zustandsgröße, z. B. des aktuellen Glucosegehalts im Blut, voraus. Dieser Ist-Wert wird mit einem im System vorgegebenen Soll-Wert verglichen. Bei Abweichungen von Ist- und Soll-Wert werden Regelungsvorgänge ausgelöst, die zur Angleichung des Ist-Wertes an den Soll-Wert führen. Modellbeispiel ist dafür der Regelkreis (Abb. 3). Eine Systemeigenschaft von Organismen und Zellen ist die Fähigkeit zur **Homöostase**. Dies ist die Gesamtheit der Regelungen, die bestimmte Zustandsgrößen der Innenwelt (z. B. die Körpertemperatur) gegenüber Einflüssen von außen in engen Grenzen stabil halten.

Positive und negative Rückkopplung: Rückkopplung ist die (Rück-)Wirkung einer veränderlichen Größe auf sich selbst. Eine Rückkopplung heißt positiv, wenn die Wirkungsbeziehung gleichsinnig ist (je mehr …, desto mehr …; je weniger …, desto weniger …). Bei negativer Rückkopplung besteht eine gegensinnige Beziehung (je mehr …, desto weniger; je weniger …, desto mehr). Als **Homöostase** wird die Fähigkeit bezeichnet, unabhängig von den Schwankungen der Umwelt im Inneren von Zellen, Organen und Organismen annähernd gleichbleibende Bedingungen zu erhalten. Zellen, Organe und Organismen sind biologische Systeme, die über die Fähigkeit zur Regulation innerer Bedingungen verfügen. Zum Beispiel können viele Tiere den pH-Wert, den Salzgehalt und den Wassergehalt sowie den Gehalt an Glucose im Körper regulieren. Durch die Fähigkeit zur Regulation werden Lebewesen unabhängiger von ungünstigen Außenbedingungen, zum Beispiel von Hitze oder Kälte.

2 *Biologische Prinzipien des Basiskonzeptes "Steuerung und Regelung"*

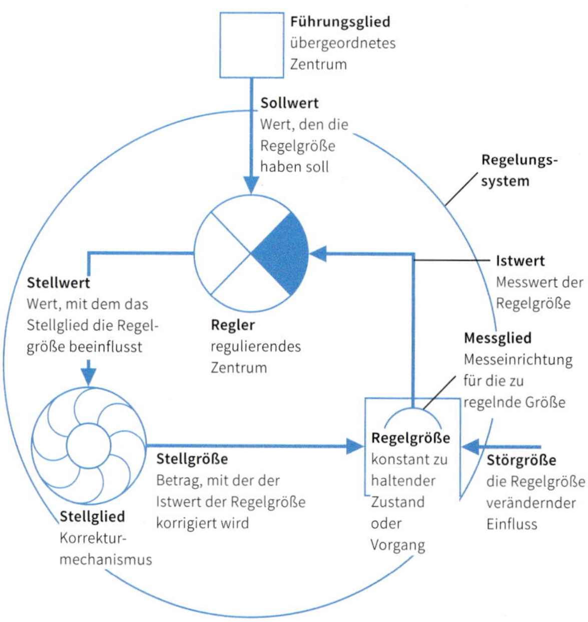

3 *Allgemeiner Regelkreis*

Steuerung und Regelung in der Jahrgangsstufe 12

Der **Einfluss des Zellkerns** steuert die Ausprägung von Merkmalen. Die im Jahr 1933 durchgeführten Transplantationsexperimente mit der einzelligen Grünalge *Acetabularia* zeigten letztlich, dass die in den Zellkernen enthaltene genetische Information alle Lebensvorgänge der Zelle steuern. Dazu gehören die Zellteilung, der Stoffwechsel und die Bauanleitung für Zellstrukturen. Zellkerne enthalten die genetische Information für den gesamten Organismus. Demzufolge beinhalten alle Zellkerne eines Lebewesens eine identische genetische Information.

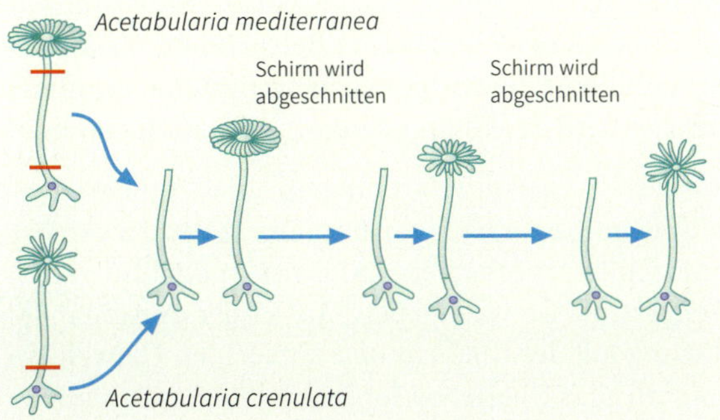

Positive und negative Rückkopplung: Viele Gene sind nur in bestimmten Zelltypen, in bestimmten Stoffwechsellagen oder bei der Zelldifferenzierung aktiv. Dies wird durch Transkriptionsfaktoren gesteuert. Die spezifischen Transkriptionsfaktoren binden an Regulationssequenzen spezifischer Gene und bestimmen dadurch welches Gen abgelesen wird. Die Regulationssequenzen können als Enhancer oder Silencer fungieren. An Enhancer binden Aktivatorproteine und fördern so die Genexpression. An Silencer binden Repressorproteine und hemmen die Genexpression.

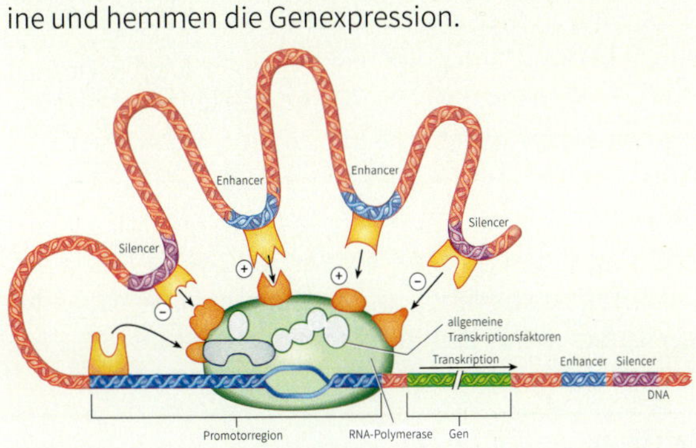

Positive und negative Rückkopplung: Die Aktivität von Genen innerhalb einer Zelle wird gesteuert. Durch bestimmte Einflüsse, z. B. die Konzentration eines Stoffes, der bei einer enzymatisch katalysierten Reaktion entsteht, können Gene an- oder abgeschaltet werden. Dies ist energiesparend und ressourcenschonend. Die Steuerung der Genaktivität durch die Konzentration eines Stoffwechselproduktes ist ebenfalls ein Beispiel für negative Rückkopplung.

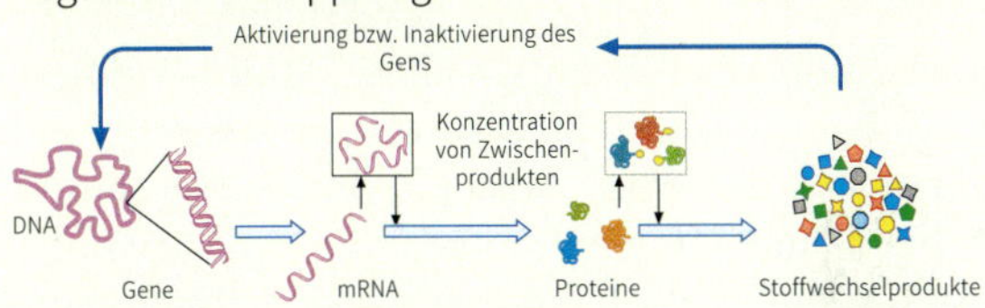

Homöostase: Ein Fruchtfliegenweibchen ist nach der Paarung nicht mehr paarungsbereit, bis der Spermienvorrat nach bis zu neun Tagen aufgebraucht ist. Diese länger andauernde Abschaltung der Handlungsbereitschaft nach der Spermienübertragung ist eine Folge sensorischer Rückmeldungen, die vom Spermienvorrat ausgehen. Begattet hingegen ein steriles Männchen das Weibchen, so ist das Weibchen bereits nach zwölf Stunden wieder paarungsbereit. Es wurden keine Spermien übertragen und es fehlt dementsprechend die sensorische Rückmeldung.
Reduziert das Verhalten die es auslösenden Reize, ist dies eine sensorische Homöostase. Auf diese Weise bleibt das innere Milieu konstant.
Reduziert das Verhalten hingegen die Defizite oder Überschüsse, die die Handlungsbereitschaft erhöhen, bleibt also die äußere Situation konstant, so ist dies eine physiologische Homöostase.

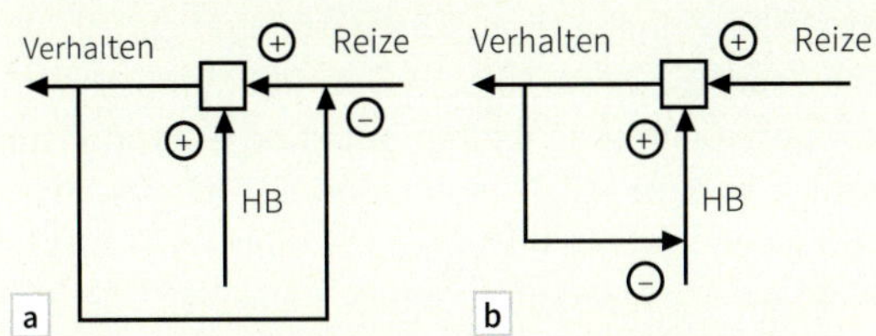

a) sensorische Homöostase, b) physiologische Homöostase (Pfeile repräsentieren Variablen, Kästen die Verrechnungsstellen der Eingangsvariablen zur Ausgangsvariablen, HB: Handlungsbereitschaft, die auf Überschüssen oder Defiziten beruhen kann)

Basiskonzept B5 „Individuelle und evolutive Entwicklung“

1 *Evolution vor der Haustür*

Um das Basiskonzept richtig zu verstehen, muss zwischen „individueller Entwicklung“ und „evolutiver Entwicklung“ unterschieden werden. Obwohl beide Phänomene das Wort „Entwicklung“ aufweisen, bezeichnen "individuelle Entwicklung" und "evolutive Entwicklung" jedoch zwei ungleiche Phänomene. Beide Phänomene sind allerdings über die Prozesse der Fortpflanzung vielfältig miteinander verknüpft. Das Einbeziehen der individuellen Entwicklung in das Basiskonzept hilft dabei, die Ursachen der Evolution mithilfe von genetischer Variation sowie Reproduktion (Fortpflanzung) zu verstehen.

Chamäleons sind für ihre einzigartige Anpassungsfähigkeit bekannt. Je nach Stimmung und körperlicher Verfassung können sie ihre Farbe kurzzeitig verändern. Diese Fähigkeit zur aktiven Veränderung der Körperfarbe haben nur wenige andere Tiere. Es handelt sich, wie beispielsweise auch die zunehmende, nicht dauerhafte Bräunung der menschlichen Haut unter Sonneneinstrahlung, um eine nichterbliche **Anpassung**.

Angepasstheiten sind dagegen erblich bedingte Merkmale und Verhaltensweisen, die in der Auseinandersetzung mit der Umwelt vorteilhaft sind. Angepasstheiten sind im Laufe der Zeit durch natürliche Auslese entstanden. In einer Population haben diejenigen Lebewesen eine höhere Wahrscheinlichkeit, länger zu (über-)leben und sich fortzupflanzen, die vorteilhafte Angepasstheiten aufweisen.

Am Beispiel der Bänderschnecken lassen sich wesentliche Aspekte des Basiskonzepts deutlich machen. Beide Arten von Bänderschnecken zeigen eine große **Variation** in Bezug auf die Bänderung der Schneckengehäuse (Abb. 1). Die phänotypische Variation der Schneckengehäuse beruht auf genetischer Variation. Genetische Variation entsteht durch zufällige, nicht zielgerichtete **Mutationen** sowie durch **Neukombination** (Rekombination) von Erbanlagen bei der Bildung der Geschlechtszellen und bei der Befruchtung. Variabilität ist auf allen Ebenen biologischer Systeme zu finden. Hierbei wird der Genpool einer Population erweitert.

Aus der Vielzahl der Varianten in einer Population haben diejenigen Individuen eine höhere Wahrscheinlichkeit sich fortzupflanzen und ihre Gene in die nächste Generation weiterzugeben, die in der Auseinandersetzung mit der belebten und unbelebten Umwelt vorteilhafte, das Überleben fördernde Merkmale und Verhaltensweisen haben. Man spricht von **Selektion** oder natürlicher Auslese. Selektion ist ein anderer Ausdruck für Unterschiede im Fortpflanzungserfolg der Individuen, also Unterschieden in ihrer **reproduktiven Fitness**. Selektion basiert auf Variation und führt in einem viele Generationen währenden Prozess zur Angepasstheit einer Population an die jeweilige Umwelt. Im Beispiel der Bänderschnecken sind die dunklen Gehäuse eine Angepasstheit an die Temperaturbedingungen. Dieser Zusammenhang von Variation und natürlicher Auslese ist Kern der Evolutionstheorie von CHARLES DARWIN.

Zelldifferenzierung, so nennt man die Entwicklung von unspezialisierten zu spezialisierten Zellen, findet während der Entwicklung eines vielzelligen Individuums statt. In einem Vielzeller gibt es nicht nur differenzierte Zellen, sondern auch undifferenzierte Körperzellen, die Stammzellen. Aus Stammzellen können neue spezialisierte Zellen entstehen.
Lebewesen sind fähig zur **Reproduktion (Fortpflanzung).** Dabei geben sie die genetische Information weiter. Die Fähigkeit der genetischen Information, sich identisch zu verdoppeln, bildet die Basis für die Reproduktion. Man unterscheidet die geschlechtliche und die ungeschlechtliche Fortpflanzung.
Selektion ist ein Begriff für unterschiedlichen Überlebens- und Fortpflanzungserfolg. Lebewesen mit zweckmäßigen Merkmalen und Verhaltensweisen haben eine höhere Wahrscheinlichkeit zu überleben und sich fortzupflanzen und ihre Gene an die Nachkommen weiterzugeben. Selektion bewirkt im Verlauf langer Zeiträume, dass Lebewesen mit zweckmäßigen Merkmalen und Verhaltensweisen in einer Population häufiger werden.

2 *Biologische Prinzipien des Basiskonzeptes "Individuelle und evolutive Entwicklung"*

Individuelle und evolutive Entwicklung in der Jahrgangsstufe 12

Fortpflanzungsstrategien: Die Fortpflanzung von Lebewesen ist mit Kosten verbunden. Dazu zählen auch die Aufwendungen der Eltern für ihre Nachkommen. Unter **Elterninvestment** (Brutpflege) versteht man in der Biologie alle Investitionen von Eltern zu Gunsten eines Nachkommen, die dessen Überlebenschancen und seinen Fortpflanzungserfolg erhöhen. Das Elterninvestment kann artspezifisch unterschiedlich sein. Ein hohes Elterninvestment geht z.B. beim Menschen oft mit einer geringen Zahl an Nachkommen einher. Im Vergleich dazu haben Frösche sehr hohe Nachkommenzahlen und ein geringes Elterninvestment.

Rekombination, Variabilität, Biodiversität: Der Asiatische Marienkäfer weist zahlreiche Variationen in der Färbung auf, die auf genetische Variabilität zurückzuführen sind. Eine Ursache der genetischen Variabilität ist die Bildung der Geschlechtszellen, bei der die homologen Chromosomen und die in ihnen lokalisierten Allele zufällig auf die Geschlechtszellen verteilt werden. Bei der Befruchtung werden Geschlechtszellen mit unterschiedlichen Genvarianten neu kombiniert. Jede aus einer Befruchtung hervorgehende Zygote enthält durch diese Rekombination eine einzigartige Kombination von Genvarianten. Genetische Vielfalt ist eine Ebene der Biodiversität.

Die identische Verdopplung (Replikation) der DNA wird durch die komplementäre Basenpaarung ermöglicht. Die Doppelhelix wird aufgetrennt und beide Einzelstränge dienen als Vorlage für die Verdopplung.

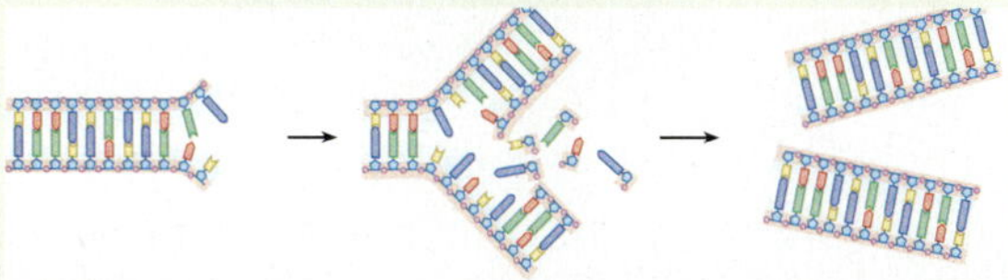

Reproduktion und Zelldifferenzierung: Alle Körperzellen eines Vielzellers entstehen durch Mitosen aus der befruchteten Eizelle. Körperzellen und befruchtete Eizelle sind genetisch identisch. Die Entwicklung von unspezialisierten zu spezialisierten Zellen wird Zelldifferenzierung genannt. Verschieden differenzierte Zellen, wie beispielsweise eine weiße Blutzelle und eine Nervenzelle, unterscheiden sich im Muster ihrer aktiven Gene (differenzielle Genaktivität).

Selektion: In einer Population von Erdbeerfröschchen gleicht kein Frosch dem anderen. Die Frösche unterscheiden sich vor allem in der Hautfarbe, aber auch in anderen Merkmalen. Obwohl in einer Froschpopulation eine große phänotypische Variation auftritt, gehören alle Frösche zur selben Art. Ihre unterschiedliche Hautfarbe sowie die anderen unterschiedlichen Merkmale haben sie von ihren Eltern geerbt.
Durch Fortpflanzung werden die Gene von Generation zu Generation weitergegeben. Mit ihrer auffälligen Körperfärbung signalisieren die Erdbeerfröschchen ihre Ungenießbarkeit. Die Mechanismen der Selektion und die Evolution der Signalfarben führen letztendlich zur Angepasstheit der verschiedenen Farbvarianten an die jeweilige Umwelt.

Die Genome von Schimpanse und Mensch stimmen in 98,7 Prozent überein. Schimpansen besitzen jedoch 48 Chromosomen, der Mensch nur 46. Die Verringerung der Chromosomenzahl ist vermutlich auf die Fusion zweier Chromosomen zurückzuführen, welche schätzungsweise vor bis zu 4,5 Millionen Jahren stattfand.

Evolution

Entwicklung der Evolutionstheorie

- Die Verwandtschaft der Wirbeltiere
- Die synthetische Evolutionstheorie
- Die Evolutionstheorie von DARWIN
- Die Evolutionstheorie von LAMARCK
- Die Bestimmung von Organismen
- Das natürliche System der Lebewesen

Die Prozesse der Artbildung

- Die Koevolution artfremder Lebewesen
- Die adaptive Radiation
- Allopatrische und sympatrische Artbildung
- Die Isolation und die Alleldrift
- Die Formen der Selektion
- Die Variation und die Rekombination

Evolution

Belege für die Evolution

- Fossile Lebewesen
- Homologien und Analogien
- Rekonstruktion der Stammesgeschichte
- Die Stammesgeschichte der Pferde
- Molekularbiologische Homologien
- Die Endosymbiontentheorie

Evolution des Menschen

- Der Stammbaum des Menschen
- Die Fossilgeschichte des Menschen
- Evolutive Trends in der Menschwerdung
- Die weltweite Ausbreitung des Menschen
- Die soziale und die kulturelle Evolution
- Die Eingriffe in die natürliche Evolution

7.1 Das natürliche System: Einteilung nach der Verwandtschaft

1 *Carl von Linné (1707 – 1778)*

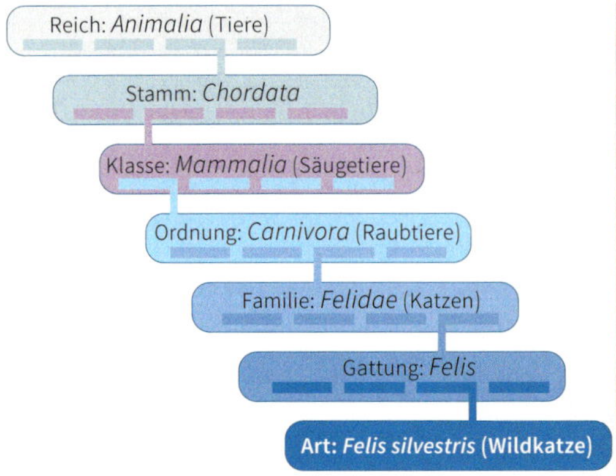

2 *Die Einordnung der Wildkatze innerhalb des hierarchischen Systems der Tiere*

Viele Millionen unterschiedliche Arten leben zur Zeit auf der Erde. Weitaus mehr sind im Laufe der Zeit ausgestorben, viele sind vermutlich noch unentdeckt. Der schwedische Biologe CARL VON LINNÉ versuchte, die große Vielfalt der Lebewesen zu ordnen (Abb. 1). Er entwickelte eine Systematik, um Organismengruppen wissenschaftlich einzuteilen. Dieses **System der Lebewesen** weist jeder Art einen zweiteiligen Namen zu, der aus dem Gattungsnamen und dem Artnamen besteht, wie beispielsweise bei *Linnaea borealis,* dem nach ihm benannten Moosglöckchen. Diese von LINNÉ 1753 eingeführte **binäre Nomenklatur** wird auch heute noch verwendet und fasst ähnliche Arten in einer Gattung zusammen. Demnach ist der heutige Mensch *Homo sapiens* zusammen mit dem Neandertaler *Homo neanderthalensis* der Gattung *Homo* zuzuordnen. Die Gattung *Homo* wird in die Familie der Menschenaffen, den Hominidae, eingereiht. Menschenaffen gehören wiederum zusammen mit ähnlichen Familien in die Ordnung der Primaten (*Primates*) und damit in die Klasse der Säugetiere, in den Stamm der Chordata (Chordatiere) und in das Reich der Tiere. Ein solches gestuftes Ordnungssystem wird als hierarchisch bezeichnet. Säugetiere besitzen weniger gemeinsame Merkmale als Primaten, jedoch mehr gemeinsame Merkmale als Wirbeltiere, einem Unterstamm der Chordata. Wildkatzen gehören ebenfalls zur Klasse der Säugetiere und gehören weiter in die Ordnung der Raubtiere und zusammen mit Löwen, Tigern, Leoparden und dem Luchs in die Familie der Katzen (Abb. 2).

Strukturen und Formen von Lebewesen werden auch als morphologische Merkmale bezeichnet. LINNÉ hat diese meist gut erkennbaren Merkmale für eine Einordnung der Lebewesen in ein System genutzt. Diese von LINNÉ eingeführte Einordnung nach dem Erscheinungsbild der Lebewesen in über- und untergeordnete Gruppen wird mittlerweile als **künstliches System** betrachtet, denn die Einordnung erfolgt nur nach morphologischen Merkmalen. In diesem Zusammenhang wird auch vom **morphologischen Artbegriff** gesprochen, wonach alle Individuen zu einer Art gehören, die in ihren wesentlichen Merkmalen übereinstimmen. Dem **morphologischen System** zufolge könnten jedoch auch Individuen zu einer Art zählen, die sich zwar stark ähneln, jedoch tatsächlich weniger nah miteinander verwandt sind (Abb. 3). Umgekehrt könnten entsprechend auch Lebewesen einer Art bei deutlichen morphologischen Unterschieden fälschlicherweise zwei verschiedenen Arten zugeordnet werden, obwohl sie derselben Art angehören.

Diese konzeptionelle Schwäche umgeht der **biologische Artbegriff**, auch **populationsgenetischer Artbegriff** genannt, mit dem heutzutage in der Systematik häufig gearbeitet wird. Demnach gehören zu einer biologischen Art alle Individuen, die fruchtbare Nachkommen miteinander hervorbringen können. Die moderne Systematik nutzt zur Ermittlung verwandtschaftlicher Beziehungen auch Vergleiche stoffwechselphysiologischer und verhaltensbiologischer Merkmale. Mithilfe molekularbiologischer Arbeitstechniken können mittlerweile auch Vergleiche von Aminosäure- und DNA-Sequenzen vorgenommen werden. Sie ermöglichen eine noch präzisere Einordnung der Lebewesen. Je ähnlicher die Sequenzen, umso größer ist die verwandtschaftliche Nähe. Wenn auf dieser Datengrundlage verwandtschaftliche Beziehungen und Stammbäume wissenschaftlich berücksichtigt werden, ist von einem **natürlichen System** die Rede.

→ M15 → M16 → M17 → M18 → B5 → Kap. 7.9

3 *Löwe, Tiger und Großkatze ohne Fell (Löwe oder Tiger)*

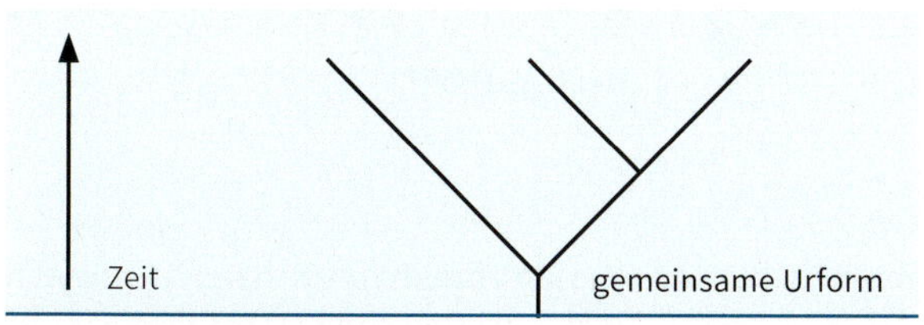

4 *Ein vereinfachter Stammbaum*

1. Systematik und Nomenklatur.

a) Beschreiben Sie die binäre Nomenklatur und die klassische Systematisierung der Lebewesen nach LINNÉ (Abb. 1 und 2).

b) Erläutern Sie unter Bezug auf Abbildung 3 mögliche Probleme, die sich ergeben können, wenn man zur systematischen Einordnung allein morphologische Gesichtspunkte heranzieht.

c) Vergleichen Sie das künstliche und das natürliche System. Berücksichtigen Sie dabei auch den morphologischen und den biologischen Artbegriff.

2. Beurteilung: biologischer Artbegriff. Recherchieren Sie zu asexuell lebenden Arten, z.B. der Kulturbanane. Beurteilen Sie die Gültigkeit des biologischen Artbegriffs.

3. Die Verwandtschaft der Neuweltgeier.

a) Erläutern Sie, auf welche Sachverhalte sich die verschiedenen Hypothesen zur Verwandtschaft der Neuweltgeier stützen (Abb. 5).

b) Ermitteln Sie die zur Zeit gültige Verwandtschaftsvorstellung von Altweltgeiern, Neuweltgeiern und Störchen (Abb. 5). Skizzieren Sie dazu auf der Grundlage von Abbildung 4 einen beschrifteten Stammbaum.

Zur Zeit existieren noch etwa 10 000 Exemplare des Andenkondors *Vultur gryphus*. Er ist in den Anden Südamerikas verbreitet und gehört in die Familie der Neuweltgeier *Cathartidae*. Mit bis zu 15 kg Körpergewicht und teilweise über 3 m Flügelspannweite ist er einer der größten flugfähigen Vögel (Foto).
Traditionell wurden die Neuweltgeier aufgrund ihrer morphologischen Übereinstimmungen stets zusammen mit den Altweltgeiern *Aegypiinae* zur Ordnung der Greifvögel *Accipitriformes* gezählt.
Ende des letzten Jahrhunderts kamen Forscher jedoch zu der Überzeugung, dass der Andenkondor und andere Neuweltgeier eher in die Ordnung der Schreitvögel *Ciconiiformes* gehören müssen, zu der auch die Familie der Störche *Ciconiidae* zählt. Für diese nahe Verwandtschaft mit den Störchen sprachen folgende Gemeinsamkeiten: 1. sich bei größerer Hitze die Beine zur Kühlung mit weißem Kot zu benetzen und 2. der Besitz jeweils 20 größerer Chromosomen, von denen darüber hinaus auch die Beschaffenheit der Gonosomen besonders übereinstimmt. Weiterhin sprach gegen eine Verwandtschaft mit den Greifvögeln die Unfähigkeit der Neuweltgeier, ihre Beute zu greifen.
Neueren Untersuchungen zufolge wird der Andenkondor zusammen mit den anderen Neuweltgeiern jedoch wieder zu den Greifvögeln gezählt. Zu dieser aktuellen Erkenntnis führen vergleichende DNA-Sequenzanalysen verschiedener Gene. Der aktuelle Forschungsstand zur Verwandtschaft der Neuweltgeier, der Altweltgeier und der Störche zeigt folgende Zusammenhänge: Neu- und Altweltgeier gehören zur Ordnung der Greifvögel, Störche gehören dagegen zur Ordnung der Schreitvögel. Die Linien von Neu- und Altweltgeiern haben sich vor etwa 40 Millionen Jahren getrennt.

5 *Die verwandtschaftliche Zuordnung im Wandel der Forschung*

→ M15 → M16 → M17 → M18 → B5 → Kap. 7.9

Methode M15 Historische und aktuelle Ansätze zur Systematisierung

1 *Die drei Domänen der Lebewesen*

Seit Jahrhunderten versucht der Mensch, die Vielfalt der Lebewesen zu ordnen. Früher wurden die Lebewesen anhand sichtbarer Merkmale eingeteilt. Wie ist das System der Lebewesen heute aufgebaut?

Der Schwede Carl von Linné teilte die Lebewesen anhand sichtbarer Merkmale in die zwei Reiche Pflanzen und Tiere ein. Neueste Untersuchungen nehmen auch Merkmale in den Blick, die sich nicht mit dem bloßen Auge vergleichen lassen. Daher teilt man die Lebewesen in drei Superreiche ein, die **Domänen** (Abb. 1). Lebewesen, deren Zellen einen Zellkern besitzen, gehören zu der Domäne der **Eukaryoten**. Diese werden wiederrum in vier Reiche unterteilt, die echten Einzeller, auch Protisten genannt, die Pflanzen, die Tiere und die Pilze. Die beiden anderen Domänen sind die **Bakterien** und die **Archaeen**. Lebewesen dieser Domänen haben keinen Zellkern in ihren Zellen. Archaeen und Bakterien werden daher auch Prokaryoten genannt.

Bakterien sind die einfachste Lebensform. Es sind Einzeller. Die Erbinformation der Bakterienzelle liegt frei im Zellplasma. Sie ist in einer kernähnlichen Region ringförmig angeordnet. Zellkompartimente, wie Mitochondrien oder Chloroplasten, fehlen ihnen. Unter den Bakterien gibt es die stäbchenförmigen Bazillen, die rundlichen Kokken und die gebogenen bis geschraubten Spirillen. Die Vermehrung erfolgt über Zellteilung.

Die Urbakterien oder **Archaeen** wurden erst Ende der 1970er Jahre entdeckt. Archaeen unterscheiden sich deutlich, wie im Aufbau der Zellwand, von herkömmlichen Bakterien. Sie sind an extreme Lebensräume angepasst, wie sie für den Urzustand der Biosphäre typisch waren. Sie kommen heute an Extremstandorten vor, die diesen Bedingungen ähneln, zum Beispiel an heißen Quellen. Hier bevorzugen bestimmte Archaeen sogar Temperaturen von um die 100 Grad Celsius.

Beim Ordnen von Tieren nutzt man typische Merkmale. So kann man das Merkmal „Vorhandensein einer Wirbelsäule" zu einem Ordnungskriterium machen. Die beiden Gruppen, die sich dabei ergeben, sind die Wirbeltiere und die Wirbellosen. Dieses Ordnungskriterium ermöglicht eine eindeutige Zuordnung. Man sagt, das Ordnungskriterium ist **kriterienstet**. Das zeitgleiche Ordnen von Insekten nach „Farbe" und „Anzahl der Laufbeine" würde keine eindeutige Zuordnung ermöglichen. Ordnungssysteme mit mehreren Ordnungskriterien sind nicht eindeutig und daher **kriterienunstet**.

In einem Bestimmungsschlüssel betrachtet man immer nur ein Merkmal. Man entscheidet zum Beispiel, ob das Tier eine Wirbelsäule besitzt oder nicht. Besitzt es keine, prüft man das nächste Merkmal „Körper gegliedert". So geht es weiter, bis man das Tier bestimmt hat.

→ Kap. 7.1

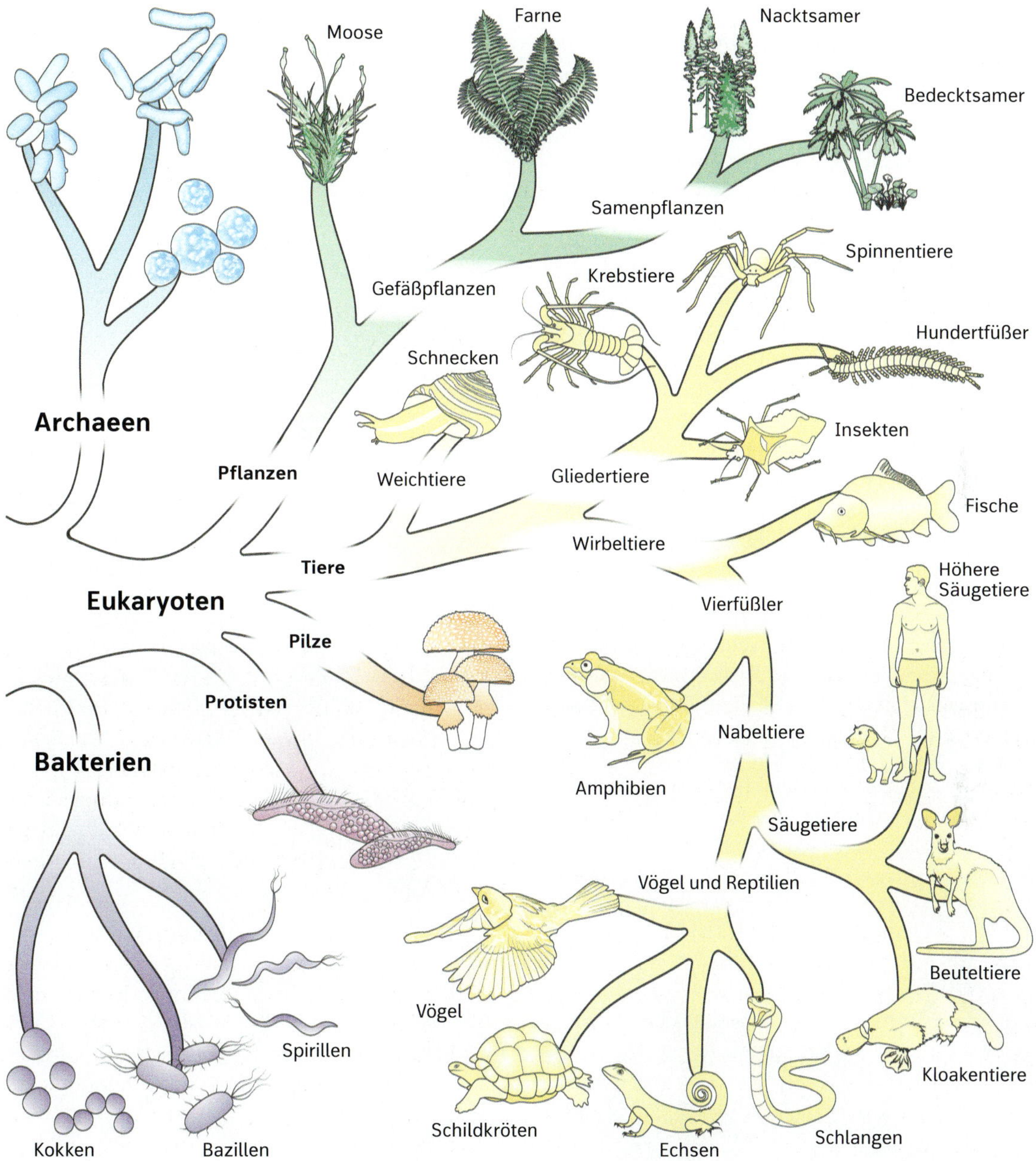

2 *Die Einordnung ausgewählter Lebewesen in das natürliche System, schematisch*

1. Historische und aktuelle Ansätze zur Systematisierung von Lebewesen.

a) Beschreiben Sie die drei Domänen der Lebewesen und ordnen Sie ihnen jeweils ein typisches Merkmal zu.

b) Vergleichen Sie die Einteilung in drei Domänen mit der zur Zeit Carl von Linnés geltenden Einteilung in zwei Reiche.

c) Beschreiben Sie mehrere Merkmale, die die Art Erdkröte mit den Lebewesen der Klasse „Amphibien", der Großgruppe „Vierfüßler", des Unterstamms „Wirbeltiere" und des Reichs „Tiere" gemeinsam hat.

d) Begründen Sie, weshalb die Kriterien „Farbe" und „Anzahl der Beine" keine eindeutige Zuordnung bei den Reptilien ermöglichen.

→ Kap. 7.1

Methode M16 Arten mit einem dichotomen Schlüssel bestimmen

Bei der Bestimmung von Bäumen können viele Merkmale wichtig sein. Besonders häufig aber wird in Bestimmungsbüchern nach den Merkmalen von Blättern gefragt. Bei den Blättern gibt es fünf Merkmalsbereiche, die die Unterschiede zwischen den Arten erkennen lassen: die Stellung der Blätter am Stängel, der Blattansatz am Stängel, die Form des Blattes, die Ausprägung des Blattrandes und die Blattaderung (Abb. 1, 2, 3).

Jede Baumart bildet andere Blätter. Sie unterscheiden sich in ihrer Form und ihrer Farbe. Die Rotbuche besitzt einfache, ungeteilte Blätter. Die meisten Blätter setzen sich aus dem **Blattstiel** und der **Blattspreite** zusammen. Nur wenige Pflanzenarten haben Blätter, die am Blattgrund noch sogenannte Nebenblätter tragen. Es gibt auch Pflanzenarten mit zusammengesetzten Blättern. Bei diesen Blättern ist die Blattspreite unterteilt. Es hat den Anschein, dass an einem Blattstiel mehrere Blätter sitzen würden. Ein Beispiel hierfür ist das Blatt der Heckenrose (Abb. 1).

Bei einem Bestimmungsschlüssel wird unter einer Nummer ein Merkmalspaar betrachtet. Für die Bestimmung entscheidet man an jeder Abzweigung zwischen zwei Optionen, zum Beispiel „Ist das Blatt einfach oder zusammengesetzt?“ (Abb. 2). Man spricht von einem **dichotomen Bestimmungsschlüssel**.

1 *Eine Heckenrose*

1	laubartige Blätter (weiter bei Punkt 4)	
1+	nadelförmige Blätter (weiter bei Punkt 2)	
4	einfaches Blatt (→ Punkt 7)	
4+	zusammengesetztes Blatt (→Punkt 5)	
7	Blätter gelappt oder gebuchtet	(→ Punkt 8)
7+	Blätter anders gestaltet (→ Punkt 12)	
12	Blatt rautenförmig oder eiförmig bis elliptisch	(→ Punkt 13)
12+	Blatt herzförmig	(→ Punkt 16)
13	Blatt eiförmig oder elliptisch	(→ Punkt 14)
13+	Blatt rautenförmig	(→ Punkt 15)
15	Blätter zugespitzt	
15+	Blätter abgerundet	
		Schwarzpappel

2 *Ein Beispiel: Bestimmung des Blattes mit Abbildung 5*

3 *Die Blattformen und Blattränder*

→ M17 → M18 → Kap. 7.1

4 *Verschiedene Laub- und Nadelblätter*

1	laubartige Blätter	4
1+	nadelförmige Blätter	2
2	wintergrüne Pflanze	3
2+	Nadeln zu 15 bis 30 in Büscheln, im Herbst abfallend	**Lärche**
3	Nadeln 1–1,5 cm lang, dunkelgrün	**Fichte (Rottanne)**
3+	Nadeln 3–8 cm lang, blaugrün	**Waldkiefer (Föhre)**
4	einfaches Blatt	7
4+	zusammengesetztes Blatt	5
5	handförmig geteiltes Blatt	**Rosskastanie**
5+	unpaarig gefiedertes Blatt	6
6	5 bis 7 Fiederblättchen	**Holunder**
6+	mehr als 7 Fiederblättchen, Blattrand scharf gesägt	**Eberesche**
7	Blätter gelappt oder gebuchtet	8
7+	Blätter anders gestaltet	12
8	Blätter gelappt	9
8+	Blätter gebuchtet	11
9	Lappen in mehrere dünne Spitzen auslaufend	**Spitzahorn**
9+	Lappen gebuchtet oder schwach gesägt	10
10	Lappen mit spitzen Einschnitten, Blattrand schwach gesägt	**Bergahorn**
10+	Lappen mit abgerundeten Einschnitten, Blattrand gebuchtet	**Feldahorn**
11	Blattstiel sehr kurz (4 bis 8 mm)	**Stieleiche**
11+	Blattstiel länger (1 bis 3 cm)	**Traubeneiche**
12	Blatt rautenförmig oder eiförmig bis elliptisch	13
12+	Blatt herzförmig	16
13	Blatt eiförmig oder elliptisch	14
13+	Blatt rautenförmig	15
14	Blattrand glatt oder schwach gewellt	**Rotbuche**
14+	Blattrand gesägt	**Hainbuche**
15	Blätter zugespitzt	**Warzenbirke**
15+	Blätter abgerundet	**Schwarzpappel**
16	Blätter beiderseits kahl, Unterseite mit braunen Winkeln zwischen den Blattadern	**Winterlinde**
16+	Blätter behaart, Unterseite mit weißen Winkeln zwischen den Blattadern	**Sommerlinde**

5 *Bestimmungsschlüssel*

1. Bestimmung mit einem dichotomen Schlüssel.

a) Bestimmen Sie mithilfe von Abbildung 5 bei fünf Blättern aus Abbildung 4 die Baumart.

b) Entwickeln Sie einen Bestimmungsschlüssel zur Unterscheidung folgender Nadelbaumarten: Schwarzkiefer und Weiß-Tanne (Abb 4). Recherchieren Sie hierzu gegebenenfalls in digitalten Medien.

Methode M17 Bestimmen von Tieren am Beispiel von Wirbellosen

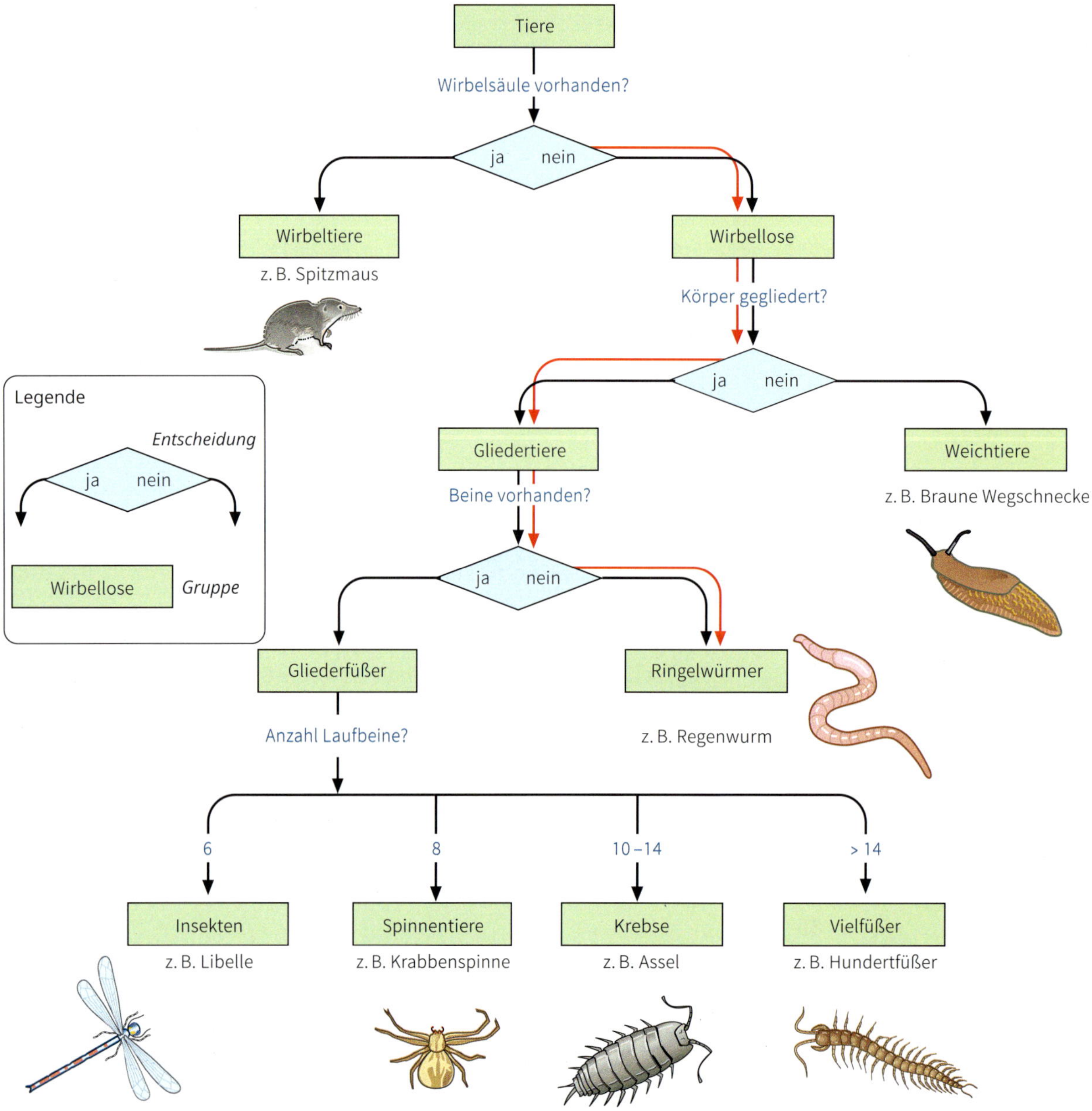

1 *Teil eines grafischen Bestimmungsschlüssels für Gliederfüßer, die rote Linie stellt ein Beispiel zur Bestimmung eines Regenwurms dar*

In der Biologie wird versucht, alle existierenden Organismenarten zu erfassen und zu ordnen. So ist es möglich, einen Überblick zu bekommen. Die Ordnung sollte möglichst – wie in einem Stammbaum – den Verwandtschaftsgrad der Arten abbilden. Hierbei nutzt man, dass Lebewesen durch ihre jeweiligen Merkmale gekennzeichnet sind. Biologen nutzen Bestimmungsschlüssel, um Organismen einzuordnen. Ein Bestimmungsschlüssel bezieht sich auf eine eingegrenzte Gruppe von Arten. In einem Bestimmungsschlüssel werden jeweils festgelegte Kriterien angewendet, um die Organismen zu unterscheiden. Man nennt das **„kriteriengeleitetes Ordnen"**. Ein Bestimmungsschlüssel kann aber auch in Form einer Grafik vorliegen, die den Bestimmungsweg durch Linien und daran notierte Merkmale vorgibt (Abb. 1).

→ M16 → M18 → Kap. 7.1

Gliedertiere sind dadurch gekennzeichnet, dass ihr Körper in viele hintereinander liegende, mehr oder weniger gleichartig gestaltete Segmente gegliedert ist. Ganz deutlich ist das bei den Ringelwürmern, zu denen der Regenwurm gehört. Auch die Insekten und Krebse haben deutliche Segmente, wenn auch nicht alle Segmente genau gleich aussehen. Bei vielen Spinnen sind die Segmente stark miteinander verwachsen, sodass sie nur in Vorder- und Hinterkörper gegliedert scheinen.

Die **Gliederfüßer** (Insekten, Spinnen, Krebse und Vielfüßer) behalten ihre Form durch ein äußeres Skelett. Es besteht aus einer stabilen Außenhülle aus Chitin. Dieses Außenskelett wächst nicht mit. Deshalb wird es im Laufe der Entwicklung zum ausgewachsenen Tier mehrmals abgestoßen und durch ein neues, größeres ersetzt. Bei diesem Stamm ist die Zahl der Beine ein wichtiges Unterscheidungsmerkmal. Die Libelle als Insekt hat 6 Beine. Die Krabbenspinne hat 8 Beine und ihr Körper ist in Kopf und Hinterleib unterteilt. Hundertüßer haben mehr als 8 Beine. Bei Krebstieren ist der Körper in zwei oder drei Abschnitte geliedert. Jedes Körpersegment trägt ein Paar Gliedmaßen.

2 *Einordnung der Gliederfüßer*

Gliederfüßer:

1.	mit 2 Paar Fühlern	*Krebse*
	– mit 0 - 1 Paar Fühlern	2
2.	Kopf und Brust nicht getrennt, 4 Beinpaare	*Spinnen*
	– Kopf und Brust getrennt, 3 bis sehr viele Beinpaare	3
3.	...	

3 *Auszug aus einem Bestimmungsschlüssel in Textform*

1. Bestimmungsschlüssel. Ein dichotomer Bestimmungsschlüssel stellt zu einer Frage jeweils zwei Antworten zur Wahl, im einfachsten Fall ja und nein.

a) Vergleichen Sie die Schlüssel in Abb.1 und 3.

b) Erläutern Sie, warum der Bestimmungsschlüssel in Abb.1 nicht dichotom ist. Skizzieren Sie ihn so, dass er dichotom ist (Abb. 1, 2 und 3).

c) Entwicklen Sie einen grafischen Bestimmungsschlüssel, mit dem Sie verschiedene Fluginsekten einwandfrei bestimmen können (Abb. 4).

Erstellen eines Bestimmungsschlüssels:

1. Entscheiden Sie, für welche Gruppe von Organismen Sie einen Bestimmungsschlüssel erstellen möchten.
2. Formulieren Sie ein Kriterium, das die Menge der Organismen eindeutig in zwei Gruppen unterscheidet. Das Kriterium sollte sich auf ein möglichst deutliches Merkmal im Bauplan der Organismen beziehen.
3. Wählen Sie eine Teilgruppe aus und formulieren Sie wiederum ein Kriterium, mit dem die Gruppe in zwei Teilgruppen geteilt wird.
4. Wiederholen Sie Schritt 3 bis alle Organismen einzeln stehen oder die verbliebenen Gruppen nicht mehr sicher unterteilt werden können.

Biene oder Schwebfliege?
Schwebfliegen gehören wie alle Fliegen zu der Ordnung der Zweiflügler. Sie haben nur zwei Flügel. Bienen haben vier Flügel. Sie besitzen auf jeder Seite ein Flügelpaar. Im Körperbau fehlt Schwebfliegen die schmale Taille, wie sie bei Bienen vorkommt. Die Augen der Schwebfliegen sind sehr viel größer und ihre Fühler sind kürzer. Bienen gehören zur Ordnung der Hautflügler. Ihre Vorderflügel sind dünnhäutig. Schnabelkerfen sind eine weitere Ordnung innerhalb der Insekten. Ihre Vorderflügel sind nur an den Spitzen dünnhäutig. Bienen haben unbeschuppte Flügel. Schmetterlinge besitzen dagegen Flügel mit farbigen Schuppen. Bei Bienen sind Vorder- und Hinterflügel durch feine Häkchen miteinander verbunden. Bei Libellen und Eintagsfliegen fehlen diese Häkchen. Libellen haben etwa gleichgroße Flügel, bei Eintagsfliegen sind die Vorderflügel deutlich größer.

Große Schwebfliege

Luzerne-Blattschneiderbiene

4 *Bestimmungsschlüssel erstellen - Beispiel Insekten*

Methode M18 Tier- und Pflanzenarten mit einer App bestimmen

1 *Der Einsatz einer Bestimmungs-App im Freiland*

2 *Der Wiesen-Klee*

In Deutschland gibt es ca. 48 000 Tier-, 9 500 Pflanzen- und 14 000 Pilzarten. Auch Experten können längst nicht jede Art auf Anhieb erkennen und benennen. Das klassische Hilfsmittel dazu ist ein Bestimmungsschlüssel, in dem die vorliegende Tier- oder Pflanzenart und verwandte Arten behandelt werden, z. B. einen Bestimmungsschlüssel für Bäume und Sträucher. Ein Bestimmungsschlüssel ist zumeist so aufgebaut, dass zwei unterschiedliche Merkmale (griech. *dichotom*, zweigabelig) gegenübergestellt und verglichen werden. Für ein Merkmal muss man sich dann entscheiden. Detailabbildungen und prägnante Texte unterstützen die Entscheidung. Zum Bestimmen eines Strauches beantwortet man darin nach und nach verschiedene Fragen zum Aussehen der Pflanze. Zu jeder Frage gibt es zwei Antworten, von denen man eine auswählt und dadurch zur nächsten Frage gelangt, bis man zum Namen der betrachteten Art oder zumindest zu der Gruppe kommt, zu der die Art gehört.

Es lassen sich zur Bestimmung von Pflanzen oder Tieren auch Bestimmungs-Apps auf dem Handy oder dem Computer nutzen. Meistens werden dabei Fotos, die man nach Anweisung der App von der Pflanze oder dem Tier macht, von der Erkennungssoftware der App analysiert und mit einer Datenbank im Internet abgeglichen. Ausgegeben werden dann der Name der Pflanze oder des Tieres und oft auch weitere Informationen.

Bestimmung des Wiesen-Klees (Abb. 2)

Durch genaues Lesen der Hinweise in der dichotom arbeitenden Bestimmungs-App und durch ständigen Vergleich mit dem Original kann man sich für eines der beiden Merkmale entscheiden und gelangt zum nächsten wichtigen Merkmal.

1. Schritt: Nach dem Starten bietet der Startbildschirm die Auswahl „Blattstellung gegenüberliegend“ oder „Blattstellung wechselständig“.

2. Schritt: Nach der Auswahl „Blattstellung wechselständig“ erscheint die Auswahl „keine Blattrosette“ oder „Blattrosette am Boden“ (Blätter dicht gedrängt).

3. Schritt: Nach dem Wählen, dass keine Blattrosette vorhanden ist, wird man gefragt, ob die Blätter „einfach“ oder „zusammengesetzt“ sind.

4. Schritt: Dann gelangt man zur Auswahl „Blätter aus Blättchen zusammengesetzt“ oder „Blätter sind eingeschnitten“.

5. Schritt: Nach der Entscheidung, dass die Blätter zusammengesetzt sind, wählt man „Blättchen sind oval“ und nicht „Blättchen sind zipfelig“.

6. Schritt: Dann entscheidet man sich für „Blatt besteht aus genau 3 Blättchen“.

7. Schritt: Nach der Wahl von „Stängel ist aufrecht“ gelangt man zur Auswahl der Blütenfarbe.

8. Schritt: Nun entscheidet man sich für "Blütenfarbe - rot" und erhält die gesuchte Pflanze: **Wiesen-Klee**.

3 *Die Schritte zum Arbeiten mit einer dichotom arbeitenden App*

→ M16 → M17 → Kap. 7.1

4 *Beispiel für die Bestimmung mit einer App: Das Scharbockskraut*

Bestimmungs-Apps können auch im Freiland eingesetzt werden (Abb. 5). Für eine schnelle Bestimmung gibt es auch vollautomatisch arbeitende Apps. Man fotografiert beispielsweise eine Pflanze oder ein Tier mit der Handy-Kamera oder wählt ein gespeichertes Bild aus der Fotogalerie aus. Anschließend findet die vollautomatische Bestimmungs-App anhand einer Bilderkennungstechnologie die richtigen Pflanzen oder Tiere. Die Genauigkeit dieser Apps ist stark von der Qualität des Fotos abhängig. Bei manchen Apps gibt es zu den beobachteten Pflanzen und Tieren genauere Informationen sowie Verbreitungskarten (Abb. 4).

Organismen im Freiland bestimmen

1. Schritt: Gebiet aussuchen
2. Schritt: Art des Bestimmungsschlüssels auswählen (Bäume, Blütenpflanzen, Insekten...)
3. Schritt: Bestimmungs-App auswählen und installieren, falls noch nicht geschehen
4. Schritt: Tabelle vorbereiten für Notizen:
Art, Häufigkeit, Ort, Datum, Besonderheiten, Dateiname des Fotos, ggf. abweichendes Ergebnis der App oder des Bestimmungsschlüssels, ….
5. Schritt: Organismen im Freiland bestimmen
6. Schritt: Die Daten in der Tabelle notieren
7. Schritt: Im Zweifel viele Fotos machen und später Experten fragen

5 *Das Arbeiten mit einer vollautomatischen App im Freiland*

Hinweise: Für seltene oder schwer zu bestimmende Arten, zum Beispiel viele Insekten, werden von der App oft Vorschläge auf Artniveau gemacht. Manchmal wird die korrekte Art nicht vorgeschlagen oder das Foto erlaubt keine zutreffende Artbestimmung. In diesem Fall ist eine allgemeine Bestimmung geeigneter als eine konkrete, die jedoch falsch ist. Man braucht nicht immer jeden Organismus bis auf das Artniveau bestimmen. Auch wenn Bestimmungs-Apps recht zuverlässig Pflanzen und Tiere bestimmen können, sollte man sich nicht auf die Ergebnisse der App verlassen. **Dies ist besonders wichtig, wenn es um die Bestimmung von giftigen Pflanzen und Tieren geht.**

Bestimmungs-Apps werden zunehmend auch professionell zum Erfassen von Organismen in einem bestimmten Gebiet eingesetzt. Der Naturschutz ist auf Daten angewiesen, die die Verbreitung von Arten in einem Gebiet zeigen. Verknüpft mit dem Funddatum zeigen sie, welche Pflanzenarten weniger werden und welche sich über die Jahre immer weiter ausbreiten. Eine „Rote Liste" von zu schützenden Arten wäre nicht möglich, wenn keine Informationen über die Verbreitung der Arten vorlägen. Daten wie Art, Ort, Datum, die früher im Freiland notiert und später mühsam am Computer eingegeben werden mussten, werden heute möglicherweise gleich von der App hochgeladen und automatisch in eine entsprechende Datenbank übernommen. Die Ortungsfunktion im Handy liefert oft sehr genaue Positionsdaten, die dann in eine Verbreitungskarte eingetragen werden können.

1. Arbeiten mit einer geeigneten Bestimmungs-App.

a) Recherchieren Sie Apps, mit denen man Organismen bestimmen kann. Erstellen Sie eine Liste.

b) Für einen Praxistest können Sie auf ein Handy die eine App und auf ein anderes eine andere Bestimmungs-App laden. Bestimmen Sie mehrere Pflanzen und Tiere mit beiden Apps unter den gleichen Bedingungen. Begründen Sie, welche App geeigneter erscheint.

c) Vergleichen Sie die Vorgehensweise bei der dichotom arbeitenden App mit der Vorgehensweise bei der vollautomatischen App. Überlegen Sie, welche Informationen wichtig sind, um sich für eine App zu entscheiden.

d) Vergleichen Sie die Arbeit mit einem Bestimmungsschlüssel mit der Anwendung einer Bestimmungs-App. Entwickeln Sie Hinweise zur Optimierung der Arbeitsweise mit der App zur Erhöhung der Erkennungsgenauigkeit der untersuchten Pflanzen und Tiere.

→ M16 → M17 → Kap. 7.1

1 *a) Das Fossil von Archaeopteryx und b) eine Rekonstruktion*

Nach der Abstammungstheorie von CHARLES DARWIN haben sich die heute lebenden Arten in längeren Zeiträumen im Laufe der Evolution aus gemeinsamen Vorfahren entwickelt. Diese gemeinsamen Vorfahren besaßen bereits einige Eigenschaften der Arten, die später aus ihnen hervorgegangen sind. Diese Vorfahren heißen **Brückentiere**. Viele dieser Brückentiere sind noch nicht entdeckt, ihre Existenz wird aber von der Abstammungstheorie behauptet. Ein fehlendes Brückentier wird daher als „**missing link**", als fehlendes Bindeglied, bezeichnet. Wenn derartige Brückentiere in Form von Fossilien gefunden werden, erlauben sie wichtige Rückschlüsse auf die Entwicklung der Arten.

Ein berühmtes Fossil ist der „Urvogel" ***Archaeopteryx***. Das erste der entdeckten Fossilien dieser Art wurde 1860, kurz nach der Veröffentlichung der Abstammungstheorie von DARWIN, in etwa 150 Millionen Jahre alten Gesteinsschichten in Solnhofen in Bayern gefunden (Abb. 1). *Archaeopteryx* war das erste Fossil, bei dem sich Federn nachweisen ließen. Das Skelett von *Archaeopteryx* wies neben typischen Vogelmerkmalen viele reptilien- und sauriertypische Merkmale auf. Typische Merkmale für Vögel sind neben den Federn die zum Gabelbein verwachsenen Schlüsselbeine (Abb. 3, 5). Daran setzt die Flugmuskulatur an. Aufgrund des Aufbaus des Skeletts wird jedoch davon ausgegangen, dass *Archaeopteryx* ein sehr schlechter Flieger war. Reptilientypisch sind unter anderem der bezahnte Kiefer, der lange Reptilschwanz aus einzelnen Wirbeln und das Vorhandensein von Bauchrippen (Abb. 3, 4). Ob *Archaeopteryx* allerdings das gesuchte Brückentier für den Übergang von urtümlichen Reptilien zu den heutigen Vögeln und ein unmittelbarer Vorfahr der heutigen Vögel ist, bleibt fraglich. Zahlreiche Untersuchungen deuten darauf hin, dass *Archaeopteryx* wohl einer inzwischen ausgestorbenen Linie der Vogelentwicklung angehört.

In Deutschland wurden bisher zwölf Fossilien des *Archaeopteryx* gefunden. Seit 1996 sind vor allem in China zahlreiche Fossilien von gefiederten vierfüßigen Raubsauriern entdeckt worden. Diese lebten allerdings später als *Archaeopteryx* und kommen deshalb als Vorfahren der Vögel nicht in Frage. Im Jahr 2010 wurde das Fossil einer inzwischen als *Anchiornis huxleyi* bezeichneten kleinen Raubsaurierart gefunden, die ein Ganzkörperfederkleid besaß und vor *Archaeopteryx* lebte. Dieser Raubsaurier könnte die bisher fehlende Übergangsform zwischen Reptilien und Vögeln sein.

→ B5 → Kap. 7.9

In oberen Schichten der Erdatmosphäre werden unter dem Einfluss energiereicher kosmischer Strahlung ständig aus Stickstoffatomen radioaktive ^{14}C-Kohlenstoffatome gebildet. Diese radioaktiven Kohlenstoffatome zerfallen mit einer Halbwertszeit von 5 730 Jahren. Das bedeutet, dass jeweils nach 5 730 Jahren die Konzentration der ursprünglich vorhandenen ^{14}C-Kohlenstoffatome auf 50 % der Ausgangskonzentration gesunken ist. Da Neubildung und Zerfall mit gleicher Geschwindigkeit ablaufen, bleibt die Konzentration der ^{14}C-Atome in der Atmosphäre konstant. Pflanzen nehmen Kohlenstoffatome in Form von Kohlenstoffdioxidmolekülen auf und produzieren daraus Biomasse. Andere Lebewesen ernähren sich direkt oder indirekt davon. Deshalb ist auch im Körper der Lebewesen genau die ^{14}C-Konzentration, wie sie in der Atmosphäre herrscht, vorhanden. Mit dem Tod eines Lebewesens endet sein Stoffwechsel. Von nun an sinkt die ^{14}C-Konzentration kontinuierlich. Die noch vorhandene ^{14}C-Konzentration lässt über die Messung der Radioaktivität einer Probe, Rückschlüsse auf das Alter von Proben zu. Frische Proben haben einen Wert von 27 Bq (Becquerel = Zerfälle pro kg Probe in einer Sekunde.) Häufig wird das Alter von Fossilien indirekt ermittelt, indem das Alter von Gesteinen bestimmt wird, in denen sie vorkommen. Eine gängige Methode ist die Kalium-Argon-Datierung. Das radioaktive Isotop ^{40}K zerfällt mit einer Halbwertszeit von 1,3 Milliarden Jahren. Dabei entsteht das Edelgas Argon. Bei manchen Gesteinen wird das Edelgas eingeschlossen. Mithilfe der im Gestein eingeschlossenen Argonmenge wird dessen Alter und damit auch das Alter der darin eingeschlossenen Fossilien bestimmt. Mit dieser Methode werden Zeiträume von 100 000 bis zu mehreren Milliarden Jahren erfasst.

2 *Die Altersbestimmung von Fossilien*

1. *Archaeopteryx* – Zwergsaurier oder Vogel?
a) Vergleichen Sie tabellarisch das Skelett des *Archaeopteryx* mit dem Zwergsaurier- und Vogelskelett.
b) Erläutern Sie, inwiefern *Archaeopteryx* Vogel- und Reptilienmerkmale besaß.

2. Altersbestimmung von Fossilien. In einem steinzeitlichen Grab, dessen Alter auf 10 000 Jahre geschätzt wird, werden Rinderknochen gefunden. Die Knochen zeigen eine ^{14}C-Aktivität von 3 Bq. Analysieren Sie, ob die Knochen aus der gleichen Epoche stammen (Abb. 2). Eine grafische Lösung ist möglich.

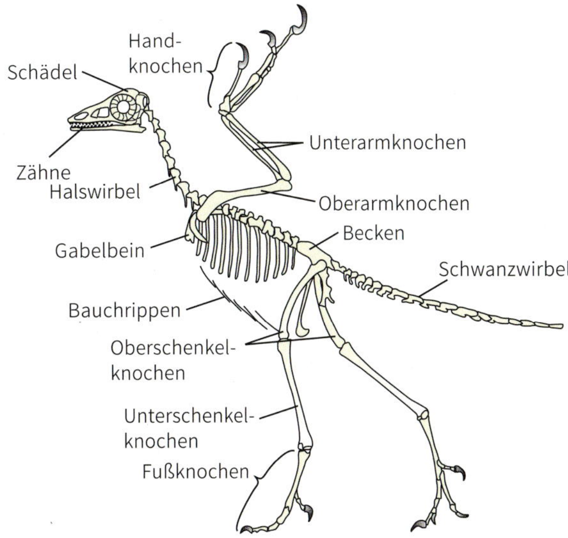

3 *Das Skelett von Archaeopteryx*

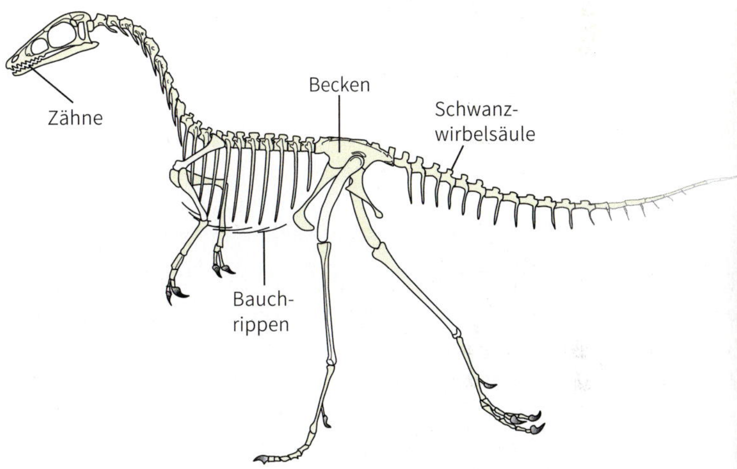

4 *Das Skelett eines Zwergsauriers*

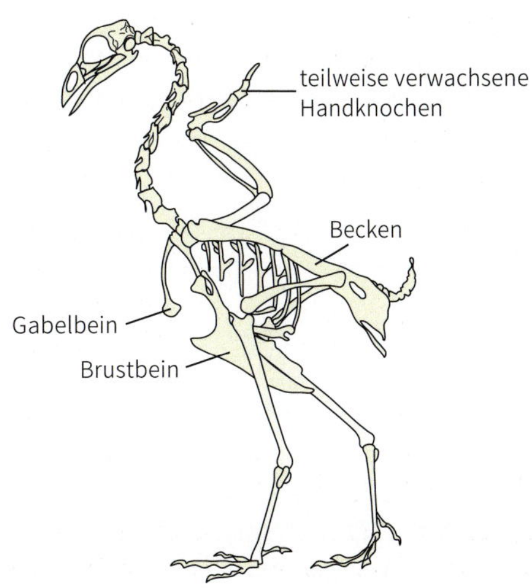

5 *Das Skelett eines Huhns*

→ B5 → Kap. 7.9

7.3 Belege für die Evolution: Homologien und Analogien

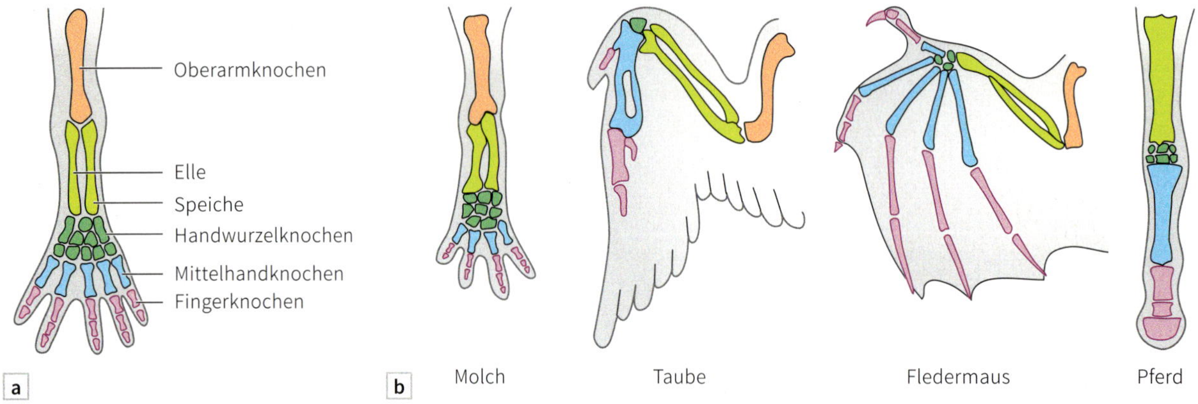

1 *a) Der Bauplan einer Vordergliedmaße bei Wirbeltieren, b) Die Homologien bei verschiedenen Wirbeltieren*

Säugetiere besitzen ähnliche Armskelette mit gleichem Grundbauplan: Sie sind übereinstimmend in Finger-, Mittelhand- und Handwurzelknochen sowie Elle, Speiche und Oberarmknochen gegliedert (Abb. 1). Auch andere Organe der Säugetiere wie Wirbelsäule, Augen, Verdauungskanal und Lungen ähneln denen anderer Wirbeltiere. Diese Ähnlichkeiten basieren auf der Abstammung von gemeinsamen Vorfahren. Diese Ähnlichkeiten werden auch **Homologien** oder Abstammungsähnlichkeiten genannt. Fossile Skelettfunde bieten die Möglichkeit, Homologien zu erkennen und dadurch Hinweise auf eine gemeinsame Abstammung zu erlangen. Zum Nachweis möglicher Homologien werden Homologiekriterien verwendet (Abb. 2).

1. Kriterium der Lage: Die betrachteten Organe liegen in einem vergleichbaren Gefügesystem und nehmen die gleiche Lage ein. Bei den Organen können Verschmelzungen und Reduktionen stattfinden. Beispiel: Vordergliedmaßen der Säugetiere, Gliederung der Verdauungsorgane der Säugetiere in Mund – Speiseröhre – Magen – Darm – After.

2. Kriterium der Kontinuität: Es liegt zwar ein unterschiedlicher Bau der Organe vor, aber es existieren Zwischenformen, die z.B. nur in der Embryonalentwicklung sichtbar sind. Beispiel: Die Halsschlagader von Säugetieren lässt sich aufgrund von Embryonalstadien mit den Kiemenbogenarterien der Fische homologisieren.

3. Kriterium der spezifischen Qualität: Die betrachteten Organe sind zwar äußerlich unterschiedlich, weisen aber übereinstimmende Teilstrukturen oder gemeinsame Baumerkmale auf. Beispiel: Dentin der Zähne und Haifischschuppen.

2 *Die Homologiekriterien: Organe gelten als homolog, wenn eines der Kriterien erfüllt ist.*

Trotz des gemeinsamen Bauplanes homologer Organe können die Übereinstimmungen einzelner Teile gering sein. Die Unterschiede im Bau der Armskelette entsprechen der unterschiedlichen Lebensweise dieser Tiere. Im Verlauf der Evolution haben viele Organismen ihre Lebensweise verändert. Durch genetische Variation und natürliche Auslese fand ein Funktionswandel von Organen statt. Es kam zu einer Angepasstheit des Baues an die jeweilige Funktion. Diese Erscheinung wird als **Divergenz** bezeichnet. Es gibt auch universelle Homologien, das sind Übereinstimmungen aller heute lebenden Organismen. Beispiele dafür sind der Aufbau der DNA oder ATP als universeller Energieträger sowie die Begrenzung der Zellen durch eine Zellmembran.

Die Grabhand des Maulwurfs sieht den Grabschaufeln der Maulwurfsgrille sehr ähnlich (Abb. 3). Während die Hand des Maulwurfs ein Knochenskelett aufweist, liegt bei der Maulwurfsgrille ein Außenskelett aus Chitin vor. Maulwurf und Maulwurfsgrille besitzen unterschiedliche Baupläne ihrer äußerlich ähnlichen Gliedmaßen. Solche Übereinstimmungen werden **Analogie** oder Anpassungsähnlichkeit genannt. Sie sind stammesgeschichtlich unabhängig voneinander entstanden, lassen aber Rückschlüsse auf ähnliche Umweltbedingungen und Lebensweisen zu. Häufig besetzen Lebewesen mit analogen Organen ähnliche, überlappende ökologische Nischen. Dies wird als konvergente Entwicklung oder **Konvergenz** bezeichnet.

→ B1 → B5 → Kap. 7.6 → Kap. 7.9

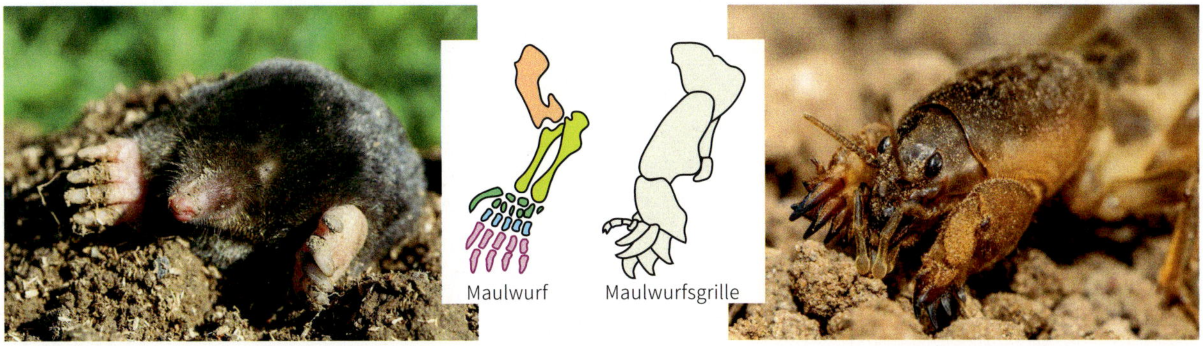

3 *Die Analogie der Vordergliedmaßen bei Maulwurf und Maulwurfsgrille*

1. Stromlinienform. In Abbildung 4 sind Lebewesen dargestellt, die verschiedenen Wirbeltierklassen angehören. Ordnen Sie sie der zutreffenden Wirbeltierklasse zu. Begründen Sie, ob es sich um Homologien oder Analogien handelt. Erläutern Sie die Mechanismen, die zu der Ähnlichkeit der Körperform geführt haben.

2. Homologien bei Schädelknochen. Der Bau des Unterkiefergelenks hat sich während der Evolution der Wirbeltiere verändert. Knochenfische und Reptilien als frühe Wirbeltiere besitzen ein so genanntes primäres Kiefergelenk. Säugetiere haben ein sekundäres Kiefergelenk.

a) Beschreiben Sie anhand der Abbildung 5 die Verlagerung der Knochen des Unterkiefergelenkes im Lauf der Evolution.

b) Analysieren Sie die Homologie der Gehörknöchelchen der Säugetiere zu den Kiefergelenkknochen von Reptilien und Knochenfischen (Abb. 5). Erläutern Sie, welche Homologiekriterien hier relevant sind.

c) Erläutern Sie den Begriff Divergenz an diesem Beispiel.

3. Homologie oder Analogie? Die Vanille besitzt ebenso wie der Wilde Wein Ranken (Abb. 6). Diese sehen sich sehr ähnlich. Lange Zeit wurde geglaubt, dass es sich um eine homologe Entwicklung handelt.
In einem Experiment wurden die Pflanzen so gebogen, dass die Ranken den Boden berührten. Dabei zeigte sich, dass sich die Ranken der Vanille zu Wurzeln entwickeln können, die des Wilden Weins nicht. Entwickeln Sie die Hypothesen, die diesem Experiment zugrunde lagen. Werten Sie die Ergebnisse des Experiments hypothesenbezogen aus.

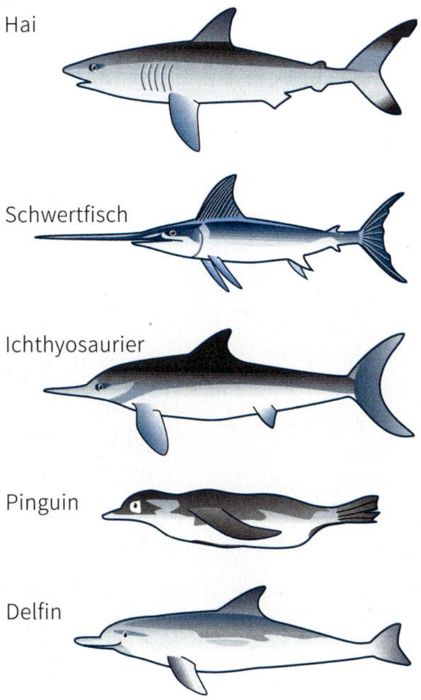

4 *Stromlinienform verschiedener Tierarten*

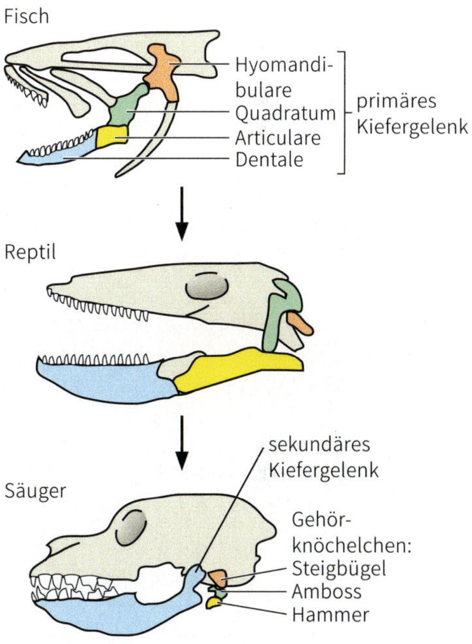

5 *Die Entwicklung des Kiefergelenkes*

6 *Verschiedene Ranken*

→ B1 → B5 → Kap. 7.6 → Kap. 7.9

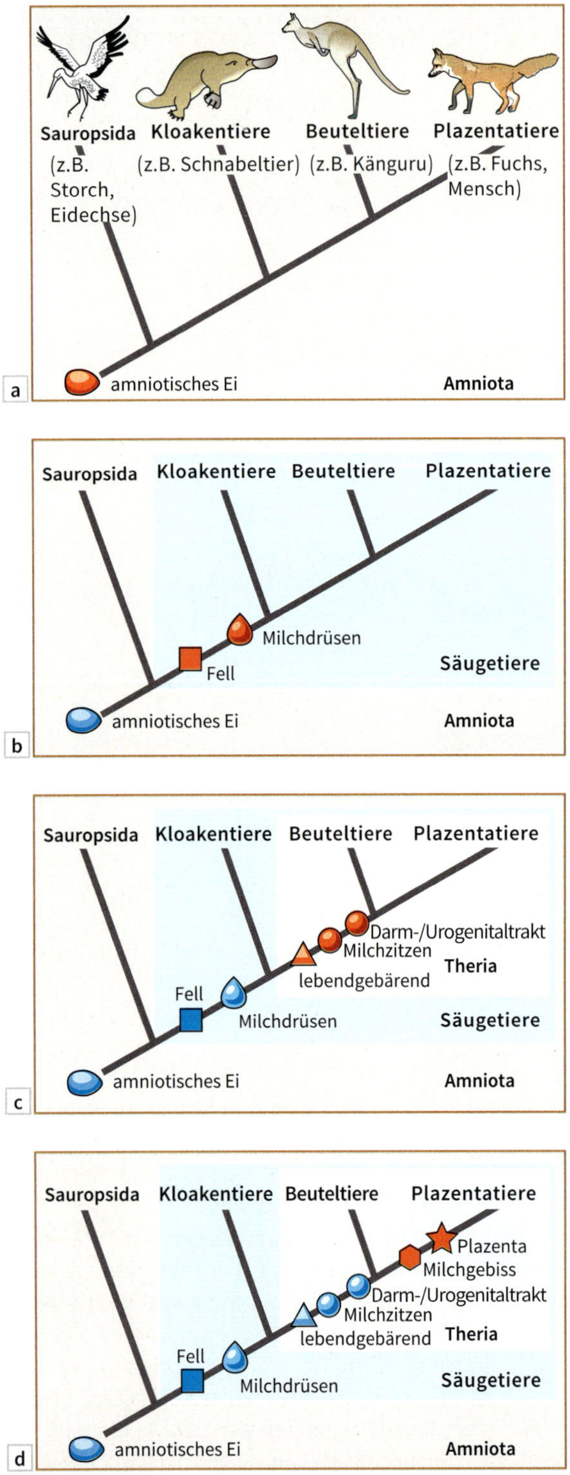

1 *Die Kladogramme der Amniota mit apomorphen (rot) und plesiomorphen (blau) Merkmalen*

Ein **Stammbaum** oder **Kladogramm** wird mithilfe von Merkmalen, die im Vergleich zu den Vorfahren in der Stammesgeschichte zum ersten Mal aufgetreten sind, rekonstruiert. Die Gruppe der **Amniota** schließt alle Wirbeltiere ein, die sich völlig unabhängig vom Wasser fortpflanzen können (Abb. 1 a). Diese Tiere besitzen alle ein amniotisches Ei mit Nahrungsvorrat, die Fruchtblase (Amnion), und eine relativ feste Schale. Das amniotische Ei ist das neue Merkmal der Amniota. Alle Tiere in der Gruppe haben das amniotische Ei und kein Tier außerhalb der Gruppe hat es. Diese **apomorphen Merkmale** oder Apomorphien sind homologe **abgeleitete Merkmale**, die von einer Ursprungsform abgeleitet werden. Damit haben alle direkten Nachfahren der Stammart dieses neue Merkmal. Durch den Nachweis dieser Apomorphien lassen sich geschlossene Abstammungsgemeinschaften bilden. Man spricht bei den Amniota von einer **monophyletischen Gruppe**. Der Stammbaum der Amniota zeigt die Verwandtschaftsverhältnisse und wie sich die Lebewesen im Laufe der Evolution entwickelt haben. Die heute lebenden Tiere stehen ganz oben (Abb. 1).

Innerhalb der Amniota entwickelten sich später das Fell und die Milchdrüsen, das sind die abgeleiteten Merkmale der monophyletischen Gruppe der Säugetiere (Abb. 1 b). Die Gruppe der Sauropsida (Reptilien und Vögel) hat diese Merkmale nicht und gehört damit nicht zu den Säugetieren. Das Merkmal amniotisches Ei, das sowohl Säugetiere und Sauropsida haben, zeigt nur deren nähere Verwandtschaft. Diese **ursprünglichen Merkmale** oder **plesiomorphe Merkmale**, die in der Stammesgeschichte weiter zurück liegen, sind nicht für den Nachweis von monophyletischen Gruppen geeignet. Ein homologes Merkmal kann also in Abhängigkeit von der betrachteten monophyletischen Gruppe ein abgeleitetes oder ein ursprüngliches Merkmal sein (Abb. 1). Innerhalb der Säugetiere wird mit den folgenden abgeleiteten Merkmalen die monophyletische Gruppe der Theria gebildet: getrennter Darm- und Urogenitaltrakt, lebendgebärend und Milchzitzen. Die Gruppe der Theria umfasst die Beuteltiere und Plazentatiere, während die Kloakentiere nicht dazu gehören (Abb. 1 c). Das Milchgebiss und die Plazenta begründen die monophyletische Gruppe der Plazentatiere, welcher der Mensch angehört. Die Beuteltiere, wie beispielsweise das Känguru, gehören nicht dazu, weil sie diese abgeleiteten Merkmale nicht besitzen (Abb. 1 d).

→ B5 → Kap. 7.3 → Kap. 7.9

Nummer	1	2	3	4	5	6	7	8	9	10
Merkmal	knöcherne Wirbelsäule	Schnabel aus Horn	Schädelknochen mit zwei Schläfenfenstern	Zunge mit geteilter Spitze	Schädel mit Voraugenloch	Milchdrüsen	Larvenstadium im Wasser	Schädelknochen mit Gruben	thermoregulatorisch	amniotisches Ei
Amsel	+	+	+	–	+	–	–	–	+	+
Krokodil	+	–	+	–	+	–	–	+	–	+
Eidechse	+	–	+	+	–	–	–	–	–	+
Mensch	+	–	–	–	–	+	–	–	+	+
Laubfrosch	+	–	–	–	–	–	+	–	–	–

2 *Eine Merkmalstabelle zur Rekonstruktion eines Wirbeltierstammbaums: + = vorhanden; – = nicht vorhanden*

1. Fachbegriffe – Ähnlichkeiten und monophyletische Gruppe.

a) Wenden Sie die folgenden Begrifflichkeiten auf den Stammbaum der Amniota in Abbildung 1 an: abgeleitete Merkmale, ursprüngliche Merkmale, homologe Merkmale und monophyletische Gruppe.

b) Die monophyletische Gruppe der Säugetiere lässt sich gemäß der Theria-Hypothese in zwei Schwestergruppen unterteilen. Dabei werden die Beuteltiere und Plazentatiere zur monophyletischen Gruppe der Theria zusammengefasst und den Kloakentieren gegenübergestellt (Abb. 1 c). Begründen Sie mithilfe von abgeleiteten Merkmalen die Einteilung der Säugetiere in die monophyletische Gruppe der Theria.

c) Erläutern Sie, inwiefern das Merkmal „eierlegend“ bei den Kloakentieren kein abgeleitetes Merkmal darstellt und damit nicht geeignet ist, die Kloakentiere als monophyletische Gruppe nachzuweisen.

2. Darstellung und Analyse von Stammbäumen.

Stammbäume werden meist in zwei Formen dargestellt (Abb. 3). Die beiden Darstellungsweisen enthalten die gleichen Informationen und sind im Hinblick ihrer Aussagen gleich. Eine Verzweigung weist immer nur zwei Äste auf und je weiter oben eine Aufspaltung ist, desto kürzer liegt sie zurück. Ein Ast einer Verzweigung muss eine monophyletische Gruppe sein, er ist also auf einen gemeinsamen Vorfahren zurückzuführen und alle Nachfahren dieser Stammart müssen enthalten sein.

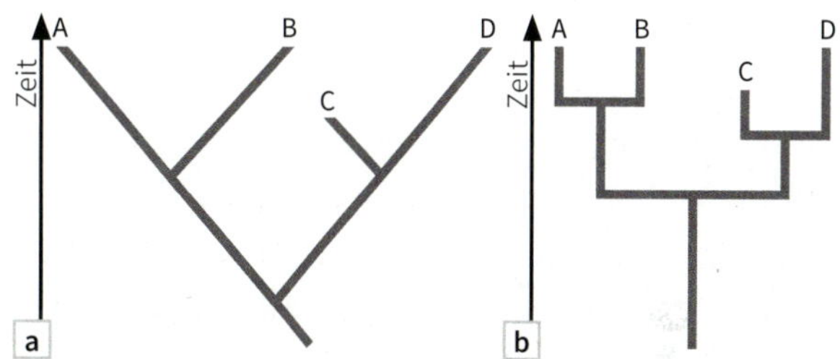

3 *Die Darstellungsmöglichkeiten eines Stammbaums*

a) Erläutern Sie die Verwandtschaftsverhältnisse der vier in Abbildung 3 dargestellten Gruppen.

b) Zeichnen Sie eine beschriftete Skizze des Stammbaums Abbildung 1 d) nach dem Vorbild von Stammbaum b) in Abbildung 3.

c) Skizzieren Sie in dem gezeichneten Stammbaum aus Aufgabe b) die vier monophyletischen Gruppen aus Abbildung 1.

3. Rekonstruktion von Stammbäumen.

Die Wirbeltiere stellen die größte Gruppe innerhalb der Chordatiere dar. Sie umfassen etwa 50 000 bekannte Arten. Generell können Wirbeltiere in fünf große Klassen unterteilt werden: Fische, Amphibien, Reptilien, Vögel und Säugetiere. Skizzieren Sie mithilfe der Merkmalstabelle zur Rekonstruktion eines Wirbeltierstammbaums von Abbildung 2 einen passenden Stammbaum. Tragen Sie anschließend die Nummern der Merkmale 1 bis 10 an den entsprechenden Stellen im Stammbaum ein.

7.5 Exkurs: Historische molekularbiologische Methoden

1 *Ein Nektarvogel*

2 *Ein Kolibri*

In der Evolutionsforschung stellt sich stets die Frage wer mit wem verwandt ist. Morphologische Ähnlichkeiten, wie bei Nektarvogel und Kolibri, lassen jedoch nicht immer auf eine enge Verwandtschaft schließen (Abb. 1, 2). Anfang des 20. Jahrhunderts wurde zur Feststellung von Verwandtschaftsgraden ein Bluttest entwickelt. Mithilfe dieses Tests kann immunologisch die Struktur von Proteinen verschiedener Arten verglichen und damit ein Rückschluss auf den Grad ihrer Verwandtschaft abgeleitet werden.

Bei dem **Serum-Präzipitin-Test** wird aus dem Blut des Tieres, dessen Verwandtschaftsverhältnis überprüft werden soll, Blutserum gewonnen **1** und einem nur sehr entfernt verwandten Tier, beispielsweise einem Kaninchen, injiziert **2** (Abb. 3). Das Immunsystem des Kaninchens erkennt die Proteine des Blutserums als körperfremd und bildet Antikörper gegen diese Antigene. Wird nun aus dem Blut des Kaninchens antikörperreiches Blutserum gewonnen **3** und mit dem Blutserum eines anderen Tieres gemischt **4**, kommt es zur Verklumpung der Antikörper mit den fremden Antigenen und ein Niederschlag entsteht. Der Niederschlag wird Präzipitat genannt, die Verklumpung Präzipitation. Je ähnlicher die Proteine im Blut des getesteten Tieres den Proteinen des Tieres sind, dessen Blut zur Herstellung der Antikörper im Kaninchen genutzt wurde, desto mehr Präzipitat bildet sich **5**. Das Präzipitat ist ein Niederschlag aus AntigenAntikörper-Komplexen. Eine hundertprozentige Präzipitation bedeutet, dass alle Antigene im Serum des getesteten Tieres mit den Antikörpern im Testserum reagieren und verklumpen, da sie die selbe Struktur haben wie die Proteine des Tieres, dessen Serum für die Antikörperherstellung genutzt wurde. Der Serum-Präzipitin-Test gibt nur einen groben Hinweis auf die Verwandtschaft von Arten und ist bei nah verwandten Arten zu ungenau. Daher hat diese Methode heute keine Relevanz mehr und wurde durch neue Methoden ersetzt.

Bis circa 1980 wurde die **DNA-Hybridisierung** zum Nachweis von DNA-Übereinstimmungen genutzt (Abb. 4). Die beiden Einzelstränge der DNA werden durch Wasserstoffbrücken verbunden. Um diese Anziehungskräfte zu überwinden ist Energie notwendig. Wird DNA in wässriger Lösung erhitzt, so werden bei ungefähr 95 °C die Wasserstoffbrücken zwischen dem DNA-Doppelstrang aufgebrochen. Es entstehen zwei Einzelstränge. Die Temperatur, bei der dies geschieht wird als Schmelzpunkt bezeichnet. Wird die Temperatur wieder gesenkt, bilden sich die Wasserstoffbrücken erneut und der Doppelstrang entsteht in gleicher Form. Um Verwandtschaftsverhältnisse aufzuklären, wird die DNA der untersuchten Spezies in Einzelstränge aufgeschmolzen **1** und mit der DNA einer anderen Spezies gemischt **2**. Wird das Gemisch abgekühlt, bilden die zueinander passenden Einzelstränge entsprechende Doppelstränge. Dieser Vorgang wird Hybridisierung genannt. Je nachdem wie ähnlich sich die Basensequenzen sind, bilden sich gut oder schlecht passende Doppelstränge. Je mehr Basenpaare komplementär zueinander sind, desto mehr Wasserstoffbrücken werden ausgebildet, die die Doppelstränge stabilisieren **3**. Werden die Doppelstränge erneut erhitzt, so trennen sich die schlecht passenden Doppelstränge, bei denen sich nur wenige Wasserstoffbrücken ausgebildet haben, bereits bei niedrigeren Temperaturen, gut passende erst bei hohen Temperaturen **4**. Die unterschiedlichen Schmelztemperaturen geben Auskunft über die Übereinstimmung der Basensequenzen der DNA und damit über den Verwandtschaftsgrad der Lebewesen. Auch diese Methode wird heutzutage nur noch selten eingesetzt.

→ Kap. 1.4 → Kap. 1.11

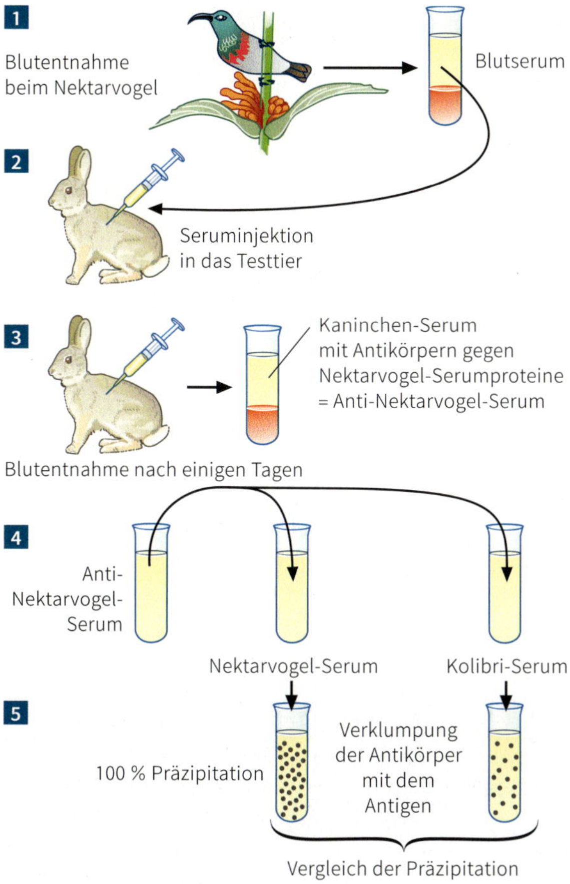

3 *Der Serum-Präzipitin-Test*

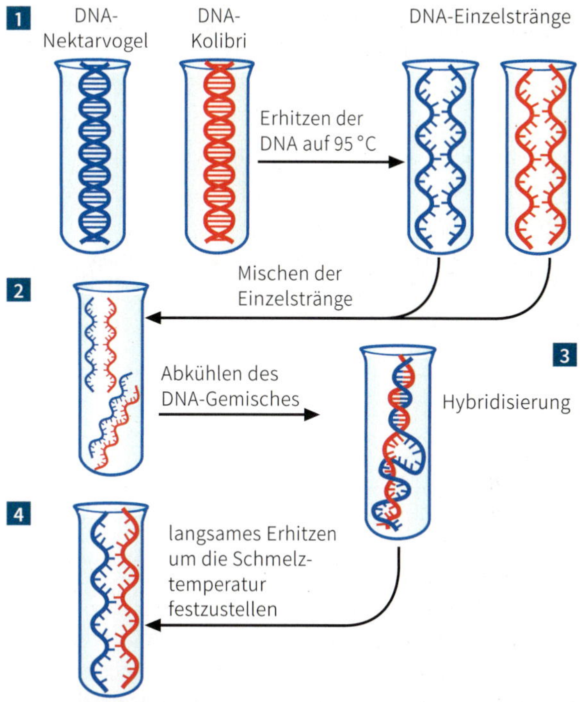

4 *Die DNA-Hybridisierung*

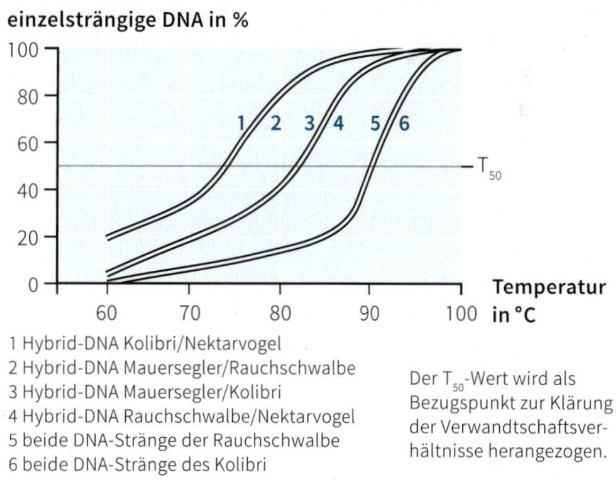

5 *Die Schmelzkurven der DNA verschiedener Vogelarten*

1. Serum-Präzipitin-Test

a) Erläutern Sie anhand von Abbildung 3 die Vorgehensweise beim Serum-Präzipitin-Test.

b) Vergleichen Sie den Serum-Präzipitin-Test mit der DNA-Hybridisierung.

c) Begründen Sie, warum der Serum-Präzipitin-Test heute nicht mehr angewendet wird.

2. DNA-Hybridisierung

a) Erläutern Sie die Vorgehensweise der DNA-Hybridisierung anhand von Abbildung 4.

b) Erläutern Sie mithilfe des DNA-Aufbaus, warum man mit dem Verfahren der DNA-Hybridisierung den Grad der Verwandtschaft von Lebewesen bestimmen kann.

3. Basiskonzept "Struktur und Funktion". Erläutern Sie die Bedeutung des Basiskonzepts für die Vorgänge beim Serum-Präzipitin-Test und bei der DNA-Hybridisierung.

4. Verwandtschaft verschiedener Vogelarten

a) Vergleichen Sie die in Abbildung 5 dargestellten Untersuchungsergebnisse.

b) Begründen Sie die Verwandtschaftsbeziehungen der in Abbildung 5 untersuchten Vogelarten und skizzieren Sie einen entsprechenden Stammbaum, der die Abspaltung der jeweiligen Vogelarten von gemeinsamen Vorfahren verdeutlicht.

→ Kap. 1.4 → Kap. 1.11

7.6 Molekularbiologische Homologien als Belege für die Evolution

Aminosäuren	1-10	11-20	21-30	31-40	41-50	51-60
Mensch/Schimpanse	MGDVEKGKKI	FIMKCSQCHT	VEKGGKHKTG	PNLHGLFGRK	TGQAPGYSYT	AANKNKGIIW
Rhesusaffe	MGDVEKGKKI	FIMKCSQCHT	VEKGGKHKTG	PNLHGLFGRK	TGQAPGYSYT	AANKNKGITW
Taube	MGDIEKGKKI	FVQKCSQCHT	VEKGGKHKTG	PNLHGLFGRK	TGQAEGFSYT	DANKNKGITW
Schnappschildkröte	MGDVEKGKKI	FVQKCAQCHT	VEKGGKHKTG	PNLNGLIGRK	TGQAEGFSYT	EANKNKGITW
Ochsenfrosch	MGDVEKGKKI	FVQKCAQCHT	CEKGGPHKVG	PNLYGLIGRK	TGQAAGFSYT	DANKNKGITW
Thunfisch	-GDVAKGKKT	FVQKCAQCHT	VENGGPHKVG	PNLWGLFGRK	TGQAEGYSYT	DANKSKGIVW

Aminosäuren	61-70	71-80	81-90	91-100	101-105
Mensch/Schimpanse	GEDTLMEYLE	NPKKYIPGTK	MIFVGIKKKE	ERADLIAYLK	KATNE
Rhesusaffe	GEDTLMEYLE	NPKKYIPGTK	MIFVGIKKKE	ERADLIAYLK	KATNE
Taube	GEDTLMEYLE	NPKKYIPGTK	MIFAGIKKKA	ERADLIAYLK	QATAK
Schnappschildkröte	GEETLMEYLE	NPKKYIPGTK	MIFAGIKKKA	ERADLIAYLK	DATSK
Ochsenfrosch	GEDTLMEYLE	NPKKYIPGTK	MIFAGIKKKG	ERQDLIAYLK	SACSK
Thunfisch	NNDTLMEYLE	NPKKYIPGTK	MIFAGIKKKG	ERQDLVAYLK	SATS-

Legende: A: Alanin, C: Cystein, D: Asparaginsäure, E: Glutaminsäure, F: Phenylalanin, G: Glycin, H: Histidin, I: Isoleucin, K: Lysin, L: Leucin, M: Methionin, N: Asparagin, P: Prolin, Q: Glutamin, R: Arginin, S: Serin, T: Threonin, V: Valin, W: Tryptophan, Y: Tyrosin

1 *Der Vergleich der Aminosäuresequenz des Cytochroms c verschiedener Wirbeltierarten, rot: Mutationen im Vergleich zum Menschen*

Die durch morphologische Homologien ermittelten Verwandtschaftsbeziehungen werden heute durch einen Vergleich von Aminosäure- und Basen-Sequenzen bestätigt, korrigiert oder ergänzt. Diese **molekularen Vergleiche** sind sehr objektiv. Dabei wird vorausgesetzt, dass die Unterschiede in der Aminosäuresequenz oder Basensequenz der DNA zweier Organismen umso größer sind, je entfernter sie miteinander verwandt sind. Je näher die Arten stammesgeschichtlich miteinander verwandt sind, desto geringer werden die Unterschiede in der Basenabfolge der DNA und damit auch in der Aminosäuresequenz.

Das **Cytochrom c** eignet sich für vergleichende evolutive Untersuchungen besonders, da es als Enzym der Atmungskette bei allen aerob lebenden Organismen verbreitet ist. Die Aminosäuresequenz des Cytochroms c ist von sehr vielen Arten bekannt, darunter auch Pflanzen, Hefen und Säugetiere. Der **Aminosäuresequenzvergleich** kann also eingesetzt werden, um Verwandtschaftsbeziehungen zwischen Arten zu klären, die stammesgeschichtlich so weit voneinander entfernt sind, dass keine morphologischen Ähnlichkeiten mehr festgestellt werden können. Bisher wird davon ausgegangen, dass es ein Ur-Cytochrom c gab. Im Verlauf der Evolution hat sich die Aminosäuresequenz des Enzyms durch Mutationen der DNA verändert. Die Aminosäuresequenz ist beim Cytochrom c von Schimpanse und Mensch völlig identisch (Abb. 1). Von dem des Rhesusaffen unterscheidet sich das menschliche Cytochrom c nur in einer Aminosäure (Abb. 1). Das Cytochrom c des Menschen unterscheidet sich von dem des Ochsenfroschs in der Position von 17 Aminosäuren (Abb. 1). Da anhand von Fossilfunden bekannt ist, dass sich die Entwicklungslinien der Reptilien und Säuger sowie der Amphibien vor etwa 400 Millionen Jahren getrennt haben, kann daraus geschlossen werden, dass durchschnittlich alle 20 Millionen Jahre eine Aminosäure der Sequenz des Cytochroms c verändert wurde. So lässt sich näherungsweise berechnen, wann sich Entwicklungslinien voneinander trennten (Abb. 3, 4).

Noch präziser als der Vergleich von Aminosäuresequenzen ist der Vergleich von DNA-Basensequenzen. Die **DNA-Sequenzierung**, also das Ermitteln der Basensequenz von DNA-Abschnitten, wird mithilfe der **Polymerasekettenreaktion**, kurz **PCR**, durchgeführt. Durch die Entwicklung der PCR wurde es möglich kleinste Mengen von DNA zu vervielfältigen. Auf diese Weise können beispielsweise die DNA-Sequenzen von lebendem Gewebe ermittelt werden, aber auch von fossilen Überresten oder gepressten Pflanzen in alten Herbarien, obwohl diese Überreste oft nur winzige Mengen DNA enthalten. Nach der Ermittlung der DNA-Basensequenzen verschiedener Organismen werden die Sequenzen miteinander verglichen. Die Anzahl der Veränderungen in der Basensequenz der DNA lässt Rückschlüsse auf die Verwandtschaftsbeziehungen zu.

→ B5 → Kap. 3.4 → Kap. 6.4 → Kap. 7.3 → Kap. 7.7

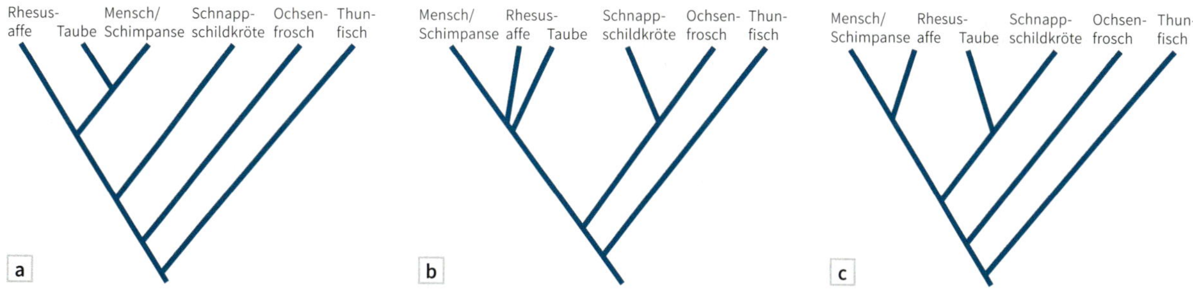

2 *Drei mögliche Kladogramme verschiedener Wirbeltiere*

1. Vergleich der Aminosäuresequenz des Cytochroms c verschiedener Arten.

a) Ermitteln Sie aus den molekularbiologischen Befunden in Abbildung 1 die möglichen Verwandtschaftsbeziehungen.

b) Prüfen Sie, ob die molekularbiologischen Befunde in Abbildung 1 mit den Stammbäumen a, b und c in Abbildung 2 übereinstimmen oder ihnen widersprechen.

2. Vergleich der Basen- und Aminosäuresequenz. Begründen Sie, weshalb die Analyse der Basensequenz aussagekräftiger für die Untersuchung von Verwandtschaftsbeziehungen von Arten ist als die Aminosäuresequenzanalyse. Ziehen Sie zur Unterstützung Ihrer Aussagen auch die Code-Sonne heran.

3. Cytochrom-c-Stammbaum. Die Zahlen im Stammbaum der Abbildung 3 geben die Aminosäureanzahl an, in der sich das Cytochrom c der verschiedenen Organismen voneinander unterscheidet. Verzweigungspunkte stellen gemeinsame Vorfahren dar. Man sucht im Stammbaum die zu vergleichenden Arten aus und verfolgt die Linien bis zu dem Verzweigungspunkt, wo sie sich auftrennen. Dann werden alle Zahlen, die an den jeweiligen Linien stehen addiert und man hat die gesuchte Anzahl der Unterschiede in der Aminosäuresequenz.

a) Erläutern Sie, weshalb der Cytochrom-c-Stammbaum einen Beleg für die Evolution darstellt.

b) Ermitteln Sie anhand des Stammbaums (Abb. 3) und dem Grundwissentext wann etwa die letzten gemeinsamen Vorfahren von Schildkröte und Sonnenblume lebten.

4. Eignung von Proteinen zur Klärung der Verwandtschaftsverhältnisse. Beurteilen Sie anhand von Abb. 4 die Aussage, dass Fibrinopeptide sich gut zum Vergleich sehr nah verwandter Arten eignen, Histone dagegen zum Vergleich sehr entfernt verwandter Lebewesen.

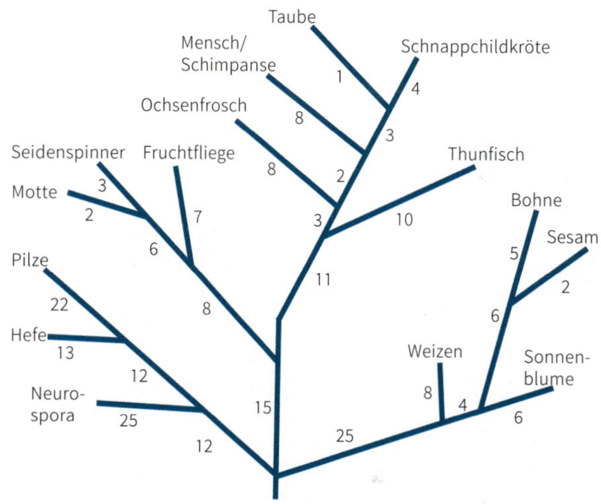

3 *Ein vereinfachter Cytochrom-c-Stammbaum*

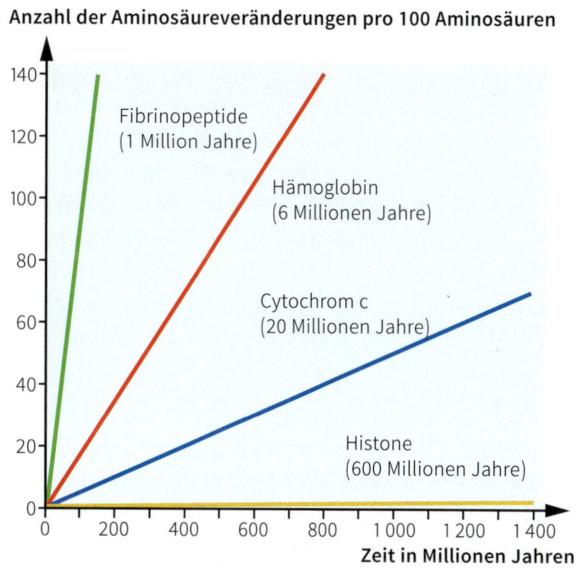

4 *Die Evolutionsgeschwindigkeiten vier verschiedener Proteine. Die Zahlen in den Klammern geben an, in welchem Zeitraum zirka eine Aminosäure ausgetauscht wurde.*

Hilfe **Webcode** WES-105475_227

7.7 Erkenntnisgewinn durch molekularbiologische Methoden

1 *Die Extraktion von fossiler DNA aus einem Mammut-Zahn*

Die Analyse der DNA ausgestorbener Tiere liefert wertvolle Hinweise auf die Entstehung der heute lebenden Arten. Forschende vergleichen die DNA von Mammuts mit der heutiger Elefanten, um deren Verwandtschaftsverhältnisse aufzuklären (Abb. 1).

Die Untersuchung alter DNA erweist sich jedoch oft als schwierig. Zum einen ist sie oft durch Reste anderer DNA verunreinigt, da Menschen, die die Fossilien gefunden und untersucht haben oder Bakterien, welche die Fossilien im Laufe der Zeit besiedelt haben, Spuren hinterließen. Zum anderen wird die DNA im Laufe der Zeit chemisch abgebaut und die DNA zerfällt in kurze Fragmente. Dies erschwerte die DNA-Sequenzierung mit den klassischen Sequenzierungsverfahren. Ein Durchbruch gelang mit der Technologie des **Next Generation Sequencing**, kurz **NGS**. Sie ermöglicht, dass bis zu mehreren Millionen Sequenzen gleichzeitig ausgelesen werden können und dies auch bei sehr alter, stark fragmentierter DNA.

Die meisten modernen DNA-Sequenzierungsverfahren beruhen auf dem Prinzip der **Sanger-Sequenzierung** (Abb. 2). Diese sogenannte Kettenabbruch-Methode wurde von FREDERICK SANGER im Jahr 1975 entwickelt. Wie bei einer PCR besteht der Reaktionsansatz aus der DNA-Probe, die sequenziert werden soll **1**, einer hitzestabilen Polymerase, die die Nucleotide miteinander verknüpft und so einen komplementären Strang synthetisiert und einer Pufferlösung, um die passenden Bedingungen für die Polymerase zu schaffen. Zudem beinhaltet der Reaktionsansatz Nukleotide, kurz dNTPs als Bausteine der neusynthetisierten DNA-Stränge (Abb. 2). Im Gegensatz zur PCR enthält der Reaktionsansatz zum einen nur eine Art von Primer, der als Ansatzpunkt der Polymerase dient. So wird nur ein Strang der DNA kopiert. Zum anderen wird der Reaktionsansatz auf vier Reaktionsgefäße aufgeteilt und jedem der vier Reaktionsansätze je eine Sorte von abgewandelten ddNTPs zugegeben **2**. Die ddNTPs werden auch Stopp-Nukleotide genannt, sie sind der Kernpunkt der DNA-Sequenzierung. Diesen ddNTPs fehlt im Gegensatz zu den dNTPs das Sauerstoffatom an der 3'-Position der Ribose. Dieses wird aber zur Verknüpfung mit dem nächsten Nukleotid gebraucht. Fehlt es, so kann die Nukleotidkette nicht mehr verlängert werden und die Polymerase bricht die Synthese des DNA-Stranges ab. Die Polymerase unterscheidet nicht zwischen dNTPs und ddNTPs, ihr Einbau erfolgt zufällig. Wie bei einer PCR wird der Reaktionsansatz in circa 30 Zyklen erhitzt und wieder abgekühlt. Während dieser Zyklen entstehen unterschiedlich lange Kopien des originalen DNA-Strangs, da es immer wieder zum Kettenabbruch durch den Einbau von ddNTPs kommt **3**. Jeder der vier Reaktionsansätze enthält nun eine Vielzahl verschieden langer DNA-Stücke, die in den einzelnen Reaktionsansätzen immer mit dem gleichen Nukleotid enden. Diese DNA-Stücke werden mithilfe einer **Gelelektrophorese** nach ihrer Länge aufgetrennt. Dabei wandern die kurzen Stücke schneller und damit weiter als die längeren. Da Primer oder dNTPs radioaktiv markiert sind, kann die DNA auf einem Röntgenfilm mithilfe der Autoradiografie sichtbar gemacht werden **4**. Die Basensequenz der DNA kann aus der Abfolge der DNA-Stücke abgelesen werden. Begonnen wird mit dem DNA-Stück, das am weitesten gewandert ist. Es ist das kürzeste DNA-Stück. Seine Synthese wurde durch den Einbau eines ddNTPs an der ersten Position nach dem Primer abgebrochen. Es wird notiert, zu welchem Reaktionsansatz (A, T, C oder G) es gehört, dann folgt das zweitkürzeste Fragment. Die sich daraus ergebende Basensequenz ist komplementär zur Basensequenz der sequenzierten DNA. Auf dieser Grundlage wird heute eine neuere Generation von Sequenzierverfahren durchgeführt (Kap. 4.15).

→ B5 → Kap. 4.15 → Kap. 7.3 → Kap. 7.6

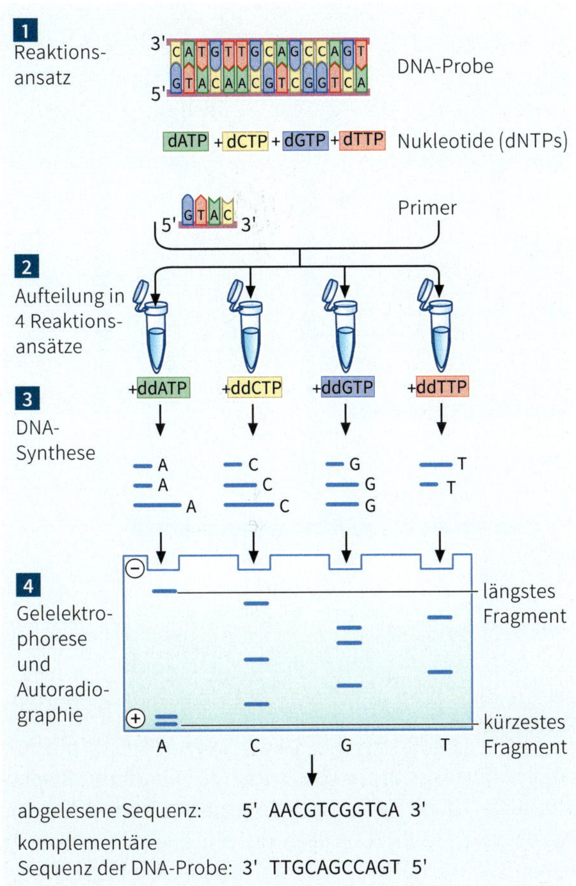

2 *Die DNA-Sequenzierung nach* SANGER

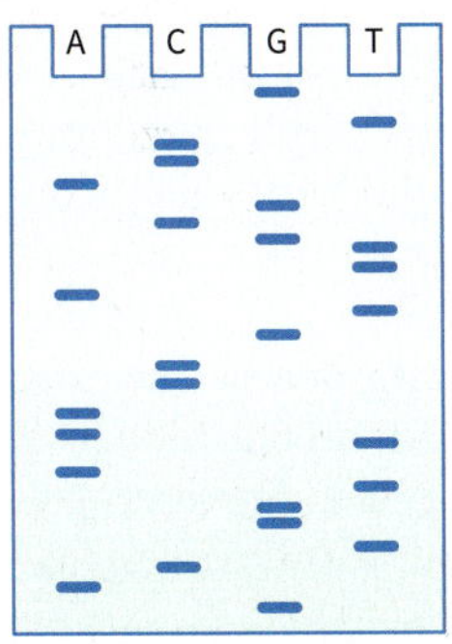

3 *Das Autoradiogramm eines Sequenziergels*

1. **Basensequenzierung nach SANGER.**
a) Ermitteln Sie die Basensequenz der in Abbildung 3 sequenzierten DNA.
b) Erläutern Sie die Basensequenzierung mithilfe von Sequenzierautomaten anhand von Abbildung 4.

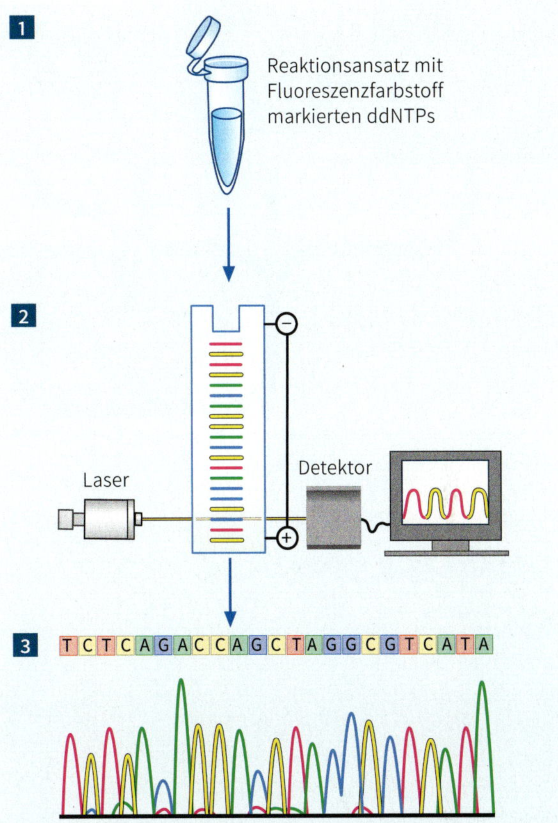

Moderne Sequenzierungsautomaten arbeiten nicht mit radioaktiven Markierungen, sondern mit Fluoreszenzfarbstoffen.

1 Jedes der vier Kettenabbruchnukleotide (ddNTP) wird mit einem anderen fluoreszierenden Farbstoffmolekül gekoppelt und die Sequenzierungsreaktion in einem Reaktionsgefäß durchgeführt.

2 Die entstandenen DNA-Fragmente werden in einer Gel-Kapillare elektrophoretisch aufgetrennt. Dabei passieren die einzelnen Banden einen Laserstrahl, der die Farbstoffe anregt. Ein Detektor registriert das abgestrahlte Licht und wandelt die Information in digitale Daten um.

3 Das Bandenmuster des Gels wird in ein Kurvendiagramm überragen, aus dem die Basensequenz der DNA abgelesen werden kann.

4 *Die Basensequenzierung mithilfe von Sequenzierautomaten*

→ B5 → Kap. 4.15 → Kap. 7.3 → Kap. 7.6

7.8 Exkurs: Belege für die Endosymbiontentheorie

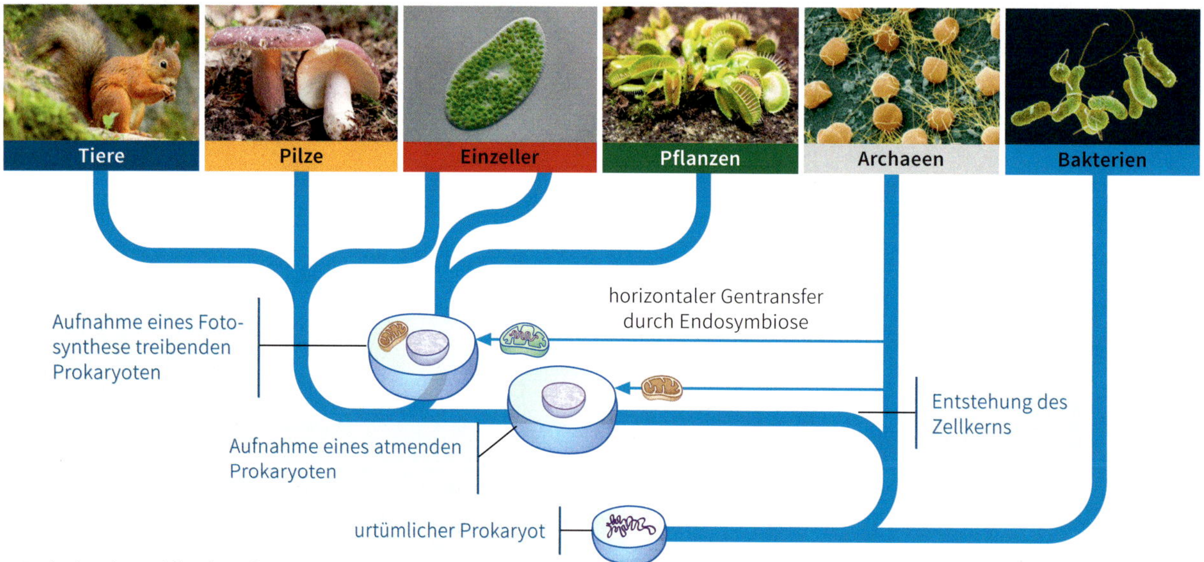

1 *Evolution der Reiche der Lebewesen*

Plastiden der Eukaryoten sind von Doppelmembranen umgeben. Die äußere Membran ähnelt in ihrer Zusammensetzung der Zellmembran, die innere besitzt bakterientypische Bestandteile.
Das Genom von Prokaryoten enthält 10^6 bis 10^7 Basenpaare, das der Eukaryoten 10^7 bis 10^{11}. In Plastiden sind 70S-Ribosomen enthalten, die sich anders als die 80S-Ribosomen im Zellplasma durch Prokaryoten-Antibiotika hemmen lassen. Plastiden vermehren sich immer durch Teilung, sie entstehen nie neu. Plastiden besitzen eine eigene ringförmig vorliegende DNA. Sie ist nicht wie die DNA des Zellkerns mit Proteinen assoziiert. Die Schweinchenamöbe *Pelomyxa palustris* ist ein sehr urtümlicher eukaryotischer Einzeller. Er besitzt keine Mitochondrien. Stattdessen enthält sein Zellplasma Bakterien, die Atmungsfunktionen wie Mitochondrien übernehmen.

2 *Plastiden und Bakterienzellen*

Vor etwa vier Milliarden Jahren besiedelten urtümliche Zellen die Erde. Diese Urzellen ähnelten vermutlich den auch heute noch lebenden Archaeen und Bakterien. Bakterien und Archaeen sind **Prokaryoten**. Bei ihnen befindet sich die DNA im Zellplasma. Prokaryoten besitzen keine Zellorganellen wie Zellkern, Mitochondrien, Chloroplasten und Golgi-Apparat. Bedingt durch ein wachsendes Nahrungsangebot wurden einige ursprüngliche Prokaryoten größer. Durch Einfalten der Zellmembran kam es zu einer Kompartimentierung der Zelle und zur Ausbildung eines Zellkerns. Lebewesen, die Zellen mit einem Zellkern besitzen, werden **Eukaryoten** genannt.

Durch Fotosynthese betreibende Cyanobakterien reicherte sich Sauerstoff in der Atmosphäre an. Aerob lebende Prokaryoten nutzen diesen Sauerstoff. Vermutlich ernährten sich in dieser Zeit erste eukaryotische Einzeller räuberisch von diesen kleineren Prokaryoten. In einigen Fällen wurden die Prokaryoten aufgenommen, aber nicht verdaut. Sie lebten in Form einer **Symbiose** in der Zelle weiter. Die Wirtszelle bot dem Prokaryoten Schutz vor räuberisch lebenden Zellen und versorgte ihn mit Nährstoffen, der Prokaryot entsorgte den für die Wirtszelle giftigen Sauerstoff. Gleichzeitig stellte er viel Energie in Form von ATP aus der Zellatmung bereit. Aus diesen Prokaryoten sind die Mitochondrien entstanden. Zellen, die bereits aerobe Prokaryoten aufgenommen hatten, nahmen später Fotosynthese treibende Cyanobakterien auf. Sie erlangten so die Fähigkeit, Lichtenergie zu nutzen. Aus diesen Cyanobakterien gingen die Chloroplasten der Pflanzenzellen hervor (Abb. 1). Das Weiterleben der kleineren Zelle im Innern der größeren Zelle zum beiderseitigen Vorteil heißt **Endosymbiose**. Nach der **Endosymbiontentheorie** zur Folge haben sich aus den aufgenommenen Einzellern die heutigen Mitochondrien und Chloroplasten entwickelt.

→ B5 → M15 → Kap. 7.10

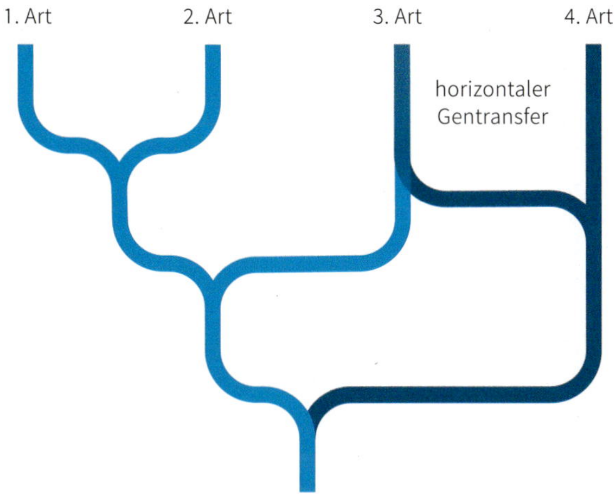

3 *Schema zum horizontalen Gentransfer in einem Stammbaum mit vier Arten*

1. Belege für die Endosymbiontentheorie.
a) Stellen Sie anhand der Informationen auf dieser Doppelseite Belege für die Richtigkeit der Endosymbiontentheorie zusammen. Erläutern Sie, inwiefern die genannten Fakten die Theorie stützen.
b) Das Augentierchen *Euglena gracilis* ist ein Fotosynthese treibender Einzeller. Die Chloroplasten weisen eine Besonderheit auf. Sie verfügen über drei Membranen. Entwickeln Sie eine Hypothese zur Entstehung der *Euglena*-Chloroplasten und zur Zusammensetzung der äußeren der drei Chloroplastenmembranen.

2. Horizontaler Gentransfer. Als horizontalen Gentransfer wird die Übertragung von genetischer Information über Artgrenzen von einem Genom zu einem anderen ohne Beteiligung sexueller Fortpflanzung bezeichnet. Horizontaler Gentransfer erfolgt vor allem durch Mikroorganismen. Auch durch die Verschmelzung ganzer Organismen kann ein Genom in ein anderes übertragen werden.
a) Beschreiben Sie die Verwandtschaftsverhältnisse der vier Arten in Abbildung 3. Erläutern Sie Probleme, die möglicherweise beim Lösen dieser Aufgabe auftreten.
b) Fertigen Sie analog zu Abbildung 3 eine farbige Skizze des Stammbaums in Abbildung 1 an. Erläutern Sie Ihre Skizze.

3. *Paulinella chromatophora.* Forschende beschreiben die evolutive Entwicklung von Zellorganellen durch Endosymbiose als zweistufigen Prozess. Erläutern Sie, inwiefern die in Abbildung 4 beschriebenen Untersuchungsergebnisse Indizien für diese Auffassung liefern.

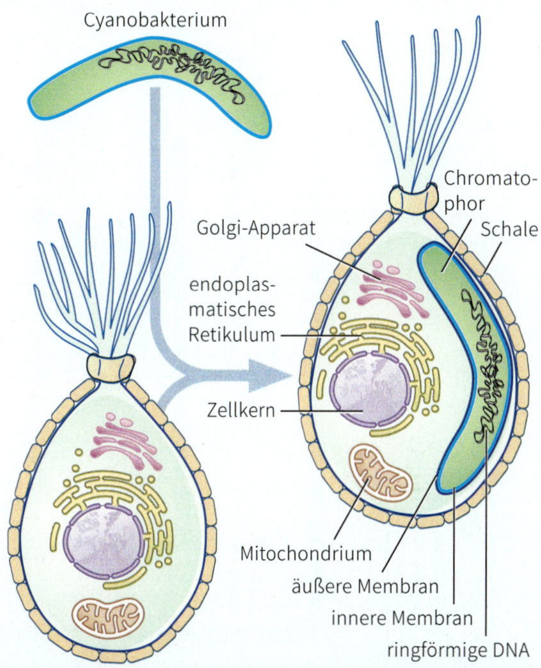

Amöben sind Einzeller. Die meisten Amöben ernähren sich räuberisch, indem sie kleinere Einzeller, Bakterien oder Algen durch Phagocytose aufnehmen und verdauen. Eine Ausnahme ist die Amöbenart *Paulinella chromatophora.* Diese einzellige Schalenamöbe besitzt grüne wurstförmige Chromatophoren. Diese verleihen der Amöbe die Fähigkeit, Fotosynthese zu treiben. Chromatophoren ähneln Chloroplasten. Es wird angenommen, dass auch sie ursprünglich durch Aufnahme von Cyanobakterien entstanden sind.
In einer Versuchsreihe wurden die Genome von Chloroplasten, Chromatophoren und Cyanobakterien verglichen. Es stellte sich heraus, dass das Genom von Cyanobakterien das mit Abstand größte ist. Das Genom der Chloroplasten umfasst nur ein Fünftel des Genoms der Chromatophoren. Bei Chloroplasten befindet sich ein Teil der Fotosynthesegene im Zellkern der Wirtszelle. Chromatophoren können völlig selbstständig Fotosynthese treiben, Aminosäuren und Vitamine produzieren. Diese Stoffe werden vom Wirtsorganismus benötigt. Im Gegensatz zu Cyanobakterien fehlen Chromatophoren und Chloroplasten einige Gene zur Steuerung des Stoffwechsels.

4 *Paulinella, Modellorganismus für die Endosymbiose?*

Hilfe **Webcode** WES-105475_231

→ B5 → M15 → Kap. 7.10

7.9 Die Verwandtschaft und der Stammbaum der Wirbeltiere

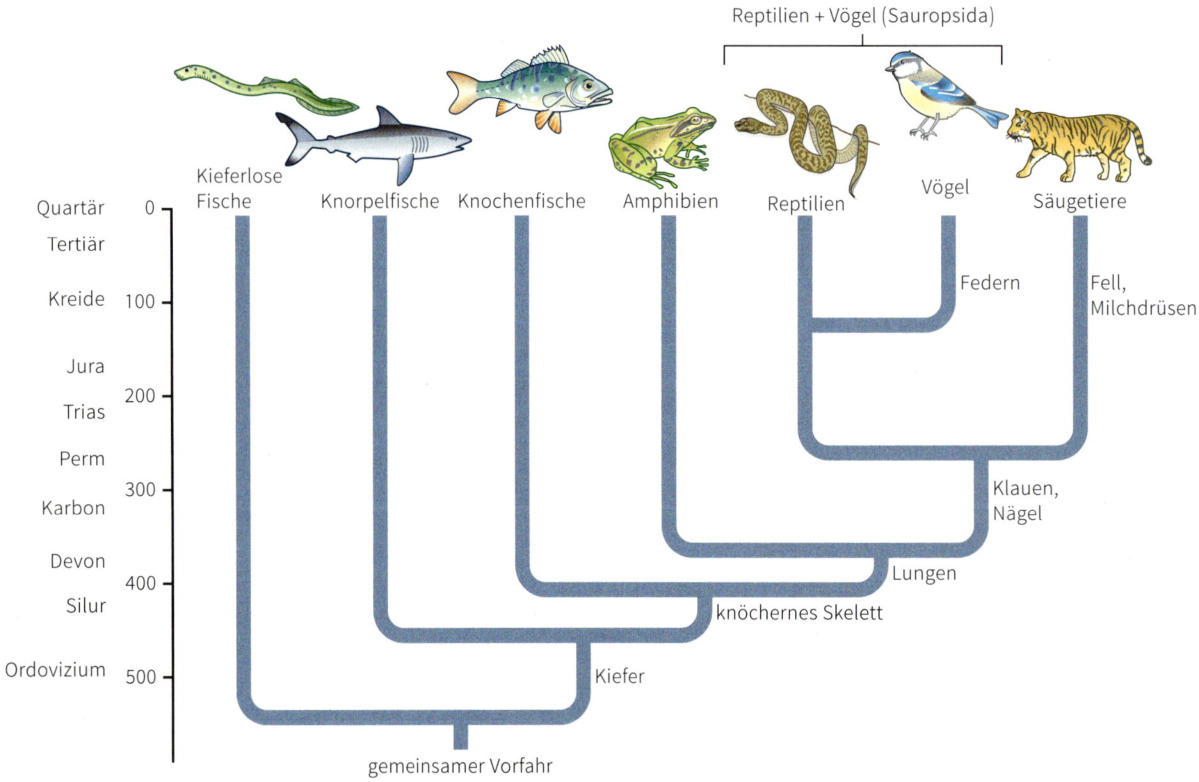

1 *Der Stammbaum der Wirbeltiere*

Die Erde wird von Millionen Arten von Lebewesen bevölkert. Die heute lebenden Arten haben sich in langen Zeiträumen aus gemeinsamen Vorfahren entwickelt. Ähnlichkeiten in den Bauplänen verschiedener Arten weisen auf einen gemeinsamen stammesgeschichtlichen Ursprung hin. Je größer die Ähnlichkeiten, desto enger ist häufig die stammesgeschichtliche Verwandtschaft.

Das charakteristische gemeinsame Merkmal der Wirbeltiere ist die aus Einzelelementen zusammengesetzte **Wirbelsäule**. Vor mehr als 500 Millionen Jahren lebte der letzte gemeinsame Vorfahr aller Wirbeltiere. Er ähnelte den heute lebenden Neunaugen. Wie die urtümlichen Vorfahren besitzen Neunaugen keine Kiefer, sondern ein rundliches Saugmaul. Deshalb werden sie auch als kieferlose Fische bezeichnet. Alle anderen Wirbeltierklassen besitzen Kiefer. Das Skelett der Neunaugen und Haie besteht aus Knorpeln, nicht aus Knochen. Die Knochenfische, Amphibien, Reptilien, Vögel und Säugetiere haben ein knöchernes Skelett. Trotz der Unterschiede werden Neunaugen, Haie und Knochenfische in der Regel zur Wirbeltierklasse der Fische zusammengefasst. Den Übergang zum Landleben ermöglichten Lungen, die bei den Amphibien erst nach Durchlaufen eines Larvenstadiums, in dem sie Kiemen besitzen, ausgebildet werden. Reptilien, Vögel und Säugetiere besitzen als einzige Wirbeltierklassen Klauen oder Nägel an den Extremitäten. Von den heute lebenden Wirbeltieren haben nur die Vertreter der Vögel Federn. Fell und Milchdrüsen treten nur bei Säugetieren auf.

Stammesgeschichtliche Verwandtschaftsbeziehungen von Lebewesen lassen sich in Form von Stammbäumen darstellen (Abb. 1). Für die Erstellung von Stammbäumen reichen Bauplanvergleiche allein aber nicht aus. Merkmale können sich im Verlauf der Evolution verändern, oder sie können ganz verschwinden. Heute gelten vor allem Ergebnisse molekularbiologischer Untersuchungen als besonders aussagekräftige Fakten. Es wird davon ausgegangen, dass sich ab dem Zeitpunkt, an dem sich die Entwicklungslinien, die zu unterschiedlichen Arten führen, getrennt haben, Mutationen in der DNA und in Proteinen anhäuften. Je mehr Unterschiede in der Basensequenz der DNA oder der Aminosäuresequenz gleichartiger Proteine auftreten, desto eher haben sich die Entwicklungslinien getrennt.

→ B5 → Kap. 7.1 → Kap. 7.4 → Kap. 7.6

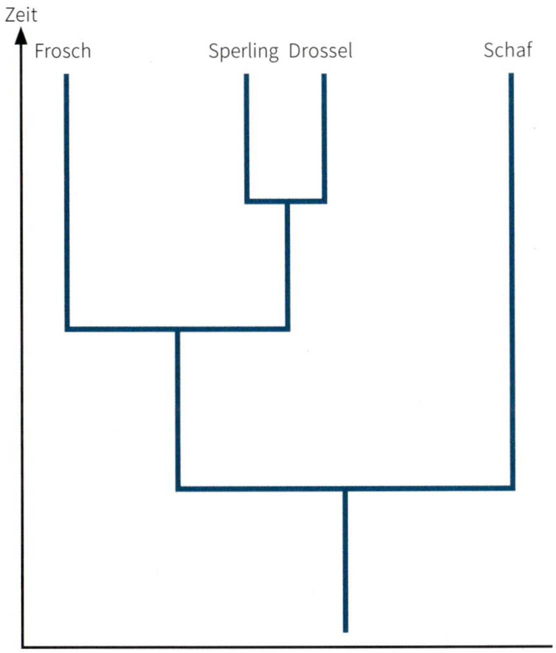

2 *Ein hypothetischer Stammbaum*

Merkmale der Lebewesen	A	B	C	D	E	F	G
geschlossener Blutkreislauf	+	+	+	+	+	+	+
vier Extremitäten vorhanden	+	–	+	+	+	+	+
Eiablage an Land	+	–	–	–	+	–	+
Eiablage im Wasser	–	+	–	+	–	–	–
thermoregulatorisch	+	–	+	–	+	+	–
thermokonform	–	+	–	+	–	–	+
Junge werden gesäugt	–	–	+	–	+	+	–
Junge werden lebend geboren	–	–	+	–	–	+	–
zumindest teilweise Lungenatmung	+	–	+	+	+	+	+
Metamorphose	–	–	–	+	–	–	–
Wirbelsäule ist vorhanden	+	+	+	+	+	+	+

3 *Der Merkmalsvergleich von sieben heute lebenden Wirbeltieren*

	Huhn	Karpfen	Maus	Molch	Pferd
Huhn	0	72	39	63	40
Karpfen		0	72	74	72
Maus			0	63	22
Molch				0	64
Pferd					0

4 *Die Ergebnisse des Aminosäuresequenzvergleichs für das Hämoglobin von fünf Wirbeltierarten. Angegeben ist jeweils die Zahl der unterschiedlichen Aminosäuren in den α-Ketten des Hämoglobins.*

1. Stammbaum der Wirbeltiere. Erläutern Sie anhand des dargestellten Stammbaums in Abbildung 1 die stammesgeschichtliche Verwandtschaft von Vögeln, Reptilien und Säugetieren.

2. Erstellung eines Stammbaumes der Wirbeltiere. Stammesgeschichtliche Verwandtschaftsbeziehungen lassen sich durch Stammbäume veranschaulichen. Dem Stammbaum in Abbildung 2 ist zu entnehmen: Sperling und Drossel sind stammesgeschichtlich am nächsten verwandt, der Frosch wäre demnach enger mit den Reptilien und Vögeln verwandt als mit dem Schaf.

a) Die Arten A – G in Abb. 3 gehören den Wirbeltierklassen Fische, Amphibien, Reptilien, Vögel und Säugetiere an. Skizzieren Sie mithilfe des Textes und der Daten in der Abb. 3 einen Stammbaum der Wirbeltierklassen. Beschriften Sie die Zweige des Stammbaumes mit den jeweiligen Wirbeltierklassen und ordnen Sie die in Abbildung 4 abgebildeten Lebewesen dem Stammbaum zu.

b) Entwickeln Sie aufgrund der in Abbildung 4 dargestellten Ergebnisse des Hämoglobinvergleichs einen Stammbaum der dort untersuchten Arten. Begründen Sie ihre Vorgehensweise. Überprüfen Sie, ob die Ergebnisse des Hämoglobinvergleichs geeignet sind, den von Ihnen nach den Angaben in Abbildung 3 entwickelten Stammbaum zu bestätigen. Prüfen Sie dann den Stammbaum in Abbildung 2.

c) Erläutern Sie die stammesgeschichtliche Verwandtschaft der in Abbildung 4 untersuchten Arten. Entwickeln Sie Hypothesen dazu, welche Ergebnisse zu erwarten wären, wenn für die in Abbildung 4 dargestellte Untersuchung auch ein Reptil berücksichtigt würde?

→ B5 → Kap. 7.1 → Kap. 7.4 → Kap. 7.6

7.10 Exkurs: Einordnung des Menschen in das natürliche System

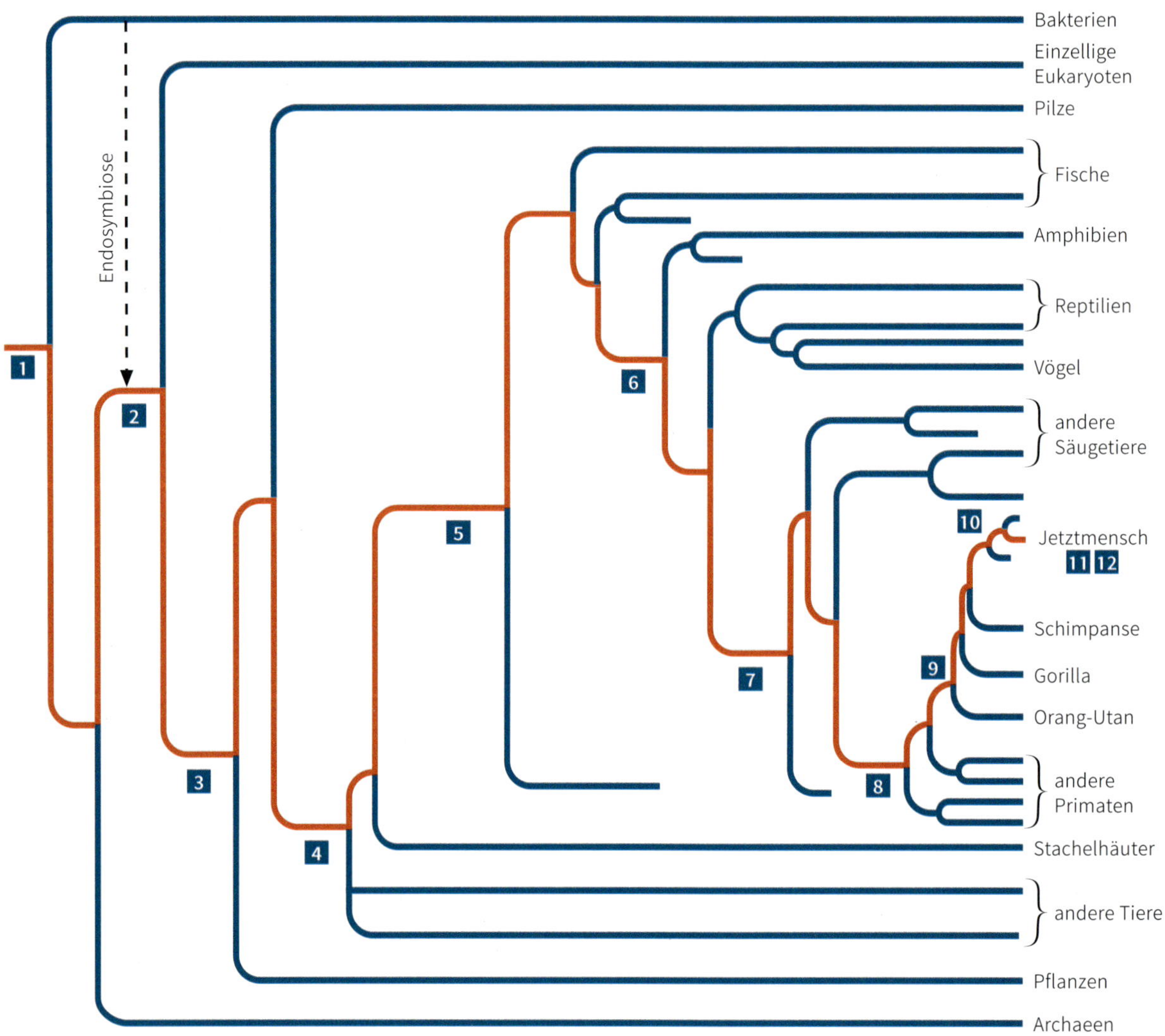

1 *3,6 Milliarden Jahre Evolution im Überblick*

Vor etwa 3,6 Milliarden Jahren entstanden die ersten Lebewesen. Sie bestanden nur aus einer einzigen Zelle. Die Vorgänge bei der Entstehung der ersten Zellen sind der Beginn der biologischen Evolution. Allmählich bildete sich eine Atmosphäre, die Sauerstoff für atmende Lebewesen enthielt. Die ersten Vielzeller entwickelten sich vor etwa 1,5 Milliarden Jahren. Sie bestanden aus mehreren Zellen, die auf unterschiedliche Aufgaben spezialisiert waren. Vor 570 – 510 Millionen Jahren, entwickelten sich im Meer viele Urformen der heutigen Pflanzen und Tiere, darunter auch die ersten Wirbeltiere. Gegen Ende des Silurs besiedelten Pflanzen und Tiere das Festland. Diese ersten Wirbeltiere waren Vorfahren der heutigen Amphibien. Der Weg der Evolution vom gemeinsamen Vorfahren aller Lebewesen bis zum heutigen Menschen, ist in dem Stammbaum farbig hervorgehoben (Abb. 1). Der Stammbaum zeigt auch das unterschiedliche Ausmaß der Verwandtschaft des Jetztmenschen mit allen anderen Lebewesen. Die Ziffern im Stammbaum und in den Textkästen geben das erste Auftreten einiger ausgewählter Merkmale an, die im Laufe der Evolution entstanden sind. Diese Angepasstheiten sind Homologien, die noch heute jeder menschliche Körper aufweist (Abb. 3). Durch dieses Erbe wird seine Zugehörigkeit zu Primaten, Säugetieren, Wirbeltieren und Vielzellern sichtbar. Auch die Zugehörigkeit zu allen Eukaryoten lässt sich in jeder Körperzelle erkennen (Abb. 2).

→ B5 → Kap. 7.3 → Kap. 7.4 → Kap. 7.9

1 Die **DNA** ist bei allen Lebewesen Träger der Erbinformation. DNA enthält Informationen zur Proteinbiosynthese. Der gemeinsame Vorfahre aller Lebewesen lebte vor etwa 3,6 Milliarden Jahren.

2 Entstehung der **Eukaryoten.** Durch Endosymbiose von aerob lebenden Prokaryoten entstehen die Mitochondrien, in denen wichtige Schritte der Zellatmung stattfinden. Älteste eukaryotische Fossilien gehen auf 1,5 bis 2 Milliarden Jahre zurück.

3 **Vielzellige Lebewesen** mit differenzierten Zelltypen für verschiedene Funktionen entstehen. Älteste Fossilien vielzelliger Tiere sind etwa 640 Millionen Jahre alt.

4 Erste Tiere mit **innerem Verdauungsraum** sowie Muskelzellen für Bewegung entwickeln sich vor etwa 600 Millionen Jahren.

5 Älteste **Wirbeltiere** mit **knöchernem Skelett** entstehen vor etwa 400 Millionen Jahren.

6 Mit Eroberung des Festlandes durch Übergangsformen zwischen Fischen und Amphibien vor etwa 370 Millionen Jahren gehen bedeutsame evolutive Entwicklungen einher. Die Evolution eines **Halses** mit Halswirbeln ermöglicht, dass der Kopf unabhängiger vom übrigen Körper bewegt werden kann. Die **Lungenatmung** gewinnt an Bedeutung und an den Enden der Gliedmaßen bilden sich **Hand- und Fußgelenke** aus.

7 Mit der Evolution der **Säugetiere** vor etwa 220 Millionen Jahren traten neue typische Merkmale auf, wie beispielsweise die Ausbildung von Milchdrüsen für die nachgeburtliche Ernährung der Nachkommen. Das Gebiss der Säugetiere weist **verschiedenartige Zähne** auf. Dadurch kann ein breiteres Spektrum an Nahrung genutzt werden. Aus bestimmten Kieferknochen der Reptilien entwickelten sich bei den Säugetieren die drei Gehörknöchelchen des Mittelohres. Dadurch wurde das **Hörvermögen** verfeinert.

8 Seit circa 75 Millionen Jahren gibt es die Gruppe der **Primaten** innerhalb der Säugetiere. Die meisten Primaten zeigen Angepasstheiten an das Leben in Bäumen. Mit den Primaten traten in der Evolution einige neue Merkmale auf: Die nach vorn gerichteten Augen mit überlappenden Sehfeldern ermöglichen ein **räumliches Sehen.** Primaten haben Finger und Zehen zum **Greifen.** Das Gehirn ist im Verhältnis zur Körpermasse relativ groß. Es ermöglicht die Verarbeitung von Sehreizen, die Steuerung der Fingerbewegungen und das ausgeprägte Sozialverhalten.

9 Verlust des Schwanzes bei den großen Menschenaffen vor etwa 25 Millionen Jahren.

10 Entwicklung des **aufrechten Ganges** vor etwa 5 Mio. Jahren.

11 Starke Vergrößerung des Gehirnvolumens, vor allem der **Großhirnrinde;** starke Einfurchung vor etwa 3 Mio. Jahren.

12 Entwicklung von Merkmalen und Eigenschaften, die zu einer **Wortsprache** befähigen, vor etwa 1,5 Millionen Jahren.

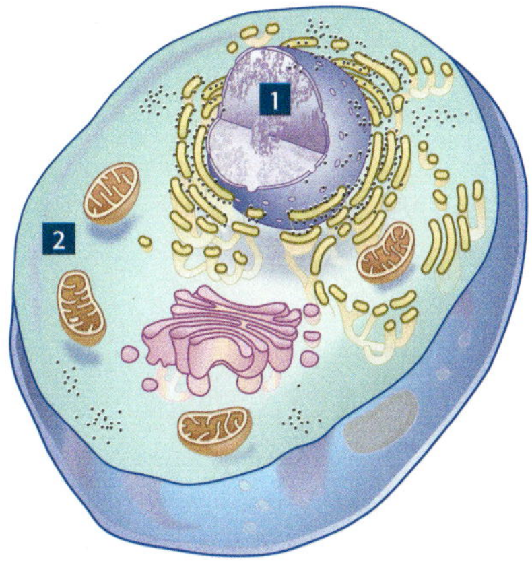

2 *Modell einer eukaryotischen Zelle*

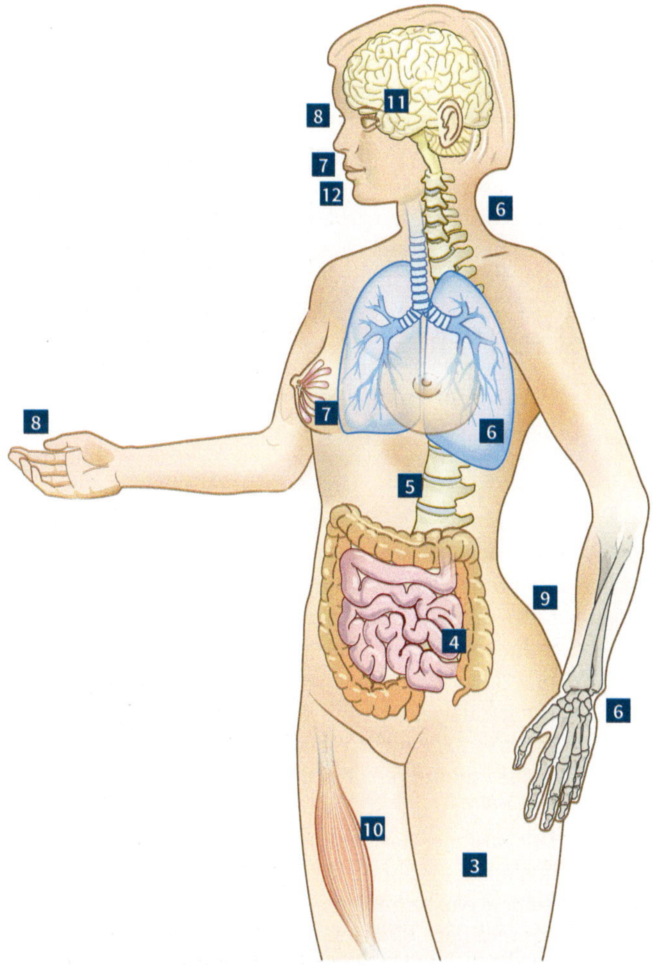

3 *Jeder Mensch weist homologe Merkmale auf, die während der Evolution erworben wurden.*

→ B5 → Kap. 7.3 → Kap. 7.4 → Kap. 7.9

e 7.11 Die Verwandtschaftsanalyse von Mensch und Menschenaffen

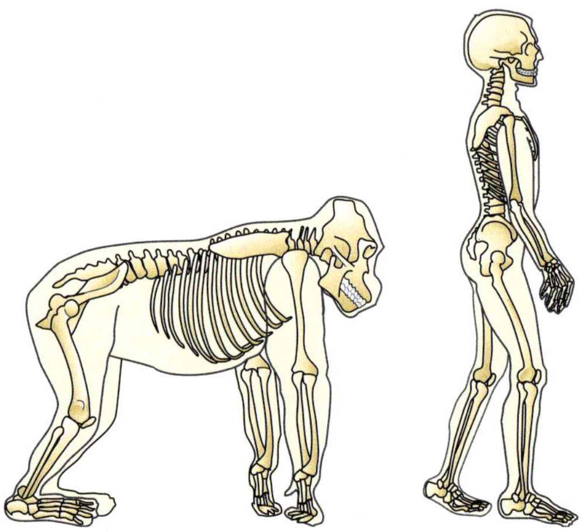

1 *Der Körperbau von Gorilla und Mensch*

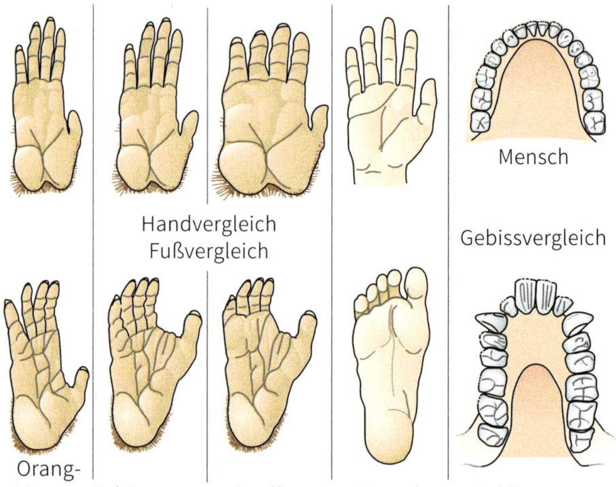

2 *Die Anatomie der Hände, Füße und Gebisse von Menschenaffen*

Menschen und Schimpansen sind eng miteinander verwandt. Sie gehören zusammen mit Orang-Utans und Gorillas zur Familie der **Menschenaffen** (Hominidae) und zur Ordnung der **Primaten** (Abb. 3). Die meisten Primaten, die umgangssprachlich oft als Affen bezeichnet werden, verbringen den größten Teil ihres Lebens im Geäst tropischer Wälder. Vermutlich gilt das auch für die ersten Primaten, die vor etwa 75 Millionen Jahren als kleine, eichhörnchengroße, nachtaktive Insektenfresser lebten.

Menschenaffen zeigen eine Reihe von gemeinsamen Angepasstheiten. Dazu gehört beispielsweise die Lage der relativ großen und differenziert ausgebildeten Augen. Sie befinden sich geschützt in Augenhöhlen liegend im vorderen Bereich des Schädels und ermöglichen das scharfe dreidimensionale Sehen. Auch Körperbau und Skelett von Menschenaffen zeigen deutliche Übereinstimmungen mit vergleichsweise langen Extremitäten und einem eher kompakten Rumpf (Abb. 1). So ist beispielsweise das hintere Ende der Wirbelsäule soweit zurückgebildet, dass keine Schwanzanlage mehr vorliegt. Die Anatomie von Wirbelsäule und Becken befähigt zu einem, zumindest zeitweise möglichen, aufrechten Gang. Die menschliche Wirbelsäule weist hierzu als Besonderheit die sogenannte Doppel-S-Form der Wirbelsäule auf. Sie dient dem Ausbalancieren beim dauerhaften aufrechten Gang und der Dämpfung.

Bei der Anatomie der Hände fällt der räumlich von den anderen Fingern abgesetzte Daumen auf. Dieser sogenannte opponierbare Daumen befähigt zum Greifen. Außer beim Menschen trifft das auch auf den Bau der Füße von Menschenaffen zu (Abb. 2). Auf der Fußunterseite befinden sich Hautleisten für die Rutschfestigkeit. Die Ähnlichkeiten der Gebisse betreffen unter anderem das Vorhandensein von Schneide-, Eck- und Backenzähnen entsprechend einem Allesfressergebiss (Abb. 2).

Diese und viele weitere Ähnlichkeiten der Merkmale aller Menschenaffen belegen neben molekularbiologischen Befunden die früher umstrittene Zugehörigkeit des Menschen zu dieser Familie.

Auch **chromosomale Befunde** zeigen große Übereinstimmungen in der Form und der Anzahl der Chromosomen aller Menschenaffen. Jedoch besitzt der Mensch $2n = 46$ Chromosomen und die übrigen Menschenaffen $2n = 48$ Chromosomen. Diese Besonderheit ist darauf zurückzuführen, dass im Laufe der menschlichen Evolution ein Chromosom aus dem Zusammenschluss zweier kleiner Chromosomen entstand. Der größte Unterschied zwischen Mensch und Schimpanse liegt auf dem Y-Chromosom. Heute ist bekannt, dass neben der Verschmelzung von Chromosomen und der Umkehr von Chromosomenabschnitten auch die Verdoppelung von Genen, Chromosomen und ganzen Genomen eine wichtige Rolle spielen (Abb. 4, 5). Ebenso haben das Einfügen von Genen und Chromosomenabschnitten in andere Chromosomen in der Evolution eine große Bedeutung. Dies wird als **Evolution der Genome** bezeichnet, die maßgeblich zur Vielfalt der Lebewesen beigetragen hat.

→ B5 → Kap. 1.2 → Kap. 7.1 → Kap. 7.10

Domäne	Eukarya (Eukaryoten)
Reich	Animalia (Tiere)
Stamm	Chordata (Chordatiere)
Klasse	Mammalia (Säugetiere)
Ordnung	Primates (Primaten)
Familie	Hominidae (Menschenaffen)
Gattung	*Homo* (Mensch)
Art	*Homo sapiens*

3 *Einordnung des Jetztmenschen in die Systematik der Lebewesen*

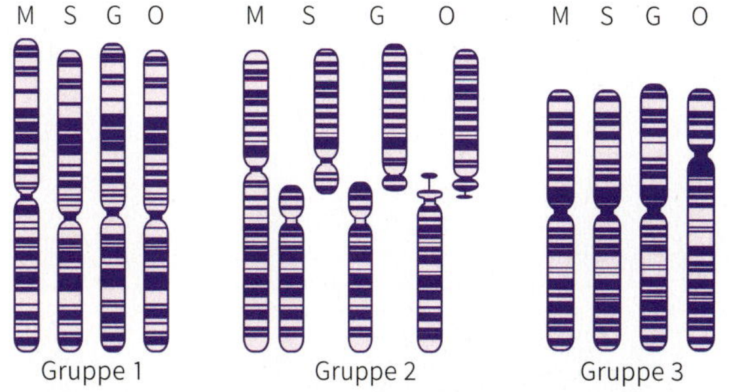

4 *Ausgewählte homologe Chromosomen von Mensch, Schimpanse, Gorilla und Orang-Utan (M,S,G und O) mit Bandenmuster.*

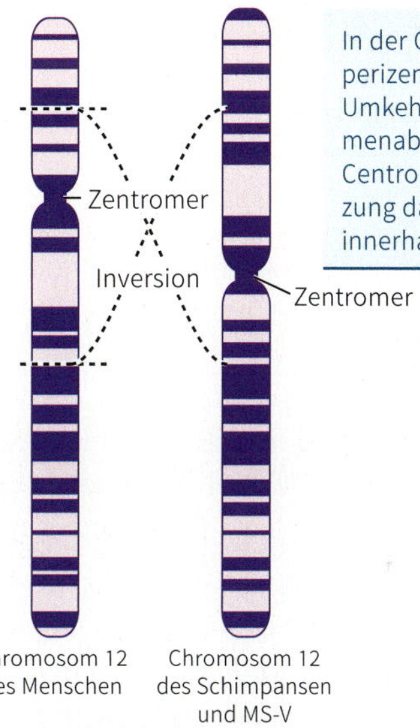

In der Genetik beschreibt die perizentrische Inversion die Umkehrung eines Chromosomenabschnittes um das Centromer herum. Voraussetzung dafür ist ein Doppelbruch innerhalb eines Chromosoms.

5 *Die perizentrische Inversion; MS-V: Mensch-Schimpanse-Vorfahr*

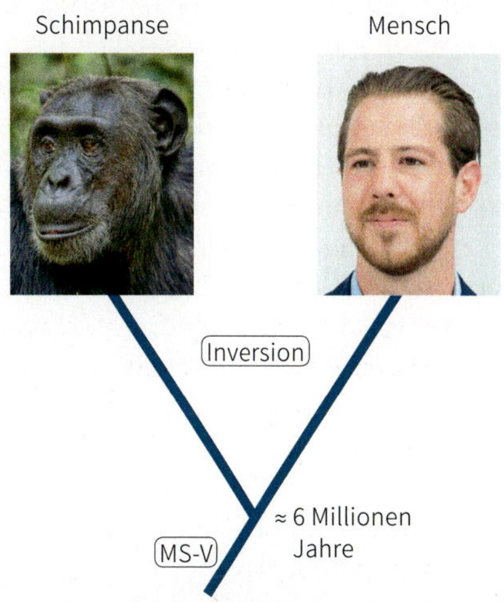

6 *Die Evolution von Schimpanse und Mensch; MS-V: Mensch-Schimpanse-Vorfahr*

1. Anatomische Befunde.

a) Werten Sie die dargestellten anatomischen Merkmale der verschiedenen Arten von Menschenaffen aus (Abb. 2).

b) Entwickeln Sie Hypothesen zum Zusammenhang zwischen dem Körperbau der Menschenaffen und ihrer Lebensweise.

2. Chromosomen – neu arrangiert

a) Begründen Sie das evolutive Zustandekommen der Struktur der Chromosomen 2 (Gruppe 2) und 12 des rezenten Menschen (Abb. 4 und 5).

b) Erläutern Sie mit Bezug auf die dargestellten Befunde in den Abbildungen 4 und 6, inwiefern diese Vergleiche von Chromosomen Hinweise zur stammesgeschichtlichen Verwandtschaft innerhalb der Menschenaffen geben. Berücksichtigen Sie hierbei, dass die Inversion nur ein Ereignis in der Evolution von Mensch und Schimpanse ist und daher nur ein Unterscheidungsmerkmal zwischen den beiden Arten darstellt.

3. Menschenaffen – Objekte des Menschen.

Aufgrund ihrer biologischen Ähnlichkeit zum Menschen werden jährlich viele tausend Schimpansen weltweit in der medizinischen Forschung als Versuchstiere verwendet, um beispielsweise neue Medikamente oder Pflegeprodukte zu testen. Viele halten das für ethisch nicht vertretbar. Weniger umstritten ist es dagegen, die letzten verbliebenen Menschenaffenpopulationen vor dem Aussterben zu bewahren und sie in artgerechten Gehegen im Zoo zu präsentieren. Diskutieren Sie diese beiden Themen, indem Sie zu den geschilderten Sachverhalten Argumente gegeneinander abwägen.

→ B5 → Kap. 1.2 → Kap. 7.1 → Kap. 7.10

7.12 Der Stammbaum des Menschen und seine Fossilgeschichte

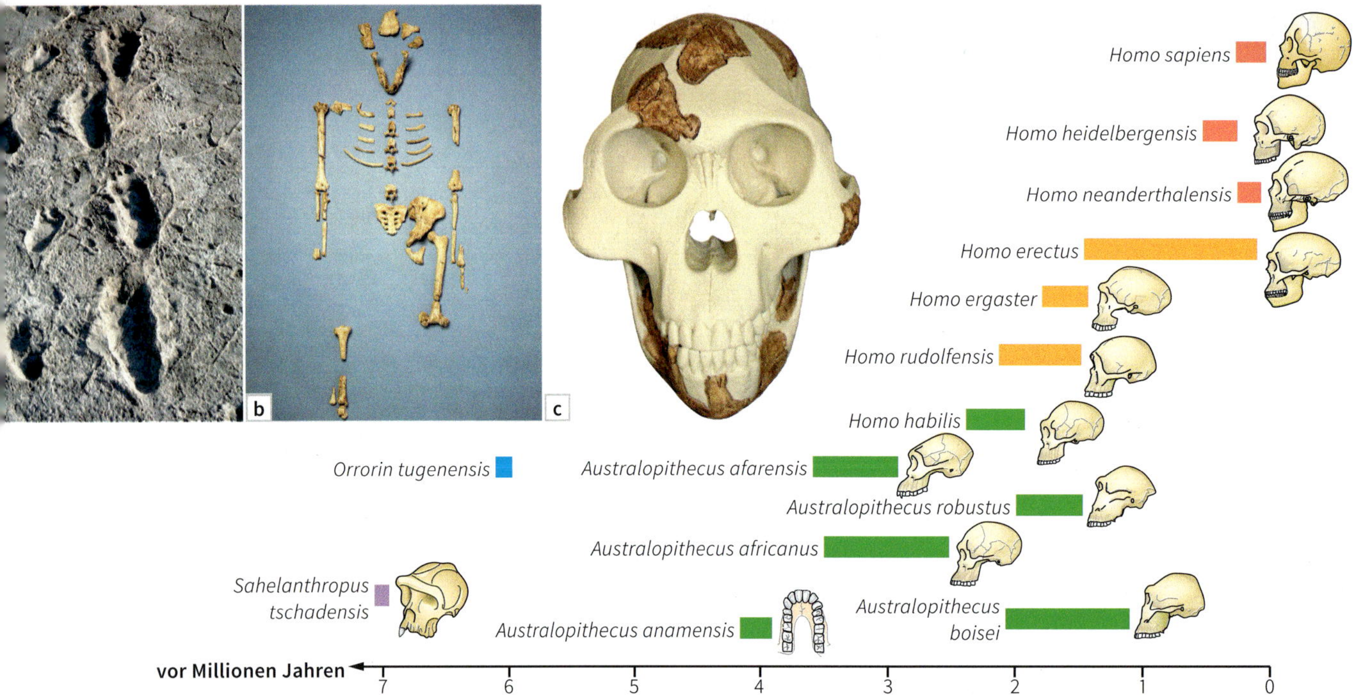

1 *Auftreten verschiedener Menschenarten und Frühmenschen (anhand des Alters der Funde) sowie a) Fossile Fußabdrücke. b) Skelett eines Australopithecus afarensis, der als Lucy bekannt wurde und c) Rekonstruktion des Schädels anhand der gefundenen Knochenfragmente*

Immer wieder wurden im letzten Jahrhundert Fossilien entdeckt, die von Vorfahren des heutigen Menschen hinterlassen wurden. (Abb. 1). Forschende nutzen diese Funde, um die **Evolution des Menschen** nachzuvollziehen. Neben dem Alter der Fossilien werden auch die Orte der Funde berücksichtigt. Zudem wird versucht, anhand der Struktur der Knochenfunde mögliche Verhaltensweisen abzuleiten. Zusätzlich beziehen die Forschenden mögliche Ursachen ein, wie beispielsweise klimatische Veränderungen, die mögliche Entwicklungslinien zum heutigen Menschen begünstigt oder behindert haben könnten. Problematisch ist hierbei, dass die verschiedenen Einzelfunde teilweise in sehr schlechtem Zustand sind und ihr Alter nur ungenau bestimmt werden kann. Auch fehlen häufig ergänzende Funde, wie beispielsweise Werkzeuge.

Die geringe Anzahl an Fossilien führt zu weiteren Unsicherheiten, da die natürlich auftretenden Variationen der verschiedenen Merkmale innerhalb einer Art somit nicht ableitbar sind. Dagegen begünstigen molekulargenetische Befunde, wie beispielsweise Vergleiche von DNA-Sequenzen, die Erstellung eines Stammbaums. Aufgrund der wenigen verwertbaren Proben kann die Evolution des Menschen trotzdem nicht endgültig aufgeklärt werden.

Die ältesten vormenschlichen Funde wurden sämtlich in Ostafrika gemacht. Dies legt nahe, dass die Entwicklung des Vor- und Frühmenschen dort vor sechs bis sieben Millionen Jahren begann. Zu dieser Zeit kam es durch einen weltweiten Klimawandel zum Rückgang der Fläche des dort vorherrschenden tropischen Regenwalds zugunsten einer Baumsavanne. Fünf Millionen Jahre alte Fossilfunde lassen vermuten, dass sich die Vormenschen in der Folgezeit zumeist aufrecht gehend fortbewegten. Der **aufrechte Gang** war in diesen Gebieten vorteilhaft, da er im Vergleich zur schnelleren Fortbewegung mit vier Gliedmaßen bei gleichem Energieaufwand das Zurücklegen einer doppelt so großen Strecke ermöglicht. Zusätzlich wird die Körperoberfläche reduziert, die bei starker Sonneneinstrahlung erwärmt wird. Auch können sowohl mögliche Nahrungsquellen als auch Fressfeinde leichter entdeckt sowie leichter Nahrung oder auch Kinder getragen werden. Diese Annahmen werden durch 3,5 Millionen Jahre alte Fossilfunde (Abb. 1 a, b) von Vormenschen der Gattung ***Australopithecus*** belegt.

→ B5 → Kap. 7.10 → Kap. 7.11 → Kap. 7.13

Art	Größe [cm]	Kaufläche [mm²]	Nahrung	Fortbewegung	Feuer-nutzung
A. anamensis	kein Befund	450	Früchte, Samen, Nüsse	kletternd, vierfüßig, oft aufrechter Gang	nein
A. afarensis	120 – 140	460	Früchte, Samen, Nüsse	vierfüßig, oft aufrechter Gang	nein
A. africanus	110 – 140	510	Früchte, Samen, Nüsse	vierfüßig, meist aufrechter Gang	nein
A. boisei	ca. 140	756	Früchte, Samen, Nüsse	vierfüßig, meist aufrechter Gang	nein
H. habilis	145 – 160	478	Früchte, Samen, Nüsse, Kadaver	vierfüßig, meist aufrechter Gang	nein
H. erectus	140 – 170	377	häufig Pflanzen, seltener Tiere	aufrechter Gang	vermutlich
H. neanderthal.	ca. 160	340	zumeist Tiere, selten Pflanzen	aufrechter Gang	ja
H. sapiens	ca. 175	334	vielfältig: Pflanzen, Tiere, Pilze	aufrechter Gang	ja

2 *Merkmale einiger Menschenarten*

Über lange Zeiträume hinweg lebten mehrere Arten von Vor- und Frühmenschen zeitgleich in Afrika (Abb. 1). Die ältesten Fossilfunde von Frühmenschen der Gattung *Homo* werden auf etwa 2,5 Millionen Jahre datiert. Neben Überresten von Knochen wurden auch erste Werkzeuge gefunden. Mit diesen konnte der *Homo habilis* als eine der ersten Arten andere Nahrungsquellen erschließen und wurde damit unabhängiger von Umweltveränderungen. So diente neben Früchten und Samen auch erstmals Fleisch als Nahrung. Frühmenschen der Art *Homo erectus* besiedelten auch Teile Asiens und Europas. Sie waren vermutlich die Vorfahren des Neandertalers, die bis vor 32 000 Jahren in Europa lebten. Verschiedene Arten der Gattung *Homo* nutzten zudem bereits vor 790 000 Jahren das Feuer. Der ***Homo sapiens,*** also der heute lebende Mensch, entwickelte sich vermutlich in Afrika und begann vor 180 000 Jahren allmählich andere Kontinente zu besiedeln.

1. Evolution des Menschen in Afrika.

a) Fassen Sie die wesentlichen Schritte der menschlichen Evolution in den letzten 7 Millionen Jahren anhand von Abbildung 1 zusammen.

b) Erläutern Sie unter der Annahme eines Klimawandels die Vor- und Nachteile eines aufrechten Gangs

2. Zwei mögliche Stammbäume des Menschen.

a) Vergleichen Sie die beiden Stammbäume des Menschen in Abbildung 3 bezüglich ihrer Unterschiede.

b) Prüfen Sie anhand von Abbildung 2, ob die Stammbäume in Abbildung 3 in Einklang mit den fossilen Befunden stehen.

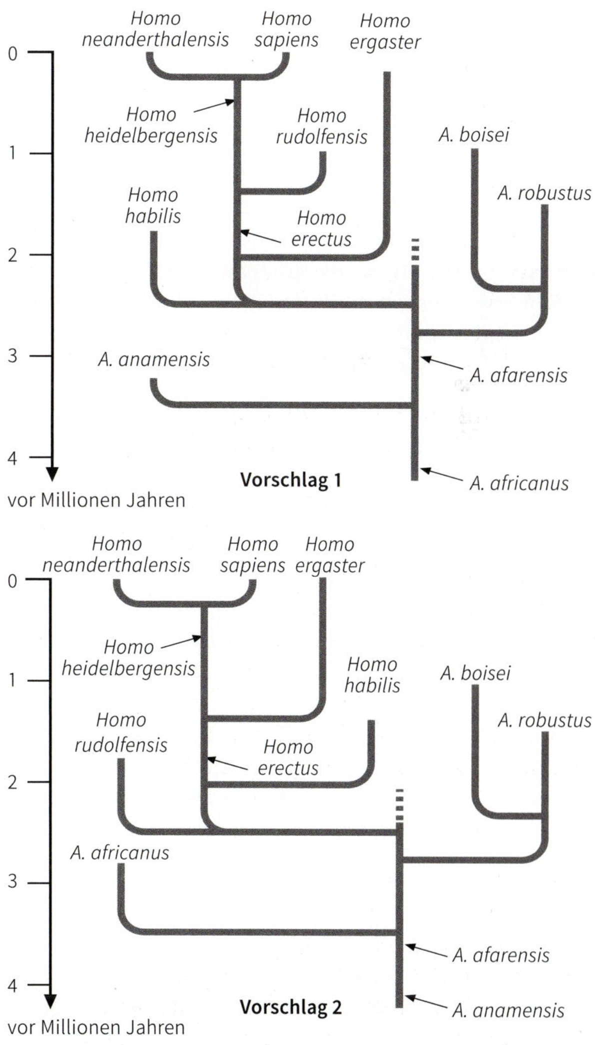

3 *Zwei Vorschläge zum Stammbaum des Menschen.*

e 7.13 Die evolutiven Trends in der Menschwerdung

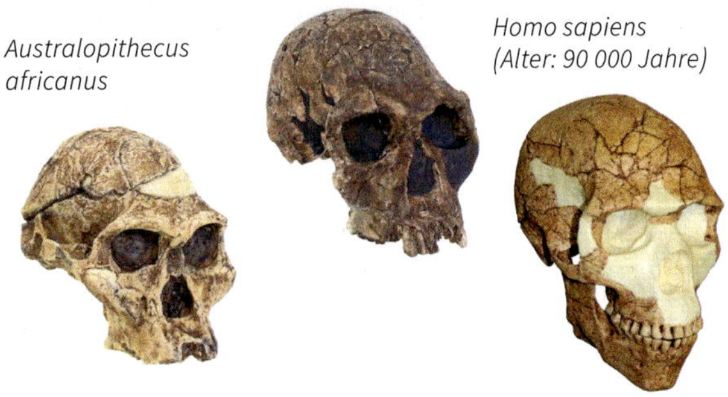

1 *Rekonstruierte Schädel*

Art	Alter (Jahre)	Körpermasse (kg)	Gehirnvolumen (cm^3)
A. afarensis	3,6 Mio.	42	385
A. africanus	2,6 Mio.	43	415
H. habilis	1,9 Mio.	37	600
H. erectus	1,2 Mio.	60	900
früher *H. sapiens*	0,4 Mio.	62	1 150

2 *Informationen zu fossilen Funden*

Anhand fossiler Funde können Rückschlüsse auf die Körpermasse und das Gehirnvolumen gezogen werden. Auch kann auf den Aufbau des Gehirns, insbesondere auf die äußere Schicht der Großhirnrinde gefolgert werden (Abb. 1). Beim Vergleich dieser Befunde ist auffällig, dass die Körpermasse im Laufe der Menschwerdung nur etwa um ein Drittel zugenommen hat, während sich das Gehirnvolumen im gleichen Zeitraum etwa verdreifachte. Besonders der äußere Bereich der Großhirnrinde wurde größer. Durch die ausgeprägte Furchung hat dieser Bereich eine große Oberfläche und enthält somit viele, miteinander verbundene Neuronen. Hieraus ergaben sich viele Selektionsvorteile.

Die Funktionen der Großhirnrinde sind vielfältig und stark miteinander vernetzt: Bestimmte Bereiche dienen vornehmlich der Auswertung der Informationen von Sinnesorganen. Andere Teile steuern und regeln willkürliche Bewegungen, wie die der Hände oder der Stimmbänder. Die Großhirnrinde ermöglicht auch die Kommunikation mit anderen Menschen durch eine Wortsprache. Andere Bereiche dienen der Speicherung von erlernten Informationen und deren Verknüpfung untereinander sowie der Zusammenführung von Wahrnehmung, Gedächtnisinhalten und emotionalen Bewertungen. Dies ermöglicht, sich in andere Menschen hineinzuversetzen und ihre Gefühle, Absichten und Stimmungen verstehen und vorhersehen zu können. Diese Fähigkeit wird **Empathie** genannt und ist Teil der sogenannten **sozialen Intelligenz**. Darunter ist die Fähigkeit zu verstehen, sich mit anderen Menschen zu verständigen, gemeinsam zu planen, Beziehungen aufzubauen und zu pflegen, Konflikte zu lösen und von Mitmenschen zu lernen. Sie stellt die Grundlage für ein ausgeprägtes Sozialverhalten dar, welches sich auch in Kooperation und Arbeitsteilung äußert. Hieraus ergeben sich deutliche Selektionsvorteile, da beispielsweise neue Nahrungsquellen erschlossen oder Gefahrensituationen leichter überwunden werden können.

Die allmähliche Vergrößerung des Gehirns stellt ein Schlüsselmerkmal im Verlauf der Menschwerdung dar und wird auch **evolutiver Trend** genannt. Weitere bedeutende evolutive Trends waren der aufrechte Gang und die Erhöhung des Elterninvestments, auch Brutpflege genannt, also der Einsatz von Zeit und Energie, etwa zum Schutz und zur Versorgung der Kinder oder für die Beschaffung ihrer Nahrung. Die verschiedenen evolutiven Trends entwickeln sich dabei nicht unabhängig voneinander, sondern beeinflussen sich gegenseitig und bilden ein Wirkungsgefüge (Abb. 3).

- Das Gehirnvolumen nahm vor allem aufgrund der Vergrößerung der Großhirnrinde zu.
- Die Lern- und Gedächtniskapazität erhöhte sich.
- Soziale Wechselwirkungen innerhalb einer Gruppe nahmen zu und begünstigten soziale Intelligenz.
- Der aufrechte Gang entwickelte sich.
- Die Dauer der Kindheit verlängerte sich sowie die Lebensspanne.
- Das Elterninvestment nahm zu.
- Die Gruppengröße nahm zu.
- Größere Beutetiere konnten erlegt werden und der Fleischanteil an der Nahrung erhöhte sich.
- Die Feinmotorik der Finger verbesserte sich.
- Verfeinerte Werkzeuge wurden hergestellt und die Vielfalt an Werkzeugen erhöhte sich.
- Die Wortsprache differenzierte sich und ermöglichte, über Vergangenes und Zukünftiges zu sprechen.

3 *Wirkungsgefüge bei der Evolution des Menschen*

→ B5 → Kap. 7.10 → Kap. 7.12 → Kap. 7.14

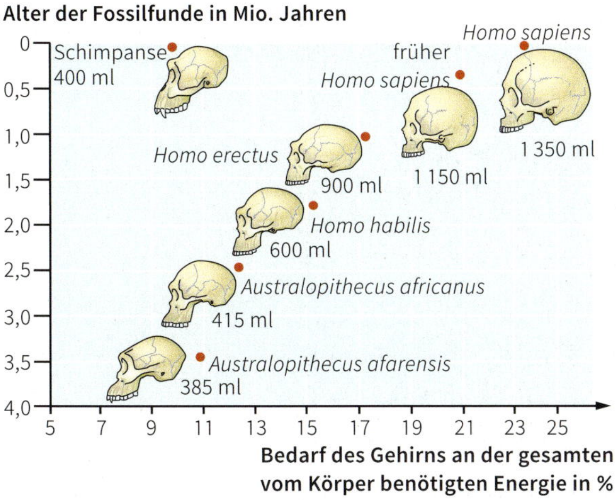

4 *Anteil des Gehirns am Gesamtenergiebedarf des Körpers bei verschiedenen Menschenarten und beim Schimpansen.*

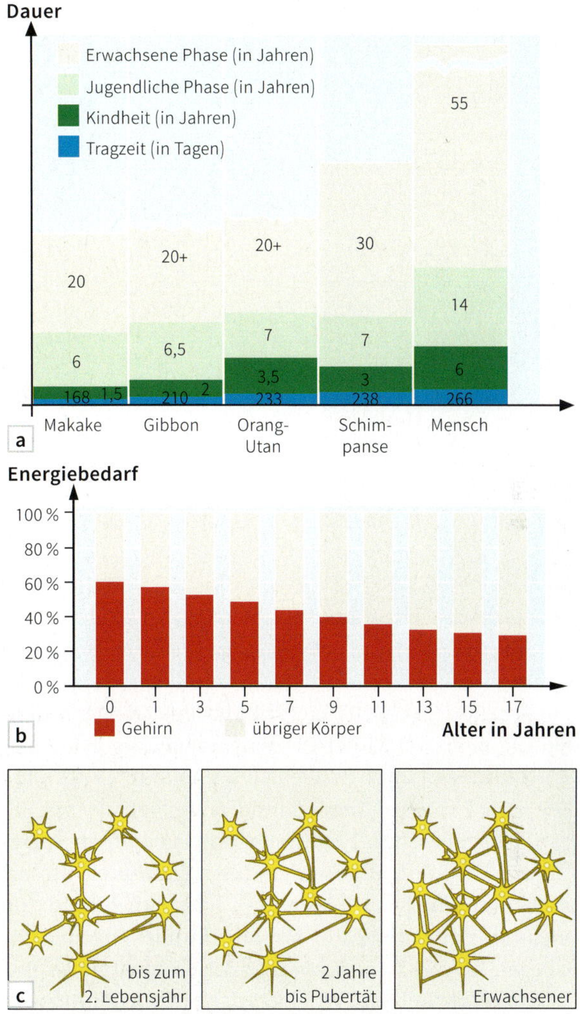

5 *a) Lebensgeschichte des Menschen und anderer Primaten;b) Relativer Energiebedarf des Gehirns im Verlauf der Individualentwicklung des Menschen; c) Neuronale Verschaltung in der Großhirnrinde in Abhängigkeit vom Lebensalter eines Menschen.*

1. Überlebenssicherung durch soziale Wechselwirkungen. Beschreiben Sie wichtige soziale Wechselwirkungen im Leben von Menschen vor 100 000 Jahren, die einen Überlebensvorteil bedingen. Berücksichtigen Sie dabei auch die Bedeutung des großen Gehirns.

2. Kosten und Nutzen des großen Menschenhirns. Der Mensch hat im Vergleich mit anderen Säugerarten in Bezug auf seine Körpermasse ein relativ großes Gehirn. Dem Nutzen eines großen Gehirns stehen aber auch erhebliche Kosten gegenüber.

a) Werten Sie die Abbildung 4 aus.

b) Erstellen Sie eine Kosten-Nutzen-Analyse des menschlichen Gehirns.

3. Wirkungsgefüge zwischen Elterninvestment, langer Kindheit und Entwicklung des Gehirns. Der Großteil der vielen Milliarden Neuronen des Gehirns liegt bereits nach der Hälfte der Schwangerschaft vor. Sie sind aber zunächst fast nicht miteinander verbunden. Genetisch bedingt bildet sich in der Großhirnrinde bis in das zweite nachgeburtliche Jahr ein riesiges Netzwerk aus Axonen mit vielen Billiarden von Synapsen, etwa doppelt so viele, wie eigentlich benötigt werden. Der Grad der Vernetzung der Neuronen bestimmt im Besonderen die Leistungsfähigkeit der Hirnrinde. Je mehr Synapsen vorliegen, desto effektiver können Reize verarbeitet werden. Im Laufe der Kindheit findet eine Auslese statt. Häufig gebrauchte Synapsen werden stabilisiert, andere kaum aktive oder auch nicht genutzte bilden sich zurück. Ob Synapsen aktiv sind, hängt vor allem von der Umgebung ab. Sinneseindrücke, Lernen und Erfahrungen, soziale und emotionale Wechselwirkungen beeinflussen das Muster der Verschaltungen. Neue Verschaltungen können zwar lebenslang gebildet werden, doch geschieht das mit steigendem Alter nicht so häufig und flexibel.

a) Werten Sie die Befunde in Abbildung 5 aus.

b) Erläutern Sie
   - das Wirkungsgefüge zwischen Elterninvestment, langer Kindheit und Entwicklung des Gehirns.
   - die biologische Bedeutung der langen Kindheit beim Menschen.

→ B5 → Kap. 7.10 → Kap. 7.12 → Kap. 7.14

e 7.14 Die weltweite Ausbreitung des Menschen

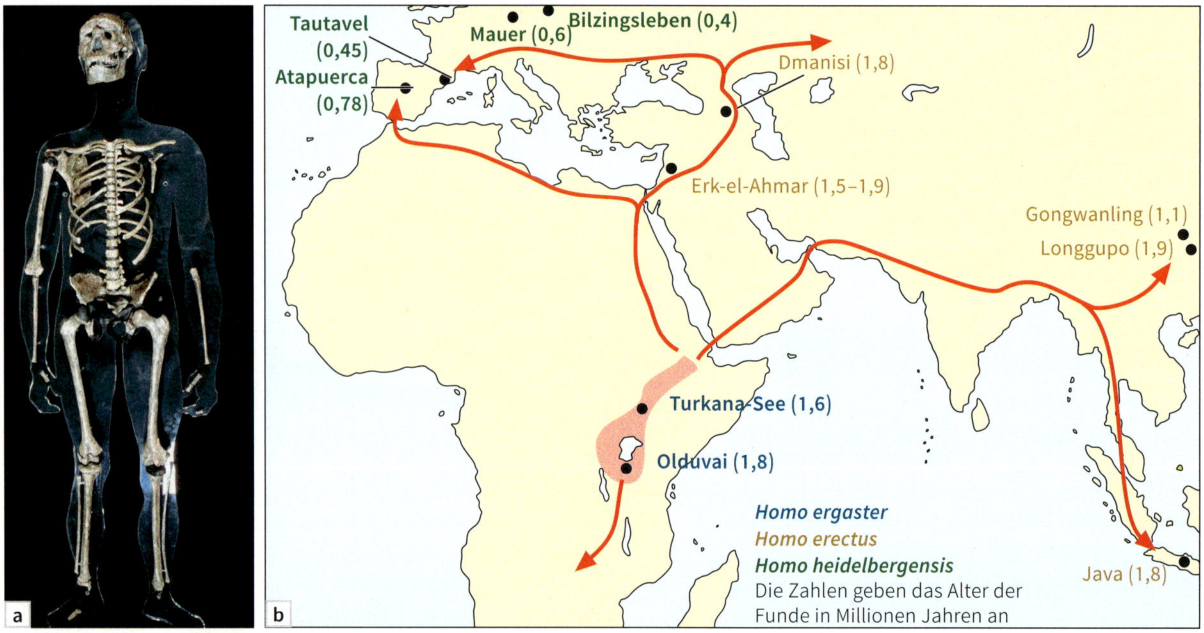

1 *a) Skelett des Jungen vom Turkana-See; b) Ausbreitung von Homo ergaster und seiner Nachfahren*

Forschende entdeckten 1984 das fast vollständige Skelett eines 1,6 Meter großen Jungen, der vor etwa 1,6 Millionen Jahren im Gebiet des heutigen **Turkana-See** lebte (Abb. 1 a). Berechnungen ergaben, dass er als Erwachsener etwa 1,80 Meter groß geworden wäre. Er wird der Art ***Homo ergaster*** zugeordnet, die im Zeitraum von 1,9 Millionen bis 1 Million Jahren vor unserer Zeit existierte. Weitere Funde aus diesem Gebiet belegen, dass *Homo ergaster* dort zeitgleich mit anderen Vertretern der Gattungen *Australopithecus* und *Homo* für einen Zeitraum von etwa 400 000 Jahren lebten: Von diesen Arten unterschied sich *Homo ergaster* durch sein größeres Gehirnvolumen von etwa 750 bis 800 Kubikzentimetern. Auch war der Körperbau schlank und ähnelte mit seinen kürzeren Armen und langen Beinen sehr dem des modernen Menschen. Wie *Homo habilis* hatte diese Art deutlich kleinere Backenzähne als die Arten von *Australopithecus*, welche sich vorwiegend pflanzlich ernährten. Auch wies der Schädel deutlich schwächer ausgeprägte Überaugenwülste auf und besaß eine deutlich ausgeprägte Stirn. Weitere Unterschiede zum mit etwa 1,5 Metern deutlich kleineren ***Homo habilis*** bestanden unter anderem in der Fähigkeit, deutlich differenziertere Werkzeuge herzustellen, die zum Schaben, Schneiden und zum Töten von Tieren dienten.

Homo ergaster gilt als Vorfahr einer anderen Art: ***Homo erectus.*** Mit seinem noch größeren Gehirn und seinem Knochenbau ähnelt ***Homo erectus*** noch stärker dem modernen Menschen. Funde dieser Art wurden auch in anderen Teilen der Welt gemacht. Aus ihrem Alter folgern Forschende, dass *Homo ergaster* vor etwa 1,9 Millionen Jahren begann, ausgehend von Afrika über die arabische Halbinsel und den Nahen Osten zunächst Asien und schließlich auch Europa zu besiedeln (Abb. 1 b). Viele Forscher gehen davon aus, dass sich *Homo ergaster* innerhalb dieser Zeit zu *Homo erectus* weiterentwickelt hat. Da die ältesten Funde von *Homo erectus* in Asien ähnlich datiert werden, wie die Funde von *Homo ergaster* in Afrika, wird angenommen, dass sich die Entwicklung der neuen aus der älteren Art innerhalb eines kurzen Zeitraums vollzog und die Wanderungsbewegung sehr schnell erfolgte. Andere Wissenschaftler deuten die körperlichen Unterschiede zwischen *Homo ergaster* und *Homo erectus* nur als Angepasstheiten an die veränderten klimatischen Verhältnisse. Entsprechend gehen sie nur von zwei Variationen der Art *Homo erectus* aus. In Europa gibt es zahlreiche Funde von *Homo erectus.* Die eingewanderten Populationen entwickelten sich evolutiv weiter. Es entstand eine neue Art, ***Homo heidelbergensis,*** welche als Vorfahr des Neandertalers gilt (Abb. 3, 4).

→ B5 → Kap. 7.10 → Kap. 7.13 → Kap. 7.15

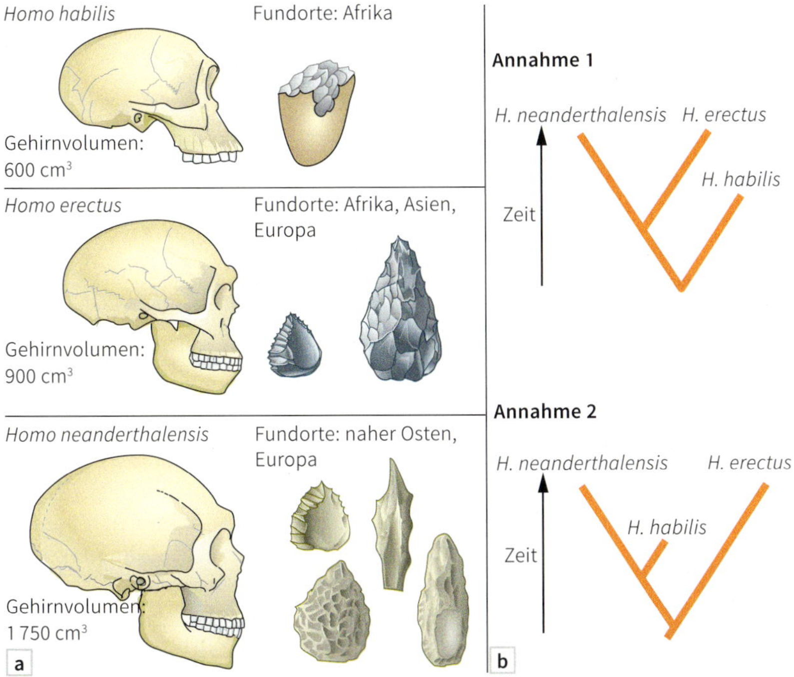

2 *a) Fossile Funde für Homo habilis, Homo erectus und Homo neanderthalensis; b) historische Stammbäume zu Hypothesen zur Verwandtschaft.*

3 *Rekonstruktion eines Neandertalers*

1. Lebensraum Turkana-See. Entwickeln Sie eine Hypothese zur Erklärung der Tatsache, dass über einen langen Zeitraum hinweg mehrere Arten von Frühmenschen im Gebiet des heutigen Turkana-Sees in Koexistenz gelebt haben (Abb. 1 b).

2. Auswanderungswelle.
a) Beschreiben Sie die in Abbildung 1 b dargestellte Ausbreitung von *Homo erectus* und seiner Nachfahren.
b) Entwickeln Sie Hypothesen zu möglichen Ursachen des Auswanderns einer Population aus einem Gebiet (Abb. 1 b).

3. Der Vorfahr des Neandertalers. In der Vergangenheit wurden von den Forschern zwei verschiedene Annahmen zur Entstehung des Neandertalers gemacht (Abb. 2 b). Auch aufgrund von fossilen Funden (Abb. 2 a) wird heute Annahme 1 als wahrscheinlich zutreffend angesehen.
a) Beschreiben Sie die beiden möglichen Hypothesen zur Entwicklung des Neandertalers (Abb. 3, 4) aus früheren Menschenarten (Abb. 2 b).
b) Vergleichen Sie jeweils die fossilen Schädelknochen und die gefundenen Werkzeuge der drei Arten miteinander (Abb. 2 a).

Die Neandertaler (*Homo neanderthalensis*) lebten etwa 250 000 Jahre lang zunächst im Nahen Osten und später auch in Europa. Sie wurden bis zu 1,60 m groß und hatten bei einer Körpermasse von etwa 80 kg einen muskulösen Körperbau und massive Knochen. Ihre Schädel wiesen deutliche Augenwülste, eine flache Stirn und ein fliehendes Kinn auf. Ihr Gehirn war mit einem Volumen von bis zu 1 750 cm³ etwas größer als beim modernen Menschen. Der Fund eines fossilen Zungenbeins lässt den Schluss zu, dass sie wahrscheinlich über eine Lautsprache verfügten. Sie lebten in kleineren Gruppen und ernährten sich überwiegend durch die Jagd. Sie verwendeten eine Vielzahl unterschiedlicher Werkzeuge und Waffen. Spuren an fossilen Knochen deuten daraufhin, dass Verletzungen behandelt wurden. Wahrscheinlich bestatteten sie auch ihre Toten. Vor etwa 30 000 Jahren verschwanden die Neandertaler plötzlich aus Europa.

4 *Informationen zum Neandertaler.*

c) Erklären Sie, warum heutzutage die Annahme 1 aus Abbildung 2 b als wahrscheinlich zutreffend angesehen wird.

→ B5 → Kap. 7.10 → Kap. 7.13 → Kap. 7.15

7.15 Die Entstehung des modernen Menschen

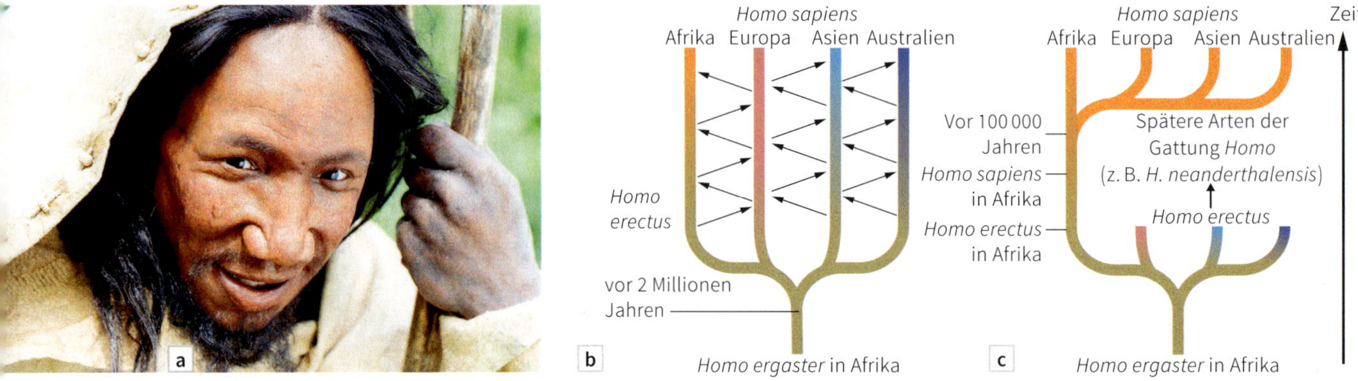

1 *a) Rekonstruktion eines frühen Homo sapiens aus Europa. b) Modell zur multiregionalen Hypothese. c Modell zur Out-of-Africa-Hypothese*

Von allen Menschenarten hat nur der heute lebende Mensch, der *Homo sapiens* überlebt (Abb. 1a). Für die evolutive Entwicklung dieser Art wurden zwei Hypothesen aufgestellt, die unter den Forschenden kontrovers diskutiert werden:

Die **multiregionale Hypothese** (Abb. 1b) geht davon aus, dass sich Populationen des *Homo erectus* auf den verschiedenen Kontinenten innerhalb der letzten eine Million Jahren weiterentwickelten. Demnach wäre in Europa und im Nahen Osten zunächst der Neandertaler aus den dortigen Populationen des *Homo erectus* entstanden. Aus dem Neandertaler ist anschließend der *Homo sapiens* hervorgegangen. Zwischen den Kontaktzonen der verschiedenen Populationen hat ein intensiver Genfluss stattgefunden, sodass es nicht zur Entwicklung verschiedener Arten gekommen ist. Die multiregionale Hypothese ist bisher weder wissenschaftlich belegt noch widerlegt.

Die meisten Forschenden sehen die ***Out-of-africa*-Hypothese** als wahrscheinlicher an (Abb. 1c). Sie besagt, dass der moderne Mensch zunächst in Afrika aus einer Population des *Homo erectus* hervorgegangen ist. Von dort aus besiedelte der *Homo sapiens* in einer zweiten Besiedlungswelle nach und nach die anderen Kontinente und verdrängte die dort lebenden Menschenarten. Unterschiede zwischen heute lebenden Menschenpopulationen wären demnach erst in Folge von Anpassungsprozessen von *Homo sapiens* und nicht bereits von *Homo erectus* an die unterschiedlichen regionalen Umweltverhältnisse entstanden. Gestützt wird diese Hypothese durch das Alter von fossilen Funden, die eindeutig *Homo sapiens* zugeordnet werden können. So wurden die ältesten Funde in Äthiopien gemacht und sind etwa 190 000 Jahre alt. Demnach besiedelte *Homo sapiens* vor etwa 100 000 Jahren zunächst Vorderasien und Osteuropa, wo er erstmals auf Populationen des Neandertalers traf. Teilpopulationen des *Homo sapiens* gelangten vor etwa 40 000 Jahren nach Europa (Abb. 2). Dort lebten sie für eine Zeitspanne von 10 000 Jahren neben den dort ansässigen Populationen von *Homo neanderthalensis*, bis diese vor etwa 30 000 Jahren innerhalb einer kurzen Zeitspanne verschwanden. Ob der moderne Mensch den Neandertaler verdrängte oder es zur Vermischung beider Arten kam, ist nicht abschließend geklärt.

Um die Entstehungsgeschichte des *Homo sapiens* weiter aufzuklären, werden auch Befunde aus genetischen Untersuchungen ausgewertet: Bei diesen Untersuchungen ist die **mitochondriale DNA**, kurz mtDNA, von besonderer Bedeutung. Sie wird nur über die Eizellen an die Nachkommen weitergegeben und nicht rekombiniert. Veränderungen in der Basensequenz sind folglich nur auf Mutationen zurückzuführen. Auch weisen die betrachteten, kurzen Abschnitte der mtDNA eine konstant hohe Mutationsrate auf, sodass sich bereits für kurze Zeiträume relativ viele Unterschiede in der Basensequenz ergeben. Je größer die Anzahl der Unterschiede zwischen zwei untersuchten Proben ist, desto früher erfolgte die Auftrennung der Arten.

Neuere genetische Analyseverfahren berücksichtigen auch sogenannte **aDNA** (engl. *ancient:* alt) aus Zellkernen. Dabei ist es möglich, die Existenz einzelner Gene in verschiedenen Populationen nachzuweisen. Auf diese Weise wird versucht, Genfluss zwischen verschiedenen Arten nachzuweisen.

→ B5 → Kap. 7.10 → Kap. 7.12 → Kap. 7.13 → Kap. 7.14

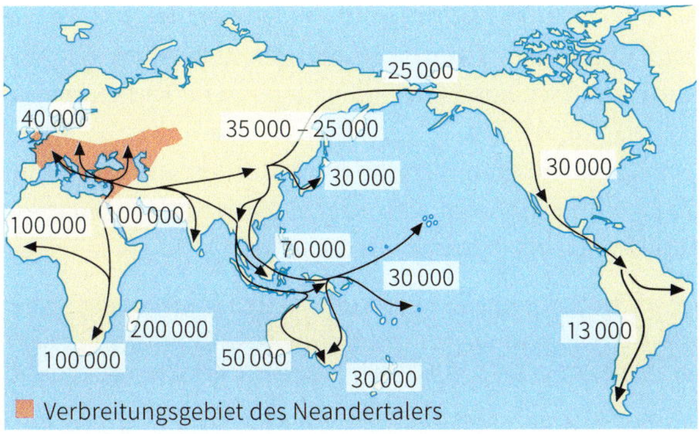

2 *Ausbreitung des modernen Menschen (anhand fossiler Funde angenommen; Zeitangaben in Jahren vor heute).*

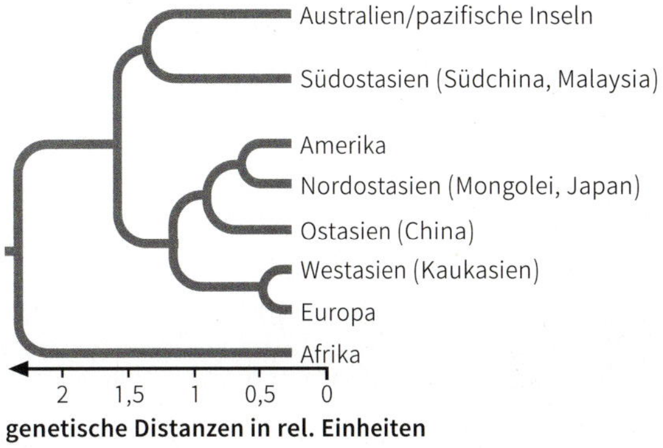

3 *Genetische Distanzen zwischen heutigen Menschen in verschiedenen Regionen auf Basis der mtDNA.*

Die aDNA aus Zellkernen von Neandertalern und heute lebenden Menschen wurden miteinander verglichen. Es wurde der Anteil an DNA der heute lebenden Menschen ermittelt, der auf aDNA des Neandertalers beruht. Anteil an aDNA an der gesamten DNA

Afrikaner: < 0,1 %
Europäer: 1,5 bis 2,1 %
Asiaten: bis zu 4 %

Bei der Deutung ist zu berücksichtigen, dass moderner Mensch und Neandertaler im Nahen Osten eine Zeit lang in Koexistenz lebten, bevor sich der moderne Mensch weiter nach Asien und Europa ausbreitete.

4 *Vergleich von DNA aus Zellkernen*

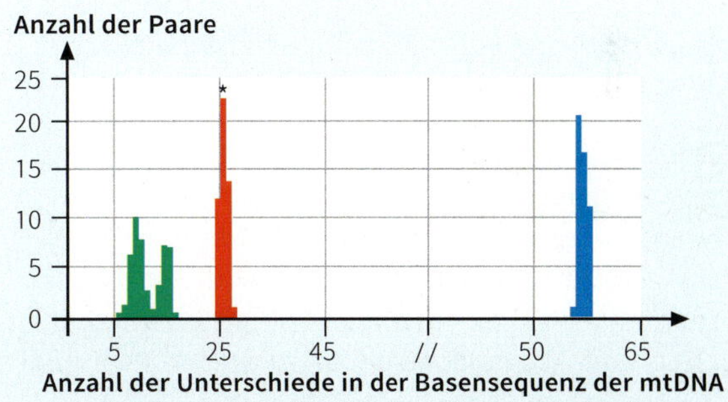

Grün: Vergleich der mtDNA-Basensequenz von 53 Menschen aus der ganzen Welt. Jeweils zwei Menschen bilden ein Paar. Alle Paaruntersuchungen zusammen entsprechen 100 %.
Rot: Vergleich der mtDNA-Basensequenz von 53 Menschen mit der DNA-Basensequenz eines Neandertalers.
Blau: Vergleich der mtDNA-Basensequenz von 53 Menschen mit der mtDNA-Basensequenz eines Schimpansen (Referenzwert).

Für verschiedene Populationen von heute lebenden Menschen wurden die durchschnittliche Anzahl von Unterschieden in einer mtDNA-Basensequenz zu einer mtDNA-Basensequenz eines Neandertalers bestimmt. Dabei ergab sich, dass bei den Populationen von den einzelnen Kontinenten durchschnittlich immer 27 bis 28 Unterschiede in der untersuchten mtDNA-Basensequenz zu der des Neandertalers vorlagen.

5 *Vergleich von mtDNA-Basensequenzen*
* **Lesebeispiel:** *bei etwa 45 Paaren „Jetztmensch/Neandertaler" zeigten sich beim Vergleich der mtDNA etwas mehr als 25 Unterschiede in der Basensequenz.*

1. Hypothesen zur Entwicklung des modernen Menschen. Vergleichen Sie die multiregionale Hypothese mit der Out-of-Africa-Hypothese (Abb. 1 b, c).

2. Ausbreitung des modernen Menschen.
a) Beschreiben Sie die Ausbreitung des modernen Menschen anhand von Abbildung 2.
b) Prüfen Sie mögliche Übereinstimmungen zwischen den genetischen Distanzen heutiger Menschen und den angenommenen Wanderungsbewegungen (Abb. 2, 3).

3. Der Neandertaler und der moderne Mensch.
a) Beschreiben Sie anhand beider Hypothesen die Verwandschaft des Neandertalers mit dem modernen Menschen (Abb. 1 b, c).
b) Werten Sie die Untersuchungen von aDNA und mtDNA-Basensequenzen aus (Abb. 4, 5). Prüfen Sie, inwiefern die Ergebnisse der Untersuchungen die beiden Hypothesen stützen oder nicht stützen.

→ B5 → Kap. 7.10 → Kap. 7.12 → Kap. 7.13 → Kap. 7.14

Wiederholen · Üben · Festigen

Dieser Abschnitt bietet Hilfestellungen zur eigentätigen oder arbeitsteiligen Organisation Ihrer Wiederholungen in dem Lernbereich "Evolutionsforschung", zum Beispiel für regelmäßige Wiederholungen und Übungen, vor Klausuren oder umfassender im Vorfeld der Abiturprüfung. Die Kompetenzen aus diesen Bereichen des Fachlehrplans Biologie 12 für das Gymnasium in Bayern sind nachfolgend angegeben. In der Tabelle sind die Kernabschnitte aus diesem Buch zur Wiederholung der jeweiligen Grundlagen genannt. Kompetenzen des Fachlehrplans, die zusätzlich zu den Kompetenzen für Kurse auf grundlegendem Anforderungsniveau für Kurse auf erhöhtem Anforderungsniveau ausgewiesen sind, sind fett gedruckt dargestellt.

Nr.	Kompetenzen laut Fachlehrplan Biologie 12 für das Gymnasium in Bayern Die Schülerinnen und Schüler...	W-Ü-F-Aufgaben	Abschnitte in diesem Buch
1	erstellen für ausgewählte Gruppen von Lebewesen einen Stammbaum (auch Kladogramm), indem sie molekulare Merkmale vergleichen.	1a, 1b, 3, 5, **8a, 8b, 8c, 9**	B1, 7.1, 7.2, 7.3, 7.5, 7.6, 7,7, 7.8, **7.10, 7.12, 7.13, 7.14**
2	vergleichen unterschiedliche historische und aktuelle Ansätze zur Systematisierung von Lebewesen und beurteilen deren Aussagekraft.	1a, 1b, 2a, 2b, 4, **7a, 7b, 7c**	B5, 7.1, 7.3, 7.4, 7.9, **7.11, 7.15,** M15
3	bestimmen unterschiedliche Tier- und Pflanzenarten.	1a, 1b, 6	B3, 7.2, 7.6, M16; M17, M18

Binäre Nomenklatur, Molekularbiologische Homologien, Evolution, Basensequenzvergleich, Aminosäuresequenzvergleich, DNA-Hybridisierung, DNA-Sequenzierung, Rekonstruktion der Stammesgeschichte von Organismen, künstliches System, natürliches System, Stammbäume, Kladogramme, **Evolution des Menschen, Ursprung des Menschen, Fossilgeschichte des Menschen, Stammbäume des Menschen, Verbreitung des heutigen Menschen**, Bestimmen von Organismen, Bestimmungsschlüssel, Vergleichen von Lebewesen, Systematisieren der Lebewesen, ursprüngliche Merkmale, abgeleitete Merkmale, morphologischer Artbegriff, biologischer Artbegriff.

1 *Begriffskasten „Evolutionsforschung"*

1. Schlüsselbegriffe.

a) Erläutern Sie die in Abbildung 1 genannten Begriffe.

b) Erstellen Sie eine Concept-Map zu dem Thema „Evolutionsforschung". Verwenden Sie dabei die Begriffe in Abbildung 1. Die zusätzlichen Begriffe für das erhöhte Niveau sind jeweils fett gedruckt dargestellt.

2. Homologie und Analogie.

a) Erläutern Sie unter Berücksichtigung von Abbildung 2, dass es sich bei den Armskeletten von ausgewählten Wirbeltieren um Homologien handelt.

b) Erklären Sie das Bestehen einer Homologie als Folge einer divergenten Entwicklung und das Bestehen einer Analogie als Folge einer konvergenten Entwicklung.

Lösung **Webcode** WES-105475_246

3. Morphologische Stammbaumrekonstruktion. Erläutern Sie, dass es sich bei der Existenz von Milchdrüsen um ein abgeleitetes Merkmal der Säugetiere und ebenfalls um ein ursprüngliches Merkmal der Theria handelt.

4. Molekularbiologische Verwandtschaftsanalyse. Begründen Sie die folgenden beiden Sachverhalte: „Je mehr die Basensequenz zweier Organismen übereinstimmt, desto näher verwandt sind diese miteinander." „Je mehr die Basensequenz zweier Organismen übereinstimmt, desto mehr stimmen in der Regel deren Aminosäuresequenzen überein".

5. Stammbaum der Weichtiere. Durch genauere Untersuchung vieler körperlicher Merkmale ist es gelungen, die stammesgeschichtliche Verwandtschaft der Weichtiere weitgehend exakt zu rekonstruieren. Es werden zurzeit zwei Hypothesen hinsichtlich der systematischen Einordnung diskutiert. Nachfolgend wird die "Testaria"-Hypothese betrachtet. Das für die systematische Einordnung nötige Vorhandensein (+) oder Fehlen (-) einiger entscheidender abgeleiteter Merkmale ist in Abbildung 3 aufgetragen. Skizzieren Sie den Stammbaum der Weichtiere, indem Sie die in der Tabelle aufgeführten Merkmale (A bis K) heranziehen und im Stammbaum entsprechend platzieren. Begründen Sie Ihre Entscheidungen. Folgende Merkmale dienen dabei nur der Veranschaulichung.

A Radula-Apparat sowie ein Paar Kiemen
B äußere Kalkschicht der Schale, durchzogen mit Sinneszellsträngen
C einheitlich flache Schale, Perlmuttschicht vorhanden

→ M4 → M8

Gruppe innerhalb der Weichtiere	A	B	C	D	E	F	G	H	I	J	K
schalenlose Schnecken	+	–	–	–	–	–	–	–	+	–	–
Neoplinida	+	–	+	–	–	–	+	+	–	–	–
echte Schnecken	+	–	+	+	–	+	–	+	–	–	+
Käferschnecken	+	+	–	–	–	–	–	+	–	–	–
Muscheln	+	–	+	+	–	–	–	+	–	+	–
Kopffüßer	+	–	+	+	+	+	–	+	–	–	–

3 *Merkmale einiger Gruppen der Weichtiere*

D ganglioneurales Nervensystem
E Fangarme sowie 1 Paar Lochkameraaugen mit dem Licht zugewandten Sehzellen (everses Auge)
F Muskelsystem zur raschen Streckung von Fuß und Tentakeln
G mehrere Nierenpaare sowie 2 Paar Herzvorkammern
H feste Kalkschale sowie 1 Paar Nieren
I wurmförmiges Aussehen
J Grab- und Ankerfuß
K Schild zum Verschließen der Gehäuseöffnung.

6. Bestimmungsschlüssel. Beschreiben Sie die Bestimmung von Arten mit einem dichotomen Bestimmungsschlüssel. Bestimmen Sie die jeweiligen Arten (Abb. 4, 5).

1	Blätter geteilt	6
1+	Blätter ungeteilt	2
2	Blätter ungestielt, paralleladrig	**Spitzwegerich**
2+	Blätter gestielt, netzadrig	3
3	Blätter ganzrandig, eiförmig, mit Spitze	**Rotbuche**
3+	Blätter anders	4
4	Blätter gebuchtet	**Stieleiche**
4+	Blätter gesägt oder gezähnt	5
5	Blätter rundlich, ohne deutliche Spitze, schwach gesägt	**Schwarzerle**
5+	Blätter gelappt, buchtig gezähnt	**Spitzahorn**
6	Blätter gefingert	**Rosskastanie**
6+	Blätter gefiedert	7
7	Rand der Fiedern glatt, Endfieder zur Ranke umgebildet	**Saaterbse**
7+	Rand der Fiedern gesägt, am Stielansatz mit Nebenblättern	**Heckenrose**

4 *Auszug aus einem dichotomen Bestimmungsschlüssel*

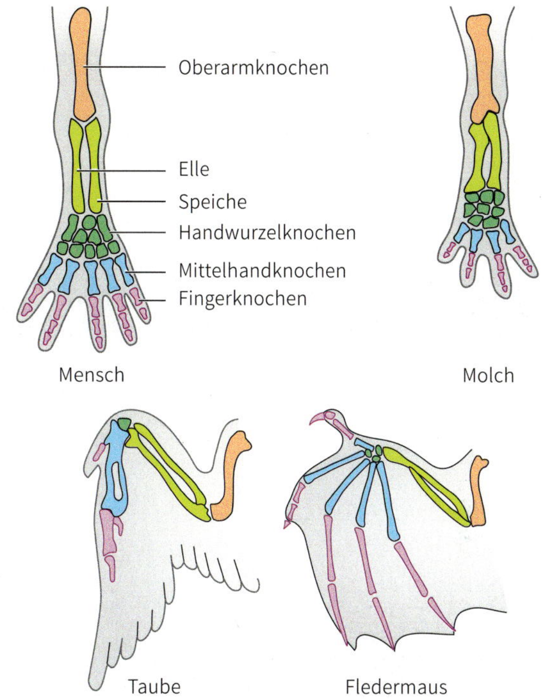

2 *Homologe Armskelette ausgewählter Wirbeltiere*

5 *Blätter von verschiedenen Blütenpflanzen*

Wiederholen · Üben · Festigen

7. *Proconsul africanus*: Angepasstheiten an die Lebensweisen. *Proconsul africanus* ist ein früher Menschenaffe. Er lebte auf dem afrikanischen Kontinent. Er war etwas kleiner als der heutige Schimpanse, bewegte sich aber wie dieser fort und lebte kletternd auf Bäumen (Abb. 6).

a) Beschreiben Sie den jeweiligen Körperbau (Abb. 6).

b) Erläutern Sie die Angepasstheiten im Skelettbau von *Proconsul africanus* und Mensch im Hinblick auf die jeweilige Lebensweise (Abb. 6).

c) Erklären Sie den Vorteil des dauerhaft aufrechten Ganges im Hinblick auf die erfolgte Veränderung des Lebensraums (Abb. 6).

8. Evolution des HAR1-Gens.

a) Beschreiben und begründen Sie, wie eine DNA-Sequenz ermittelt wird (Abb. 7).

b) Bestimmen Sie die Unterschiede der DNA-Basensequenz zwischen dem HAR1-Gen des Huhns und des Schimpansen bzw. zwischen Schimpanse und Mensch (Abb. 7). Interpretieren Sie die Sequenzunterschiede mithilfe des Kladogramms.

c) Erläutern Sie, inwieweit die Forschungsergebnisse im Widerspruch dazu stehen, dass die Anzahl der Mutationen ein Maß für die zeitliche Trennung von Entwicklungslinien ist.

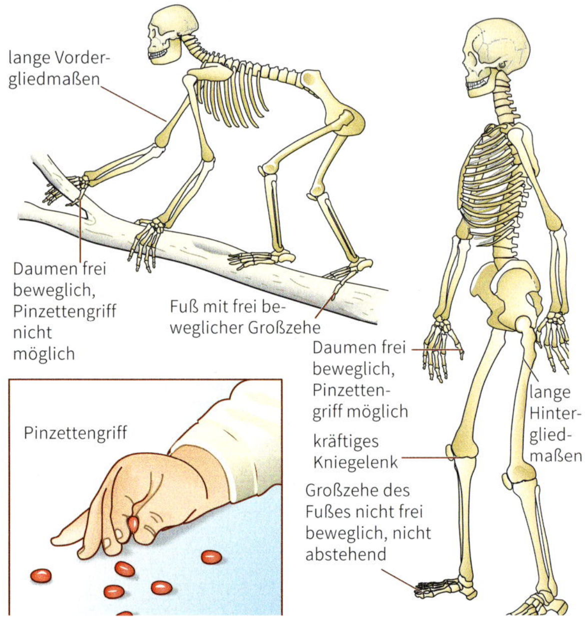

6 *Proconsul africanus und Mensch: Angepasstheiten*

9. Rekostruktion eines Stammbaums. Erläutern Sie Schwierigkeiten bei der Rekonstruktion eines Stammbaums der menschlichen Evolution auf Basis ausgewählter morphologischer Merkmale.

Die Basensequenz der DNA des Schimpansen stimmt in fast 99 % mit der des Menschen überein. Der Schimpanse hat ein Gehirn, dessen Volumen dem der Vormenschen am nächsten kommt. Unten ist die DNA-Basensequenz beim Huhn, Schimpansen und Menschen für das Gen mit dem Kürzel HAR1 dargestellt. Es sind keine komplementären Basen, sondern 118 aufeinander folgende Basen der einen Hälfte des DNA-Moleküls dargestellt. HAR1 ist ein Beispiel für ein aktives Gen, das sich seit der Trennung von Menschen- und Schimpansenlinie in seiner DNA-Basensequenz stark verändert hat. Untersuchungen haben gezeigt, dass HAR1 u. a. an der Ausbildung der typischen Windungen und Furchen der Großhirnrinde des Menschen beteiligt ist.

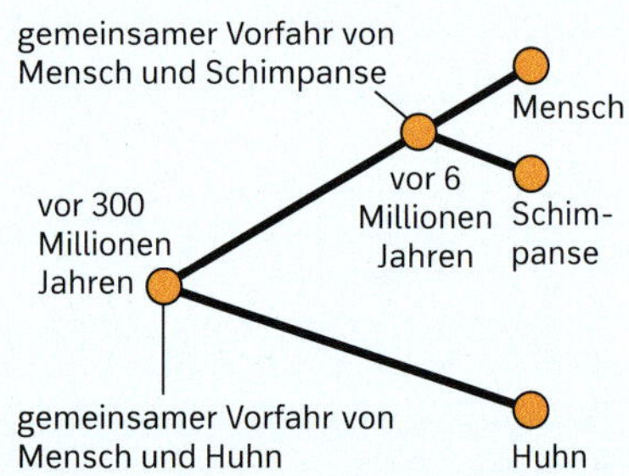

Basensequenz Huhn: HAR1-Gen

T G A A A T G G A G | G A G A A A T T A C | A G C A A T T T A T | C A A C T G A A A T | T A T A G G T G T A | G A C A C A T G T C

A G C A G T A G A A | A C A G T T T C T A | T C A A A A T T A A | A G T A T T T A G A | G A T T T T C C T C | A A A T T T C A

Schimpanse:

T G A A A T G G A G | G A G A A A T T A C | A G C A A T T T A T | C A A C T G A A A T | T A T A G G T G T A | G A C A C A T G T C

A G C A G T G G A A | A T A G T T T C T A | T C A A A A T T A A | A G T A T T T A G A | G A T T T T C C T C | A A A T T T C A

Mensch:

T G A A A T G G A G | G A G A A A T T A C | A G C A A T T T A T | C A A C T G A A A T | T A T A G G T G T A | G A C A C A T G T C

A G C G G C G G A A | A T G G T T T C T A | T C A A A A T G A A | A G T G T T T A G A | G A T T T T C C T C | A A G T T T C A

7 *Veränderungen der DNA-Basensequenz im HAR1-Gen und Kladogramm von Mensch, Schimpanse und Huhn*

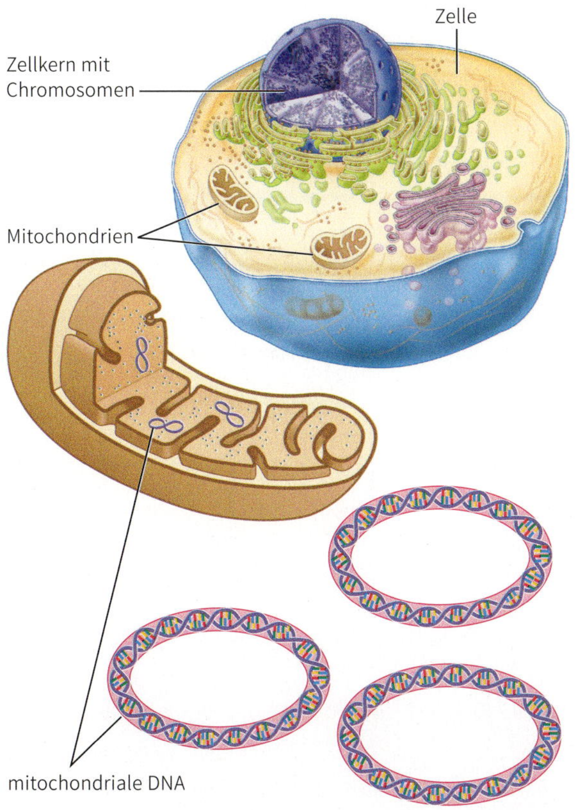

1 *Schema einer menschlichen Zelle, die je nach Energiebedarf viele tausend Mitochondrien enthält.*

1. Analyse von mtDNA-Proben. Eine klassische und bewährte Methode zur Verwandtschaftsanalyse, wie etwa der des Jetztmenschen *Homo sapiens* und dem vor etwa 30 000 Jahren ausgestorbenen Neandertaler ist der Vergleich mitochondrialer DNA kurz mtDNA (Abb. 1).
Im Vergleich zur Zellkern-DNA liegt mtDNA in deutlich größerer Menge vor, wird fast ausnahmslos über die Mitochondrien der Eizellen, also mütterlich, vererbt und verändert sich im Laufe der Stammesgeschichte relativ konstant. Zellkern-DNA beinhaltet dagegen die gesamte genetische Information eines Individuums, umfasst aber damit auch wesentlich mehr Basenpaare und DNA-Abschnitte als die mtDNA und ist damit wesentlich aufwändiger zu sequenzieren.

a) Vergleichen Sie Zellkern-DNA und mtDNA.

b) Erklären Sie die biologischen Ursachen für die im Text dargestellten Merkmale der mtDNA.

c) Erläutern Sie hinsichtlich der dargestellten Merkmale die Vorteile der Auswertung von mtDNA gegenüber der von Zellkern-DNA.

Am Max-Planck-Institut in Leipzig untersuchte SVANTE PÄÄBO 2010 Zellkern-DNA von Neandertalern und Jetztmenschen aus Afrika, Europa und Asien. Er fand mit einem Team von Forschenden heraus, dass bei allen Menschen außerhalb Afrikas (nicht jedoch bei Afrikanern) durchschnittlich ein bis drei Prozent der Zellkern-DNA von Neandertalern stammt. Um das Ergebnis zu erklären, muss beachtet werden, dass moderne Menschen und Neandertaler eine Zeit lang im Nahen Osten in Koexistenz lebten, bevor der moderne Mensch sich von dort aus nach Europa, Asien und Amerika ausbreitete.

2 *Aktueller Stand der Forschung zur Verwandtschaft von Neandertalern und Jetztmenschen*

Die Neandertaler entwickelten sich vor etwa 200 000 Jahren in Europa aus dem *Homo erectus*. Später besiedelten sie auch Teile Asiens und des Nahen Ostens. Vor etwa 30 000 Jahren starben die Neandertaler aus. Der *Homo sapiens* ging ebenfalls aus dem *Homo erectus* hervor, jedoch in Afrika und vor etwa 300 000 Jahren. Vor etwa 40 000 Jahren breitete sich *Homo sapiens* aus Afrika über den Nahen Osten nach Europa und weiter nach Asien aus. Dabei gelangte er auch in Lebensräume der Neandertaler. Die letzten gemeinsamen Vorfahren von Neandertalern und *Homo sapiens* lebten vor etwa 400 000 Jahren als *Homo erectus* in Afrika.

3 *Hypothese zur Entstehung und Verbreitung von Neandertaler und modernem Menschen*

2. Verwandtschaft innerhalb der Gattung „*Homo*“.

a) Beschreiben Sie die binäre Nomenklatur nach LINNE am Beispiel der Bezeichnung *Homo sapiens*.

b) Bewerten Sie die mögliche Namensgebung *Homo sapiens neanderthalensis* und *Homo sapiens sapiens* für den Neandertaler und für *Homo sapiens* (Abb. 2, 3).

c) Erläutern Sie, inwiefern die Forschungsergebnisse aus Abbildung 3 die *Out-Of-Africa*-Hypothese stützen.

d) Skizzieren Sie zur Veranschaulichung der Entwicklung von Neandertaler und *Homo sapiens* ein beschriftetes Kladogramm unter Bezug auf Abbildung 2, der auch mit den Ergebnissen von Abbildung 3 stimmig ist.

e) Nehmen Sie zu folgender Aussage eines Schülers begründet Stellung: „Die ganze Geschichte des Lebens lief unausweichlich darauf hinaus, den Menschen hervorzubringen.“

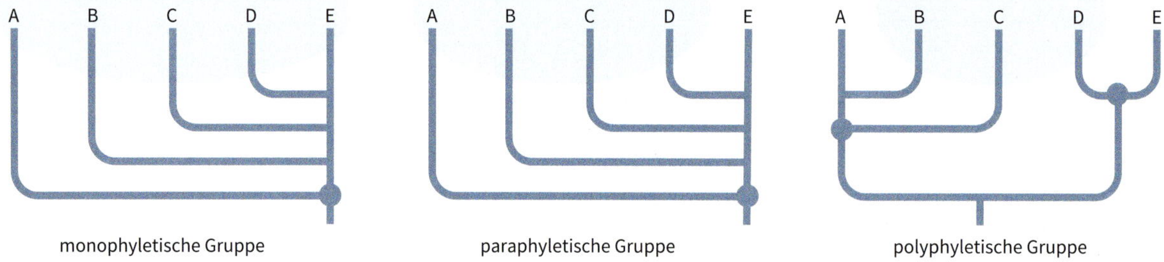

4 *Die Gruppenbezeichnungen in der phylogenetischen Systematik. Die dunkelblauen Kreise symbolisieren Stammarten.*

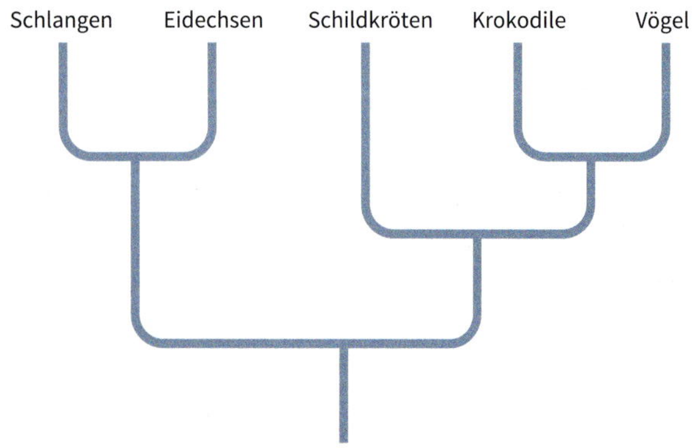

5 *Ein vereinfachter Stammbaum*

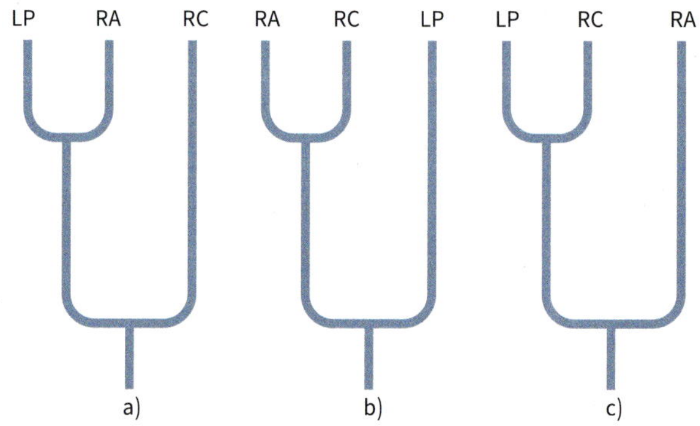

6 *Die möglichen Verwandtschaftsbeziehungen bei drei Blütenpflanzenarten. Die Abkürzungen LP, RC und RA bezeichnen die in Abbildung 4 genannten Arten.*

	LP	RC	RA
Purpurrote Taubnessel ***Lamium purpureum*** **(LP)**	100	–	–
Hundsrose ***Rosa canina*** **(RC)**	90,1	100	–
Scharfer Hahnenfuß ***Ranunculus acris*** **(RA)**	88,2	87,2	100

7 *Die Ergebnisse der DNA-Sequenz-Analyse von drei Blütenpflanzen-Arten. Die Zahlen geben den Grad der Übereinstimmung (in %) bei einer bestimmten DNA-Sequenz des Enzyms Ribulose-1,5-diphosphat-Carboxylase zwischen jeweils zwei Arten an.*

3. Die Gruppe der Reptilien. Eine Gruppe wird als monophyletisch bezeichnet, wenn die Kennzeichen der Gruppe auf einen einzigen gemeinsamen Vorfahren zurückzuführen sind, die so genannte Stammart. Eine Gruppe wird als paraphyletisch bezeichnet, wenn sie nicht alle Nachkommen der Stammart beinhaltet. Eine Gruppe wird als polyphyletisch bezeichnet, wenn sie auf verschiedene Stammarten zurückzuführen ist. Eine in sich geschlossene Abstammungsgemeinschaft besteht somit ausschließlich bei monophyletischen Gruppen. Nur monophyletische Gruppen sind deshalb systematische Gruppen im Sinne einer stammesgeschichtlichen (phylogenetischen) Systematik. Die Orientierung von Gruppennamen an para- oder polyphyletischen Gruppen ist in der phylogenetischen Systematik unzulässig. Der Begriff „Reptilien" ist eine Sammelbezeichnung für Schlangen, Eidechsen, Schildkröten und Krokodile.

a) Erklären Sie den Unterschied zwischen morphologischem und biologischem Artbegriff.

b) Prüfen Sie anhand von Abbildung 4 und Abbildung 5, ob es sich bei den „Reptilien" um eine in der phylogenetischen Systematik zulässige Gruppenbezeichnung handelt.

4. Verwandtschaftsanalyse bei Blütenpflanzen. Prüfen Sie für jeden der drei Stammbäume a bis c in Abbildung 6, inwiefern er im Einklang mit den Befunden der DNA-Sequenz-Analyse in Abbildung 7 steht.

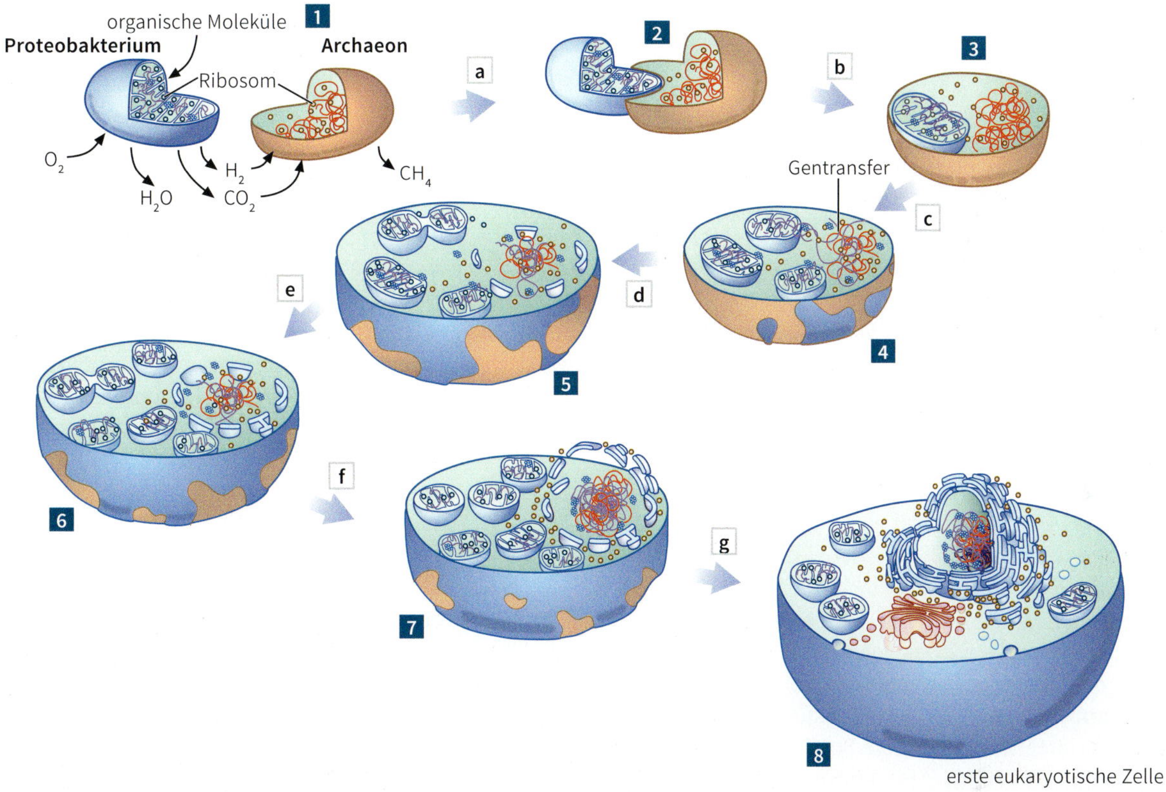

8 *Die Entstehung der ersten eukaryotischen Zelle nach der Wasserstoff-Hypothese. Komponenten, die zum Proteobakterium gehören oder diesem zuzuordnen sind, sind blau dargestellt, Komponenten des Archaeons rot-orange. Die Ziffern kennzeichnen die schrittweise Entstehung der ersten eukaryotischen Zelle. Die Buchstaben kennzeichnen wichtige Prozesse bei der Entstehung der ersten eukaryotischen Zelle.*

5. Aufgabe zum Exkurs "Belege für die Endosymbiontentheorie":Wasserstoff-Hypothese. Nach der Wasserstoff-Hypothese ist die erste eukaryotische Zelle aus der Aufnahme eines Proteobakteriums durch ein methanbildendes (CH_4) Archaeon entstanden. Das Archaeon war autotroph und anaerob und auf das Vorhandensein von Wasserstoff (H_2) angewiesen. Das Proteobakterium war fakultativ anaerob und produzierte unter anderem Wasserstoff. Das Proteobakterium nahm organische Moleküle aus der Umgebung auf, das Archaeon war auf Kohlenstoffdioxid als Kohlenstoffquelle angewiesen. Nach der Aufnahme des Proteobakteriums durch das Archaeon wurde das Proteobakterium nicht verdaut, sondern verblieb in seinem Wirt. Dabei fand im Laufe der Zeit ein Gentransfer aus dem Genom des Proteobakteriums in das Genom des Archaeons statt.

a) Skizzieren Sie die Entstehung der eukaryotischen Zelle nach der Endosymbiontentheorie in Form eines Flussdiagramms.

b) Beschreiben Sie die Entstehung von Mitochondrien und Zellkern nach der Wasserstoff-Hypothese zur Entstehung eukaryotischer Zellen anhand von Abbildung 8.

c) Nehmen Sie zu folgenden Aussagen über die Wasserstoff-Hypothese Stellung (Abb. 8):

1. „Die erste eukaryotische Zelle ist mehr Proteobakterium als Archaeon.";
2. „Proteobakterium und Archaeon unterscheiden sich von der späteren eukaryotischen Zelle hinsichtlich der Organisation der Proteinbiosynthese."
3. „Der Hypothese nach gab es niemals primitive mitochondrienarme Eukaryoten."

d) Vergleichen Sie Endosymbiontentheorie und Wasserstoff-Hypothese.

e) Beurteilen Sie, ob es sich bei der Wasserstoff-Hypothese um eine „Endosymbiontenhypothese" handelt.

1 *Porträt von a) JEAN-BAPTISTE LAMARCK und b) CHARLES DARWIN*

Zu Lebzeiten des Franzosen JEAN-BAPTISTE LAMARCK (1744–1829) und des Briten CHARLES DARWIN (1809–1882) glaubten die meisten Menschen, die Erde sei wenige tausend Jahre alt (Abb. 1). Alle Lebewesen und der Mensch seien unabhängig voneinander erschaffen worden und seit ihrer Erschaffung unverändert und unveränderbar. LAMARCK und nach ihm DARWIN waren die ersten, die jeweils einen Erklärungsansatz entwickelten, wie sich die Veränderung von Organismen vollzogen haben könnte. LAMARCK hatte Fossilien entdeckt, die jeweils von älteren über jüngere Fossilien bis zu einer heute lebenden Art führten. Er nahm an, dass der Veränderlichkeit von Arten im Laufe der Zeit eine allmähliche Anpassung an die natürlichen Bedingungen zugrunde liegt. Daher begründete er seinen Ansatz von der **Veränderlichkeit der Arten** folgendermaßen:

- Lebewesen entstanden in der Vergangenheit wiederholt in einfacher Form durch Urzeugung. Sie besitzen einen **inneren Drang zur Vervollkommnung** und Höherentwicklung, sodass in gerichteter Weise aus einfachen Formen komplexere Formen entstehen. Die Höherentwicklung verläuft unabhängig voneinander. LAMARCKS Erklärungsansatz beinhaltet keine gemeinsame Abstammung der Arten.
- Veränderte Umweltbedingungen führen zu verändertem **Gebrauch oder Nichtgebrauch von Organen**. Häufig genutzte Organe werden im Leben des Individuums gestärkt und in ihren Funktionen verbessert. Wenig gebrauchte werden schwächer und verkümmern schließlich.
- LAMARCK übernahm die bei seinen Zeitgenossen weitverbreitete Vorstellung, dass im individuellen Leben erworbene Eigenschaften vererbt werden. So werden die durch Gebrauch oder Nichtgebrauch veränderten Eigenschaften von Lebewesen an die Nachkommen vererbt. Die Annahme von der **Vererbung erworbener Eigenschaften** wird als LAMARCKISMUS bezeichnet.

Als 22-Jähriger ging DARWIN als Naturforscher auf fünfjährige Weltumseglung und beobachtete viele Beispiele für Angepasstheiten, also Merkmale und Eigenschaften, die für das Überleben vorteilhaft sind. DARWINS Erklärungsansatz der **natürlichen Auslese** bietet eine Erklärung für den Prozess der Anpassung und stellt einen Zusammenhang her zur Veränderlichkeit von Arten. Gestützt auf Vordenker und auf Tatsachen aus der Tier- und Pflanzenzüchtung hat DARWIN seine Beobachtungen verallgemeinert:

- Alle Populationen erzeugen unter natürlichen Bedingungen mehr Nachkommen als für den Erhalt der Population notwendig sind.
- Trotzdem bleibt die Populationsgröße unter natürlichen Bedingungen im Rahmen gewisser Schwankungen konstant.
- Die natürlichen Ressourcen wie beispielsweise Nahrung und Nistplätze sind begrenzt, mitunter sogar sehr knapp.

Daraus schlussfolgerte er, dass die Mitglieder einer Population um die begrenzten Ressourcen wetteifern und konkurrieren. Weiterhin beobachtete er:

- Die Individuen einer Population zeigen neben Gemeinsamkeiten auch Unterschiede in ihren Merkmalen und Eigenschaften.
- Diese Unterschiede sind zum größten Teil erblich (**erbliche Variation**).

Daraus folgerte DARWIN, dass Individuen, deren erbliche Merkmale in der jeweiligen Umwelt eine größere Chance zum Überleben bieten, sich durchschnittlich häufiger fortpflanzen werden als weniger gut angepasste Individuen. Diese **natürliche Selektion** ist ein anderer Ausdruck für den unterschiedlichen Fortpflanzungserfolg der Individuen einer Population. Der unterschiedliche Fortpflanzungserfolg von Individuen aufgrund unterschiedlicher erblicher Merkmale führt im Laufe vieler Generationen zu Angepasstheiten bei den Lebewesen einer Population an die gegebenen Umweltbedingungen.

→ B5 → Kap. 7.1 → Kap. 8.2 → Kap. 8.3

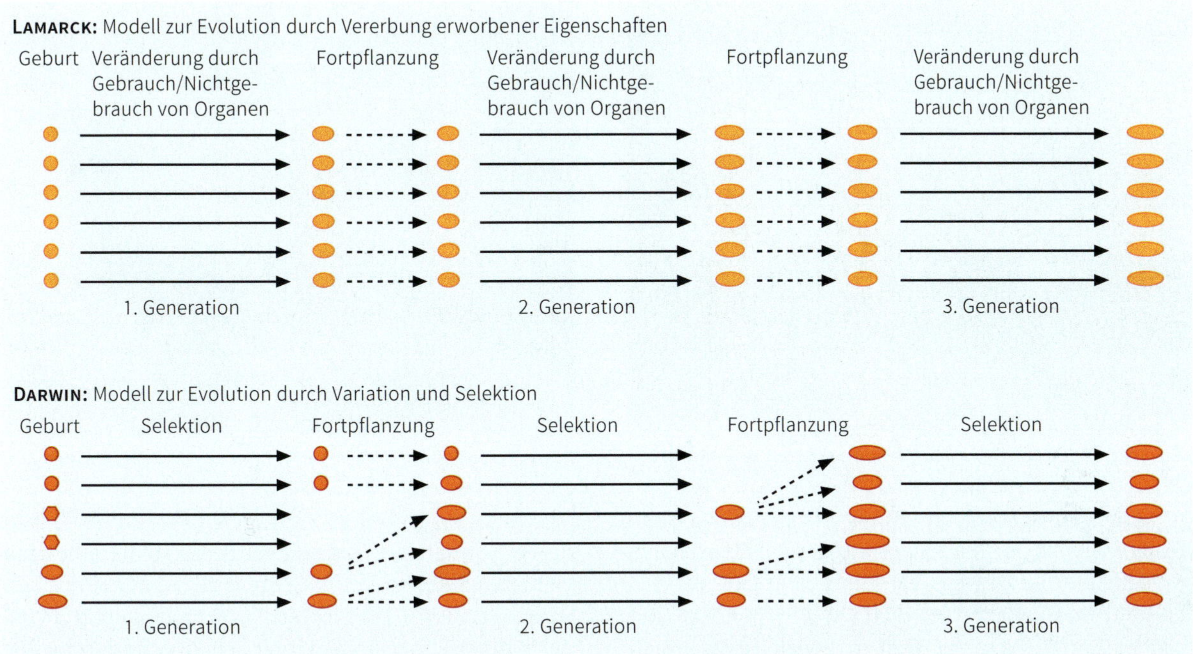

2 *Modelle der Erklärungsansätze zur Evolution von LAMARCK und DARWIN*

1. Die Erklärungsansätze von LAMARCK und DARWIN.

a) Vergleichen Sie den Erklärungsansatz zur Evolution LAMARCKS mit dem Erklärungsansatz DARWINS.

b) Erläutern Sie, wie LAMARCK und wie DARWIN vermutlich die Evolution des langen Giraffenhalses in Abbildung 3 beschrieben hätten.

c) Erläutern Sie, wie LAMARCK und wie DARWIN vermutlich die Vielfalt der Arten erklären würden.

d) Die Vorstellungen LAMARCKS zu den Mechanismen, mit denen er die Veränderlichkeit der Arten erklärt, werden wissenschaftlich nicht akzeptiert. Entwickeln Sie begründete Argumente, die gegen den Erklärungsansatz zur Veränderlichkeit der Arten nach LAMARCK sprechen.

2. Modelle zur Evolution nach LAMARCK und DARWIN. Erläutern Sie die beiden Modelle der Erklärungsansätze zur Evolution von LAMARCK und DARWIN in Abbildung 2 und beurteilen Sie deren Aussagekraft.

3. Finale und lamarckistische Vorstellungen zur Evolution. Finale Vorstellungen zur Evolution sind weitverbreitet, jedoch wissenschaftlich nicht haltbar. Entwickeln Sie mithilfe von Abbildung 4 einige finale Aussagen anhand von selbstgewählten Beispielen und lassen Sie diese durch Andere aus der Klasse analysieren.

3 *Giraffen in einem Naturschutzgebiet in Somalia*

Finale Begründungen oder Vorstellungen beschreiben im evolutionsbiologischen Zusammenhang, dass der Prozess der Anpassung durch eine höhere Instanz oder durch steuernde Eingriffe des Individuums selbst absichtlich und gezielt auf einen Zweck gerichtet wird. „Die kurzhalsigen Giraffen wollten die Blätter in den Baumkronen fressen und verlängerten deshalb ihren Hals" ist ein Beispiel für eine finale, auf ein Ziel gerichtete Vorstellung. Oftmals stehen finale Begründungen im Zusammenhang mit dem wissenschaftlich nicht haltbaren Erklärungsansatz zur Evolution LAMARCKS. Finale Vorstellungen sind ein Hindernis für ein wissenschaftliches Verständnis von Evolution.

4 *Finale Vorstellungen*

→ B5 → Kap. 7.1 → Kap. 8.2 → Kap. 8.3

8.2 Die frühe Entwicklung des Evolutionsgedankens I

1 *Die Erschaffung des Menschen (Merian, Matthäus d. Ä. 1593–1650)*

2 *Zwei verschiedene Darwin-Finkenarten der Galapagosinseln*

Die Schöpfungsgeschichte kommt in vielen Religionen vor. Der Glaube an eine Schöpfungsgeschichte ist dabei von zentraler Bedeutung. Die Bibel sieht Gott als den Schöpfer und Erhalter der Welt (Abb. 1). Sie berichtet von der Erschaffung der Welt in sieben Tagen. Auch sieht die Bibel den Menschen als Ebenbild Gottes. Diese Vorstellung wird **Kreationismus** genannt. Als CHARLES DARWIN 1809 geboren wurde, glaubte man noch an die wörtliche Auslegung der Bibel. Man war von der **Unveränderlichkeit der Arten** überzeugt. Nach dem Abschluss seines Theologiestudiums erhielt der naturinteressierte CHARLES DARWIN 1831 das Angebot, als Naturforscher auf dem Vermessungsschiff Beagle nach Südamerika mitzureisen. Schon vor seiner Abreise glaubte Darwin, dass sich Lebewesen von Generation zu Generation verändern können. Er glaubte auch, dass die heutigen Tiere und Pflanzen von ausgestorbenen Formen abstammen. Er war sich dessen allerdings noch nicht sicher.

Der erste Wissenschaftler, der dazu einen Erklärungsansatz zur Abstammung formulierte war JEAN-BAPTISTE LAMARCK (1744 – 1829). Er vertrat die Ansicht, dass erstens veränderte Umweltbedingungen zu neuen Bedürfnissen und Gewohnheiten bei Lebewesen führen. Zweitens sollte der ständige Gebrauch eines Organs zu dessen Vervollkommnung beitragen und der Nichtgebrauch es verkümmern lassen. Drittens sollten die erworbenen Eigenschaften vererbt werden. LAMARCKS Vorstellungen sind heute widerlegt.

Die erste Bestätigung für eine Abstammung von Lebewesen erhielt DARWIN auf seiner Forschungsreise. Bei den Ausgrabungen entdeckte er an Skeletten riesiger Säugetiere Ähnlichkeiten zu heute lebenden kleineren Säugetieren. Weitere Belege fand er auf den Galapagosinseln. Hier lebten vierzehn Finkenarten, die sich hauptsächlich im Bau ihrer Schnäbel unterschieden (Abb. 2). Diese passten genau zu deren jeweiliger Nahrung. Einige Finken fraßen Pflanzensamen, andere Früchte, wieder andere ernährten sich von Insekten (Abb. 2). Später, bei der Auswertung nach seiner Rückkehr, erkannte DARWIN, dass sich alle Finken aus einer Ursprungsform entwickelt haben mussten. Aufgrund seiner Beobachtungen versuchte DARWIN die Ursache für die Veränderung von Lebewesen zu ergründen. So folgerte DARWIN aus seinen Untersuchungen, dass eine Konkurrenz zwischen den Individuen um die begrenzten Ressourcen stattfindet. Folglich ergab sich dadurch nach DARWIN eine Konkurrenz zwischen den Individuen um diese Ressourcen. Wer aber gewinnt diesen Konkurrenzkampf?

Heutige Kritiker der Evolutionstheorie, beispielsweise die Kreationisten, vertreten die These, dass die Entstehung des Universums und des Lebens am besten durch eine Intelligenz, einen Schöpfer, erklärt werden kann und nicht durch einen von Steuerung freien Vorgang wie Mutation und Selektion. Die Kreationisten lehnen insbesondere die Theorie von DARWIN ab, wonach Arten durch natürliche Selektion entstehen und nicht durch Gott erschaffen wurden. Die Glaubensaussagen dieser Evolutionskritiker lassen sich nicht mit naturwissenschaftlichen Methoden überprüfen. Der Kreationismus kann daher nicht als naturwissenschaftliche Hypothese oder Theorie angesehen werden.

→ B5 → Kap. 7.1 → Kap. 8.1 → Kap. 8.3

Schöpfungsgeschichte 1: Das erste Buch Mose (Bibeltext) (1.Mose 1,1-28) - Die Schöpfung

Am Anfang schuf Gott Himmel und Erde. Und die Erde war wüst und leer, und Finsternis lag auf der Tiefe; und der Geist Gottes schwebte über dem Wasser. Und Gott sprach: Es werde Licht! Und es ward Licht. Und Gott sah, dass das Licht gut war. [...] Und Gott sprach: Die Erde bringe hervor lebendiges Getier, ein jedes nach seiner Art: Vieh, Gewürm und Tiere des Feldes, ein jedes nach seiner Art. Und es geschah so. Und Gott machte die Tiere des Feldes, ein jedes nach seiner Art, und das Vieh nach seiner Art und alles Gewürm des Erdbodens nach seiner Art. Und Gott sah, dass es gut war. Und Gott sprach: Lasset uns Menschen machen, ein Bild, das uns gleich sei, die da herrschen über die Fische im Meer und über die Vögel unter dem Himmel und über das Vieh und über die ganze Erde und über alles Gewürm, das auf Erden kriecht. Und Gott schuf den Menschen zu seinem Bilde, zum Bilde Gottes schuf er ihn; und schuf sie als Mann und Frau. [...]

Verändert nach: Lutherbibel 2017, Deutsche Bibelgesellschaft, Stuttgart; https://www.die-bibel.de/bibeltext/1.Mose1,1 – 28

Schöpfungsgeschichte 2: Entstehung der Welt im antiken Griechenland

Im Anfang war das Chaos. Es war ein unendlicher, gähnender Abgrund, nicht hell und nicht dunkel, nicht warm und nicht kalt, weder laut noch stumm. Dennoch war das Chaos nicht leer! Es war die Heimat aller Götter und Geister, urgewaltige Wesen, die auf den Beginn der Schöpfung warteten. Eines Tages hatte sich ein belebendes Schimmern und wärmendes Glimmen durch das ganze Chaos verbreitet. Das kam von Eros, dem Gott der himmlischen Liebe, dem ältesten aller Götter. [...] Da kam Prometheus auf die Erde; er nahm Ton, befeuchtete ihn mit Wasser, knetete und formte daraus eine Gestalt nach dem Ebenbild der Götter, den Menschen.

Verändert nach: Die schönsten Sagen des klassischen Altertums, Gustav Schwab, Kurt Eigl; Lizenzausgabe, Südwest Verlag, 1955, S. 7

Erklärungsansatz zur Urzeugung nach Aristoteles und die Ergebnisse von Francesco Redi

Der bedeutendste Wissenschaftler im antiken Griechenland war Aristoteles (384 - 322 v. Chr.) Er untersuchte Pflanzen und Tiere und begründete die Urzeugungstheorie. Sie besagt, dass Lebewesen spontan aus unbelebter Materie entstehen. So würden sich zum Beispiel Würmer oder Maden, direkt aus Schlamm und Erde entwickeln. Diese Theorie galt lange Zeit durch das gesamte Mittelalter bis zur Neuzeit. Noch im 17. Jahrhundert glaubte man, dass Maden, das sind die Larven von Fliegen, von allein in verfaulendem Fleisch entstehen. Francesco Redi, ein italienischer Arzt, führt 1668 dazu einen Versuch durch. Er nahm drei Töpfe und füllte sie jeweils mit Fleisch. Einen Topf schloss er vollständig ab. Den zweiten Topf ließ er offen und den dritten bedeckte er mit einem Netz mit nur winzig kleinen Öffnungen. Fliegenmaden fand Redi nur im offenen Topf. Redi fing auch Maden ein und wartete darauf, bis sie sich weiterentwickelten. Hieraus entwickelten sich gewöhnliche Fliegen. Wenn man tote Fliegen oder Maden in verschlossene Fleischtöpfe gab, entstanden keine neue Maden. Tat man desgleichen jedoch mit lebenden Fliegen, erschienen Maden im Fleisch.

3 *Schöpfungstheorien und frühe wissenschaftliche Erklärungsansätze*

1. Schöpfungstheorien und frühe wissenschaftliche Erklärungsansätze.

a) Vergleichen Sie die beiden oben dargestellten Schöpfungsgeschichten 1 und 2 (Abb. 3). Beachten Sie dabei auch die Herkunft des Menschen.

b) Entwickeln Sie je drei Fragestellungen, die nur aus der Sicht der Naturwissenschaften oder nur aus der Sicht des Glaubens beantwortet werden können.

c) Erläutern Sie das Ergebnis der Versuche von Francesco Redi (Abb. 3).

d) Entwickeln Sie ein fiktives Streitgespräch, das Aristoteles und Redi geführt haben könnten, wenn sie zur selben Zeit gelebt hätten (Abb. 3).

2. Frühe Evolutionsgedanken im Vergleich. Der Zoologe Georges Cuvier (1769 bis 1832) vertrat den Gedanken, dass alle Teile eines Organismus in einem ausbalancierten Gleichgewicht zueinander stehen. Die Änderung eines Teils hätte zur Folge, dass das betreffende Tier nicht überleben könnte. Für seine vergleichenden Untersuchungen bezog er zunehmend auch Fossilien mit ein. Cuvier glaubte an unregelmäßig hereinbrechende Naturkatastrophen, die das Leben ganzer Regionen auslöschen. Er stellte sich eine Neubesiedlung der verwüsteten Gegenden durch zuwandernde Tiere vor. Vergleichen Sie die Theorien von Cuvier, Lamarck und Darwin im Hinblick auf die Konstanz der Arten und den Evolutionsgedanken.

→ B5 → Kap. 7.1 → Kap. 8.1 → Kap. 8.3

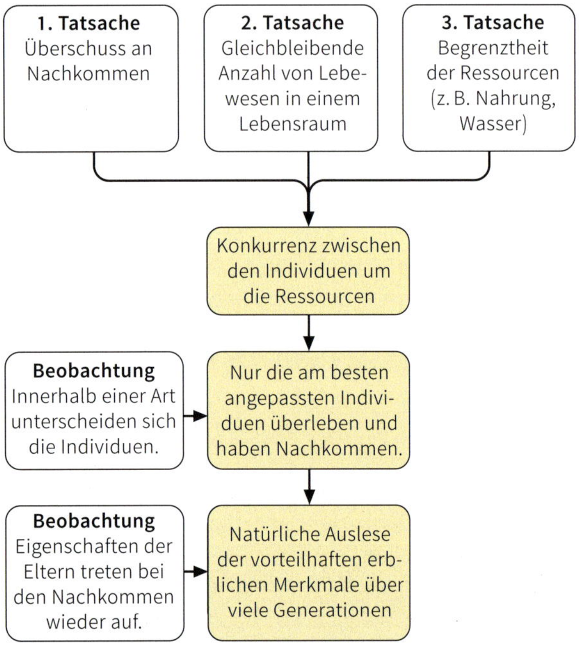

1 *Darwins Erklärungsansatz der natürlichen Auslese*

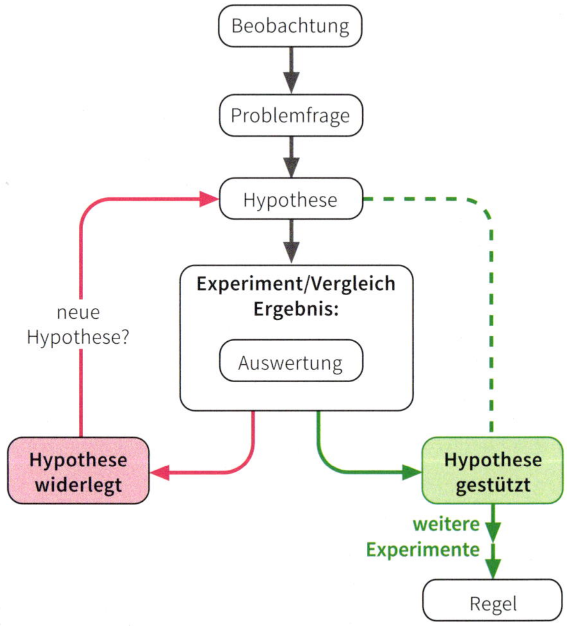

2 *Der Weg der naturwissenschaftlichen Erkenntnisgewinnung*

Schon zur Zeit DARWINS war bekannt, dass sich die Individuen innerhalb einer Tier- oder Pflanzenart bezüglich ihrer Merkmale zum Teil unterscheiden. Darwin folgerte, dass die Individuen, die am besten an ihre Umwelt angepasst sind, Vorteile in der Auseinandersetzung um die Ressourcen haben. Sie können sich besser ernähren und sich häufiger fortpflanzen als weniger gut angepasste Tiere oder Pflanzen. Aus Beobachtungen wusste DARWIN, dass viele dieser Eigenschaften und Merkmale eines Individuums an seine Nachkommen weitergegeben, also vermutlich vererbt werden. So folgerte er, dass die vorteilhaften, erblichen Merkmale in der nächsten Generation häufiger auftreten. Schließlich entsteht nach vielen Generationen eine Angepasstheit der Lebewesen an ihre Umwelt. DARWIN bezeichnete seine Überlegungen als Erklärungsansatz der **natürlichen Auslese**.

Erst Jahre später veröffentlichte er seinen Ansatz, weil sie dem Schöpfungsglauben seiner Zeit widersprach. Somit erschien sein Buch „On the Origin of Species" erst 1859. Obwohl sein Buch ein Verkaufsschlager war und viele berühmte Leute sich seinen Überlegungen anschlossen, gab es auch Gegner seines Evolutionsgedankens. DARWIN behauptete nämlich, dass auch für die Entstehung des Menschen die gleichen Gesetzmäßigkeiten wie für Tiere und Pflanzen gelten. Das bedeutet, dass Menschen und Affen einen gemeinsamen Vorfahren haben. Der Mensch war damit nicht mehr die „Krone der Schöpfung", wie man bislang glaubte.

DARWINS Vermutung, dass bestimmte Eigenschaften und Merkmale auf die Nachkommen vererbt werden, konnte später mit der Vererbungslehre bestätigt werden. Demnach entstehen angepasste Arten dadurch, dass sich in allen Generationen die besser angepassten Individuen häufiger fortpflanzen können. Ihre vorteilhaften Eigenschaften vererben sie an ihre Nachkommen. Viele weitere naturwissenschaftlichen Erkenntnisse ergänzten DARWINS Erklärungsansatz der natürlichen Auslese. Sie wurde so zur heute allgemein anerkannten **Evolutionstheorie** erweitert.

Glaube und Naturwissenschaften müssen sich nicht widersprechen. Sie beantworten Fragen aus verschiedenen Sichtweisen. Selbst der Papst erkennt den Evolutionsgedanken von DARWIN heute grundsätzlich an. Die Religion deutet die Naturgesetze als Gottes permanentes Schöpfungshandeln. Die Naturwissenschaft beantwortet die Frage nach der Entstehung des Lebens durch kontinuierliche Experimente, Beobachtungen und deren Deutungen. Dadurch wird nach wissenschaftlichen Kriterien prüfbares Wissen geschaffen, während die Religion immer wieder neu gedeutet werden kann.

→ B5 → Kap. 7.1 → Kap. 8.1 → Kap. 8.2

Auf den Galápagos-Inseln beobachtete DARWIN vierzehn Finkenarten, die unterschiedliche Schnäbel hatten. Die Form ihrer Schnäbel war an ihre Nahrung angepasst. Aufgrund seiner Beobachtungen formulierte DARWIN seinen Erkläungsansatz, dass sich alle Finken aus einer Art entwickelt haben, die vor sehr vielen Jahren auf die Inseln gekommen war. Dieser Ansatz war nicht durch Experimente zu überprüfen. Also überlegte DARWIN, was die Ursache für die Veränderung der Lebewesen war. Dabei ging er von einem lange bekannten Vorwissen aus, das auf wiederholten Beobachtungen beruhte:
- Nur wenige Nachkommen von Tieren und Pflanzen überleben so lange, dass sie sich selbst fortpflanzen können.
- Die natürlichen Ressourcen für die Nachkommen wie Nahrung, Wasser und Raum sind begrenzt.

Auf der Grundlage des Vorwissens folgerte DARWIN, dass eine Konkurrenz zwischen den Individuen einer Art um die begrenzten Ressourcen stattfindet. Er stellte sich die Problemfrage, welche Individuen bei der Konkurrenz um die Ressourcen erfolgreich sind. Hier war DARWINS Vorwissen aus den Beobachtungen bei der Tier- und Pflanzenzucht hilfreich:
- Die Individuen innerhalb einer Tier- oder Pflanzenart unterscheiden sich mehr oder weniger.
- Eigenschaften eines Individuums können an die Nachkommen vererbt werden.

Karikatur von CHARLES DARWIN aus dem Jahr 1871

DARWIN leitete aus dem Vorwissen eine neue Hypothese ab: Diejenigen Individuen einer Art, die am besten an die Umweltbedingungen angepasst sind, haben Vorteile in der Konkurrenz um die Ressourcen. Sie überleben länger und können mehr Nachkommen großziehen als die weniger angepassten Individuen. Aus diesem Vorwissen um die Vererbung leitete DARWIN die nächste Hypothese ab: Vorteilhafte Merkmale treten in der nächsten Generation häufiger auf.

DARWIN leitete seine Hypothesen aus Erfahrungen und Beobachtungen ab. Er bezeichnete seinen Erklärungsansatz als „Theorie der natürlichen Auslese". Eine Theorie ist eine durch Denken gewonnene Erkenntnis. Sie besteht aus einer Vielzahl von logisch miteinander verbundenen Hypothesen, die untereinander keine Widersprüche aufweisen. Die Hypothesen basieren auf Grundannahmen, die nicht durch Experimente belegt sein müssen.

3 *DARWIN und der naturwissenschaftliche Erkenntnisweg*

1. Charles DARWIN und der naturwissenschaftliche Erkenntnisweg.

a) Vergleichen Sie DARWINS Vorgehensweise mit dem Weg der naturwissenschaftlichen Erkenntnisgewinnung.
b) Nehmen Sie zu der Aussage begründet Stellung: Wunder und übernatürliche Erklärungen spielen in DARWINS Überlegungen keine Rolle.
c) Unter „Evidenzbasiertem Handeln" versteht man ein Handeln, welches auf der Grundlage von wissenschaftlichen Erkenntnissen, also wissenschaftsbasiert, vorgenommen wird. Beurteilen Sie, ob die Forschungen DARWINS als evidenzbasiert bezeichnet werden können.

2. Charles DARWIN und die Abstammung des Menschen.

DARWIN veröffentlichte im Jahr 1871 ein Buch zur Abstammung des Menschen. Er war der erste Naturwissenschaftler, der die Ansicht veröffentlichte, dass der Mensch von Lebewesen abstammen müsse, die dem Affen ähnlich sind. Bislang galt die Ansicht, dass der Mensch eine Sonderstellung unter den Lebewesen einnähme (Abb. 3).
a) Erörtern Sie, weshalb diese Ansicht große Empörung ausgelöst hat.
b) Bewerten Sie in diesem Zusammenhang die Aussage „Wissenschaftliche Erkenntnis ist ein Prozess."
c) Recherchieren Sie mithilfe des Internets, was man unter "Sozialdarwinismus" versteht. Beurteilen Sie anschließend, ob die Konkurrenz um Nahrung, Lebensraum und Geschlechtspartner in diesem Zusammenhang missverstanden worden ist.

→ B5 → Kap. 7.1 → Kap. 8.1 → Kap. 8.2

8.4 Die Synthetische Evolutionstheorie

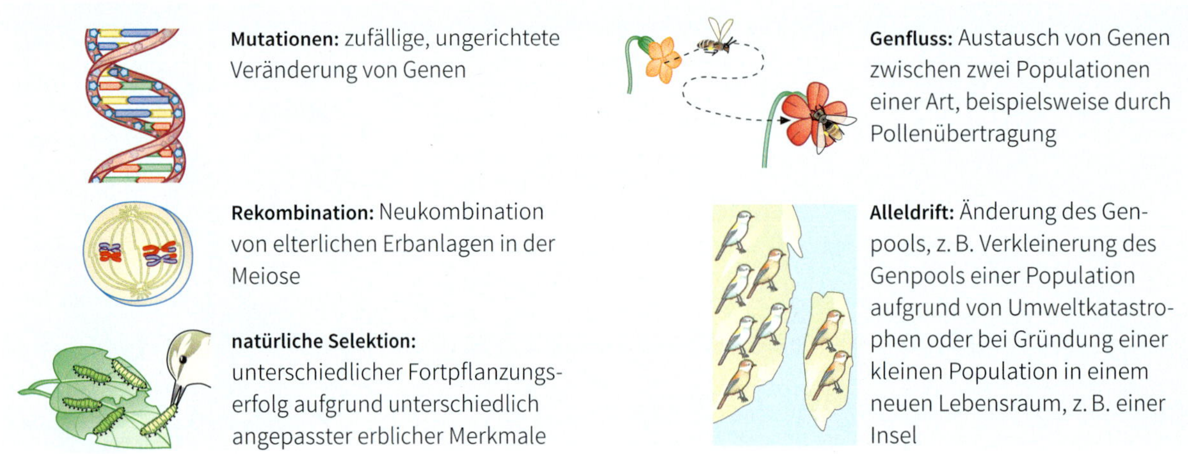

1 *Ausgewählte Evolutionsfaktoren*

Mit dem Fortschritt in den Naturwissenschaften wurde die Evolutionstheorie DARWINS um Erkenntnisse aus vielen Bereichen erweitert. Von besonderer Bedeutung waren dabei neue Erkenntnisse aus der Zellbiologie und der Genetik. Die aus dieser Verknüpfung erwachsene Theorie heißt **Synthetische Evolutionstheorie.**

Die **Rekombination** der Gene, also die Neukombination von elterlichen Erbanlagen bei der Bildung der Geschlechtszellen und bei der Befruchtung, wurde in ihrer Bedeutung für die genetische Variation der Individuen einer Population erkannt. Die Entdeckung von **Mutationen** als zufällige und ungerichtete Veränderungen der Erbanlagen beförderte die Erkenntnis, wie neue Merkmalsausprägungen in einer Population entstehen. In der Synthetischen Evolutionstheorie spielen Populationen eine zentrale Rolle. Dem liegt die Erkenntnis zugrunde, dass nicht einzelne Organismen in ihrer individuellen Lebenszeit einen evolutiven Prozess durchmachen, sondern evolutive Veränderungen auf der Ebene der Populationen stattfinden.

Eine **Population** ist eine Gruppe Individuen einer Art, die zeitgleich in einem bestimmten Gebiet leben und sich untereinander fortpflanzen können. Individuen mit unterschiedlichen erblichen Merkmalsausprägungen haben unter dem Einfluss natürlicher Selektion unterschiedlichen Fortpflanzungserfolg, unterschiedliche **reproduktive Fitness**, sodass im Laufe der Zeit in einer Population solche angepassten Individuen mit vorteilhaften erblichen Merkmalen häufiger auftreten als weniger gut angepasste Individuen.

In der Populationsgenetik wird der Zusammenhang zwischen Evolution und Genetik der Populationen erforscht. Drei Leitfragen sind in der Populationsgenetik von großer Bedeutung:

- Wie groß ist der Genpool einer Population? Die Gesamtheit aller Genvarianten **(Allele)** in einer Population wird als **Genpool** der Population bezeichnet.
- Mit welcher Häufigkeit treten die verschiedenen Allele in einer Population auf?
- Welche Einflüsse verändern die Häufigkeit der verschiedenen Genvarianten, die **Allelfrequenz**, in einer Population?

Eine Kernaussage der Synthetischen Evolutionstheorie lautet, dass alle evolutiven Veränderungen auf Veränderungen von Allelfrequenzen im Genpool von Populationen beruhen. Alle Prozesse, die die Allelfrequenz im Genpool einer Population verändern oder die zur Neukombination von Genen führen, werden als **Evolutionsfaktoren** bezeichnet. Dazu zählen Isolation, Rekombination, Mutationen, natürliche Selektion, Genfluss, Alleldrift und Variation (Abb. 1). Nach der Synthetischen Evolutionstheorie sind diese Faktoren ursächlich für alle evolutiven Veränderungen, auch derjenigen, die zur Bildung neuer Arten führen. Der biologische oder populationsgenetische Artbegriff besagt, dass eine Art eine Gruppe natürlicher Populationen ist, deren Mitglieder sich untereinander kreuzen können und von anderen Gruppen reproduktiv isoliert sind.

→ B5 → Kap. 8.1 → Kap. 8.2 → Kap. 8.3 → Kap. 8.5 → Kap. 8.6

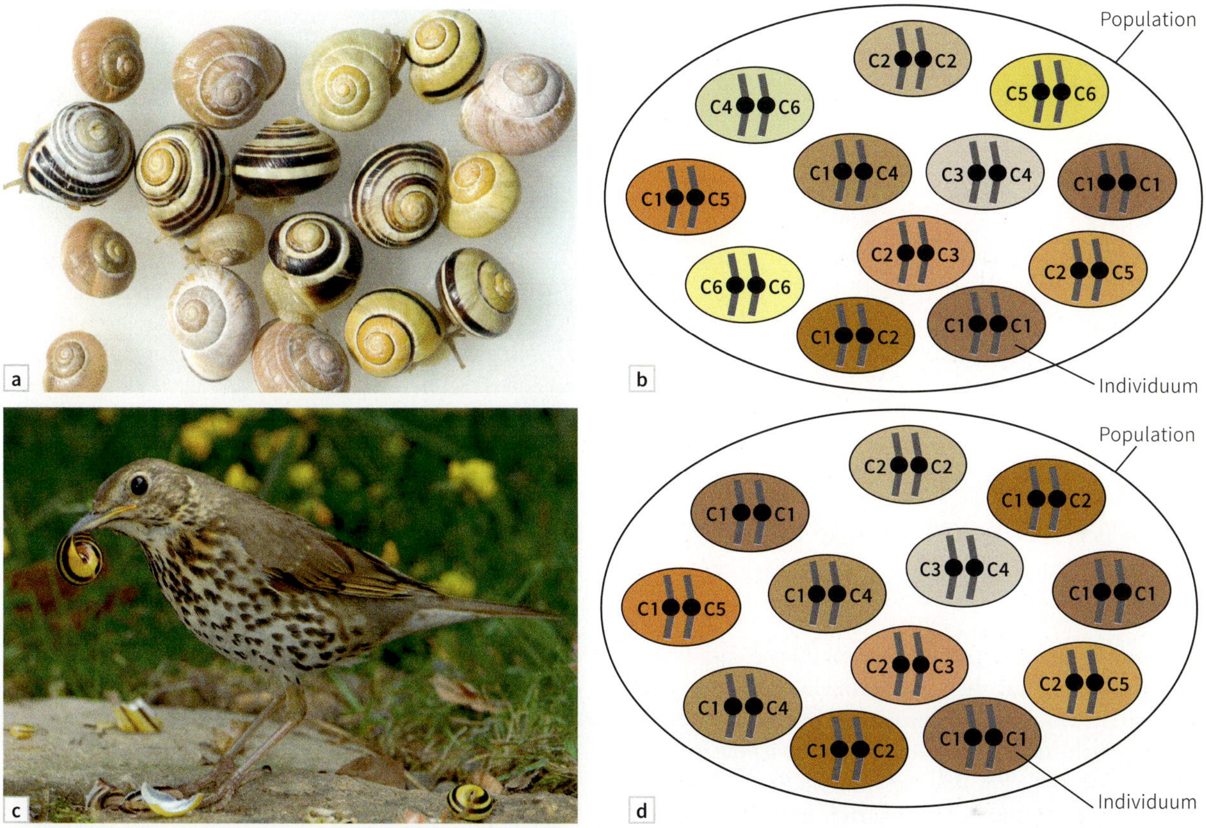

2 *a) Hainschnirkelschnecken zeigen phänotypische Variation, die auf genetischer Variation beruht. Die Grundfarbe des Gehäuses wird durch ein Gen C hervorgerufen. b) Modell des Genpools zum Gen C. Jedes Oval repräsentiert ein Individuum der Population, die Farbe des Ovals gibt den Phänotyp der Gehäusefarbe an, die Kombination von je zwei Genvarianten (Allele C1 – C6) ergeben den Genotyp der Schnecke für Gen C. c) Singdrossel frisst Hainschnirkelschnecken. d) Fressen Singdrosseln bevorzugt Hainschnirkelschnecken mit hellem Gehäuse, führt dies mit der Zeit zur Veränderung der Allelfrequenz der Genvarianten C1 – C6 in der Schneckenpopulation.*

1. Hainschnirkelschnecken und die Synthetische Evolutionstheorie.

a) Vergleichen Sie die relative Häufigkeit der Genvarianten von Gen C in der Modell-Population in Abbildung 2 b mit den Häufigkeiten in Abbildung 2 d. Skizzieren Sie anhand der Daten ein geeignetes Diagramm.

b) Erläutern Sie am Beispiel des Modells in Abbildung 2 b und d die Synthetische Evolutionstheorie. Verwenden Sie dabei u. a. folgende Fachbegriffe: Population, Genpool, Genvarianten (Allele), Allelfrequenz, Anpassung als Prozess, Evolutionsfaktoren, Rekombination, natürliche Selektion, Fortpflanzungserfolg, reproduktive Fitness, genetische Variation, Phänotyp, Genotyp.

2. Evolutionsfaktoren verändern Genfrequenzen.

a) Beschreiben Sie den Einfluss jedes Evolutionsfaktors auf die Allelfrequenz einer Population (Abb. 1).

b) Simulieren Sie unter Berücksichtigung von Abbildung 1 mit verschiedenfarbigen kleinen Papierkreisen und Petrischalen die Wirkung der verschiedenen Evolutionsfaktoren auf Allelfrequenzen in einer Population. Stellen Sie die Analogien zwischen Modell und Synthetischer Evolutionstheorie her.
Diskutieren Sie verschiedene Möglichkeiten, Ihr Modell zu verbessern.

3. Genetische Variation bei Geparden. Untersuchungen ergaben, dass Geparden-Populationen in Afrika vor 10 000 Jahren durch eine Seuche auf wenige hundert Tiere verringert wurden. Der Genpool bei Geparden ist daher klein und sie sind heute vom Aussterben bedroht. Tierschützende befürchten bei einer erneuten Epidemie ein Aussterben der Tiere. Erläutern Sie die Befürchtungen der Tierschützenden.

→ B5 → Kap. 8.1 → Kap. 8.2 → Kap. 8.3 → Kap. 8.5 → Kap. 8.6

8.5 Variation durch Mutation

1 *Asiatischer Marienkäfer, unterschiedliche Färbungen durch genetische Variation*

2 *Chinesische Primel mit a) roten Blüten bei 25 °C und b) weißen Blüten bei mehr als 35 °C*

Der Asiatische Marienkäfer weist zahlreiche Variationen in der Färbung auf, die auf **genetische Variation**, auch genetische Variabilität, zurückzuführen sind (Abb. 1). Eine Ursache der genetischen Variation ist die Bildung der Keimzellen, bei der die homologen Chromosomen und die in ihnen lokalisierten unterschiedlichen Genvarianten, die Allele, zufällig auf die Keimzellen verteilt werden. Zudem werden bei der Befruchtung Keimzellen mit unterschiedlichen Genvarianten neu kombiniert. Jede aus einer Befruchtung hervorgehende Zygote enthält hierdurch eine einzigartige Kombination von Genvarianten. So wird durch Neukombination bereits vorhandener Varianten der Gene eine genetische Variation erzeugt. Die genetische Vielfalt ist eine Ebene der Biodiversität unserer Erde. Nur wenn alle Ebenen der Biodiversität intakt bleiben, können wir die Ressourcen unserer Erde erhalten. Die Bedeutung der Neukombination von Genen für die Evolution liegt darin, dass sie immer neue Genotypen und Phänotypen hervorbringt. Die Entstehung genetischer Variation in Populationen wird durch **Mutationen** erhöht, die zur Bildung neuer oder veränderter Genvarianten führen können. Mutationen, die während der Keimzellenbildung auftreten, spielen dabei eine entscheidende Rolle. Die Veränderungen können sich direkt auf die Nachkommen auswirken und dadurch in einer Population etablieren. Durch neue genetische Informationen wird der Genpool einer Population vielfältiger.

Eine Chinesische Primel, die bei 25 °C gehalten wird, entwickelt eine rote Blüte (Abb. 2). Wird die gleiche Pflanze Temperaturen von über 35 °C ausgesetzt, blüht sie weiß. Dieser Farbumschlag ist auf ein temperaturempfindliches Enzym zurückzuführen. Bei gleichem Genotyp kann die Chinesische Primel also in unterschiedlichen Farben blühen. Diese Veränderung im Phänotyp eines Lebewesens, die durch wechselnde Umweltbedingungen hervorgerufen wird, wird als **Modifikation** bezeichnet. Modifikationen sind eine weitere Ursache für die Variation der Phänotypen einer Art. Durch Modifikation wird die genetische Information jedoch nicht verändert.

Neben der umschlagenden Modifikation der Blütenfarbe der Chinesischen Primel gibt es auch **fließende Modifikationen**. Damit werden stufenlose Variationen eines Merkmals innerhalb bestimmter Bereiche bezeichnet. Ein Beispiel dafür ist die Rotbuche. Ihre unterschiedlich großen Sonnen- und Schattenblätter sind fließende Modifikationen.

Die verschiedenen Ausprägungen des Phänotyps, die unter wechselnden Umweltbedingungen hervorgerufen werden, werden als **Reaktionsbreite** bezeichnet. Der Phänotyp eines Individuums wird durch die Reaktionsbreite bestimmt, also der Fähigkeit, innerhalb eines genetisch festgelegten Bereiches auf Umwelteinflüsse zu reagieren.

→ B5 → Kap. 4.5 → Kap. 5.5 → Kap. 8.6

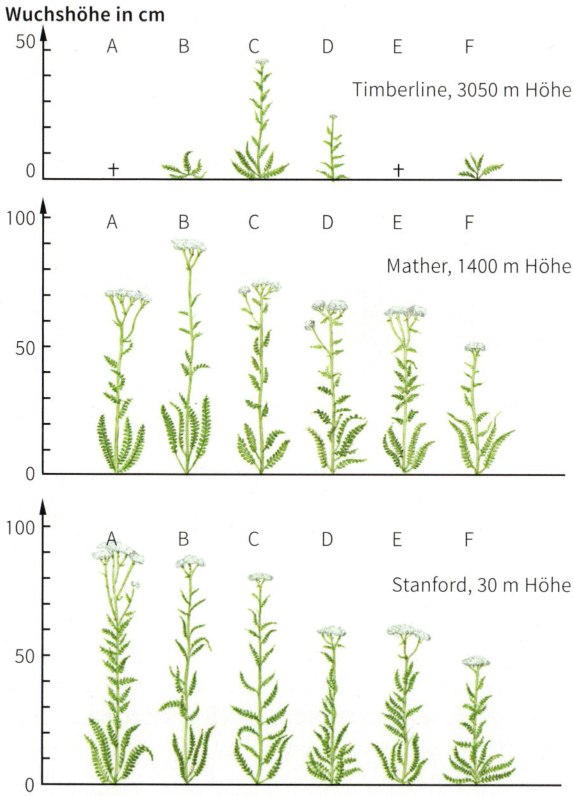

3 *Die Verpflanzungsversuche mit der Schafgarbe*

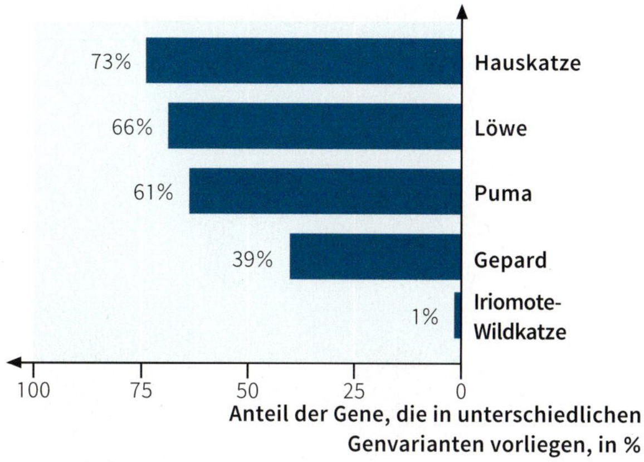

4 *Genetische Variation bei Katzenartigen*

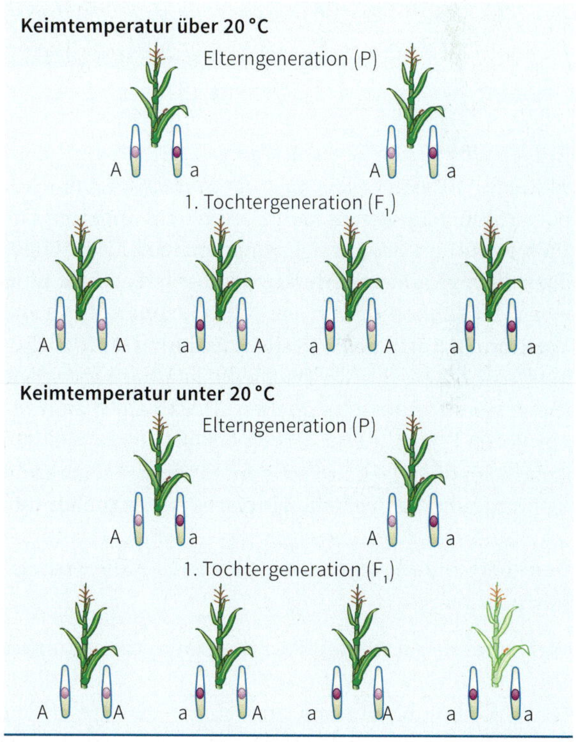

5 *Die Vererbungsversuche beim Mais*

1. Variation bei der Schafgarbe. Die Schafgarbe ist eine Pflanze, die durch Teilung an der Wurzel ungeschlechtlich vermehrt wird. Dadurch entstehen aus einem Individuum mehrere Klone, also erbgleiche Nachkommen. Sechs Pflanzen der Schafgarbe aus einer kalifornischen Population um die Stadt Mather in 1 400 m Höhe wurden ungeschlechtlich vermehrt. Die Klone der Pflanzen A–F wurden in drei Versuchsgärten von Timberline, Mather und Stanford zeitgleich herangezogen. Werten Sie die Ergebnisse der Versuche in Abbildung 3 aus.

2. Aussterben durch genetische Verarmung. Eine bedeutsame Ursache für das Aussterben von Tierarten ist eine geringe genetische Variation. Beschreiben Sie die Abbildung 4. Von der Iriomote-Wildkatze leben nur noch wenige hundert Exemplare. Erklären Sie die besondere Gefährdung dieser Tierart.

3. Experimente mit Mais. Eine Mutation führte bei Maispflanzen zu einer rezessiven Genvariante (a). Im Experiment färbten sich Pflanzen, die für diese Genvariante reinerbig (aa) waren, bei Keimtemperaturen von weniger als 20 °C blassgrün.

a) Beschreiben Sie Durchführung und Ergebnisse des Experiments in Abbildung 5. Erläutern Sie an diesem Beispiel Unterschiede zwischen genetischer Variation und modifikatorischer Variation.

b) Erklären Sie die evolutive Bedeutung des Erhalts von rezessiven Genvarianten bei diploiden Lebewesen.

→ B5 → Kap. 4.5 → Kap. 5.5 → Kap. 8.6

8.6 Die Allelfrequenzänderung durch Rekombination

1 *Verschiedene Variationen des Erdbeerfröschchens (Oophaga pumilio)*

Erdbeerfröschchen leben in Waldgebieten an der Atlantikküste Mittelamerikas. In einer Population von Erdbeerfröschchen gleicht kein Frosch dem anderen. Die Frösche unterscheiden sich vor allem in der Hautfarbe, aber auch in anderen Merkmalen (Abb. 1). Obwohl in einer Froschpopulation eine große **phänotypische Variation** auftritt, gehören alle Frösche zur Art der Erdbeerfröschchen. Ihre unterschiedliche Hautfarbe sowie die anderen unterschiedlichen Merkmale haben sie von ihren Eltern geerbt. Durch Fortpflanzung werden unterschiedliche Allele von Generation zu Generation weitergegeben. Allgemein wird zwischen **sexueller** und **asexueller Fortpflanzung** unterschieden. Die meisten höher entwickelten Tierarten nutzen die sexuelle Fortpflanzung.

Aufgrund der sexuellen Fortpflanzung können unter den jeweils aktuellen Umweltbedingungen vorteilhaftere Allelkombinationen entstehen. Dies geschieht durch Neuanordnung, der Rekombination, des genetischen Materials beispielsweise bei der Bildung der Geschlechtszellen durch Meiose. Durch diese sogenannte **sexuelle Rekombination** nimmt die Variation der Nachkommen zweier Individuen zu. Die Rekombination erzeugt eine sehr große **Vielfalt an unterschiedlichen Allelkombinationen**, auf die die natürliche Selektion einwirkt. Dadurch kann sich die Häufigkeit einzelner Allele in der Population verändern. Es kommt zu einer Veränderung der Allelfrequenz im Genpool. Dadurch wird das Evolutionspotenzial einer Population erhöht, da die Wahrscheinlichkeit größer wird, dass Nachkommen mit einer neuen Allelkombination erfolgreicher in ihrer sich verändernden Umwelt überleben können.

Jeder Mensch besitzt 23 Chromosomenpaare. Daher ist es sehr wahrscheinlich, dass Geschwister, die aus zwei getrennten Befruchtungen hervorgehen, genetisch verschieden sind. Allein in der Anaphase I der Meiose gibt es ohne die Möglichkeit eines Crossing-Overs $2^{23} = 8\,388\,608$ Variationen, da für jedes Chromosomenpaar zwei Zuordnungen möglich sind. Durch ein Crossing-Over wird die Variabilität zusätzlich erhöht. Die gleiche Anzahl an möglichen Variationen ergibt sich auch durch die Verschmelzung der Geschlechtszellen. Es gibt daher mehr als 70 Billionen ($2^{46} = 7 \cdot 10^{13}$) denkbare Kombinationsmöglichkeiten der Allele.

Die meisten Einzeller vermehren sich durch asexuelle Fortpflanzung. Sie ist die ursprüngliche Art der Vermehrung. Diese Form der Fortpflanzung hat den Vorteil, dass die Nachkommen genetisch identische Kopien der Elternzelle sind. Bewährte Allelkombinationen bleiben so in der Folgegeneration erhalten. Nachteilig ist jedoch, dass die genetische Information über viele Generationen hinweg fast immer gleich bleibt, da es keine Durchmischung der Gene wie bei der sexuellen Rekombination gibt. Allerdings können zufällige Mutationen in manchen Fällen zu neuen Eigenschaften führen.

→ B5 → Kap. 5.5 → Kap. 8.5

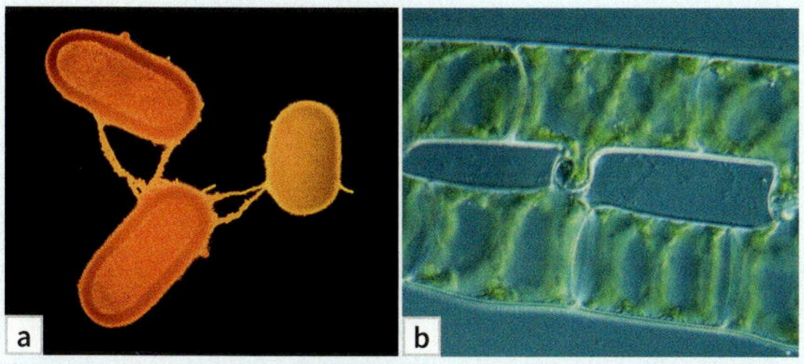

Es gibt einfache Formen der Sexualität, bei denen Erbinformationen ausgetauscht werden. Sie dienen nicht der Fortpflanzung oder Vermehrung, sondern der Neukombination von Erbanlagen. Der Austausch erfolgt durch die sogenannte **Konjugation**. Dabei verbinden sich zwei Zellen eine Zeit lang miteinander.

a) Konjugation bei Bakterien. Eine Zelle hat Zellfortsätze ausgebildet und damit eine Verbindung zu anderen Bakterienzellen hergestellt. Über diese Kanäle werden Erbanlagen übertragen.

b) Konjugation bei der Grünalge *Spirogyra*. Zwischen dicht aneinanderliegenden Zellsträngen bilden sich sprossenförmige Verbindungen, über die Erbanlagen ausgetauscht werden.

2 *Einfache Formen der Sexualität – Austausch von Erbinformation*

1. Konjugation.

a) Erläutern Sie die Konjugation anhand Abbildung 2.

b) Entwickeln Sie eine Hypothese, welche Vorteile die Konjugation für die dargestellten Lebewesen mit sich bringt (Abb. 2).

2. *Chlamydomonas.*

a) Beschreiben Sie anhand von Abbildung 3 die sexuelle und die asexuelle Fortpflanzung bei *Chlamydomonas*.

b) Erläutern Sie anhand von Abbildung 3, welche Vor- und welche Nachteile die sexuelle Fortpflanzung von *Chlamydomonas* mit sich bringt.

c) Begründen Sie mögliche Vorteile der asexuellen Fortpflanzung von *Chlamydomonas* bei guten Umweltbedingungen.

3. Lebenszeitfortpflanzungserfolg bei Stichlingen.

Der Lebenszeitfortpflanzungserfolg bei Stichlingen ist abhängig von der Anzahl der Genvarianten. Erläutern Sie den Begriff Lebenszeitfortpflanzungserfolg. Entwickeln Sie eine Hypothese zur Erklärung des in Abbildung 4 dargestellten Sachverhalts zum Lebenszeitfortpflanzungserfolg eines Stichling-Weibchens.

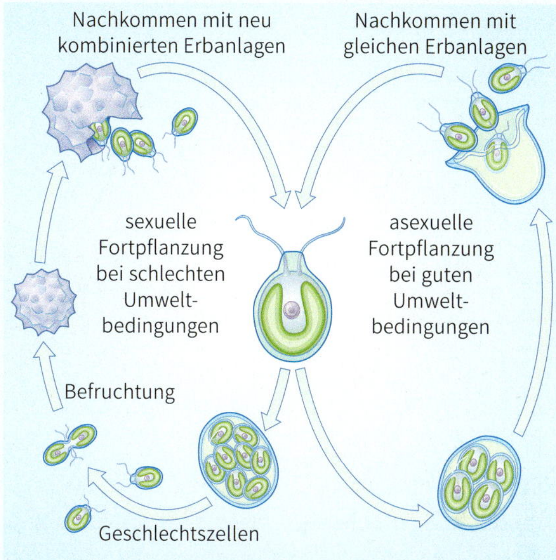

Die einzellige Grünalge *Chlamydomonas* kann sich asexuell und sexuell fortpflanzen. Bei der asexuellen Fortpflanzung verdaut die Zelle ihre Geißeln und teilt sich dann zwei Mal hintereinander. Bei Mangel an Mineralsalzen, Trockenheit oder anderen Stressfaktoren pflanzt sich *Chlamydomonas* sexuell fort. Dabei werden Geschlechtszellen frei. Wenn sich zwei Geschlechtszellen unterschiedlicher Typen zusammenlagern, erfolgt wenig später die Befruchtung. Bei der Befruchtung verschmelzen Zellplasma und Zellkerne miteinander. Die so entstandene Zelle bildet eine Hülle, die vor schädlichen Umwelteinflüssen schützt. Wenn sich die Umwelteinflüsse bessern, beginnt sich die Zelle zu teilen. Diese Nachkommen unterscheiden sich von den beiden Ausgangszellen.

3 *Die Grünalge Chlamydomonas weist sexuelle und asexuelle Fortpflanzung auf*

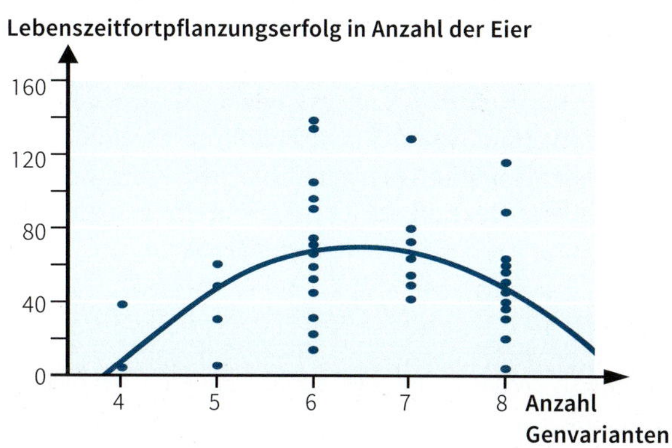

4 *Lebenszeitfortpflanzungserfolg eines Stichling-Weibchens*

8.7 Die Selektionsformen

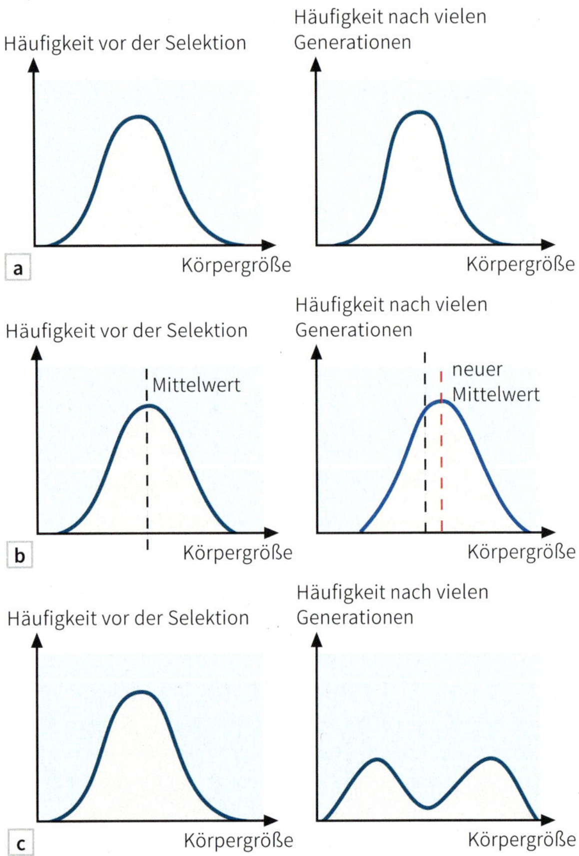

1 *Modell zu den Selektionsformen, a) stabilisierende, b) transformierende, c) disruptive Selektion*

Die Individuen einer Population von Lebewesen, die sich geschlechtlich fortpflanzen, zeigen genetische Variation. Die Gesamtheit der genetischen Varianten (Allele) einer Population wird als **Genpool** bezeichnet. Umweltfaktoren, wie beispielsweise Licht, Temperatur oder Konkurrenz um Nahrung, wirken aufgrund der genetischen Variation unterschiedlich auf die einzelnen Individuen. Dies beeinflusst die reproduktive Fitness, also den Fortpflanzungserfolg, der verschiedenen Individuen. Diese Umweltfaktoren werden daher auch **Selektionsfaktoren** genannt. Die Gesamtheit der wirkenden Selektionsfaktoren beschreibt den auf eine Population wirkenden **Selektionsdruck**.

Es gibt drei **Selektionsformen**: die stabilisierende, die transformierende und die disruptive Selektion. In einem Gedankenmodell kann man sich vorstellen, dass die Körpergröße einer Tierart innerhalb einer Reaktionsnorm genetisch bedingt ist. Durch Mutation und Rekombination bei der geschlechtlichen Fortpflanzung weisen die Individuen einer Population eine **genetische Variation** auf, die zu unterschiedlichen Körpergrößen führt, wobei die mittleren Größen überwiegen (Abb. 1 a, links). Wenn die Ausprägung der Umweltfaktoren über einen langen Zeitraum nahezu gleich bleibt, verändert sich der Selektionsdruck nicht. Es werden weiterhin mittlere Körpergrößen bevorzugt. Extrem kleine und große Individuen werden seltener überleben und verschwinden daher mit der Zeit (Abb. 1 a, rechts). Es handelt sich um eine sogenannte **stabilisierende Selektion.**

Wenn sich Selektionsfaktoren verändern oder neue hinzukommen, kann eine sogenannte **transformierende Selektion** stattfinden (Abb. 1 b). Individuen, die bisher vorteilhaft in Bezug auf die Körpergröße angepasst waren, können durch die veränderten Bedingungen in ihrem Fortpflanzungserfolg beeinträchtigt werden. Andere Individuen, die unter den veränderten Umweltfaktoren eine vorteilhafte Körpergröße aufweisen, vermehren sich in der Population dann stärker. Das vorher häufigere Merkmal wird seltener auftreten. Die Allelfrequenz im Genpool der Population verändert sich. Es wird beobachtet, dass eine höhere Fitness zu einer stärkeren Ausprägung des Merkmals führt (Abb. 1 b). Möglich ist jedoch auch der umgekehrte Fall, dass die höhere Fitness auch zu einer geringeren Ausprägung des Merkmals, also in diesem Beispiel zu einer Verringerung der Körpergröße, führen kann.

Richtet sich der Selektionsdruck gegen eine mittlere Ausprägung, kommt es zu einer **disruptiven Selektion** (Abb. 1 c). Die vorher häufigste Merkmalsausprägung wird seltener, während zwei extreme Merkmalsausprägungen zunehmen. Aus einer homogenen Population können dadurch zwei unterschiedliche Teilpopulationen werden. Diese Form der Selektion wird beispielsweise bei einer westafrikanischen Vogelart beobachtet, dem Purpurastrild. In der gleichen Population kommen Vögel mit zwei verschiedenen Schnabelgrößen vor. Vögel mit kleinen Schnäbeln fressen hauptsächlich weiche Samen, Vögel mit großen Schnäbeln fressen überwiegend harte Samen. Vögel mit mittlerer Schnabelgröße sind benachteiligt, da sie weder weiche Samen noch harte Samen gut öffnen können. Die Selektionsform beschreibt, in welche Richtung der jeweilige Selektionsdruck wirkt.

→ M19 → B5 → Kap. 8.4 → Kap. 8.10 → Kap. 8.11 → Kap. 8.12

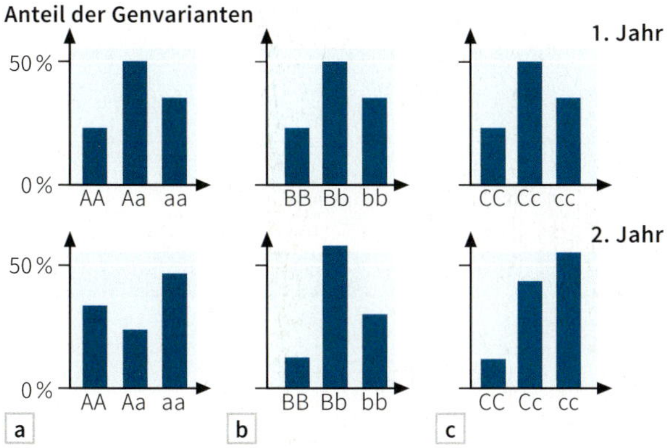

2 *Frequenz von Genvarianten (Allelen) im Genpool von drei Populationen in aufeinanderfolgenden Jahren*

1. Selektionsformen in Populationen. In Abbildung 2 ist die Häufigkeit von Genvarianten in drei Populationen dargestellt. Die obere Reihe zeigt jeweils die Ausgangsgeneration, die untere Reihe die Folgegeneration. Beschreiben Sie die Diagramme. Erläutern Sie die Veränderungen. Ordnen Sie jeder Population eine Selektionsform zu. Begründen Sie Ihre Entscheidung.

2. Purpurastrilde und ihre Schnäbel. Purpurastrilde leben in Westafrika (Abb. 3). Die Vögel ernähren sich hauptsächlich von Samen zweier Grasarten. Die Samen sind von der Größe ähnlich, unterscheiden sich aber sehr in der Härte. Breite Schnäbel eignen sich besser zum Knacken harter Samen, während schmale Schnäbel eher geeignet für weiche Samen sind. Bei einer Untersuchung wurde eine Vielzahl von Vögeln eingefangen und die Schnäbel vermessen (Abb. 4).
Werten Sie die Abbildung 4 im Hinblick auf eine Selektionsform aus. Begründen Sie ausführlich.

3. Gehäusefärbung von Bänderschnecken. Der Polymorphismus von Bänderschnecken ist schon seit Jahrhunderten Gegenstand der Forschung. An zwei Standorten in Berlin wurde die Verteilung der Färbung und Bänderung von Bänderschnecken untersucht (Abb. 5). In der Literatur werden hypothetisch Faktoren des Selektionsdrucks der Tiere benannt: Die Gehäusefarbe beeinflusst die Temperatur der Schnecke. Helle Gehäuse reflektieren Sonnenstrahlen, während dunkle Gehäuse mehr Wärme absorbieren. Bänderschnecken sind die Hauptnahrung der Singdrossel. Dunkle Gehäuse und Bänderungen tragen zur Tarnung bei. Überprüfen Sie diese Hypothesen anhand der dargestellten Fundhäufigkeiten.

3 *Purpurastrilde*

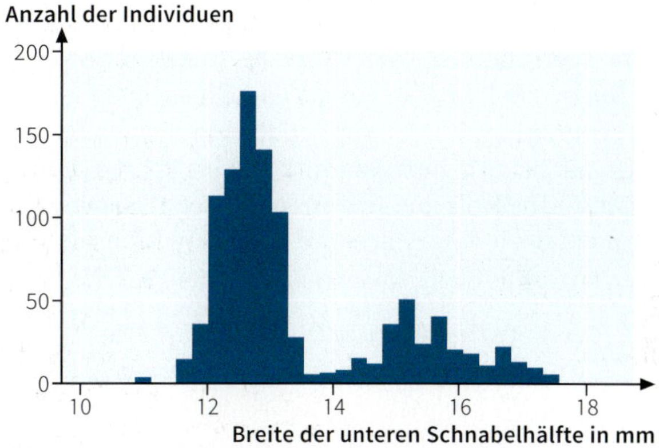

4 *Schnabelbreite von Purpurastrilden*

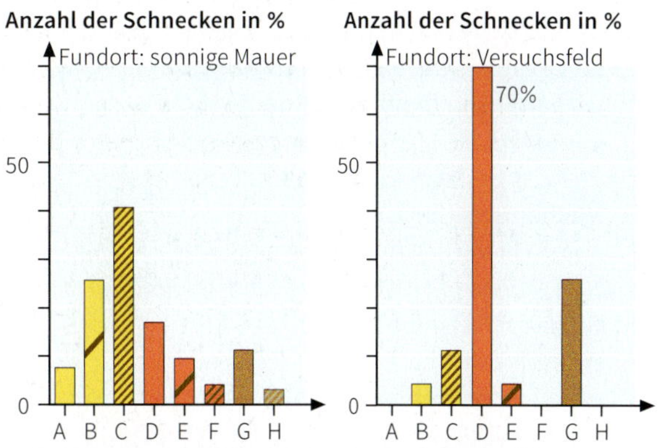

5 *Fundhäufigkeiten unterschiedlicher Gehäusefarben und -bänderung von Bänderschnecken in Berlin. Die Farben in den Säulen repräsentieren die unterschiedlichen Gehäusefarben, die diagonalen Bänder kennzeichnen die Bänderung des Gehäuses.*

→ M19 → B5 → Kap. 8.4 → Kap. 8.10 → Kap. 8.11 → Kap. 8.12

8.8 Die Artbildung durch Isolation

1 *a) Fitis und b) Zilpzalp sind nahe verwandte Arten einheimischer Singvögel. Der unterschiedliche Gesang zeigt sich an der Veränderung der Tonhöhe im zeitlichen Verlauf*

Fitis und Zilpzalp sind zwei nahe verwandte Arten, die anhand ihrer Größe und ihres Gefieders nur schwierig zu unterscheiden sind (Abb. 1). Beide Arten sind während der Eiszeit in Europa allmählich aus einer Art hervorgegangen. Dort, wo Populationen von Fitis und Zilpzalp heute gemeinsam vorkommen, paaren sie sich nicht. Sie haben keine gemeinsamen Nachkommen. Die Populationen von Fitis und Zilpzalp sind hinsichtlich der Fortpflanzung voneinander getrennt. Dies wird als **reproduktive Isolation** bezeichnet. Ein Grund für diese sind die unterschiedlichen Gesänge von Fitis und Zilpzalp, mit denen nur artgleiche Paarungspartner angelockt und Reviere verteidigt werden (Abb. 1).

1. **Geografische Isolation:** Die Entstehung von Gebirgen oder die Abgliederung von Landmassen trennt die Lebewesen räumlich voneinander.
2. **Zeitliche Isolation:** Die Lebewesen sind zu unterschiedlichen Zeiten paarungsbereit oder geschlechtsreif.
3. **Ökologische Isolation:** Die Lebewesen besetzen verschiedene ökologische Nischen.
4. **Verhaltensbedingte Isolation:** Die Lebewesen unterscheiden sich, genetisch bedingt, in ihrem Paarungsverhalten (Paarungsrufe, Balzgesänge).
5. **Mechanische Isolation:** Die Lebewesen haben unterschiedlich gebaute Fortpflanzungsorgane, wodurch die Befruchtung verhindert wird.
6. **Gametische Isolation:** Nach der Paarung bildet sich keine Zygote aus.
7. Die normale **Embryonalentwicklung** wird aufgrund einer veränderten Chromosomenzahl verhindert.
8. Die **Nachkommen** sind unfruchtbar oder weisen eine erhöhte Sterblichkeit auf.

2 *Isolationsmechanismen*

In der Biologie werden verschiedene Definitionen des Begriffes der Art diskutiert. Nach einer häufig gebrauchten Definition bezeichnet eine biologische Art alle Populationen, deren Individuen miteinander fruchtbare Nachkommen zeugen können, und die von anderen Populationen reproduktiv isoliert sind. Das ist der **populationsgenetische Artbegriff**. Das wesentliche Kriterium für die Unterscheidung von zwei Arten ist ihre reproduktive Isolation. Durch diese werden Gene der einen Population nicht in den Genpool einer anderen, artfremden Population eingetragen. Der **Genfluss** zwischen den Populationen zweier unterschiedlicher Arten ist nicht vorhanden. Bei entfernt verwandten Lebewesen ist das Kriterium der reproduktiven Isolation offensichtlich, beispielweise werden sich Waldeidechse und Wolf nicht miteinander fortpflanzen können. Bei nah verwandten Lebewesen wie Fitis und Zilpzalp ist das Kriterium der reproduktiven Isolation von Bedeutung, um zu entscheiden, ob Fitis und Zilpzalp zu verschiedenen Arten gehören.

Hindernisse, die eine erfolgreiche Fortpflanzung zwischen Individuen verschiedener Populationen einschränken oder ganz verhindern, können zur reproduktiven Isolation beitragen. Sie werden **Isolationsmechanismen** genannt (Abb. 2). Meist sind mehrere Isolationsmechanismen an der Artbildung beteiligt.

→ B5 → Kap. 8.4 → Kap. 8.7 → Kap. 8.9 → Kap. 8.10 → Kap. 8.11 → Kap. 8.12

Die **Schöne Akelei** *Aquilegia formosa* ist sehr nah mit der Flaumigen Akelei *Aquilegia pubescens* verwandt. Beide Akeleiarten sind im selben Gebiet, jedoch in unterschiedlichen Höhen verbreitet. Ihre Blüten werden aufgrund des unterschiedlichen Baus von verschiedenen Lebewesen bestäubt. Während die Schöne Akelei durch Kolibris bestäubt wird, werden Blüten der Flaumigen Akelei ausschließlich von Nachtschwärmern besucht. Durch künstliche Bestäubung können allerdings Hybriden gebildet werden.

Maultiere *(Equus asinus x Equus caballus)* sind das Ergebnis einer Kreuzung zwischen Eselhengst und Pferdestute. Esel und Pferd sind nah verwandte Arten, sie gehören beide zur Gattung der Pferde. Der diploide Chromosomensatz beträgt bei Eseln $2n = 62$, bei Pferden $2n = 64$. Dadurch ergibt sich bei Maultieren mit $2n = 63$ eine ungerade Zahl von Chromosomen, wodurch keine Keimzellen gebildet werden können. Maultiere sind daher unfruchtbar und können selbst keine Nachkommen zeugen.

Der **Maiszünsler** *Ostrinia nubilalis* ist ein weitverbreiteter Schmetterling. Von ihm existieren die beiden Varianten E und Z. Die Raupen der E-Variante ernähren sich ausschließlich von Beifuß, während die Z-Variante vor allem Mais- und Hopfenpflanzen befällt. Die Weibchen locken die Männchen mit Sexuallockstoffen an, die für die jeweilige Variante spezifisch sind, und legen ihre Eier auf der entsprechenden Wirtspflanze ab. Die Fortpflanzung von Partnern unterschiedlicher Varianten wurde bisher nicht beobachtet, wäre aber möglich.

Liger *(Panthera leo x Panthera tigris)* sind das Ergebnis einer künstlichen Kreuzung zwischen männlichem Löwen und weiblichem Tiger. Weibliche Liger können mit Löwen oder Tigern Nachkommen haben, die untereinander fortpflanzungsfähig sind. Männliche Liger sind unfruchtbar. Unter natürlichen Bedingungen entstehen Liger nicht, da sich die Lebensräume von Löwe und Tiger nicht überschneiden. Darüber hinaus unterscheiden sie sich in ihrem Verhalten: Tiger sind Einzelgänger, Löwen leben meist in Rudeln.

3 *Verschiedene Beispiele für Isolationsmechanismen*

1. Skizze zur Artentstehung. Erläutern Sie mithilfe der Darstellung in Abbildung 4 den Genfluss innerhalb artgleicher Populationen und die Bedeutung reproduktiver Isolation zwischen verschiedenen Populationen für die Artentstehung.

2. Isolationsmechanismen. Präzygotische Isolationsmechanismen verhindern eine Befruchtung, postzygotische wirken nach der Befruchtung.

a) Ermitteln Sie, welche der in Abbildung 2 beschriebenen Isolationsmechanismen präzygotisch und welche postzygotisch sind.

b) Erläutern Sie, welche der in Abbildung 2 beschriebenen Isolationsmechanismen den Beispielen aus Abbildung 3 a bis d zugeordnet werden können.

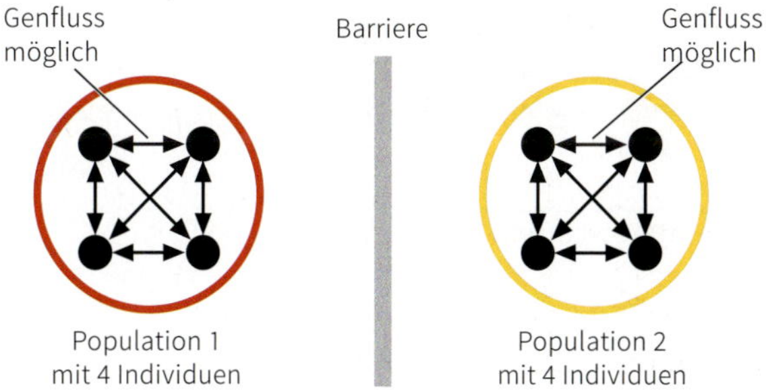

4 *Darstellung von Genfluss und reproduktiver Isolation im Modell*

3. Kriterien der Artdefinition. Prüfen Sie anhand der Kriterien des populationsgenetischen Artbegriffs, ob es sich bei den beiden Varianten des Maiszünslers in Abbildung 3 c um unterschiedliche Arten handelt.

8.9 Die Alleldrift

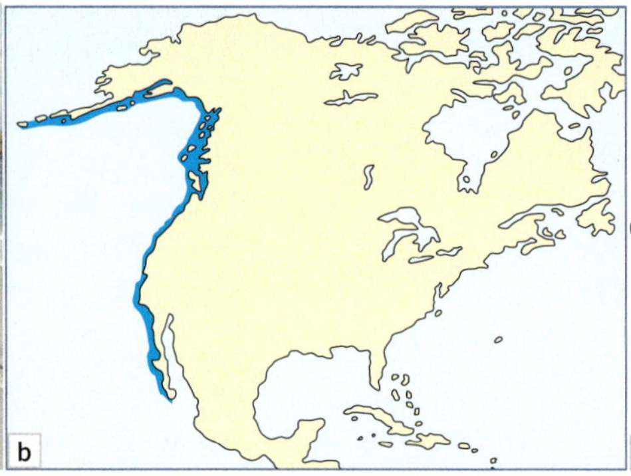

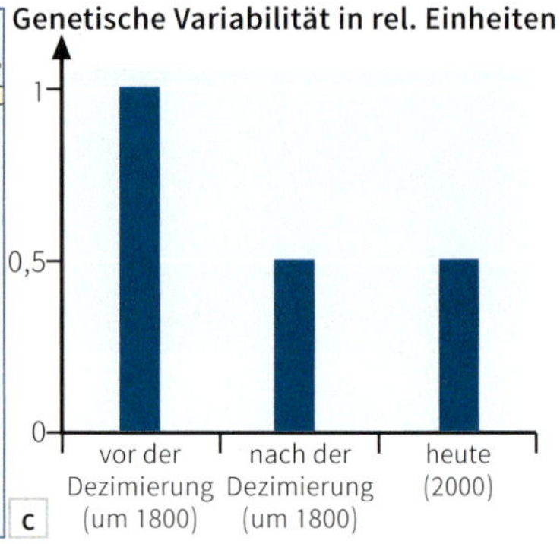

1 *a) Nördlicher See-Elefant, b) heutiges Verbreitungsgebiet des Nördlichen See-Elefanten, c) genetische Variation vor und nach der Reduzierung der Populationsgröße durch den Menschen mit Angabe der Jahreszahl.*

See-Elefanten sind die größten Robben der Welt (Abb. 1a). Ihre rüsselähnlich geformte Nase war für diese Art namensgebend. Der Nördliche See-Elefant *Mirounga angustirostris* war im 19. Jahrhundert entlang der Westküste Nordamerikas verbreitet. Er wurde im gesamten Verbreitungsgebiet intensiv gejagt, sodass es schließlich nur noch zwanzig Individuen gab. Die genetische Variation in dieser verbliebenen Population war stark reduziert. Die Population ist seitdem deutlich größer geworden, ihre genetische Variation hingegen nicht (Abb. 1b, c). Der Verlust genetischer Variation in einer Population als Folge der Verringerung der Populationsgröße wird **Gendrift** oder **Alleldrift** genannt. Die aus einer Alleldrift hervorgegangene Folgepopulation besitzt in ihrem Genpool nur einen Teil der Allele der Ausgangspopulation. In der Ausgangspopulation seltene Allele können in der Folgepopulation häufig vorkommen, weil die Rekombinationsmöglichkeiten in der kleineren Population eingeschränkt sind.

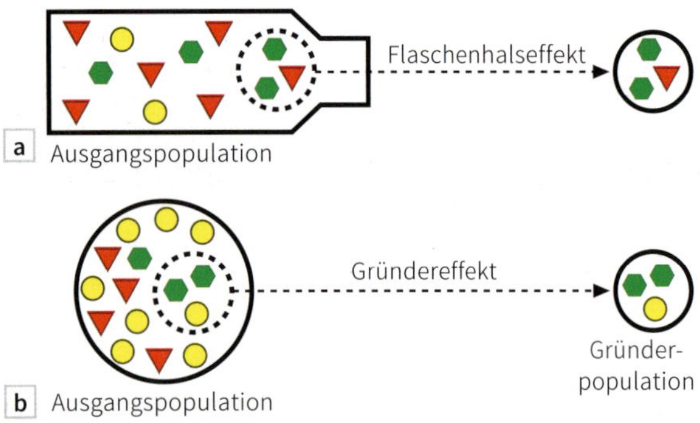

2 *Modelle. a) Flaschenhalseffekt, b) Gründereffekt (Jedes Symbol steht für ein Individuum, die Form beziehungsweise Farbe steht für ein bestimmtes Allel)*

Die Tötung der See-Elefanten durch den Menschen erfolgte willkürlich. Die Zufallsbedingtheit der Veränderung des Genpools ist ein Kennzeichen der Alleldrift. Die Alleldrift trägt zur Entstehung neuer Arten bei und ist somit ein bedeutsamer Evolutionsfaktor.

Die Alleldrift lässt sich in den Flaschenhalseffekt und den Gründereffekt unterteilen (Abb. 2). Beim **Flaschenhalseffekt** werden die Ausgangspopulation und die genetische Variation durch die Wirkung von Naturkatastrophen, wie z.B. Überschwemmungen, Erdbeben oder Vulkanausbrüchen stark verringert. Der Teil der Ausgangspopulation, der nach Wirken des Flaschenhalseffektes fortbesteht, hat zunächst eine kleinere Populationsgröße und eine geringere genetische Variation als die Ausgangspopulation (Abb. 2a, gestrichelter Kreis). Ein Flaschenhalseffekt erfolgt auch durch die Veränderung von Umweltfaktoren oder die Reduzierung der Populationsgröße durch den Menschen.

Beim **Gründereffekt** besiedelt ein Teil einer Ausgangspopulation ein neues Gebiet (Abb. 2b, gestrichelter Kreis). Diese Gründerpopulation ist räumlich und in Bezug auf ihren Genpool von ihrer Ausgangspopulation getrennt. Eine räumliche Trennung kann ebenfalls durch die Entstehung von Gebirgen und die Abgliederung größerer Landmassen wie z.B. bei der Kontinentalverschiebung zustande kommen. Diese kann ebenfalls zur Entstehung neuer Arten beitragen. Die Neubesiedlung einer Insel durch Lebewesen, die dorthin verdriftet werden, ist ein Beispiel für einen Gründereffekt. Auf die Individuen der Gründerpopulation wirken die Selektionsfaktoren des neuen Gebietes ein. Weitere Beispiele sind z.B. vom Menschen ausgesetzte oder eingeschleppte Tiere und Pflanzen.

→ M19 → B5 → Kap. 8.7 → Kap. 8.8 → Kap. 8.10 → Kap. 8.12

1. Flaschenhalseffekt und Gründereffekt.

a) Vergleichen Sie den Flaschenhalseffekt und den Gründereffekt.

b) Erläutern Sie, inwiefern die Modelle den Flaschenhals- und den Gründereffekt darstellen (Abb. 2).

c) Erklären Sie, dass es sich bei der Reduktion der genetischen Vielfalt beim Nördlichen See-Elefanten um einen Flaschenhals- und nicht um einen Gründereffekt handelt.

2. Alleldrift und Selektion.

a) Erklären Sie die Unterschiede zwischen der Veränderung des Genpools einer Population durch Alleldrift und durch Selektion.

b) Erläutern Sie, dass Alleldrift und Selektion zusammenwirkende Evolutionsfaktoren sind.

3. Artentstehung des Kakapos. Australasien (südlich von Asien) bezeichnet im weitesten Sinne die Region um Australien, Neuseeland, Neuguinea und die umliegenden Inseln. Vor etwa 82 Millionen Jahren löste sich eine Landmasse vom damaligen Kontinent Australasien ab und bildete Teile des heutigen Neuseelands. Dies war eine Folge der Kontinentalverschiebung (Abb. 4). In Australasien waren damals Papageien verbreitet, darunter der Vorfahr des heute lebenden Kakapos (*Strigops habroptilus,* Abb. 3). Der Kakapo ist ein nachtaktiver, pflanzenfressender Papagei, der ausschließlich in Neuseeland verbreitet ist. Die einzigartige Flugunfähigkeit des Kakapos wird darauf zurückgeführt, dass zum Zeitpunkt der Besiedlung Neuseelands durch den Vorfahren des Kakapos Säugetiere nur durch drei Fledermausarten vertreten waren. Kakapos besetzten eine ökologische Nische, die andernorts durch Säugetiere besetzt gewesen wäre. Kakapos sind in ihrer Umgebung gut getarnt. Erläutern Sie die Entstehung des Kakapos aus evolutionsbiologischer Sicht:

a) als Ergebnis einer geografischen Isolation,

b) als Ergebnis eines Gründereffektes.

4. Modellexperiment zur Alleldrift. 100 verschiedenfarbige Kugeln bilden eine Gesamtmenge. Der Gesamtmenge werden drei Teilmengen entnommen. Die Kugeln werden dabei zufällig gezogen und die Teilmengen sind unterschiedlich groß. Sowohl für die Gesamtmenge als auch für die Teilmengen wird jeweils der Anteil der Kugeln einer Farbe an der Anzahl aller Kugeln der jeweiligen Menge ermittelt.
Werten Sie die Ergebnisse des Modellexperiments im Hinblick auf das Wirken einer Alleldrift aus (Abb. 5).

3 *Kakapo (Strigops habroptilus)*

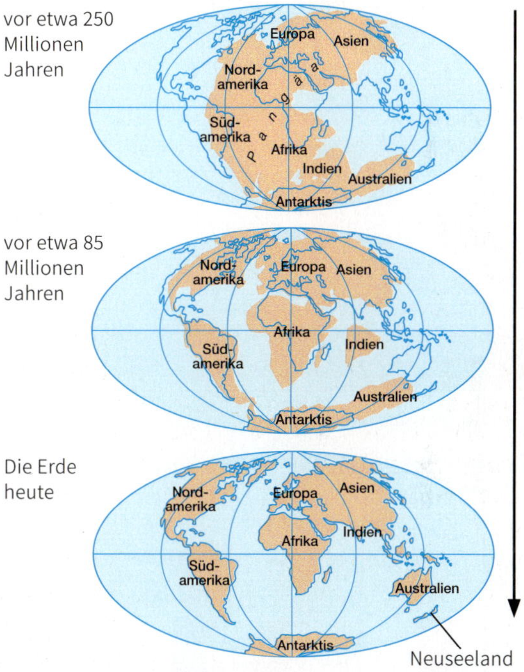

4 *Verlauf der Kontinentalverschiebung*

	Relativer Anteil der Kugeln einer Farbe an der Anzahl aller Kugeln der jeweiligen Menge in %			
	Gesamtmenge	Teilmenge 1 (13 Kugeln)	Teilmenge 2 (19 Kugeln)	Teilmenge 3 (38 Kugeln)
braun	51	39	42	55
gelb	19	15	21	28
rot	16	0	16	23
grün	14	23	21	17
gesamt	100	100	100	100

5 *Ergebnisse des Modellexperiments; Lesehilfe: In der Teilmenge 1 sind 23 % der Kugeln grün, während es in der Gesamtmenge vor der Entnahme der Kugeln 14 % waren.*

→ M19 → B5 → Kap. 8.7 → Kap. 8.8 → Kap. 8.10 → Kap. 8.12

Methode M19 Modellversuche in der Evolutionsforschung

Evolutive Prozesse lassen sich aufgrund ihrer Komplexität meist nicht direkt beobachten. Sie lassen sich jedoch mithilfe von **Modellexperimenten** simulieren. Modellexperimente machen evolutive Veränderungen verständlich. Der Vergleich von Modell und Wirklichkeit dient der Erkenntnisgewinnung. Zuerst soll das **Wirken der Selektion** auf verschiedene Populationen von Blattkäfern in einem tropischen Regenwald in einem Gruppenspiel untersucht werden. Bilden Sie Gruppen aus je sechs Lernende als Räuber, einem Spielleiter und einem Protokollanten.

Räuber	6
Farben/ Plättchen	6 Farben je 12
Startpopulation	72
1. Fressphase (6 Durchgänge)	je Räuber 6 = 36
Vermehrung	jede verbliebene Farbe x 2 = 72; insgesamt 108 (36 + 72)
2. Fressphase (6 Durchgänge)	je Räuber 6 = 36
Folgepopulation	72

1 *Schema des Spielmodus*

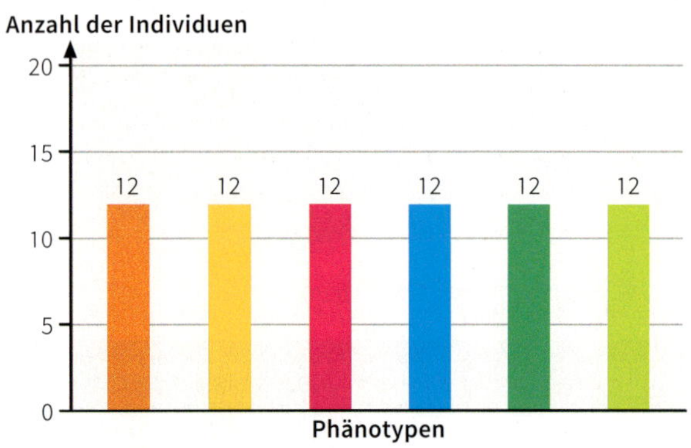

2 *Ausgangspopulation. Wie wird sie durch die Selektion verändert?*

PRAXIS – SELEKTIONSSPIEL

Treffen Sie folgende Vorbereitungen:
1. Umwelt: Bunte Tapetenbahnen, oder Stoffe als Modelle für die Umwelt „Tropischer Regenwald" werden auf dem Spieltisch ausgebreitet.
2. Blattkäfer: Spielplättchen verschiedener Farben stellen die Populationen dar. Stellen Sie aus buntem Papier Plättchen aus mindestens 10 verschiedene Farben und 2 unterschiedlichen Größen (zum Beispiel mit einem Duchmesser von 0,5 und 1 cm) her. Besorgen Sie sich geeignete Aufbewahrungsgefäße (z. B. Becher).
3. Stellen Sie Becher mit einem Deckel, in dem sich ein Loch befindet, zum Ausstreuen der Spielplättchen her.

Durchführung: Der Spielablauf ist in Abb. 1 dargestellt und wird zunächst nur mit 6 Farben und einer Plättchengröße durchgeführt.

Startpopulation: Die Umwelt wird mit den Blattkäfern unregelmäßig (zufällig) bevölkert. Die im Becher durchmischten Blattkäfer werden gleichmäßig auf die Umwelt ausgeschüttet.
Zugriff der Räuber: Die Räuber sind Mitspieler, die mit dem Rücken zum Spieltisch stehen oder diesen umrunden. Sie erbeuten auf Kommando des Spielleitenden spontan den zuerst erblickten Blattkäfer und deponieren ihn in ihrem Aufbewahrungsgefäß.

Spielrunden: Jede Spielrunde besteht aus zwei Durchgängen nach folgendem Prinzip: Ausgangspopulation (Abb. 2) → 1. Fressphase der Räuber → Vermehrung der übriggebliebenen Käfer → 2. Fressphase der Räuber → Folgepopulation.
Nach der 1. Fressphase wird festgestellt, wie viele Blattkäfer sich noch auf dem Spielfeld befinden. Jeder dieser verbliebenen Blattkäfer erhält zwei Nachkommen. Diese werden wieder zufällig in der Umwelt verteilt. Dann folgt die 2. Fressphase der Räuber. Stellen Sie das Ergebnis fest. Danach folgt die nächste Spielrunde. Nach jeder Fress- und Vermehrungsphase wird die Anzahl der Individuen im Heft in einen Protokollbogen (Abb. 3) eingetragen. Das Spiel endet nach 6 Spielrunden.

P Startpopulation Phänotypen N_0 =	12	12	12	12	12	12	Summe 72
Verbliebene Individuen nach 1. Fressphase N =							36
Individuen nach Vermehrung N + (N · 2) =							108 (36 + 72)
F_1 Verbliebene Individuen nach 2. Fressphase N_1 =							72

3 *Muster eines Protokollbogens*

→ B5 → Kap. 8.7 → Kap. 8.8 → Kap. 8.9 → Kap. 8.10 → Kap. 8.12

PRAXIS – ALLELDRIFT

Bei einer Alleldrift spielt die Zufälligkeit von Ereignissen eine Rolle bei der Veränderung von Allelfrequenzen in Populationen. Insofern gibt es ein „*Survival of the luckiest*“ (engl.: Überleben desjenigen mit dem meisten Glück). Dies lässt sich anhand eines Modellexperimentes zum Spezialfall der Alleldrift, dem Gründereffekt, veranschaulichen.

Fragestellung: Kann sich die Allelfrequenz rein zufällig ändern?

Material: 200 verschiedenfarbige Kugeln, mehrere Behältnisse für Kugeln

Durchführung: 200 verschiedenfarbige Kugeln bilden eine Gesamtmenge. Der jeweilige relative Anteil aller Kugeln derselben Farbe an der Gesamtmenge wird ermittelt und in eine Tabelle eingetragen („Wie viel Prozent der 200 Kugeln sind gelb ... ?“). Die Kugeln der Gesamtmenge werden anschließend gut durchmischt.

Sechs Personen entnehmen aus der Gesamtmenge aus 200 Kugeln jeweils eine Teilmenge. Die Teilmengen werden zufällig gezogen und sind unterschiedlich groß. Jede der sechs Personen zählt danach für jede Farbe aus, wie viele Kugeln dieser Farbe in der Teilmenge jeweils vorhanden sind. Anschließend wird für jede der sechs Teilmengen der jeweilige relative Anteil aller Kugeln derselben Farbe errechnet und in eine Tabelle eingetragen („Wie viel Prozent der Kugeln sind gelb ...?“)

	Relativer Anteil der Kugeln einer Farbe der jeweiligen Menge in %			
	Gesamtmenge	Teilmenge 1	Teilmenge 2	...
Farbe 1				
Farbe 2				
...				

Auswertung: Jede einzelne Kugel repräsentiert jeweils dasselbe Gen bei unterschiedlichen Individuen, die Farbe der Kugeln entspricht dem Allel des Gens, die Gesamtmenge entspricht der Ausgangspopulation und die Teilmenge repräsentiert die Gründerpopulation.

a) Fassen Sie die in der Tabelle dargestellten Ergebnisse des Modellexperimentes zur Alleldrift zusammen.

b) Werten Sie das Ergebnis vor dem Hintergrund der Fragestellung und unter Berücksichtigung der Ergebnisse des Modellexperimentes zur Populationsgröße sowie der Repräsentationen aus.

c) Beurteilen Sie, ob das Modellexperiment auch zur Simulation des Flaschenhalseffektes geeignet ist.

d) Nehmen Sie anhand Ihrer Ergebnisse zu der folgenden Aussage Stellung: „Allele mit niedriger Häufigkeit in der Ausgangspopulation haben eine geringe Wahrscheinlichkeit, sich in den Gründerpopulationen durchzusetzen. Alleldrift reduziert deshalb die genetische Variation innerhalb einer Population über die Zeit.“

1. Auswertung des Selektionsspiels.

a) Stellen Sie nach Beendigung der 6 Spielrunden die Folgegenerationen analog zu Abbildung 4 grafisch dar.

b) Vergleichen Sie die im Selektionsspiel ermittelten Folgegenerationen mit der Startpopulation.

c) Erläutern Sie anhand ihrer Ergebnisse und anhand von Abbildung 4 den jeweiligen Selektionsprozess.

d) Variieren Sie die Spielbedingungen durch Einführen von Mutationen oder Isolation und spielen Sie erneut. Werten Sie das veränderte Spiel entsprechend der Teilaufgaben a, b und c erneut aus.

Mutation: z.B. Einführen von Farbmutationen (neue Plättchenfarbe), Größenmutationen (neue Plättchengröße) oder verschiedene Vermehrungsraten.

Isolation: Gleiche Ausgangspopulation in verschiedenen Umwelten. Selektion durch die gleiche Räuberschaft.

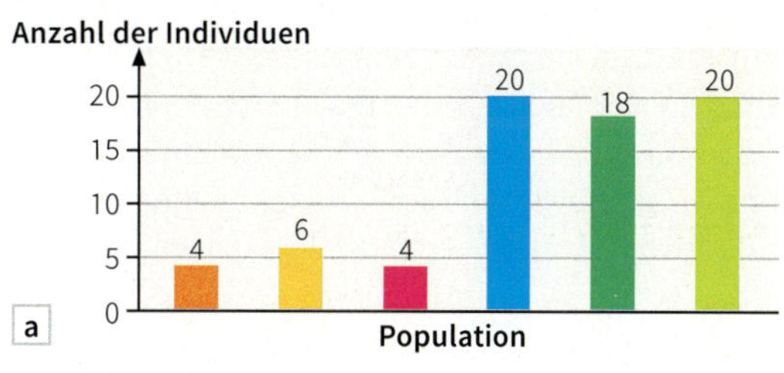

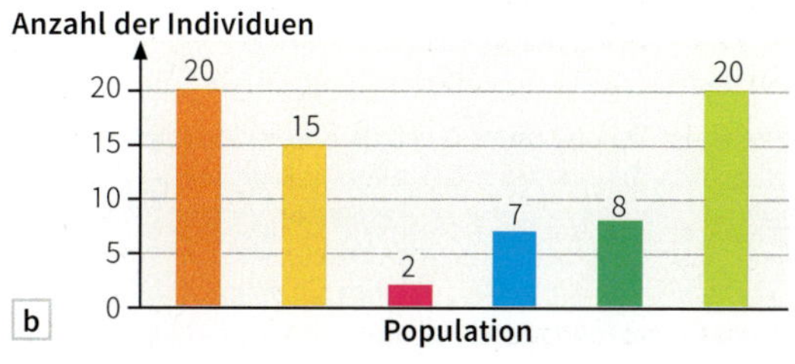

4 *Beispiele für Folgepopulationen*

8.10 Die allopatrische Artbildung als Folge geographischer Isolation

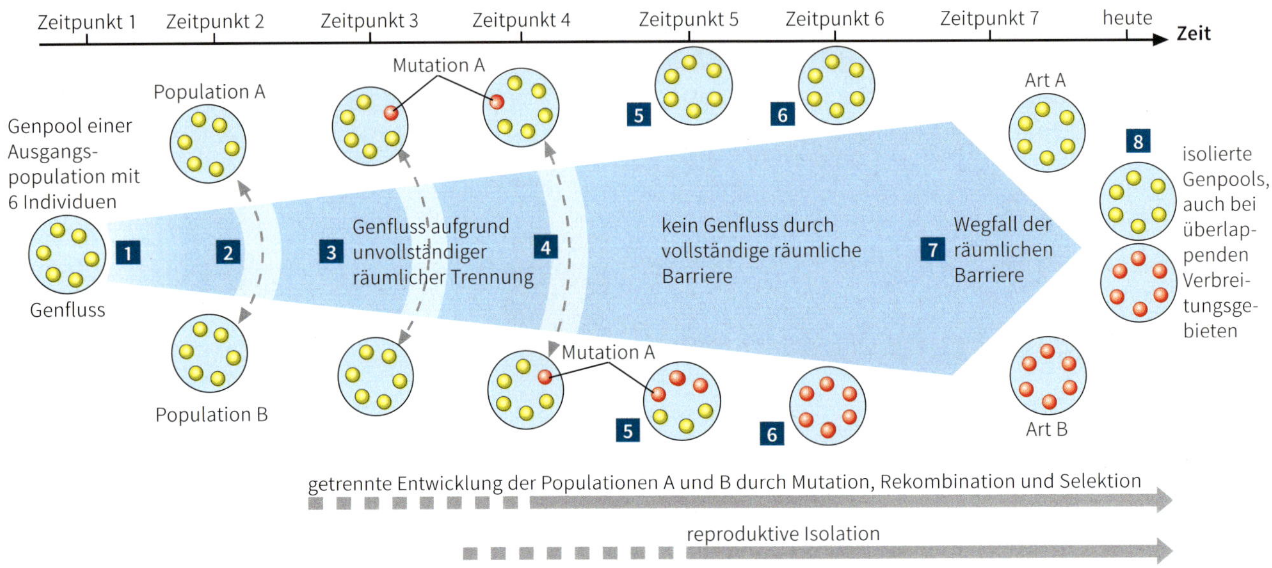

1 *Ein vereinfachtes Modell der Artbildung durch geographische Isolation*

Mutation, Rekombination und Selektion führen zur Veränderung des Genpools einer Population. Ist der Genfluss zwischen verschiedenen Populationen derselben Art unterbrochen, findet in den Populationen eine getrennte Evolution statt und neue Arten können entstehen. Diese Artbildung durch geographische Isolation wird **allopatrische Artbildung** genannt (griech. *allos:* fremd; *patria:* Vaterland). Die Veränderung des Genpools basiert auf einer Selektion durch die Wirkung von Umweltfaktoren auf den Phänotyp von Individuen. Wenn Umweltfaktoren bei den Populationen A und B verschieden sind, können sich die Genpools der beiden Populationen unterschiedlich entwickeln (Abb. 1). Je länger die Populationen voneinander räumlich getrennt sind, desto mehr genetische Unterschiede entstehen in der Regel zwischen den Genpools der Populationen. Selbst wenn die geographische Isolation aufgrund von Umweltfaktoren wieder geringer wird, bilden die Arten A und B verschiedene Populationen.

1 Die Individuen der Ausgangspopulation sind genetisch variabel und bilden eine Fortpflanzungsgemeinschaft. Es findet Genfluss innerhalb der Population statt.

2 Die Ausgangspopulation wird durch eine räumliche Barriere in die beiden Populationen A und B mit jeweils eigenem Genpool getrennt. Dieser Vorgang wird **Isolation** genannt. Die räumliche Barriere kann z. B. durch vorrückende Gletscher und Gebirgsbildung entstehen. Solange sie unvollständig ist, findet zwischen den beiden Populationen noch Genfluss statt.

3–4 In jeder der beiden Populationen A und B können im Laufe der Zeit durch Mutation und Rekombination genetisch verschiedene Individuen entstehen. Solange zwischen den beiden Populationen noch Genfluss erfolgt, können mutierte Gene von einer Teilpopulation in die andere gelangen. In den Populationen A und B gibt es dann jeweils Individuen mit verschiedenen und mit gleichen genetisch bedingten Merkmalen.

5–6 Die geografische Isolation ist vollständig. Dazu braucht die geografische Entfernung nicht groß zu sein. Es findet kein Genfluss zwischen den Populationen A und B mehr statt. Individuen mit gleichen genetisch bedingten Merkmalen haben in den beiden Populationen einen unterschiedlichen Fortpflanzungserfolg. Dies liegt darin begründet, dass zum Teil verschiedene Umweltfaktoren auf die Individuen einwirken und die Individuen an die Umweltfaktoren unterschiedlich angepasst sind. Es breiten sich in den beiden Populationen Merkmale aus, welche die reproduktive Fitness der Individuen der Population erhöhen.

7 Die räumliche Barriere wird geringer, bis sie nicht mehr besteht, z. B. weil in einer Wärmeperiode einer Eiszeit Gletscher schmelzen. Sind die genetischen Unterschiede zwischen den beiden Populationen so groß, dass sich deren Individuen nicht mehr fruchtbar miteinander fortpflanzen können, handelt es sich um zwei unterschiedliche Arten. Die zwei Arten sind voneinander **reproduktiv isoliert**.

8 Die räumliche Barriere ist nicht mehr vorhanden. Die Arten A und B bilden verschiedene Populationen. Zwischen den Populationen gibt es keinen Genfluss, weil die Arten reproduktiv voneinander isoliert sind. Dies ist auch dann der Fall, wenn sich die Verbreitungsgebiete der beiden Arten überlappen.

→ B5 → Kap. 8.4 → Kap. 8.5 → Kap. 8.6 → Kap. 8.7 → Kap. 8.8 → Kap. 8.9 → Kap. 8.11 → Kap. 8.12

2 *a) Winter- und b) Sommergoldhähnchen, c) Gletschergebiet der Kaltzeit vor 230 000 Jahren*

1. Allopatrische Artbildung bei einheimischen Singvögeln. Während der Eiszeit wurde die Ausgangspopulation der Goldhähnchen durch die vordringenden Gletscher und Kältesteppen in eine süd-westliche und eine südöstliche Teilpopulation getrennt. Dort fand eine getrennte Entwicklung der Populationen statt, die im Laufe der Zeit zur Entstehung von zwei Arten führte. Winter- und Sommergoldhähnchen unterscheiden sich unter anderem im Gesang und in der Gefiederfärbung. Auch dort, wo sich heute die Verbreitungsgebiete der beiden Arten überschneiden, sind beide Arten reproduktiv voneinander isoliert.

a) Skizzieren Sie die allopatrische Artbildung bei den Goldhähnchen in Form eines Fließdiagramms und unter Berücksichtigung der relevanten Fachbegriffe (Abb. 1, 2).

b) Sumpfmeise und Weidenmeise, Zilpzalp und Fitis, Waldbaumläufer und Gartenbaumläufer sowie Sumpfrohrsänger und Teichrohrsänger sind weitere Beispiele für nah verwandte einheimische Singvögel, die jeweils aus einer Ausgangspopulation hervorgingen. Auch sie wurden durch die eiszeitlichen Kältegebiete in zwei Populationen getrennt. Recherchieren Sie für jedes dieser Artenpaare die jeweiligen Eigenschaften und Merkmale, die reproduktive Isolation bewirken.

2. Modell zur allopatrischen Artbildung.

a) Erklären Sie anhand von Abbildung 1, weshalb eine allopatrische Artbildung erst ab dem Zeitpunkt 5 stattfinden kann

b) Erklären Sie das Vorkommen der Mutation A in der Teilpopulation B zum Zeitpunkt 4 anhand des Vorkommens der Mutation A in der Teilpopulation A (Abb. 1).

c) Stellen Sie eine Hypothese darüber auf, weshalb die Mutation A zum Zeitpunkt 6 nicht mehr in der Teilpopulation A vorhanden ist (Abb. 1).

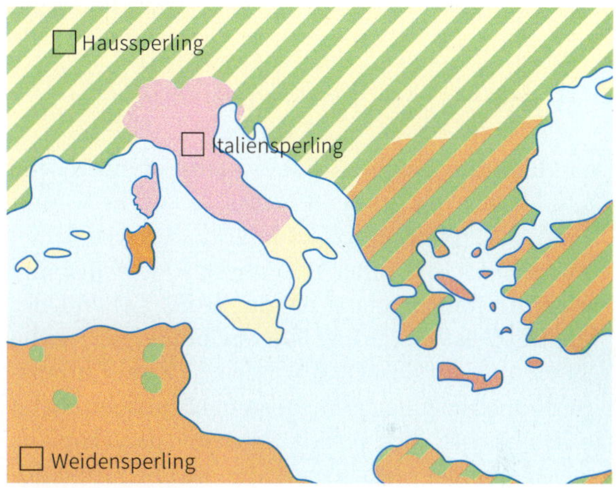

3 *Verbreitungsgebiete von Italiensperling, Haussperling und Weidensperling*

3. Evolution von Sperlingsarten. Der Italiensperling hat große Ähnlichkeiten mit dem Haussperling und dem Weidensperling. Die Italiensperlingspopulation ist von der Weidensperlingspopulation durch das Mittelmeer und von der Haussperlingspopulation durch das Mittelmeer und die Alpen getrennt (Abb. 3). Die Verwandtschaft der drei Sperlingsarten ist bis heute nicht vollständig geklärt. Eine Hypothese über die evolutionäre Entstehung des Italiensperlings besagt, dass auf der italienischen Halbinsel zunächst keine Sperlinge vorkamen. Durch die Unvollständigkeit der Barrieren gelangten einzelne Haus- und Weidensperlings-Individuen auf die italienische Halbinsel, wo sie sich paarten. Dadurch entstanden Hybriden, die sich miteinander fortpflanzten.
Prüfen Sie unter Beachtung der dargestellten Zeitpunkte in Abbildung 1, ob das Modell zur allopatrischen Artbildung auf die oben beschriebene Hypothese über die Entstehung des Italiensperlings angewendet werden kann.

8.11 Exkurs: Die Artbildung als Folge reproduktiver Isolation

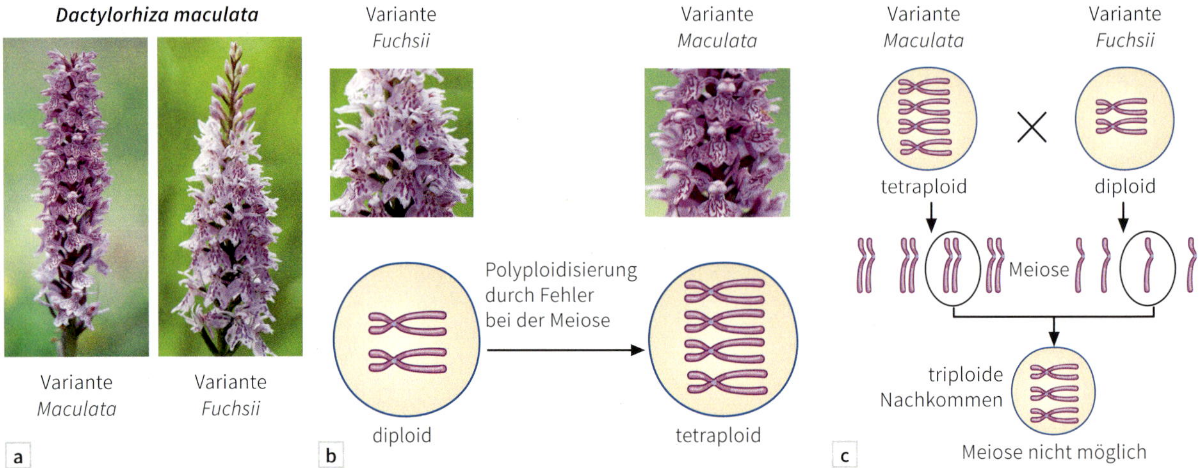

1 *Polyploidisierung am Beispiel des Gefleckten Knabenkrautes*

Das Gefleckte Knabenkraut ist eine einheimische Orchideenart mit großen Blütenständen. Es kommt im selben Verbreitungsgebiet in vielen verschiedenen Varianten vor, die unter anderem als *Maculata* und *Fuchsii* zusammengefasst werden (Abb. 1 a). Vor der Eiszeit gab es bei *Fuchsii* eine spontane genetische Veränderung. Im Normalfall werden die Zwei-Chromatid-Chromosomen bei der Meiose getrennt und einzeln auf die Geschlechtszellen verteilt. Diese sind dann haploid. Tritt ein Fehler auf, sodass die Zwei-Chromatid-Chromosomen nicht getrennt werden, entstehen diploide Geschlechtszellen. Bei der Befruchtung von Pflanzen mit diploiden Geschlechtszellen entstehen Organismen mit einem vielfachen Chromosomensatz (Abb. 1 b). Aufgrund diese Fehlers entstand eine neue Variante mit abweichendem Chromosomensatz. Dieser Vorgang wird **Polyploidisierung** genannt. *Maculata* kann als Ergebnis einer solchen Polyploidisierung einen vierfachen Chromosomensatz aufweisen. Polyploide Pflanzen mit dem vierfachen Chromosomensatz werden tetraploid genannt (Abb. 1 b). Tetraploide *Maculata* existieren auch heute noch.

Dabei ist zwischen einer spontan auftretenden und einer sich langsam entwickelnden Form der Artbildung zu unterscheiden. Die Entstehung der tetraploiden *Maculata* im Verbreitungsgebiet der diploiden *Fuchsii* ist ein Beispiel für einen spontanen Artbildungsprozess. Die Befruchtung tetraploider Organismen mit diploiden Organismen führt zu Nachkommen mit einem triploiden Chromosomensatz (Abb. 1 c). Nachkommen mit einem triploiden Chromosomensatz sind nicht überlebensfähig oder nicht fortpflanzungsfähig. In gemeinsamen Verbreitungsgebieten von tetraploider *Maculata* und diploider *Fuchsii* kommen derartige triploide Nachkommen auch heute noch vor. Diese Nachkommen sind von ihren Eltern reproduktiv isoliert. Die Form der Artbildung, bei der eine Art im selben Verbreitungsgebiet ohne räumliche Trennung entsteht, wird **sympatrische Artbildung** genannt.

Bei der sich langsam entwickelnden sympatrischen Artbildung muss ein starker Selektionsdruck gegen ein Merkmal der Lebewesen einer Art vorliegen, das häufig mit der Wahl des Sexualpartners in Verbindung steht. Die Weibchen einer bestimmten Fruchtfliegenart wählen meistens Partner für die Paarung, die sich in der gleichen Art von Früchten entwickelt haben wie sie selbst. So verpaaren sich bestimmte Fruchtfliegen bevorzugt miteinander. Durch Rekombination, Mutation und Selektion entstehen nun unabhängig voneinander Veränderungen in den Genpools dieser Teilpopulationen. Dies kann zu einer reproduktiven Isolation und in der Folge zur Artbildung führen. Sympatrische und allopatrische Artbildung können bei der Entstehung einer Art zusammenwirken.

Geografische und ökologische Isolation trennt zwar zunächst verschiedene Populationen einer Art voneinander, diese Isolation ist aber zunächst umkehrbar, wenn ein erneuter Kontakt wieder hergestellt wird. Eine reproduktive Isolation, bei der die Trennung auch bei direktem Kontakt aufrechterhalten wird, ist erst das Ergebnis fortgeschrittener Evolutionsmechanismen.

→ B5 → Kap. 4.3 → Kap. 5.9 → Kap. 8.4 → Kap. 8.10 → Kap. 8.12

Mönchsgrasmücken brüten in Mittel- und Osteuropa. Im Winter suchen die Mönchsgrasmücken aus Freiburg, Übersyren und Münsingen das gemäßigte Klima Spaniens und zum Teil Großbritanniens auf.
Die Individuen aus Wien und Rybatschi ziehen ostwärts nach Kalimok in Bulgarien. Zugrichtung und Zugverhalten sind angeboren. Seit den 1950er Jahren nimmt die Zahl der Individuen aus Freiburg zu, die im Winter nach Großbritannien zieht. Futterhäuschen kamen dort in Mode und sicherten den Mönchsgrasmücken das Überleben.
Sobald die Mönchsgrasmücken in ihren Brutgebieten eintreffen, verpaaren sie sich umgehend für die Brutsaison. Da der Rückweg aus Großbritannien deutlich kürzer ist als aus Spanien, treffen zunächst die Vögel aus Großbritannien wieder in Mitteleuropa ein.

Population	Freiburg südwestlich nach Spanien ziehend	Freiburg nordwestlich nach Großbritannien ziehend	Münsingen südwestlich nach Spanien ziehend	Übersyren südwestlich nach Spanien ziehend	Wien südöstlich nach Bulgarien ziehend	Rybatschi südöstlich nach Bulgarien ziehend	Kalimok südöstlich ziehend/ Standvogel
Freiburg südwestlich nach Spanien ziehend	0,000	0,029	0,000	0,004	0,004	0,010	0,021

d

2 *a) Mönchsgrasmücke, b) Zugrichtungen der Mönchsgrasmücken, c) Durchschnittliche genetische Distanz, d) Genetische Distanz ausgewählter Populationen der Mönchsgrasmücke in relativen Einheiten*

1. Grundprinzip der sympatrischen Artbildung. Erläutern Sie das Grundprinzip der sympatrischen Artbildung.

2. Sympatrische und allopatrische Artbildung im Vergleich.
a) Vergleichen sie sympatrische und allopatrische Artbildung.
b) Skizzieren Sie in Anlehnung an Abbildung 1 im Kapitel 8.10 modellhaft die am Ende des Prozesses der sympatrischen Artbildung entstandenen Populationen in ihrer räumlichen Anordnung.

3. Veränderungen bei Mönchsgrasmücken. Werten Sie die Daten aus Abbildung 2 im Hinblick auf eine mögliche sympatrische Artbildung bei Mönchsgrasmücken aus.

4. Artbildung bei Grashüpfern. Der Nachtigallgrashüpfer kann mit drei weiteren Arten, von denen er sich äußerlich kaum unterscheidet, im gleichen Gebiet vorkommen (Abb. 3). Grashüpfermännchen locken die Weibchen mit ihrem Gesang an. Diese Gesänge werden hervorgerufen durch das Reiben der Oberschenkel an den Flügeln. Die Gesänge der vier Grashüpferarten sind artspezifisch. Erläutern Sie, in welcher Weise die Gesänge zur Artbildung der vier Grashüpferarten in Deutschland beigetragen haben könnten und zugleich Ergebnis des Artbildungsprozesses sind.

3 *Nachtigallgrashüpfer*

→ B5 → Kap. 4.3 → Kap. 5.9 → Kap. 8.4 → Kap. 8.10 → Kap. 8.12

8.12 Das Zusammenwirken der Evolutionsfaktoren führt zur Vielfalt

1 *Vierzehn Arten von Darwinfinken auf den Galapagosinseln*

Charles Darwin besuchte auf seiner Weltreise 1835 einige der etwa 1 000 Kilometer westlich vom südamerikanischen Festland im Pazifik liegenden Galapagosinseln. Sie entstanden vor ungefähr zehn Millionen Jahren durch vulkanische Aktivitäten. Die verschiedenen Galapagosinseln unterscheiden sich in geologischer, klimatischer und ökologischer Hinsicht voneinander.

Darwin entdeckte dort verschiedene Arten von Vögeln, die eng miteinander verwandt sind und später Darwinfinken genannt wurden. Die vierzehn Darwinfinkenarten unterscheiden sich in ihrer Größe, ihrer Ernährungsweise, ihrem Gesang und der Form ihres Schnabels (Abb. 1). Die Arten leiten sich von einer Ursprungspopulation ab, die vor Millionen von Jahren vom südamerikanischen Festland aus auf eine der Galapagosinseln einwanderte. Auf den Inseln lebten keine Beutegreifer und es bestand ein großes Nahrungsangebot, ohne dass es Nahrungskonkurrenz durch andere Vogelarten gab. Im Laufe der Zeit wurden die anderen Galapagosinseln von den eingewanderten Vögeln besiedelt. Heute leben dort Populationen verschiedener Darwinfinken-Arten nebeneinander.

Darwinfinken sind ein besonders gut untersuchtes Beispiel für **adaptive Radiation** (lat. *adaptare:* anpassen; *radiatur:* strahlenförmig). So wird die meist in relativ kurzen erdgeschichtlichen Zeiträumen verlaufende Auffächerung einer Art in zahlreiche Arten genannt. Sie ist darauf zurückzuführen, dass neu siedelnde Lebewesen der Gründerpopulation vielfältige ökologische Nischen vorfinden, die noch nicht realisiert sind. Im Wechselspiel von genetischer Variation und Selektion entwickeln die Lebewesen im Laufe der Generationen spezielle Angepasstheiten an die Umweltbedingungen. Adaptive Radiation wird durch die räumliche Trennung von Populationen begünstigt. Das Zusammenleben nahe verwandter Arten, die im gleichen Lebensraum leben, sich jedoch in ihren Lebensansprüchen unterscheiden, wird auch als **ökologische Isolation** bezeichnet.

→ B5 → Kap. 8.4 → Kap. 8.10

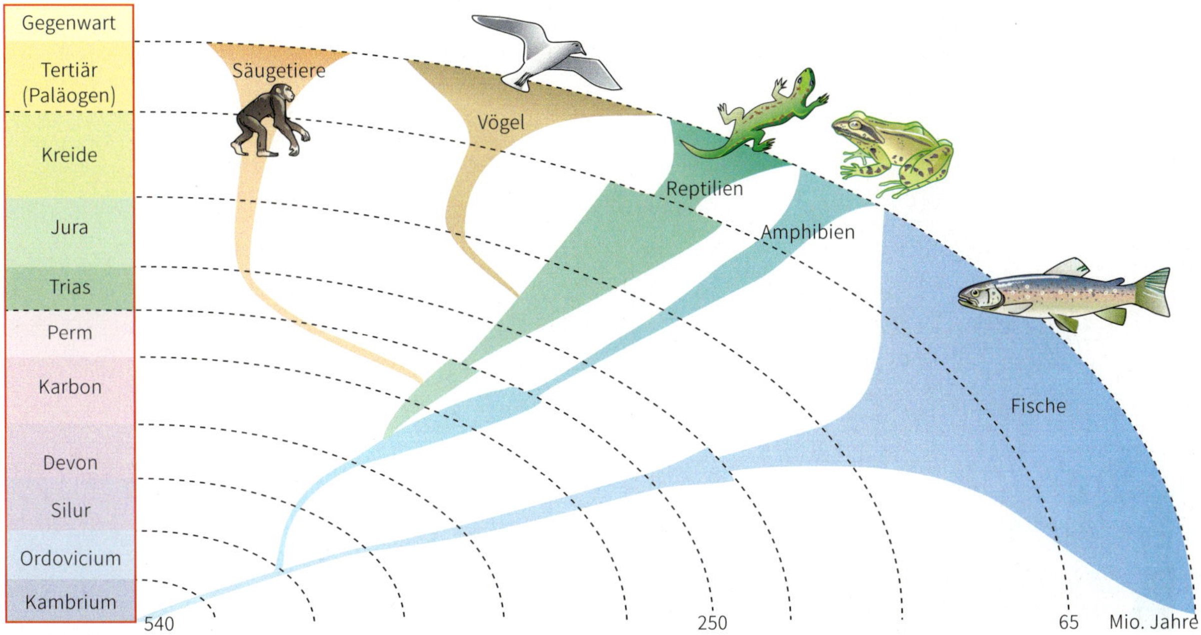

2 *Stammbaum der Wirbeltiere. Die Breite der Äste entspricht der Artenvielfalt der Wirbeltierklassen.*

1. Modell zur adaptiven Radiation. Abbildung 3 zeigt modellhaft den Verlauf der Besiedlung einer dem Festland vorgelagerten Inselgruppe.

a) Erläutern Sie die adaptive Radiation auf dieser Inselgruppe.

b) Die heutigen Arten A, B, C und D sollen molekularbiologisch im Hinblick auf ihre Verwandtschaft untersucht werden. Erläutern Sie ihre Erwartungen an das experimentelle Ergebnis.

2. Galapagosinseln. Bei den Galapagosinseln sind die einzelnen Inseln gerade so weit voneinander entfernt, dass die Inselpopulationen während der Evolution der Darwinfinken voneinander isoliert waren, die Isolation aber gelegentlich unterbrochen war. Erklären Sie, weshalb dadurch die Artbildung begünstigt wurde.

3. Adaptive Radiation der Säugetiere. Eine adaptive Radiation liegt auch dann vor, wenn sich eine stammesgeschichtliche Linie, beispielsweise die der Säugetiere, in zahlreiche Gruppen mit jeweils vielfältigen Arten auffächert. Lange Zeit gab es nur relativ wenige Arten von Säugetieren. Sie führten als zumeist kleine, nachtaktive Tiere ein Leben im Schatten der Reptilien, unter anderem der Dinosaurier. Reptilien besetzten in großer Artenvielfalt vielfältige ökologische Nischen. Nachdem die Dinosaurier und zahlreiche andere Reptilien weltweit ausstarben, fächerten sich die Säugetiere in zahlreiche, zumeist artenreiche Gruppen auf. Erläutern Sie mögliche Zusammenhänge zwischen dem Aussterben vieler Reptilien mit der adaptiven Radiation der Säugetiere (Abb. 2).

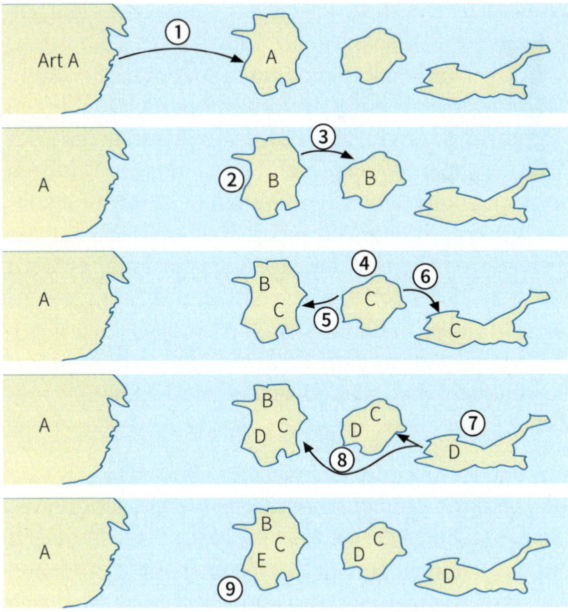

3 *Modell zur adaptiven Radiation auf einer Inselgruppe.*

Hilfe **Webcode** WES-105475_277

8.13 Die Koevolution artfremder Lebewesen

1 *a) Schwertkolibri, b) Blütenfledermaus und c) Taubenschwänzchen beim Blütenbesuch*

Jede Art lebt in ihrer jeweiligen Umwelt gemeinsam mit anderen Arten. Dadurch kommt es zu zahlreichen Wechselwirkungen mit anderen Lebewesen. Arten können beispielsweise um begrenzte Mengen an Nahrung konkurrieren oder von Fressfeinden oder Parasiten bedroht sein. Mehr als abiotische Faktoren bewirken diese biotischen Wechselwirkungen evolutive Veränderungen. Verändert sich eine Art, hat das veränderte Selektionsbedingungen für andere Arten zur Folge. Wenn artfremde Lebewesen über lange Zeiträume intensiv miteinander in Wechselbeziehungen stehen und sich in ihrer Evolution gegenseitig beeinflussen, wird dies als **Koevolution** bezeichnet.

Das Taubenschwänzchen ist eine Schmetterlingsart aus der Familie der Schwärmer. Wie alle Schwärmer besitzen Taubenschwänzchen lange Saugrüssel. Dadurch können sie auch an den Nektar in sehr langen Blüten gelangen, den andere Insekten nicht erreichen können. Für die Taubenschwänzchen gibt es dadurch kaum Nahrungskonkurrenten. Beim Blütenbesuch nimmt der Falter Pollen der Pflanze mit. Das geschieht umso besser, je mehr sich der Falter den Staubblättern der Blüte nähern muss. Deshalb besitzen Pflanzen mit längeren Blüten einen Selektionsvorteil. Auf länger werdende Blüten reagiert die Falterpopulation mit länger werdenden Saugrüsseln. Im Lauf der Zeit entwickelt sich eine immer stärkere gegenseitige Abhängigkeit. Diese absolute Abhängigkeit birgt Risiken, ist aber für beide Partner vorteilhaft. So wird die Wahrscheinlichkeit erhöht, dass der Bestäuber weitere Blüten der gleichen Art besucht und es zur Bestäubung kommt. Für solche **wechselseitigen Angepasstheiten** von Blüten und Bestäubern gibt es zahlreiche Beispiele, wobei die Bestäuber nicht nur Insekten sind (Abb. 1). Man spricht von einer **mutualistischen Koevolution**.

Das Ergebnis der Koevolution zwischen Blüten und Bestäubern bedeutet für alle Beteiligten Vorteile. Dagegen kann die Koevolution zwischen Fraßfeind und Futterpflanze als „evolutives Wettrüsten“ aufgefasst werden. Beispielsweise enthalten Kohlblätter in unterschiedlichen Zellbestandteilen Senföle und bestimmte Enzyme, die Myrosinasen. Werden Kohlblätter gefressen, kommen Senföle und Myrosinasen zusammen. Dann werden starke Gifte freigesetzt, die für viele Fressfeinde tödlich wirken. Die Raupen der Kohlmotte sind gegen diese Gifte unempfindlich. Sie verfügen über ein Enzym, das das Gift unschädlich macht. Die Raupen erzeugen auf diese Weise einen Selektionsdruck auf die Kohlpflanzen, der in der nächsten Runde des "evolutiven Wettrüstens" dazu führen kann, dass die Kohlpflanzen ihre Abwehrmechanismen verbessern. Diese Form der Koevolution nennt man **antagonistisch**.

→ B5 → Kap. 8.4 → Kap. 8.5 → Kap. 8.7

2 *a) Rubin-Baumsteiger Ameerega parvula, b) Ecuador-Baumsteiger Ameerega bilinguis und c) Blutgiftfrosch Allobates zaparo*

1. Vorbilder und Nachahmer. Die täuschende Nachahmung von Signalen wird als Mimikry bezeichnet. Auch sie ist ein Beispiel für Koevolution. Verändert sich das Vorbild, muss sich auch der Nachahmer verändern. Für das Vorbild kann die Ähnlichkeit mit einem Nachahmer ein Vor- oder ein Nachteil sein. Insofern beeinflusst eine Veränderung des Nachahmers auch die weitere Entwicklung des Vorbildes. Mimikry tritt beispielsweise bei Fröschen in Ecuador auf. In den Regenwäldern kommen drei sich äußerlich stark ähnelnde Froscharten vor (Abb. 2). Im Süden lebt der sehr giftige Rubin-Baumsteiger *A. parvula* und im Norden der mäßig giftige Ecuador-Baumsteiger *A. bilinguis.* Der ungiftige Blutgiftfrosch *A. zaparo* kommt in beiden Gebieten vor und ähnelt in seinem Aussehen der jeweils giftigen Art. In einem schmalen Gebiet kommen alle drei Arten nebeneinander vor. In diesem Gebiet imitiert der Blutgiftfrosch das Aussehen des mäßig giftigen Ecuador-Baumsteigers. Versuche sollten zeigen warum nicht, wie von Forschenden erwartet, die sehr giftige Art als Vorbild dient. Unerfahrene Hühnerküken, die zuerst negative Erfahrungen mit dem sehr giftigen Rubin-Baumsteiger machten, mieden anschließend auch den ungiftigen Blutgiftfrosch und den mäßig giftigen Ecuador-Baumsteiger. Küken, die zunächst Erfahrungen mit dem mäßig giftigen Ecuador-Baumsteiger machten, mieden anschließend den ungiftigen Blutgiftfrosch, nicht aber den sehr giftigen Rubin-Baumsteiger.

a) Erläutern Sie, inwiefern die Ähnlichkeit der Frösche für die jeweiligen Arten vorteilhaft ist. Beachten Sie dabei auch die Nachteile die sich für die "Originale" ergeben.

b) Analysieren Sie, inwiefern die Nachahmung der mäßig giftigen Art *A. bilinguis* für *A. zaparo* die vorteilhafteste Variante ist. Veranschaulichen Sie ihre Lösung durch eine geeignete schematische Darstellung.

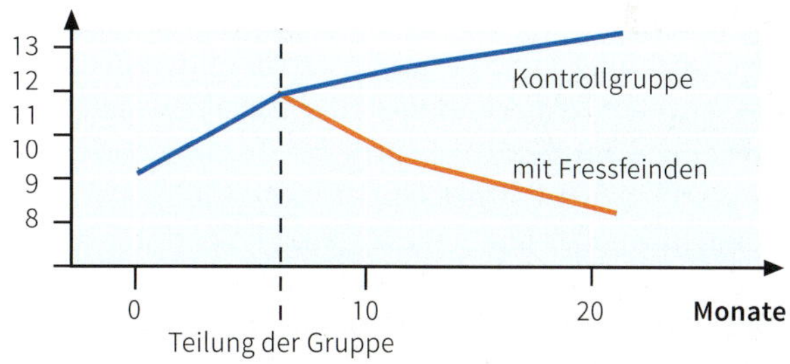

3 *Versuch mit Guppypopulationen*

2. Bunte Guppymännchen. Guppys sind kleine Fische, die in Südamerika in Uferbereichen von Urwaldflüssen sehr zahlreich vorkommen. Die kleinen Guppys haben dort zahlreiche Fressfeinde, zum Beispiel räuberisch lebende Barsche. Die unscheinbaren Guppyweibchen sind deutlich größer als die Männchen. Guppymännchen sind häufig prächtig bunt gefärbt. Guppyweibchen bevorzugen bei der Partnerwahl auffällig gefärbte Männchen. Dieses Phänomen bezeichnet man als sexuelle Selektion. Untersuchungen an wild lebenden Guppypopulationen haben ergeben, dass die Männchen in Gewässern mit zahlreichen Fressfeinden durchschnittlich unscheinbarer gefärbt waren.

a) Das Ergebnis eines Experiments ist in Abb. 3 dargestellt. Erläutern Sie die Fragestellung, die diesem Experiment zugrunde lag und werten Sie das Experiment aus.

b) Erläutern Sie Auswirkungen der sexuellen Selektion und der Selektion unter natürlichen Bedingungen auf das Aussehen der Guppypopulationen in den verschiedenen Populationen.

c) Analysieren Sie, ob im Zusammenhang mit dem Experiment in Abbildung 3 Koevolution eine Rolle spielt.

→ B5 → Kap. 8.4 → Kap. 8.5 → Kap. 8.7

8.14 Die Koevolution

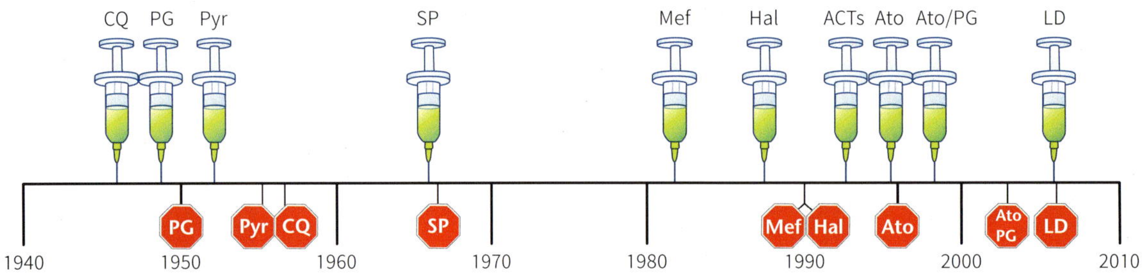

ACTs= Artemisinin Kombinationstherapie, Ato = Atovaquon, Ato/PG = Atovaquon, Proguanil-Kombination (Malaron), CQ = Chloroquin, Hal = Halofantrin, LD = LapDap (Chlorproguanil-Dapson), Mef = Mefloquin, PG = Proguanil, Pyr = Pyrimethamin, SP = Sulfadoxin Pyrimethamin

1 *Einführung von Malariamedikamenten und Auftreten von Resistenzen*

Einige Termitenarten ernähren sich ausschließlich von Holz. Der Darm dieser Termiten beherbergt zahlreiche eukaryotische Einzeller und Bakterien, die die Verdauung des Holzes erst ermöglichen. Ohne die Darmbewohner sterben die Termiten, und außerhalb des Termitendarms sind viele der Einzeller nicht lebensfähig. Eine derartige Form des Zusammenlebens artverschiedener Partner, bei der die beteiligten Arten alleine nicht oder nur eingeschränkt lebensfähig sind, bezeichnet man als **Symbiose**. Ein Zusammenleben, das beiden Partnern Nutzen bringt, ohne dass diese die Fähigkeit zu einem eigenständigen Leben verlieren, bezeichnet man als **mutualistische Koevolution**. In vielen Fällen profitiert nur einer der Partner, während der andere Nachteile erleidet. Diese Form des Zusammenlebens bezeichnet man als **Parasitismus**.

Durch die Beziehung zwischen Wirt und Parasit entstehen Selektionsdrücke, die die Entwicklung von Wirt und Parasit prägen und beide zu schnellen Anpassungen zwingen. In der Population der Wirtsorganismen herrscht eine genetische Variabilität und ständig treten neue Mutationen auf. Wirte, die den Parasiten wirksame Abwehrmechanismen entgegensetzen, haben bessere Überlebenschancen. Deshalb verbreiten sich entsprechende Eigenschaften schnell in Wirtspopulationen. Umgekehrt sind unter den Parasiten diejenigen im Vorteil, die genetisch bedingt über Strategien verfügen, die Abwehrmechanismen zu umgehen. Diese vermehren sich überproportional. In der Folge bilden sich beim Wirt neue Abwehrmechanismen heraus. So entsteht ein „Wettlauf zwischen Parasit und Wirt“, bei dem mal die Abwehrmechanismen des Wirtes und mal die Gegenmaßnahmen des Parasiten erfolgreicher sind. Dabei ist der Selektionsdruck auf den Parasiten stärker, da er ohne den Wirt meist nicht überleben kann. Das nennt man eine antagonistische Koevolution.

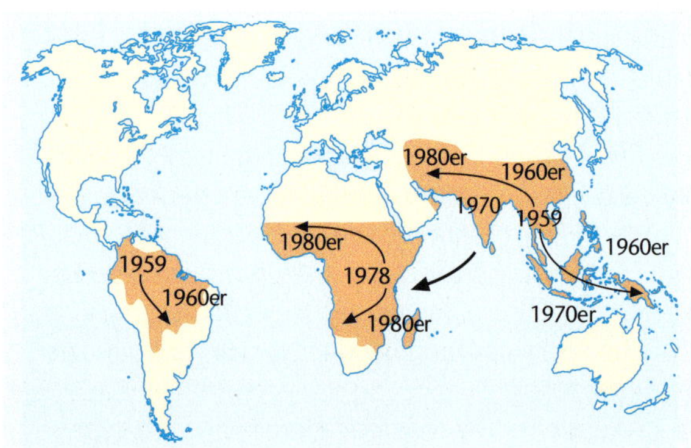

2 *Ausbreitung der Chloroquinresistenz*

Malaria gehört zu den Infektionskrankheiten, die weltweit die meisten Todesopfer fordern. Die Krankheit wird durch Plasmodien hervorgerufen. Plasmodien sind einzellige Parasiten, die nach der Infektion in roten Blutzellen des Menschen leben. Die Vermehrung in den roten Blutzellen erfolgt synchron und beim gleichzeitigen Platzen der Blutzellen und der Freisetzung vieler Erreger kommt es zu Fieberschüben. Am Beispiel der Malaria werden Konsequenzen der Koevolution zwischen **Wirt** und **Parasit** besonders deutlich. In Malariagebieten breiten sich anders als in anderen Regionen der Erde seltene Mutationen des Menschen aus, die Schutz gegen Malaria verleihen. Der Selektionsdruck auf den Erreger wird zunehmend auch durch gezieltes Eingreifen des Menschen erhöht. Seit etwa 1945 werden Medikamente gegen den Erreger eingesetzt. Seitdem entwickeln sich immer wieder gegen diese Präparate resistente Plasmodienstämme, die sich dann weltweit ausbreiten (Abb. 1). Da die Erreger gegen Einzelmedikamente schnell Resistenzen ausbilden, werden immer häufiger Kombinationspräparate eingesetzt.

→ B5 → Kap. 8.4 → Kap. 8.13

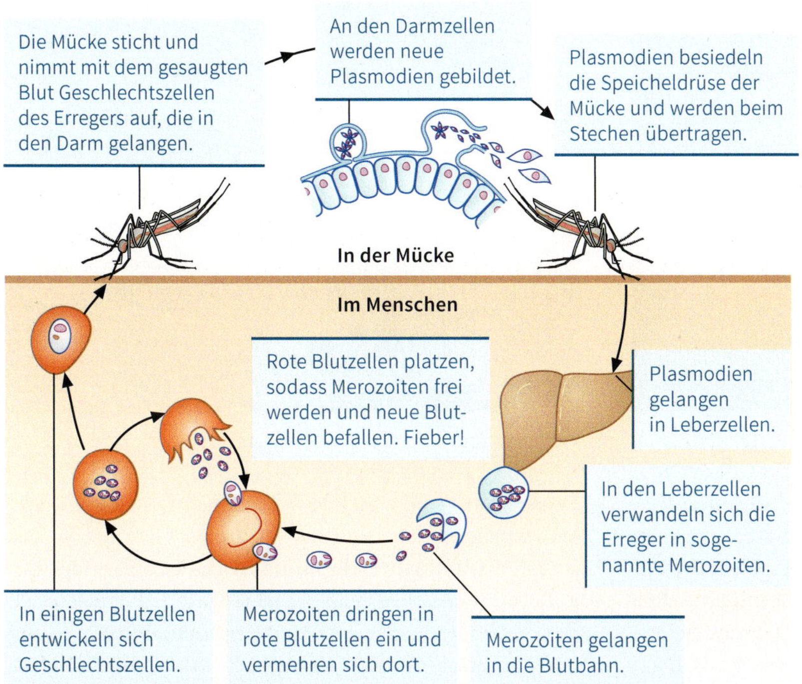

3 *Entwicklungszyklus von Plasmodium*

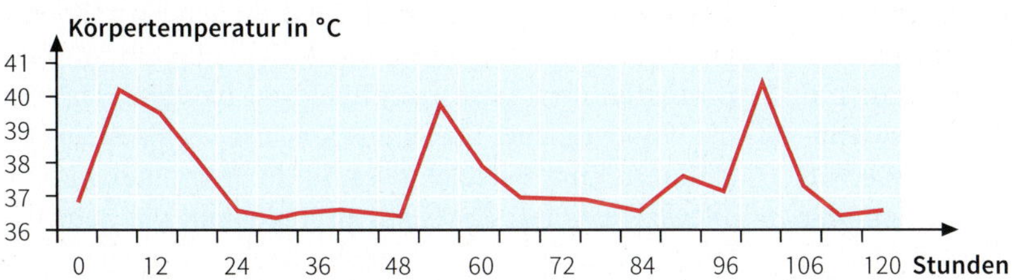

5 *Fieberkurve bei Malaria tertiana*

Der Duffy-Faktor

Der Malariaerreger Plasmodium vivax benötigt bestimmte Proteine auf oder in der Zellmembran der roten Blutzellen des Menschen, um in diese Zellen eindringen zu können. Eines dieser Proteine wird als Duffy-Faktor bezeichnet. Durch eine Mutation in der Promotorregion des Duffy-Faktor-Gens wird dieses funktionslos. Menschen, die homozygot für diese Mutation sind, die sogenannten Duffy-Negativen, besitzen keinen Duffy-Faktor. Diese Menschen sind immun gegen den Malariaerreger. Ein biologischer Nachteil dieser Mutation ist bisher nicht bekannt. In den meisten Regionen der Welt sind die menschlichen Populationen zu 100 % Duffy-Positiv. In Zentralafrika beträgt der Anteil der Duffy-Negativen teilweise über 90 % der Bevölkerung.

4 *Der Duffy-Faktor*

1. Malariamedikamente und Resistenzen.

a) Erläutern Sie die Abb. 1 und beschreiben Sie die evolutiven Mechanismen, die zur Ausbildung der Medikamentenresistenzen führen.

b) Beschreiben Sie anhand von Abb. 2 die Ausbreitung der Resistenz des Erregers *Plasmodium falciparum* gegen das Präparat Chloroquin.

c) Erläutern Sie, warum verstärkt Kombinationspräparate zur Malariabekämpfung eingesetzt werden. Begründen Sie die Vorteile gegenüber dem Einsatz von Monopräparaten.

2. Verlauf von Malariainfektionen. Beschreiben Sie mithilfe von Abb. 3 den Entwicklungszyklus des Malariaerregers. Ordnen Sie dabei auch die in Abb. 5 dargestellte Fieberkurve begründet zu.

3. Koevolution zwischen Parasit und Wirt.

a) Erläutern Sie folgende Textpassage mit eigenen Worten: „Viele Parasiten besiedeln extreme Lebensräume. Um langfristig überleben zu können, sind kontinuierliche Anpassungen notwendig. Daraus resultiert eine starke Abhängigkeit zwischen Wirt und Parasit, die häufig in einer Spezialisierung mündet.“

b) Informieren Sie sich über die Erbkrankheit Sichelzellenanämie und deren Vorkommen. Erläutern Sie Zusammenhänge mit dem Auftreten der Malaria.

c) Erläutern Sie die evolutiven Mechanismen, die zum Auftreten von Populationen mit hohen Anteilen von Duffy-Negativen führen (Abb. 4).

4. Endosymbiose. Die Endosymbiontentheorie geht davon aus, dass Mitochondrien und Chloroplasten im Verlauf der Evolution aus Blaualgen und aeroben Bakterien hervorgegangen sind, die von größeren Einzellern aufgenommen und nicht verdaut wurden. Analysieren Sie, inwiefern der Begriff Endosymbiose treffend ist.

→ B5 → Kap. 7.8 → Kap. 8.4 → Kap. 8.13

8.15 Wie wir wurden, was wir sind: Die Weitergabe von Erlerntem

1 *Höhlenmalerei*

2 *Arbeitsplätze*

Die Menschen in der Zeit von etwa 2,4 Millionen Jahren bis 8000 v. Chr. nutzten intellektuelle Fähigkeiten hauptsächlich zur Bewältigung des Alltagslebens. Vorangig stand das Überleben des Einzelnen im Vordergrund. Aber auch das Überleben in der Gemeinschaft während schwieriger Zeiten, beispielsweise einer Dürre, war wichtig, da der Mensch ein soziales Wesen ist. Es waren Werkzeuge, die dem Menschen viele Arbeiten erleichterten oder erst ermöglichten. So ist der Mensch mithilfe seines Werkzeuggebrauchs äußerst vielseitig. *Homo habilis* fertigte einfache Steinwerkzeuge an, mit denen Knochen aufgebrochen und Fleisch von Knochen abgeschabt werden konnte. Die Weitergabe von erlernten und neu entdeckten Errungenschaften, der Traditionsbildung, geschah in Zeiten, in denen es noch keine Schrift gab, durch mündliches Überliefern und Nachahmung. Der Vorteil der Traditionsbildung besteht darin, dass jede Generation auf den Erfahrungen vorheriger Generationen aufbauen kann. Die ältesten Höhlenmalereien, von denen man heute weiß, sind rund 40 000 Jahre alt (Abb. 1).

Allein Menschen sind in der Lage, sich mit Worten zu verständigen. Die Wortsprache ermöglicht es Menschen zusammen mit dem umfassenden Gedächtnis, sich über Vergangenes, Zukünftiges und alles, was nicht unmittelbar wahrzunehmen ist, zu verständigen. Während des Sprechens sind die Hände frei für Tätigkeiten. Mithilfe der Wortsprache lassen sich mitmenschliche Beziehungen umfassend gestalten. So können sich Menschen über die Herstellung und Nutzung von Werkzeugen verständigen. Außerdem können mit Wortsprache Bindungen zwischen Menschen hergestellt werden. Diese werden als soziale Bindungen bezeichnet. Die Wortsprache ist eine wesentliche Grundlage der sozialen Intelligenz. Sie umfasst die Fähigkeiten, mit anderen Menschen in Wechselwirkung zu treten, sich zu verständigen, gemeinsam zu planen, Arbeitsteilung und Zusammenarbeit (Kooperation) zu vereinbaren, Beziehungen aufzubauen und zu pflegen und Konflikte zu lösen (Abb. 2). Unter einsichtigem Verhalten versteht sich die Fähigkeit, komplexe Situationen zu erfassen, in Gedanken verschiedene Möglichkeiten auszuprobieren und dann planmäßig zu handeln. Das ist die Voraussetzung für Planungen, also Verhalten in der Zukunft. Zum Beispiel ist es für die Herstellung eines Werkzeuges unerlässlich, in Gedanken die Schritte zur Herstellung vorwegzunehmen. Viele Aufgaben in einer Menschengruppe werden effektiver und besser erledigt, wenn Arbeitsteilung und Kooperation vereinbart werden. Dann können sich Spezialisten auf besondere Tätigkeiten konzentrieren und es muss nicht jeder alles können.

Verschiedene Arten der Gattung *Homo* nutzten bereits vor etwa 790 000 Jahren das Feuer zum Kochen von Mahlzeiten. Die in der Nahrung enthaltenen Nährstoffe wurden besser nutzbar. Dies begünstigte die Entwicklung von leistungsfähigeren Gehirnen. Am Lagerfeuer wurden auch kulturelle Werte und Normen gefestigt und weitergeben, auch an Menschen anderer Kulturen. Ein wichtiger Fortschritt war die Entwicklung der Schrift, deren Anfänge vor etwa 7500 Jahren zu finden sind. Durch diese Informationsspeicherung konnten zunehmend komplexe Informationen auch ohne die direkte Mitwirkung von Personen weiter gegeben werden.

→ B5 → Kap. 7.12 → Kap. 7.13 → Kap. 7.14 → Kap. 7.15 → Kap. 8.16

35000 v. Chr.: älteste Kunstwerke als Höhlenmalereien und Schnitzereien
6500 v. Chr.: erste Bilderschriften
3500 v. Chr.: Keilschrift in Mesopotamien
2600 v. Chr.: erste Tinte, die von Ägyptern und Chinesen aus Ruß und Wasser hergestellt wurde
190 v. Chr.: Pergament wurde als Schreibfläche genutzt. Zur Zeit der Römer entstanden die uns bekannten Schriftzeichen, die 26 Buchstaben des Alphabets.
1040 n. Chr.: In China wurden erstmals einzelne Schriftzeichen gedruckt.
1436: Buchdruck mit beweglichen Lettern und Metalltypengießgerät von Gutenberg erfunden
1609: erste Wochenzeitung
1650: erste Tageszeitung (in Leipzig)
1826: erste Fotografien
1861: Erfindung des Mikrofons
1861: Philipp Reis erfand das Telefon (Telefonleitungen sind noch heute ein wichtiges Transportmittel im Internet).
1894: erste Funksignale drahtlos übermittelt (Radio)
1903: erste brauchbare Farbfotografien
1925: erste öffentliche Fernsehvorführungen
1937: Vorläufer des Computers
1953: erstmals Farbfernsehen
1956: Videoband entwickelt
1969: erster Silizium-Mikroprozessor-Chip
1984: In diesem Jahr wurde erstmals die Grenze von 1000 miteinander vernetzten Rechnern überschritten.
heute: weltweite Informations- und Kommunikationsmöglichkeiten (Internet); elektronische Datenverarbeitung; riesige Mengen an Informationen können auf geringem Raum gespeichert und schnell abgerufen werden.

3 *Von der Höhlenmalerei zum Internet*

4 *Überleben in der Gruppe*

1. Von der Höhlenmalerei zum Internet. Lesen Sie die Angaben in Abbildung 3. Erklären Sie am Beispiel der Entwicklung der Nachrichtenübermittlung die Bedeutung der Fähigkeiten, die im Grundwissentext erläutert werden.

2. Versuch: Untersuchung verschiedener Verständigungsmöglichkeiten. Ein Team aus drei oder vier Schülerinnen oder Schülern leitet diesen Versuch. Dieses überlegt sich drei unterschiedlich inhaltsreiche Mitteilungen, die sich auf Personen und Tätigkeiten in der Klasse beziehen, z. B.:
1. Gehe zur Tafel!
2. Peter hat gestern mit Paul Hausaufgaben in Mathematik gemacht.
3. Christine und Isabelle gehen übernächsten Samstag am späten Nachmittag ins Kino.
Diese Sätze werden der Klasse nicht mitgeteilt. Je zwei Schülerinnen oder Schüler erhalten im Geheimen einen der drei Sätze mitgeteilt. Sie sollen allein durch Gestik und Mimik den jeweiligen Satz verdeutlichen. Wie lange dauert es, bis der Satz verstanden wurde? Welche Worte wurden nur schwierig oder gar nicht erkannt? Vergleichen Sie die Informationsweitergabe mit Mimik und Gestik mit der Informationsweitergabe durch Wortsprache.

3. Überleben in der Gruppe. Erläutern Sie an dem in Abbildung 4 dargestellten Beispiel das Zusammenwirken von einem Leben in der Gruppe, vorausschauende Planung, Wortsprache, Werkzeuggebrauch, Arbeitsteilung und Kooperation sowie Überlieferung.

→ B5 → Kap. 7.12 → Kap. 7.13 → Kap. 7.14 → Kap. 7.15 → Kap. 8.16

8.16 Die soziale und kulturelle Evolution des Menschen

1 *Kommunikation im Wandel: a) Höhlenmalerei, b) Druckerpresse von* GUTENBERG, *c) Verbreitung kultureller Informationen mittels Meme*

In dem Moment, in dem ein Text gelesen wird, findet ein kultureller Prozess statt. Es werden Informationen von einem Artgenossen erworben, der diese wiederum von anderen Artgenossen bezog. Das im Verlauf der biologischen Evolution entstandene Gehirn verarbeitet und speichert diese Information. Die Vorfahren des heute lebenden Menschen verständigten sich über eine Lautsprache miteinander und gaben Informationen mithilfe von Wandmalereien wieder (Abb. 1 a). Durch die Weiterentwicklung des Menschen und das Erlernen von Sprache waren soziale Wechselwirkungen mit Artgenossen möglich. Informationen konnten nun mündlich weitergegeben und entwickelt werden, bis JOHANNES GUTENBERG um 1450 die Druckerpresse erfand (Abb. 1 b). Damit war eine schnelle Weitergabe von Informationen in schriftlicher Form an viele Menschen gleichzeitig möglich. Mithilfe des weiteren technischen Fortschritts wurden Informationen für alle zugänglicher, bis letztendlich die Entwicklung des Internets eine globale Vernetzung der Menschen ermöglichte. Heutzutage werden Informationen und damit Wissen über soziale Medien bereitgestellt und verbreitet (Abb. 1 c).

Diese **kulturelle Evolution** unterscheidet sich von der biologischen Evolution. Die kulturelle Evolution umfasst die nichterbliche horizontale Weitergabe von Fähigkeiten, Verhaltensweisen und Wissen durch soziales Lernen, also Lernen von anderen Mitgliedern einer Population. Der Begriff **„Kultur"** beinhaltet in diesem Zusammenhang das, was der Mensch gestaltend hervorbringt und hervorgebracht hat. Die Ergebnisse umfassen materielle Objekte, wie beispielsweise den Werkzeuggebrauch und Strukturen, wie den Bau von Häusern, sowie Prozesse, wie den Ackerbau oder die Viehzucht und Gedankengut, wie das Leben in einer Gesellschaft (Abb. 3). Dadurch grenzt sich die kulturelle Evolution von der **biologischen Evolution** ab, die sich auf die allmähliche Veränderung vererbbarer, also genetisch festgelegter, Merkmale von Lebewesen vertikal über Generationen konzentriert und dabei eine Vielzahl von Einflussfaktoren, wie beispielsweise natürliche Selektion und Mutation, berücksichtigt.

Der kulturellen und biologischen Evolution ist die **Informationensübertragung** zwischen den Mitgliedern einer Population gemeinsam. Bei der biologischen Evolution werden Informationen in Form der DNA weitergegeben. Diese genetischen Informationen werden bei der geschlechtlichen Fortpflanzung von der Elterngeneration an die Tochtergeneration übertragen. Bei der kulturellen Evolution beruht diese Informationsübertragung auf Lernen und Gedächtnis. Erlernte Informationen werden ständig zwischen den Mitgliedern einer Population ausgetauscht und durch Erfahrungen oder Einsichtslernen verändert. Die Informationen unterliegen also einer ständigen Veränderung. Dies ist einer der Gründe, warum die kulturelle Evolution viel schneller abläuft als die biologische Evolution. Beim Menschen wurde die kulturelle Evolution durch Wortsprache und die Schrift enorm beschleunigt. Diese Beschleunigung nimmt durch moderne Kommunikation und die globale Nutzung des Internets weiter zu.

→ B5 → Kap. 7.12 → Kap. 7.13 → Kap. 7.14 → Kap. 7.15 → Kap. 8.15

Gen *HAR 1*
Spielt eine Rolle bei der Ausbildung der stark gefurchten Großhirnrinde in der Individualentwicklung.

Gen *FOXP2*
Ist an der Ausbildung der Fähigkeit zu sprechen mit beteiligt.

Gen *AMY1*
Fördert den Stärkeabbau. Half wahrscheinlich unseren Vorfahren, neue stärkehaltige Nahrungsquellen zu erschließen.

Gen *LCT*
In der stammesgeschichtlich ursprünglichen Form verloren Menschen nach der Entwöhnung von der Muttermilch allmählich die Fähigkeit Lactose abzubauen. Das mutierte Gen LCT ermöglicht einem Teil der Menschen auch als Erwachsene Lactose zu nutzen. Diese Mutation breitete sich vor allem in solchen Regionen aus, in denen Menschen begannen, Vieh zu züchten.

Gen *HAR2*
Fördert während der Embryonalentwicklung Genaktivitäten in Daumen und Handgelenken. Vermutlich ist dieses Gen an der Ausbildung der besonders guten Handgeschicklichkeit des Menschen beteiligt.

2 *Menschliche Gene, deren Basensequenz oder Regulation sich aufgrund von Mutationen von Schimpansengenen unterscheidet*

3 *Verschiedene Aspekte der kulturellen Evolution des Menschen*

1. Vergleich biologischer und kultureller Evolution.
a) Beschreiben Sie die Unterschiede zwischen der biologischen und kulturellen Evolution anhand der Informationen des Grundwissentextes und der Abbildung 2.
b) Eine These lautet, die kulturelle Evolution folge den lamarckistischen und weniger den darwinistischen Prinzipien. Erörtern Sie diese These und berücksichtigen Sie dabei die verschiedenen Aspekte der kulturellen Evolution (Abb. 3).

2. Katalysatoren kultureller Evolution. Begründen Sie, dass die menschliche Wortsprache und die darauf basierende Schrift Katalysatoren kultureller Evolution waren und sind.

3. Werkzeugkultur der Schimpansen. Erläutern Sie die Bedingungen für Kultur bei Schimpansen und beschreiben Sie den mutmaßlichen Verlauf der Kultur des „Termitenangelns“ (Abb. 4)

4 *Werkzeugkultur bei den Schimpansen: Eine Mutter zeigt ihren Jungen, wie sie mit einem dünnen Zweig Termiten aus dem Bau zieht und diese dann fressen kann.*

→ B5 → Kap. 7.12 → Kap. 7.13 → Kap. 7.14 → Kap. 7.15 → Kap. 8.15

e 8.17 Von der Wildnis zur Kulturlandschaft

1 *Wildnis in einem Nationalpark*

2 *Kulturlandschaft im Sauerland*

Große, weitgehend unzerschnittene, und vom Menschen nicht genutzte Gebiete werden als Wildnis oder als Naturlandschaft bezeichnet (Abb. 1). In Deutschland sind solche großflächigen Gebiete mit ihren ursprünglichen Lebewesen nicht zu finden. Etwa 6000 Jahre v. Chr. waren die Wälder in Deutschland zwar bewohnt, aber die Einflüsse des Menschen auf die Wälder waren noch sehr gering.

Die aktive Veränderung der Umwelt durch den Menschen ist rein kulturell und nicht genetisch bedingt. Sie findet jeweils in vergleichsweise kurzen Zeiträumen statt. Bei Veränderung der Umweltbedingungen erfolgt eine erneute Veränderung ebenfalls in kurzen Zeiträumen.

Der Übergang vom Jäger- und Nomadenleben zum sesshaften Ackerbauern begann vor etwa 12000 bis 10000 Jahren. Dieser Zeitraum markiert nach Ansicht der Wissenschaft einen der wichtigsten Umbrüche in der Geschichte der Menschheit. Die Menschen begannen in dieser Zeit damit, Getreide sowie Feldfrüchte anzubauen und Tiere zu züchten. Als Nutztiere konnten an den Menschen gewöhnte Tiere auch die schweren körperlichen Arbeiten beim Ackerbau erleichtern. Sie liefern mit ihrer Milch und ihrem Fleisch wichtige Nahrung für immer stabilere Populationen.

Belege zeigen, dass Menschen bereits vor etwa 6000 Jahren v. Chr. kleine Flächen rodeten, um Getreide anzubauen. Das Vieh wurde in den Wäldern geweidet. Die Früchte von Eichen und Sträuchern, wie zum Beispiel Haselsträucher, wurden als Viehfutter bevorzugt. So veränderten sich die Wälder. Starkes Bevölkerungswachstum im Mittelalter machte Ertragssteigerungen auf den Feldern notwendig. Während zunächst ein Feld eine Saison bebaut wurde und danach brach lag, wurde jetzt das Ackerland eines Dorfes dreigeteilt. Auf einem Feld wurde Winter- getreide, auf einem anderen Sommergetreide angebaut, das dritte blieb ungenutzt. Jedes Feld wurde also nur noch jedes dritte Jahr brach gelassen. In dieser Zeit konnte sich der Boden erholen, Mineralsalze wurden angereichert. Felder konnten durch diese **Dreifelderwirtschaft** dauerhaft bewirtschaftet werden und lieferten höhere Erträge. Siedlungen, die ständig bewohnt wurden, konnten entstehen.

Seit dem Ende des 18. Jahrhunderts wurde die Landschaft in Deutschland planvoll umgestaltet. Aufgrund von Technik und wissenschaftlicher Erkenntnis waren unvorstellbare Bauvorhaben möglich. Friedrich der Große begann 1753 die Trockenlegung von Sumpfland. So wurde weiteres Ackerland und Siedlungsgebiet geschaffen. 1870 wurde der Rhein zwischen Basel und Worms begradigt und damit besser schiffbar gemacht. Dazu wurde der Rhein um mehr als ein Viertel seiner Länge, von 375 auf 273 Kilometer, gekürzt. Etliche Begradigungen waren nötig, und über 2200 Inseln wurden beseitigt. Lebensraum für viele Tier- und Pflanzenarten wurde vernichtet. Um die landwirtschaftlichen Erträge weiter zu steigern, wurden die Felder Ende des 19. Jahrhunderts durch **Flurbereinigung** zusammengelegt. Es wurden größere, einheitliche Flächen ohne Hecken geschaffen (Abb. 2). Auch hier wurden Rückzugsräume für Tiere und Pflanzen innerhalb der landwirtschaftlich genutzten Flächen weniger. Die Folge ist eine Abnahme der Artenvielfalt.

→ B5 → Kap. 7.12 → Kap. 7.13 → Kap. 7.14 → Kap. 7.15 → Kap. 8.15 → Kap. 8.16 → Kap. 8.18 → Kap. 8.19

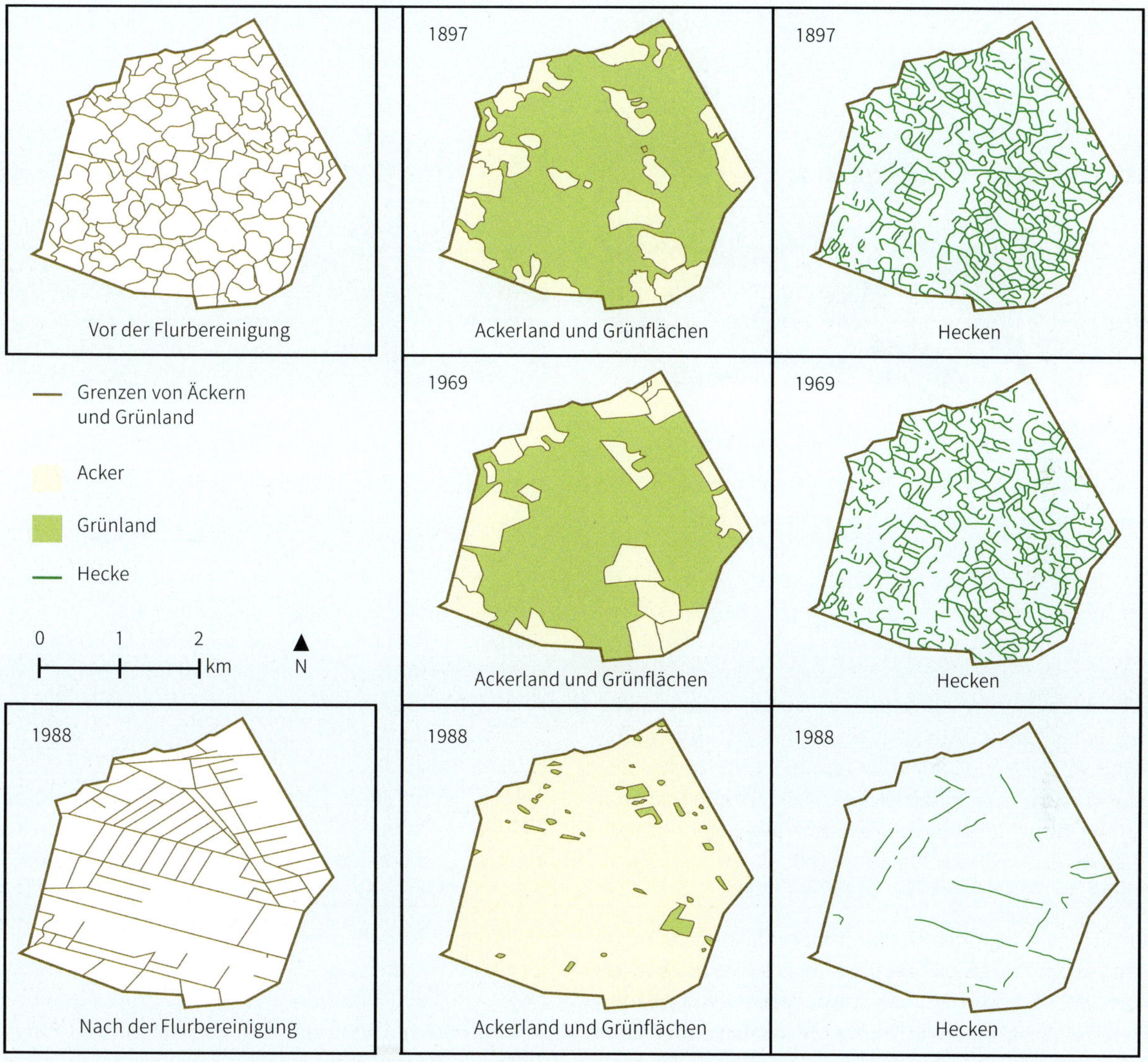

Als Flurbereinigung (auch Flurneuordnung) wird in Deutschland das Bodenordnungsverfahren bezeichnet, das die Neuordnung des land- und forstwirtschaftlichen Grundbesitzes zum Ziel hat.

3 *Veränderung einer Kulturlandschaft durch Flurbereinigung von 1897 - 1988*

1. Veränderung der Landschaft durch Flurbereinigung.

a) Beschreiben Sie die Veränderung der Grenzen von Äckern und Grünland nach der Flurbereinigung in Abbildung 3.

b) Aufgrund der Bodenbearbeitung wurden Hecken gerodet. Erläutern Sie die Bedeutung von Hecken für Insekten und Igel.

c) Stellen Sie eine Hypothese auf, warum von 1969 bis 1988 auf der Untersuchungsfläche der Grünlandanteil deutlich zurückgegangen sein könnte.

d) Heutzutage wird versucht, Landschaften wieder in einen ursprünglicheren Zustand zurückzuversetzen. Begründen Sie, welche Ziele hiermit verfolgt werden.

→ B5 → Kap. 7.12 → Kap. 7.13 → Kap. 7.14 → Kap. 7.15 → Kap. 8.15 → Kap. 8.16 → Kap. 8.18 → Kap. 8.19

e 8.18 Auswirkungen infolge des Bevölkerungswachstums

1 *Westhofener Kreuz bei Schwerte*

2 *Feuchtwiese mit Entwässerungsgräben*

Von 1991 bis 2018 hat die Bevölkerung in Deutschland um 3 Millionen Menschen zugenommen. Gleichzeitig stieg der Bedarf an Wohnfläche pro Person von 35 Quadratmeter auf über 45 Quadratmeter. Allein durch das Bevölkerungswachstum und den erhöhten Wohnflächenbedarf musste in den letzten Jahren viel Fläche bebaut werden. Während 1991 noch knapp jede dritte Person ein Auto besaß, hatte 2018 bereits mehr als jede zweite Person ein Auto. Es mussten neue Straßen, Erweiterungen von Autobahnen und größere Parkplätze gebaut werden. Dadurch kam es zu einer zunehmenden **Versiegelung des Bodens** (Abb. 1). Während 1992 noch 11 Prozent der Fläche in Deutschland versiegelt war, waren es 2018 bereits fast 14 Prozent.

Um zusätzliche Flächen landwirtschaftlich nutzbar zu machen, hat man Feuchtgebiete teilweise entwässert (Abb. 2). Moore und Sümpfe können aber große Mengen Wasser aufnehmen und so als Wasserspeicher dienen. Bei ihrer Entwässerung steigt die Gefahr von Hochwasser. In Trockenzeiten fehlt der Wasservorrat für die umliegenden Gebiete.

Feuchtgebiete sind wertvolle Lebensräume. In ihnen überwintern Wasser- und Watvögel. Amphibien leben im ständigen Wechsel zwischen Überwinterungsort, Laichgewässer und Sommerquartier. Im Frühjahr wandern sie zu ihren Laichgewässern und legen dort ihre Eier ab, im Sommer leben sie in Feuchtgebieten. Dort finden sie reichlich Nahrung und können ihre Haut feucht halten. Trockenlegung und Zerschneidung ihrer Lebensräume durch Straßen sind die größten Bedrohungen für Amphibien.

Durch den zunehmenden Flächenverbrauch werden die Lebensräume für Wildtiere immer kleiner. Die Tiere benötigen aber ausreichend große Reviere für die Nahrungssuche. Die Reviergrößen von Wildkatzen variieren zwischen männlichen und weiblichen Tieren und richten sich nach den jeweiligen Lebensbedingungen. Die Reviergröße eines Wildkatzenmännchens kann bis zu 30 Quadratkilometer, die eines Weibchens bis zu 8 Quadratkilometer betragen. Gerade junge Wildkatzen werden durch ihre Unerfahrenheit leicht zu Verkehrsopfern, wenn sie auf der Suche nach besiedelbaren Gebieten gezwungen sind, Straßen und andere Verkehrswege zu überqueren.

Die Weltbevölkerung ist im Jahr 2023 um knapp 66 Millionen Menschen gewachsen. Ende Dezember des Jahres 2023 lebten über 8 Milliarden Menschen auf der Erde. Vor 2000 Jahren waren es noch gerade einmal 300 Millionen. Damit hat sich die Weltbevölkerung in diesem Zeitraum mehr als verzwanzigfacht. Der Großteil dieser Entwicklung fand in den letzten 200 Jahren statt. Wahrscheinlich ist der Mensch die einzige Art, die jemals ein derartiges Wachstum zu verzeichnen hatte. Würde die Weltbevölkerung in diesem Tempo weiterwachsen, würden im Jahr 2100 wahrscheinlich über 21 Milliarden Menschen auf der Erde leben.

Der von Menschen ausgehende Verlust von Lebensräumen für Tiere und Pflanzen ist eine der wichtigsten Ursachen für den Rückgang der **Artenvielfalt**. Daher ist der Schutz von Lebensräumen und die Wiederherstellung geeigneter Lebensräume ein wichtiger Beitrag, die Artenvielfalt zu fördern.

→ B5 → Kap. 8.17 → Kap. 8.19

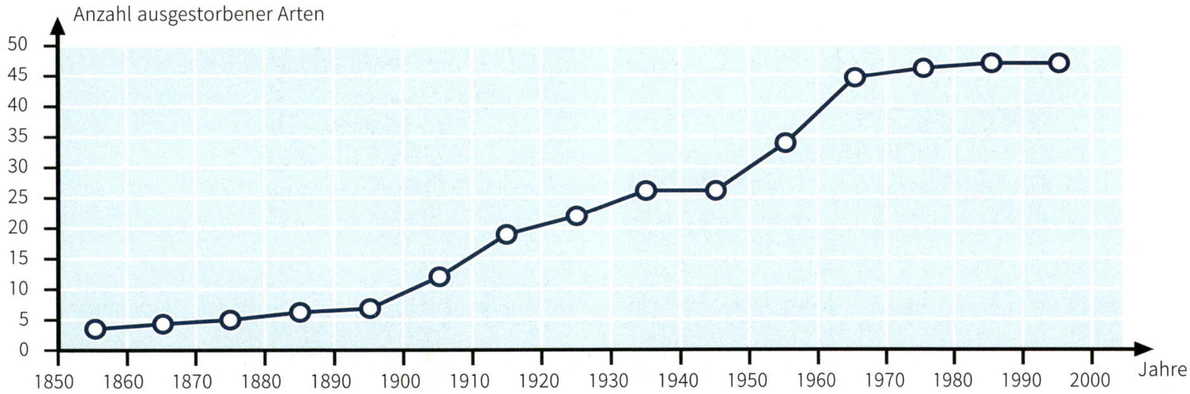

3 *Anzahl ausgestorbener Pflanzenarten in Deutschland*

1. Wildbienen und Honigbienen. Neben der staatenbildenden Honigbiene gibt es viele andere Bienenarten, die als Wildbienen bezeichnet werden. Sie leben häufig als Einzelgänger. Sie sind mehr oder weniger stark auf bestimmte Blütenpflanzen als Nahrungsquellen angewiesen. Seit Jahren wird jedoch ein zunehmendes Bienensterben sowohl bei den Honigbienen als auch bei den Wildbienen beobachtet. In Monokulturen wird auf einem großflächigen Gebiet über Jahre immer die gleiche Pflanze angebaut. Für ortsansässige Bienen und andere Bestäuber bedeutet dies ein Nahrungsüberangebot während der Blütezeit der Kulturpflanzen. Nach der Blüte schließt sich aber Nahrungsmangel an. Dann müssen die Bienen weitere Strecken zurücklegen, um Futterpflanzen zu finden.

a) Werten Sie die Materialien im Zusammenhang aus (Abb. 3, 4 und 5).

b) Die Produktion von 75 % unserer Kulturpflanzen würde sich durch das Aussterben der Bienen stark reduzieren und verteuern. Erklären Sie, warum es für die Nahrungsmittelproduktion nicht ausreichend ist, nur mehr Honigbienen-Völker zu züchten.

2. Flächenverbrauch in Deutschland. Das Diagramm in Abbildung 6 zeigt den zusätzlichen Flächenverbrauch für Siedlungen und Verkehr pro Jahr in Deutschland. Ein Beispiel zum Vergleich: Die Stadt Köln hat eine Fläche von 400 km^2.

a) Beschreiben Sie die Veränderung des jährlichen zusätzlichen Flächenverbrauchs in Deutschland.

b) Erläutern Sie, warum der sich jährlich erhöhende Flächenverbrauch der Menschen ein Problem für die Tiere und Pflanzen darstellt.

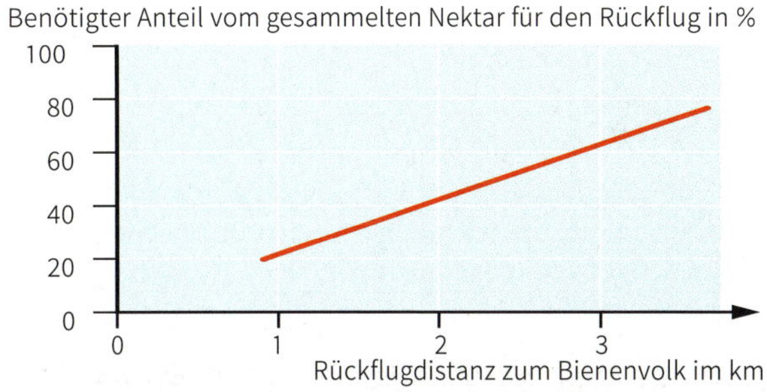

4 *Zusammenhang zwischen Flugdistanz und verfügbarem Nektar*

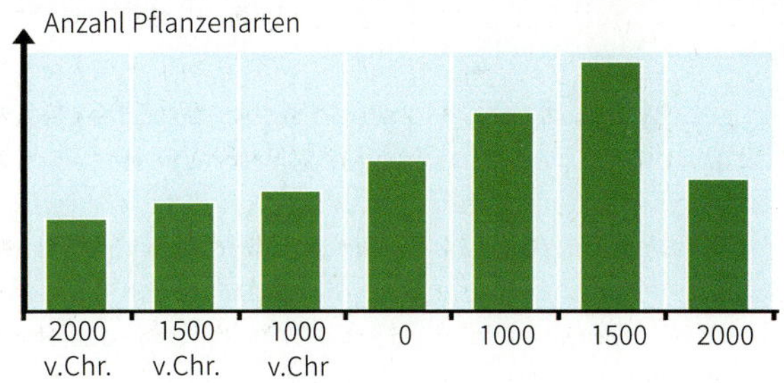

5 *Artenreichtum an Pflanzen von 2000 vor Chr. bis 2000 nach Chr.*

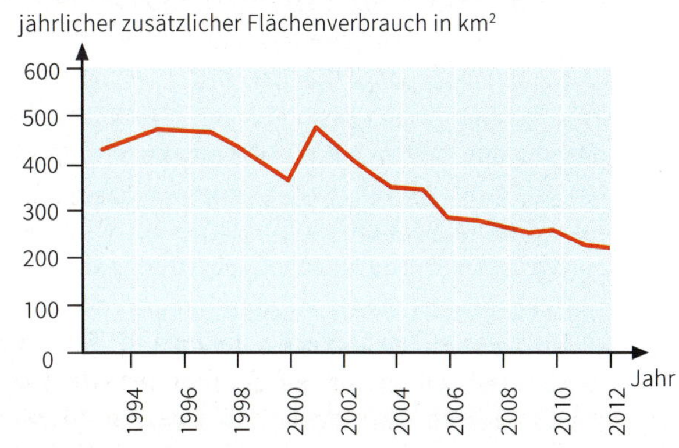

6 *Flächenverbrauch für Siedlungen und Verkehr pro Jahr in Deutschland*

→ B5 → Kap. 8.17 → Kap. 8.19

e 8.19 Die Eingriffe des Menschen in natürliche Evolutionsprozesse

1 *Trocknen von Stockfisch (Kabeljau) auf den Lofoten-Inseln*

2 *Dickhornschafe in den kanadischen Rocky Mountains*

Evolution ist die fortwährende Anpassung von Lebewesen an sich verändernde Lebensbedingungen. Bis vor kurzem dachten die Forschenden, dieser Wandel würde sich nur in sehr langen Zeiträumen vollziehen. Doch inzwischen ist bekannt, dass Evolution auch sehr schnell ablaufen kann und evolutive Veränderungen binnen weniger Generationen auftreten können. Dabei spielt der Mensch eine immer wichtigere Rolle im Evolutionsprozess von Lebewesen, indem er Selektionsprozesse zu seinem Nutzen verändert.

So gehört der Kabeljau zu den beliebtesten Speisefischen und war jahrhundertelang die Basis der Fischerei vor der Ostküste Kanadas und der Westküste Norwegens (Abb. 1). In den späten achtziger und neunziger Jahren gingen allerdings die Bestände rapide zurück. Forschende des Laxenburger International Institute for Applied Systems Analysis (IIASA) stellten fest, dass nicht nur die Anzahl der Fische kontinuierlich abnahm, sondern auch ihre Durchschnittsgröße. Zudem werden die Weibchen heute deutlich früher, und damit mit geringerer Körpergröße, geschlechtsreif. In Gegenden ohne Fischerei legen Kabeljauweibchen ihre ersten Eier erst, wenn sie mindestens einen Meter lang sind. Durch den intensiven Fischfang werden jedoch bevorzugt große Fische entnommen. Übrig bleiben daher vor allem die Fische, die zufällig zur früheren Geschlechtsreife neigen und bereits mit deutlich kleinerer Körpergröße die ersten Eier legen. Sie werden seltener als ihre größeren Artgenossen gefangen und vermehren sich damit häufiger. Damit greift der Mensch durch die selektive Fischerei direkt in die natürliche Evolution ein. Weltweit schrumpfen die Fische, der Kabeljau ist fast nur noch halb so groß wie vor 70 Jahren. Um diesen Effekt in den betroffenen Beständen umzukehren, müsste der Fischfang weltweit drastisch reduziert werden. Da aber natürliche Faktoren viel schwächer wirken als der menschliche Einfluss, dauert es viel länger, um das Schrumpfen der Körpergröße wieder rückgängig zu machen.

Ähnliche Einflüsse des menschlichen Handelns wurden auch bei anderen Tierarten belegt. So weisen die nordamerikanischen Dickhornschafe am kanadischen Ram Mountain in der Provinz Alberta immer kleinere Hörner und ein immer geringeres Gewicht auf (Abb. 2). Der entscheidende Selektionsfaktor sind hier Trophäenjäger, die es vor allem auf Böcke mit besonders eindrucksvollen Hörnern abgesehen haben. Diese bekommen dadurch deutlich seltener die Gelegenheit, ihre Gene für besonders große Hörner an die nachfolgende Generation weiterzugeben. Ein weiteres Beispiel ist die Hundezucht. Hierbei wurden in den letzten Jahrhunderten immer wieder neue Rassen gezüchtet die bestimmte, für den Meschen vorteilhafte, Phänotypen besitzen. Ein großes Problem stellt dabei die **Überzüchtung** dar, wodurch bestimmte Hunderassen schmerzhafte Merkmale besitzen oder häufiger erkranken. Was den anthropogenen Einfluss auf natürliche Evolutionsprozesse auszeichnet, ist vor allem die Geschwindigkeit, mit der menschliche Eingriffe zu Veränderungen der Allelfrequenz, also der Häufigkeit verschiedener Genvarianten, führen. Zudem handelt es sich, anders als bei der natürlichen Selektion, um eine gezielte, wenn auch oft nicht immer gewollte, Auswahl.

→ B5 → Kap. 5.9 → Kap. 8.7 → Kap. 8.10 → Kap. 8.17 → Kap. 8.18.

Afrikanische Elefanten sind die schwersten an Land lebenden Säugetiere. Ihre auffälligsten Merkmale sind die großen Ohren, der lange Rüssel und die Stoßzähne. Stoßzähne treten bei männlichen und weiblichen Tieren auf. Sie stellen extrem verlängerte und nach außen verlagerte Schneidezähne des Oberkiefers dar. Stoßzähne wachsen während des ganzen Lebens nach und dienen zum Entrinden von Bäumen, Graben von Wasserlöchern und Imponieren. Männliche Tiere mit kräftigen Stoßzähnen werden von den Weibchen bevorzugt. Selten werden als Folge von Mutationen Tiere ohne Stoßzähne geboren. Ihr Anteil betrug meist etwa ein Prozent an der Gesamtpopulation. In den letzten Jahrzehnten stieg der Anteil stoßzahnloser Elefanten gebietsweise auf bis zu 20 Prozent. Der Afrikanische Elefant gilt mittlerweile als vom Aussterben bedrohte Art, denn auch wenn die Jagd auf ihn verboten ist, wird er fast überall wegen des Elfenbeins seiner Stoßzähne gewildert. Laut Bericht der Weltnaturschutzunion ist der Bestand seit dem Jahr 2006 um ungefähr ein Fünftel auf rund 400 000 Tiere zurückgegangen.

3 *Afrikanische Elefanten*

Durch menschliche Eingriffe kann es auch zur Entstehung neuer Arten kommen. Der noch recht junge Forschungszweig der städtischen Evolutionsbiologie untersucht die Einflüsse der zunehmenden Verstädterung auf die Evolution der Lebewesen. Dabei zeigt sich, dass Evolutionsprozesse nicht nur kleinräumig, sondern auch innerhalb weniger Jahrzehnte ablaufen können.
So ist die Londoner U-Bahn-Mücke *Culex pipiens molestus* ein Beispiel für eine anthropogen bedingt neu entstandene Unterart. Diese hat sich nach der Eröffnung der Londoner U-Bahn im Jahr 1863 entwickelt und unterscheidet sich mittlerweile deutlich von ihren oberirdischen Verwandten (*Culex pipiens pipiens*). Während die oberirdisch lebenden Arten vor allem von Vogelblut leben und Winterschlaf halten, ist die U-Bahn-Mücke ganzjährig aktiv und ernährt sich vor allem vom Blut der Pendler. Die genetischen Unterschiede beider Arten sind mittlerweile so groß, dass sich die unterirdischen Mücken nicht mehr mit den oberirdischen Verwandten fortpflanzen können – nach dem biologischen Artbegriff der Beleg für die Entstehung einer neuen Art.

4 *Evolution der Londoner U-Bahn-Mücken*

1. Eingriffe des Menschen in natürliche Evolutionsprozesse.

a) Beschreiben Sie die Entstehung immer kleinerer Kabeljaus in Form eines Fließdiagramms.

b) Vergleichen Sie die Mechanismen zur Entstehung von Angepasstheiten durch die natürliche Selektion mit den Mechanismen der anthropogenen Selektion.

c) Erläutern Sie die Probleme, die sich aus der selektiven Fischerei ergeben.

2. Mensch beeinflusst Evolution von Dickhäutern.

a) Erläutern Sie die Entstehung des ursprünglichen Anteils an Elefanten ohne Stoßzähne und die Veränderung dieses Anteils heute (Abb. 3).

b) Ordnen Sie die Ausprägung der Merkmale „Stoßzähne" und „keine Stoßzähne" jeweils begründet einer Selektionsform zu.

3. Evolution in der Großstadt.

a) Nennen Sie die jeweils vorherrschenden biotischen und abiotischen Faktoren, die auf die beiden in Abbildung 4 beschriebenen Mückenarten wirken.

b) Erläutern Sie, welche Evolutionsfaktoren schwerpunktmäßig zur Entstehung der U-Bahn-Mücke geführt haben.

c) Erläutern Sie den Nutzen des neuen Forschungszweiges der städtischen Evolutionsbiologie.

→ B5 → Kap. 5.9 → Kap. 8.7 → Kap. 8.10 → Kap. 8.17 → Kap. 8.18

Wiederholen · Üben · Festigen

Dieser Abschnitt bietet Hilfestellungen zur eigentätigen oder arbeitsteiligen Organisation Ihrer Wiederholungen in dem Lernbereich "Mechanismen der Evolution", zum Beispiel für regelmäßige Wiederholungen und Übungen, vor Klausuren oder umfassender im Vorfeld der Abiturprüfung. Die Kompetenzen aus diesen Bereichen des Fachlehrplans Biologie 12 für das Gymnasium in Bayern sind nachfolgend angegeben. In der Tabelle sind die Kernabschnitte aus diesem Buch zur Wiederholung der jeweiligen Grundlagen genannt. Kompetenzen des Fachlehrplans, die zusätzlich zu den Kompetenzen für Kurse auf grundlegendem Anforderungsniveau für Kurse auf erhöhtem Anforderungsniveau ausgewiesen sind, sind fett gedruckt dargestellt.

Nr.	Kompetenzen laut Fachlehrplan Biologie 12 für das Gymnasium in Bayern Die Schülerinnen und Schüler...	W-Ü-F-Aufgaben	Abschnitte in diesem Buch
1	beurteilen die Aussagekraft verschiedener Erklärungsansätze zu Mechanismen der Evolution und überprüfen ihre Vereinbarkeit mit dem heutigen Wissensstand der Genetik.	1a, 1b, 2a, 2b, 2c, 2d, 5a, 5b, **9b**	B5, 8.1, 8.2, 8.3, 8.4
2	wenden die synthetische Evolutionstheorie an, um die Entstehung der Biodiversität sowie die Entstehung von Arten **u. a. in der Ordnung der Primaten** als Zusammenspiel der Evolutionsfaktoren zu erklären.	1a, 1b, 3a, 3b, 3c, 4a, 4b, 4c, 4d, 4e, 4f, 8a, 8b, 8c, 10, 11, **12c**	B5, **7.10 bis 7.15**, 8.4 bis 8.12, 8.15 bis 8.19, M19
3	erklären **u. a. auch beim Menschen** wechselseitige Angepasstheiten zwischen interagierenden artfremden Lebewesen als Ergebnis einer Koevolution.	1a, 1b, 6a, 6b, **11**	B5, **7.10 bis 7.15**, 8.4, 8.13, 8.14, **8.15**
4	**leiten Selektionsvorteile des Menschen ab, die sich durch die v. a. sprachliche Weitergabe von erlerntem Verhalten und Wissen an andere und an nachfolgende Generationen ergeben und erklären so die Bedeutung der sozialen und kulturellen Evolution des Menschen und seine weltweite Verbreitung.**	1a, 1b, **9a, 9b, 9c, 10, 11, 12a, 12b, 12c**	B5, 7.12 bis 7.15, 8.7, **8.15, 8.16**
5	**beschreiben, wie der Mensch seine Umwelt an seine Bedürfnisse aktiv anpasst, vergleichen dies mit den Mechanismen zur Entstehung von Angepasstheiten durch die natürliche Selektion und zeigen Grenzen und Gefahren eines menschlichen Eingriffs in natürliche Evolutionsprozesse auf.**	1a, 1b, **7a, 7b, 7c, 9c, 9d, 11, 12a, 12b, 12c**	B5, **7.12 bis 7.15**, 8.7, **8.17, 8.18, 8.19**

Evolutionsgedanke von DARWIN, Evolutionsgedanke von LAMARCK, nicht naturwissenschaftliche Vorstellungen zur Evolution, synthetische Evolutionstheorie, Kreationismus, Evolutionsfaktoren, Mutation, Rekombination, Variation, natürliche Selektion, Selektionsformen (stabilisierend, transformierend, disruptiv), Alleldrift, reproduktive Fitness, Artbildung, geographische Isolation, ökologische Isolation, reproduktive Isolation, populationsgenetischer Artbegriff, mutualistische Koevolution, antagonistische Koevolution, **kulturelle Evolution, Weitergabe erlernten Verhaltens, Traditionsbildung, Werkzeuggebrauch, Sprachentwicklung, Informationsspeicherung, aktive Veränderungen der Umwelt durch den Menschen, Grenzen und Gefahren des Eingriffs in natürliche Evolutionsprozesse (Überzüchtung, Veränderung des Genpools).**

1 *Begriffskasten „Mechanismen der Evolution“*

1. Schlüsselbegriffe.

a) Erläutern Sie die in Abbildung 1 genannten Begriffe.

b) Erstellen Sie eine Concept-Map zu dem Thema „Mechanismen der Evolution". Verwenden Sie dabei die Begriffe in Abbildung 1. Die zusätzlichen Begriffe für das erhöhte Niveau sind jeweils fett gedruckt dargestellt.

Lösung *Webcode* WES-105475_292

2. Die Synthetische Evolutionstheorie.

a) Beschreiben Sie, um welche Erkenntnisse aus den Bereichen Zellbiologie und Genetik der Erklärungsansatz zur Evolution DARWINS zur synthetischen Evolutionstheorie erweitert wurde.

b) Erläutern Sie die Bedeutung des Begriffes „Evolutionsfaktor“ anhand populationsgenetischer Fachbegriffe.

c) Nehmen Sie unter Bezugnahme auf Abb. 2 zu der folgenden Aussage Stellung: „Natürliche Selektion erfolgt stets am Phänotyp und nie am Genotyp eines Organismus“.

d) Beurteilen Sie die Aussagekraft der verschiedenen Erklärungsansätze von LAMARCK und DARWIN zu Mechanismen der Evolution und überprüfen Sie ihre Vereinbarkeit mit dem heutigen Wissensstand der Genetik.

3. Mutation, Rekombination und Variation.

a) Erläutern Sie, inwieweit Rekombination und Mutation zu neuen Genotypen beziehungsweise neuen genetischen Informationen im Genpool einer Population beitragen.

b) Erläutern Sie an einem selbst gewählten Beispiel, dass der Phänotyp eines Organismus von seiner Reaktionsbreite abhängt.

c) Erläutern Sie die Bedeutung der synthetischen Evolutionstheorie für die Entstehung der Biodiversität.

→ M4 → M8

4. Artbildung.

a) Stellen Sie die Alleldrift in einer Skizze modellhaft dar.

b) Vergleichen Sie Gründer- und Flaschenhalseffekt.

c) Erläutern Sie, wann ein „allopatrischer Artbildungsprozess“ nicht immer zur Bildung neuer Arten führt (Abb 3).

d) Vergleichen Sie allo- und sympatrische Artbildung.

e) Erläutern Sie, dass die adaptive Radiation mit einem Gründereffekt und einer allopatrischen Artbildung einhergehen kann.

f) Erläutern Sie an einem selbst gewählten Beispiel den Zusammenhang zwischen Kosten und Nutzen der reproduktiver Fitness.

5. Artbegriffe. Der schwedische Naturforscher CARL VON LINNÉ prägte den morphologischen Artbegriff. Dieser besagt: Alle Lebewesen, die in ihren wesentlichen Körpermerkmalen untereinander und mit ihren Nachkommen übereinstimmen, gehören zu einer Art. Noch lange Zeit nach LINNÉ war dieser Artbegriff anerkannt. Der heute vielfach verwendete biologische oder populationsgenetische Artbegriff besagt: Alle Lebewesen, die sich miteinander kreuzen , fruchtbare Nachkommen hervorbringen und von anderen sexuell isoliert sind, bilden eine Art.

a) Erläutern Sie, inwiefern diese beiden Artbegriffe unterschiedliche Kriterien zur Beurteilung der Artzugehörigkeit verwenden.

b) Erklären Sie die Bedeutung von DNA-Analysen zur Beurteilung der Zugehörigkeit von Individuen zu einer Art.

6. Koevolution.

a) Erläutern Sie anhand von Abbildung 4 ultimat, inwieweit zwischen Jakobs-Greiskraut und Jakobskrautbär eine Koevolution stattgefunden hat.

b) Erklären Sie anhand von Abbildung 4, dass der Jakobskrautbär ein Parasit des Jakobs-Greiskrautes und kein Symbiont ist.

7. Evolutive Trends in der Menschwerdung.

a) Beschreiben Sie, wie der Mensch seine Umwelt an seine Bedürfnisse aktiv anpasst. Vergleichen Sie dies mit den Mechanismen zur Entstehung von Angepasstheiten durch die natürliche Selektion.

b) Erklären Sie, was unter evolutiven Trends im Zusammenhang mit der Menschwerdung verstanden wird und nennen Sie dazu passende Beispiele.

c) Erläutern Sie an einem Beispiel die Grenzen und Gefahren menschlicher Eingriffe in natürliche Evolutionsprozesse.

2 *Beispiel für natürliche Selektion*

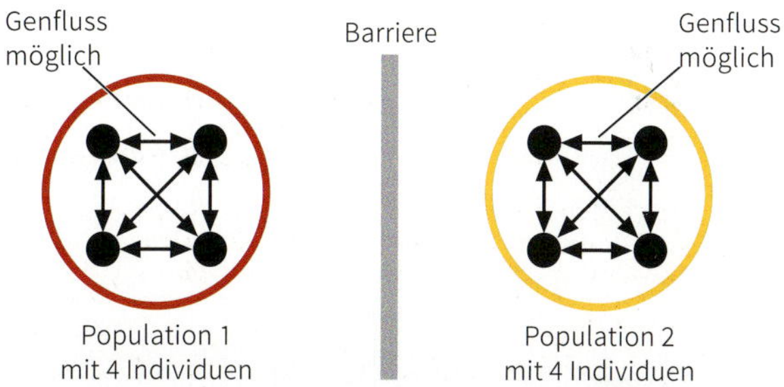

3 *Modell zur Artbildung durch Genfluss und reproduktive Isolation*

Die Blütenpflanze „Jakobs-Greiskraut“ enthält einen Stoff, der für viele Tiere giftig ist. Raupen des Jakobskrautbären, einem einheimischen Schmetterling, können das Jakobs-Greiskraut hingegen fressen, ohne vergiftet zu werden. Der Jakobskrautbär legt zudem seine Eier auf dem Jakobs-Greiskraut ab.

4 *Raupe des Jakobskrautbären auf Jakobs-Greiskraut*

8. Simulation evolutiver Prozesse. Führen Sie die folgenden Teilexperimente A und B durch:
Teilexperiment A: Eine Münze wird sechs Mal geworfen. Nach jedem Wurf wird notiert, ob „Kopf" oder „Zahl" oben liegt. „Kopf" und „Zahl" repräsentieren jeweils ein Allel.
Teilexperiment B: Eine Münze wird 40 Mal geworfen. Nach jedem Wurf wird notiert, ob „Kopf" oder „Zahl" oben liegt. Das „Kopf-zu-Zahl-Verhältnis" von beiden Teilexperimenten wird von jedem Lernenden verglichen. Die Ergebnisse der Vergleiche aller Lernenden werden gesammelt und verglichen. Zudem wird das „Kopf-zu-Zahl-Verhältnis" aller Würfe aller Lernenden ermittelt. Die Kopf- und die Zahlseite jeder Münze repräsentiert zwei verschiedene Allele desselben Gens in der Parentalgeneration.
Jedes Werfen der Münze repräsentiert die zufällige Verteilung eines der Allele auf die Tochtergeneration. Das durch das Werfen entstandene „Kopf-zu Zahl-Verhältnis" repräsentiert die Allelfrequenzen in der Tochtergeneration.

a) Fassen Sie die Ergebnisse aller Lernenden (3. Durchführung) zusammen.

b) Werten Sie das Ergebnis vor dem Hintergrund der Fragestellung "Kann sich die Allelfrequenz in einer kleinen Population über mehrere Generationen hinweg ändern, wenn keine Selektion erfolgt?" aus.

c) Beurteilen Sie die Eignung des Modellexperimentes für die Überprüfung der Fragestellung aus b). Diskutieren Sie Möglichkeiten und Grenzen des Modellexperiments.

9. Biologische und kulturelle Evolution des Menschen.

a) Viele Befunde zur Humanevolution sind vorläufig. Erläutern sie dies an einem selbst gewählten Beispiel.

b) Manchmal wird behauptet, die kulturelle Evolution folge lamarckistischen Prinzipien, während die biologische Evolution nach darwinistischen Prinzipien erfolgt. Prüfen Sie den ersten Teil der Behauptung.

c) Beurteilen Sie den Einfluss der kulturellen Evolution anhand von Sprach- und Werkzeuggebrauch auf die menschliche Evolution.

d) Beschreiben Sie, wie der Mensch die Umwelt an seine Bedürfnisse anpasst und vergleichen Sie dies mit der Entstehung von Angepasstheiten durch natürliche Selektion.

10. Weltweite Verbreitung des Menschen. Erläutern Sie die Selektionsvorteile des Menschen, die sich durch die sprachliche Weitergabe von erlerntem Verhalten und Wissen an andere und an nachfolgende Generationen ergeben sowie die Bedeutung der sozialen und kulturellen Evolution des Menschen und seine weltweite Verbreitung.

11. Beurteilung von Aussagen. Beurteilen Sie, ob die Aussagen sachlich und sprachlich angemessen sind.

1. „Der Mensch stammt vom Affen ab."
2. „Warum hat das evolutionäre Schicksal Affen und Menschen so ungleich behandelt? Den einen beließ es im Dunkeln des Dschungels, dem anderen bereitete es einen glänzenden Auszug, der ihn zur Herrschaft über die Erde, das Meer und den Himmel führte."
3. „Der Kampf ums Dasein war hart. Dies zwang den Menschen in der Morgendämmerung unserer Geschichte dazu, kräftige Gliedmaßen für lange Fußmärsche, starke Lungen zum Laufen, eine rasche Auffassungsgabe und Schläue für die Jagd zu entwickeln."

12. Das Verschwinden des Neandertalers. Drei Vermutungen zu den Ursachen über das Verschwinden des Neandertalers wurden von einer Schülerin aufgestellt:

1. Der Homo sapiens hatte bessere Werkzeuge und Waffen und hat damit den unterlegenen Neandertaler bekämpft.
2. Der Neandertaler war besonders an das Leben in kalten Gebieten angepasst. Mit dem Zurückweichen der Gletscher am Ende der Eiszeit in nördliche Gebiete und den wärmeren Temperaturen kam er nicht zurecht.
3. Neandertaler und *Homo sapiens* konkurrierten um die gleichen Umweltangebote. Dabei war der Neandertaler unterlegen.

a) Beschreiben Sie Umweltangebote, um die Neandertaler und *Homo sapiens* konkurriert haben könnten.

b) Erläutern Sie, welche fossilen Funde für die Richtigkeit der Vermutungen sprechen könnten und wo diese gefunden werden müssten.

c) Erklären Sie für Vermutung 3, wie es zum Aussterben der Neandertaler gekommen sein könnte. Nutzen Sie dazu auch die Informationen aus der Tabelle in Abbildung 5.

Merkmal	Neandertaler	Homo sapiens
Körperbau	gedrungen, muskulös	schlank, schmal
Körpergröße	155 bis 170 cm	über 170 cm
Körpermasse	ca. 50 kg	ca. 75 kg
Gehirnvolumen	bis 1 750 cm^3	bis 1 500 cm^3
Energiebedarf	ca. 15 000 kJ pro Tag	ca. 10 000 kJ pro Tag
Nahrung	zumeist Fleisch, wenig pflanzliche Kost (z. B. Beeren und Wurzeln)	Fleisch, viel pflanzliche Kost (z. B. Beeren und Wurzeln)

5 *Mögliche Ursachen für das Verschwinden des Neandertalers*

1 *Evolutive Trends, die in der Menschwerdung bedeutsam waren*

1. Evolutive Trends in der Menschwerdung.

a) Die evolutiven Trends und Schlüsselmerkmale entwickelten sich nicht isoliert, sondern beeinflussten sich gegenseitig. Sie bilden ein Wirkungsgefüge in der Evolution des *Homo sapiens*. Erläutern Sie diesen Sachverhalt. Berücksichtigen Sie dabei auch den aufrechten Gang.

b) Geschlechtsdimorphismus beschreibt körperliche Unterschiede zwischen den Geschlechtern einer Art, z. B. in der Körpergröße oder der Körpermasse. Bei den Primaten zeigt sich häufig ein Zusammenhang zwischen den Geschlechtsunterschieden bei Körpergröße und Körpermasse einerseits und dem Gruppenleben andererseits. Zum Beispiel ist bei den Gorillas, die in Haremsgruppen leben, der Geschlechtsdimorphismus in der Körpermasse sehr deutlich ausgeprägt: Die Weibchen erreichen 90 kg, die Männchen bis zu 200 kg. Je größer die Konkurrenz der Männchen um die Weibchen ist, desto größer ist in der Regel der Geschlechtsdimorphismus. Umgekehrt gilt: Je geringer die Konkurrenz der Männchen um die Weibchen ist, zum Beispiel bei Zweierbeziehungen wie bei den Gibbons, desto geringer ist in der Regel der Geschlechtsdimorphismus ausgeprägt.

Erläutern Sie anhand der Angaben in Abb. 2 den evolutiven Trend im Geschlechtsdimorphismus. Interpretieren Sie diesen Trend im Zusammenhang mit zunehmendem Elterninvestment und verlängerter Kindheit.

	Vormensch	Frühmensch	Jetztmensch
Schädel (Gewicht)	118 %	119 %	118 %
Körpermasse	155 %	110 %	117 %
unterer Eckzahn	127 %	114 %	105 %

Angegeben sind die durchschnittlichen Abweichungen der Männer von den entsprechenden Werten der Frauen (=100%)

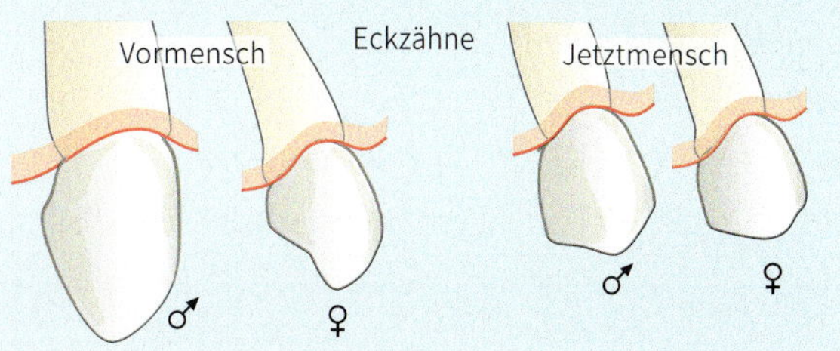

2 *Geschlechtsdimorphismus in der Evolution des Menschen*

3 *a) Grauspecht und b) Grünspecht sowie c) ihre Verbreitungsgebiete*

Feuersalamander sind Schwanzlurche und gehören zu den Amphibien. Bei der Fortpflanzung entwickeln sich befruchtete Eier im Leib des Weibchens. Diese platzen bei der Eiablage und lebende Larven werden entlassen. Die Larven suchen üblicherweise sauerstoffreiches Wasser führende Bäche auf. Dort entwickeln sie sich durch Metamorphose zu den landlebenden Feuersalamandern. Im Kottenforst bei Bonn findet man neben Feuersalamandern mit diesem Fortpflanzungsverhalten auch andere. Diese Feuersalamander entlassen ihre Larven nicht in sauerstoffreiche Bäche, sondern nutzen kleine Stillgewässer oder Gräben mit niedrigerem Sauerstoffgehalt. Diese kleineren Gewässer können bei längerer Trockenheit austrocknen, was für die Larven gefährlich ist.
Im Kottenforst lässt sich beobachten, dass die Larven jener kleinen Gewässer, in denen sich die Lebensbedingungen verschlechtern, ihre Metamorphose früher abschließen. Dadurch werden sie schneller zum Landlebewesen, besitzen jedoch ein geringeres Gewicht. Die Fähigkeit zur schnelleren Entwicklung ist genetisch festgelegt. Genetische Untersuchungen zeigen, dass sich die DNA der beiden Feuersalamander-Gruppen im Kottenforst unterscheidet. Bei der Verpaarung werden solche Partner ausgewählt, die in den gleichen Laichgewässern aufgewachsen sind. Die Organismen erkennen sich dabei am Geruch. Dadurch entstehen derzeit zwei Fortpflanzungsgemeinschaften mit getrennten Genpools. Dauert diese Entwicklung länger an, könnte eine neue Feuersalamander-Art entstehen.

4 *Information zu Feuersalamandern im Kottenforst*

2. Grauspecht und Grünspecht.
Grauspecht und Grünspecht sind zwei nah verwandte Arten (Abb. 3). Sie unterscheiden sich unter anderem im Gefieder und in den Rufen, mit denen sie ihr Revier abgrenzen. Der Grünspecht ist auf dem Boden lebende Ameisen als Nahrung spezialisiert. Der Grauspecht frisst auch Ameisen, sucht aber auch häufig an der Borke von Baumstämmen und Ästen nach Insekten.

a) Nennen Sie die biologische Artdefinition.

b) Erklären Sie anhand der Informationen, durch welche Isolationsmechanismen Grün- und Grauspecht voneinander reproduktiv isoliert sind (Abb. 3).

c) Prüfen Sie die folgende Aussage: „Artbildung ist auch ohne reproduktive Isolation möglich".

3. Evolution vor der Haustür.

a) Erläutern Sie anhand des Textes in Abbildung 4, wie es bei den Feuersalamandern im Kottenforst bei Bonn zu einer reproduktiven Isolation kommt.

b) Skizzieren Sie anhand des in Abbildung 4 dargestellten Prozesses die mögliche Artentstehung bei den Feuersalamandern im Kottenforst bei Bonn.

4. Evolution der invasiven Groppe. Groppen sind weltweit verbreitete Fische. Sie leben am Grund von sauerstoffreichen Gewässern. In Europa wurden mithilfe mitochondrialer DNA-Untersuchungen drei Arten bestimmt (Abb. 5). Neben diesen bisher bekannten Arten treten seit etwa 20 Jahren Groppen im Mittel- und Unterlauf des Rheins, der Ijssel und dem Ijsselmeer auf, die nicht auf sauerstoffreiches Wasser angewiesen sind. Diese heißen invasive Groppen und unterscheiden sich auch im Körperbau von den anderen Groppenarten. Zwischen den Flüssen entstanden im vergangenen Jahrhundert zahlreiche künstliche Wasserwege. Außerdem wurde das Ijsselmeer vom Meer getrennt und der Salzgehalt verringerte sich. Es sollte ermittelt werden, ob die invasiven Groppen aus einer Art entstanden oder aus der Verpaarung zweier Organismen unterschiedlicher Arten hervorgegangen sind. Dies erfolgte mittels Einzelnukleotid-Polymorphismen (SNP)-Analyse.

a) Erläutern Sie das Verfahren der SNP-Analyse und seine Aussagekraft (Abb. 6).

b) Werten Sie die SNP-Daten zur Verwandtschaftsanalyse aus (Abb. 7).

c) Entwickeln Sie anhand der SNP-Daten zur Verwandtschaftsanalyse eine Hypothese bezüglich der Entstehung der invasiven Groppen (Abb. 5–7).

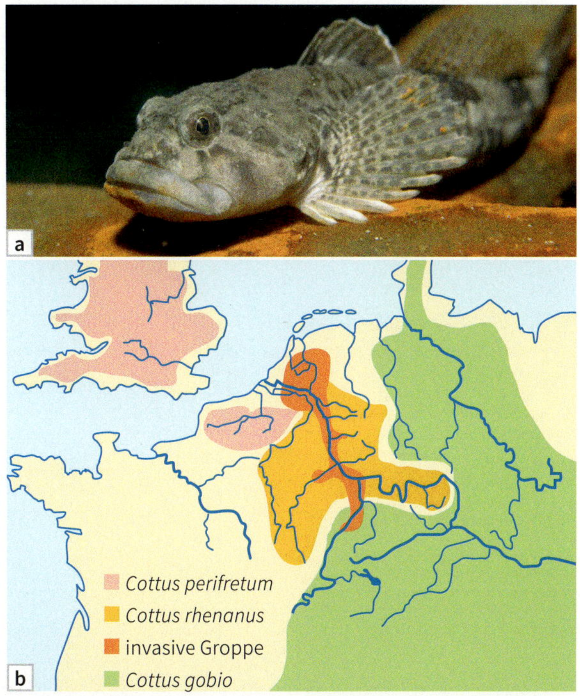

5 *a) Cottus gobio, b) Groppenarten (Gattung Cottus) und ihre Verbreitungsgebiete*

In DNA-Strängen treten zufällig Mutationen auf. Dabei werden einzelne Nukleotide ersetzt, sodass eine andere Base in der Basensequenz vorhanden ist. Diese Veränderung wird **Einzelnukleotid-Polymorphismus** genannt, im Englischen *single nucleotide polymorphism (SNP)*. Die Veränderungen werden vererbt.
Im dargestellten Beispiel liegen mit Ausnahme von Population B an Position 4 alle Allele jeweils homozygot vor. Die heterozygoten Allele an Position 4 bei der Population B lassen vermuten, dass Population B durch Hybridisierung aus Population A und Population C entstand. Diese Vermutung müsste durch Untersuchung weiterer SNPs geprüft werden.

Population		A		B		C	
Allel		1	2	1	2	1	2
Position (Locus)	1	T	T	T	T	T	T
	2	A	A	A	A	A	A
	3	G	G	G	G	G	G
	4	C	C	C	A	A	A
	5	T	T	T	T	T	T
	6	T	T	T	T	T	T
	7	C	C	C	C	C	C
	8	G	G	G	G	G	G

6 *Einzelnukleotid-Polymorphismen (SNPs)*

Population		*Cottus perifretum*						invasive Groppe						*Cottus rhenanus*						*Cottus gobio*					
		Indiv. 1		Indiv. 2		Indiv. 3		Indiv. 4		Indiv. 5		Indiv. 6		Indiv. 7		Indiv. 8		Indiv. 9		Indiv. 10		Indiv. 11		Indiv. 12	
Allel		1	2	1	2	1	2	1	2	1	2	1	2	1	2	1	2	1	2	1	2	1	2	1	2
Position (Locus)	557	G	G	G	G	G	G	G	G	G	T	T	G	T	T	T	T	T	T	C	C	C	C	C	C
	626	T	T	T	T	T	T	C	T	C	C	C	T	C	C	C	C	C	C	A	A	A	A	A	A
	643	T	T	T	T	T	T	C	T	T	T	T	T	C	C	C	C	C	C	G	G	G	G	G	G

7 *SNP-Daten von drei Cottus-Arten und vom „invasivem Cottus" zur Verwandtschaftsanalyse (jeweils drei Individuen einer Art)*

Südlicher See-Elefant mit aufgeblasenem Nasensack. See-Elefanten behaupten während der Paarungszeit durch Drohgebärden und blutige Kämpfe ein Revier für die Weibchen. Durch dieses angeborene Verhalten paaren sich nur die stärksten Bullen und geben ihre Gene weiter.

Verhaltensökologie

Verhalten

Grundlagen und Ursachen

- Exogene Verhaltensursachen
- Endogene Verhaltensursachen
- Ultimate Erklärungsformen
- Proximate Erklärungsformen
- Fragestellungen und Methoden

Typische Verhaltensweisen

- Das Fortpflanzungsverhalten
- Die Intensitätsstufen der Aggression
- Kommunikation: Signale, Signalfälschung
- Die Kooperation und der Altruismus
- Verhaltensbeobachtungen

Aggressionsverhalten

- Die intraspezifische Aggression
- Die interspezifische Aggression
- Die Aggressionskontrolle
- Die sozialen Rangordnungen
- Die Territorialität

Evolution und Verhalten

- Die reproduktive Fitness
- Der Elternaufwand
- Die Kosten-Nutzen-Analyse
- Evolutionsstabile Strategien
- Die Individual- und Verwandtenselektion

9.1 Fragestellungen und Methoden der Verhaltensökologie

1 *a) Nahrungserwerb (Koala), b) Schutz vor Raubfeinden (Schneehase im Schnee), c) Fortpflanzung (Marienkäfer), d) Jungenaufzucht (Kaiserpinguin mit Küken)*

Das **Verhalten** von Tieren ist vielfältig. Im Laufe ihres Lebens müssen Tiere auf verschiedenste Bedingungen reagieren, die sich negativ auf ihren Fortpflanzungserfolg auswirken und die Selektionsdrücke genannt werden. Für einen möglichst hohen Fortpflanzungserfolg muss ein Tier zunächst einmal überleben. Hierzu muss es unter anderem Nahrung finden und sich vor Räuber schützen (Abb. 1 a, b). Zudem muss es einen geeigneten Paarungspartner finden und sich erfolgreich paaren (Abb. 1 c). Schließlich muss es unter Umständen seinen Nachkommen zum Überleben verhelfen (Abb. 1 d). Insgesamt werden Tiere mit ihrem Verhalten an ihren Lebensraum angepasst. Die **Verhaltensökologie** fragt, welche Faktoren aus der belebten und unbelebten Umwelt als Selektionsdrücke auf Verhaltensmerkmale wirken.

- Welche inneren und äußeren Faktoren kontrollieren die Verhaltensweise mithilfe welcher Mechanismen? (Ebene der Physiologie)
- Welche Faktoren beeinflussen die Entwicklung der Verhaltensweise aufgrund welcher genetischen und äußeren Einflüsse? (Ebene der Individualentwicklung)
- Welche Auswirkungen hat die Verhaltensweise auf den Überlebens- und Fortpflanzungserfolg? (Ebene des Anpassungswertes)
- Wie ist eine Verhaltensweise im Verlauf der Stammesgeschichte einer Art entstanden? (Ebene der Stammesgeschichte)

2 *TINBERGENS vier Fragen zum Verhalten*

Tiere interagieren mithilfe von Bewegungen und Signalen mit Artgenossen und anderen Teilen ihrer belebten und unbelebten Umwelt. Zudem führt ihr Verhalten zu annähernd konstanten Bedingungen im Körperinneren. Obwohl die Verhaltensweisen eines Tieres komplex sind, können sie laut dem niederländischen Verhaltensbiologen NIKOLAAS TINBERGEN auf vier unterschiedlichen Ebenen beschrieben und analysiert werden. Als Hilfe bei der Erklärung von bestimmten Verhaltensweisen formulierte er vier Fragen (Abb. 2). Alle vier Fragen müssen beantwortet werden, um ein bestimmtes Verhalten und seine Funktion vollständig erklären zu können.

Die moderne Verhaltensbiologie nutzt verschiedenste Wissenschaftszweige wie die Genetik und die Neurobiologie, um das Verhalten von Tieren zu untersuchen. Dennoch ist die **Beobachtung** von Tieren von entscheidender Bedeutung. Es stehen zahlreiche Methoden zur Verfügung, mit denen die enge Abfolge von Bewegungen, Interaktionen und Ereignissen wissenschaftlich exakt beschrieben und gemessen werden kann. Verhaltensweisen werden zunächst als wiederkehrende Abläufe definiert und deutungsfrei, also nach direkt beobachtbaren Aspekten benannt. Auf diese Weise entsteht ein Katalog mit arttypischen Verhaltenseinheiten, ein sogenanntes **Ethogramm**. Ein Ethogramm repräsentiert das Verhaltensrepertoire einer Art. Mit seiner Hilfe kann beispielsweise ein Tier gezielt beobachtet werden, indem protokolliert wird, wann es, wie häufig, für wie lange und mit welcher Intensität welches Verhalten zeigt.

→ M20 → B4 → Kap. 9.3

3 *Feldgrille*

1. Bis in welche Feinheiten müssen die Verhaltenseinheiten definiert werden? Oft reicht es aus, ein Verhalten hinsichtlich seiner Konsequenzen und nicht hinsichtlich aller Einzelheiten des Verhaltens zu untersuchen. Statt beispielsweise jede Bewegung von der Greif- bis hin zur Kaubewegung detailliert zu beschreiben, kann es genügen, festzustellen, dass der Koala Blätter frisst (Abb. 1 a). Die Feinheit der Unterteilung hängt letztendlich von der Frage ab, die beantwortet werden soll. Beschreiben Sie für jede der nachfolgenden Fragen, was konkret untersucht werden muss. (Beispiel: Wann sind Feldmäuse aktiv? – Eine Unterscheidung in aktiv und inaktiv reicht aus, wenn zuvor definiert worden ist, was unter aktiv beziehungsweise inaktiv verstanden wird.)

a) Wann singen Amseln?

b) Worin besteht der Unterschied zwischen dem Gesang von Amseln und Singdrosseln?

c) Wie kommt ein Fuchs zu seiner Nahrung?

2. Beobachten statt interpretieren. Beobachtungen im wissenschaftlichen Sinne sollten nur das beschreiben, was die beobachtende Person auch wahrgenommen hat. Die folgenden Sätze sind Äußerungen von Lernenden, während sie eine Feldgrille in einem Glasgefäß beobachten (Abb. 3). Beurteilen Sie die Äußerungen danach, ob es sich um eine Beobachtung oder um eine Interpretation handelt.

a) Die Grille bewegt sich von der Mitte des Glases zum Rand.

b) Sie läuft suchend herum.

c) Sie frisst.

d) Sie läuft hin und her. Ihr ist bestimmt langweilig.

e) Wenn das Glas bewegt wird, bewegt die Grille ihre Fühler. Bestimmt hat sie Angst.

f) Sie versucht, aus dem Glas zu fliehen.

PRAXIS – VERHALTENSBEOBACHTUNG

Hypothese

Schimpansen bevorzugen eine Hand beim Greifen.

Material

Protokollbogen, Klemmbrett, Stift, Uhr

Durchführung

Bei zwei Tieren (Fokustier 1, Fokustier 2) wird, wie in der Methode M18 beschrieben, parallel protokolliert, mit welcher Hand sie Futter und andere Gegenstände ergreifen. Die Daten werden in einem Protokollbogen notiert. Die Verhaltensbeobachtung erfolgt während einer Fütterung, weil dann besonders viele Greifbewegungen zu beobachten sind. Es wird so lange beobachtet, bis mit einer Hand 100-mal gegriffen worden ist.

Mögliche Beobachtung

Fokustier 1 greift mit der linken Hand	Fokustier 1 greift mit der rechten Hand	Fokustier 2 greift mit der linken Hand	Fokustier 2 greift mit der rechten Hand
100	7	4	100

4 *Eine Verhaltensbeobachtung durchführen*

3. Eine Verhaltensbeobachtung durchführen.

a) Überprüfen Sie anhand der dargestellten möglichen Beobachtung die Hypothese in Abbildung 4.

b) Entwickeln Sie auf der Grundlage von Abbildung 4 eine neue Hypothese für dieselbe oder eine andere Tierart (z. B. zur bevorzugten Verwendung eines Fußes oder zur bevorzugten Richtung beim Drehen des Schnabels oder des Rüssels). Entwickeln Sie eine Vorgehensweise, mit der man die neue Fragestellung untersuchen könnte.

c) Führen Sie unter Berücksichtigung der Methode M18 die in b) entwickelte Verhaltensbeobachtung durch. Protokollieren Sie und überprüfen Sie die Hypothese.

d) Diskutieren Sie, ob die Untersuchung bei 2 Versuchstieren aussagekräftig ist.

→ M20 → B4 → Kap. 9.3

9.2 Der adaptive Wert von Verhalten - das Optimalitätsmodell

1 *Fütternde Kohlmeise am Nest*

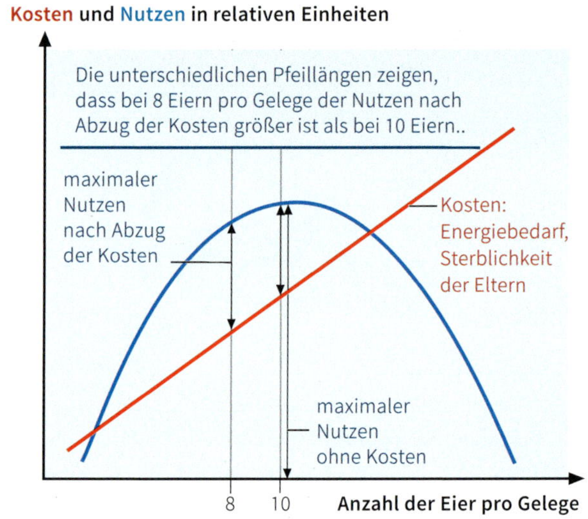

2 *Optimalitätsmodell: Kosten und Nutzen bei der Gelegegröße*

In einer Langzeitstudie haben Verhaltensforschende Kohlmeisen beobachtet (Abb. 1). In der Population legten die meisten Paare ca. acht Eier pro Gelege. Wurden mehr Eier in die Nester gelegt, so wurden auch diese erfolgreich bebrütet. Es zeigte sich, dass bei einer Gelegegröße von 10 Eiern die Überlebensrate von Jungvögeln am höchsten war. Die Forschenden untersuchten die Gründe für die Diskrepanz zwischen der für den maximalen Fortpflanzungs- und Überlebenserfolg günstigen Gelegegröße von 10 Eiern und der überwiegend festgestellten Gelegegröße von 8 Eiern. Sie fanden bei ihren Untersuchungen heraus, dass in Jahren mit gutem Nahrungsangebot Kohlmeisen auch ein zweites Mal brüten. Dem Nutzen, den die Eltern durch möglichst viele Nachkommen pro Brut für den Fortpflanzungserfolg erzielen, stehen die Kosten wie ein erhöhter Energieaufwand der Eltern für die Aufzucht der Brut gegenüber, die eine Schwächung, wenn nicht sogar den Tod bedeuten können. Das hätte zur Folge, dass weitere Bruten, die den Gesamtfortpflanzungserfolg verbessern würden, nicht stattfinden könnten.

Die Auswirkungen eines Verhaltens auf das Überleben des Individuums und seinen Fortpflanzungserfolg sowie das Überleben der Nachkommen wird in **Kosten-Nutzen-Analysen** untersucht. Der Nutzen eines Verhaltens bemisst sich am Beitrag zum Fortpflanzungserfolg eines Individuums. Kurzfristig kann sich Nutzen auch im Gewinn nutzbarer Energie ausdrücken. Kosten beziehen sich meist auf die Energie, die notwendig ist, um ein Verhalten zu zeigen.

Die Ergebnisse von Kosten-Nutzen-Analysen werden meist in Form eines **Optimalitätsmodells** dargestellt (Abb. 2). Es zeigt, bei welchem Verhältnis von Kosten und Nutzen der Nettogewinn einer Verhaltensweise am größten ist. Das Optimalitätsmodell macht quantitative Vorhersagen, die mit Daten aus Verhaltensbeobachtungen oder Experimenten überprüft werden können. Damit wird geprüft, ob die wichtigsten Faktoren, die ein bestimmtes Verhalten beeinflussen, richtig erkannt worden sind.

Individuen, deren Verhalten einen guten Kompromiss zwischen Kosten und Nutzen darstellt, sind gut an die Umweltbedingungen angepasst. Ihr Verhalten weist einen hohen **adaptiven Wert** auf. Ein Individuum, das durch Verhaltensweisen mit einem hohen adaptiven Wert ausgezeichnet ist, wird in der Regel lange überleben und seine genetische Information an zahlreiche Nachkommen weitergeben. Ein Begriff dafür ist reproduktive Fitness. Diese Weitergabe der genetischen Information an eigene Nachkommen wird als **direkte Fitness** bezeichnet. Die Weitergabe von genetischer Information eines Individuums kann aber auch bei der Fortpflanzung naher Verwandter mit einer ähnlichen genetischen Information an die nächste Generation weitergegeben werden. Das wird **indirekte Fitness** genannt. Das Verhältnis zwischen Kosten und Nutzen eines Merkmals entscheidet also über seinen adaptiven Wert. Im Laufe der Evolution haben sich letztlich nur diejenigen Merkmale durchsetzen können, bei denen der Nutzen größer als die Kosten ist.

→ M20 → B2 → B4 → Kap. 9.1 → Kap. 9.3

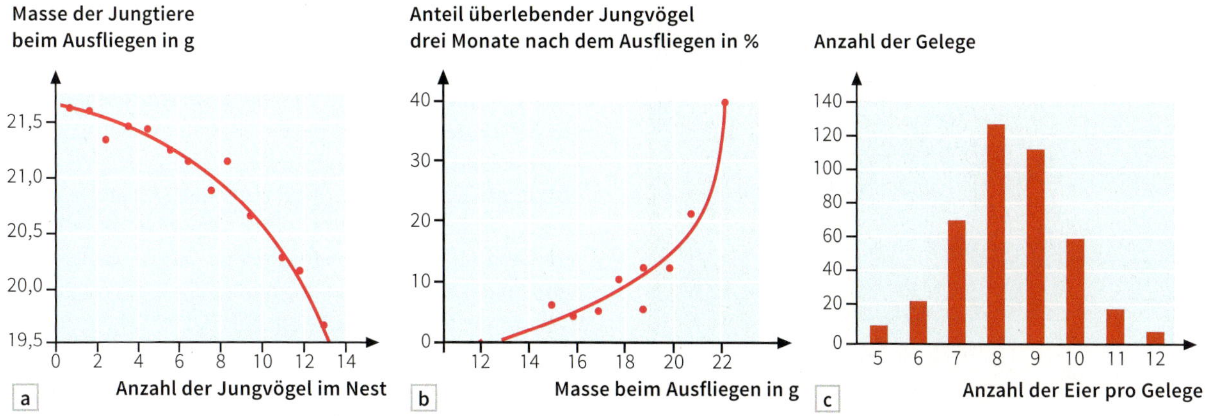

3 *Untersuchungen an Kohlmeisen, a) Mittlere Körpermasse der Jungvögel, b) Überlebenschancen junger Kohlmeisen, c) Häufigkeitsverteilung verschiedener Gelegegrößen*

1. Kosten und Nutzen. Begründen Sie für die folgenden Beispiele, was jeweils Kosten und Nutzen sind.

a) Bienen sammeln auf ihren Flügen Nektar, den sie zum Stock zurückbringen. Mit zunehmender Beladung mit Nektar nimmt die Energie zu, die für den Transport aufgewendet werden muss.

b) Bei den zu den Grabwespen gehörenden Bienenwölfen können Weibchen, die mehr Mitochondrien als ihre Artgenossinnen haben, mehr erlegte Bienen als Nahrung für ihre Larven eintragen.

c) Turmfalken jagen meist im Flug. Dabei setzen sie etwa neunmal mehr Energie um als bei der Jagd von einer Warte aus, erzielen dabei aber auch durchschnittlich etwa zehnmal mehr Energieertrag.

d) Die Ernährung der Elche am Ufer des Großen Sees in Nordamerika wird sehr stark vom Natriumionenbedarf beeinflusst. Die Tiere suchen ihre Nahrung im Wald, wo sie Laub fressen, und an kleinen Seen, wo sie unter Wasser wachsende Pflanzen abgrasen. Die Wasserpflanzen haben einen hohen Natriumionengehalt, liefern aber relativ wenig Energie. Für die Landpflanzen gilt das Gegenteil.

e) Die auf Madagaskar lebenden Grauen Mausmakis gehören zu den kleinsten Primaten. Sie können in eine Kältestarre verfallen. Dabei reduzieren sie ihre Stoffwechselrate in erheblichem Maße.

2. Die Gelegegröße bei Kohlmeisen.

a) Nehmen Sie an, dass Kohlmeisen innerhalb von zehn Minuten einmal an das Nest zur Fütterung kommen. Dabei wird jedes Mal nur ein Junges gefüttert. Berechnen Sie, wie groß die Wahrscheinlichkeit für jedes einzelne Junge bei fünf und bei zwölf Jungen innerhalb einer Stunde ist,

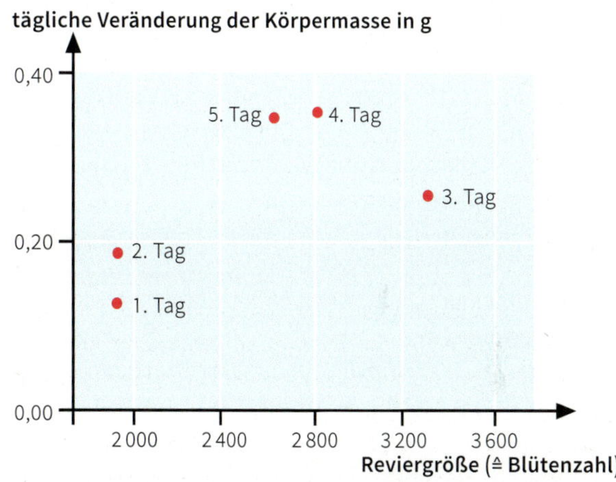

4 *Veränderung der Körpermasse eines Fuchskolibris an fünf aufeinanderfolgenden Tagen nach Besetzen eines neuen Reviers*

- jedes Mal gefüttert zu werden,
- mindestens einmal gefüttert zu werden,
- nicht gefüttert zu werden.

b) Analysieren Sie, wie sich ein großes Nahrungsangebot in der Nähe des Nestes auf die Kosten-Nutzen-Beziehung auswirken könnte.

c) Werten Sie die in Abbildung 3 dargestellten Untersuchungsergebnisse aus und setzen Sie sie zueinander in Beziehung.

3. Reviergröße des Fuchskolibris. Fuchskolibris ernähren sich überwiegend von Blütennektar. Die Männchen verteidigen in ihrem Revier alle Blüten gegen Artgenossen.

a) Werten Sie die Abbildung 4 aus.

b) Formulieren Sie die Fragestellung, die mit dem Experiment geklärt werden sollte.

→ M20 → B2 → B4 → Kap. 9.1 → Kap. 9.3

9.3 Erklärungsformen in der Biologie

Proximate Erklärungen beziehen sich auf die aktualkausalen, also unmittelbaren Ursachen eines Verhaltens oder Merkmals, die sogenannten Nahursachen.
Das Amselmännchen singt, weil:
- seine Singmuskulatur durch Nervenzellen aktiviert wird,
- sein Blut im Frühjahr einen hohen Gehalt an Testosteron hat,
- es die Gesangsstrophen als Jungtier von einem männlichen Artgenossen gelernt hat.

Ultimate Erklärungen beziehen sich auf die historisch-kausalen Erklärungen. Sie betreffen die Evolution, also die Fernursachen eines Verhaltens oder Merkmals.
Das Amselmännchen singt, weil:
- Amseln von einer Art abstammen, deren Männchen ganz ähnlich gesungen haben,
- der Gesang paarungsbereite Weibchen anlockt, was sich im Verlauf der Evolution als Selektionsvorteil gegenüber anderen Männchen erwiesen hat.

1 *Proximate und ultimate Erklärungen, warum ein Amselmännchen singt*

Im Frühjahr ist der Gesang der männlichen Amseln bereits am Morgen zu hören. Die Frage, warum sie singen, lässt sich auf verschiedene Weise richtig beantworten, denn biologische Fragen beziehen sich oft auf verschiedene Erklärungsebenen (Abb. 1).

Proximate Erklärungen geben eine Antwort auf die Frage: Wie kommt etwas zustande? Sie beziehen sich auf unmittelbare Ursachen, wie beispielsweise Stoffwechsel und Hormone, die bestimmte Verhaltensweisen steuern, oder darauf wie sich Verhaltensweisen im Laufe des individuellen Lebens entwickeln. Proximate Erklärungen greifen **aktuelle Ursachen** auf. Diese können im Inneren eines Organismus wirken, wie beispielsweise physiologische, hormonelle oder neuronale Ursachen. Sie können aber auch von außen wirken wie beispielsweise soziale Beziehungen.

Ultimate Erklärungen geben eine Antwort auf die Fragen: Wie ist etwas zustande gekommen? Warum ist etwas entstanden? Sie stellen evolutionsbiologische und stammesgeschichtliche Zusammenhänge her. Dabei spielt der **adaptive Wert** eines Merkmals eine große Rolle. Das heißt, inwiefern ein bestimmtes Merkmal vorteilhaft für das Überleben und die reproduktive Fitness, also den Fortpflanzungserfolg eines Individuums ist. Verhaltensweisen und Merkmale mit einem hohen adaptiven Wert sind durch Selektion begünstigt. Im Zusammenhang mit ultimaten Erklärungen sollte vermieden werden, den Lebewesen ein absichtsvolles Verhalten zuzuschreiben. Die **finalen** Formulierungen "um, ... zu" und "damit" sollten deshalb durch die passendere konsekutive Konjunktion "sodass" ersetzt werden.

Des Weiteren kann man zwischen kausalen und funktionalen Erklärungen unterscheiden. **Kausale Erklärungen** verdeutlichen den Zusammenhang zwischen Ursache und Wirkung. Sie liefern Antworten auf Fragen nach den Gründen für eine bestimmtes Phänomen, also nach der Kausalität. **Funktionale Erklärungen** hingegen verdeutlichen Angepasstheiten von Strukturen und Prozessen. Sie beantworten die Frage nach der Funktionalität, also wozu eine bestimmte Struktur oder ein Prozess dient. Diese beiden Antworten sollten deutlich voneinander getrennt werden, um Missverständnisse zu vermeiden. Wenn beispielsweise jemand die Meinung vertritt, dass Schwalben im Herbst in den Süden ziehen, weil sie dort mehr Nahrung als in Deutschland finden, während ein anderer argumentiert, dass sie aufgrund der abnehmenden Tageslänge wegziehen, können beide Antworten richtig sein. Die erste bezieht sich auf den Überlebenswert oder die Funktion des Verhaltens, die zweite auf den kausalen Mechanismus.

→ M20 → B2 → B4 → Kap. 9.1

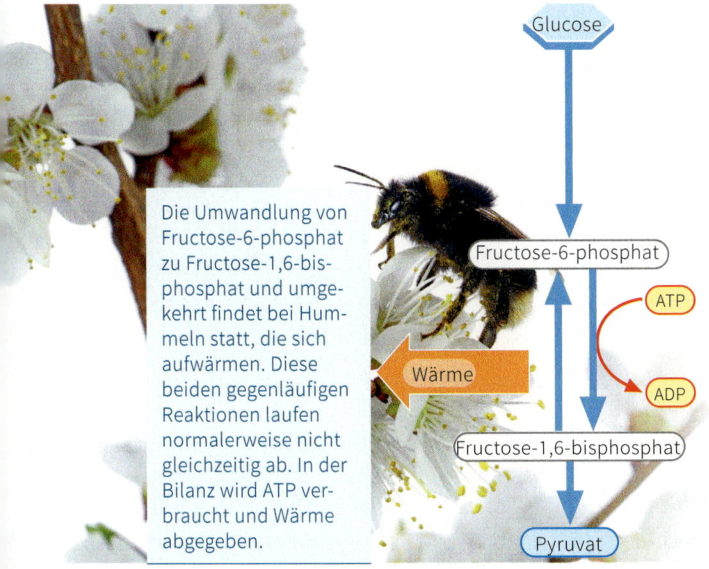

3 *Kurzschluss der Glykolyse bei Hummeln*

1. Proximate und ultimate Erklärungsformen.

Erklären Sie die folgenden Merkmale und Verhaltensweisen ultimat und proximat:

A Eine männliche Amsel singt am Morgen.
B Säuglinge besitzen in den ersten Lebensmonaten einen Klammerreflex.
C Eisbären besitzen ein weißes Fell.
D Hummeln sind thermokonforme Tiere und fallen in kalten Nächten in eine Kältestarre. Dennoch erscheinen sie mit ihren massigen, dunklen und wärmeisolierten Körpern als erste in den kühlen Morgenstunden an den Blüten. Bienen schwärmen dagegen erst später aus. Damit die Flugmuskulatur effektiv arbeiten kann, müssen Hummeln und Bienen eine Temperatur von 35 °C in ihrem Brustabschnitt erreichen. Dieses Aufwärmen erfolgt in zwei Phasen: Während der ersten Phase erfolgt eine Vorerwärmung der Muskulatur (Abb. 3). Diese Phase gibt es nur bei Hummeln. In der zweiten Phase wird die Flugmuskulatur aktiviert, sodass frische Atemluft über die Tracheen in den Körper gepumpt wird und sich der Körper erwärmt. Dies ist am charakteristischen Flügelzittern zu erkennen.

2. Hassverhalten bei Rauchschwalben.

a) Überprüfen Sie die drei Hypothesen in Abbildung 4 mithilfe der beschriebenen Beobachtungen.

b) Entwickeln Sie proximate Fragestellungen zum Hassverhalten bei Rauchschwalben (Abb. 4).

ERKENNTNISGEWINNUNG NACHVOLLZIEHEN

Rauchschwalben attackieren Beutegreifer, beispielsweise Eulen, indem sie auf sie herabstoßen, um sie herumschwirren und ihnen sogar im Vorüberfliegen einen Schlag versetzen. Dieses Verhalten wird als Hassen bezeichnet und häufig während der Aufzucht von Jungtieren beobachtet.

Hypothesen

1. Das Hassen ist eine Angepasstheit, welche die Überlebenswahrscheinlichkeit der Nachkommen eines hassenden Tieres erhöht, indem der Feind von einem gefährdeten Nest abgelenkt wird.
2. Das Hassen erhöht die Überlebenswahrscheinlichkeit des hassenden Vogels selbst, indem es ihm ermöglicht, den Feind einzuschüchtern und vielleicht aus dem Gebiet zu vertreiben.
3. Das Hassen dient dazu, dem jeweils anderen Geschlecht die Eignung als möglicher Partner zu signalisieren.

Durchführung

In der Nähe einer Rauchschwalben-Brutkolonie wird eine ausgestopfte Eule aufgestellt und beobachtet, welche Tiere wie häufig Hassreaktionen zeigen.

Beobachtungen

Schwalbentyp	Anteil an der Population (%)	Anteil bei Hassreaktionen (%)
Alttiere unverpaart	6	2
Alttiere vor dem Brüten	9	11
Alttiere während des Brütens	14	10
Alttiere mit Jungen	51	77
Jungtiere	20	0

4 *Experiment zum Hassverhalten bei Rauchschwalben*

→ M20 → B2 → B4 → Kap. 9.1

Methode M20 Modellorganismen in der Verhaltensökologie

1 *Gruppe von Schimpansen*

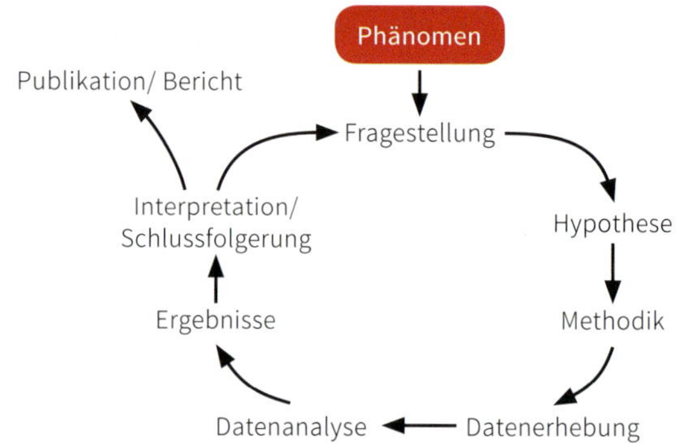

2 *Ablauf einer Verhaltensstudie*

Neben den Bonobos sind Schimpansen die nächsten Verwandten des Menschen, die genetische Information von Schimpansen und Menschen gleicht sich zu 98 Prozent. Schimpansen sind sehr soziale Tiere. Die Schimpansen leben in Familien von sechs bis zehn Tieren und bilden große Gemeinschaften, die bis zu 100 Mitglieder umfassen können (Abb. 1).

Um das Verhalten von Lebewesen zu erforschen und zu beschreiben, werden die Verhaltensweisen im Freiland oder unter kontrollierten Bedingungen beobachtet. Im Zoo werden Tiere beobachtet. Viele Besucher eines Zoos nehmen mehr oder weniger zufällig oder nach persönlichen Vorlieben für bestimmte Arten das Verhalten der Tiere wahr. Diese Alltagsbeobachtungen sind in der Regel unsystematisch. Sie unterscheiden sich deutlich von dem systematischen, wissenschaftlichen Beobachten. Das systematische Beobachten ist neben dem Experimentieren die wichtigste Methode zur Erkenntnisgewinnung in den Naturwissenschaften.

Leitfrage 1: Gibt es geschlechtsspezifische Unterschiede im Sozialverhalten von Schimpansen?
Leitfrage 2: Wie interagieren Schimpansenweibchen und Schimpansenmännchen untereinander, wie zwischeneinander?
Leitfrage 3: Welche freundlichen und aggressiven Formen des Sozialverhaltens bei Schimpansen gibt es?
Leitfrage 4: Gibt es Unterschiede im Sozialverhalten zu nah oder entfernter verwandten Arten, zum Beispiel den Gibbons?
Leitfrage 5: Woran ist Spielverhalten bei Schimpansen zu erkennen und wie wird das Spielen bei Schimpansen eingeleitet?

3 *Leitfragen zur qualitativen Untersuchung des Verhaltens*

Bei **qualitativen Verhaltensbeschreibungen** wird die Ausprägungsform einzelner Verhaltensweisen untersucht. Sie sind mit geringem Aufwand durchzuführen. Hierfür werden ein Schreibblock zum Festhalten der Beobachtungen und möglicherweise ein Fernglas benötigt. Es ist sinnvoll, die Untersuchung auf bestimmte Verhaltensbereiche, beispielsweise die Fortbewegung, das Sozialverhalten oder das Mutter-Kind-Verhalten zu beschränken. Mögliche Leitfragen zum Sozialverhalten, genauer der Beschreibung des sozialen Interagierens, sind in Abbildung 3 dargestellt.

Bei **quantitativen Verhaltensbeschreibungen** wird die Häufigkeit eines bestimmten Verhalten in einem bestimmten Zeitraum untersucht (Abb. 4). Auf diese Weise lassen sich das tageszeitliche Aktivitätsmuster oder geschlechtsspezifische Unterschiede in der Tagesaktivität herausfinden. Die Beobachtungen müssen bestimmten Regeln folgen, damit die Ergebnisse vergleichbar sind. Sinnvoll sind Beobachtungsbögen.

Leitfrage 1: Wie häufig und wie säugt, putzt oder spielt eine Schimpansenmutter mit ihrem Kind?
Leitfrage 2: Wie oft, wie lange oder wie weit darf sich das Kind von der Schimpansenmutter wegbewegen?
Leitfrage 3: Gibt es Unterschiede im Sozialverhalten bei zwei Mutter-Kind-Paaren?
Leitfrage 4: Wie häufig und wie lange spielen männliche und weibliche Schimpansenkinder?
Leitfrage 5: Gibt es zu bestimmten Tageszeiten Hauptaktivitäten innerhalb einer Schimpansengruppe?
Leitfrage 6: Gibt es Schlaf-Fress-Spielphasen bei einzelnen Tieren, bestimmten Alters- und Geschlechtsklassen oder gelten diese für die gesamte Gruppe?

4 *Leitfragen zur quantitativen Untersuchung des Verhaltens*

→ Kap. 9.1 → Kap. 9.3

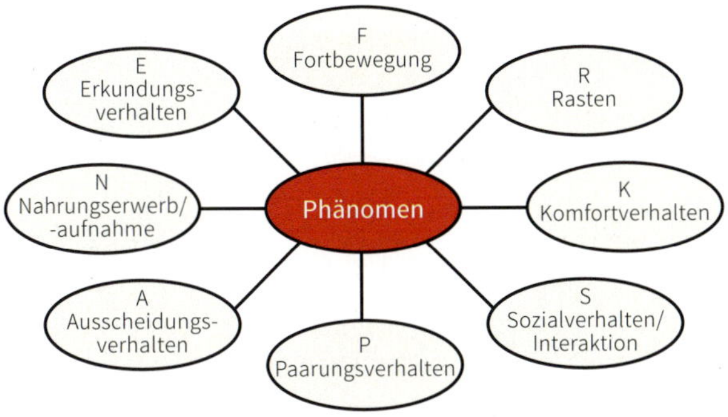

5 *Ethogramm, die Funktionskreise zeigen das Verhaltensrepertoire einer Art*

Ein **Ethogramm** repräsentiert das Verhaltensrepertoire einer Art (Abb. 5). Mit seiner Hilfe kann beispielsweise ein Tier gezielt beobachtet werden, indem protokolliert wird, wann es, wie häufig, für wie lange und mit welcher Intensität welches Verhalten zeigt. Die Zuordnung eines Verhaltens ist nicht immer einfach. Bei Schimpansen ist häufig das gegenseitige Lausen zu beobachten. Die Reinigung des Fells ist dabei eher von untergeordneter Bedeutung. Im Vordergrund steht die soziale Bedeutung durch das gegenseitige Berühren. Das Lausen gehört daher zum **Funktionskreis** "Sozialverhalten/Interaktion" (Abb. 5). Das Lausen lässt sich jedoch auch in den Funktionskreis "Komfortverhalten" einordnen, da es zur Körperpflege beiträgt.

In der Praxis stellt man sich oft viele Fragen: Welches Tier soll man wann, wie lange und wie oft beobachten? Welche Beobachtungen sollen notiert werden und in welcher Form? Bei allen quantitativen Untersuchungen werden das Beobachten und das Protokollieren systematisiert. Wichtig sind die Häufigkeit und die Dauer eines Verhaltens. Dazu werden üblicherweise zwei bis drei **Fokustiere** ausgewählt, die genau beobachtet werden (Abb. 6). Quantitative Untersuchungsergebnisse, zum Beispiel die Beobachtungen von mehreren Gruppenmitgliedern, können nur dann miteinander verglichen werden, wenn sie auf vergleichbarer Basis erhoben werden. Da das Verhalten der Tiere nicht rund um die Uhr verfolgt wird, werden bestimmte Zeitabschnitte festgelegt, wie etwa immer die gleiche Stunde am Vormittag. Bei Untersuchungen zum Sozialverhalten sollte eine Tageszeit gewählt werden, in der die Tiere vermehrt sozial interagieren, wie etwa in den Morgenstunden. Wenn mehrere Tiere untersucht werden, wären zum Beispiel 15 Minuten pro Tier sinnvoll. Verhalten kann in unterschiedlicher Weise beschrieben

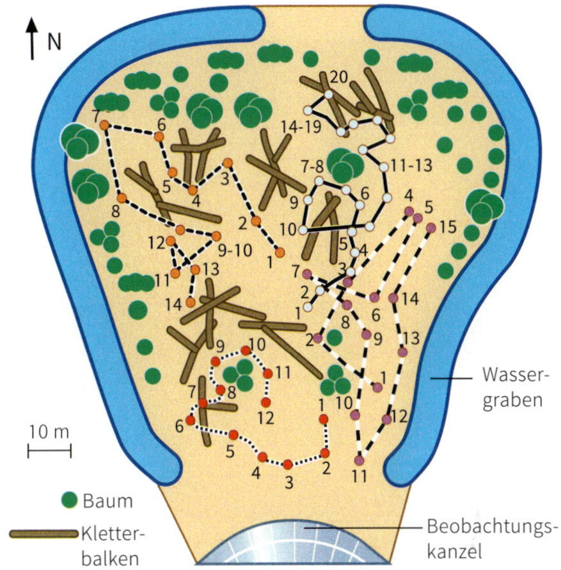

6 *Gehegeplan mit Aufenthaltsorten der beobachteten Fokustiere; in Linien dargestellt sind die Laufwege der jeweiligen Fokustiere*

werden. **Beschreibungen der Struktur** geben wertneutral den zeitlichen Ablauf von Bewegungen und Haltungen wieder: "Das Schimpansenweibchen sitzt und bewegt die Hände am Boden hin und her." Solche Verhaltensabläufe können immer wiederkehren oder auch in unterschiedlichen Stärken ausgeführt werden. **Beschreibungen der Funktion** sind oftmals relativ kurze Sätze: „Das Schimpansenweibchen bohrt mit einem Stock in einem Astloch, sodass Nahrung gefunden werden kann". Eine solche Beschreibung beinhaltet immer eine subjektive Auslegung durch den Beobachter. Dabei sollten vorhergegangene und nachfolgende Verhaltensabläufe in die Deutung einfließen, da die Tätigkeit häufig erst in einem größeren Verhaltenszusammenhang korrekt gedeutet werden kann.

1. Verhalten beobachten und beschreiben

a) Erläutern Sie den Ablauf einer Verhaltensstudie und die Vorgehensweisen der Verhaltensforschung.

b) Entwickeln Sie eine Anleitung für eine Kleingruppe sowie einen Protokollbogen zur Untersuchung des Spielverhaltens von Schimpansen in einem Zoogehege.

c) Recherchieren Sie in digitalen Quellen nach Videos zum Verhalten von Tieren. Geben Sie bei der Suche ein: "das Aussehen und das Verhalten von Tieren in Zoos und im Freiland". Berücksichtigen Sie dabei auch die Eingabe der Anführungszeichen. Wählen Sie ein Video aus. Führen Sie eine Verhaltensstudie zu dem ausgewählten Tier durch und erstellen Sie ein entsprechendes Protokoll.

→ Kap. 9.1 → Kap. 9.3

9.4 Die Habitatwahl und das energieeffiziente Verhalten

1 *Habitat des Erdmännchens*

2 *Individuum beim Sonnen*

Erdmännchen leben im südlichen Afrika in nahezu baumfreien offenen Landschaften wie z.B. Savannen. Sie sind an trockene Lebensräume mit sandigen Böden angepasst (Abb. 1). Erdmännchen sind Raubtiere, deren Nahrung fast ausschließlich aus Insekten, Spinnen und Tausendfüßern und zu kleineren Anteilen aus Eidechsen und Eiern besteht. Ein Erdmännchen scharrt mit seinen starken Krallen während des ganzen Tages am Boden nach Fressbarem. In der offenen Landschaft sind Erdmännchen durch Fressfeinde wie Raubvögel bedroht. Im sandigen Boden legen sie unterirdische Höhlen an. Meistens übernehmen sie aber fertige Höhlensysteme, die zum Beispiel von Erdhörnchen angelegt wurden und bauen sie für ihre Bedürfnisse um. Diese Höhlensysteme bieten Erdmännchen und ihren Nachkommen Schutz vor Angreifern. Dieser durch spezifische abiotische und biotische Faktoren bestimmte Bereich, der Erdmännchen Nahrung, aber auch Schutz bietet und in dem sie sich fortpflanzen, wird als Habitat bezeichnet.

Durch die Futtersuche in unmittelbarer Nähe der Höhlensysteme kommt es sehr schnell zu Futtermangel im Habitat. Das zwingt die Tiere dazu, ein neues geeignetes Habitat, das alle Ressourcen für Futter und Schutz sowie Brutstätten bietet, zu suchen. Diese Eignung des Habitates erkennen Tiere mit Hilfe spezieller Signalfaktoren wie z.B. Bodenbeschaffenheit oder Temperatur. Diese Fähigkeit, den für sie passenden Bereich zu besetzen, bezeichnet man als **Habitatwahl**. Zunächst werden Habitate mit optimaler Ressourcenverfügbarkeit besetzt, bevor Individuen auf qualitativ schlechtere Habitate ausweichen. Die Wahl eines geeigneten Habitates erhöht die Wahrscheinlichkeit des Überlebens eines Individuums, da dann im Regelfall genügend Nahrung zur Verfügung steht.

Die mit der Nahrung bereitgestellte Energie wird bei der Aufrechterhaltung der Lebensvorgänge des Individuums entwertet. Zeigt das Individuum geeignete Verhaltensweisen beim **Nahrungserwerb**, so dass energiereiche Nahrung wie Skorpione oder Eidechsen erbeutet werden, kann der Energiehaushalt des Individuums optimiert und der Aufenthalt im Zugriffsbereich der Fressfeinde reduziert werden. Häufig stehen Erdmännchen nach einer kalten Nacht auf ihren Hinterbeinen zur Sonne gerichtet aufrecht. Sie haben eine Stelle auf dem Bauch, die nur spärlich mit Haaren bedeckt ist. Hier ist ihre schwarze-braune Haut sichtbar und dort kann Strahlungsenergie der Sonne in Wärme umgewandelt werden (Abb. 2). In der Hitze des Nachmittages halten sich Erdmännchen häufig in ihren Höhlen auf. Diese sind durch sie so gestaltet, dass sie eine Art von natürlicher Klimaanlage bilden. Diese Verhaltensweisen minimieren den Energieaufwand für die Thermoregulation des Körpers. Man spricht von einem **energieeffizienten Verhalten**.

Individuen, die bei Habitatwahl, Nahrungserwerb und Energieeffizienz des Verhaltens besonders erfolgreich sind, werden lange überleben. Je länger ein Individuum überlebt, desto größer ist im Regelfall die Zahl der fortpflanzungsfähigen Nachkommen in der Population.

→ M20 → Kap. 9.1 → Kap. 9.2 → Kap. 9.3

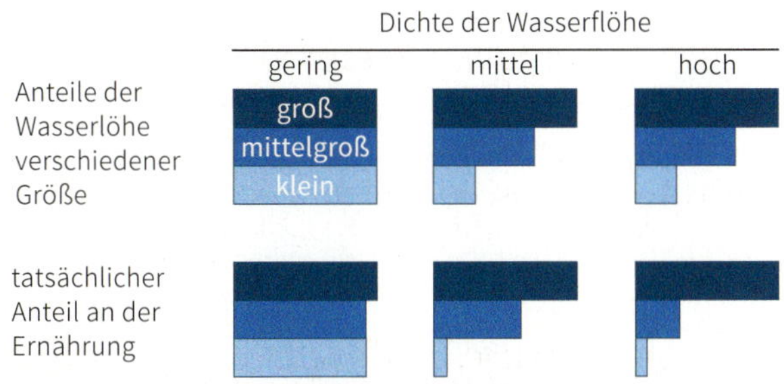

3 *Ernährung des Blauen Sonnenbarsches*

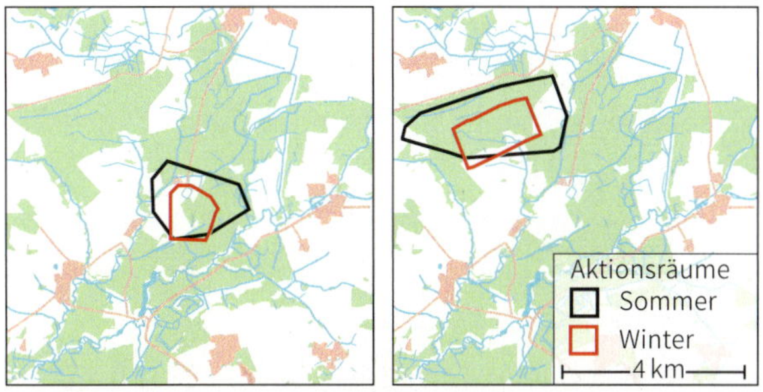

4 *Aktionsräume von Damhirschen*

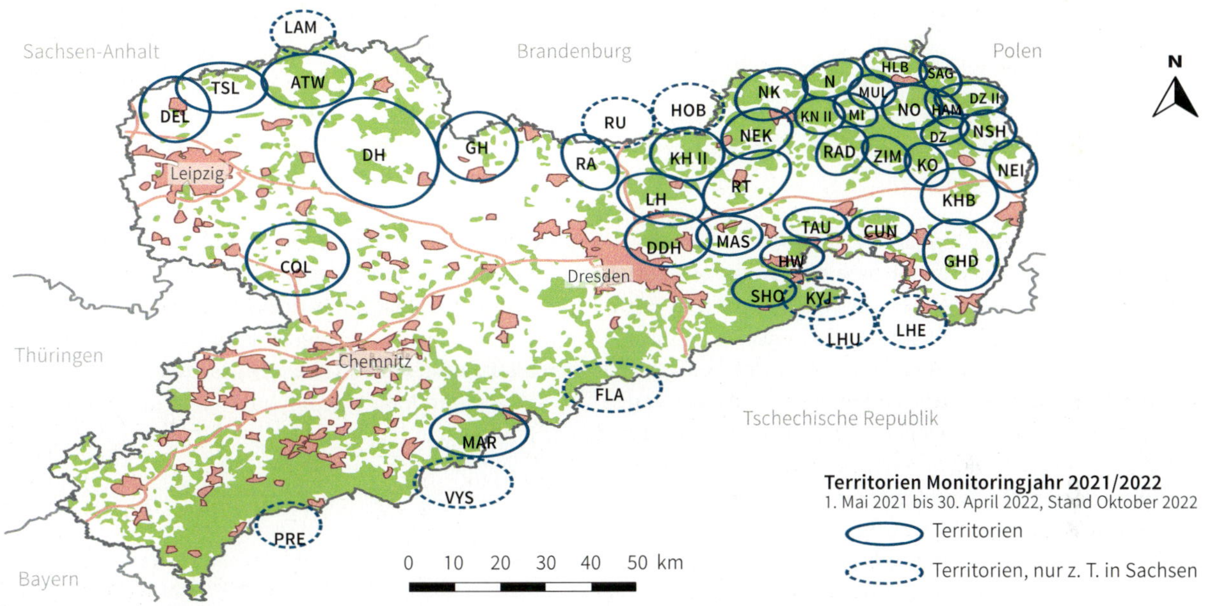

5 *Wolfsterritorien in Sachsen: die Buchstabencodes stehen für das Gebiet oder die Region, dem das Territorium zugeordnet ist*

1. Ernährung des Blauen Sonnenbarsches. In einem Experiment wurden Blaue Sonnenbarsche mit Wasserflöhen gefüttert. Dabei unterschieden sich die Anteile verschiedener Größenklassen sowie die Dichte, d.h. die absolute Anzahl der Wasserflöhe, bei den Fütterungsansätzen (Abb. 3).

a) Vergleichen Sie die unterschiedlichen Fütterungsansätze.

b) Beschreiben Sie die Ergebnisse bezüglich der Nahrungsauswahl der Blauen Sonnenbarsche bei jedem Fütterungsansatz.

c) Interpretieren Sie die Ergebnisse vor allem unter dem Aspekt der Energieeffizienz.

2. Habitatgröße von Damhirschen. In einer Untersuchung wurden zwei Damhirsche mit einem Sender markiert und ihre Aktionsräume in Winter und Sommer ermittelt. Die Ergebnisse sind in Abbildung 4 dargestellt. Beschreiben und erklären Sie die Ergebnisse unter Verwendung von Fachbegriffen.

3. Wölfe in Sachsen. In Abbildung 5 sind Wolfsterritorien, die im Wesentlichen den Habitaten entsprechen, in Sachsen lokalisiert worden.

a) Begründen Sie die Verteilung und Größe der Territorien.

b) In Deutschland liegt die Größe der Territorien im Schnitt bei 200 km^2, in Nordkanada sind sie etwa 10 mal so groß. Erklären Sie die Unterschiede.

c) Waldlichtungen bieten Rothirschen und Rehen sehr energiereiche Nahrung. Wenn Wölfe sich im Habitat dieser Tiere aufhalten, werden diese offenen Flächen gemieden. Erläutern Sie die Auswirkungen auf die Population der Rehe und Rothirsche.

→ M20 → Kap. 9.1 → Kap. 9.2 → Kap. 9.3

9.5 Die Kooperation und der Altruismus

1 *Wolfsrudel*

Wölfe leben in Rudeln zusammen und jagen gemeinsam (Abb. 1). Vor der Jagd teilt sich das Wolfsrudel auf: Einige Wölfe schleichen sich an das Beutetier heran und treiben es den übrigen Individuen des Rudels zu, die versteckt auf der Lauer liegen. Sobald das Beutetier in ihre Nähe kommt, schnellen sie aus ihrer Deckung und greifen an. Bei der Jagd kommunizieren sie eng miteinander. Diese Form der Zusammenarbeit wird **Kooperation beim Nahrungserwerb** genannt. Die Beute muss zwar geteilt werden, aber die beteiligten Individuen haben einen hohen Nutzen, da auch größere Tiere erbeutet werden können und damit die Nahrungsversorgung verbessert wird.

Wenn Greifvögel die Brutkolonien von Lachmöwen bedrohen, fliegen diese gemeinsam auf und kreisen flach über den Nestern. Dadurch ist ein Sichtschutz gegenüber dem Angreifer gewährleistet, der den direkten Zugriff des Räubers erschwert. Bodenfeinde werden im gemeinsamen Sturzflug angegriffen und vertrieben. Auch hier ist der Nutzen groß, da Verluste minimiert werden. **Kooperation** kann also auch zur **Verteidigung** eingesetzt werden. Mäuseweibchen ziehen ihre Jungen häufig gemeinsam mit anderen Weibchen in einem Gemeinschaftsnest auf. Zwei oder mehrere Weibchen legen dabei ihre Würfe zusammen und kümmern sich gemeinsam um die Jungen. Jedes Weibchen säugt dann alle Jungtiere im Gemeinschaftsnest ohne Unterschied. Die Verwandtschaft der Tiere untereinander spielt dabei keine Rolle. Diese **Kooperation bei der Jungenaufzucht** fördert das Überleben der Jungtiere und erhöht die **direkte Fitness** der Eltern. **Kooperation** dient also der gegenseitigen Erhöhung der Fitness. Es wird die Wahrscheinlichkeit der Individuen erhöht zu überleben und sich fortzupflanzen. Alle an der Kooperation beteiligten Individuen ziehen einen Nutzen daraus.

Graufischer sind ostafrikanische Verwandte der einheimischen Eisvögel. Die Weibchen brüten in Kolonien in selbstgegrabenen Höhlen in Uferwänden. Sie werden in der Höhle oft Opfer von Schlangen und Waranen. Deshalb gibt es in der Population einen Überschuss an Männchen. Einige der überzähligen einjährigen Männchen helfen ihrer Mutter oder Geschwistern bei der Aufzucht der Nachkommen, indem sie wie die Eltern Fische herbeischaffen und verfüttern. Dabei entstehen hohe Kosten für den Helfer wie z.B. ein hoher Energieaufwand bei der Nahrungsbeschaffung sowie ein erhöhtes Risiko, dabei umzukommen oder durch Fressfeinde getötet zu werden. Dieses vordergründig uneigennützige Verhalten, welches die Fitness der unterstützten Lebewesen erhöht, während es scheinbar die eigene Fitness verringert, wird als **Altruismus** bezeichnet. Dabei werden eigene Ressourcen aufgewendet zum Vorteil anderer. Dennoch ist auch für das helfende Graufischermännchen ein hoher Nutzen gegeben, denn es erhöht dadurch seine **indirekte Fitness**, da Bestandteile seiner genetischen Information über Verwandte an die nächste Generation weitergegeben werden. Der Anteil der genetischen Information ist dabei vom Verwandtschaftsgrad abhängig. So ist die Wahrscheinlichkeit, mit der ein Nachkomme genetische Information eines seiner Eltern enthält, 50 %, also 0,5. Jedes Individuum ist mit jedem seiner Geschwister zu 0,5 verwandt, also genauso nah verwandt wie mit den eigenen Kindern. Diese statistisch berechnete genetische Nähe von Individuen wird als **Verwandtschaftskoeffizienten** bezeichnet. Im zweiten Jahr gelingt es manchen Graufischermännchen, die vorher als Helfer tätig waren, eine Nisthöhle zu übernehmen. Dadurch können sie sich auch fortpflanzen. Zu der im Vorjahr gewonnenen indirekten Fitness kommt dann die in den Folgejahren erworbene direkte Fitness hinzu. Das erhöht die **Gesamtfitness**, die sich aus dem Zusammenwirken von indirekter und direkter Fitness ergibt. Wenn Individuen zunächst auf die volle Ausschöpfung ihrer persönlichen Chancen zugunsten eines Artgenossen verzichten, aber damit rechnen, in kurzer Zeit, eine Gegenleistung zu erhalten, die ihre Investition voll ausgleicht, spricht man von **reziprokem Altruismus**.

→ B5 → Kap. 8.7 → Kap. 9.2 → Kap. 9.3

	erstes Jahr				zweites Jahr							
Verhaltensweisen	**y**		**r**	**f_1**	**o**		**r**		**s**		**m**	**f_2**
Brüter				**0,96**								**0,80**
Primärer Helfer	1,80	×	0,32	**= 0,58**	2,50	×	0,50	×	0,54	×	0,60	**= 0,41**
Sekundärer Helfer	1,30	×	0,00	**= 0,00**	2,50	×	0,50	×	0,74	×	0,91	**= 0,84**
Aufschieber	0,00	×	0,00	**= 0,00**	2,50	×	0,50	×	0,70	×	0,33	**= 0,29**

y = Anzahl der zusätzlichen Jungtiere des Brutpaares, dem geholfen wird
o = Nachwuchs des ehemaligen Helfers oder des Aufschiebers
f_1 = Fitnessgewinn im ersten Jahr
m = Wahrscheinlichkeit, im zweiten Jahr ein Weibchen zu finden
r = Verwandschaftskoeffizient
s = Wahrscheinlichkeit, das erste Jahr zu überleben
f_2 = Fitnessgewinn im zweiten Jahr

2 *Ergebnisse der Untersuchungen "Reyers"*

1. Die Untersuchungen von Reyer. Der Verhaltensforscher Reyer hat bei den nicht verpaarten einjährigen Graufischermännchen drei Gruppen unterschieden: Primäre Helfer, die Mutter und Geschwistern Fisch bringen und deren Nest gegen Fressfeinde verteidigen (Überlebensrate Ü 54 %); Sekundäre Helfer, die nicht verwandten Brutpaaren bei der Aufzucht der Jungen helfen (Ü 74 %); Aufschieber, die während der Brutsaison nur für sich leben und dabei viel Nahrung erbeuten (Ü 70 %). 60 % der überlebenden primären Helfer finden im zweiten Jahr ein Weibchen und pflanzen sich fort. 91 % der überlebenden sekundären Helfer gelingt es, sich erfolgreich fortzupflanzen.

a) Erklären Sie die Berechnungen in Abb. 2.

b) Stellen Sie Hypothesen auf zu den Gründen für die unterschiedlichen Fortpflanzungserfolge der drei Gruppen im zweiten Jahr.

c) Vergleichen Sie die Gesamtfitness der drei Gruppen im zweiten Jahr.

d) Beschreiben Sie mögliche Fehlerquellen der Untersuchung.

2. Helfer bei der Jungenaufzucht. Erläutern Sie das Diagramm in Abbildung 3 unter dem Aspekt der Fitnessmaximierung.

3. Übersicht zu Kooperation und Altruismus.

a) Recherchieren Sie zu Verhaltensweisen von Erdmännchen, Wanderratten, Gemeinen Vampiren, Buckelwalen ggf. zu weiteren Tierarten und ordnen Sie diese in die Übersicht ein (Abb. 4).

b) Vergleichen Sie anhand der Übersicht in Abbildung 4 die zwei dargestellten Formen von Altruismus mit der Kooperation.

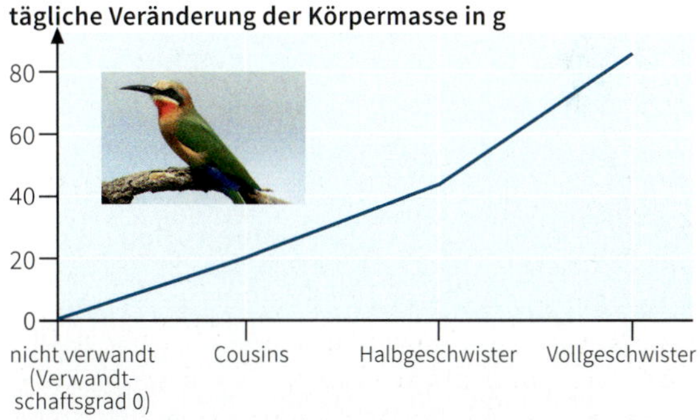

3 *Ergebnisse zum Helferverhalten beim Weißstirnspint*

	Kosten an direkter Fitness	**Nutzen an direkter Fitness**		**Nutzen an indirekter Fitness**
Kooperation	-	+	und/ oder	+
Altruismus zum Schutz von Verwandten	+	-		+
reziproker Altruismus	+	+	und/ oder	+

4 *Übersicht zur Fitness von Kooperation und Altruismus*

Anzahl der Helfer pro Nest	**Anzahl flügger Jungtiere pro Nest**	**Anteil an den Brutpaaren in Prozent**
0	1,8	30
1	3,6	50
2	3,9	10
3	4,8	10

5 *Bruthelfer bei Graufischern am Viktoriasee*

4. Graufischer. Erklären Sie das altruistische Helferverhalten der unverpaarten Graufischermännchen (Abb. 5)

→ B5 →Kap. 8.7 → Kap. 9.2 → Kap. 9.3

9.6 Die Kommunikation und das Sender-Empfänger-Modell

1 *Verbale Kommunikation innerhalb einer Gruppe*

2 *Visuelle Kommunikation bei einem Pfau: Imponieren*

Menschen sprechen miteinander, berühren sich, gestikulieren und benutzen besondere Düfte. Auf diese Weise tauschen wir Informationen miteinander aus. Wenn zwischen zwei oder mehr Lebewesen Informationen übertragen werden, wird von **Kommunikation** gesprochen (Abb. 1). Die Informationen werden von einem Menschen, dem Sender, auf einen Adressaten, den Empfänger übertragen (Abb. 4). Dieser Informationsfluss kann im Sender-Empfänger-Modell beschrieben werden. Menschen verständigen sich hauptsächlich **verbal** mit der **Wortsprache**. Informationen können aber auch ohne Wortsprache zwischen Menschen durch **nonverbale Kommunikation** ausgetauscht werden. Diese wird durch Mimik (Gesichtsausdruck), Gestik (Körperhaltung) und Haptik (Berührung) ausgedrückt (Abb. 1).

Kommunikation läuft über verschiedene Sinnesorgane und ihre informationsverarbeitenden Strukturen, die Sinneskanäle, ab. Zum Beispiel werden optische **Signale** durch Lichtwellen (visuelle Kommunikation), akustische Signale durch Schallwellen (verbale Kommunikation), chemische Signale durch Geschmacks- und Duftstoffe (chemische Kommunikation) übermittelt. Es ist von der jeweiligen Lebensweise einer Art abhängig, welche Signale vorwiegend genutzt werden.

Auch Tiere, wie beispielsweise der Pfau, kommunizieren miteinander. Die männlichen Tiere entfalten eine geradezu phantastisch wirkende Federpracht, die sie bei der Balz beeindruckend in Szene setzen (Abb. 2). Die Weibchen bevorzugen die prächtigsten Kandidaten für die Paarung. Diese sexuelle Auslese hat dazu geführt, dass das Aussehen und die Auftritte der männlichen Pfauen im Lauf der Evolution immer spektakulärer wurden. Hier wirken vor allem optische Signale.

Die unterschiedlichen Signale sind die Basis für Kommunikation. In einem trüben Gewässer sind optische Signale wenig wirksam. Die im Amazonas lebenden Zitteraale sind beispielsweise an die Umweltbedingungen im trüben Wasser angepasst. Zitteraale besitzen elektrische Organe. Diese senden schwache elektrische Impulse aus. Durch Hindernisse im Wasser wird das so erzeugte elektrische Feld beeinflusst. Die Veränderungen werden von speziellen Sinneszellen registriert. Zitteraale orientieren sich über diese elektrischen Signale, erkennen einander und kommunizieren miteinander.

Ein männlicher Seidenspinner, auf dessen Antennen wenige Moleküle des Sexuallockstoffs Bombykol treffen, fliegt in Richtung der zunehmenden Bombykol-Konzentration, bis er schließlich auf das Weibchen trifft und sie sich paaren (Abb. 3a). Mit dem Duft aus Drüsen am Kopf und den Hufen markieren Rehböcke ihr Revier. Sobald ein anderer Rehbock die Duftmarken des Revierbesitzers wahrnimmt, ändert er seine Laufrichtung, sodass er das Betreten des fremden Reviers vermeidet (Abb. 3b). Diese Beispiele zeigen, dass Tiere auch über chemische Substanzen miteinander kommunizieren. Chemische Signalstoffe zwischen Vertretern einer Art werden als **Pheromone** bezeichnet.

3 *a) Seidenspinnermännchen, b) markierender Rehbock*

→ B3 → Kap. 8.15 → Kap. 8.16 → Kap. 9.4 → Kap. 9.5 → Kap. 9.7

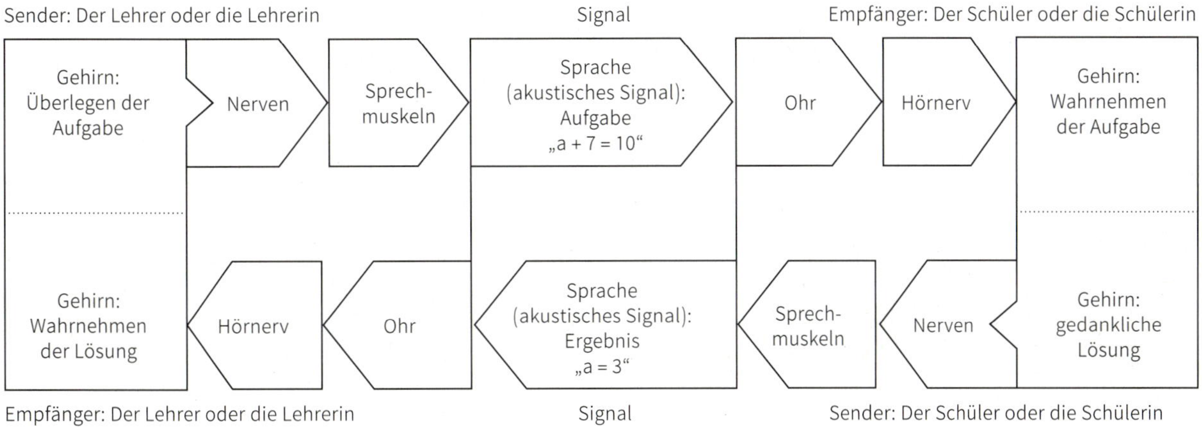

4 *Kommunikationsschema zwischen Sender und Empfänger (Sender-Empfänger-Modell); Beispiel: Die Lehrkraft stellt eine Aufgabe*

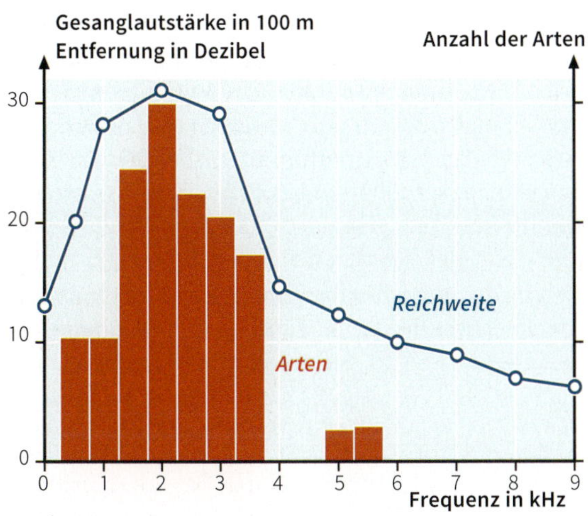

5 *Reichweite von Gesängen tropischer Waldvögel in Panama*

6 *Der Austausch von Informationen durch Kommunikation setzt grundsätzlich voraus, dass der Empfänger die vom Sender verschlüsselten Signale entschlüsseln kann. Entworfen nach dem Gemälde: „Die Tratscher“ von Norman Rockwell (1894–1978).*

1. Kommunikation: Das Sender-Empfänger-Modell

a) Erläutern Sie die Abbildung 4.

b) Skizzieren Sie in Anlehnung an Abb. 4 ein Kommunikationsschema für ein selbst gewähltes Beispiel.

c) Versuchen Sie folgenden Satz nonverbal, also nur mit Mimik und Gestik, jemandem mitzuteilen, der den Satz nicht kennt: „Ich werde nächsten Samstag mit meinen Freunden an den Strand und dort ein Eis essen gehen“. Vergleichen Sie an diesem Beispiel verbale und nonverbale Kommunikation beim Menschen.

2. Ökologische Aspekte bei der Kommunikation.

Der Wirksamkeit akustischer Signale sind physikalische Grenzen gesetzt, die sich in verschiedenen Lebensräumen unterschiedlich auswirken. In dichten Wäldern werden hohe und niedrige Frequenzen von Vogelgesängen nach vergleichsweise geringer Strecke absorbiert.
Werten Sie vor diesem Hintergrund das in Abbildung 5 dargestellte Diagramm auch unter ökologischen Aspekten aus.

3. Austausch von Informationen durch Kommunikation. Suchen Sie einen möglichst gut passenden Titel zu dem Bild (Abb. 6). Erläutern Sie, welche Eigenschaften zwischenmenschlicher Kommunikation besonders angesprochen werden.

Hilfe **Webcode** WES-105475_313

→ B3 →Kap. 8.15 → Kap. 8.16 → Kap. 9.4 → Kap. 9.5 → Kap. 9.7

9.7 Signale und Signalfälschungen

1 *Schwänzeltanz bei Honigbienen*

2 *Wespe und Schwebfliege*

Tiere locken mithilfe von Signalen Paarungspartner an und markieren ihre Reviergrenzen. Rothirsche finden die Rangordnung innerhalb einer Gruppe, indem sie Geweihgröße und Brunftrufe als Signale verwenden. Für viele koloniebrütende Vögel ist es entscheidend, den eigenen Nachwuchs von dem anderer Elterntiere unterscheiden zu können. Zudem helfen Signale bei der effizienten Nahrungssuche. Ein bekanntes Beispiel hierfür ist der Bienentanz, mit dessen Hilfe die Information über die Lage einer Futterquelle an die Artgenossen weitergegeben wird (Abb. 1). Und schließlich verringern einige in Gruppen lebende Tierarten, wie die Murmeltiere, die Gefahr, von Räubern gefressen zu werden, indem sie Artgenossen mit Lauten warnen.

Neben den genannten innerartlichen gibt es auch zwischenartliche Verhaltensweisen zur Kommunikation. Ein Beispiel hierfür sind die Prellsprünge von Thomson-Gazellen. Erblicken die Gazellen einen Räuber, so fliehen sie oft nicht, sondern springen stattdessen mehrmals hoch in die Luft. Dabei halten sie ihre Beine steif gestreckt und präsentieren ihr weißes Hinterteil. Untersuchungen zeigen, dass dieses Verhalten dem Räuber signalisiert, dass er gesehen wurde und eine Verfolgung wenig Aussicht auf Erfolg hat. Tatsächlich brechen viele Räuber daraufhin ihre Jagd ab.

Innerartlich werden Signale meist "ehrlich" vermittelt, während sie zwischen verschiedenen Tierarten häufig "unehrlich" ausgesendet werden. Nicht immer werden durch die Übertragung von Signalen Tatsachen verbreitet. Wenn der Sender einer Botschaft es schafft, den Empfänger mit seiner Nachricht zu täuschen, liegt eine **Signalfälschung** vor. Dies wird als **Mimikry** bezeichnet. Es handelt sich um eine Nachahmung von visuellen, akustischen oder chemischen Signalen. Die Täuschung soll dazu führen, dass der Nachahmer etwas zu seinem Vorteil bezwecken kann. Wespen sind Fluginsekten, die zur Abwehr einen Giftstachel einsetzen können. Tiere, deren Gift für Angreifer schädlich ist oder sogar tödlich sein kann, sind häufig auffällig gefärbt. Wespen haben eine solche **Warntracht** (Abb. 2). So ist das Verhalten, auffällig gefärbte Tiere zu meiden, meistens vorteilhaft, womit sich diese Eigenschaft in kommenden Generationen eher durchsetzt. Dieser Schutz vor Angriffen durch Feinde gilt auch für ungiftige Tiere, die nur scheinbar eine Warntracht besitzen. Ein Beispiel für eine solche Täuschung ist die harmlose Schwebfliege (Abb. 2). Sie weist große Ähnlichkeiten mit einer echten Wespe auf. Durch diese Signalwirkung werden einige Feinde davon abgeschreckt, die Schwebfliege zu erbeuten.

Die in Afrika lebenden Witwenvögel sind Brutparasiten, die ihre Eier in Nester von Prachtfinken legen. Die Eier, die Rachenzeichnungen der Nestlinge und das Aussehen der Jungvögel sind bei beiden Arten so ähnlich, dass sie von den Wirtseltern ohne Unterschied versorgt werden. Die Witwenvögel ahmen Signale nach, die eigentlich der Kommunikation zwischen den Eltern und dem Nachwuchs der Wirtsart dienen, und ziehen daraus Vorteile für sich.

Die Selektion begünstigt jedoch meist die Entwicklung von "ehrlichen" Signalen. "Ehrliche" Signale spiegeln den tatsächlichen körperlichen Zustand von Lebewesen wider und lassen sich nicht fälschen. Ein Beispiel hierfür ist die realistische Einschätzung der Kampfkraft des Gegners bei der Rothirschbrunft, weil sich dadurch Beschädigungskämpfe vermeiden lassen. Die Geweihgröße und die Brunftrufe sind eindeutige Signale, die zum beiderseitigen Vorteil der Rivalen eingesetzt werden.

→ B3 →Kap. 8.7 → Kap. 9.6

3 *Tiefsee-Anglerfisch mit leuchtendem Köder*

4 *Leuchtkäfer*

5 *Vizekönigfalter und Monarchfalter*

1. Visuelle Signale. Tiefsee-Anglerfische locken mithilfe eines leuchtenden Körperanhängsels vor dem Kopf ihre Beute an (Abb. 3). Ein männlicher Leuchtkäfer fliegt schnell in Richtung eines leuchtenden Weibchens derselben Art (Abb. 4). Begründen Sie jeweils, ob es sich um ein "ehrliches" Signal handelt.

2. Kampfstärke von männlichen Erdkröten.
a) Nennen Sie die Fragestellung, die dem in Abbildung 6 dargestellten Experiment zugrunde liegt.
b) Werten Sie das in Abbildung 6 dargestellte Experiment aus.

3. Signalfälschung. Der sehr auffällig orange-schwarz gefärbte Monarchfalter wird von Vögeln gemieden, weil er giftig ist. Der Vizekönigfalter ahmt den Monarchfalter bis ins Detail nach und wird so ebenfalls verschont, obwohl er für einige Vögel genießbar wäre (Abb. 5). In einem Experiment zog man Floridahäher, zu deren Nahrung auch Schmetterlinge zählen, isoliert auf und führte mit ihnen mehrere Versuchsreihen durch: 1. Junge Häher bekamen Vizekönigfalter vorgesetzt, die sie fingen und verzehrten. 2. Danach bot man ihnen Monarchfalter an. Nachdem sie den ersten im Schnabel hatten, ließen sie diesen unverzüglich unter Ekelreaktionen wieder frei. Trafen sie erneut auf den Monarchfalter, zeigten sie zunächst wenig Interesse und später gar nicht mehr. Während dieser Zeit reagierten sie auch nicht auf angebotene Vizekönigfalter.
a) Erläutern Sie die jeweiligen Beobachtungen.
b) Vergleichen Sie Kosten und Nutzen bezüglich Färbung und der Bereitstellung des Giftes zwischen Monarchfalter und Vizekönigfalter.
c) Entwickeln Sie eine Hypothese zu den möglichen Folgen, wenn in einem Raum mit Floridahähern die Zahl der Vizekönigfalter viel größer als die der Monarchfalter wäre.

ERKENNTNISGEWINNUNG NACHVOLLZIEHEN

Bei Erdkröten werden Männchen, die bereits ein Weibchen umklammern, häufig von anderen Männchen attackiert und vom Weibchen heruntergedrängt. Oftmals umklammern die angreifenden Männchen dabei die auf dem Weibchen sitzenden Männchen. Die männlichen Erdkröten geben, wenn sie von anderen Männchen umklammert werden, reflexartig einen Abwehrlaut von sich. Dabei hängt die Tonhöhe des Abwehrlauts direkt von der Körpergröße des rufenden Tieres ab. Je größer ein Männchen ist, desto tiefer kann es quaken. In einem Experiment greifen ausschließlich mittelgroße Männchen entweder größere oder kleinere bereits verpaarte Männchen an, die mit durch das Maul geführten Gummibändern stumm gemacht wurden. Während des Angriffs werden zuvor aufgenommene Quaklaute über einen Lautsprecher ganz in der Nähe des Paares abgespielt.

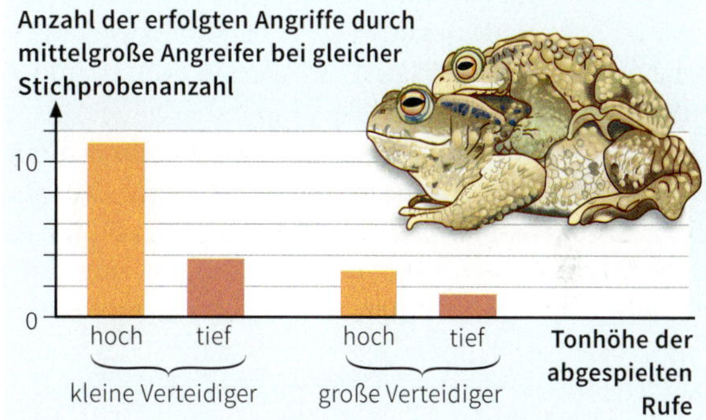

6 *Bewertung der Kampfstärke bei männlichen Erdkröten*

→ B3 →Kap. 8.7 → Kap. 9.6

9.8 Die Intensitätsstufen der Aggression

1 *Zwei Rothirsche im Geweihkampf*

Jedes Jahr im Herbst lassen sich in entlegenen Waldgebieten ausgewachsene Rothirsche beobachten, die um den Zugang zu paarungsbereiten Weibchen kämpfen. Dabei laufen sie mit gesenkten Köpfen auf einander zu und versuchen, sich gegenseitig mit den Geweihen wegzuschieben (Abb. 1). Die Tiere sind während der Brunftzeit gestresst und verlieren bis zu 20 Prozent ihrer Körpermasse. In Kombination mit möglichen Kampfverletzungen führt dies nicht selten zum Tod. Ein **Aggressionsverhalten** wie das der kämpfenden Rothirsche tritt dann auf, wenn Individuen oder Gruppen Ziele verfolgen, die nicht miteinander vereinbar sind. Statt die Ziele einseitig oder beidseitig anzupassen und den Konflikt auf diese Weise beizulegen, versucht mindestens einer der Konfliktpartner den anderen durch Gewaltandrohung oder Gewaltanwendung zur Änderung seines Ziels zu zwingen.

Das Aggressionsverhalten eskaliert erst langsam und weist mehrere **Stufen der Intensität** auf. Zunächst findet meist ein **Imponierverhalten** statt, bei dem z.B. durch Sträuben des Fells, Brüllen und Präsentieren der Körperbreitseite die physische Überlegenheit demonstriert wird. Beim folgenden **Drohverhalten** werden zusätzlich die Waffen wie Krallen, Zähne oder das Geweih präsentiert. Bis hier kann sich das unterlegene Individuum noch durch **Flucht**- oder ein **Demutsverhalten** dem Kampf entziehen. Daher werden diese Verhaltensweisen als aggressionskontrollierend bezeichnet. Sie erlauben es, vor dem Eskalieren die Kampfstärke des Rivalen einschätzen zu können. Auf diese Weise können Individuen einen gefährlichen Kampf vermeiden, den sie sonst evtl. verlieren würden. Kommt es aber tatsächlich zu einer Auseinandersetzung kann der Kampf nach festen Regeln durchgeführt werden, die Mittel, die zum Tod oder zu schweren Verletzungen führen, ausschließen. Dieser Wettkampf wird **Kommentkampf** genannt. Wenn beide Konkurrenten mit allen Mitteln kämpfen, um den Gegner so schwer wie möglich zu verletzen oder gar zu töten, spricht man von **Beschädigungskampf**. Zum Beschädigungskampf kommt es nur selten. Mit solch einem sind meist hohe Kosten verbunden. Kämpfende Tiere richten ihre Aufmerksamkeit fast ausschließlich auf den Gegner und sind deshalb eine leichtere Beute für Räuber. Zudem setzen sie sich mit dem Kampf einem erhöhten Verletzungsrisiko aus. So gehen etwa 25 Prozent der Rothirsche im Laufe ihres Lebens mit bleibenden Verletzungen aus den Brunftkämpfen heraus.

Die Frage, warum ein Tier sich in einer bestimmten Situation aggressiv verhält, kann auf zwei Ebenen untersucht werden. Auf der **proximaten** Ebene wird nach den Mechanismen des aggressiven Verhaltens gefragt. Beispielsweise wird vermutet, dass besonders aggressives Verhalten ausgelöst wird, wenn die Neurotransmitter Serotonin und Noradrenalin nicht in ausreichendem Maße wieder abgebaut werden. Für den Abbau wird unter anderem das Enzym Monoaminoxidase A, kurz MAOA, benötigt. Um die Vermutung zu überprüfen, arbeiteten Forscher mit Mäusen, bei denen gezielt das MAOA-Gen ausgeschaltet war. Da die Mäuse das Enzym MAOA nicht bilden konnten, kam es zu stark erhöhten Serotonin- und Noradrenalinkonzentrationen im Gehirn der Mäuse. Eindeutig konnte beobachtet werden, dass die Mäuse, die MAOA nicht bilden konnten, wesentlich aggressiver waren als die Mäuse der Kontrollgruppe, deren MAOA-Gen normal exprimiert wurde. Die Hypothese konnte also bestätigt werden. Mittlerweile existieren zahlreiche Studien, die belegen, dass die Aggressivität eine genetische Grundlage hat. Doch auch die Umwelt beeinflusst das Verhalten, beispielsweise über Lernvorgänge. Letztendlich entsteht aggressives Verhalten aus dem Zusammenspiel von genetischen Grundlagen und Umwelteinflüssen. Die **ultimate Ebene** fragt, wie es im Laufe der Stammesentwicklung zur Entstehung des aggressiven Verhaltens kam. Da die Ressourcen der Umwelt begrenzt sind, treten immer wieder Konflikte um diese Ressourcen auf.

→ M20 → B4 → Kap. 9.1 → Kap. 9.3 → Kap. 9.4

Kommt es während der Brunftzeit zu einer Begegnung zwischen einem Platzhirsch und einem Herausforderer, so röhren sich die Männchen zunächst an. Wenn beide Tiere mit gleicher Intensität röhren, beginnen sie parallel nebeneinander herzulaufen. Wenn keiner der beiden Gegner aufgibt, eskaliert die Auseinandersetzung. Es kommt zum Geweihkampf, in dessen Verlauf die Kontrahenten versuchen sich gegenseitig wegzuschieben. Der Unterlegene flüchtet schließlich.

In der untenstehenden Grafik sind die Anzahl der Annäherungen von jeweils zwei Rothirschen und die Anzahl der darauf folgenden Verhaltensweisen dargestellt. Jede der Linien repräsentiert eine Begegnung und deren weiteren Verlauf.
(Lesebeispiel: Nähert sich ein Herausforderer einem Platzhirsch, so kommt es in 19 von 30 Fällen zum Röhr-Duell).

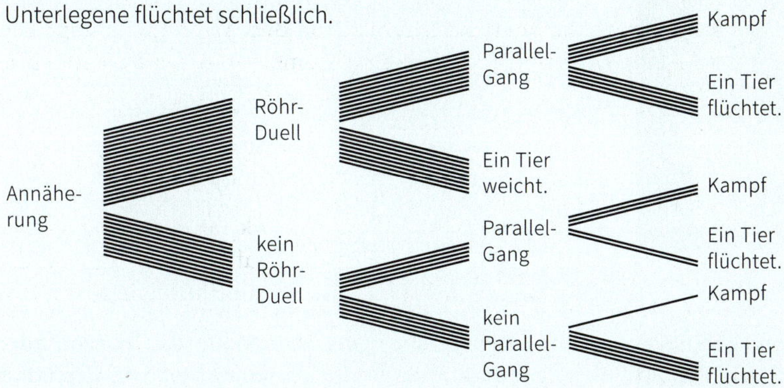

2 *Kampfverhalten zwischen brünftigen Rothirschen*

1. Auseinandersetzungen zwischen brünftigen Rothirschen.

a) Erläutern Sie Abbildung 2.

b) Beurteilen Sie die Bedeutung des Röhr-Duells und des Parallelgangs für die Auseinandersetzung zwischen Rothirschen.

c) Erklären Sie, weshalb es in etwa einem Drittel der Fälle dennoch zum Kampf kommt.

2. Aggressive Grillenarten.

a) Entwickeln Sie anhand von Abbildung 3 eine Hypothese zur genetischen Grundlage der Aggressivität der beiden untersuchten Grillenarten. Begründen Sie die Hypothese anhand eines Erbgangs. Gehen Sie bezüglich der betrachteten Allele von homozygoten Eltern aus. Recherchieren Sie gegebenenfalls in diesem Buch nach den Mendelschen Regeln.

b) Überprüfen Sie Ihre in Aufgabe a) entwickelte Hypothese mithilfe der folgenden Informationen:
- Rückkreuzungen der F_1-Generation mit homozygoten Tieren der Art *G. campestris* ergeben ausschließlich aggressive Larven.
- Rückkreuzungen der F_1-Generation mit homozygoten Tieren der Art *G. bimaculatus* ergeben zu gleichen Anteilen aggressive und nichtaggressive Larven.

ERKENNTNISGEWINNUNG NACHVOLLZIEHEN

Die im Larvenstadium aggressive Grillenart *Gryllus campestris* wird gekreuzt mit der weniger aggressiven Art *G. bimaculatus*. Für jede Larve wird ein Aggressionsmaß auf einer Skala von 0 (nicht aggressiv) bis 148 Punkten (sehr aggressiv) ermittelt. Die Ergebnisse der Kreuzungen sind im folgenden Diagramm dargestellt.

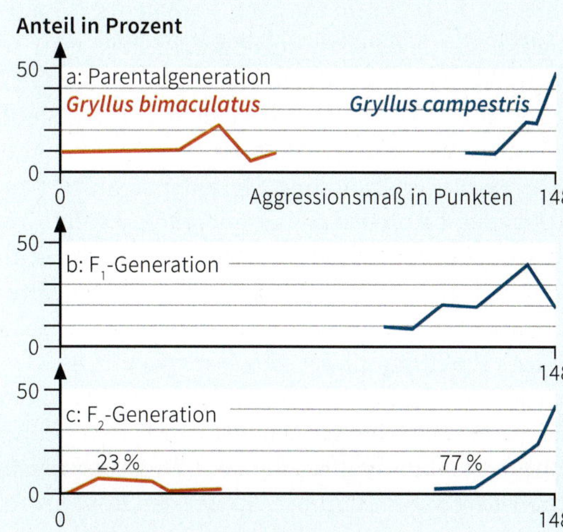

3 *Experiment zur Aggression von Grillen*

9.9 Die Aggressionskontrolle - Rangordnung und Territorialität

1 *Drohendes Mantelpavianmännchen*

Werden einem Mantelpavianmännchen Erdnüsse gegeben, wird dieser begehrte Besitz auch von einem ranghöheren Rivalen respektiert. Weibchen dagegen nehmen rangniedrigeren Weibchen die Erdnüsse weg. Der Grund für den Unterschied ist die Gefährlichkeit des jeweiligen Gegners: Männchen besitzen lange scharfe Eckzähne, sodass sogar ein Kampf gegen ein etwas schwächeres Männchen gemessen am Nutzen der Beute zu kostspielig wäre (Abb. 1). Die weniger gefährlichen Weibchen hingegen werden als Gegner nicht respektiert.

Nach verhaltensökologischer Auffassung handelt es sich bei der **Aggression** um eine Verhaltensstrategie, die sich in der Evolution durchgesetzt hat, weil sie die reproduktive Fitness des aggressiven Individuums erhöht. Wenn eine wichtige Ressource knapp ist, entsteht Konkurrenz um die Ressource. Mit physischer Gewalt oder ihrer Androhung können sich Tiere die Ressourcen auf Kosten anderer aneignen. Evolutionsbiologisch betrachtet kann sich eine solche Strategie nur dann durchsetzen, wenn sie an die konkreten Lebensumstände angepasst ist. Eine Strategie ist eine evolvierte Regelsammlung, die festlegt, mit welcher Wahrscheinlichkeit und unter welchen Bedingungen ein bestimmtes Verhalten gezeigt wird. Den Tieren wird hierbei keine Absicht unterstellt. Drei wesentliche Faktoren bestimmen darüber, ob bei der Konkurrenz mit Artgenossen aggressive Mittel eingesetzt werden oder nicht:

- der zu erwartende Nutzen,
- die Einschätzung der Wahrscheinlichkeit zu gewinnen und
- die Kosten, die durch die aggressive Auseinandersetzung entstehen können.

Der Grund dafür, dass Konflikte selten eskalieren, ist also nicht, den Gegner zu schonen, sondern die möglichen eigenen Risiken eines Beschädigungskampfes gegen seinen Nutzen und die Gewinnmöglichkeiten abzuwägen. In diese Kosten-Nutzen-Analyse fließen weitere Faktoren mit ein. Beispielsweise ändern sich Kosten und Nutzen im Laufe eines Lebens: Wenn ein Männchen gerade erst geschlechtsreif geworden ist, kann das Risiko einer Verletzung viel größere Auswirkungen haben als irgendein kurzfristiger Vorteil. Für ein altes Männchen hingegen kann sich ein aggressives Verhalten trotz des Verletzungsrisikos lohnen. Zu berücksichtigen sind zusätzlich oft die komplexen sozialen Beziehungen, in welche die Kämpfenden eingebunden sind. Die Anwesenheit von Freunden oder Verwandten kann die Gewinnchancen maßgeblich beeinflussen.

Als eine Möglichkeit der **Aggressionskontrolle** haben sich in vielen Wirbeltiergesellschaften soziale **Rangordnungen** entwickelt. In extremen Fällen hat jedes Tier in einem Verband seinen festen sozialen Status. An der Spitze der Rangordnung steht das dominante Alpha-Tier, an ihrem Ende das Omega-Tier, dessen Aggressivität nahezu vollständig gehemmt ist. Bis sich stabile Rangordnungsbeziehungen gebildet haben, kommt es oft zu eskalierenden Kämpfen. Anschließend wird die Rangordnung jedoch mit einem minimalen Aufwand, weitgehend ohne physische Gewalt aufrechterhalten. Ähnlich wie das Rangordnungsverhalten wirkt auch die **Territorialität** aggressionsbegrenzend. Von Territorialität ist die Rede, wenn einzelne Tiere, Paare oder Gruppen Gebiete gegen alle anderen Artgenossen aggressiv verteidigen. Territorialität lässt sich als raumbezogene Dominanz definieren, denn die Überlegenheit des Revierbesitzers ist auf sein Territorium beschränkt. Sobald die Territorien von den Nachbarterritorien abgegrenzt sind und die Nachbarn einander respektieren, reduziert sich das Aggressionsverhalten weitgehend und beschränkt sich meist nur noch auf Drohverhalten. Erscheint dagegen ein fremdes Tier an den Grenzen des Territoriums, so kommt es regelmäßig zu eskalierenden Kämpfen.

→ B3 → B4 → Kap. 9.2 → Kap. 9.3 → Kap. 9.8

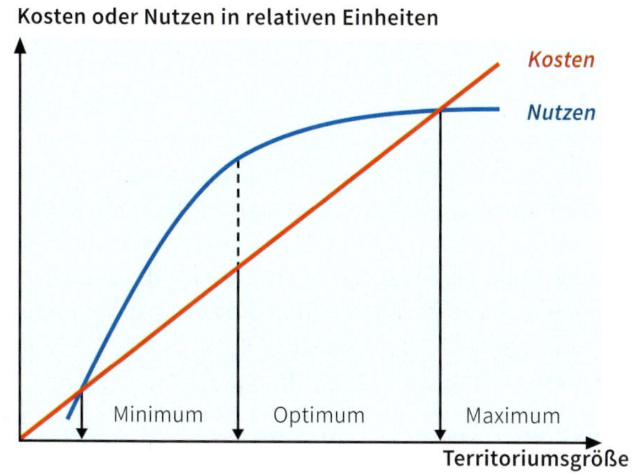

2 *Optimalitätsmodell zur Größe des Territoriums*

Ob eine Ressource verteidigt wird, wird in der Verhaltensökologie mithilfe einer Kosten-Nutzen-Abwägung analysiert, bei der unter anderem die räumliche Verteilung der Ressource eine wichtige Rolle spielt. Im folgenden Modell wird beispielhaft die Verteilung von Nahrung betrachtet. Nahrung kann entweder gleichmäßig (homogen) oder geballt (geklumpt) vorkommen.

3 *Modell zu den Verteidigungsstrategien bei unterschiedlicher Nahrungsverteilung*

1. Optimalitätsmodell zur Territoriumsgröße. Erläutern Sie das in Abbildung 2 dargestellte Optimalitätsmodell.

2. Ressourcenverteilung und Verteidigungsstrategien. Erläutern Sie das in Abbildung 3 dargestellte Modell zu den Verteidigungsstrategien bei unterschiedlicher Nahrungsverteilung.

Die Westlichen Shoshonen und die Paiute sind zwei Stammesgruppen der indigenen Bevölkerung Nordamerikas. Die Westlichen Shoshonen bewohnten ursprünglich die zentralen Prärien des Großen Beckens (*Great Basin*) und waren im Sommer vorwiegend auf die dort vorherrschende karge Vegetation angewiesen. In dieser Region gibt es kaum Niederschläge. Wann und wo Regen fallen wird, ist kaum vorhersehbar. Das hat zur Folge, dass auch nicht sicher kalkulierbar ist, an welchem Ort und zu welcher Zeit die lebensnotwendige Grasvegetation heranreift.
Die Paiute dagegen lebten in den Hügeln am westlichen Rand des Großen Beckens. Sie waren auf die gleiche Vegetation wie die Shoshonen angewiesen. In der hügeligen Region fällt häufiger und mehr Regen als in den zentralen Prärien des Großen Beckens. Außerdem führen hier viele Bäche ständig Schmelzwasser. Die Paiute nutzten diese günstige Situation zur regelmäßigen Bewässerung der umliegenden Ländereien. Auf diese Weise steigerten sie kalkulierbar das Wachstum der Vegetation.

4 *Der Einfluss ökologischer Bedingungen auf das Territorialverhalten des Menschen*

3. Menschliches Territorialverhalten. Begründen Sie anhand von Abbildung 4,

a) dass die Westlichen Shoshonen im Sommer in kleinen nomadisierenden Familiengruppen dem spärlichen Regen hinterherzogen, ohne dabei irgendeinen definierten Raum als abgegrenztes Territorium zu verteidigen.

b) dass die Paiute sesshaft waren und in kleinen Dörfern entlang der Wasserläufe lebten, die sie gegen Fremde verteidigten.

→ B3 → B4 → Kap. 9.2 → Kap. 9.3 → Kap. 9.8

9.10 Die Fortpflanzung und die Partnerwahl

1 *Fasan: Männchen (links) und Weibchen (rechts)*

Die äußerlichen Unterschiede zwischen männlichen und weiblichen Lebewesen einer Art bezeichnet man als **Sexualdimorphismus**. Fasanenweibchen paaren sich bevorzugt mit großen und prächtig gefärbten Fasanenmännchen (Abb.1). Männliche Nachtigallen machen mit wiederkehrenden langgezogenen Brummel- oder Schnarrpassagen auf sich aufmerksam. Sie verraten dem Fasanenweibchen die Attraktivität und sogar das Gewicht des Sängers. Der Fregattvogel versucht das Weibchen durch seine Rufe und das Zeigen seines roten Singballes anzulocken. Laubenvögelmännchen versuchen die Weibchen mit dem schönsten Nest anzulocken. Die Weibchen wählen anhand dieser Signale das Männchen aus, mit dem sie sich paaren.

Das Phänomen, dass sich Individuen mit bestimmten Mitgliedern des anderen Geschlechts paaren, mit anderen aber nicht, wird **Partnerwahl** genannt. Für die Bereitstellung der förderlichen Signale nehmen die Männchen hohe Kosten in Form von Energieaufwand und Risiken durch Räuber auf sich. Man spricht von **Handicaps**. Wenn Männchen trotz der Nachteile überleben, sind die Signale fälschungssicher und belegen die Fitness und die Qualität der genetischen Information. Das nennt man **Handicap-Prinzip**. Wenn ein Weibchen sich anhand dieser Signale einen Geschlechtspartner auswählt, bietet die Fitness der Männchen einen Vorteil bei der gemeinsamen Aufzucht der Jungen und langfristig durch die Weitergabe von genetischer Information eine potenziell erhöhte Fitness der gemeinsamen Nachkommen.

Eine Partnerwahl gibt es auch bei Männchen mancher Tiere wie z.B. Kröten und Käfern. Diese bevorzugen häufig große Weibchen. Dieses Signal verweist auf eine hohe Anzahl von Eiern. Den nur geringfügig höheren Kosten durch zusätzlichen Energieaufwand steht ein hoher Nutzen durch den höheren Fortpflanzungserfolg gegenüber. Meistens wählt das Geschlecht den Partner aus, welches mehr in die Fortpflanzung investiert als das andere.

Manche Tiere gehen nach der Fortpflanzung wieder auseinander, während andere nach der Partnerwahl in einer Partnerschaft zusammenleben. Weißstorchpaare bauen gemeinsam ein Nest, in welchem sie ihre Nachkommen aufziehen und füttern. Störche bleiben allerdings häufig nur während einer Brutsaison zusammen. Wenn ein Storchen-Weibchen in der darauffolgenden Saison ein neues geeignetes Männchen findet, paart es sich mit diesem. Höckerschwäne hingegen binden sich ein Leben lang an immer den gleichen Partner. Diese Art des Zusammenlebens der Partner wird als **Monogamie** bezeichnet. Charakteristisch bei einer Monogamie ist die aufwendige Aufzucht des Nachwuchses.

Ein dominierender Rothirsch verteidigt eine Gruppe von mehreren Weibchen, mit denen er sich paart. Ähnliche Weibchengruppen, die sich nur mit dem dominanten Männchen paaren, sind auch bei Robben verbreitet. Meist bieten die dominanten Männchen den Weibchen und ihren Nachkommen einen Schutz vor Angriffen. Die Fürsorge für die Nachkommen wird dabei meist von den Weibchen übernommen. Die Weibchen sind anspruchsvoll bei der Partnerwahl und die Männchen sind einer starken Konkurrenz ausgesetzt. Wenn Tiere zu mehreren Tieren ihrer Art innerhalb einer Fortpflanzungsperiode sexuellen Kontakt haben, wird das Polygamie genannt. Wenn die Polygamie in sozialen Gruppen stattfindet, werden zwei Formen unterschieden. Die Paarung von einem Männchen mit mehreren fortpflanzungsfähigen Weibchen wird **Polygynie** genannt. Bei der **Polyandrie** hat ein Weibchen während der Fortpflanzungssaison sexuelle Kontakte zu mehreren Männchen. Die Männchen paaren sich jedoch nur mit einem bestimmten Weibchen und ziehen die Jungen auf. Die Art des sozialen Zusammenlebens der Sexualpartner in Form von Monogamie, Polygynie oder Polyandrie wird als Paarungssystem beschrieben. Außer bei Vögeln ist Monogamie im Tierreich nur selten anzutreffen.

→ M20 → B5 → Kap. 9.1 → Kap. 9.13 → Kap. 9.14 → Kap. 9.15

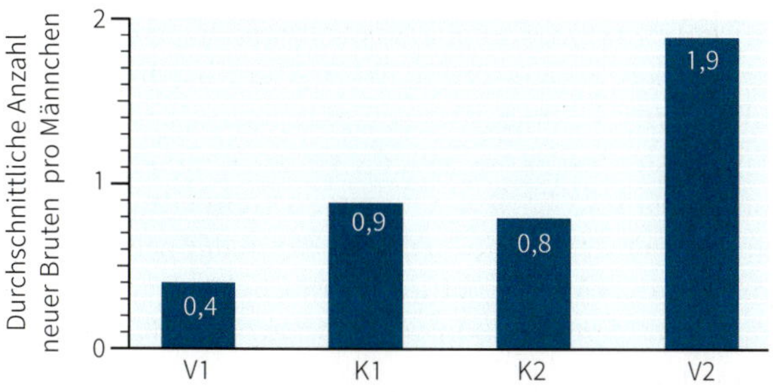

2 *Durchschnittliche Bruten der Versuchstiere pro Jahr*

1. Bruten von Rauchschwalben. Die Rauchschwalbe ist ein Zugvogel, der über den Winter von Europa nach Afrika fliegt und dort bis zum Frühjahr verbleibt. Nach der Rückkehr aus dem Überwinterungsquartier verpaaren sich die Rauchschwalben. Dabei werden Männchen mit längeren Schwanzfedern bevorzugt. Diese weisen in der Regel eine höhere Fitness auf, so dass es ihnen häufiger gelingt, zusammen mit dem Weibchen zwei Bruten pro Jahr aufzuziehen. Der Forscher ANDERSSON teilte mehrere Versuchstiere in vier gleich große Gruppen auf. Der Versuchsgruppe 1 (V1) kürzte er die Schwanzfedern und klebte sie Versuchsgruppe 2 (V2) an. Bei der Kontrollgruppe 1 (K1) schnitt er die Federn ab, klebte sie aber gleich wieder an, während bei der Kontrollgruppe 2 (K2) die ursprünglichen Federn verblieben. Die Ergebnisse seiner Untersuchungen sind in Abb. 2 dargestellt.

a) Beschreiben Sie das Diagramm in Abb. 2.

b) Erklären Sie die Ergebnisse.

c) Erläutern Sie die Funktion und die Bedeutung der Kontrollgruppen für die Gültigkeit des Versuchsergebnisses.

d) Begründen Sie, warum die durchschnittliche Länge der Schwanzfedern von Rauchschwalben trotz des evolutiven Vorteils bei der reproduktiven Fitness in den Populationen nicht zugenommen hat.

2. Schwanzlänge und Fitness. Der dänische Evolutionsbiologe MØLLER untersuchte in einem Versuch, ob es einen Zusammenhang zwischen der Schwanzlänge von Rauchschwalben und ihrem Jagderfolg gibt. Zunächst ermittelte er die durchschnittliche Größe der erbeuteten Insekten. Im nächsten Schritt kürzte oder verlängerte er die Schwanzfedern und vermaß danach erneut die durchschnittliche Größe der Beutetiere. Die Ergebnisse sind der Abb. 3 zu entnehmen. In einem weiteren Versuch wurden die Auswirkungen eines Schädlingsbefalls mit blutsaugenden Milben untersucht (Abb. 4). Eine Gruppe wurde mit einem Mittel gegen Milben besprüht, einer anderen Gruppe wurden zusätzliche Milben in das Gefieder gesetzt. Die Kontrollgruppe blieb unbehandelt. Nach einem Jahr ermittelte er, wie sich die Länge der Schwänze verändert hatte.

a) Erläutern Sie die Ergebnisse beider Versuche.

b) Beschreiben Sie die Auswirkungen auf die Fitness der untersuchten Männchen.

c) Erläutern Sie, inwiefern die Versuchsergebnisse das Wirken des Handicap-Prinzips untermauern.

d) Erläutern Sie die Bedeutung der Kontrollgruppe für die Gültigkeit des Versuchsergebnisses.

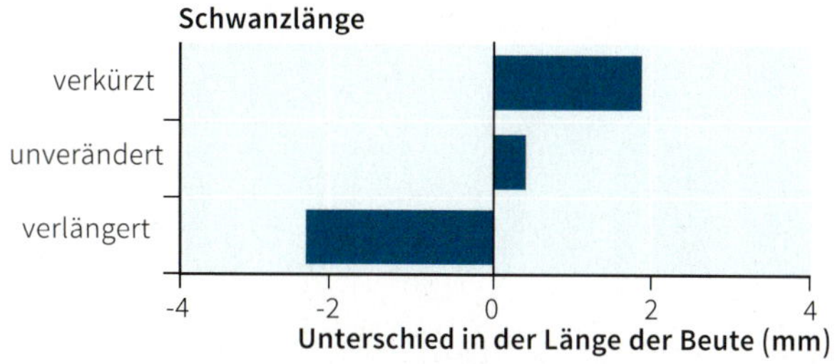

3 *Jagderfolg von Rauchschwalbenmännchen*

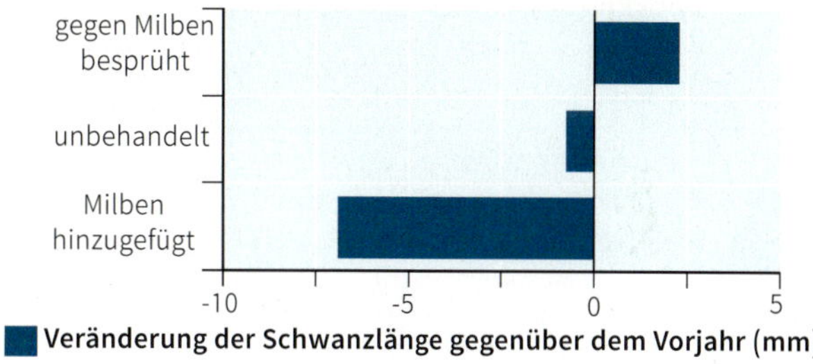

4 *Auswirkungen von Schädlingsbefall*

.. in welchen „Eheverhältnissen" lebt der Fasan?
Er lebt in Vielehe (Polygamie)...
...nahezu überall ist zu lesen, der Fasan sei polygam. Genau genommen, ist das nicht ganz richtig. Fasane sind polygyn...

5 *Auszüge aus Webseiten von Jagdschulen*

3. Was stimmt? Recherchieren sie zu den in Abb. 5 genannten Begriffen. Bewerten Sie die Aussagen der Jagdschulen.

4. Kosten-Nutzen-Analysen. Erarbeiten Sie geschlechtsspezifische Kosten-Nutzen-Analysen für jedes Paarungssystem. Stellen Sie ihre Ergebnisse in einer geeigneten Übersichtstabelle dar.

9.11 Der Elternaufwand

1 *Fütterung eines jungen Kuckucks durch einen Teichrohrsänger*

Der Kuckuck baut keine Nester, sondern legt seine Eier in die Nester kleinerer Singvögel (Abb. 1). Er betreibt keine Brutpflege und wird daher als Brutparasit bezeichnet. Kohlmeisen legen ihre Eier dagegen in sorgfältig vorbereitete Nester, die in Baumhöhlen oder auch Nistkästen versteckt sind. Die Nester sind mit Tierhaaren oder Moos weich gepolstert. Nach der Ablage der Eier übernimmt meist das Weibchen das Bebrüten der Eier. Das Männchen versorgt es in dieser Zeit mit Nahrung. Nach ca. 14 Tagen schlüpfen die Jungen und werden ab dann durchgehend von beiden Eltern mit Nahrung, v.a. Insekten, versorgt. In dieser Zeit füttern sie ihre Jungen alle fünf bis zehn Minuten. Zusätzlich entfernen die Eltern regelmäßig den Kot der Jungtiere aus dem Nest und schützen sie so vor Parasitenbefall. Nach 20 Tagen verlassen die Jungen das Nest, bleiben aber in seiner Nähe. Durch Bettelrufe veranlassen sie die Eltern für weitere 14 Tage zur Fütterung. Forscher schätzen, dass Kohlmeisenpaare für das Aufziehen einer Brut mehr als 10.000 Insekten erbeuten müssen. Häufig magern die Elterntiere dabei so stark ab, dass sie weniger Masse haben als die Jungvögel. **Elternaufwand** dient dem Schutz der eigenen Nachkommen und deren Versorgung. Diese meist angeborenen Verhaltensweisen werden als Brutpflege bezeichnet.

Die Brutpflege führt durch den notwendigen Energieaufwand zu hohen Kosten bei den Eltern. Häufig sind die Eltern nach der Aufzucht der ersten Brut nicht mehr in der Lage, eine zweite Brut erfolgreich aufzuziehen. Mitunter verringert der Elternaufwand sogar ihre eigene Überlebenswahrscheinlichkeit. Der Nutzen der Brutpflege liegt v.a. in der Verbesserung der reproduktiven Fitness der Nachkommen, die zu einem höheren Fortpflanzungserfolg in der nächsten Generation führen kann. Dadurch erhöht sich der Anteil der genetischen Information der Eltern im Genpool. Brutpflegende Tiere haben nur eine geringe Zahl von Nachkommen. Im Falle eines Misserfolges bei der Jungenaufzucht, z.B. durch Räuber, haben Eltern Zeit und Energie umsonst investiert, die für das Aufziehen weiteren Nachwuchses nicht mehr zur Verfügung stehen. Brutpflege kann die Fitness der Eltern erhöhen, sie lohnt sich aber nur, wenn sie erfolgreich ist. Bei den meisten Säugetieren liegt der Elternaufwand des Weibchens deutlich höher, da die Kosten der Schwangerschaft und des Säugens allein beim Weibchen liegen. Nach der Geburt kommen Tätigkeiten wie das Bewachen der Jungtiere, deren Versorgung sowie die Verteidigung gegen Feinde hinzu. Aber auch das Säubern der Jungen, ihr Transport und die Vermittlung überlebenswichtiger Fähigkeiten sind Teil des weiblichen Elternaufwands.

Wenn alle Individuen, die an der Brutpflege beteiligt sind, sich so verhalten, dass ihr eigener Fitnessgewinn maximiert wird, ergeben sich daraus Konflikte. Im Interesse der eigenen Fitness eines Elternteils ist es von Vorteil, wenn der jeweils andere Partner möglichst viel Zeit und Energie in den Nachwuchs investiert. Brutpflege ist ein einseitig altruistisches Verhalten der Eltern. Sie sind mit jedem ihrer Nachkommen gleich eng verwandt. Es ist daher von Vorteil für ihre reproduktive Fitness, wenn sie das Nahrungsangebot gleichmäßig auf die Nachkommen verteilen und somit deren Fitness stärken. Die Jungtiere hingegen versuchen, ihre individuelle Fitness zu verbessern, indem sie einen höheren Anteil der gelieferten Nahrung verlangen. Dazu geben sie starke Lautäußerungen von sich, um auf sich aufmerksam zu machen. Auch durch Vordrängen und weites Aufsperren des Schnabels können die Jungtiere Vorteile gelangen. Viele Jungtiere trachten danach, mehr und längere Brutpflege zu bekommen, als die Eltern bereit sind anzubieten, um ihre Fitness zu maximieren. Für die Fitness der Eltern ist es hingegen vorteilhaft, die Brutpflege früh zu beenden, da sie dann früher in der Lage sind, noch weitere Jungen aufziehen zu können. Diese Auseinandersetzung um die jeweilige Fitness wird **Eltern-Kind-Konflikt** genannt.

→B5 → Kap. 9.3 → Kap. 9.4 → Kap. 9.10

2 *Maulbrüter*

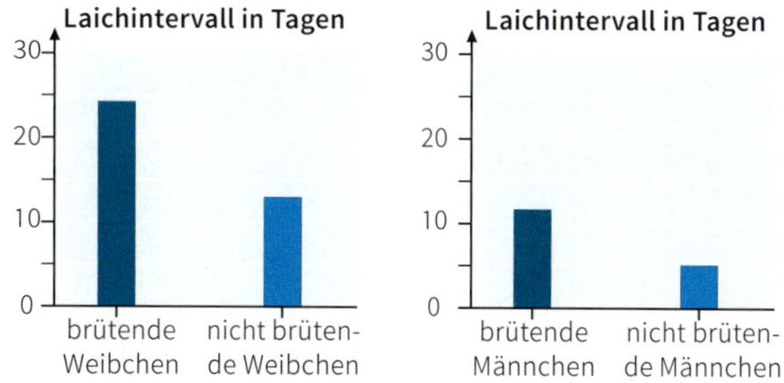

3 *Laichintervall von Maulbrütern*

1. Untersuchungen bei Maulbrütern. Maulbrütende Fische schützen ihre Eier und später die Jungen in ihrem Maul (Abb 2). In einer Untersuchung wurden Auswirkungen dieser Form der Brutpflege festgestellt (Abb 3).

a) Beschreiben Sie, welche Kosten bei dieser Form der Brutpflege auftreten.

b) Erläutern Sie das Diagramm in Abbildung 3.

c) Stellen Sie Hypothesen auf, wie die festgestellten Unterschiede zu erklären sein könnten.

2. Der Kuckuck, ein Brutparasit. Das Brutverhalten des Kuckucks unterscheidet sich von dem anderer Vögel. Da er weder Nestbau noch Brutpflege betreibt, liegt der Elternaufwand zum Teil bei den Pflegeeltern (Abb. 4).

a) Untersuchungen haben ergeben, dass ein Kuckuckweibchen zwölf und mehr Eier legen muss, damit zumindest ein Individuum überlebt und sich fortpflanzen kann. Recherchieren Sie dazu und erklären Sie diese Tatsache.

b) Stellen Sie eine Kosten-Nutzen-Analyse dieses Verhaltens auf und vergleichen Sie mit dem Elternaufwand von Kohlmeisen.

c) Bewerten Sie anhand der Kosten-Nutzen- Analyse den möglichen Fitnessgewinn der Kuckuckseltern durch diese Verhaltensstrategie.

d) Manche Forscher sehen auch zwischen den Pflegeeltern und den Kuckucksnachkommen einen Eltern-Kind-Konflikt. Beschreiben Sie mögliche Übereinstimmungen, aber auch wesentliche Unterschiede.

3. Wallabys. Diese Känguru-Art lebt in Australien. Weibliche Wallabys paaren sich bereits kurze Zeit nach dem Festsaugen eines Jungtieres im Beutel erneut. Das nachfolgende Jungtier wächst jedoch erst dann heran, wenn das ältere Jungtier den Beutel der Mutter bereits verlassen hat.

a) Beschreiben Sie das Diagramm in Abbildung 5.

b) Erläutern Sie anhand dieses Diagramms den Eltern-Kind-Konflikt bei den Wallabys.

Der Kuckuck ist polygam. Nach der Befruchtung dauert die Bildung eines legereifen Eis vier bis fünf Tage. Es kann im Eileiter bis zur Ablage zurückgehalten werden. Unauffällig kontrolliert ein Kuckucksweibchen in dieser Zeit die Nester geeigneter Vogelarten im Umfeld. Geeignet sind Arten, die ihre eigenen Jungen ebenfalls mit Insekten ernähren. In einem unbewachten Moment wird rasch ein Ei in ein bestehende Gelege abgelegt. Nach zwölf Tagen schlüpft der junge Kuckuck. In den nächsten Tagen beginnt er damit, noch nicht geschlüpfte Eier oder auch Jungvögel aus dem Nest zu werfen. Schließlich bleibt nur der Jungkuckuck übrig. Die artfremden Vogeleltern füttern den jungen Kuckuck weiter, da sie auf das Signal des weit aufgesperrten Schnabels und des leuchtend orangeroten Rachens reagieren. Die Fütterung mit Insekten lässt die Jungkuckucke schnell so weit heranwachsen, dass sie größer als ihre Pflegeeltern sind. Diese Brutpflege verlangt einen enormen Energieaufwand, dem die Pflegeeltern mitunter nicht gewachsen sind und sterben. Nach zwei Wochen verlässt der junge Kuckuck das Nest, lässt sich aber die nächsten ein bis zwei Wochen weiter füttern (Abb. 1). Erst dann ist er selbstständig.

4 *Fortpflanzung des Kuckucks*

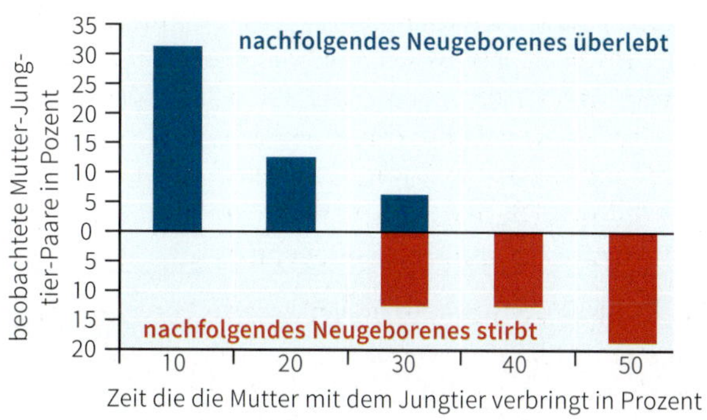

5 *Eltern-Kind-Konflikt beim Wallaby*

→B5 → Kap. 9.3 → Kap. 9.4 → Kap. 9.10

9.12 Die Fitnessmaximierung durch angepasste Verhaltensstrategien

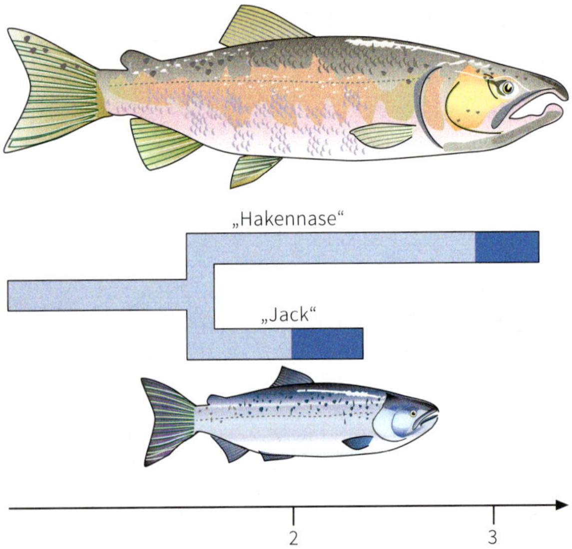

1 *Unterschiedliche Phänotypen und Lebenszyklusstrategien bei männlichen Silberlachsen: „Hakennasen“ und „Jacks“*

Pazifische Silberlachse laichen von November bis Januar in Flüssen an der amerikanischen Westküste und sterben anschließend. Nach einem Jahr wandern die Jungfische in den Pazifik. Die Weibchen kehren im Alter von drei Jahren in ihr Ursprungsgewässer zurück. Bei den Männchen lassen sich hingegen zwei unterschiedliche Verhaltensstrategien beobachten. Kleine Männchen, die so genannten „Jacks“, werden bereits im zweiten Lebensjahr geschlechtsreif und kehren früher in das Laichgewässer zurück als ihre größeren Artgenossen, die sogenannten „Hakennasen“.

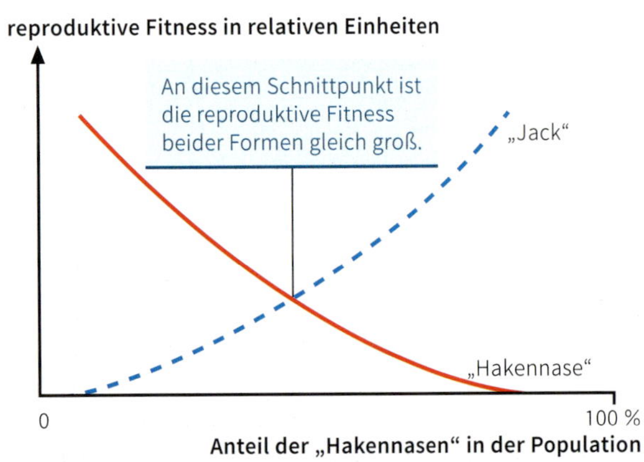

2 *Beziehung zwischen Fortpflanzungserfolg und Häufigkeit einer Strategie am Beispiel der „Hakennasen“ des Silberlachses.*

Die „Hakennasen“ werden erst im Alter von drei Jahren geschlechtsreif (Abb. 1). Wenn sie dann ins Laichgewässer kommen, sind sie etwa zwei- bis dreimal größer als die „Jacks“ und auffällig rot gefärbt. Zudem sind sie an ihren hakenförmig vorgezogenen Kiefern und vergrößerten Zähnen zu erkennen, die sie beim Kampf gegen männliche Artgenossen nutzen. Diese Merkmale fehlen den „Jacks“. Anstatt um laichende Weibchen zu kämpfen und sie gegen andere Männchen zu verteidigen, versuchen sie heimlich Zugang zu ihnen zu erlangen. Gut getarnt verbergen sie sich in der Nähe der Weibchen und vermeiden so Angriffe von „Hakennasen“. Beginnt der Laichvorgang, schleichen sich die "Jacks" stattdessen vorsichtig an und versuchen so, einige der Eier zu befruchten. Zudem wurde festgestellt, dass die "Jacks" eine höhere Zahl an Spermien produzieren und diese oft auch qualitativ hochwertiger sind als die Spermien der "Hakennasen".

Sowohl die Strategie der „Hakennasen“ als auch die der „Jacks“ ist evolutionsstabil. Eine **Verhaltensstrategie** beschreibt eine Strategie, die bei unveränderten Umweltbedingungen durch keine andere Strategie innerhalb der Population ersetzt werden kann, ohne die **reproduktive Fitness** zu mindern. Eine Strategie ist ein unbewusst ablaufendes genetisch fixiertes Programm von Verhaltensregeln, das die Handlungen beeinflusst, die zu einer Maximierung der reproduktiven Fitness beitragen.

Wie das Beispiel der Silberlachse zeigt, können auch zwei Strategien innerhalb einer Population evolutionsstabil vorkommen. In diesem Fall hängt der Fortpflanzungserfolg eines Individuums nicht nur von seiner eigenen Strategie ab, sondern auch davon, wie viele der Konkurrenten sich anders verhalten. So würde zum Beispiel der Fortpflanzungserfolg der „Hakennasen“ sinken, wenn ihr Anteil in der Population übermäßig zunähme und die Kämpfe deshalb intensiver würden (Abb. 2). In der Natur ist deshalb in solchen Fällen eine annähernd konstante Häufigkeitsverteilung der beteiligten Strategien zu beobachten. Die durch beide Strategien erzielte reproduktive Fitness ist in etwa gleich, denn Allele, die eine Strategie mit geringerer reproduktiver Fitness zur Folge hätten, würden durch Selektion aus dem Genpool verdrängt werden. Insofern begünstigt eine evolutionsstabile Strategie die Weitergabe solcher Allele, die die reproduktive Fitness unter den gegebenen Umweltbedingungen maximieren.

→ B2 → B5 → Kap. 9.2

Kommentkämpfer: Er kämpft ritualisiert, d.h. nach festen Verhaltensregeln, symbolisch (Knurren, Zähnefletschen, Drohen, ...); zieht sich zurück, wenn der Gegner gefährlich wird.
Beschädigungskämpfer: Er eskaliert sofort den Kampf und geht rücksichtslos vor.
Einschüchterer: Er eskaliert sofort den Kampf, aber zieht sich zurück, wenn der Gegner gefährlich wird.
Vergelter: Er beginnt die Auseinandersetzung wie ein Kommentkämpfer und bleibt dabei, solange der Gegner dasselbe tut; geht sein Gegner aber zum Beschädigungskampf über, so tut er es auch.
Sondierer: Er kämpft zunächst wie ein Kommentkämpfer, aber eskaliert dann, wenn der Gegner ebenfalls wie ein Kommentkämpfer kämpft.

3 *Ein Modell zu Konfliktstrategien*

4 *Ein Konfliktbeispiel*

	gegen Kommentkämpfer	gegen Beschädigungskämpfer	gegen Einschüchterer	gegen Vergelter	gegen Sondierer
Kommentkämpfer	+1				
Beschädigungskämpfer	+2				
Einschüchterer					
Vergelter					
Sondierer					

5 *Einfluss der Konfliktstrategie auf die reproduktive Fitness*

1. Die Kosten-Nutzen-Analyse. Führen Sie für die beiden unterschiedlichen Verhaltensstrategien „Jack“ und „Hakennase“ des Silberlachses jeweils eine Kosten-Nutzen-Analyse durch.

2. Beziehung zwischen Erfolg und Häufigkeit einer Strategie.
a) Erläutern Sie Abbildung 2.
b) Begründen Sie den veränderten Kurvenverlauf des Diagramms, wenn nicht mehr der Anteil der „Hakennasen“, sondern der „Jacks“ auf der x-Achse dargestellt wird und zeichnen Sie das veränderte Diagramm (Abb 2).

3. Konfliktstrategien im Modell. Modellhaft werden fünf unterschiedliche Strategien angenommen, die von Tieren in einer Population in Konfliktsituationen mit Artgenossen verfolgt werden (Abb. 3).
a) Begründen Sie für jede der in Abbildung 3 genannten Strategien, was die jeweiligen Kosten und Nutzen sind.
b) Entwickeln Sie eine Hypothese, welche der fünf Strategien am erfolgreichsten sein könnte.
c) Übertragen Sie die Tabelle in Abbildung 5 in Ihr Heft. Bewerten Sie anschließend die Auswirkungen auf die reproduktive Fitness, indem Sie wie im Beispiel in Abbildung 4 für jeden Konflikt Punkte an die Gegner verteilen:
- sicherer Sieger: +2
- fünfzigprozentige Gewinnchance: +1
- Kampf verloren, unverletzt: 0
- Gefahr ernster Verletzung: −10.

Tragen Sie die ermittelten Punkte in die Tabelle ein. Dabei sollen die Punkte für das Tier gelten, das die in der Tabelle links genannte Strategie in einem Kampf mit einem Artgenossen verfolgt, der die in der Abbildung 3 oben genannte Strategie wählt.
d) Begründen Sie mit Bezug auf Ihre Hypothese, bei welcher Strategie es sich in diesem Modell um eine evolutionsstabile Strategie handelt.
e) Diskutieren Sie Vor- und Nachteile des Modells.

→ B2 → B5 → Kap. 9.2

e 9.13 Das Zusammenwirken endo- und exogener Verhaltensursachen

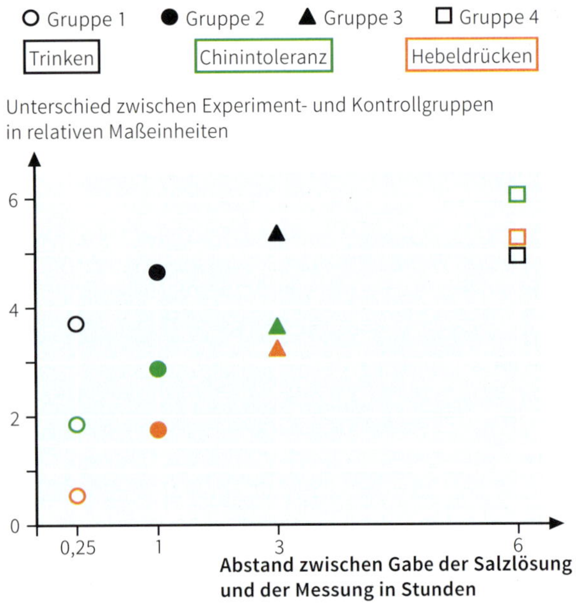

1 *Durst bei Ratten. Erläuterung im Text. Den Kontrollgruppen wird keine Salzlösung verabreicht. Die Referenz hierfür stellt die 0-Linie auf Höhe der x-Achse dar.*

In einem Experiment wurde der Durst von Ratten untersucht. Hierzu wurde den Tieren eine Salzlösung in den Magen gegeben. Anschließend wurde nach fünfzehn Minuten (Gruppe 1), einer Stunde (Gruppe 2), drei Stunden (Gruppe 3) und sechs Stunden (Gruppe 4) untersucht, wie viel Wasser die Ratten in einem bestimmten Zeitraum trinken (Abb. 1). Da eine Ratte in einem bestimmten Zeitraum jedoch nur eine bestimmte Menge Wasser trinkt, kann allein mit der Menge des aufgenommenen Wassers nicht der empfundene Durst charakterisiert werden. Die Ratten trinken nach sechs Stunden nicht mehr Wasser als die, denen bereits nach drei Stunden Wasser angeboten wird (Abb. 1). Um den Durst genauer charakterisieren zu können, wurden deshalb weitere Untersuchungen durchgeführt: Wird Durst als Toleranz gegenüber dem Bitterstoff Chinin im Wasser gemessen, so lässt sich feststellen, dass die Ratten nach sechs Stunden einen wesentlichen größeren Durst haben als nach fünfzehn Minuten. Gleiches gilt, wenn der Durst als Bereitschaft gemessen wird, einen Hebel zu drücken, um an das Wasser zu kommen.

Komplexe Verhaltensweisen sind im Unterschied zu den Reflexen nicht immer gleich stark auslösbar. Neben Veränderungen in der Umwelt haben auch Veränderungen im inneren Zustand des Organismus einen Einfluss darauf, welches Verhalten durchgeführt wird. Das wird immer dann erkennbar, wenn ein Tier in gleichen äußeren Situationen unterschiedlich reagiert, beispielsweise angebotenes Futter frisst oder nicht frisst, einen Feind angreift oder vor ihm flieht. Der innere Zustand des Organismus, die sogenannte **Handlungsbereitschaft**, wird dem koordinierenden zentralen Nervensystem über innere Sinnesorgane, die Propriozeptoren, zugänglich gemacht. Auch äußere Reize, die dem Organismus den Zustand der Umwelt zugänglich machen, müssen über die Sinnesorgane erst zu inneren Signalen umgewandelt werden, bevor der Organismus mit einem bestimmten Verhalten reagieren kann. Je nach Quelle der jeweiligen Veränderung unterscheiden sich **exogene** von **endogenen Verhaltensursachen**. An der Steuerung von Handlungsbereitschaften sind sowohl exogene als auch endogene Verhaltensursachen beteiligt (Abb. 2). Beispielsweise gehören Hormone zwar zu den inneren Ursachen, die Hormonproduktion wird jedoch auch durch äußere Ursachen wie Tageslänge oder Balzhandlungen des Männchens beeinflusst. Die ausgelösten Handlungen können ihrerseits auf exogene und endogene Verhaltensursachen zurückwirken. Eine Rückwirkung auf exogene Verhaltensursachen liegt beispielsweise vor, wenn ein Männchen einen Eindringling aus seinem Revier vertreibt, wodurch die von ihm ausgehenden Reize unterbrochen werden. Ein Beispiel für die Rückwirkung auf endogene Verhaltensursachen wäre die Begattung, die bei einem Weibchen die Ausschüttung von Hypophysenhormonen bewirken kann. Ein Fruchtfliegenweibchen ist nach der Paarung nicht mehr paarungsbereit, bis der Spermienvorrat nach bis zu neun Tagen aufgebraucht ist. Diese länger andauernde Abschaltung der Handlungsbereitschaft nach der Spermienübertragung ist eine Folge sensorischer Rückmeldungen, die vom Spermienvorrat ausgehen. Begattet hingegen ein steriles Männchen das Weibchen, so ist das Weibchen bereits nach zwölf Stunden wieder paarungsbereit. Es wurden keine Spermien übertragen und es fehlt dementsprechend die sensorische Rückmeldung. Reduziert das Verhalten die es auslösenden Reize, ist dies eine **sensorische Homöostase** (Abb. 3a). Auf diese Weise bleibt das innere Milieu konstant. Reduziert das Verhalten hingegen die Defizite oder Überschüsse, die die Handlungsbereitschaft erhöhen, bleibt also die äußere Situation konstant, so ist dies eine **physiologische Homöostase** (Abb. 3b).

→ M20 → B3 → B4 → B5 → Kap. 9.14 → Kap. 9.15

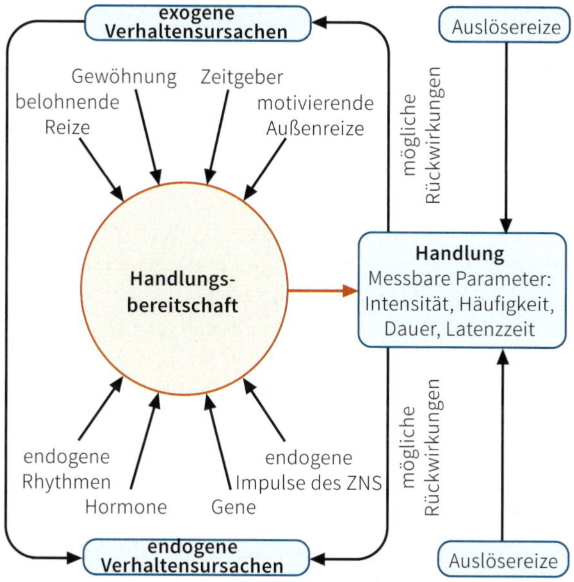

2 *Die Handlungsbereitschaft als Mittler zwischen den Verhaltensursachen und der Handlung*

1. Durst bei Ratten. Beschreiben Sie das Diagramm in Abbildung 1. Werten Sie das Diagramm aus.

2. Exogene und endogene Verhaltensursachen. Beschreiben Sie die in Abbildung 2 dargestellten Zusammenhänge.

3. Sensorische und physiologische Homöostase.
a) Erläutern Sie die sensorische und die physiologische Homöostase anhand von Abbildung 3.
b) Begründen Sie für jedes der folgenden Beispiele, ob sensorische oder physiologische Homöostase vorliegt.
- Fluchtverhalten beseitigt die Nähe eines Fressfeindes.
- Der Innendruck der Harnblase aktiviert Ausscheidungsverhalten.
- Energiemangel fördert Nahrungsaufnahme.
- Bindungsverhalten wie Nachlaufen oder Widerstand gegen Trennung erhält die Verfügbarkeit eines nützlichen Partners, Objektes oder Ortes.

4. Feedforward. Ein weiterer homöostatischer Prozess ist der Feedforward, der einem zu erwartenden schädlichen äußeren oder inneren Zustand vorbeugt. Turmfalken fangen tagsüber Feldmäuse und verstecken viele der Beutestücke für den späteren Verzehr. Erläutern Sie dieses Verhalten im Sinne eines Feedforward anhand der Abbildungen 4 und 5.

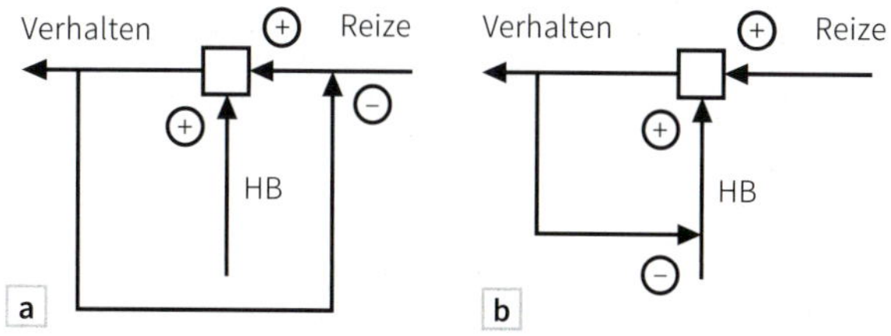

3 *a) sensorische Homöostase, b) physiologische Homöostase (Pfeile repräsentieren Variablen, Kästen die Verrechnungsstellen der Eingangsvariablen zur Ausgangsvariablen, HB: Handlungsbereitschaft, die auf Überschüssen oder Defiziten beruhen kann)*

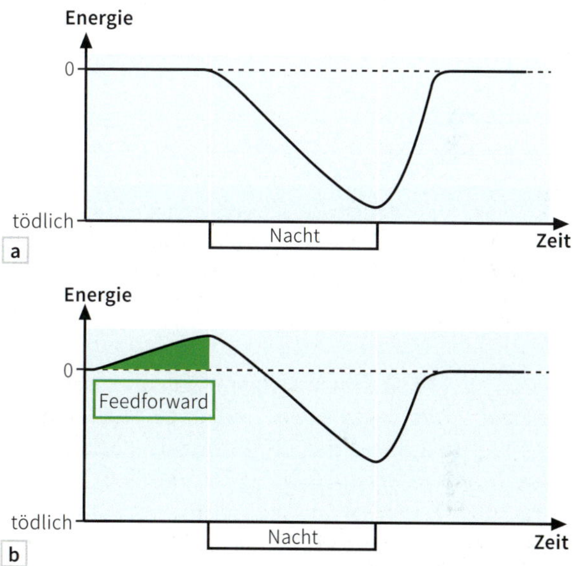

4 *Energiedefizit bei einem tagaktiven Tier a) ohne Feedforward und b) mit Feedforward*

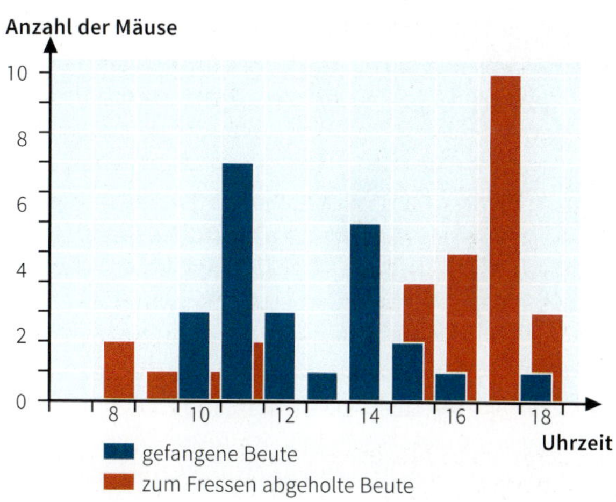

5 *Fang und Verzehr von Feldmäusen durch Turmfalken in den Niederlanden*

→ M20 → B3 → B4 → B5 → Kap. 9.14 → Kap. 9.15

e 9.14 Das Sozialverhalten der Primaten I

Hauptnahrung	Nahrungsverteilung	Verteilung der Weibchen	Lebensraum	Verhalten der Männchen	Art
Früchte	geklumpt, große zeitliche und räumliche Verteilung	Nahrungssuche allein oder in kleinen Gruppen, Nahrungsplätze werden verteidigt	Regenwald: Bäume	1 Männchen verteidigt 1 Weibchen gegen männliche Konkurrenten und hilft bei der Aufzucht der Jungen.	Gibbon
				1 Männchen verteidigt mehrere Weibchen gegen männliche Konkurrenten.	Orang-Utan
			offenere Landschaft: Boden, Bäume	mehrere Männchen verteidigen mehrere Weibchen gegen männliche Konkurrenten.	Schimpanse
Blätter	gleichmäßige zeitliche und räumliche Verteilung	Nahrungssuche in Gruppen, Nahrungsplätze werden nicht verteidigt	Regenwald: Boden	1 Männchen verteidigt mehrere Weibchen gegen männliche Konkurrenten.	Gorilla

1 *Hypothetischer Zusammenhang zwischen Nahrung und Paarungssystem*

Paarungssystem	Anzahl der männlichen Paarungspartner	Anzahl der weiblichen Paarungspartner
Monogamie	1	1
Polyandrie	> 1	1
Polygynie	1	> 1
Polygynandrie	> 1	> 1

2 *Verschiedene Paarungssysteme*

Gorillas bilden Haremsgruppen mit durchschnittlich elf Mitgliedern, darunter ein altes erwachsenes Männchen, der sogenannte Silberrücken, fünf Jungtiere und fünf andere Erwachsene, meist Weibchen. Die Gruppen werden jeweils vom Silberrücken angeführt. Die Gruppengröße variiert und hängt von der Ernährungsweise der Tiere ab. Neben dieser Form des Zusammenlebens gibt es noch einzeln umherziehende Silberrücken, die sich auch zu Gruppen aus mehreren Männchen zusammenschließen können. Erwachsene Männchen konkurrieren stark um die Führungsposition in einer Gruppe.

3 *Sozial- und Paarungssystem bei Gorillas*

Viele Primaten leben in Gruppen. Innerhalb einer Gruppe sind die Individuen abhängig von Alter und Geschlecht organisiert. Diese soziale Organisation ist eng mit dem Paarungssystem verknüpft (Abb. 1). Innerhalb einer Gruppe haben nicht alle Tiere die Möglichkeit, sich zu paaren. Wer sich mit wem paart, beschreibt das Paarungssystem (Abb. 2). Die Entstehung verschiedener Paarungssysteme hängt damit zusammen, dass Männchen viele Spermien und Weibchen vergleichsweise wenige, dafür aber große Eizellen produzieren. Daraus folgt, dass Männchen ihre reproduktive Fitness erhöhen, wenn sie sich mit mehr als einem Weibchen paaren. Ihre Spermienanzahl reicht aus, um die Eizellen mehrerer Weibchen zu befruchten. Die reproduktive Fitness weiblicher Primaten ist durch einen höheren Elternaufwand begrenzt, da sie ihren Nachwuchs nicht nur austragen, sondern auch stillen und aufziehen.

Beide Geschlechter verfolgen gegenläufige Fortpflanzungsstrategien: Für männliche Primaten ist es vorteilhaft, wenn sie sich mit mehr als einem Weibchen paaren und diese Weibchen sich nicht zusätzlich mit anderen Männchen paaren. Für Weibchen ist es vorteilhaft, wenn sie sich mit einem oder mehreren Männchen paaren und diese bei dem Aufziehen der Jungen helfen. Der Fortpflanzungserfolg der Männchen hängt also von der räumlichen und zeitlichen Verteilung der fruchtbaren Weibchen ab. Für die Weibchen hingegen ist entscheidend, wie die Nahrung räumlich und zeitlich verteilt ist. Aber auch die Hilfe der Männchen bei der Aufzucht der Jungen spielt eine wichtige Rolle.

→ M20 → B5 → Kap. 9.1 → Kap. 9.10 → Kap. 9.11 → Kap. 9.13

Die Frucht fressenden **Gibbons** bewohnen die tropischen Regenwälder Südostasiens. Sie leben in einer meist lebenslangen Partnerbindung. Durch aggressives Verhalten gegenüber gleichgeschlechtlichen Artgenossen binden die Tiere ihren Partner an sich. Zudem verteidigen sie einen Teil ihres bis zu 50 Hektar großen Streifgebiets gegen Artgenossen. Trotz der engen Paarbindung wird regelmäßig beobachtet, wie sich ein Tier in ein Nachbarrevier begibt, sich dort paart und zum Partner zurückkehrt.

Orang-Utans sind Baumbewohner. Sie leben als Einzelgänger in den Wäldern Nord-Sumatras und Borneos und ernähren sich hauptsächlich von Früchten. Die Männchen sind wesentlich größer als die Weibchen. Mit bis zu zehn Quadratkilometern sind die Streifgebiete männlicher Orang-Utans häufig mehr als doppelt so groß wie die der Weibchen. Das Streifgebiet eines voll ausgewachsenen Männchens schließt oftmals die Streifgebiete mehrerer Weibchen mit ein.

Schimpansen leben sowohl im Regenwald als auch in den trockeneren offenen Savannen Afrikas. Sie verbringen etwa 50 Prozent der Zeit auf dem Boden. Die Männchen zeigen ausgeprägte Sozialbeziehungen und gehen zusammen auf Nahrungssuche. Anschließend teilen sie die Ausbeute mit den Weibchen. Die Reviere werden gemeinsam verteidigt. Die Weibchen paaren sich mit vielen Männchen und die Männchen mit vielen Weibchen. Dies verhindert eine Aggression gegenüber Neugeborenen, da so eine Vaterschaft durch viele Männchen möglich sein könnte. Der weibliche Nachwuchs wandert in andere Gruppen, männliche Nachkommen bleiben in der Gruppe.

4 *Sozial- und Paarungssystem bei a) Gibbons, b) Orang-Utans, c) Schimpansen*

1. Paarungssysteme.

a) Definieren Sie die Begriffe in Abbildung 2. Vergleichen Sie die Paarungssysteme der vier Menschenaffenarten (Abb. 1 – 4).

b) Erläutern Sie die Evolution der Paarungssysteme (Abb. 3, 4). Benennen Sie diese mithilfe von Abbildung 2.

c) Entwickeln Sie Hypothesen zu den Kosten und den Nutzen der unterschiedlichen Paarungssysteme (Abb. 2).

2. Schlüsselstrategien.

a) Erläutern Sie die folgenden Aussagen:
1. Die „Schlüsselstrategie" weiblicher Primaten ist eine Nahrungsstrategie. 2. Die „Schlüsselstrategie" männlicher Primaten ist eine Paarungsstrategie.

b) Beurteilen Sie, inwieweit das Experiment in Abbildung 5 die Aussagen zu den „Schlüsselstrategien" von weiblichen und männlichen Primaten stützt oder widerlegt.

Auf einer kleinen Insel wurden entweder männliche oder weibliche Graurötelmäuse in Drahtkäfigen in verschiedenen räumlichen Mustern verteilt. Wenn in den Käfigen Weibchen weiträumig verteilt wurden, dann folgten ihnen die Männchen, indem sie ihre Streifgebiete ausweiteten.
Wenn die Käfige nah beieinander standen, dann konzentrierten sich auch die Männchen an diesen Stellen. Bei einer Veränderung der räumlichen Verteilung der Drahtkäfige der männlichen Tiere veränderten sich jedoch nicht die räumlichen Aktivitäten der Weibchen. Diese bleiben in ihren Streifgebieten und folgten den Männchen nicht.

5 *Modellexperiment zu geschlechtsspezifischen „Schlüsselstrategien" bei Graurötelmäusen*

→ M20 → B5 → Kap. 9.1 → Kap. 9.10 → Kap. 9.11 → Kap. 9.13

9.15 Das Sozialverhalten der Primaten II

1 *Familie beim Menschen*

2 *Familie bei Gorillas*

Grundsätzlich ist das Verhalten des Menschen durch seine Lernfähigkeit geprägt. Es gibt jedoch auch viele genetisch bedingte Verhaltensaspekte. Hierzu gehören zum Beispiel die Mimik des Menschen und Teile des Sexualverhaltens. Monogamie ist unter Säugetieren eher untypisch. Bei weniger als einem Zehntel der Arten leben ein Männchen und ein Weibchen monogam zusammen und paaren sich in der Regel ausschließlich miteinander. Bei den Primaten schätzt man, dass etwa 30 Prozent der Spezies paarweise zusammenleben. Sexuelle Treue zum Partner zeigen hingegen nur wenige Arten. Beim Menschen beruht die Paarbindung auf einer Angepasstheit im Laufe der Evolution, die den Evolutionserfolg des Menschen entscheidend mitbestimmt hat. Monogamie ist dann vorteilhaft, wenn beide Partner sich um den Nachwuchs kümmern (Abb. 1).

Das Sexualverhalten des Menschen wird sowohl durch Hormone als endogene Faktoren als auch durch bestimmte Reize als exogene Faktoren gesteuert. Beim Menschen herrscht wie bei den meisten Tieren vermutlich ein Geschlechterkonflikt. Polygyne Männer haben ein höheres Fortpflanzungspotenzial durch wechselnde Partnerinnen als monogam lebende Männer. Eine Frau kann zudem sicher sein, dass ein von ihr geborenes Kind ihr eigenes ist, während bei einem Mann die Vaterschaft theoretisch angezweifelt werden kann.

Es gibt verschiedene Hinweise darauf, dass das ursprüngliche Paarungssystem des Menschen polygyn war. Im weltweiten Vergleich herrscht die Polygynie als Eheform in menschlichen Gesellschaften vor, Monogamie ist weniger verbreitet und Polyandrie ist sehr selten (Abb. 4). In abgelegenen engen Tälern im Himalaya ist Polyandrie beispielsweise üblich. Das hat Vorteile für die Familien. So wirkt Polyandrie als eine Art natürliche Geburtenkontrolle. Wenn sich mehrere Männer eine Frau teilen, werden weniger Kinder geboren, als wenn diese Männer jeweils eine eigene Familie gründen.

Gorillas leben in Gruppen zusammen (Abb. 2). In jeder Gruppe gibt es meist nur ein ausgewachsenes Silberrücken-Männchen, seltener auch zwei oder drei. In diesem Fall übernimmt ein Männchen die dominante Rolle. Es ist das einzige, das sich fortpflanzt. Mehrere Weibchen samt ihrem Nachwuchs, und meist auch ein oder mehrere junge Männchen, die Schwarzrücken, ergänzen die Gruppe. Im Gegensatz zu vielen anderen Primaten verlassen bei den Gorillas nicht nur die Männchen, sondern auch die Weibchen ihre Geburtsgruppe beim Heranwachsen. So sind Weibchen einer Gruppe meist nicht miteinander verwandt. Die Weibchen bleiben nach dem Verlassen ihrer Geburtsgruppe nicht lang allein. Sie schließen sich schnell einer bestehenden Gruppe oder einem jungen Männchen an. Männchen, die ihre Geburtsgruppe verlassen haben, wandern oft mehrere Jahre allein umher. Einige dieser Männchen versuchen eine eigene Gruppe zu gründen, indem sie einige Weibchen um sich versammeln. Andere Männchen übernehmen die Führungsrolle in einer bereits bestehenden Gruppe. Das Männchen tötet dann die von dem vorherigen Männchen gezeugten Jungtiere. Durch diesen Infantizid erhöht es seinen Fortpflanzungserfolg, da die Weibchen während der Stillzeit unfruchtbar sind und in der Folge schnell wieder empfängnisbereit werden. Das Paarungsverhalten der Gorillas ist grundsätzlich polygyn. Es kommt jedoch aus verschiedenen Gründen immer wieder zu Ausnahmen.

→ M20 → B5 → Kap. 9.1 → Kap. 9.7 → Kap. 9.10 → Kap. 9.11 → Kap. 9.13 → Kap. 9.14

Art	Hodengewicht (% Körpergewicht)	Sexualdimorphismus (Männchen = 100 %)	Paarungssystem
Gibbon	0,1	100 %	monogam
Orang-Utan	0,05	54 %	polygyn
Gorilla	0,02	58 %	polygyn
Schimpanse	0,27	87 %	polygynandrisch
Mensch	0,06	83-87 %	

3 *Daten zur Sexualbiologie der Primaten (Sexualdimorphismus: Unterschied im Erscheinungsbild von Männchen und Weibchen)*

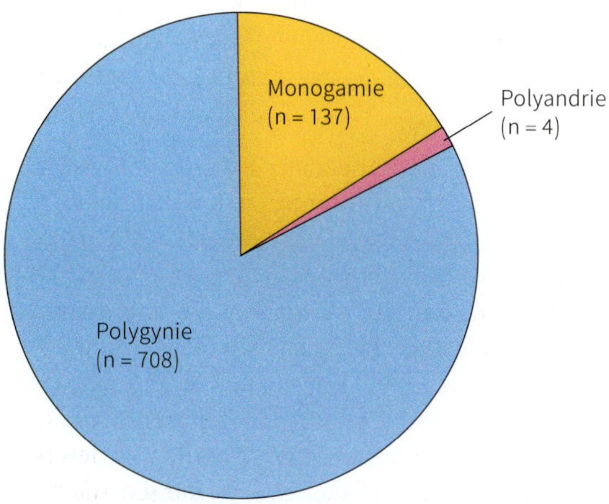

4 *Verteilung der Eheformen in 849 menschlichen Gesellschaften*

1. Das Paarungssystem des Menschen.
Werten Sie die Abbildungen 3 und 4 hinsichtlich des ursprünglichen Paarungssystems des Menschen aus.

2. Eifersucht beim Menschen. In menschlichen Partnerschaften kann es zu einem Gefühl der Eifersucht kommen. Die Gründe für die Eifersucht sind aus der Sicht von Männern und Frauen in der Regel unterschiedlich. Entwickeln Sie unter Bezug auf den Geschlechterkonflikt Hypothesen zur Erklärung dieses Phänomens.

3. Kooperation bei Anubispavianen.
a) Werten Sie die in Abbildung 5 dargestellten Untersuchungsergebnisse aus.
b) Erklären Sie anhand von Abbildung 5, weshalb sich das rangtiefere Männchen B an den Allianzen beteiligt, obwohl es sich selbst nur äußerst selten paaren kann.

Die zu den Primaten gehörenden Anubispaviane leben in Gruppen mit mehreren Männchen und Weibchen. Ist ein Weibchen paarungsbereit, wird es ständig vom ranghöchsten Männchen begleitet und gegen die anderen 3 bis 9 Männchen der Gruppe verteidigt, die ebenfalls sexuelles Interesse an den Weibchen haben. Hin und wieder wird beobachtet, dass sich 2 rangtiefere Männchen zusammentun, gemeinsam das Alpha-Männchen angreifen und es manchmal erfolgreich vom Weibchen vertreiben. Anschließend paart sich einer der beiden Angreifer mit dem Weibchen. Oft tun sich wiederholt dieselben beiden Männchen für solche Allianzen zusammen.

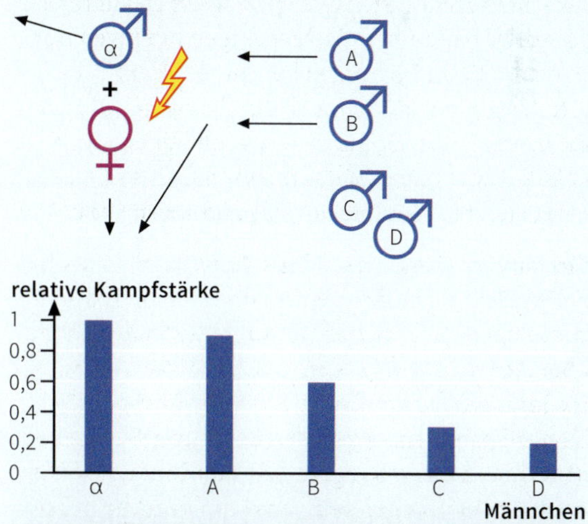

Beobachtungszeitraum	Weibchen ging nach den Kämpfen an	
	Männchen A	Männchen B
1	11 mal	0 mal
2	6 mal	1 mal
3	2 mal	0 mal

5 *Männchenallianzen bei Anubisaffen (Untersuchungsergebnisse)*

→ M20 → B5 → Kap. 9.1 → Kap. 9.7 → Kap. 9.10 → Kap. 9.11 → Kap. 9.13 → Kap. 9.14

Wiederholen · Üben · Festigen

Dieser Abschnitt bietet Hilfestellungen zur eigentätigen oder arbeitsteiligen Organisation Ihrer Wiederholungen in dem Lernbereich "Verhaltensökologie – Evolution und Angepasstheit von Verhalten", zum Beispiel vor Klausuren oder umfassender im Vorfeld der Abiturprüfung. Die Kompetenzen aus diesen Bereichen des Fachlehrplans Biologie 12 für das Gymnasium in Bayern sind nachfolgend angegeben. In der Tabelle sind die Kernabschnitte aus diesem Buch zur Wiederholung der jeweiligen Grundlagen genannt. Kompetenzen des Fachlehrplans, die zusätzlich zu den Kompetenzen für Kurse auf grundlegendem Anforderungsniveau für Kurse auf erhöhtem Anforderungsniveau ausgewiesen sind, sind fett gedruckt dargestellt.

Nr.	Kompetenzen laut Fachlehrplan Biologie 12 für das Gymnasium in Bayern Die Schülerinnen und Schüler...	W-Ü-F-Aufgaben	Abschnitte in diesem Buch
1	erklären das Auftreten verschiedener Verhaltensweisen, indem sie deren Einfluss auf die Gesamtfitness des Lebewesens beurteilen.	1a, 1b, 2, 3b, 3c, 3d, **5b**	B2, B5, 9.1, 9.2, 9.3, 9.4, 9.12, M20
2	wenden Methoden der verhaltensökologischen Forschung an, um Verhaltensweisen zum Überleben des Individuums bei Kooperation, Kommunikation, Aggression und Fortpflanzung zu analysieren und deren Bedeutung für die Weitergabe der genetischen Information zu erklären.	1a, 1b, 2, 3b, 3c, 3d, **5a**	B2, B3, B4, B5, 9.4 bis 9.11, M20
3	**analysieren das Sozialverhalten der Primaten im Hinblick auf exogene und endogene Ursachen, um ausgewählte menschliche Verhaltensweisen zu erklären. Dabei treten sie einseitig biologistischen Erklärungsansätzen kritisch gegenüber.**	1a, 1b, **3a,** 3b, 3c, 3d, **4, 5a, 5b, 6, 7**	B3, B4, **9.13, 9.14, 9.15,** M20

Direkte reproduktive Fitness, indirekte reproduktive Fitness, Kosten-Nutzen-Analyse, Optimalitätsmodell, vergleichende Methode, Überleben des Individuums, energieeffizientes Verhalten, Nahrungserwerb, Habitatwahl, Kooperation, Altruismus, Verteidigung, Jungenaufzucht, **Kommunikation, Sender-Empfänger-Modell, Signale, Signalfälschung**, Aggression, Intensitätsstufen, Drohen, Kommentkampf, Beschädigungskampf, Aggressionskontrolle, Rangordnung, Territorialität, Partnerwahl, Handicap-Prinzip, Paarungssysteme, Monogamie, Polygamie, Elternaufwand, Brutpflege, Eltern-Kind-Konflikt, **Sozialverhalten von Primaten (inkl. Mensch), exogene Ursachen, endogene Ursachen, Fortpflanzungsverhalten, Kooperationsverhalten, Kommunikationsverhalten, Aggressionsverhalten.**

1 *Begriffskasten „Verhaltensökologie – Evolution und Angepasstheit von Verhalten"*

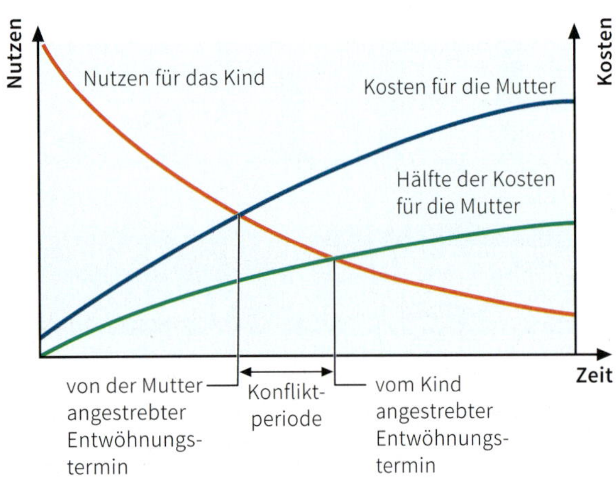

2 *Theorie des Eltern-Kind-Konfliktes am Beispiel Berberaffen*

Webcode WES-105475_332

1. Schlüsselbegriffe.

a) Erläutern Sie die in Abbildung 1 genannten Begriffe.

b) Erstellen Sie eine Concept-Map zu dem Thema „Verhaltensökologie – Evolution und Angepasstheit von Verhalten". Verwenden Sie dabei die Begriffe in Abbildung 1. Die zusätzlichen Begriffe für das erhöhte Niveau sind jeweils fett gedruckt dargestellt.

2. Kosten-Nutzen-Analyse: Eltern-Kind-Konflikt.

Stillen ist energieaufwändig. Analysieren Sie Kosten und Nutzen des Stillens hinsichtlich der Konsequenzen für die reproduktive Fitness bei Berberaffen (Abb. 2).

3. Verhaltensweisen von Primaten.

a) Erläutern Sie exogene und endogene Ursachen für das Sozialverhalten von Primaten.

b) Beobachten und dokumentieren Sie anhand eines Videos geschlechtsspezifische Verhaltensweisen von Primaten und leiten Sie deren adaptiven Wert ab. Recherchieren Sie in digitalen Quellen nach Videos zum Verhalten von Tieren. Geben Sie bei der Suche ein: "das Aussehen und das Verhalten von Tieren in Zoos und im Freiland". Berücksichtigen Sie dabei auch die Eingabe der Anführungszeichen.

c) Erläutern Sie an einem selbst gewählten Beispiel die beiden Begriffe „ultimat" und „proximat". Vermeiden Sie dabei finale Aussagen.

d) Erklären Sie die Maximierung der reproduktiven Fitness anhand von Paarungssystemen bei Primaten funktional.

→ M4 → M8

4. Modellvorstellung zur Individualselektion.
Beschreiben Sie die Abbildung 3. Erläutern Sie, weshalb es sich bei der „Arterhaltung“ nicht um eine Strategie, sondern allenfalls um einen Nebeneffekt individualselektiver Verhaltensweisen handelt.

5. Infantizid bei Hanuman-Languren.
a) Beschreiben Sie, was man unter "Infantizid" versteht.
b) Bestätigen Sie mithilfe der Daten in Abbildung 5 die Hypothese, dass bei Hanuman-Languren der Infantizid nach der Übernahme eines Harems die reproduktive Fitness des neuen Residenten erhöht.

6. Der naturalistische Fehlschluss. Die einfache Übertragung von Erkenntnissen, die man an anderen Tierarten gewonnen hat, auf den Menschen ist kritisch zu hinterfragen. Ein solches Vorgehen, das aus der reinen Beschreibung eines biologischen Ist-Zustands ein normatives So-soll-es-Sein ableitet, bezeichnet man als naturalistischen Fehlschluss. Begründen Sie auf dieser Grundlage, weshalb es problematisch ist, Beobachtungen zum Verhalten von Tieren auf das menschliche Verhalten zu übertragen.

7. Intrasexuelle Selektion bei Menschenaffen. Die intrasexuelle Selektion wirkt auf Merkmale, die bei der Konkurrenz zwischen Mitgliedern desselben Geschlechts um Zugang zu Paarungspartnern beteiligt sind.
Intrasexuelle Selektion wirkt nicht nur vor der Paarung. Paart sich beispielsweise ein Weibchen mit mehr als einem Männchen, so ist das Männchen im Vorteil, dessen Spermien mit einer höheren Wahrscheinlichkeit die Eizellen befruchten. Diese Wahrscheinlichkeit ließe sich durch die Produktion einer größeren Spermienmenge in größeren Hoden erhöhen (Abb. 4).
Begründen Sie für die in Abbildung 4 genannten Arten aus der Gruppe der Primaten, ob sie eher monogam, polygyn oder polygynandrisch leben.

Art	Masse der Hoden (% Körpermasse)	Sexualdimorphismus (Männchen = 100 %)
Gibbon	0,10	100 %
Orang-Utan	0,05	54 %
Gorilla	0,02	58 %
Schimpanse	0,27	87 %

4 *Relative Masse der Hoden und Sexualdimorphismus bei Menschenaffen*

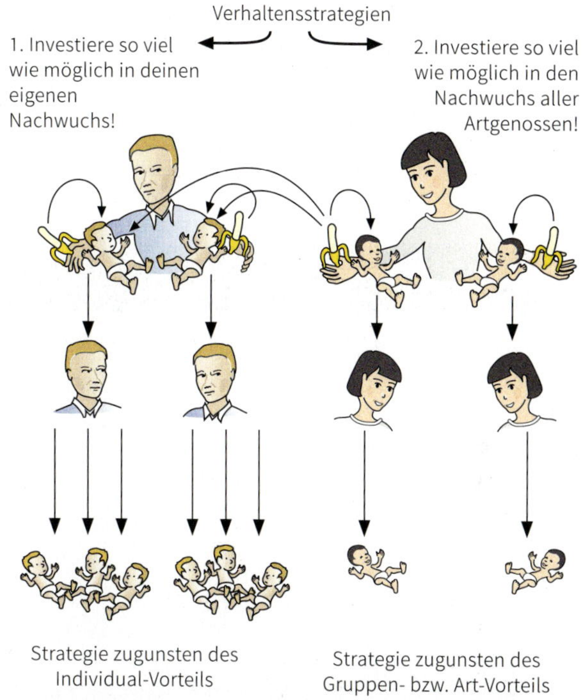

3 *Modellvorstellung: Individualselektion versus „Arterhalter“*

Alter der getöteten Jungtiere:	67 % sind nicht älter als 6 Monate 82 % sind nicht älter als 9 Monate Durchschnitt: 4,8 Monate
Anteil der nicht mit dem Töter verwandten Opfer:	mind. 95 %
Anteil der vom Töter gezeugten Jungtiere nach einem Infantizid:	ca. 75 %
Anteil der männlichen Opfer:	ca. 65 %
Zwischengeburtenabstand (normal):	15,6 Monate
Zwischengeburtenabstand (nach Infantizid):	12,4 Monate
Alter bei erster Schwangerschaft:	37 Monate
Erste Paarungsbereitschaft nach einer Geburt:	3,5 Monate nach der Geburt
Dauer der Schwangerschaft:	6,6 Monate
Residenzdauer eines Männchens:	27 Monate (aber: 38 % länger als 36 Monate)

5 *Daten zum Infantizid bei Hanuman-Languren in Jodhpur (Indien) (Durchschnittswerte)*

K Klausuraufgaben

Der Schimpansenkrieg von Gombe in Tansania fand in den Jahren 1974 bis 1978 statt. Beteiligt waren die Kasakela-Gruppe im nördlichen Teil des Nationalparks sowie die Kahama-Gruppe im südlichen Teil. Beide Gruppen gingen aus derselben Gemeinschaft hervor, die an Mitgliederzahl zugenommen hatte und sich schließlich teilte. Innerhalb der ursprünglichen Gemeinschaft kam es bereits 1971 zu größeren Spannungen. Es bildeten sich im Jahr 1973 zwei rivalisierende Gruppen. Dieses Ereignis bildete den Auftakt mehrerer überaus brutaler Überfälle. Die Kahama-Gruppe bestand zu Beginn der Auseinandersetzungen aus sechs ausgewachsenen und einem jugendlichen Männchen sowie aus drei ausgewachsenen Weibchen mit ihrem im Kindes- oder Säuglingsalter befindlichen Nachwuchs. Die Kasakela-Gruppe bestand aus zwölf erwachsenen Weibchen mit Jungtieren sowie acht ausgewachsenen Männchen.

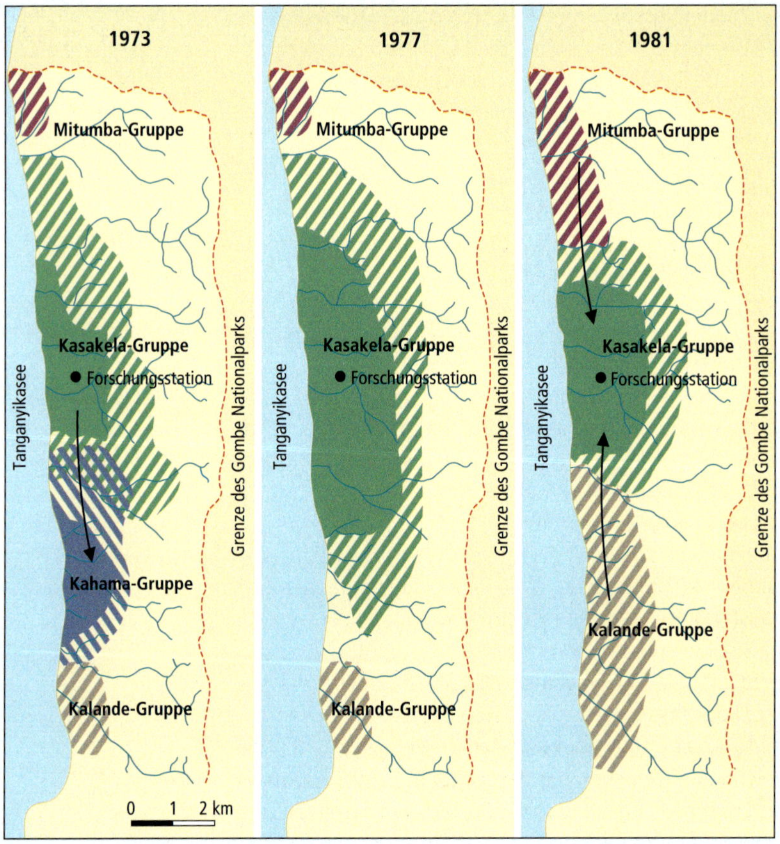

Der erste Angriff startete am 7. Januar 1974. Sechs Männchen der Kasakela-Gruppe umstellten ein Männchen der Kahama-Gruppe. Sie schlugen ihn, traten und bissen, bis es an den Verletzungen starb. Die kriegerischen Auseinandersetzungen endeten erst 1977 mit der Ausrottung aller Männchen der Kahama-Gruppe. Ein Weibchen der Kahama-Gruppe fiel den Angriffen zum Opfer, zwei andere Weibchen gelten als verschollen und drei wurden in die Kasakela-Gruppe integriert. Im Jahr 1981 wurde die Kasakela-Gruppe angegriffen.

1 *Der "Schimpansenkrieg" von Gombe*

1. Der Schimpansenkrieg von Gombe. Die britische Verhaltens- und Primatenforscherin JANE GOODALL beobachtete, dass Schimpansenmännchen ihr ganzes Leben lang in der Gruppe bleiben, in der sie geboren wurden. Schimpansenweibchen können dagegen in andere Gruppen wechseln, sobald sie geschlechtsreif werden.

a) Beschreiben Sie die Veränderungen der verschiedenen Schimpansen-Territorien von 1973 bis 1981.

b) Erklären Sie allgemein, was unter intra- und interspezifischer Aggression zu verstehen ist.

c) Kosten und Nutzen sind in einer hierarchisch gegliederten Gruppe unterschiedlich verteilt. Rangniedere Individuen akzeptieren ihre Position, da der Nachteil des geringeren Fortpflanzungserfolgs ausgeglichen wird. Aggressive Auseinandersetzungen sind daher selten. Begründen Sie dies.

d) Erläutern Sie mögliche Gründe, weshalb es im Jahr 1973 zur Bildung der Kahama- und der Kasakela-Gruppe sowie zum Ausbruch des Schimpansenkriegs kam.

e) Stellen Sie dar, wie sich in einer Schimpansengruppe ein rangniederes Tier bei der Begegnung mit einem ranghöheren Artgenossen verhält.

f) Entwickeln Sie eine Hypothese, warum die Formen intraspezifischer menschlicher Aggressionen meist komplexer sind als bei Tieren. Begründen Sie ausführlich.

2 *Affen können lachen*

ERKENNTNISGEWINNUNG NACHVOLLZIEHEN

Die gelb-orange-rote Schnabelfärbung männlicher Amseln wird durch die Einlagerung von Carotinoiden erzeugt. Carotinoide besitzen außerdem eine wichtige Funktion bei der Immunabwehr.

Hypothese

Bei Parasitenbefall nutzen männliche Amseln Carotinoide bevorzugt für ihre Immunabwehr statt für die Färbung ihrer Schnäbel.

Beobachtung

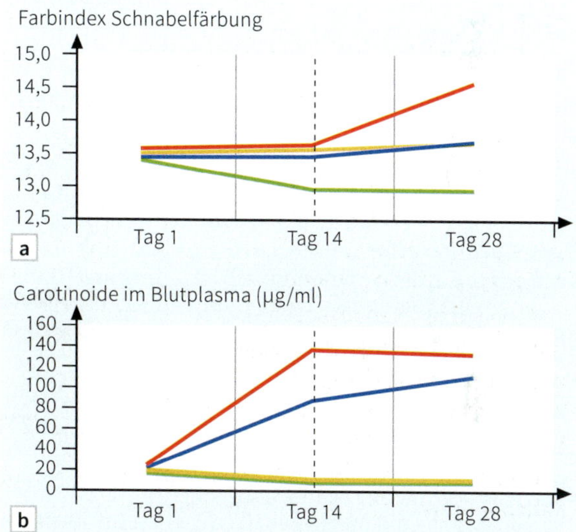

Veränderungen (a) der Schnabelfärbung und (b) des Carotinoidgehalts im Blutplasma in Abhängigkeit von der Verfügbarkeit von Carotinoiden und der Infektion mit einem Krankheitserreger.
Rot: Zufütterung von Carotinoiden ab Tag 1, nicht infiziert; blau: Zufütterung von Carotinoiden ab Tag 1, mit Parasiten künstlich infiziert; grün: keine Zufütterung von Carotinoiden, mit Parasiten künstlich infiziert; gelb: keine Zufütterung von Carotinoiden, nicht infiziert.

3 *Experiment zur Kosten-Nutzen-Abwägung*

2. "Ehrliche" und "unehrliche" Signale. Damit auslösende Reize bei Tieren ein bestimmtes Verhalten hervorrufen, muss dafür eine Handlungsbereitschaft bestehen (Abb. 2). Letztere hängt auch beim Menschen von endogenen und exogenen Faktoren ab. Endogene Faktoren, die Anteilnahme oder ein aggressives Verhalten auslösen, können beispielsweise der Hormonspiegel oder der Kräftezustand sein. Exogene Faktoren können zum Beispiel die Signale anderer Menschen, zeitliche Einflüsse oder die Verfügbarkeit von Ressourcen darstellen. Bei der Wahl ihrer Paarungspartner orientieren sich die Weibchen häufig an auffälligen sekundären Geschlechtsmerkmalen, welche die Männchen nur dann bilden können, wenn sie gut ernährt und gesund sind. Das lässt erwarten, dass sie diese Gesundheit auch an die Nachkommen weitergeben. Man bezeichnet solche Merkmale auch als "ehrliche" Signale. Sie spiegeln den tatsächlichen körperlichen Zustand von Lebewesen wider und sind nicht zu fälschen.

a) Erläutern Sie an einem selbst gewählten Beispiel, was man unter Signalfälschung versteht.

b) Werten Sie das Experiment zur Kosten-Nutzen-Abwägung bei Amseln in Abbildung 3 aus.

c) Begründen Sie, weshalb es sich bei der Schnabelfärbung männlicher Amseln um ein "ehrliches" Signal handelt (Abb. 3).

d) Menschen lachen vielfältig. Die Ausdrucksform des Lachens hat dem Menschen im Lauf der Evolution wahrscheinlich einen entscheidenden Überlebensvorteil gesichert, so eine Theorie der Forschenden. Wer nicht fähig war, seine friedlichen Absichten durch ein Lächeln zu demonstrieren, wurde öfter in Kämpfen verletzt und fiel dann für eine oder mehrere Fortpflanzungsperioden aus. Wer auch mal scheinheilig lächelt, kommt in Gruppen leichter ans Ziel. Er solidarisiert sich, zeigt Loyalität und in gewisser Weise zeigt er sogar Nachsicht, Höflichkeit und soziale Größe. Es zeigte sich, dass Rhesusaffen die gleichen Muskeln bewegen wie der Mensch. Aber die Funktion ist oft eine ganz andere. Was bei Menschen als Lächeln gilt, ist bei Rhesusaffen zum Beispiel ein Ausdruck von Unsicherheit oder Angst. Erläutern Sie am Beispiel des Lachens oder Lächelns bei Primaten, warum "ehrliche" wie auch "unehrliche" Signale eine Selektionswirkung haben.

Glossar

Abiotische Umweltfaktoren gehören zur unbelebten Umwelt eines Organismus. Windstärke, Luftfeuchtigkeit, Lichtintensität, Temperatur, pH-Wert und Gehalt an verfügbarem Wasser im Boden sind Beispiele für abiotische Umweltfaktoren einer Pflanze.

Abundanz wird meist als Individuendichte bzw. Häufigkeit von Lebewesen einer Art in ihrem Lebensraum oder bezogen auf eine Flächeneinheit verstanden (Individuenabundanz). Die Artenabundanz bezeichnet dagegen die Zahl der verschiedenen Arten je Flächeneinheit.

adaptive Radiation: So nennt man die meist in relativ kurzen erdgeschichtlichen Zeiträumen verlaufende Auffächerung einer Art in zahlreiche Arten (z. B. Darwinfinken). Im Verlauf der adaptiven Radiation werden unterschiedliche ökologische Nischen besetzt, die vorher nicht realisiert waren. (siehe auch ökologische Nische, Artbildung)

aDNA: (engl. ancient, alt) alte DNA(-Bruchstücke), z. B. aus Fossilien.

Alleldrift: ist ein Evolutionsfaktor, also einer der Faktoren, die die Genfrequenzen im Genpool einer Population verändern. Bei Gendrift handelt es sich um zufällige Veränderungen der Genfrequenz (bzw. Allelfrequenz) im Genpool einer Population, z. B. durch Umweltkatastrophen, bei denen nur wenige Individuen überleben oder bei Gründung einer kleinen Population in einem neuen Lebensraum, zum Beispiel einer Insel.

Allele sind Varianten eines bestimmten Gens, die für dasselbe Merkmal zuständig sind. (siehe auch Genvarianten)

Alternatives Spleißen ist ein Vorgang im Rahmen der Transkription eukaryotischer Gene, bei dem in kontrollierter Weise aus ein und denselben Primärabschriften eines Gens (prä-mRNA) unterschiedliche fertige mRNA-Moleküle entstehen, die durch Translation zu unterschiedlichen Proteinen führen.

Altruismus beschreibt das freiwillige, selbstlose Verhalten eines Individuums einem anderen Individuum zu helfen.

Aminosäuresequenz heißt die genetisch festgelegte Abfolge der verschiedenen Aminosäuren in einem Protein. Die Aminosäuresequenz wird auch als Primärstruktur eines Proteins bezeichnet. Sie bedingt maßgeblich die dreidimensionale räumliche Struktur eines Proteins und damit seine Funktion.

Amniozentese ist die Untersuchung von Fruchtwasser aus der Fruchtblase, in der der Embryo heranwächst. Mithilfe einer feinen Kanüle wird durch die Bauchdecke der Mutter eine kleine Menge Fruchtwasser entnommen. Es enthält auch Zellen des Embryos. Sie werden auf Gen- und Chromosomenveränderungen untersucht.

Analogien: Strukturen oder Merkmale bei verschiedenen Arten, deren Ähnlichkeit auf gleicher Funktion, nicht jedoch auf gemeinsamer Abstammung basiert, bezeichnet man als analog. Analogien werden auch als Anpassungsähnlichkeiten bezeichnet. (im Gegensatz dazu siehe auch Homologie)

Angepasstheiten sind vorteilhafte Merkmale, mit denen Lebewesen an ihre Umwelt angepasst sind. Sie sind im Laufe der Evolution durch natürliche Auslese entstanden. Sie sind genetisch bedingt und tragen zum Fortpflanzungserfolg (reproduktive Fitness) bei.

Anthropogene Beeinflussung von Ökosystemen meint die vom Menschen ausgehenden Einflüsse auf Ökosysteme.

Antibiotika (Singular: Antibiotikum) sind Stoffe, die das Wachstum von Mikroorganismen wie Bakterien hemmen oder sie abtöten.

Anticodon: Das Nukleotidtriplett in einem tRNA-Molekül, das zu einem Codon in der mRNA komplementär ist.

Antigene sind alle Substanzen, die an spezifische Antigenrezeptoren an der Oberfläche von T- und B-Lymphocyten nach dem Schlüssel-Schloss-Modell binden und in der Folge eine spezifische humorale und/oder zelluläre Immunantwort hervorrufen. (siehe auch Immunabwehr)

Antigenrezeptoren: siehe Immunabwehr

Antikörper sind von differenzierten B-Lymphocyten (Plasmazellen) gebildete und freigesetzte Proteine von Y-förmiger Gestalt mit zwei Bindungsstellen für ein spezifisches Antigen. (siehe auch Schlüssel-Schloss-Modell)

Art: Nach einer häufig gebrauchten Definition versteht man unter einer biologischen Art alle Populationen, deren Mitglieder sich untereinander fruchtbar fortpflanzen können, die fruchtbare Nachkommen haben und die von anderen Populationen reproduktiv isoliert sind.

Artbildung: Bei der allopatrischen Artbildung wird durch eine räumliche Barriere (z. B. Gletscher während der Eiszeit in Mitteleuropa) der Genfluss zwischen Populationen der gleichen Art unterbunden. Die räumliche Trennung führt zu einer getrennten Evolution der Populationen. Wenn sich die Populationen im Laufe der Zeit durch Mutation, Rekombination und Selektion und damit einhergehender Veränderung von Genfrequenzen so weit auseinander entwickelt haben, dass sie hinsichtlich der Fortpflanzung isoliert sind, spricht man von Arten. Bei der sympatrischen Artbildung können sich neue Arten in ein und demselben Gebiet, also ohne räumliche Trennung in Populationen, bilden. (siehe auch Art, Isolationsmechanismen)

ATP-ADP-System: ATP (Adenosintriphosphat) speichert chemische Energie und ist der wichtigste Überträger für Energie im Zellstoffwechsel aller Lebewesen. Die Hydrolyse von ATP zu ADP (Adenosindiphosphat) und einem Phosphatrest ist eine exergonische, Energie freisetzende Reaktion, die Bildung von ATP aus ADP und einem Phosphatrest ist eine endergonische, Energie benötigende Reaktion.

Autosomen sind die Chromosomen eines Chromosomensatzes, die nicht zu den Geschlechtschromosomen (Gonosomen) gehören.

Autosomaler Erbgang: Wenn das betreffende Gen bzw. die Allele auf einem der 22 Autosomenpaare codiert sind, spricht man von einem autosomalen Erbgang. Der Erbgang erfolgt unabhängig vom Geschlecht.

Bakterien sind mikroskopisch kleine, einzellige Lebewesen. Sie haben eine kugelige, spiralige oder stäbchenförmige Form. Bakterien gehören zur Gruppe der Prokaryoten. Sie haben keinen Zellkern und keine Zellorganellen wie Eukaryoten. Manche Bakterien sind Krankheitserreger. Die weitaus meisten von ihnen sind wichtige Glieder im Naturhaushalt, zum Beispiel bei der Zersetzung von toten Lebewesen.

Befruchtung heißt der Vorgang, bei dem die beiden haploiden Chromosomensätze der Spermienzelle und der Eizelle zum diploiden Chromosomensatz der Zygote verschmelzen. Im deutschen Embryonenschutzgesetz wird die Befruchtung als Beginn eines neuen Menschen betrachtet.

Biodiversität: Darunter versteht man die Vielfalt der Ökosysteme, die Vielfalt der Arten und die genetische Vielfalt innerhalb von Populationen. Biologische Vielfalt hat wirtschaftlichen, ökologischen sowie gesundheitlichen Wert und ist daher ein bedeutsamer Aspekt von Nachhaltigkeit.

Biologische Evidenzen sind empirisch, also durch experimentelle Daten sowie durch andere Befunde belegte biologische Sachverhalte.

Biologischer Artbegriff: siehe Art

Biotische Umweltfaktoren gehören zur belebten Umwelt eines Organismus, z. B. Konkurrenz durch Artgenossen, Fressfeinde, bakterielle Krankheitserreger, Einflüsse des Menschen.

Chromosomen enthalten die Erbinformation und kommen bei allen Eukaryoten im Zellkern vor. Chromosomen sind aus DNA und Proteinen zusammengesetzt. Der Mensch besitzt in jeder Körperzelle 46 Chromosomen. Davon sind 22 je zweimal vorhanden. Sie heißen Autosomen. Die beiden Chromosomen dieser Chromosomenpaare werden als homologe Chromosomen bezeichnet. Hinzu kommen Chromosomen, die das Geschlecht des Menschen bestimmen. Sie heißen daher Geschlechtschromosomen oder Gonosomen. Bei den Gonosomen unterscheidet man X- und Y-Chromosomen. Die Körperzellen des Menschen haben einen doppelten Chromosomensatz: 2 x 22 + XX bei einer Frau und 2 x 22 + XY bei einem Mann. Zellkerne mit einem doppelten Chromosomensatz nennt man diploid, die Zellkerne der Geschlechtszellen besitzen den einfachen (haploiden) Chromosomensatz. Die DNA-Doppelhelix bildet die Grundstruktur eines Chromosoms.

Codon: RNA-Nukleotidtriplett, das eine Aminosäure beziehungsweise ein Start- oder Stopsignal codiert.

Code-Sonne ist die Bezeichnung für eine Form der schematischen Darstellung des genetischen Codes. Mithilfe der Code-Sonne kann man der Abfolge von Basentripletts der mRNA die dadurch codierte Aminosäuresequenz eines Proteins zuordnen.

Concept-Map: Eine Concept-Map ist eine Begriffslandkarte, in der Beziehungen zwischen den Begriffen dargestellt werden, z. B. durch Beschriftung der verbindenden Pfeile.

CRISPR/Cas: Dies ist eine gentechnische Methode, um DNA gezielt zu schneiden und anschließend zu verändern.

Deontologische Argumentationsansätze innerhalb der Ethik stützen sich häufig auf kategorische, also unumstößlich erachtete Wahrheiten, höchste Prinzipien und absolut gesetzte Werte und Normen (z. B.: Menschen dürfen nicht in die Schöpfung eingreifen). Dabei wird eine Handlung unabhängig von ihren Konsequenzen beurteilt. (siehe auch ethische Analyse)

Deskriptive Aussagen sind rein beschreibende, wertfreie Aussagen.

Differenzielle Genaktivität bedeutet, dass in Zellen mit gleichem Genom verschiedene Gene aktiv sind.

Diploidie bedeutet, dass die Körperzellen eines Organismus den doppelten (diploiden) Chromosomensatz besitzen mit homologen Chromosomen mütterlicher und väterlicher Herkunft.

Dispersion ist die Verteilung der Individuen einer Population im Raum, z. B. zufällige Verteilung, regelmäßige Verteilung, gehäufte Verteilung.

Divergenz, divergente Entwicklung: (lat. divergere, auseinander streben) bedeutet im evolutionsbiologischen Zusammenhang das Verschiedenwerden von homologen Organen im Laufe der Zeit unter dem Einfluss der natürlichen Auslese als Angepasstheit an die Besetzung neuer ökologischer Nischen bzw. neuer Lebensräume. (Siehe auch Homologie)

DNA ist die Abkürzung für engl. "deoxyribonucleic acid", die Desoxyribonukleinsäure (DNS). DNA ist ein Kettenmolekül, das aus vielen hintereinander geknüpften Bausteinen, den Nukleotiden, besteht. In der DNA gibt es vier verschiedene Nukleotide, die sich in der enthaltenen Base unterscheiden: A = Adenin, T = Thymin, C = Cytosin, G = Guanin. Die Abfolge der Basen in einem DNA-Molekül bezeichnet ist die Basensequenz oder DNA-Sequenz. In ihr ist bei allen Lebewesen die genetische Information verschlüsselt. Ein DNA-Molekül besteht aus zwei Strängen, die sich schraubig umeinander winden, die Doppelhelix. Dabei bilden die Basen A und T sowie C und G jeweils ein Paar.

DNA-Microarray-Technik (DNA-Chip-Technik): Microarrays werden auf kleinen Glasplatten hergestellt, die in mehrere zehntausend Felder (engl. array, Kästchen) unterteilt sind. Die Technik der DNA-Microarrays (DNA-Chips) basiert auf dem Prinzip der komplementären Basenpaarung. Sie dient vor allem dazu, die Genaktivität zu analysieren und zu vergleichen. Der Grundgedanke ist, dass die Zusammensetzung der mRNA und die Menge identischer mRNA-Moleküle Aufschluss darüber geben, welche Gene aktuell abgelesen werden und wie häufig dies geschieht. Ein wichtiger Schritt bei der Durchführung ist es daher, die mRNA der zu untersuchenden Probe aus Zellen oder Gewebe zu isolieren.

Dominante Erbanlage: Erbanlage, die sich bei der Ausbildung des Phänotyps durchsetzt.

Dominant-rezessiv ist ein Erbgang dann, wenn bei Mischerbigkeit (Heterozygotie) ein Allel den Phänotyp bestimmt. Dieses Allel ist dominant. Das rezessive Allel trägt nicht zur Merkmalsausbildung bei.

Eltern-Investment meint in der Biologie alle Investitionen von Eltern zu Gunsten eines Nachkommen, die dessen Überlebenschancen und seinen Fortpflanzungserfolg (reproduktive Fitness) erhöhen.

Embryo: Bei Menschen und Tieren entwickelt sich aus der Zygote ein neuer Organismus, der als Embryo bezeichnet wird solange er sich in der Mutter bzw. in einer Eihülle oder Eischale befindet. Beim Menschen ist der Begriff Embryo ebenfalls die Bezeichnung für den heranwachsenden Menschen in der Gebärmutter während der ersten drei Schwangerschaftsmonate. Der Embryo oder Keimling ist bei Pflanzen der sich aus der Zygote entwickelnde Keim, der während seiner Entwicklung noch vom Nährgewebe des Samens ernährt wird.

endergonische Reaktion (endergone Reaktion): Eine endergonische Reaktion ist eine chemische Reaktion die nur unter Energiezufuhr verläuft. Damit sind Produkte der Reaktion immer energiereicher als die Edukte. (vergleiche auch exergonische Reaktion).

Endosymbiontentheorie: Unter Endosymbiose versteht man, dass ein Wirtsorganismus einen anderen Organismus aufnimmt. Dieser Endosymbiont lebt im Wirtsorganismus weiter. Endosymbiont und Wirt haben gegenseitigen Nutzen voneinander. Nach der Endosymbiontentheorie entstanden in der Frühzeit der Evolution der Eukaryoten durch Endosymbiose von atmenden Prokaryoten die Mitochondrien und durch Endosymbiose von Fotosynthese treibenden Prokaryoten die Chloroplasten. (siehe auch Chloroplasten, Mitochondrien)

Enzyme sind in lebenden Zellen gebildete Proteine, die als Biokatalysatoren die Gesamtheit der chemischen Umsetzungen im Organismus, seinen Stoffwechsel, steuern. Enzyme vermindern die benötigte Aktivierungsenergie, sodass chemische Reaktionen zum Beispiel schon bei normalen Temperaturen schnell ablaufen. Enzyme setzen an ihrem aktiven Zentrum Substrate zu Produkten um, ohne sich dabei bleibend zu verändern. Nur ein bestimmtes Substrat passt in das aktive Zentrum des Enzyms (Schlüssel-Schloss-Modell). Jedes Enzym katalysiert daher nur die Umsetzung eines ganz bestimmten Substrats (Substratspezifität) und führt nur eine spezielle chemische Reaktion durch (Wirkungsspezifität).

Epigenetik ist ein relativ junges Wissenschaftsgebiet, das sich mit dem Zusammenwirken von Genen und Umwelt, insbesondere mit Einflüssen der Umwelt auf die Regulation der Genaktivität bei Eukaryoten beschäftigt. Dabei wird auch danach gefragt, wie Festlegungen und Veränderungen in der Genaktivität von Zelle zu Zelle (also mitotisch) oder sogar von Generation zu Generation (meiotisch) weitergegeben werden. Anders als genetische Mutationen sind epigenetische Einflüsse auf die Genaktivität reversibel. Ein wichtiger epigenetischer Mechanismus ist die durch Umwelteinflüsse hervorgerufene Methylierung oder Demethylierung der DNA, insbesondere der Base Cytosin im Promotorbereich. Methylierung verhindert ein Ablesen des zugehörigen Gens.

Erbinformation: siehe genetische Information

Ethik ist das Nachdenken über Moral und gesellschaftliche Werte. Ethik fragt nach Gründen, warum eine Handlung gut oder schlecht, richtig oder falsch ist.

ethische Analyse (ethisches Bewerten): Ethik ist das Nachdenken über Moral und gesellschaftliche Werte. Ethik fragt auch nach Gründen, warum eine Handlung moralisch gut oder schlecht, richtig oder falsch sein soll. Eine ethische Analyse ist ein Verfahren zur moralischen Urteilsfindung. Ein Beispiel hierfür ist das Verfahren „Sechs Schritte moralischer Urteilsfindung“: 1. Definieren des geschilderten Dilemmas; 2. Aufzählen möglicher Handlungsoptionen; 3. Aufzählen ethischer Werte, welche die Handlungsoption impliziert; 4. Unterscheiden zwischen konsequenzialistischer und deontologischer Argumentationsweise; 5. Begründete Urteilsfällung und Diskussion andersartiger Urteile; 6. Aufzählen von Konsequenzen, die eigene und andere Urteile nach sich ziehen.

Erbkrankheiten beruhen auf Veränderungen von Erbanlagen durch Mutationen, die Krankheiten zur Folge haben. Wenn diese Veränderungen durch Vererbung an Nachkommen weitergegeben werden, spricht man von Erbkrankheiten.

Erbliche Stoffwechselstörungen wie Phenylketonurie oder Mukoviszidose entstehen durch mutierte Gene, deren genetische Information so verändert ist, dass die Bildung von entsprechenden funktionsfähigen Proteinen beeinträchtigt ist. Der Mangel an funktionsfähigem Protein führt zu einer Störung des Stoffwechsels.

Eukaryoten sind Lebewesen mit kompartimentierten Zellen, die in der Regel einen Zellkern sowie Zellorganellen enthalten. Eukaryotische Zellen können sich durch Zell- und Kernteilung (Mitose) verdoppeln, wobei die beiden Zellen untereinander genetisch identisch sind. Zu den Eukaryoten zählen alle Einzeller mit Zellkern sowie Pilze, Pflanzen, Tiere einschließlich des Menschen.

Evolution: Entwicklung von Arten aus anderen Formen von Lebewesen im Verlauf der Erdgeschichte. Die Evolution neuer Arten erfolgt allmählich in langen Zeiträumen durch natürliche Auslese.

Evolutionsfaktoren sind alle Prozesse, die die Genfrequenzen (Gen-Häufigkeiten) im Genpool einer Population verändern oder die zur Neukombination von Genen führen. Dazu zählen Rekombination bei der Geschlechtszellbildung, Mutationen, natürliche Selektion, Genfluss und Gendrift. (siehe Synthetische Evolutionstheorie, Artbildung)

Exergonische Reaktion (exergone Reaktionen) sind Energie freisetzende Reaktionen. Häufig ist eine exergonische Reaktion mit einer Energie benötigenden (endergonischen) Reaktion gekoppelt. Ein Beispiel für diese Kopplung ist das ATP-ADP-System. (siehe ATP-ADP-System)

Exons sind codierende Bereiche innerhalb eines eukaryotischen Gens bzw. innerhalb der Primärabschrift (prä-mRNA). Exons bleiben beim Spleißen der prä-mRNA in der fertigen mRNA erhalten und werden in eine Aminosäuresequenz translatiert. (siehe auch Proteinbiosynthese)

finale Begründungen: Hierbei wird ein Verhalten oder ein Phänomen von der beabsichtigten Wirkung her begründet. Diese Form ist nur korrekt, wenn es sich um die Erklärung einsichtigen Verhaltens handelt, welches ein Bewusstsein voraussetzt.

Gelelektrophorese heißt ein Trennverfahren für Protein- oder DNA-Gemische. Dabei wandern die geladenen Teilchen durch ein Gel in einem elektrischen Feld. Unterschiede in der Ladung und/oder der Größe der zu trennenden Teilchen führen zu unterschiedlich weiten Wanderungen im Gel in einem bestimmten Zeitraum.

Gen bezeichnet einen Abschnitt auf der DNA, der die Information für die Bildung eines Proteins enthält. Proteine sind an der Ausbildung von Merkmalen beteiligt.

Genaktivität: siehe Genexpression

genetische Information: umfasst die Gesamtheit der DNA eines Organismus

Genetische Variation (Variabilität) innerhalb einer Population ist eine wichtige Voraussetzung für evolutive Vorgänge im Sinne der Synthetischen Evolutionstheorie. Genetische Variation wird durch Rekombination bei der Bildung der Geschlechtszellen (Meiose) und der Befruchtung sowie durch Mutationen erhöht. (siehe auch Rekombination, synthetische Evolutionstheorie)

genetischer Code: Im genetischen Code ist die Zuordnung der Basentripletts der DNA zu den zwanzig Aminosäuren, die in Proteinen vorkommen, verschlüsselt.

Genexpression ist der Vorgang, bei dem genetische Information umgesetzt und in der Zelle ein funktionales Genprodukt hergestellt wird. Bei den proteincodierenden Genen ist das Genprodukt ein Protein. Entsprechend gehören die Schritte der Proteinbiosynthese (Transkription, Translation) zur Genexpression.

Genfrequenz ist die Häufigkeit, mit der ein bestimmtes Gen und seine Genvarianten (Allele) im Genpool einer Population vorkommen. Die Änderung von Genfrequenzen durch natürliche Selektion ist nach der Synthetischen Evolutionstheorie ein maßgeblicher Aspekt von Evolution.

Genmutationen sind Veränderungen in der Basensequenz eines Gens. Sie werden vereinfacht in zwei Untergruppen eingeteilt. Bei Punktmutationen wird eine Base eines Basentripletts durch eine andere Base ausgetauscht. Bei Leserastermutationen wird durch Hinzufügen oder Entfernen einer oder mehrerer Basen das Leseraster verändert.

Genom ist die Bezeichnung für die Gesamtheit der verschiedenen Gene einer Zelle eines Lebewesens. Meistens bezieht sich bei Eukaryoten der Begriff nur auf die Gene im Zellkern. Zusätzlich können auch die Gene in Chloroplasten und Mitochondrien gemeint sein.

Genotyp: Gesamtheit der Erbanlagen (Gene) eines Lebewesens.

Genpool: Damit wird die Gesamtheit aller Gene und ihrer Varianten (Allele) in einer Population bezeichnet.

Genregulation bedeutet die Regulation der Aktivität eines Gens, also im Rahmen der Proteinbiosynthese die Regulation der Transkription. Durch Genregulation wird wesentlich beeinflusst, wann, in welchen Zellen und wieviel von einem bestimmten Protein gebildet wird. Für Prokaryoten beschreibt unter anderem das Operon-Modell die Regelungsvorgänge. Bei Eukaryoten spielen Transkriptionsfaktoren eine wesentliche Rolle bei der Genregulation.

Gentechnik ist ein Teilgebiet der Biotechnologie. Dabei werden Gene isoliert, analysiert oder verändert. Genanalyse und Gentransfer sind gentechnische Verfahren, die in der Landwirtschaft, in der Medizin oder in der Industrie eingesetzt werden. Bei der Genanalyse werden genetische Informationen von Viren, Bakterien, Pflanzen, Tieren und Menschen analysiert und die Bedeutung von Genen im Organismus erforscht. Beim Gentransfer werden Gene isoliert und verändert sowie Gene zwischen Organismen verschiedener Arten übertragen.

Geschlechtszellen: siehe Keimzellen

Gonosomen sind die Chromosomen, die das Geschlecht bestimmen. Beim Menschen besitzt der Mann als Geschlechtschromosomen jeweils ein X- und Y-Chromosom, die Frau hingegen zwei X-Chromosomen.

Genvarianten (Allele) sind Varianten eines bestimmten Gens, die für dasselbe Merkmal codieren. Durch Mutationen besitzen Genvarianten im Vergleich mehr oder weniger unterschiedliche DNA-Basensequenzen, die zu unterschiedlichen Merkmalsausprägungen führen können. Jedes Chromosom trägt nur eine Genvariante eines bestimmten Gens. (siehe auch Allel).

Haploid sind Zellen, die einen einfachen Chromosomensatz besitzen. Die Geschlechtszellen des Menschen sind haploid.

Heterozygot (mischerbig) sind Lebewesen, die zwei verschiedene Allele für die Ausbildung eines Merkmals besitzen.

Hochdurchsatz-Sequenzierungen der Basensequenz erfolgen durch hochgradig automatisierte, zeitgleiche (parallele) Sequenzierung vieler DNA-Abschnitte sowie durch den Einsatz digitaler bioinformatorischer Software sehr schnell.

Homologe Chromosomen sind die einander entsprechenden nicht identischen Chromosomen väterlicher und mütterlicher Herkunft. Homologe Chromosomen paaren sich in der Meiose.

Homologien: Einander entsprechende Strukturen und Merkmale bei artverschiedenen Organismen, die auf gemeinsamer Abstammung (also einer gemeinsamen Stammart) und auf gemeinsamer genetischer Information basieren, werden als homolog bezeichnet. Ein Beispiel für Homologie sind die Vordergliedmaßen von Wirbeltieren. (im Gegensatz dazu siehe Analogien)

Homöostase: So bezeichnet man die Fähigkeit, unabhängig von den Schwankungen der Umwelt im Inneren von Zellen, Organen und Organismen annähernd gleich bleibende Bedingungen zu erhalten. Homöostase setzt Regelungsvorgänge voraus. Zellen, Organe und Organismen sind biologische Systeme, die über die Fähigkeit zur Regulation innerer Bedingungen verfügen. Zum Beispiel können viele Tiere den pH-Wert, den Salzgehalt und den Wassergehalt sowie den Gehalt an Glucose im Körper regulieren. Gleichwarme (thermoregulatorische) Tiere regulieren ihre Körpertemperatur. Durch die Fähigkeit zur Regulation werden Lebewesen unabhängiger von ungünstigen Außenbedingungen, zum Beispiel Hitze oder Kälte. (siehe auch Glucose-Homöostase).

Homozygot (reinerbig) sind Lebewesen, die zwei gleiche Allele für die Ausbildung eines Merkmals haben.

Horizontaler Gentransfer meint die Übertragung genetischer Information außerhalb der geschlechtlichen Fortpflanzung über Artgrenzen hinweg von einem Genom zu einem anderen Genom. Die Übertragung genetischer Information im Rahmen geschlechtlicher Fortpflanzung bezeichnet man als vertikalen Gentransfer.

hormonelle Informationsübertragung: Hormone sind Signalstoffe, die aus hormonbildenden Zellen geregelt freigesetzt und beim Menschen und bei Wirbeltieren mit dem Blut transportiert werden. Hormonmoleküle können nur an solchen Zielzellen Wirkung entfalten, die über spezifische Rezeptoren verfügen (Schlüssel-Schloss-Modell). Durch Signaltransduktion wird das extrazelluläre Signal in ein intrazelluläres Signal gewandelt und letztlich eine bestimmte Zellantwort hervorgerufen. Hormonsystem und Nervensystem arbeiten zusammen.

Identische Verdopplung der DNA: siehe semikonservative Verdopplung

Infektionskrankheiten: Krankheiten, die durch das Eindringen bestimmter Bakterien, Viren, Pilze und einiger anderer Mikroorganismen in den Körpern hervorgerufen werden.

Intermediärer Erbgang ist die Bezeichnung für einen Erbgang, bei dem beide Allele eines Gens an der Ausbildung eines Merkmals beteiligt sind (im Gegensatz dazu siehe Kodominanz).

Introns sind in eukaryotischen Genen die nicht codierenden Bereiche. Introns werden aus der Primärabschrift (prä-mRNA) beim Spleißen herausgeschnitten. (siehe auch Proteinbiosynthese, Exons)

Invasive Arten sind solche Arten, deren Vorkommen außerhalb ihres natürlichen Verbreitungsgebietes für die dort natürlich vorkommenden Ökosysteme, Biotope oder Arten ein erhebliches Gefährdungspotenzial darstellen. Ein Beispiel für eine invasive Art ist der Riesen-Bärenklau.

In-vitro-Fertilisation (IVF) bezeichnet die künstliche Befruchtung außerhalb des Körpers im Reagenzglas.

Isolationsmechanismen sind Barrieren, die eine erfolgreiche Fortpflanzung zwischen Vertretern verschiedener Populationen einschränken oder ganz verhindern. Man unterscheidet Isolationsmechanismen, die eine Befruchtung verhindern (u. a. ökologische, zeitliche, verhaltensbedingte und mechanische Isolation) von Isolationsmechanismen, die nach der Befruchtung wirken. Isolationsmechanismen spielen bei der Artbildung eine wichtige Rolle. (siehe auch Artbildung).

Karyogramm nennt man die übersichtlich geordnete Darstellung der Chromosomen eines Lebewesens. Dabei werden Chromosomen aus einer bestimmten Phase der Mitose, in der die Chromosomen als Zwei-Chromatid-Chromosomen vorliegen, dargestellt. Karyogramme sind wichtig für die genetische Beratung beim Menschen.

Keimzellen: Die im Laufe der Meiose gebildeten haploiden Zellen, die bei höheren Lebewesen der Fortpflanzung dienen

Kerntransfer ist ein Verfahren, bei dem ein isolierter Zellkern aus einer Körperzelle zum Beispiel in eine Eizelle übertragen wird, deren Zellkern zuvor entfernt wurde. Kerntransfer ist eine Methode, um künstliche Klone zu erzeugen.

Kladogramm: Darstellungsform eines Stammbaums die nur die Abfolge der Verzweigung nicht aber das Ausmaß der Divergenz berücksichtigt

Klon ist die Bezeichnung für Zellen oder Lebewesen, die genetisch identisch sind.

Koevolution nennt man die Evolution artverschiedener Organismen, die über lange Zeiträume intensiv miteinander in Wechselwirkung stehen und sich in ihrer Evolution gegenseitig beeinflussen. Koevolution spielt unter anderem in der Ausbildung von Symbiosen, parasitischen Wechselwirkungen und Nahrungsbeziehungen eine Rolle.

Koexistenz bezeichnet das Vorkommen von Vertretern mehrerer Arten in einem Lebensraum. Koexistenz ist insbesondere dann möglich, wenn die verschiedenen Arten unterschiedliche ökologische Nischen besetzen und zu starke Konkurrenz vermeiden.

Kodominanz beschreibt das Phänomen, dass zwei Allele eines Gens gleich stark auf den Phänotyp einwirken. Ein Beispiel ist die Vererbung der Blutgruppen beim Menschen. Es gibt drei Allele, A, B und 0, von denen jeder Mensch zwei besitzt. Die Allele A und B sind dominant über das Allel 0, das rezessiv ist. Sind beide Allele A und B vorhanden, so tragen sie gleichermaßen zum Phänotyp der Blutgruppe AB bei. Es liegt ein kodominanter Erbgang vor (im Gegensatz dazu siehe intermediärer Erbgang).

Kompartimentierung bezeichnet den Sachverhalt, dass ein biologisches System in voneinander abgegrenzte Räume unterteilt ist, in denen gleichzeitig verschiedene biologische Vorgänge stattfinden können. Eukaryotische Zellen besitzen zahlreiche membranumgrenzte Kompartimente.

komplementäre Basenpaare: Unter einem Basenpaar versteht man zwei sich ergänzende, zueinander komplementäre Basen der DNA oder RNA. Jede Base eines DNA-Moleküls kann aufgrund ihrer molekularen Struktur nur mit jeweils einer bestimmten anderen Base über Wasserstoffbrücken eine Paarung eingehen: Adenin mit Thymin (A-T) und Guanin mit Cytosin (G-C). In RNA wird statt Thymin Uracil (U) eingebaut. DNA-Basenpaarung ist ein Beispiel für das Schlüssel-Schloss-Modell.

Konkurrenz bedeutet Wettbewerb um knappe Lebensgrundlagen (Ressourcen). Sie findet als interspezifische Konkurrenz zwischen Vertretern verschiedener Arten oder als intraspezifische Konkurrenz zwischen Mitgliedern einer Art statt. Pflanzen konkurrieren unter anderem um Licht, Mineralsalze oder Wasser, Tiere zum Beispiel um Nahrung.

Konkurrenz-Ausschluss-Prinzip: Es besagt, dass die Umweltansprüche zweier Arten, die im gleichen Lebensraum vorkommen, niemals vollständig gleich sein können. Unterschiede in den Umweltansprüchen verschiedener Arten mindern die Konkurrenz (siehe auch ökologische Nische).

Konsequenzialistische Argumentationsansätze innerhalb der Ethik (siehe ethische Analyse) beurteilen die Konsequenzen und Folgen einer Handlung. Es wird nach der Verantwortung für die Folgen des Handelns gefragt: Wie gut oder erstrebenswert sind die Konsequenzen einer Handlung, welche Vor- und Nachteile, welche Chancen und Risiken bergen sie?

Konvergenz (konvergente Entwicklung) meint im evolutionsbiologischen Zusammenhang das Ähnlichwerden von Organen bzw. genetisch bedingten Merkmalen im Laufe der Zeit aufgrund gleichartiger Selektionsfaktoren und Umweltbedingungen bei solchen Lebewesen, die sich stammesgeschichtlich weitgehend unabhängig voneinander entwickelt haben.

Kosten-Nutzen-Analysen gehen der Frage nach, wie sich ein Verhalten oder Merkmal auf die reproduktive Fitness, also den Fortpflanzungserfolg eines Individuums auswirkt. Der Nutzen eines Verhaltens oder Merkmals bemisst sich am Beitrag zum Fortpflanzungserfolg eines Individuums. Die Kosten beziehen sich meistens auf den Energiebedarf, der notwendig ist, um ein Verhalten zu zeigen oder ein Merkmal auszubilden.

kulturelle Evolution: Unter Kultur versteht man im weit gefassten Sinne die nichterbliche Weitergabe von Fähigkeiten, Verhaltensweisen und Wissen durch soziales Lernen, also durch Lernen von anderen Mitgliedern der Population. Kulturelle Evolution beruht auf der Übertragung von Informationen zwischen den Mitgliedern einer Population durch Lernen und Gedächtnis, wobei das Gehirn als Informationsspeicher dient. Erlernte Informationen können ständig zwischen Mitgliedern einer Population ausgetauscht und durch unmittelbare Erfahrungen verändert werden.

Meiose ist der Vorgang der Bildung von Geschlechtszellen mit einfachem (haploidem) Chromosomensatz. Die Meiose führt zur Rekombination (Neukombination) der Erbanlagen, sodass alle entstehenden Geschlechtszellen untereinander nicht erbgleich, sondern genetisch verschieden sind. Die Meiose trägt ganz wesentlich zur genetischen Variabilität bei, die für Lebewesen mit sexueller Fortpflanzung typisch ist.

Mitochondrien sind von einer Doppelmembran umgebene Organellen eukaryotischer Zellen, in denen wichtige Schritte der Zellatmung stattfinden (oxidative Decarboxylierung, Citratzyklus, Atmungskette). Die innere Membran weist in der Regel zahlreiche Einstülpungen auf, sodass eine große innere Oberfläche entsteht. In Mitochondrien wird die Hauptmenge an ATP gebildet. Mitochondrien besitzen eigene DNA (mtDNA) und vervielfältigen sich durch Teilung selbstständig.

Mitose heißt der Vorgang, bei dem im Verlauf der Zell- und Kernteilung aus einer Zelle zwei Zellen entstehen, die untereinander und im Vergleich zur Zelle, aus der sie hervorgingen, genetisch identisch sind. Bei der Mitose werden zuvor identisch verdoppelte Chromosomen auf die Tochterzellen verteilt. Durch Mitose erhalten alle Körperzellen die gleiche genetische Information wie die Zygote.

Modellorganismen sind Lebewesen, die sich besonders gut für die Erforschung von Krankheiten und biologisch-medizinischen Fragestellungen eignen. Meistens haben Modellorganismen eine kurze Generationsdauer und eine hohe Vermehrungsrate.

Modifikationen sind Veränderungen im Phänotyp eines Lebewesens, die durch Umwelteinflüsse bedingt sind und nicht vererbt werden.

Molekularbiologische Homologien sind auf Abstammung beruhende Ähnlichkeiten der Aminosäuresequenz von Proteinen oder der Basensequenz von homologen DNA-Abschnitten verschiedenartiger Lebewesen.

mRNA-Prozessierung ist ein Vorgang bei der Proteinbiosynthese von Eukaryoten, bei der die durch Transkription gebildete prä-mRNA durch bestimmte Prozesse, insbesondere durch Splicing, (Herausschneiden der Introns und Verknüpfen der verbleibenden Exons) verändert wird, bevor sie den Zellkern verlässt.

mtDNA: Mitochondriale DNA, sie wird nur mütterlicherseits vererbt.

Multipotenz: siehe Stammzellen

Mutationen sind bleibende Veränderungen der genetischen Information. Mutationen können durch Fehler bei den molekularen Vorgängen in einer Zelle, zum Beispiel bei der DNA-Verdopplung, entstehen. Auch bestimmte physikalische oder chemische Einflüsse, die man mutagene Faktoren nennt, können Mutationen auslösen. Die meisten Mutationen sind schädlich für Lebewesen, manche Mutationen bringen jedoch auch Vorteile mit sich. Solche Mutationen sind die Grundlage für die Vielfalt der Lebewesen auf der Erde.

Nachhaltigkeit bedeutet, dass den Bedürfnissen der heutigen Menschen-Generation entsprochen wird, ohne die Bedürfnisse zukünftiger Generationen zu gefährden. Nachhaltig ist eine Entwicklung also dann, wenn sie nicht auf Kosten zukünftiger Generationen erfolgt. Umwelt (Ökologie), Wirtschaft (Ökonomie) sowie Soziales und Gesundheit sind gleichrangige Faktoren einer nachhaltigen Entwicklung.

naturalistischer Fehlschluss: Ein Vorgehen, das aus der reinen Beschreibung eines biologischen Ist-Zustands ein normatives So-soll-es-Sein ableitet, heißt naturalistischer Fehlschluss. Einige Personen schreiben dem Menschen aufgrund der natürlichen Selektion ein den Tieren ähnliches Verhalten zu. Die einfache Übertragung von Erkenntnissen, über anderen Tierarten, auf den Menschen ist jedoch kritisch zu hinterfragen. Dass zum Beispiel Schimpansen-Gruppen gegen benachbarte Gruppen Kriege führen, die bis zur Auslöschung einer ganzen Gruppe führen können, rechtfertigt nicht Unterdrückung und Fremdenhass beim Menschen. An dieser Stelle zeigt sich, dass der Mensch auch bewusst gegen „seine Natur“ handeln kann und es aus moralischen Gründen auch muss.

Neobiota ist die Bezeichnung für Lebewesen, die nach 1492 (dem Jahr der Entdeckung Amerikas durch Kolumbus) durch den Einfluss des Menschen beabsichtigt oder unbeabsichtigt in Gebiete gelangten und sich dort ausbreiteten, in denen sie zuvor nicht heimisch waren. Neozoen sind in diesem Sinne Tiere, Neophyten neue Pflanzen.

Normative Aussagen sind solche, die Verhaltensweisen gebieten oder als gerechtfertigt deklarieren, also wertenden oder vorschreibenden Charakter haben.

Normen sind Handlungsorientierungen, die zu bestimmten Handlungen auffordern (Du sollst helfen!) oder diese verbieten (Du sollst nicht lügen!). Normen haben eine bestimmte Verbindlichkeit und sind daher häufig in Form von Regeln und Gesetzen festgehalten.

Ökobilanzen erfassen Umwelt- und Klimaauswirkungen der Erzeugung von Gütern von der Rohstoffgewinnung bis zur Herstellung, Lieferung, Nutzung und Entsorgung.

Ökologische Nische: Nach einer häufig genutzten Definition versteht man unter ökologischer Nische die Gesamtheit der abiotischen und biotischen Umweltfaktoren (Bedingungen, Ressourcen), die von einer Art beansprucht werden. Entsprechend der umgangssprachlichen Bedeutung von „Nische“ wird die ökologische Nische manchmal als ein Raum oder Ort missverstanden.

PCR (Polymerase Chain Reaction, Polymerase-Kettenreaktion) ist ein automatisiertes Verfahren zur identischen Vervielfältigung von DNA-Stücken in kurzer Zeit. Die so angereicherte DNA kann dann weiteren Untersuchungen zugeführt werden (z. B. für Sequenzvergleiche). Schon eine sehr geringe Menge an DNA reicht als Vorlage für die PCR aus. Die PCR-Technik basiert auf dem Prinzip der komplementären Basenpaarung bei der identischen Verdopplung der DNA.

Phänotyp: Bezeichnung des äußeren Erscheinungsbilds eines Lebewesen.

Phylogenese ist ein Synonym für die evolutionäre, stammesgeschichtliche Entwicklung von Lebewesen. Ontogenese ist der Fachausdruck für die Entwicklung eines einzelnen Individuums einer Art in seiner Lebenszeit.

Pluripotenz: siehe Stammzellen

Population nennt man eine Gruppe artgleicher Individuen, die zeitgleich in einem bestimmten Gebiet leben und sich untereinander fortpflanzen können.

Präimplantationsdiagnostik (PID) heißt ein Verfahren, bei dem nach künstlicher Befruchtung und vor Übertragung des Embryos in die Gebärmutter eine Chromosomen- und/oder Genanalyse durchgeführt wird. Die dafür entnommenen Zellen des Embryos sind totipotent, das heißt sie können sich selbst zu einem vollständigen Embryo entwickeln. Die PID ist in Deutschland im Grundsatz verboten, darf jedoch unter bestimmten Voraussetzung dennoch druchgeführt werden. Seit dem Jahr 2011 ist die PID für behinderte Eltern und für Eltern mit vererbbaren Behinderungsveranlagungen erlaubt, sofern bereits mehrere Fehlgeburten stattfanden und/oder die Chancen auf ein gesundes, lebensfähiges Kind sehr gering sind.

Prokaryoten sind Lebewesen, deren Zellen im Gegensatz zu den Eukaryoten keinen Zellkern und keine Zellorganellen enthalten. Bakterien sind Prokaryoten.

Promotor: DNA-Regulationsregion am 5'-Ende eines Gens. Der Promotor enthält die Bindungsstelle für die RNA-Polymerase.

Proteine sind Moleküle, die aus wenigen bis zu mehreren tausend Aminosäuren aufgebaut sind. Die in der DNA genetisch festgelegte Abfolge der Aminosäuren bedingt die räumliche Struktur eines Proteins und damit auch seine Aufgabe in einer Zelle. Jeder Organismus enthält viele tausend verschiedene Proteine mit jeweils unterschiedlicher Größe, Form und Aufgabe. Struktur-Proteine, Enzyme, Transport-Proteine, bewegliche Proteine, Abwehr-Proteine und Rezeptor-Proteine sind Beispiele dafür. Proteine sind als molekulare Werkzeuge oder als Baumaterial maßgeblich an der Ausbildung erblicher Merkmale beteiligt.

Proteinbiosynthese heißt der Prozess in Zellen, bei dem auf der Grundlage genetischer Information der DNA an den Ribosomen ein Protein aus Aminosäuren gebildet wird. Die Proteinbiosynthese besteht aus den Teilschritten Transkription und Translation.

Proximate Erklärungsformen in der Biologie beziehen sich auf die unmittelbaren Ursachen eines Verhaltens oder Merkmals. Proximate Erklärungen greifen oftmals aktuelle Ursachen auf, die im Inneren eines Organismus wirken (z. B. physiologische, hormonelle, neuronale Ursachen) oder von außen wirken (z. B. Umwelteinflüsse, soziale Beziehungen). (siehe auch ultimate Erklärungsformen)

Rekombination (Neukombination) ist ein Vorgang, bei dem genetisches Material neu angeordnet wird. Rekombination findet insbesondere bei Lebewesen mit sexueller Fortpflanzung bei der Bildung der Geschlechtszellen durch Meiose statt. Rekombinationen sind neben Mutationen eine wichtige Grundlage der genetischen Vielfalt von Lebewesen.

Replikation: siehe semikonservative Verdopplung

Reproduktion ist ein Fachbegriff für Fortpflanzung.

Restriktionsenzyme sind wichtige molekulare Werkzeuge in der Gentechnik. Restriktionsenzyme erkennen bestimmte Basen-Abfolgen der DNA und schneiden dort die DNA auf.

Reverse Transkriptase ist der Name eines Enzyms, das eine RNA gemäß den Gesetzen der DNA-Basenpaarung in eine DNA umschreibt. Manche Viren, z. B. das HI-Virus, besitzen dieses Enzym. In der Biotechnologie wird es unter anderem bei der Untersuchung der Genaktivität mithilfe der DNA-Microarray-Technik eingesetzt.

Ribosomen befinden sich im Cytoplasma oder auf dem endoplasmatischen Retikulum. Sie bestehen in erster Linie aus ribosomaler RNA (rRNA) und Proteinen. Sie sind maßgeblich an der Produktion von Proteinen in einer Zelle beteiligt. Ein Ribosom besteht aus einer kleinen und einer großen Untereinheit, die zunächst getrennt im Zellplasma vorliegen. Erst mit Beginn der Proteinbiosynthese schließen sich die beiden Untereinheiten zu einem funktionsfähigen Ribosom zusammen.

RNA ist die Abkürzung für engl. "ribonucleic acid", die Ribonukleinsäure (RNS). RNA ist ein Kettenmolekül, das aus vielen hintereinander geknüpften Bausteinen, den Nukleotiden, besteht. In der RNA gibt es vier verschiedene Nukleotide, die sich in der enthaltenen Base unterscheiden: A = Adenin, U = Uracil, C = Cytosin, G = Guanin. Die Abfolge der Basen in einem RNA-Molekül bezeichnet man als Basensequenz oder RNA-Sequenz. Ein RNA-Molekül besteht in der Regel aus einem Strang.

RNA-Interferenz ist ein bei Eukaryoten vorkommender Mechanismus, der zur Stilllegung eines Gens nach erfolgter Transkription führt. Bei der RNA-Interferenz setzen sich kleine komplementäre mRNA-Stücke (antisense-RNA) an die durch Transkription gebildete mRNA. Die so gebildete doppelsträngige RNA kann nicht translatiert werden. Sie wird enzymatisch abgebaut.

Rückkopplung ist die (Rück-)Wirkung einer veränderlichen Größe auf sich selbst. Eine Rückkopplung heißt positiv, wenn die Wirkungsbeziehung gleichsinnig ist (je mehr ... desto mehr ..., je weniger ... desto weniger ...). Bei negativer Rückkopplung besteht eine gegensinnige Beziehung (je mehr ... desto weniger, je weniger ... desto mehr).

Rückkreuzung: Für Züchter ist das Wissen bedeutsam, dass die für die Kreuzungen verwendeten Lebewesen reinerbig sind. Daher wird eine sogenannte Rückkreuzung oder Testkreuzung durchgeführt. Die Funktion einer Testkreuzung ist die Ermittlung eines unbekannten Genotyps. Hierfür werden die zu untersuchenden Lebewesen mit einem reinerbig rezessiven Partner gekreuzt. Der Züchter untersucht auf diese Weise nur ein Merkmal.

Schlüssel-Schloss-Modell meint allgemein, dass zwei Strukturen zueinander wie Schlüssel und Schloss passen. Substrat und Enzym, Hormon und Rezeptor,

Antigen-Antikörper-Reaktion sowie komplementäre Basen der DNA sind Beispiele für das Schlüssel-Schloss-Modell.

Selektionstypen: Von stabilisierender Selektion spricht man, wenn mittlere Ausprägungen eines Merkmals bei den Individuen einer Population im Laufe der Generationen selektiv begünstigt sind, d.h. die höchste reproduktive Fitness aufweisen. Stabilisierende Selektion findet dann statt, wenn eine Population lange Zeit unter konstanten Umweltbedingungen und unverändertem Selektionsdruck lebt. Transformierende (gerichtete) Selektion erfolgt in Populationen, deren Umweltfaktoren sich ändern. Der geänderte Selektionsdruck führt in der Folge dazu, dass Individuen mit Merkmalsausprägungen selektiv begünstigt werden, die es vorher nicht in dem Ausmaß waren. Richtet sich der Selektionsdruck gegen eine mittlere Ausprägung, kommt es zu einer disruptiven Selektion. Die vorher häufigste Merkmalsausprägung wird seltener, während zwei extreme Merkmalsausprägungen zunehmen. Aus einer homogenen Population können dadurch zwei unterschiedliche Teilpopulationen werden.

Sexualdimorphismus meint die äußerlichen Unterschiede zwischen männlichen und weiblichen Lebewesen einer Art.

Signaltransduktion bezeichnet den Vorgang, bei dem ein extrazelluläres Signal durch einen spezifischen Rezeptor (meistens ein Protein in der Zellmembran) aufgenommen und in ein intrazelluläres Signal umgewandelt wird, das in der Folge zu einer spezifischen Zellantwort führt. Die Zellantwort auf ein äußeres Signal kann in Veränderungen des Stofftransports, in veränderter Aktivität von Enzymen oder in veränderter Genaktivität bestehen. Alle lebenden Zellen nehmen beständig Signale aus ihrer Umwelt auf. Eine Zelle kann nur auf solche extrazellulären Signale reagieren, für die sie passende Rezeptoren besitzt. Die Fähigkeit zur Signaltransduktion ist eine Eigenschaft aller lebenden Zellen.

Sozialverhalten ist ein Begriff, der bei Tieren und bei Menschen alle Verhaltensweisen umfasst, die als Aktionen oder als Reaktionen Wechselwirkungen mit Mitgliedern der eigenen Art darstellen.

Stammzellen sind Körperzellen, aus denen spezialisierte Zellen hervorgehen können. Neben der befruchteten Eizelle sind auch die Zellen der ersten drei Teilungsstadien (etwa bis zum 8-Zell-Stadium) totipotent. Das bedeutet, dass aus jeder dieser Zellen ein vollständiger Mensch mit seiner Vielzahl an differenzierten Zellen entstehen kann. Totipotente Zellen werden nach dem Deutschen Embryonenschutzgesetz mit menschlichen Embryonen gleichgesetzt.

Symbiosen sind dauerhafte Wechselwirkungen zwischen Vertretern zweier Arten, bei denen beide Vorteile voneinander haben. Flechten sind ein Beispiel für Symbiose. Zwischen Symbiose und Parasitismus gibt es zahlreiche Übergänge. (siehe auch Parasitismus)

Synthetische Evolutionstheorie: Mit dem Fortschritt der Naturwissenschaften wurde die Evolutionstheorie Darwins um Erkenntnisse aus vielen Wissenschaftsbereichen erweitert, insbesondere durch Erkenntnisse aus der Zellbiologie, der Genetik und der Populationsbiologie. Die Bedeutung der Neukombination von Erbanlagen bei der Geschlechtszellbildung (Meiose) und die Bedeutung von Mutationen für die genetische Variabilität in Populationen gehören dazu. Nach der Synthetischen Evolutionstheorie beruhen alle evolutiven Veränderungen auf Veränderungen von Genfrequenzen (Gen-Häufigkeiten) im Genpool von Populationen durch Prozesse, die man unter dem Begriff Evolutionsfaktoren zusammenfasst. (siehe Evolutionsfaktoren, Evolutionstheorien Lamarcks und Darwins, Artbildung)

System: Ein System besteht aus mehreren Teilen. Zwischen den Teilen eines Systems gibt es Beziehungen und Wechselwirkungen. Meistens arbeiten die Teile eines Systems zusammen. Biologische Systeme können unterschiedlich groß sein: Die ganze Erde, ein bestimmter Lebensraum, ein Lebewesen mit seinen Organen oder ein Organ eines Lebewesens sind Systeme.

Systemebenen dienen dazu, biologische Sachverhalte nach verschiedenen Ebenen der biologischen Organisation zu ordnen. Die Systemebene der Moleküle, der Zellorganellen, der Zellen, der Gewebe und Organe, der Organismen, der Populationen, der Lebensgemeinschaften, der Ökosysteme und die Biosphäre gehören zu den Ebenen biologischer Organisation.

Totipotenz: siehe Stammzellen

Transgen ist die Bezeichnung für ein Gen, das mithilfe gentechnischer Verfahren vom Organismus einer Art auf einen Organismus einer anderen Art übertragen wurde (transgener Organismus).

Transkription (lat. transcribere, umschreiben) heißt im Rahmen der Proteinbiosynthese der Vorgang, bei dem komplementär zur Basensequenz des codogenen Stranges der DNA eine einzelsträngige mRNA (mit Uracil (U) statt Thymin) im Zellkern (Eukaryoten) bzw. im Zellplasma (Prokaryoten) synthetisiert wird. Bei Eukaryoten wird die zunächst gebildete prä-mRNA durch (alternatives) Spleißen verändert, bevor entsprechend der Basensequenz der m-RNA an Ribosomen die Translation in ein Protein mit definierter Aminosäuresequenz stattfindet.

Transkriptionsfaktoren sind alle Proteine, die in Wechselwirkung mit bestimmten regulatorischen Abschnitten der DNA und dadurch bei eukaryotischen Zellen die Transkription, also das Ablesen protein-codierender Gene durch RNA-Polymerase hemmen oder aktivieren.

Die Summe aller gleichzeitigen Einflüsse vieler Transkriptionsfaktoren entscheidet darüber, wo, wann und wie häufig ein Gen abgelesen wird.

Translation ist der Vorgang der Proteinbiosynthese, bei der anhand der Basensequenz einer mRNA an Ribosomen ein Protein mit entsprechender Aminosäuresequenz gebildet wird.

Trisomie bezeichnet das überzählige Vorhandensein eines Chromosoms. Dieses ist in Körperzellen nicht zweifach sondern dreifach vorhanden. Das Down-Syndrom ist ein bekanntes Beispiel für eine Trisomie und beruht auf einem Fehler in der Meiose von Mutter oder Vater. Durch diesen Fehler werden die Chromosomen nicht gleichmäßig verteilt. Vom Genotyp her zeigt sich im Karyogramm, dass das Chromosom 21 drei Mal in Form von Zwei-Chromatid-Chromosomen vorkommt. Dieses Phänomen heißt daher Trisomie 21. Es führt dazu, dass die Gene, die auf Chromosom 21 liegen, häufiger abgelesen werden als normalerweise und sich bestimmte Genprodukte, wie Enzyme oder Eiweiße im Körper anhäufen. Andere Gene werden dagegen in geringerem Maße ausgeprägt. Dies führt zu den typischen Symptomen des Down-Syndroms.

tRNA (transferRNA) meint ein RNA-Molekül das als Vermittler zwischen Nukleinsäure und Proteinsprache fungiert.

Tumor: Bösartige Tumore wie das maligne Melanom, eine Form von Hautkrebs, zeichnen sich durch eine Reihe typischer Eigenschaften aus. Dazu gehört, dass sich Tumorzellen unkontrolliert teilen und extra- und intrazelluläre Signale der Zellteilungskontrolle missachten. Tumorzellen dringen in Nachbargewebe ein und können es zerstören. Tumorzellen können im Körper Tochtertumore (Metastasen) bilden.

Tumor-Supressorgene (Suppression: Unterdrückung) sind normale Gene, die für Proteine codieren, die den Zellzyklus und Zellteilungen hemmen.

Ultimate Erklärungsformen beziehen sich auf die biologische Funktion eines Verhaltens oder eines Merkmals. Dabei werden oft evolutionsbiologische Zusammenhänge hergestellt und die stammesgeschichtliche Herausbildung des jeweiligen Verhaltens oder Merkmals in den Blick genommen. In ultimaten Erklärungsformen spielt der adaptive Wert eines Verhaltens oder Merkmals eine Rolle. (siehe auch proximate Erklärungsformen)

Zelldifferenzierung (lat. differe, sich unterscheiden) ist die Entwicklung von unspezialisierten (Stamm-) Zellen zu spezialisierten Zellen bei Vielzellern. Zelldifferenzierung geht auf molekularer Ebene mit differentieller Genaktivität einher, d.h. verschieden spezialisierte Zellen (z.B. Hautzelle und Nervenzelle) unterscheiden sich im Muster aktiver Gene und folglich auch in der Zusammensetzung der Proteine.

Zellen sind die kleinsten lebens- und vermehrungsfähigen Einheiten. Alle Zellen gehen durch Teilung aus anderen Zellen hervor, verfügen (von wenigen Ausnahmen abgesehen) über ein Genom mit DNA als Informationsträger. Zellen benötigen Energie für ihre Lebensprozesse. Zellen sind offene Systeme mit einer selektiv permeablen Zellmembran.

Zellkern: Er ist ein Organell eukaryotischer Zellen, der von einer Doppelmembran, der Kernmembran, umgeben ist. Die Kernmembran ist von vielen kleinen Öffnungen, den Kernmembranporen, durchsetzt. Im Inneren des Zellkerns befindet sich die genetische Information in Form von DNA-Molekülen (Chromosomen).

Zellorganellen sind durch Membranen abgetrennte Reaktionsräume in Zellen. Beispiele für Zellorganellen sind Zellkern, Endoplasmatisches Retikulum, Mitochondrien und Chloroplasten.

Zellzyklus: So wird die kontrollierte Abfolge der Schritte in der Zeit zwischen zwei Zellteilungen bezeichnet. Der Zellzyklus wird in Interphase (mit G1-, S- und G2-Phase) und Mitose eingeteilt. Wachstumsfaktoren und wachstumshemmende Faktoren aus dem Organismus werden von Rezeptoren in der Zellmembran aufgenommen und durch Signaltransduktion in intrazelluläre Signale umgewandelt. Diese stimulieren oder hemmen den Zellzyklus.

Züchtung: Der Mensch wählt bei der Züchtung gezielt solche Pflanzen und Tiere aus, die gewünschte Merkmale besitzen und vermehrt sie. Durch Züchtung sind die Haus- und Nutztiere sowie die Nutzpflanzen entstanden.

Zygote ist die befruchtete Eizelle.

Sicherheit beim Experimentieren

GEFAHREN

GHS01

explosiv
Stoffe, die durch Feuer, Hitze, Schlag oder Reibung explodieren können

GHS02

entzündbar
Flüssigkeiten, die leicht entzündbare Gase bilden können

GHS03

brandfördernd
Stoffe, die Brände verstärken

GHS04

komprimierte Gase
Gase, die beim Erhitzen explodieren können; Gase unter Druck, sorgfältiger Umgang mit Gasflasche

GHS05

ätzende Wirkung
Stoffe, die andere Stoffe und Oberflächen schädigen können

GHS06

giftige und sehr giftige Stoffe
Stoffe, die in geringen Mengen schwere Schäden verursachen oder zum Tod führen können

GHS07

ätzende oder giftige Stoffe
Stoffe, die akute und chronische Gesundheitsschäden verursachen können

GHS08

Gesundheitsgefahr
Stoffe, die Organe schädigen, Allergien, Krebs, Fruchtschädigungen, Erbgutveränderungen auslösen können

GHS09

umweltgefährdend
Stoffe, die für Wasserorganismen giftig sind.

1 *Die Gefahrenpiktogramme*

Symbol	Gefahr
	Bei der Arbeit mit Scheren, Messern oder Rasierklingen ist auf die Verletzungsgefahren zu achten und dazu auf einen sorgsamen Umgang hinzuweisen. Obacht bei Schnittflächen und scharfen Kanten.
	Schutzbrille zum Schutz der Augen tragen.
	Versuch unter dem Abzug oder in einer geschlossenen Apparatur durchführen.
	Für gute Raumlüftung sorgen.
	Schutzhandschuhe zum Schutz der Hände verwenden.
	Schutzkleidung zum Schutz der Haut tragen.

2 *Die Sicherheitssymbole*

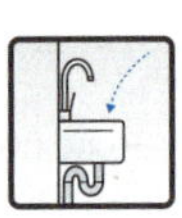

Waschbecken

Mülltonne

Kanister

3 *Die Kennzeichnung der Entsorgung*

Allgemeine Sicherheitshinweise:
Beim Experimentieren kann versehentlich ein Unfall passieren. Dann muss der **Not-Aus-Schalter** am Ausgang gedrückt werden. Die Gas und Stromversorgung der Arbeitsplätze wird unterbrochen und alle Geräte sind sofort abgeschaltet.
Entsteht bei einem Experiment ein Brand, setzt man den **Feuerlöscher** ein. Bei starken Bränden schließt man die Fenster, ruft die Feuerwehr und verlässt den Raum. Den schnellsten Weg nach draußen zeigen die grünen Fluchtwegschilder.
Gelangt eine Chemikalie ins Auge, kann das starke Schäden am Auge hervorrufen. Deshalb muss man beim Experimentieren immer eine **Schutzbrille** tragen. Dies gilt auch für Brillenträger. Es gibt Schutzbrillen, die man über einer Brille tragen kann. Sollte eine Chemikalie trotzdem in die Augen gelangen, muss man die Augen sofort mit viel Wasser ausspülen. Dazu gibt es spezielle **Augenduschen**. Insbesondere bei Augenverletzungen sollte ein Arzt aufgesucht werden.
Wird die Haut mit einer Chemikalie benetzt, sollte sie am Waschbecken gereinigt werden. Bei Verletzungen findet man Pflaster und Kompressen im **Verbandskasten**.
Können sich bei einem Experiment giftige Gase bilden, führt man es unter dem **Abzug** durch. Die Gase werden abgesaugt und durch einen Filter nach draußen geleitet.

Liste der in Versuchen verwendeten Stoffe:

Stoffname	Gefahren-symbole	H-Sätze	P-Sätze	Entsorgung	Signalwort	Kapitel im Buch
Ethanol (Brennspiritus)	GHS02, GHS07	H225, H319	P210, P233, P240, P241, P242, P305+P351+P338	Verdünnen, dann Waschbecken	Gefahr	M7
Kupfer(II)-sulfat, wasserfrei	GHS07, GHS09	H302, H315, H319, H410	P264, P270, P273, P301+P312, P302+P352, P305+P351+P338	Als Hydroxid fällen, dann Sondermüll, Abfallschlüssel beachten	Achtung	6.4
Kupfersulfatlösung < 10 %	GHS07, GHS09	H302, H315, H319, H410	P273; P302+P352, P305+P351+P338	Als Hydroxid fällen, dann Sondermüll, Abfallschlüssel beachten	Achtung	6.4
Kaliumpermanganatlösung 1 %	GHS07, GHS09	H315, H319, H411	P273, P280, P305+P351+P338	Verdünnen, dann Sondermüll, Abfallschlüssel beachten	Gefahr	6.4
Kaliumpermanganat	GHS03, GHS05, GHS07, GHS08, GHS09	H272, H302, H314, H410	P220, P273, P280, P305+P351+P338, P310	Mit Calcium-Ionen fällen, dann Sondermüll, Abfallschlüssel beachten	Gefahr	6.4
Natriumchlorid (Kochsalz)				Waschbecken		M7

Damit bei der Durchführung von Experimenten keine Gefährdungen auftreten, müssen einige Regeln beachtet werden:

1. Die von der Lehrerin oder vom Lehrer ausgehändigte Schutzausrüstung (z. B. Schutzbrille, Schutzhandschuhe) muss beim Experimentieren benutzt werden.
2. Essen und Trinken ist in Unterrichtsräumen, in denen experimentiert wird, verboten.
3. Vor Beginn des Experiments muss man sich über den sicheren Umgang mit den Chemikalien und deren Entsorgung informieren. Um vor den Gefahren zu warnen, werden diese Stoffe gekennzeichnet. Schon auf den ersten Blick geben kleine Bilder in den Anleitungen zum Experimentieren, die sogenannten Piktogramme, wichtige Hinweise auf die Art der Gefährdung (Abb. 1).
4. Die Versuchsvorschriften und Hinweise der Lehrkräfte müssen genau befolgt werden.
5. Der Versuch darf erst durchgeführt werden, wenn die Lehrerin oder der Lehrer dazu aufgefordert hat.
6. Verschüttete und verspritzte Gefahrstoffe sind der Fachlehrerin oder dem Fachlehrer sofort zu melden.
7. Alle Gefäße werden nach dem Experimentieren gereinigt. Beschädigte Geräte müssen aussortiert oder repariert werden. Schäden an Glasgeräten, elektrischen Geräten, Abzügen oder anderen Gegenständen müssen der Lehrkraft mitgeteilt werden.

Gefahren- und Sicherheitshinweise:

In der Stoffliste finden sich genauere und ergänzende Informationen zu den eingesetzten Stoffen. Signalwörter geben Auskunft über den relativen Gefährdungsgrad, der einem Stoff oder Gemisch innewohnt. Das Signalwort „Gefahr" weist darauf hin, dass beim Umgang mit dem Stoff ernsthafte Gefahren drohen. Bei weniger gefährlichen Stoffen lautet das Signalwort „Achtung". Genauere Gefahrenhinweise verbergen sich hinter den H-Sätzen (engl. *hazard statements*). Sicherheitshinweise geben als P-Sätze (engl. *precautionary statements*) an, wie man sich beim Umgang mit dem Stoff verhalten soll. Nachfolgend sind die für die Experimente relevanten Gefahren- und Sicherheitshinweise aufgelistet:

Liste der zu beachtenden H-Sätze:

H225 Flüssigkeit und Dampf leicht entzündbar.
H272 Kann Brand verstärken; Oxidationsmittel.
H302 Gesundheitsschädlich beim Verschlucken.
H314 Verursacht schwere Verätzungen der Haut und schwere Augenschäden.
H315 Verursacht Hautreizungen.
H319 Verursacht schwere Augenreizung.
H410 Sehr giftig für Wasserorganismen mit langfristiger Wirkung.
H411 Giftig für Wasserorganismen mit langfristiger Wirkung.

Liste der zu beachtenden P-Sätze:

P210 Von Hitze, Funken, offenen Flammen, heißen Oberflächen fernhalten.
P220 Von Kleidung und anderen brennbaren Materialien fernhalten.
P233 Behälter dicht verschlossen halten
P240 Behälter und zu befüllende Anlage erden.
P241 Explosionsgeschützte elektrische Betriebsmittel verwenden.
P242 Nur funkenfreies Werkzeug verwenden.
P260 Staub, Rauch, Gas, Nebel, Dampf, Aerosol nicht einatmen.
P264 Nach Gebrauch ... gründlich waschen.
P270 Bei Gebrauch nicht essen, trinken oder rauchen
P273 Freisetzung in die Umwelt vermeiden.
P280 Schutzhandschuhe, Schutzkleidung, Augenschutz, Gesichtsschutz tragen.
P301+P312 Bei Verschlucken: Bei Unwohlsein GIFTINFORMATIONSZENTRUM oder Arzt anrufen.
P302+P352 Bei Kontakt mit der Haut mit viel Seife und Wasser waschen.
P305+P351+P338 Bei Kontakt mit den Augen: Einige Minuten lang behutsam mit Wasser spülen. Vorhandene Kontaktlinsen nach Möglichkeit entfernen. Weiter spülen.
P310 Sofort GIFTINFORMATIONSZENTRUM oder Arzt anrufen.

Hinweise zur Entsorgung: Gefährliche Abfälle, die nicht vermeidbar sind und nicht in ungefährliche Produkte umgewandelt werden können, werden getrennt gesammelt. Kleinere Mengen bestimmter Stoffe können verdünnt in den Ausguss gegeben werden. Bei dem Behälter für halogenfreie organische Verbindungen erfolgt die endgültige Entsorgung durch zugelassene Entsorgungsunternehmen.

Haftungsausschluss: Trotz sorgfältiger Recherche bei der Deklarierung der Chemikalien ist es möglich, dass bei der Zusammenstellung der Liste Fehler aufgetreten sind. Aus diesem Grund übernimmt der Verlag für die Deklarierung der Chemikalien keine Haftung.

Stichwortverzeichnis